"十二五"国家重点图书出版规划项目

无机与分析化学

主编　郭文录　袁爱华　林生岭

哈尔滨工业大学出版社

内 容 简 介

本书努力把传统教学内容与现代新知识相结合,对无机化学、分析化学、普通化学内容进行适当的删选、革新和优化,组成一个新的教学体系,注重人才培养。全书共分 17 章,各章重点介绍化学基础理论和化学分析方法,同时强化了有关生命元素、无机金属材料与非金属材料、环境科学等内容,体现材料、环境及生物学科化学教学的特色。每章末附有阅读拓展和习题。

本书可作为工、农、林、医等高等院校生物类、材料类和环境类的本科教材,亦可供化学、生物、环境、材料等领域科技工作者参考。

图书在版编目(CIP)数据

无机与分析化学/郭文录,袁爱华,林生岭主编. —2 版. —哈尔滨:
哈尔滨工业大学出版社,2013.7(2019.8 重印)
ISBN 978 - 7 - 5603 - 4112 - 5

Ⅰ.①无… Ⅱ.①郭…②袁…③林… Ⅲ.①无机化学—高等学校—
教材 ②分析化学—高等学校—教材 Ⅳ.①06

中国版本图书馆 CIP 数据核字(2013)第 122225 号

责任编辑	张秀华	
封面设计	卞秉利	
社　　址	哈尔滨市南岗区复华四道街 10 号　邮编 150006	
传　　真	0451 - 86414749	
网　　址	http://hitpress.hit.edu.cn	
印　　刷	黑龙江艺德印刷有限责任公司	
开　　本	787×1092　1/16　印张 24　字数 560 千字	
版　　次	2013 年 7 月第 2 版　2019 年 8 月第 2 次印刷	
书　　号	ISBN 978 - 7 - 5603 - 4112 - 5	
定　　价	38.00 元	

第 2 版前言

本书第 1 版自 2004 年出版以来,在多所兄弟高校中得到了广泛的使用,并受到广大读者及同行的好评。随着科学技术的高速发展,高等教育模式有了巨大的变迁,我们认为,在新形势下有必要对本书的第 1 版进行修订。

本次修订的思路是,适应国情,跟上时代改革的步伐;拓宽基础,更新内容;联系实际,突出应用;继承特色,适度创新;利于教学,利于人才培养。在保持本书第 1 版的系统性和鲜明特色的基础上,在体系和内容上有侧重地做了以下修改:

(1)体现无机与分析化学课程的基本要求,对章节体例进行了调整;

(2)对本书第 1 版中的问题进行了修订,对一些内容进行了删减,增补了新材料、新能源、新理论等方面的内容;力争与化学、环境、生物、材料等专业教学的需求相结合,体现环境、生物、材料科学与化学学科的交叉与融合的特色,强化应用性;

(3)每章后面增加阅读拓宽内容,选材原则是少而精,精而新。

本书修订后仍保留第 1 版具有的深入浅出、承前启后、注重内容的先进性和科学性,把第 10 章改为第 7 章,原来的第 7 章、第 8 章、第 9 章分别改为第 8 章、第 9 章、第 10 章;并对各章内容作了修改、补充、删减和调整,各章后面增加的阅读拓宽内容,力求使本书的内容跟上时代的发展;每章后面有较多习题并附有答案供参考。

修订后本书共分 17 章,其中章节结构调整和新的绪论及前言由郭文录编写,第 13、15 章由林生岭编写,第 6、12、14 章由彭银仙编写,第 8、9、16 章由张俊豪编写,第 2、3、7 章由王静编写,第 4、5、10、11 章由程小芳编写,第 1、17 章由陈广春编写。全书由郭文录、张俊豪统稿,由郭文录,袁爱华定稿。

书中定有不妥之处,恳请读者批评指正,我们将不胜感谢。

编 者

2013 年 4 月

前　言

改革开放使经济和科技发展、教育改革不断地深化,对高等学校教学内容和教学体系的改革提出了更高的要求,化学教育工作者如何面对现实,更新教学内容,改革和完善教学体系,使之适于21世纪科技发展的要求,是摆在我们面前的一项重要任务。为此,我们经过调查研究并在多年教学与实践的基础上,编写了这本《无机与分析化学》。

本书根据21世纪工、农、林、医等高等院校本科专业(生物类、材料类、环境类等)对化学基础知识的要求,以少而精,精而新的原则,努力把传统教学内容与现代新知识相结合,对无机化学、分析化学、普通化学内容进行适当的删选、革新和优化,组成一个新的教学体系。这本书的优点是内容适中,篇幅适中,避免重复,精简繁琐的计算推导,删除过深的理论阐述,使教学内容更切合实际,减少学时。全书共分17章,需100学时左右。本书重点介绍化学基础理论和化学分析方法,同时强化了与有关重要生命元素、无机金属材料与非金属材料、功能材料、环境科学的联系。力争与生物、环境、材料等专业教学需求相结合,体现材料、环境及生物学科与化学学科的交叉与融合。

本书可作为工、农、林、医等高等院校生物类、环境类、材料类等专业本科教材,也可作为化学、生物、环境、材料等学科的科技工作者和函授生的自修用书及参考用书。

参加本书编写的有郭文录(第9、11章)、袁爱华(第2章)、林生岭(第13、15章)、高玉华(第12、14章)、陈广春(第1、17章)、田园(第7、8章)、徐敏(第3、4章)、陈传祥(第5、16章)、彭银仙(第6章)、蔡国兴(第10章)、汪芳明(附录)、陈立庄(图、表)。全书由郭文录、袁爱华、林生岭统稿、定稿;韩光范教授审阅本书并提出许多宝贵的修改意见。在此特表衷心的感谢。

由于编者的水平有限,书中难免有疏漏及不妥之处,希望读者批评指正。

编　者
2003 年 12 月

目　　录

第1章 溶 液

学 习 要 求

1. 掌握溶液浓度的表示方法。
2. 掌握非电解质稀溶液的依数性及其应用。

1.1 溶液的浓度

1.1.1 溶液

溶液是一种物质以分子、原子或离子的形式分散在另一种物质中,所形成的均匀稳定的分散体系。按照这一概念,溶液可存在三种状态,即气态溶液、液态溶液和固态溶液。空气就是一标准的气态溶液,而常用的合金则是固态溶液。但从狭义上讲,一般溶液都是指液态溶液。

需要注意的是,溶液既不是化合物,也不是简单的混合物,其微观结构和性质极其复杂。当溶质溶解后,其结构和性质均发生改变。同样,当接受溶质后,溶剂的微观结构和性质也发生相应变化。在人们研究的体系中,溶液可谓最复杂的体系。

1.1.2 溶液的组成

溶液均由溶质和溶剂两部分组成。由固体和液体、气体和液体组成的溶液,液体就是溶剂,固体和气体则是溶质;由液体和液体组成的溶液,往往量多的是溶剂,量少的是溶质。但水可看做是恒溶剂,如在质量分数为95%的乙醇、浓硫酸、浓盐酸中,溶剂就是水。在有机化学中也有一些恒溶剂,如乙醇、乙醚、丙酮、煤油、四氯化碳、二硫化碳等。

1.1.3 溶液的浓度

溶液的浓度是指一定量的溶液或溶剂中含有的溶质的量。最常用的浓度表示方法有以下几种。

(1) 质量分数 w_B

代表溶质的质量 (m_B) 占溶液总质量 (m) 的分数,常用百分数表示,即

$$w_B = \frac{m_B}{m} \times 100\%$$

如市售浓硫酸的质量分数为 $w_{H_2SO_4} = 98\%$。

(2) 体积分数 φ_B

代表溶质的体积 (V_B) 占溶液总体积 (V) 的分数,常用百分数表示,即

$$\varphi_B = \frac{V_B}{V} \times 100\%$$

如市售医用消毒酒精的体积分数为 $\varphi_{乙醇} = 75\%$。

（3）物质的量分数（通常称为摩尔分数）X_B

即溶质的物质的量（n_B）与整个溶液中所有物质的物质的量（n）之比，即

$$X_B = \frac{n_B}{n}$$

（4）物质的量浓度（通常称为摩尔浓度）c_B

即单位体积溶液中溶解的溶质的物质的量（n_B），按国际单位制应为 $mol \cdot m^{-3}$，但因数值通常太大，使用不方便，所以普遍采用 $mol \cdot L^{-1}$ 或 $m\,mol \cdot L^{-1}$，即

$$c_B = \frac{n_B}{V}$$

【例1.1】 10 mL 正常人的血清中含有 1.0 mg Ca^{2+}，计算正常人血清中 Ca^{2+} 的物质的量浓度（用 $m\,mol \cdot L^{-1}$ 表示）。

解 已知 $V = 10$ mL $= 0.01$ L，$M_{Ca^{2+}} = 40$ g $\cdot mol^{-1}$，根据公式

$$c_{Ca^{2+}} = \frac{n_{Ca^{2+}}}{V} = \frac{\dfrac{m_{Ca^{2+}}}{M_{Ca^{2+}}}}{V} = \frac{\dfrac{0.001\ g}{40\ g \cdot mol^{-1}}}{0.01\ L} = 0.002\,5\ mol \cdot L^{-1} = 2.5\ m\,mol \cdot L^{-1}$$

答 正常人血清中 Ca^{2+} 的物质的量浓度为 $2.5\ m\,mol \cdot L^{-1}$。

（5）质量浓度 ρ_B

即溶液中溶质的质量（m_B）与溶液体积（V）之比，按国际单位制应为 $kg \cdot m^{-3}$，常用单位为 $g \cdot L^{-1}$ 或 $mg \cdot L^{-1}$，即

$$\rho_B = \frac{m_B}{V}$$

【例1.2】 10 mL 生理盐水中含有 0.09 g NaCl，计算生理盐水的质量浓度。

解 已知 $V = 0.01$ L，则

$$\rho_{NaCl} = \frac{m_{NaCl}}{V} = \frac{0.09\ g}{0.01\ L} = 9\ g \cdot L^{-1}$$

答 生理盐水的质量浓度为 $9\ g \cdot L^{-1}$。

（6）质量摩尔浓度 b_B

即每千克溶剂中溶解的溶质的物质的量（n_B）数，单位为 $mol \cdot kg^{-1}$，即

$$b_B = \frac{n_B}{m_A}$$

式中，m_A 表示溶剂的质量。

溶液的质量摩尔浓度与温度无关。对于较稀的水溶液来说，1 L 溶液的质量约为 1 kg，故质量摩尔浓度数值上近似等于物质的量浓度，即 $b_B \approx c_B$。

1.1.4 溶解度

在一定温度和压力下，一定量的饱和溶液中溶解的溶质的量称为该溶质的溶解度。

一般情况下,固体的溶解度是用 100 g 溶剂中能溶解的溶质的最大质量(g)表示,气体的溶解度则用体积分数表示。

影响溶解度的因素主要有温度和压力。温度升高,固体的溶解度往往增大,而气体的溶解度则普遍减小;压力增大,气体的溶解度均直线增大,而固体的溶解度变化很小。

1.2　稀溶液的通性

1.2.1　非电解质稀溶液的依数性

不同的溶液有不同的性质,电解质溶液的性质与非电解质溶液的性质往往差别较大。对于非电解质稀溶液的研究发现,不同溶质溶解于同一种溶剂中形成的不同溶液却有几种完全相同的性质。这些性质的特点是只取决于溶质在溶液中的质点数,而与溶质的组成、结构和性质无关,且只要测定出其中的一种性质就可以推算其余的几种性质。奥斯特瓦尔(Ostwald)将这类性质命名为依数性。非电解质稀溶液的依数性包括蒸气压下降、沸点升高和凝固点下降、渗透压。

1. 蒸气压下降

(1)蒸气压

在一定温度下,将某一液体放入一密闭容器,由于液体分子的热运动,液体表面的高能量分子就会克服其他分子的吸引力从表面溢出,成为蒸气分子。这个过程叫做蒸发或者气化,蒸发是吸热过程。相反,液面上方的蒸气分子也可以被液面分子吸引或受到外界压力而进入液相,这个过程叫做凝聚,凝聚是放热过程。由于液体在一定温度时的蒸发速率是恒定的,蒸发刚开始时,蒸气分子不多,凝聚的速率远小于蒸发的速率。随着蒸发的进行,蒸气浓度逐渐增大,凝聚的速率也就随之加大。当液体的凝聚速率和蒸发速率相等时,液体和它的蒸气就处于两相平衡状态,此时的蒸气称为饱和蒸气。饱和蒸气所产生的压力称为该温度下液体的饱和蒸气压,简称蒸气压。

以水为例,在一定的温度下达到相平衡,即

$$H_2O(l) \underset{凝聚}{\overset{蒸发}{\rightleftharpoons}} H_2O(g)$$

$H_2O(g)$ 所具有的压力 $p(H_2O)$ 即为该温度下的蒸气压。例如,在 273.15 K 时,$p(H_2O) = 0.611$ kPa;在 373.15 K 时,$p(H_2O) = 101.325$ kPa。

蒸气压的大小表示了液体分子向外逸出的趋势,它只与液体的性质和温度有关。通常蒸气压大的物质被称为易挥发物质,蒸气压小的物质被称为难挥发物质。

(2)溶液的蒸气压下降

1887 年法国物理学家拉乌尔(Raoult)在研究了几十种溶液蒸气压与溶质浓度的关系后,得出结论:在一定温度下,难挥发非电解质稀溶液的蒸气压等于纯溶剂的饱和蒸气压乘以该溶剂在溶液中的摩尔分数,即

$$p = p^{\ominus} \cdot \chi_A$$

这就是拉乌尔(Raoult)定律,p 为溶液的饱和蒸气压;$p^{\ominus}$ 为纯溶剂的饱和蒸气压;χ_A 为溶

液中溶剂的摩尔分数。

对于一个双组分来说，$\chi_B + \chi_A = 1$，所以 $p = p^{\ominus}(1 - \chi_B) = p^{\ominus} - p^{\ominus}\chi_B$，由此可得

$$\Delta p = p^{\ominus} - p = p^{\ominus} \cdot \chi_B$$

式中，χ_B 代表溶质的摩尔分数。

拉乌尔定律表明，一定温度下难挥发非电解质稀溶液的蒸气压下降与溶质的物质的量分数成正比。

在稀溶液中，由于 $n_A \gg n_B$，所以

$$\chi_B = \frac{n_B}{n_A + n_B} \approx \frac{n_B}{n_A} = \frac{n_B}{m_A / M_A} = \frac{n_B}{m_A} M_A \approx b_B M_A$$

带入拉乌尔定律表达式中，可得出稀溶液蒸气压下降与质量摩尔浓度 b_B 之间的关系

$$\Delta p = p^{\ominus} \cdot \chi_B = p^{\ominus} M_A b_B = K b_B$$

因此，拉乌尔定律又可表述为，在一定温度下，难挥发非电解质稀溶液的蒸气压下降与溶液的质量摩尔浓度成正比，而与溶质的本性无关。在一定温度下 K 是一个常数，只与溶剂的本性有关。

如图 1.1 所示，对拉乌尔定律可以这样理解，与纯溶剂的蒸发相比，当溶液中溶解了难挥发性物质后，溶质分子的存在会阻碍溶剂分子穿过溶液表面进入空间变为气态分子，这样当溶剂的蒸发和凝聚达到平衡时，气态分子的数目就要比与纯溶剂相平衡的气态分子数少，因此溶液的饱和蒸气压 p 低于纯溶剂的饱和蒸气压 $p^{\ominus}$，如图 1.2 所示。而且从分子运动论的观点考虑，p 与 $p^{\ominus}$ 的差值正比于溶液中溶质质点的比例（即摩尔分数）。表 1.1 列出了 293 K 时不同浓度的葡萄糖水溶液的蒸气压下降值。

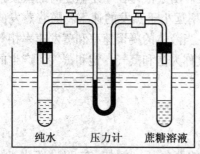 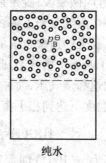 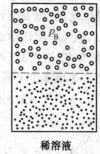

图 1.1 非电解质稀溶液蒸气压下降示意图　　　图 1.2 纯水和稀溶液的蒸气压对比示意图

表 1.1　293 K 时不同浓度的葡萄糖水溶液的蒸气压下降值

$m/(\mathrm{mol \cdot kg^{-1}})$	Δp（理论计算值）/Pa	Δp（实验测量值）/Pa
0.098 4	4.1	4.1
0.394 5	16.5	16.4
0.585 8	24.8	24.9
0.996 8	41.0	41.2

【例 1.3】 已知苯在 293 K 时的饱和蒸气压为 9.99 kPa，现将 1.00 g 某未知有机物

溶于 10.00 g 苯中,测得溶液的饱和蒸气压为 9.50 kPa。试求该未知物的分子量。

解 设该未知物的分子量为 M,根据拉乌尔定律 $\Delta p = p^{\ominus} - p = p^{\ominus} \cdot \chi_B$,有

$$9.99 - 9.50 = 9.99 \times \frac{1.00/M}{1.00/M + 10.00/78}$$

$$M = 151$$

需要指出的是,从理论上严格地讲,只有理想溶液才在任何浓度时都遵守拉乌尔定律。一般拉乌尔定律适用于溶质为难挥发的非电解质,溶液为稀溶液(浓度小于 5 mol·kg^{-1} 的溶液为稀溶液)。若溶质是易挥发的,则溶液的饱和蒸气压就包括溶质的饱和蒸气压和溶剂的饱和蒸气压两部分,其数值常常大于同温度下纯溶剂的饱和蒸气压。如乙醇、醋酸、丙酮等水溶液的饱和蒸气压就大于纯水的饱和蒸气压。

2. 沸点升高和凝固点降低

沸点指液体的饱和蒸气压等于外界大气压力时的温度。图 1.3 为水的正常沸点是 100 ℃ 即 373.15 K,即水在 373.15 K 时其蒸气压力恰好等于外界压力(101.325 kPa)。若在水中加入少量难挥发的溶质配成稀溶液,由于稀溶液的蒸气压下降,其饱和蒸气压曲线下降为 $A'B'$,此时只有将温度继续升高到 T_b 后,溶液的蒸气压才等于外界大气压,溶液才开始沸腾。这种现象称为溶液的沸点升高,溶液的沸点升高度数 ΔT_b 即为溶液的沸点 T_b 与纯溶剂的沸点的差值。

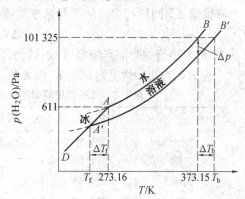

图 1.3 水溶液的沸点升高和凝固点降低示意图

溶液的沸点升高是溶液蒸气压下降的必然结果。溶液浓度越大,沸点升高越显著。根据实验研究,难挥发的非电解质的稀溶液的沸点升高值 ΔT_b 与溶液的质量摩尔浓度成正比,与溶质的本性无关,即

$$\Delta T_b = K_b \cdot b_B$$

式中,ΔT_b 为溶液的沸点升高值;K_b 为溶剂的沸点升高常数;b_B 为溶液的质量摩尔浓度。

K_b 的数值大小只决定于溶剂本身,不同的溶剂数值不同,其中水的 K_b 等于 0.512。常见溶剂的 K_b 值见表 1.2。

【例 1.4】 将 50 g 糖溶于 100 g 水中,测得溶液的沸点为 374.57 K,求糖的分子量。

解 设糖的分子量为 M,糖在水溶液中的质量摩尔浓度为 b_B,根据 $\Delta T_b = K_b \cdot b_B$,有

$$374.57 - 373.15 = 0.512 \, b_B$$

解得

$$b_B = 2.77 \text{ mol} \cdot \text{kg}^{-1}$$

$$M = \frac{50}{b_B} \times \frac{1\,000}{100} = \frac{50}{2.77} \times \frac{1\,000}{100} = 180 \text{ g} \cdot \text{moL}^{-1}$$

固体也具有饱和蒸气压。当某物质固态的蒸气压等于其液态蒸气压时,所对应的温度称为该物质的凝固点,此时液态的凝固和固体的熔化处于平衡状态。

例如冰,由图 1.3 可知,在 273.16 K 时(水的三相点,即纯液体水与冰和水蒸气共存的状态),冰的蒸气压力曲线和水的蒸气压力曲线相交于一点,即此时冰的蒸气压力与水的蒸气压力相等,均为 611 Pa。若在冰、水共存的水中加入少量难挥发的非电解质形成稀溶液,由于溶液的蒸气压下降(溶质溶于水而不是冰中,因此只影响水的蒸气压力,对冰的蒸气压无影响),则在 273.16 K 时,溶液的蒸气压力必定低于冰的蒸气压力,所以溶液在 273.16 K 时不能结冰。若此时溶液中放入冰,冰就会融化,在融化过程中要从系统中吸收热量,因此系统的温度就会降低。只有当温度降低至溶液的蒸气压与冰的蒸气压相交于一点 A' 时,溶液和其溶剂与固体冰平衡共存,此温度 T_f 即为溶液的凝固点。这种溶液的凝固点比溶剂低的现象叫做溶液的凝固点降低。

溶液的凝固点降低也是溶液蒸气压下降的必然结果。难挥发非电解质稀溶液的凝固点降低值 ΔT_f 同样与溶液的质量摩尔浓度成正比,与溶质的本性无关,即

$$\Delta T_f = K_f \cdot b_B$$

式中,K_f 为溶剂的凝固点降低常数,其物理意义与 K_b 类似。

表 1.2 为几种常见溶剂的 K_b 和 K_f 值。

表 1.2　几种常见溶剂的沸点升高常数 K_b 和凝固点降低常数 K_f

溶　　剂	$T_b^{\ominus}/K$	$K_b/(K \cdot kg \cdot mol^{-1})$	$T_f^{\ominus}/K$	$K_f/(K \cdot kg \cdot mol^{-1})$
水	373.15	0.512	273.15	1.855
乙醇	351.65	1.22	155.85	—
丙酮	329.35	1.71	177.8	—
苯	353.25	2.53	278.65	4.9
乙酸	391.05	3.07	289.75	3.9
氯仿	334.85	3.63	209.65	—
萘	492.05	5.80	353.65	6.87
硝基苯	483.95	5.24	278.85	7.00
苯酚	454.85	3.56	316.15	7.40

溶液的沸点升高和凝固点降低可以用来测定溶质的摩尔质量。由于水的凝固点降低常数比沸点升高常数大,测定结果准确度高,所以用凝固点降低的方法测定相对分子质量应用更为广泛。

【例 1.5】　将 15.0 g 谷氨酸溶于 100 g 水中,测得溶液的凝固点为 271.25 K,求谷氨酸的分子量。

解　设谷氨酸的分子量为 M,谷氨酸在水溶液中的质量摩尔浓度为 b_B,根据 $\Delta T_f = K_f \cdot b_B$,有

$$273.15 - 271.25 = 1.86 b_B$$

解得

$$b_B = 1.02 \text{ mol} \cdot kg^{-1}$$

$$M = \frac{15.0}{b_B} \times \frac{1\,000}{100} = \frac{15.0}{1.02} \times \frac{1\,000}{100} = 147$$

谷氨酸(COOH(CH₂)₂CHNH₂COOH)的实际分子量就是 147,可见实验测定的结果相

当精确。

3.渗透压

在现实生活中,一些水果和蔬菜放置时间长了,会失去水分而发蔫。但如果将其放在水中浸泡一会,会发现它们重新变得生机盎然。产生这种现象的原因就在于大多数水果和蔬菜的表皮是一层半透膜,它只允许水分子通过,而不允许其他分子透过。天然的半透膜还有动物的膀胱、肠衣等,人工合成的半透膜有聚砜纤维膜等。

渗透是指溶剂分子透过半透膜从纯溶剂向溶液或从稀溶液向浓溶液的净迁移过程。产生渗透现象必须具备两个必要条件:有半透膜的存在和膜两侧单位体积内溶剂分子数不相等。

在一个容器中间放置一张半透膜,容器一边放入纯溶剂水,另一边放入非电解质稀溶液,并使半透膜两边的液面高度相同。放置一段时间后,会发现纯溶剂水通过半透膜向稀溶液中渗透,造成纯溶剂的液面逐渐下降,而稀溶液的液面逐渐升高,最后达到一平衡状态,如图1.4(a)所示。这样就在溶液与纯溶剂之间产生了一个压力差,由于此压力差的产生是由溶剂的渗透造成的,所以将其称为渗透压(osmotic pressure),用符号 π 表示。此时若在浓度高的溶液一侧液面施加一定的外压,可以阻止溶剂分子的净移动。当施加的压力等于渗透压 π 时,溶剂两侧液面恢复相同,如图1.4(b)所示。所以渗透压其实就是为了阻止渗透作用而需加给溶液侧的额外压力。当施加的外压大于 π 时,溶剂分子会从浓溶液侧向稀溶液或向稀溶液侧溶剂方向移动,这种现象称为反渗透(reverse osmosis)。反渗透技术可用来进行海水的淡化处理或用于废水处理。

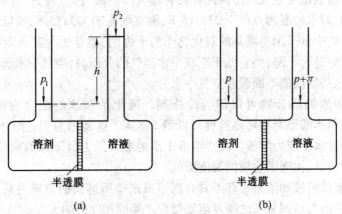

图 1.4 渗透压示意图

1886 年,荷兰物理学家范特霍夫(Van't Hoff)指出"稀溶液的渗透压与温度、溶质浓度的关系同理想气态方程一致",即

$$\pi = c_B RT$$

式中,c_B 为溶液的物质的量浓度;R 为气体常数(其取值决定于 π 和 c_B 的量纲);T 为绝对温度。

对于稀溶液来说,物质的量浓度约等于质量摩尔浓度 b_B,故上式又可表示为

$$\pi = b_B RT$$

渗透现象在现实生活中随处可见，俗话说"山有多高，水有多高"，实际上树有多高，水也有多高，这些水绝大多数是通过自然界中的半透膜渗透到山顶或树顶的。

渗透压具有非常重要的生物学意义，生物体的细胞液和体液都是水溶液，它们具有一定的渗透压，而且生物体内的绝大部分膜都是半透膜。人体血液的平均渗透压为780 kPa，临床上注射或静脉输液时，必须使用与人体内的渗透压基本相等的溶液，即等渗溶液。临床上常用的是 $9.0\ \mathrm{g \cdot L^{-1}}$ 的 NaCl 溶液或 $50\ \mathrm{g \cdot L^{-1}}$ 的葡萄糖溶液。若静脉注射液浓度过高，水分子会从红细胞中渗出，导致红细胞干瘪；浓度过低，水分子会渗入红细胞中，导致红细胞溶胀、破裂，导致生命危险。

【例1.6】 已知 310 K 时人血液的渗透压大约为 776.15 kPa(7.66 atm)，如果用葡萄糖溶液给病人输液的话，在 1 000 mL 水中应溶解多少克葡萄糖？

解 根据 $\pi = c_B RT$，得

$$c_B = \frac{\pi}{RT} = \frac{776.15}{8.314 \times 310} = 0.301\ \mathrm{mol \cdot L^{-1}}$$

假设溶解葡萄糖后水的体积不变，则在 1 000 mL 水中溶解的葡萄糖的摩尔数就是 0.301 mol，葡萄糖的摩尔质量为 $180\ \mathrm{g \cdot mol^{-1}}$，那么所需葡萄糖的质量为

$$180 \times 0.301 = 54.2\ \mathrm{g}$$

综上所述，难挥发非电解质稀溶液的蒸气压下降、沸点升高、凝固点降低、渗透压等性质，与溶剂中溶解的溶质分子数成正比，而与溶质的本性无关。这些性质称为稀溶液的通性，它们所遵循的定量关系称为稀溶液定律。

电解质溶液或浓度较大的溶液同样具有蒸气压下降、沸点升高、凝固点降低、渗透压等性质。例如，海水的凝固点低于 273.15 K，沸点则高于 373.15 K，所以冬天时也不易结冰。食品包装袋中常采用易潮解的氯化钙作为干燥剂，就是因为其表面吸潮后所形成的溶液的蒸气压力显著下降，当它低于空气中水蒸气的分压时，空气中水蒸气便不断凝聚而进入溶液，即这些物质能不断吸收空气中水分。

又如，盐和冰的混合物可以作为冷冻剂。氯化钠和冰的混合物可使温度降低到 251 K，氯化钙和冰的混合物可使温度降低到 218 K。这是因为当盐与冰混合时，盐溶解在冰表面的少量水中成为溶液。由于溶液中水的蒸气压力低于冰的蒸气压力，造成冰融化。冰融化时吸热，使周围物质的温度降低。

但是，电解质溶液和浓溶液却不具有稀溶液定律所遵循的定量关系。浓溶液中溶质的微粒较多，溶质与溶剂分子之间及溶质微粒之间的相互影响大为增加，导致稀溶液定律的定量关系不再适用。电解质溶液由于电解质在溶液中解离产生正负离子，致使单位体积内溶质的粒子数几乎是同浓度非电解质溶液的整数倍，此时稀溶液的依数性取决于溶质分子、离子的总组成量度，使稀溶液定律的定量关系产生了偏差，必须加以校正。这一偏差可用电解质溶液与同浓度的非电解质溶液的凝固点降低的比值 i 来表达，见表1.3。

表 1.3　几种电解质质量摩尔浓度为 0.100 mol·kg^{-1} 时水溶液中的 i 值

电　解　质	实验值 $\Delta T'_f$/K	计算值 ΔT_f/K	$i = \Delta T'_f / \Delta T_f$
NaCl	0.348	0.186	1.87
HCl	0.355	0.186	1.91
K_2SO_4	0.458	0.186	2.46
CH_3COOH	0.188	0.186	1.01

对于这些电解质稀溶液,蒸气压下降、沸点升高和渗透压的数值也都比同浓度的非电解质稀溶液要大,而且存在着与凝固点降低类似的情况。

由表 1.3 可见,电解质溶液凝固点降低的实验值均比计算值大,NaCl,HCl(AB 型)等强电解质的 i 比值接近于 2,K_2SO_4(A_2B 型)的 i 在 2 ~ 3 之间;弱电解质如 CH_3COOH 的 i 略大于 1。因此,对同浓度(mol·kg^{-1} 或 mol·L^{-1})的溶液来说,其沸点高低或渗透压大小的顺序为:A_2B 或 AB_2 型强电解质溶液、AB 型强电解质溶液、弱电解质溶液、非电解质溶液,而其蒸气压或凝固点的顺序则相反。

阅读拓展

溶　胶

胶体是一种多相分散体系,它是由颗粒直径为 1 ~ 100 nm 的分散质所组成的体系。

分散系是一种或几种物质分散在另一种(或几种)物质中所形成的体系,其中被分散的物质称为分散相(或分散质),容纳分散相的连续介质则称为分散介质(或分散剂)。

例如,聚苯乙烯分散在水中形成乳胶,聚苯乙烯便是分散相,水是分散介质。

习惯上,把分散介质为液体的分散体系称为液溶胶或溶胶;分散介质为固体的分散体系称为固溶胶;分散介质为气体的分散体系称为气溶胶。例如,烟便是一种气溶胶,泡沫玻璃是一种固溶胶,而墨汁、乳胶等便是一种液溶胶。

1. 胶团的结构

溶胶的分散相粒子即胶粒,是由许多小分子、原子或离子聚集而成的,具有双电子层结构。胶粒的结构比较复杂,先由一定量的难溶物分子聚结形成胶粒的中心,称为胶核;然后胶核选择性地吸附稳定剂中的一种离子,形成紧密吸附层。由于正、负电荷相吸,在紧密层外形成一层与胶核所带电荷电性相反的离子的包围圈,这些离子称为反离子。由于反离子电荷与胶核表面电荷电性相反,在静电引力作用下,它们有靠近胶核的趋势;另一方面,反离子由于扩散运动,又有远离胶核的趋势。当这两种趋势达到平衡时,使体系反离子按一定的浓度梯度分布,形成胶粒。还有部分反离子松散地分布在胶粒周围,构成扩散层。所谓双电子层就是指带有相反电荷的吸附层与扩散层。胶粒与扩散层中的反号离子,形成一个电中性的胶团。

胶核总是选择性地吸附与其组成相同或相类似的离子,若无相同或相类似离子,则首先吸附水化能力较弱的负离子,所以自然界中的胶粒大多带负电,如泥浆水、豆浆等都是负溶胶。

下面以 AgI 溶胶为例说明胶团结构。

当 AgNO$_3$ 和 KI 反应，AgNO$_3$ + KI $\longrightarrow$ KNO$_3$ + AgI↓

当 AgNO$_3$ 过量时，AgNO$_3$ 作稳定剂，AgI 溶胶的胶团结构式可以表示为

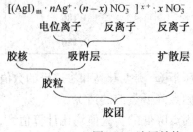

图 1.5　胶团结构

其中 $m \gg n$，$n > x$。由此可知 AgI 溶胶的胶团结构，胶粒带正电，但整个胶团是电中性的。

2. 溶胶的性质

（1）溶胶的光学性质——丁达尔(Tyndall)效应

暗室中以一束聚焦强光照射溶胶，在垂直光束的方向观察，可见一束光锥通过，这便是溶胶的丁达尔效应。这是由于溶胶粒子的直径在 1 ~ 100 nm 之间，稍小于可见光波长（400 ~ 700 nm），当可见光透过溶胶时便会产生明显的散射现象。而对于真溶液，由于分子或离子直径远小于可见光的波长，光只会发生透射，溶液清澈透明，不会看到光带。因此，可以用丁达尔现象区分溶胶和真溶液。

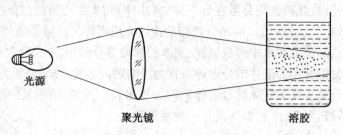

图 1.6　丁达尔效应

（2）溶胶的动力学性质——布朗(Brown)运动

将一束强光透过溶胶并在光的垂直方向用超显微镜观察，可以观测到溶胶中的胶粒在介质中不停地作不规则的运动，这种不停的无规则的运动称为布朗运动。这是由于胶粒在某一瞬间受到来自周围各方介质分子碰撞的合力的作用。胶粒质量越小，温度越高，运动速度越高，Brown 运动越剧烈。

（3）溶胶的电学性质——电泳(electrophoresis)现象

在一个 U 形管中，加入棕色的 Fe(OH)$_3$ 溶胶，然后插上电极并通直流电，会发现阴极附近颜色逐渐变深，表示氢氧化铁胶粒向阴极移动。这种带电胶粒在电场作用下定向移动的现象称为电泳。

溶胶的电泳方向可以判断其胶粒带电情况，向阳极迁移的胶粒带负电，向阴极迁移的胶粒带正电。一般情况下，大多数金属硫化物、硅酸、金、银等溶胶，向正极迁移，胶粒带负

电;大多数金属氢氧化物溶胶,向负极迁移,胶粒带正电。

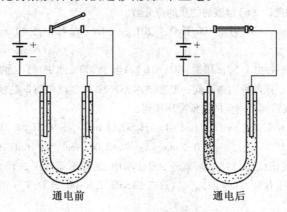

通电前   通电后

图 1.7   电泳现象

3. 溶胶的稳定性和聚沉

（1）溶胶的稳定性

溶胶是不稳定体系,在重力场中胶粒受重力的作用要下沉。溶胶具有自发聚结的趋势,应该很容易聚结而下沉。但事实上很多溶胶相当稳定,溶胶的稳定性原因如下:

①在溶胶体系中,胶粒都带有相同的电荷,它们相互排斥阻止了彼此的靠近。

②胶团中的吸附层离子和扩散层离子都能发生水化作用,在其表面形成具有一定强度和弹性的水化膜,从而阻止了胶粒之间的直接接触,使胶粒碰撞时不致引起聚沉。

③溶胶分散程度高,胶粒体积小,具有强烈的布朗运动,可以克服重力作用而不易下沉。

（2）溶胶的聚沉

溶胶的稳定是暂时的、有条件的、相对的。从溶胶的稳定性来看,只要破坏了溶胶稳定性的因素,溶胶粒子就会聚结而沉降,这个过程称为溶胶的聚沉。可以通过以下方法实现溶胶的聚沉:

①加入带相反电荷的电解质。加入的电解质电荷越高、半径越大,聚沉能力越强。例如,在 $Fe(OH)_3$ 溶胶中加入少量 K_2SO_4 溶液,会使氢氧化铁沉淀析出。

②溶胶的相互聚沉。带相反电荷的溶胶相混合会发生聚沉(当两种溶胶所带总电荷量相同时,才会完全聚沉,否则可能聚沉不完全,甚至不聚沉)。例如,天然水中的悬浮粒子一般带负电,当加入净水剂明矾或硫酸铝后,生成的 $Al(OH)_3$ 溶胶带正电,可与水中的悬浮粒子相互聚沉而达到净水效果。

③热聚沉。很多溶胶加热会发生聚沉,例如将 As_2S_3 溶胶加热至沸,就会析出黄色的硫化砷沉淀。

习 题

1. 将 60 g 草酸晶体($H_2C_2O_4 \cdot 2H_2O$)溶于水中,使其成为体积为 1 L,$\rho = 1.02 \ g \cdot mL^{-1}$ 的草酸溶液,求此溶液的物质的量浓度和质量摩尔浓度。   (0.476 mol · L^{-1},0.487 mol · kg^{-1})

2. 10.00 mL 饱和 NaCl 溶液的质量为 12.008,将其蒸干后得固体 NaCl 3.173g,试计算:

（1）NaCl 的溶解度；　（2）溶液的密度；　（3）溶液的质量分数；　（4）溶液的物质的量浓度；

（5）溶液的质量摩尔浓度；　（6）溶液的物质的量分数。

$$(35.91 \text{ g}/100 \text{gH}_2\text{O}; 1.201 \text{ g} \cdot \text{mL}^{-1}; 26.42\%; 5.42 \text{ mol} \cdot \text{L}^{-1}; 6.14 \text{ mol} \cdot \text{kg}^{-1};$$
$$x(\text{NaCl}) = 0.525, x(\text{H}_2\text{O}) = 0.475)$$

3. 现有两种溶液，一种为 1.50 g 尿素（CO(NH₂)₂）溶于 200 g 水中，另一种为 42.75 g 未知物（非电解质）溶于 1 000 g 水中。这两种溶液在同一温度结冰，问未知物的摩尔质量是多少？　（342 g · mol^{-1}）

4. 将下列水溶液按照其凝固点的高低顺序排列：

（1 mol · kg^{-1}NaCl，1 mol · kg^{-1}H₂SO₄，1 mol · kg^{-1}C₆H₁₂O₆，0.1 mol · kg^{-1}CH₃COOH，

0.1 mol · kg^{-1}NaCl，0.1 mol · kg^{-1}C₆H₁₂O₆，0.1 mol · kg^{-1}CaCl₂）

5. 20℃时，葡萄糖（C₆H₁₂O₆）15 g 溶解于 200 g 水中，试计算蒸气压 p、沸点 T_b、凝固点 T_f 和渗透压 π（20℃时水的蒸气压力为 2 338 Pa）。　（p = 2 321 Pa，T_b = 100.21℃，T_f = −0.78℃，π = 1 015.5 kPa）

第2章 化学热力学基本原理

学 习 要 求

1. 了解热力学基本概念,理解热力学能、焓、熵、吉布斯函数等状态函数的概念及特征。
2. 理解热力学第一定律、热力学第二定律的基本内容。
3. 掌握化学反应标准摩尔焓变、标准摩尔熵变和标准摩尔吉布斯函数变的计算方法。
4. 掌握运用 $\Delta_r G_m$ 判断化学反应的方向。

化学热力学主要研究化学反应中的两个问题:
(1)化学反应中能量是如何转化的;
(2)化学反应在一定条件下朝着什么方向进行,进行到什么程度。

2.1 热力学基本概念及术语

2.1.1 系统与环境

热力学研究的对象是由大量粒子所组成的宏观物体。通常将被划做为研究对象的物体称为系统,系统周围与系统有密切联系的其余部分称为环境。注意,系统与环境的划分具有相对性。

根据系统与环境之间物质交换和能量交换的关系可将系统分为三类,敞开系统、封闭系统和孤立(或隔离)系统。敞开系统是指系统与环境之间既有物质交换又有能量交换,如一杯未加盖的开水;封闭系统是指系统与环境之间只有能量交换而无物质交换,如一杯加盖的开水;孤立(或隔离)系统是指系统与环境之间既无能量交换亦无物质交换,如将一杯加盖的开水置于一绝热保温筒中。

2.1.2 状态与状态函数

一个系统的状态是由它的一系列物理量确定的,当所有物理量都有确定的值时系统就处于一定的状态。如果其中任何一个物理量发生变化,系统的状态就随之改变,把决定系统状态的物理量称为状态函数。

状态函数的特征:
①状态函数是状态的单值函数,即状态一定时状态函数的值也一定;
②状态从始态变化到终态,状态函数的变化值只与始终态有关,而与变化所经过的途

径无关;

③状态经历一个循环变化回复到始态,则状态函数的值不变,故状态函数的特征为"状态函数有特征,状态一定值一定,殊途同归变化等,周而复始变化为零"。

系统的任一状态函数都是其他状态变量的函数。经验表明,对于一定量的纯物质或组成确定的系统,只要两个独立的状态变量确定(通常为 p,V,T 中的任意两个),状态也就确定,其他状态函数也随之确定。

2.1.3 过程与途径

系统的状态发生的所有变化称为过程;完成一个过程系统所经历的具体步骤称为途径。

热力学上经常遇到的过程有下列几种。

①恒温过程。系统始、终态温度与环境的温度相等并恒定不变的过程,即
$$T_1 = T_2 = T_{ex}$$
②恒压过程。系统始、终态压力与环境的压力相等且恒定不变的过程,即
$$p_1 = p_2 = p_{ex}$$
③恒容过程。系统体积恒定不变的过程。
④绝热过程。系统与环境之间无热量传递的过程。
⑤循环过程。系统经一系列变化又回到初始状态的过程。
⑥克服恒外压膨胀过程。系统克服恒定外压膨胀的过程,即
$$p_1 > p_2 ; \quad p_2 = p_{ex}$$
注意:克服恒外压膨胀过程与恒压过程是两个不同的概念。

2.2 热力学第一定律

2.2.1 热和功

热和功是系统状态发生变化时与环境能量交换的两种形式。由于系统与环境之间的温度差所引起的能量交换称为热,用符号 Q 表示。按国际惯例,系统吸热 Q 为正,系统放热 Q 为负。除热交换外,系统与环境之间的一切其他能量交换均称为功,用符号 W 表示。按国际惯例,环境对系统做功,W 为正,系统对环境做功,W 为负。功有多种形式,通常分为体积功和非体积功两大类,由于系统体积变化反抗外力所做的功称为体积功,其他形式的功统称为非体积功,如表面功、电功等。注意,系统与环境之间交换的热和功除了与系统的始、终态有关外,还与过程所经历的具体途径有关,故热和功是途径函数。

2.2.2 热力学能

热力学能又称为内能,是指蕴藏于系统内所有粒子除整体势能及整体运动动能之外的全部能量的总和。它包括分子运动的动能、分子间相互作用的势能及分子内部的能量。

热力学能是系统的状态函数,用符号 U 表示,具有能量的单位。热力学能的绝对值

无法测量,但可用热力学第一定律来计算状态变化时热力学能的变化值 ΔU。

2.2.3　热力学第一定律

在热力学中,我们要研究当系统从一种状态变到另一种状态时所发生的能量变化。人们在长期实践的基础上得出这样一个经验定律:在任何过程中,能量是不会自生自灭的,只能从一种形式转化为另一种形式,从一个物体传递给另一个物体,在转化和传递过程中能量的总值不变。这就是热力学第一定律。

热力学第一定律可用数学表达式表示为

$$\Delta U = Q + W$$

式中,ΔU 为系统状态发生变化时热力学能的变化,而 Q 和 W 为系统在状态变化过程中与环境交换的热和功。热力学第一定律反映了系统状态变化过程中能量转化的定量关系。

2.3　热　化　学

2.3.1　化学反应热与焓

化学反应热是指等温反应热,即当系统发生化学变化后,使反应产物的温度回到反应前始态的温度,系统放出或吸收的热量。化学反应热通常有恒容反应热和恒压反应热两种。现从热力学第一定律来分析其特点。

1. 恒容反应热

系统在恒容、且非体积功为零的条件下发生化学反应时与环境交换的热,称为恒容反应热,用符号 Q_V 表示。

由热力学第一定律,对封闭系统中的恒容过程,在非体积功为零的条件下,系统与环境交换的功为零,故系统与环境交换的热应等于热力学能的变化,即

$$\Delta U = Q_V$$

也就是说,对封闭系统中的等容过程,系统吸收的热全部用于系统热力学能的增加。

虽然过程热是途径函数,但在定义恒容反应热后,已将过程的条件加以限制,使得恒容反应热与热力学能的增量相等,故恒容反应热也只决定于系统的始终态,这是恒容反应热的特点。

注意:非等容反应也有 ΔU 和 Q,但此时的 ΔU 与 Q 不相等。

2. 恒压反应热与焓

系统在恒压、且非体积功为零的条件下进行化学反应过程中与环境所交换的热,称为恒压反应热,用符号 Q_p 表示。

由热力学第一定律,在恒压、非体积功为零的条件下可得

$$\Delta U = Q_p + W_{体} = Q_p - p_{ex}(V_2 - V_1) = Q_p - (p_2 V_2 - p_1 V_1) = U_2 - U_1$$

整理得
$$Q_p = (U_2 + p_2 V_2) - (U_1 + p_1 V_1)$$

由于 U、p、V 均为系统的状态函数,$U + pV$ 的组合也必然是一个状态函数,具有状态函

数的一切特征。将这个新的组合函数定义为焓,用符号 H 表示。

这样上式就可简化为

$$Q_p = H_2 - H_1 = \Delta H$$

也就是说,对封闭系统中的等压化学反应,系统吸收的热全部用于系统焓的增加。

虽然过程热是途径函数,但在定义恒压反应热后,已将过程的条件加以限制,使得恒压反应热与焓的增量相等,故恒压反应热也只取决于系统的始终态,这是恒压反应热的特点。

注意:非等压反应也有 ΔH 和 Q,但此时的 ΔH 与 Q 不相等。

2.3.2 热化学方程式

1.化学反应进度

对任一化学反应 $a\text{A} + b\text{B} \xcancel{} l\text{L} + m\text{M}$

移项后可写成 $0 = -a\text{A} - b\text{B} + l\text{L} + m\text{M}$

也可简写为 $0 = \sum \nu_\text{B}\text{B}$

式中,B 为参加反应的任一物质;ν_B 称为 B 物质的化学计量数。

对于反应物来说,化学计量数为负值;对于产物来说,化学计量数为正值。

反应进度是衡量化学反应进行程度的物理量,用 ξ 表示。当反应进行后,参加反应的任一物质 B 的物质的量由始态 n_0 变到 n_B,则该反应的进度为

$$\xi \overset{\text{def}}{=\!=\!=} \frac{n_\text{B} - n_0}{\nu_\text{B}}$$

如果选择始态的反应进度不为零,则该过程的反应进度变化为

$$\Delta\xi \overset{\text{def}}{=\!=\!=} \frac{n_2 - n_1}{\nu_\text{B}} = \frac{\Delta n_\text{B}}{\nu_\text{B}}$$

化学反应进度与物质的选择无关,但与化学反应式的写法有关,例如

$$2\text{C(s)} + \text{O}_2\text{(g)} \xcancel{} 2\text{CO(g)}$$

如果反应系统中有 2 mol C 和 1 mol O_2 反应生成 2mol 的 CO,若反应进度变化以 C 的物质的量的改变来计算,则

$$\Delta\xi = \frac{\Delta n_\text{C}}{\nu_\text{C}} = \frac{-2 \text{ mol}}{-2} = 1 \text{ mol}$$

若反应进度变化以 CO 的物质的量的改变来计算,则

$$\Delta\xi = \frac{\Delta n_\text{CO}}{\nu_\text{CO}} = \frac{2 \text{ mol}}{2} = 1 \text{ mol}$$

可见,无论对反应物还是生成物,$\Delta\xi$ 都具有相同的值,与物质的选择无关。但由于 $\Delta\xi$ 与化学计量数有关,而化学计量数与反应式的写法有关,故 $\Delta\xi$ 与反应式的写法有关。

如果将上述反应式写成

$$\text{C(s)} + \frac{1}{2}\text{O}_2\text{(g)} \xcancel{} \text{CO(g)}$$

则上述反应系统发生同样的物质的量的变化,反应进度的变化值为 2 mol。

2. 热化学方程式

表示化学反应与其热效应关系的方程式称为热化学方程式,例如

$$H_2(g) + \frac{1}{2}O_2(g) \xrightarrow[p^{\ominus}]{298.15\ K} H_2O(l)$$

$$\Delta_r H_{m,298.15\ K}^{\ominus} = -286\ kJ \cdot mol^{-1}$$

在符号 $\Delta_r H_{m,298.15\ K}^{\ominus}$ 中,H 的左下标 r 表示特定的反应,$\Delta_r H$ 表示反应的焓变,即恒压反应热,$\Delta_r H$ 为正时表示反应为吸热反应,$\Delta_r H$ 为负时表示反应为放热反应。H 的右下标 m 表示反应进度的变化为 1 mol,H 的右下标 298.15 K 表示该反应在 298.15 K 下进行,H 的右上标 $\ominus$ 表示该反应在标准状态下进行,即参加反应的物质都处于标准态。物质的状态不同,标准态的含义亦不同,气体指分压为标准压力(100 kPa,记作 $p^{\ominus}$)的理想气体,固体和液体是指标准压力下的纯固体和纯液体,故该热化学方程式表示在 298.15 K 和 100 kPa 下,1 mol 气态 H_2 和 0.5 mol 气态 O_2 反应生成 1 mol 液态 H_2O,放出 286 kJ 的热量。

书写热化学方程式应注意以下三点:① 注明反应的温度和压力;② 必须标出物质的聚集状态;③ 反应热效应与反应方程式相对应。

2.3.3 恒压反应热和恒容反应热的关系

在恒温恒压条件下,化学反应的恒压摩尔反应热等于化学反应的摩尔焓变 $\Delta_r H_m$。在恒温恒容条件下,化学反应的恒容摩尔反应热等于化学反应的摩尔热力学能的变化 $\Delta_r U_m$。

设有一恒温反应,分别在恒压且非体积功为零、恒容且非体积功为零的条件下进行 1 mol 反应进度,如图 2.1 所示。

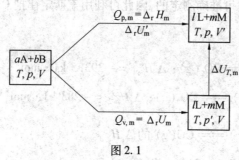

图 2.1

由状态函数法,有

$$\Delta_r U_m' = \Delta_r U_m + \Delta U_{T,m}$$

其中 $\Delta U_{T,m}$ 为图中产物的恒温热力学能变。

根据定义

$$H = U + pV$$

$$\Delta_r H_m = \Delta_r U_m' + p\Delta V$$

式中,ΔV 为恒压下进行 1 mol 反应进度时产物与反应物体积之差。

$$\Delta_r H_m - \Delta_r U_m = p\Delta V + \Delta U_{T,m}$$

对于理想气体的热力学能只是温度的函数,$\Delta U_T = 0$。对于液体、固体的热力学能在温度不变、压力改变不大时,也可近似认为不变 $\Delta U_{T,m} = 0$。

对于同一反应的 $Q_{p,m}$ 和 $Q_{v,m}$ 有如下关系

$$Q_{p,m} - Q_{v,m} = p\Delta V$$

对于凝聚相系统，$\Delta V \approx 0$，所以

$$Q_{p,m} = Q_{v,m}$$

对于有气体参与的反应，只考虑进行 1 mol 反应进度前后气态物质引起的体积变化。按理想气体处理时，有

$$p\Delta V = \sum \nu_{B(g)} RT$$

上式中 $\sum \nu_{B(g)}$ 仅为参与反应的气体物质化学计量数的代数和，即

$$Q_{p,m} - Q_{v,m} = \sum \nu_{B(g)} RT$$

2.3.4 盖斯定律

1840 年，盖斯从热化学实验中总结出一条经验规律：不管化学反应式是一步完成还是分步完成，其热效应总是相等，这就是盖斯定律。盖斯定律实际上是热力学第一定律的必然结果，其实质是：热力学能和焓是系统的状态函数，它们的变化值只由系统的始终态决定，而与变化的途径无关，因为 $\Delta H = Q_p$，$\Delta U = Q_V$。

根据盖斯定律，在恒温恒压或恒温恒容条件下，一个化学反应如果分几步完成，则总反应的反应热等于各步反应的反应热之和。盖斯定律有着广泛的应用，例如利用一些已知反应热的数据来计算出另一些反应的未知反应热，尤其是不易直接准确测定或根本不能直接测定的反应热。C 与 O_2 化合生成 CO 的反应热很难准确测定，因为在反应过程中很难控制反应全部生成 CO 而不生成 CO_2，但 C 与 O_2 化合生成 CO_2 的反应热和 CO 与 O_2 化合生成 CO_2 的反应热是可准确测定的，因此可利用盖斯定律把 C 与 O_2 化合生成 CO 的反应热计算出来。

【例 2.1】 已知

(1) $C(s) + O_2(g) \Longrightarrow CO_2(g)$；$\Delta_r H_{m1}^{\ominus} = -393.5 \text{ kJ} \cdot \text{mol}^{-1}$

(2) $CO(g) + \dfrac{1}{2}O_2(g) \Longrightarrow CO_2(g)$；$\Delta_r H_{m2}^{\ominus} = -283 \text{ kJ} \cdot \text{mol}^{-1}$

求 (3) $C(s) + \dfrac{1}{2}O_2(g) \Longrightarrow CO(g)$ 的 $\Delta_r H_{m3}^{\ominus}$。

解 这三个反应的关系如图 2.2 所示。由图可见，在始态（C + O_2）和终态（CO_2）之间有两条途径：(1) 和 (3) + (2)，根据盖斯定律，这两条途径的焓变应该相等，即

$$\Delta_r H_{m1}^{\ominus} = \Delta_r H_{m3}^{\ominus} + \Delta_r H_{m2}^{\ominus}$$

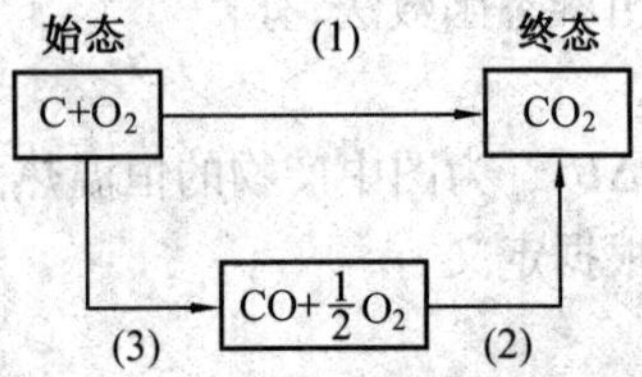

则

图 2.2 由 C 和 O_2 变成 CO_2 的两条途径

$$\begin{aligned}\Delta_r H_{m3}^{\ominus} &= \Delta_r H_{m1}^{\ominus} - \Delta_r H_{m2}^{\ominus} = \\ &[-393.5 - (-283.0)] \text{kJ} \cdot \text{mol}^{-1} = -110.5 \text{ kJ} \cdot \text{mol}^{-1}\end{aligned}$$

用盖斯定律计算反应热时，利用反应式之间的代数关系计算更为方便，例如上述的反

应(1)、(2)、(3)的关系为

$$(3) = (1) - (2)$$

所以

$$\Delta_r H_{m3}^{\ominus} = \Delta_r H_{m1}^{\ominus} - \Delta_r H_{m2}^{\ominus}$$

注意:通过热化学方程式的代数运算计算反应热时,在计算过程中,只有反应条件(温度、压力)相同的反应才能相加减,而且只有种类和状态都相同的物质才能进行代数运算。

2.3.5　化学反应热的计算

1. 由标准摩尔生成焓计算化学反应的标准摩尔反应热

在指定温度和标准压力下,由稳定相态的单质生成 1 mol 物质 B 的热效应,称为物质 B 在温度 T 下的标准摩尔生成焓,用 $\Delta_f H_{m,T}^{\ominus}$ 表示。

根据标准摩尔生成焓的定义,稳定单质的标准摩尔生成焓为零。

根据盖斯定律可以推导出下列公式,即

$$\Delta_r H_{m,298.15\,K}^{\ominus} = \sum \nu_B \Delta_f H_{m,298.15\,K}^{\ominus}(B)$$

$T, p^{\ominus}$ 下的任意反应

$$aA(\alpha) + bB(\beta) \xrightarrow{\Delta_r H_{m,T}^{\ominus}} lL(\gamma) + mM(\delta)$$

$$\uparrow \Delta H_1 \qquad\qquad \uparrow \Delta H_2$$

$T, p^{\ominus}$ 下同样物质的量的稳定态的各有关单质

根据盖斯定律　　　　　$\Delta H_1 + \Delta_r H_{m,T}^{\ominus} = \Delta H_2$

$$\Delta_r H_m^{\ominus} = \Delta H_2 - \Delta H_1 = \left[l\Delta_f H_m(L) + m\Delta_f H_m(M) \right] -$$
$$\left[a\Delta_f H_m^{\ominus}(A) + b\Delta_f H_m^{\ominus}(B) \right] =$$
$$\sum \nu_B \Delta_f H_m^{\ominus}(B)$$

【例 2.2】　已知

(1) $CH_3OH(g) + \dfrac{3}{2}O_2(g) \longrightarrow CO_2(g) + 2H_2O(l)$;　　$\Delta_r H_{m1}^{\ominus} = -763.9\ kJ \cdot mol^{-1}$

(2) $C(s) + O_2(g) \longrightarrow CO_2(g)$;　　　　　　　　　　　$\Delta_r H_{m2}^{\ominus} = -393.5\ kJ \cdot mol^{-1}$

(3) $H_2(g) + \dfrac{1}{2}O_2(g) \longrightarrow H_2O(l)$;　　　　　　　　$\Delta_r H_{m3}^{\ominus} = -285.8\ kJ \cdot mol^{-1}$

(4) $CO(g) + 1/2O_2(g) \longrightarrow CO_2(g)$;　　　　　　　　$\Delta_r H_{m4}^{\ominus} = -283.0\ kJ \cdot mol^{-1}$

求① $CH_3OH(g)$ 的标准摩尔生成焓;

　　② $CO(g) + 2H_2(g) \Longrightarrow CH_3OH(g)$ 的 $\Delta_r H_m^{\ominus}$。

解　①(2) - (4) 得

$$C(s) + 1/2O_2(g) \longrightarrow CO(g)$$

$$\Delta_r H_m^{\ominus} = -393.5\ kJ \cdot mol^{-1} - (-283.0\ kJ \cdot mol^{-1}) = -110.5\ kJ \cdot mol^{-1}$$

所以

$$\Delta_f H_{m(CO,g)}^{\ominus} = -110.5 \ \text{kJ} \cdot \text{mol}^{-1}$$

由式(2) + 2×(3) − (1)得

$$C(s) + 2H_2(g) + \frac{1}{2}O_2(g) = CH_3OH(g)$$

$$\Delta_r H_m^{\ominus} = -393.5 \ \text{kJ} \cdot \text{mol}^{-1} + 2 \times (-285.8 \ \text{kJ} \cdot \text{mol}^{-1}) - (-763.9 \ \text{kJ} \cdot \text{mol}^{-1}) =$$
$$-201.2 \ \text{kJ} \cdot \text{mol}^{-1}$$

则 $$\Delta_f H_{m(CH_3OH,g)}^{\ominus} = -201.2 \ \text{kJ} \cdot \text{mol}^{-1}$$

②$CO(g) + 2H_2(g) = CH_3OH(g)$

$$\Delta_r H_m^{\ominus} = \sum \nu_B \Delta_f H_m^{\ominus}(B) = -201.2 \ \text{kJ} \cdot \text{mol}^{-1} - (-110.5 \ \text{kJ} \cdot \text{mol}^{-1}) =$$
$$-90.7 \ \text{kJ} \cdot \text{mol}^{-1}$$

2. 由标准摩尔燃烧焓计算化学反应的标准摩尔反应热

在指定温度和标准压力下,1mol 物质 B 完全氧化过程的热效应,称为物质 B 在温度 T 下的标准摩尔燃烧焓,用 $\Delta_c H_{m,T}^{\ominus}$ 表示。完全氧化指物质中的 C 元素氧化为 $CO_2(g)$,H 元素氧化为 $H_2O(l)$,N 元素氧化为 $N_2(g)$,S 元素氧化为 $SO_2(g)$ 等。附录 1 中列出了常见物质在 298.15 K 时的标准摩尔燃烧焓。

根据标准摩尔燃烧焓的定义,完全氧化产物如 $CO_2(g)$、$H_2O(l)$ 等的标准摩尔燃烧焓为零。

根据盖斯定律,可以类似地推导出下列公式,即

$$\Delta_r H_{m,298.15\,K}^{\ominus} = -\sum \nu_B \Delta_c H_{m,298.15\,K}^{\ominus}(B)$$

【例 2.3】 已知 $C(s)$ 和 $H_2(g)$ 在 25℃ 时的标准摩尔燃烧焓为 $-393.51 \ \text{kJ} \cdot \text{mol}^{-1}$ 及 $-285.84 \ \text{kJ} \cdot \text{mol}^{-1}$,求反应 $C(s) + 2H_2O(l) = 2H_2(g) + CO_2(g)$ 在 25℃ 时的标准摩尔反应焓为多少?

解 完全氧化产物 $H_2O(l)$、$CO_2(g)$ 的标准摩尔燃烧焓为零,故

$$\Delta_r H_{m,298.15\,K}^{\ominus} = -\sum \nu_B \Delta_c H_{m,298.15\,K}^{\ominus}(B) = \Delta_c H_{m,298.15\,K}^{\ominus}(C,s) - 2\Delta_c H_{m,298.15\,K}^{\ominus}(H_2,g) =$$
$$-393.51 \ \text{kJ} \cdot \text{mol}^{-1} - 2 \times (-285.84 \ \text{kJ} \cdot \text{mol}^{-1}) = 178.17 \ \text{kJ} \cdot \text{mol}^{-1}$$

3. 由键焓估算反应热

化学反应的实质是旧键的断裂和新键的形成,断裂旧化学键要消耗能量,形成新化学键会释放能量。因此可以根据化学反应过程中化学键的断裂和形成情况,利用键焓数据来估算反应热。

对双原子分子而言,键焓是指在标准压力时,将 1 mol 的气态分子 AB 的化学键断开成为气态的中性原子 A 和 B 所需的能量,用 $\Delta_b H^{\ominus}(A-B)$ 表示,例如

$$H_2(g) \longrightarrow 2H(g)$$

$$\Delta_b H_m^{\ominus}(H\text{—}H) = 436 \ \text{kJ} \cdot \text{mol}^{-1}$$

对于多原子分子,键焓实际上是平均键焓。

例如 NH_3 中有三个等价的 N—H 键,但光谱数据表明每个键的离解能是不同的,它们分别是

$$\text{NH}_3(\text{g}) \longrightarrow \text{NH}_2(\text{g}) + \text{H}(\text{g}) \qquad D_1 = 435 \text{ kJ} \cdot \text{mol}^{-1}$$

$$\text{NH}_2(\text{g}) \longrightarrow \text{NH}(\text{g}) + \text{H}(\text{g}) \qquad D_2 = 398 \text{ kJ} \cdot \text{mol}^{-1}$$

$$\text{NH}(\text{g}) \longrightarrow \text{N}(\text{g}) + \text{H}(\text{g}) \qquad D_3 = 339 \text{ kJ} \cdot \text{mol}^{-1}$$

而 N—H 键的键焓 $\Delta_b H^{\ominus}$ 为三个离解能的平均值,即

$$\Delta_b H_m^{\ominus}(\text{N—H}) = \frac{D_1 + D_2 + D_3}{3} = \left(\frac{435 + 398 + 339}{3}\right) \text{ kJ} \cdot \text{mol}^{-1} =$$

$$391 \text{ kJ} \cdot \text{mol}^{-1}$$

若已知各种类型化学键的键焓就可根据反应过程中键变化的情况来计算反应的焓变。标准热力学函数列于附录2。

根据盖斯定律,可以类似地推导出公式

$$\Delta_r H_{m,298.15\text{ K}}^{\ominus} = -\sum \nu_B \Delta_b H_{m,298.15\text{ K}}^{\ominus}(\text{B})$$

【例2.4】 已知化学键

$$\text{C—H} \quad \text{C—Cl} \quad \text{Cl—Cl} \quad \text{C}=\text{C} \quad \text{C—C}$$

键焓/$(\text{kJ} \cdot \text{mol}^{-1})$ $\qquad$ 413 $\qquad$ 326 $\qquad$ 239 $\qquad$ 619 $\qquad$ 348

试估算出反应 $\text{H}_2\text{C}=\text{CH}_2 + \text{Cl}_2 \longrightarrow \text{H}_2\text{C}—\text{CH}_2$ 的 $\Delta_r H_m^{\ominus}$?
$\qquad\qquad\qquad\qquad\qquad\qquad\qquad\qquad\qquad\quad |\quad|$
$\qquad\qquad\qquad\qquad\qquad\qquad\qquad\qquad\quad \text{Cl}\ \text{Cl}$

解 $\Delta_r H_m^{\ominus} = -\sum \nu_B \Delta_b H_m^{\ominus}(\text{B}) = 4\Delta_b H_m^{\ominus}(\text{C—H}) + \Delta_b H_m^{\ominus}(\text{C}=\text{C}) + \Delta_b H_m^{\ominus}(\text{Cl—Cl}) -$

$4\Delta_b H_m^{\ominus}(\text{C—H}) - \Delta_b H_m^{\ominus}(\text{C—C}) - 2\Delta_b H_m^{\ominus}(\text{C—Cl}) =$

$4 \times 413 \text{ kJ} \cdot \text{mol}^{-1} + 619 \text{ kJ} \cdot \text{mol}^{-1} + 239 \text{ kJ} \cdot \text{mol}^{-1} - 4 \times 413 \text{ kJ} \cdot \text{mol}^{-1} -$

$348 \text{ kJ} \cdot \text{mol}^{-1} - 2 \times 326 \text{ kJ} \cdot \text{mol}^{-1} = -142 \text{ kJ} \cdot \text{mol}^{-1}$

值得说明的是,由于键焓数据本身的局限性,由键焓计算所得的数据准确度不高,只能作为估算。

2.4 热力学第二定律

热力学第一定律主要研究化学反应的能量转换关系,不能判断化学反应的方向和限度,而热力学第二定律则主要是解决化学反应的方向和限度的问题,热力学第一定律和热力学第二定律都是经验定律。

2.4.1 化学反应的自发性

自发过程是指在无外界环境影响下而能自动发生的过程,自发过程都有一定的方向和限度。例如热量从高温物体自发地传向低温物体直到两者最后温度相等;气体(或溶液)从高压(或高浓度)向低压(或低浓度)扩散直到最后两者压力(或浓度)相等;电流从高电位流向低电位直到最后两者的电位相等。这些自发过程有一个共同的特征是,一旦过程发生,系统不可能自动回复到原来的状态,即具有不可逆性。

化学反应在给定的条件下能否自发进行? 进行到什么程度? 显然这是人们所关心

的。那么,根据什么来判断化学反应的方向呢?

鉴于大多数能自发进行的反应都是放热反应,曾有化学家试图用反应的热效应或焓变来作为反应能否自发进行的依据,并认为反应放热越多,反应越易进行。下面列举的反应都是自发反应

$$C(s)+O_2(g)\!=\!=\!=\!CO_2(g);\quad \Delta_r H_{m,298.15\ K}^{\ominus}=-393.5\ kJ\cdot mol^{-1}$$

$$Zn(s)+2H^+(aq)\!=\!=\!=\!Zn^{2+}(aq)+H_2(g);\quad \Delta_r H_{m,298.15\ K}^{\ominus}=-153.9\ kJ\cdot mol^{-1}$$

但是,有些自发反应却是吸热反应。如工业上将石灰石煅烧分解为生石灰和 CO_2 的反应是吸热反应,即

$$CaCO_3(s)\!=\!=\!=\!CaO(s)+CO_2(g);\quad \Delta_r H_m^{\ominus}>0$$

在 101.325 kPa 和 1 183 K 时,$CaCO_3(s)$ 能自发且剧烈地进行热分解生成 $CaO(s)$ 和 $CO_2(g)$。显然,在给定条件下不能仅用反应的焓变来判断一个反应能否自发进行。那么,除了焓变这一重要因素外,还存在其他什么因素呢?

2.4.2 熵

自然界中的自发过程普遍存在两种现象:第一,系统倾向于取得最低势能,如物体自高处自然落下;第二,系统倾向于微观粒子的混乱度增加,如气体(或溶液)的扩散。

系统的混乱度可用一个称为熵(S)的状态函数来描述。系统内微观粒子的混乱度越大,系统的熵值越大,根据统计热力学有

$$S=k\ \ln\Omega$$

上式称做玻耳兹曼公式,其中 k 为玻耳兹曼常数,Ω 称为系统的热力学几率,是与一定宏观状态对应的微观状态总数,此式是联系热力学和统计热力学的桥梁公式。

熵是系统的状态函数,所以系统的状态发生变化时系统的熵变只与始终态有关,而与状态变化所经历的途径无关。我们把等温可逆过程的热温熵定义为系统的熵变。用下式表示为

$$\Delta S=Q_r/T$$

2.4.3 热力学第二定律

Clausius 指出,不可能将热由低温物体转移到高温物体,而不留下其他变化。Kelvin 指出,不可能从单一热源取热使其完全转变为功而不留下其他变化,或"第二类永动机不可能制成"。上面两种表述中"不留下其他变化"是指系统和环境都不留下任何变化。Clausius 说法和 Kelvin 说法是热力学第二定律的两种经典表述,Clausius 说法指出了热传导的不可逆性,而 Kelvin 说法则指出了功热转化的不可逆性。

热力学第二定律的统计表述为:在隔离系统中的自发过程必伴随着熵值的增加,或隔离系统的熵总是趋向于极大值。这就是自发过程的热力学本质,称为熵增原理。可用下式表示为

$$\Delta S_{隔离}\geq 0(>为自发过程;=为平衡状态)$$

上式表明,在隔离系统,能使系统熵值增大的过程是自发过程,熵值保持不变的过程,系统处于平衡状态,故可用上式来作为隔离系统中过程自发性的判据。

2.4.4　热力学第三定律和标准摩尔熵

系统内微观粒子的混乱度与物质的聚集状态和温度等有关。对纯净物质的完美晶体,在绝对温度 0 K 时分子间排列有序,且分子的任何热运动均停止。这时系统完全有序化,热力学几率为 1,根据玻耳兹曼公式,系统的熵值为 0。因此,热力学第三定律指出,在热力学温度 0 K 时,任何纯物质的完美晶体的熵值都等于零。

以此为基准,若知道某一物质从绝对零度到指定温度下的一些热力学数据如热容等,就可以求出此物质在温度 T 时熵的绝对值(热力学能和焓的绝对值无法求得),即

$$S_T - S_0 = \Delta S = S_T$$

式中,S_T 称为该物质在温度 T 时的规定熵。

在标准状态下 1 mol 纯物质的规定熵称为该物质的标准摩尔熵,用符号 $S_m^{\ominus}$ 表示。附录 2 中列出了一些单质和化合物在 298.15 K 时的标准摩尔熵的数据。

需要说明的是,水合离子的标准摩尔熵不是绝对值,而是在规定标准态下水合 H^+ 的熵值为零的基础上求得的相对值。

根据熵的物理意义,可以得出下面一些规律。

(1)同一物质的不同聚集状态之间,熵值大小次序是:气态、液态、固态,如

$$S_m^{\ominus}(H_2O, g, 298.15 \text{ K}) = 188.7 \text{ J} \cdot \text{K}^{-1} \cdot \text{mol}^{-1}$$

$$S_m^{\ominus}(H_2O, l, 298.15 \text{ K}) = 69.91 \text{ J} \cdot \text{K}^{-1} \cdot \text{mol}^{-1}$$

$$S_m^{\ominus}(H_2O, s, 298.15 \text{ K}) = 39.33 \text{ J} \cdot \text{K}^{-1} \cdot \text{mol}^{-1}$$

(2)同一物质在相同的聚集状态时,其熵值随温度的升高而增大,如

$$S_m^{\ominus}(Fe, s, 500 \text{ K}) = 41.2 \text{ J} \cdot \text{K}^{-1} \cdot \text{mol}^{-1}$$

$$S_m^{\ominus}(Fe, s, 298.15 \text{ K}) = 27.3 \text{ J} \cdot \text{K}^{-1} \cdot \text{mol}^{-1}$$

(3)在温度和聚集状态相同时,一般来说,复杂分子较简单分子的熵值大,如

$$S_m^{\ominus}(C_2H_6, g, 298.15 \text{ K}) = 229 \text{ J} \cdot \text{K}^{-1} \cdot \text{mol}^{-1}$$

$$S_m^{\ominus}(CH_4, g, 298.15 \text{ K}) = 186 \text{ J} \cdot \text{K}^{-1} \cdot \text{mol}^{-1}$$

(4)结构相似的物质,相对分子质量大的熵值大,如

$$S_m^{\ominus}(F_2, g, 298.15 \text{ K}) = 202.7 \text{ J} \cdot \text{K}^{-1} \cdot \text{mol}^{-1}$$

$$S_m^{\ominus}(I_2, g, 298.15 \text{ K}) = 260.58 \text{ J} \cdot \text{K}^{-1} \cdot \text{mol}^{-1}$$

(5)相对分子质量相同,分子构型越复杂,熵值越大。

(6)混合物和溶液的熵值一般大于纯物质的熵值。

(7)一个导致气体分子数增加的化学反应,引起熵值增大,即 $\Delta S > 0$;如果反应后气体分子数减少,则 $\Delta S < 0$。

2.4.5　化学反应的熵变

化学反应的熵变用 $\Delta_r S_m^{\ominus}$ 表示,其计算类似于化学反应的 $\Delta_r H_m^{\ominus}$,可用公式

$$\Delta_r S_{m, 298.15 \text{ K}}^{\ominus} = \sum \nu_B S_{m, B, 298.15 \text{ K}}^{\ominus}(B)$$

计算。虽然物质的标准摩尔熵随着温度的升高而增大,但只要温度升高没有引起物质聚

集状态的改变,即化学反应的 $\Delta_r S_m^\ominus$ 随温度变化不大,在近似计算中就可认为$\Delta_r S_m^\ominus$ 基本不随温度的变化而变化,即

$$\Delta_r S_m^\ominus(T) \approx \Delta_r S_m^\ominus(298.15 \text{ K})$$

化学反应的熵变 $\Delta_r S_m^\ominus$ 是决定化学反应方向的又一重要因素。

【例2.5】 试计算反应$2SO_2(g) + O_2(g) = 2SO_3(g)$ 在 298.15 K 时的标准摩尔熵变($\Delta_r S_{m,298.15 \text{ K}}^\ominus$)。

解 由附录2可查得

$$2SO_2(g) + O_2(g) = 2SO_3(g)$$

$S_{m,298.15 \text{ K}}^\ominus(B)/(\text{J} \cdot \text{K}^{-1} \cdot \text{mol}^{-1}) \quad 248.1 \quad 205.03 \quad 256.7$

$$\Delta_r S_{m,298.15 \text{ K}}^\ominus = \sum \nu_B S_{m,298.15 \text{ K}}^\ominus(B) =$$
$$2 \times 256.7 \text{ J} \cdot \text{K}^{-1} \cdot \text{mol}^{-1} - 2 \times 248.1 \text{ J} \cdot \text{K}^{-1} \cdot \text{mol}^{-1} -$$
$$205.03 \text{ J} \cdot \text{K}^{-1} \cdot \text{mol}^{-1} = -187.83 \text{ J} \cdot \text{K}^{-1} \cdot \text{mol}^{-1}$$

2.5 吉布斯函数及其应用

2.5.1 吉布斯函数

如前所述,自然界的某些自发过程(或反应),常有增大系统混乱度的倾向。但是,正如前面不能仅用化学反应的焓变的正、负值作为反应自发性的普遍判据一样,单纯用物质的熵变的正、负值来作为自发性的判据也有缺陷,如 $SO_2(g)$ 氧化为 $SO_3(g)$ 的反应在 298.15 K、标准态下是一个自发反应,但其 $\Delta_r S_{m,298.15 \text{ K}}^\ominus < 0$。又如水转化为冰的过程,其 $\Delta_r S_{m,298.15 \text{ K}}^\ominus < 0$,但在 $T < 273.15$ K 的条件下却是自发过程。这表明过程或反应的自发性不仅与焓变和熵变有关,而且还与温度条件有关。

为了确定一个过程(或反应)自发性的判据,1878 年美国著名的物理化学家吉布斯(J. W. Gibbs)提出了一个综合了系统的焓变、熵变和温度三者关系的新的状态函数变量,称为吉布斯函数变,以 ΔG 表示。G 为系统的吉布斯函数,与焓、熵一样,亦为系统的状态函数,定义 $G = H - TS$,吉布斯函数是组合函数。在恒温恒压条件下,吉布斯函数变与焓变、熵变、温度之间有如下关系

$$\Delta G_T = \Delta H_T - T\Delta S_T$$

此式称为吉布斯公式。

在标准态时可表示为

$$\Delta G_T^\ominus = \Delta H_T^\ominus - T\Delta S_T^\ominus$$

对于化学反应有

$$\Delta_r G_m = \Delta_r H_m - T\Delta_r S_m$$

式中,$\Delta_r G_m$ 称为化学反应的摩尔吉布斯函数变。吉布斯提出:在恒温恒压条件下,$\Delta_r G_m$ 可作为判别反应能否自发进行的统一的衡量标准,通常在等温等压和只做体积功的情况下

$\Delta_r G_m < 0$ 自发过程,反应能向正方向进行;

$\Delta_r G_m = 0$ 反应已达平衡状态;

$\Delta_r G_m > 0$ 非自发过程,反应能向逆方向进行。

由式 $\Delta_r G_m = \Delta_r H_m - T\Delta_r S_m$ 可以看出,在恒温恒压下,$\Delta_r G_m$ 取决于 $\Delta_r H_m$,$\Delta_r S_m$ 和 T,按 $\Delta_r H_m$,$\Delta_r S_m$ 的符号和温度 T 对化学反应的 $\Delta_r G_m$ 的影响,可归纳为 4 种情况,见表 2.1。

表 2.1 恒压下 $\Delta_r H_m$,$\Delta_r S_m$ 及 T 对化学反应的 $\Delta_r G_m$ 的影响

反应实例	$\Delta_r H_m$ 的符号	$\Delta_r S_m$ 的符号	$\Delta_r G_m$ 的符号	反 应 情 况
$(1)H_2(g) + Cl_2(g) = 2HCl(g)$	$(-)$	$(+)$	$(-)$	任何温度下均为自发反应
$(2)CO(g) = C(s) + 1/2O_2(g)$	$(+)$	$(-)$	$(+)$	任何温度下均为非自发反应
$(3)CaCO_3(s) = CaO(s) + CO_2(g)$	$(+)$	$(+)$	常温$(+)$	常温条件下为非自发反应
			高温$(-)$	高温下为自发反应
$(4)N_2(g) + 3H_2(g) = 2NH_3(g)$	$(-)$	$(-)$	常温$(-)$	常温下为自发反应
			高温$(+)$	高温下为非自发反应

2.5.2 化学反应的标准摩尔吉布斯函数变($\Delta_f G_m^\ominus$)的计算

1. 利用物质的 $\Delta_f G_{m,298.15\,K}(B)$ 的数据计算

标准摩尔生成吉布斯函数是在指定温度和标准压力下由稳定单质生成 1 mol 某物质的吉布斯函数变称为该物质在该温度下的标准摩尔生成吉布斯函数,用符号 $\Delta_f G_m^\ominus$ 表示。根据定义,稳定单质的标准摩尔生成吉布斯函数为 0。一些物质在 298.15 K 时的 $\Delta_f G_m^\ominus$ 见附录 2。类似于由化学反应的标准摩尔生成焓计算化学反应的标准摩尔焓变的方法,有了 298.15 K 时的各物质的标准摩尔生成吉布斯函数,就可很方便地计算任何反应的标准摩尔吉布斯函数变,即

$$\Delta_r G_{m,298.15\,K}^\ominus = \sum \nu_B \Delta_f G_{m,298.15\,K}^\ominus(B)$$

2. 利用物质的 $\Delta_f H_{m,298.15\,K}^\ominus(B)$ 和 $S_{m,298.15\,K}^\ominus(B)$ 的数据计算

$$\Delta_r G_{m,298.15\,K}^\ominus = \Delta_r H_{m,298.15\,K}^\ominus - 298.15 \times \Delta_r S_{m,298.15\,K}^\ominus$$

式中

$$\Delta_r H_{m,298.15\,K}^\ominus = \sum \nu_B \Delta_f H_{m,298.15\,K}^\ominus(B)$$

$$\Delta_r S_{m,298.15\,K}^\ominus = \sum \nu_B S_{m,298.15\,K}^\ominus(B)$$

2.5.3 $\Delta_r G_m^\ominus$ 与温度的关系

一般来说,温度变化时化学反应的 $\Delta_r H_m^\ominus$,$\Delta_r S_m^\ominus$ 变化不大,而 $\Delta_r G_m^\ominus$ 却变化很大。因此,当温度变化不太大时,可把 $\Delta_r H_m^\ominus$,$\Delta_r S_m^\ominus$ 看做不随温度而变的常数。因此,在其他温度时,反应的标准摩尔吉布斯函数变 $\Delta_r G_{m,T}^\ominus$ 可近似估算为

$$\Delta_r G_{m,T}^\ominus \approx \Delta_r H_{m,298.15\,K}^\ominus - T\Delta_r S_{m,298.15\,K}^\ominus$$

【例 2.6】 已知 $Fe_2O_3(s)$,$CO_2(g)$ 的 $\Delta_f G_m^\ominus$ 分别为 -741,-394.4 kJ·mol^{-1};$\Delta_f H_m^\ominus$ 分别为 -822,-393.5 kJ·mol^{-1};$S_m^\ominus$ 分别为 90,214 J·mol^{-1}·K^{-1};$Fe(s)$,$C(石墨)$ 的 $S_m^\ominus$ 分别为 27.2,5.7 J·mol^{-1}·K^{-1}。试计算说明在 298.15 K 标准压力下,用 C 还原 Fe_2O_3

生成 Fe 和 CO_2 在热力学上是否可能？若要反应自发进行,温度最低为多少？

解 $Fe_2O_3(s) + \dfrac{3}{2}C(石墨,s) \Longrightarrow 2Fe(s) + \dfrac{3}{2}CO_2(g)$

$$\Delta_r G_{m,298.15\ K}^{\ominus} = \sum \nu_B \Delta_f G_{m,298.15\ K}^{\ominus}(B) =$$

$$0 + \frac{3}{2} \times (-394.4\ kJ \cdot mol^{-1}) - (-741\ kJ \cdot mol^{-1}) =$$

$$149\ kJ \cdot mol^{-1}$$

在 $p^{\ominus}$、298.15 K 时,$\Delta_r G_m^{\ominus} > 0$,反应不自发,但反应是熵增过程,可能在高温自发。

$$\Delta_r H_m^{\ominus} = \sum \nu_B \Delta_f H_{m,298.15\ K}^{\ominus}(B) =$$

$$0 + \frac{3}{2} \times (-393.5\ kJ \cdot mol^{-1}) - (-822\ kJ \cdot mol^{-1}) = 232\ kJ \cdot mol^{-1}$$

$$\Delta_r S_m^{\ominus} = \sum \nu_B S_{m,298.15\ K}^{\ominus}(B) =$$

$$2 \times 27.27\ J \cdot mol^{-1} \cdot K^{-1} + \frac{3}{2} \times 214\ J \cdot mol^{-1} \cdot K^{-1} -$$

$$90\ J \cdot mol^{-1} \cdot K^{-1} - \frac{3}{2} \times 5.7\ J \cdot mol^{-1} \cdot K^{-1} =$$

$$2.8 \times 10^2\ J \cdot mol^{-1} \cdot K^{-1}$$

$$\Delta_r G_m^{\ominus} = \Delta_r H_m^{\ominus} - T\Delta_r S_m^{\ominus} < 0$$

由于 $T > \dfrac{\Delta_r H_m^{\ominus}}{\Delta_r S_m^{\ominus}} = \dfrac{232 \times 10^3 J \cdot mol^{-1}}{2.8 \times 10^2\ J \cdot mol^{-1} \cdot K^{-1}} = 830\ K$

所以反应进行的最低温度为 830K。

阅读拓展

合成氨工业

农业对化肥的需求是合成氨工业发展的持久推动力,世界人口不断增长给粮食供应带来巨大压力,而施用化学肥料是农业增产的有效途径。氨水(即氨的水溶液)和液氨体本身就是一种氮肥;农业上广泛采用的尿素、硝酸铵、硫酸铵等固体氮肥,和磷酸铵、硝酸磷肥等复合肥料,都是以合成氨加工生产为主。合成氨的工艺流程:

1. 原料气制备

将煤和天然气等原料制成含氢和氮的粗原料气。对于固体原料煤和焦炭通常采用气化的方法制取合成气;渣油可采用非催化部分氧化的方法获得合成气;对气态烃类和石脑油,工业中利用二段蒸气转化法制取合成气。

2. 净化

对粗原料气进行净化处理,除去氢气和氮气以外的杂质,主要包括变换过程、脱硫脱碳过程以及气体精制过程。

①一氧化碳变换过程。在合成氨生产中,各种方法制取的原料气都含有 CO,其体积

分数一般为12%～40%。合成氨需要的两种组分是H_2和N_2,因此需要除去合成气中的CO。变换反应如下

$$CO+H_2O \longrightarrow CO_2+H_2; \quad \Delta_r H_m = -41.2 \text{ kJ} \cdot \text{mol}^{-1}$$

由于CO变换过程是强放热过程,必须分段进行以利于回收反应热,并控制变换段出口残余CO的含量。第一步是高温变换,使大部分CO转变为CO_2和H_2;第二步是低温变换,将CO含量降至0.3%左右。因此CO变换反应既是原料气制造的继续,又是净化的过程,为后续脱碳过程创造条件。

②脱硫脱碳过程。各种原料制取的粗原料气,都含有一些硫和碳的氧化物,为了防止合成氨生产过程催化剂的中毒,必须在氨合成工序前加以脱除,以天然气为原料的蒸气转化法,第一道工序是脱硫,用以保护转化催化剂,以重油和煤为原料的部分氧化法,根据一氧化碳变换是否采用耐硫的催化剂而确定脱硫的位置。工业脱硫方法很多,通常是采用物理或化学吸收的方法,常用的有低温甲醇洗法(Rectisol)、聚乙二醇二甲醚法(Selexol)等。

粗原料气经CO变换以后,变换气中除H_2外,还有CO_2、CO和CH_4等组分,其中以CO_2含量最多。CO_2既是氨合成催化剂的毒物,又是制造尿素、碳酸氢铵等氮肥的重要原料。因此变换气中CO_2的脱除必须兼顾这两方面的要求。

一般采用溶液吸收法脱除CO_2。根据吸收剂性能的不同,可分为两大类。一类是物理吸收法,如低温甲醇洗法(Rectisol),聚乙二醇二甲醚法(Selexol),碳酸丙烯酯法。一类是化学吸收法,如热钾碱法,低热耗本菲尔法,活化MDEA法,MEA法等。

3. 合成氨的条件

氨的合成是一个放热、气体总体积缩小的可逆反应。根据化学反应速率的知识得知,升温、增大压强及使用催化剂都可以使合成氨的化学反应速率增大。

①压强。有研究表明,在400℃压强超过200 MPa时,不使用催化剂,氨便可以顺利合成,但实际生产中,太大的压强需要的动力就大,对材料要求也会增高,这就增加了生产成本,因此,受动力材料设备影响,目前我国合成氨厂一般采用20～50 MPa。

②温度。从理想条件来看,氨的合成在较低温度下进行有利,但温度过低,反应速率会很小,故在实际生产中,一般选用500℃。

③催化剂。采用铁触媒(以铁为主,混合的催化剂),铁触媒在500℃时活性最大,这也是合成氨选在500℃的原因。

将纯净的氢、氮混合气压缩到高压,在催化剂的作用下合成氨。氨的合成是提供液氨产品的工序,是整个合成氨生产过程的核心部分。氨合成反应在较高压力和催化剂存在的条件下进行,由于反应后气体中氨含量不高,一般只有10%～20%,故采用未反应氢氮气循环的流程。氨合成反应式如下

$$N_2+3H_2 \longrightarrow 2NH_3; \quad \Delta_r H_m = -92.4 \text{ kJ} \cdot \text{mol}^{-1}$$

热力学计算表明,低温、高压对合成氨反应是有利的,但无催化剂时,反应的活化能很高,反应几乎不发生。当采用铁催化剂时,由于改变了反应历程,降低了反应的活化能,使反应以显著的速率进行。目前有认为,合成氨反应的一种可能机理,首先是氮分子在铁催化剂表面上进行化学吸附,使氮原子间的化学键减弱。接着是化学吸附的氢原子不断地

与表面上的氮分子作用,在催化剂表面上逐步生成—NH、—NH$_2$和NH$_3$,最后氨分子在表面上脱吸而生成气态的氨。上述反应途径可简单地表示为

$$xFe+N_2 \longrightarrow Fe_xN$$
$$Fe_xN+[H]_{吸} \longrightarrow Fe_xNH$$
$$Fe_xNH+[H]_{吸} \longrightarrow Fe_xNH_2$$
$$Fe_xNH_2+[H]_{吸} \longrightarrow Fe_xNH_3 \longrightarrow xFe+NH_3$$

在无催化剂时,氨合成反应的活化能很高,大约 335 kJ·mol^{-1} kJ/mol。加入铁催化剂后,反应以生成氮化物和氮氢化物两个阶段进行。第一阶段反应活化能为 126 ~ 167 kJ·mol^{-1},第二阶段反应活化能为 13 kJ·mol^{-1}。由于反应途径的改变(生成不稳定的中间化合物),降低了反应的活化能,因而反应速率加快了。

催化剂的催化能力一般称为催化活性,有人认为由于催化剂在反应前后的化学性质和质量不变,一旦制成一批催化剂之后,便可以永远使用下去。实际上许多催化剂在使用过程中,其活性从小到大,逐渐达到正常水平,这就是催化剂的成熟期。接着,催化剂活性在一段时间里保持稳定,然后再下降,一直到衰老而不能再使用。活性保持稳定的时间即为催化剂的寿命,其长短因催化剂的制备方法和使用条件而异。

习　题

1. 选择题

(1) 已知物质　　　　　　C$_2$H$_6$(g)　　　　C$_2$H$_4$(g)　　　　HF(g)

$\Delta_f H_m^{\ominus}$/(kJ·mol^{-1})　 −84.7　　　　　52.3　　　　　−271.0

则反应 C$_2$H$_6$(g)+F$_2$(g)══C$_2$H$_4$(g)+2HF(g) 的 $\Delta_r H_m^{\ominus}$ 为(　　　)

(A)405 kJ·mol^{-1}　　(B)134 kJ·mol^{-1}　　(C)−134 kJ·mol^{-1}　　(D)−405 kJ·mol^{-1}

(2) 已知化学键　　　　　H—H　　　　　Cl—Cl　　　　　H—Cl

键焓/(kJ·mol^{-1})　　436　　　　　239　　　　　431

则可估算出反应 H$_2$(g)+Cl$_2$(g)══2HCl(g) 的 $\Delta_r H_m^{\ominus}$ 为(　　　)

(A)−224 kJ·mol^{-1}　　(B)−187 kJ·mol^{-1}　　(C)+187 kJ·mol^{-1}　　(D)+224 kJ·mol^{-1}

(3) 反应 Na$_2$O(s)+I$_2$(g)$\longrightarrow$2NaI(s)+$\frac{1}{2}$O$_2$(g) 的 $\Delta_r H_m^{\ominus}$ 为(　　　)

(A)$2\Delta_f H_{m(NaI,s)}^{\ominus} - \Delta_f H_{m(Na_2O,s)}^{\ominus}$

(B)$\Delta_f H_{m(NaI,s)}^{\ominus} - \Delta_f H_{m(Na_2O,s)}^{\ominus} - \Delta_f H_{m(I_2,g)}^{\ominus}$

(C)$2\Delta_f H_{m(NaI,s)}^{\ominus} - \Delta_f H_{m(Na_2O,s)}^{\ominus} - \Delta_f H_{m(I_2,g)}^{\ominus}$

(D)$\Delta_f H_{m(NaI,s)}^{\ominus} - \Delta_f H_{m(Na_2O,s)}^{\ominus}$

(4) 在下列反应中,焓变等于 AgBr(s) 的 $\Delta_f H_m^{\ominus}$ 的反应是(　　　)

(A)Ag$^+$(aq)+Br$^-$(aq)══AgBr(s)

(B)2Ag(s)+Br$_2$(g)══2AgBr(s)

(C)Ag(s)+$\frac{1}{2}$Br$_2$(l)══AgBr(s)

(D)Ag(s)+$\frac{1}{2}$Br$_2$(g)══AgBr(s)

(5) CuCl$_2$(s)+Cu(s)══2CuCl(s)　　　　　$\Delta_r H_m^{\ominus}$ = 170 kJ·mol^{-1}

$$Cu(s)+Cl_2(g)=\!=\!=CuCl_2(s) \qquad \Delta_r H_m^{\ominus}=-206 \text{ kJ} \cdot \text{mol}^{-1}$$

则 $CuCl(s)$ 的 $\Delta_f H_m^{\ominus}$ 应为(　　)

(A)36 kJ·mol^{-1}　　　　(B)18 kJ·mol^{-1}　　　　(C)−18 kJ·mol^{-1}　　　　(D)−36 kJ·mol^{-1}

(6) 冰熔化时,在下列各性质中增大的是(　　)

(A)蒸气压　　　　　　(B)熔化热　　　　　　(C)熵　　　　　　(D)体积

(7) 若 $CH_4(g)$、$CO_2(g)$、$H_2O(1)$ 的 $\Delta_f G_m^{\ominus}$ 分别为−50.8、−394.4、−237.2 kJ·mol^{-1},则298.15 K时,
$CH_4(g)+2O_2(g)\longrightarrow CO_2(g)+2H_2O(1)$ 的 $\Delta_r G_m^{\ominus}$ 为(　　)kJ·mol^{-1}

(A)−818　　　　　　(B)818　　　　　　(C)−580.8　　　　　　(D)580.8

(8) 已知 $Mg(s)+Cl_2(g)=\!=\!=MgCl_2(s)$ $\qquad \Delta_r H_m^{\ominus}=-642$ kJ·mol^{-1},则(　　)

(A)在任何温度下,正向反应是自发的

(B)在任何温度下,正向反应是不自发的

(C)高温下,正向反应是自发的;低温时,正向反应不自发

(D)高温下,正向反应是不自发的;低温下,正向反应自发

(9)如果体系经过一系列变化,最后又变到初始状态,则体系的(　　)

(A)$Q=0$　　　$W=0$　　　$\Delta U=0$　　　$\Delta H=0$

(B)$Q\neq0$　　　$W\neq0$　　　$\Delta U=0$　　　$\Delta H=Q$

(C)$Q=-W$　　　$\Delta U=Q+W$　　　$\Delta H=0$

(D)$Q\neq-W$　　　$\Delta U=Q+W$　　　$\Delta H=0$

(10) $H_2(g)+\dfrac{1}{2}O_2(g)\xrightarrow{298.15 \text{ K}}H_2O(1)$ 的 $\Delta_r H_m$ 与 $\Delta_r U_m$ 之差是(　　)kJ·mol^{-1}

(A)−3.7　　　　(B)3.7　　　　(C)1.2　　　　(D)−1.2

(11) 已知 $Zn(s)+\dfrac{1}{2}O_2(g)=ZnO(s)$ $\qquad \Delta_r H_{m1}^{\ominus}=-351.5$ kJ·mol^{-1}

$\qquad\qquad Hg(1)+\dfrac{1}{2}O_2(g)=\!=\!=HgO(s,红)$ $\qquad \Delta_r H_{m2}^{\ominus}=-90.8$ kJ·mol^{-1}

则 $Zn(s)+HgO(s,红)=ZnO(s)+Hg(1)$ 的 $\Delta_r H_m^{\ominus}$ 为(　　)kJ·mol^{-1}

(A)442.3　　　　(B)260.7　　　　(C)−260.7　　　　(D)−442.3

(12) 在标准条件下石墨燃烧反应的焓变为−393.7 kJ·mol^{-1},金刚石燃烧反应的焓变为−395.6 kJ·mol^{-1},则石墨转变为金刚石反应的焓变为(　　)

(A)−789.3 kJ·mol^{-1}　　　　(B)0 kJ·mol^{-1}　　　　(C)1.9 kJ·mol^{-1}　　　　(D)−1.9 kJ·mol^{-1}

(13) 稳定单质在298.15 K、100 kPa下,下述正确的为(　　)

(A)$S_m^{\ominus}$、$\Delta_f G_m^{\ominus}$ 为零　　　　　　(B)$\Delta_f H_m^{\ominus}$ 不为零

(C)$S_m^{\ominus}$ 不为零,$\Delta_f H_m^{\ominus}$ 为零　　　　(D)$S_m^{\ominus}$、$\Delta_f G_m^{\ominus}$、$\Delta_f H_m^{\ominus}$ 均为零

(14) 下列物质在0 K时的标准熵为0 的是(　　)

(A)理想溶液　　　　(B)理想气体　　　　(C)完美晶体　　　　(D)纯液体

(15) 关于熵,下列叙述中正确的是(　　)

(A)298.15 K时,纯物质的 $S_m^{\ominus}=0$

(B)一切单质的 $S_m^{\ominus}=0$

(C)对孤立系统而言,$\Delta_r S_m^{\ominus}>0$ 的反应总是自发进行的

(D)在一个反应过程中,随着生成物的增加,熵变增大

2. 已知下述各反应的 $\Delta_r H_m^{\ominus}$,求 $Al_2Cl_6(s)$ 的标准摩尔生成焓。

$$\Delta_r H_m^{\ominus}/(\text{kJ}\cdot\text{mol}^{-1})$$

$(1)\ 2Al(s)+6HCl(aq)\!=\!\!=\!Al_2Cl_6(aq)+3H_2(g)$ $-1\ 003$

$(2)\ H_2(g)+Cl_2(g)\!=\!\!=\!2HCl(g)$ -184.0

$(3)\ HCl(g)\overset{H_2O}{=\!\!=\!\!=}HCl(aq)$ -72.0

$(4)\ Al_2Cl_6(s)\overset{H_2O}{=\!\!=\!\!=}Al_2Cl_6(aq)$ -643.0

$(-1\ 344\ kJ\cdot mol^{-1})$

3. 已知 298.15 K 时,丙烯加 H_2 生成丙烷的反应焓变 $\Delta_r H_m^{\ominus}=-123.9\ kJ\cdot mol^{-1}$,丙烷恒容燃烧热 $Q_V=-2\ 213.0\ kJ\cdot mol^{-1}$,$\Delta_f H_m^{\ominus}(CO_2,g)=-393.5\ kJ\cdot mol^{-1}$,$\Delta_f H_m^{\ominus}(H_2O,l)=-286.0\ kJ\cdot mol^{-1}$。

计算:(1)丙烯的燃烧焓;(2)丙烯的生成焓。

$(-2\ 058.3\ kJ\cdot mol^{-1};19.8\ kJ\cdot mol^{-1})$

4. 已知 298.15 K 时:

(1)甲烷的燃烧热 $\Delta_c H_m^{\ominus}=-890\ kJ\cdot mol^{-1}$

(2)$CO_2(g)$ 的生成焓 $\Delta_f H_m^{\ominus}=-393\ kJ\cdot mol^{-1}$

(3)$H_2O(l)$ 的生成焓 $\Delta_f H_m^{\ominus}=-285\ kJ\cdot mol^{-1}$

(4)$H_2(g)$ 的键焓 $\Delta H_{H-H}^{\ominus}=436\ kJ\cdot mol^{-1}$

(5)C(石墨)升华焓 $\Delta_{sub} H_m^{\ominus}=716\ kJ\cdot mol^{-1}$

求 C—H 键的键焓。 $(415\ kJ\cdot mol^{-1})$

5. 有 A、B、C、D 四个反应,在 298.15 K 时它们的 $\Delta_r H_m^{\ominus}$ 和 $\Delta_r S_m^{\ominus}$ 分别为:

	$\Delta_r H_m^{\ominus}/(kJ\cdot mol^{-1})$	$\Delta_r S_m^{\ominus}/(J\cdot mol^{-1}\cdot K^{-1})$
A	10.5	30.0
B	1.80	−113
C	−1 268	4.0
D	−11.7	−105

问:(1)在标准状态下,哪些反应可以自发进行? (2)其余反应在什么温度时可变为自发进行?

(C 可以自发进行;略)

6. 已知

$$SO_2(g)+\frac{1}{2}O_2(g)=\!\!=\!\!=SO_3(g)$$

$\Delta_f H_m^{\ominus}/(kJ\cdot mol^{-1})$	−296.8		−395.7
$S_m^{\ominus}/(J\cdot mol^{-1}\cdot K^{-1})$	248.1	205.0	256.6

通过计算说明在 1 000 K 时,SO_3、SO_2、O_2 的分压分别为 0.10、0.025、0.025MPa 时,正反应是否自发进行? (不能自发进行)

7. 工业上由 CO 和 H_2 合成甲醇 $CO(g)+2H_2(g)\longrightarrow CH_3OH(g)$ $\Delta_r H_{m,298.15\ K}^{\ominus}=-90.67\ kJ\cdot mol^{-1}$,$\Delta_r S_{m,298.15\ K}^{\ominus}=-221.4\ J\cdot mol^{-1}\cdot K^{-1}$。为了加速反应,必须升高温度,但温度又不宜过高。通过计算说明此温度最高不得超过多少? (409.5 K)

8. 某化工厂生产中需用银作催化剂,它的制法是将浸透 $AgNO_3$ 溶液的浮石在一定温度下焙烧,使发生反应 $AgNO_3(s)\longrightarrow Ag(s)+NO_2(g)+\frac{1}{2}O_2(g)$,试从理论上估算 $AgNO_3$ 分解成金属银所需的最低温度。

已知:

$AgNO_3(s)$ 的 $\Delta_f H_m^{\ominus} = -123.14 \text{ kJ} \cdot \text{mol}^{-1}$, $S_m^{\ominus} = 140 \text{ J} \cdot \text{mol}^{-1} \cdot \text{K}^{-1}$

$NO_2(g)$ 的 $\Delta_f H_m^{\ominus} = 35.15 \text{ kJ} \cdot \text{mol}^{-1}$, $S_m^{\ominus} = 240.6 \text{ J} \cdot \text{mol}^{-1} \cdot \text{K}^{-1}$

$Ag(s)$ 的 $S_m^{\ominus} = 42.68 \text{ J} \cdot \text{mol}^{-1} \cdot \text{K}^{-1}$

$O_2(g)$ 的 $S_m^{\ominus} = 205 \text{ J} \cdot \text{mol}^{-1} \cdot \text{K}^{-1}$

(643 K)

9. 碘钨灯发光效率高,使用寿命长,灯管中所含少量碘与沉积在管壁上的钨化合生成为 $WI_2(g)$,即

$$W(s) + I_2(g) \rightleftharpoons WI_2(g)$$

WI_2 又可扩散到灯丝周围的高温区,分解成钨蒸气沉积在钨丝上。

已知 298.15 K 时:

$$\Delta_f H_m^{\ominus}(WI_2, g) = -8.37 \text{ kJ} \cdot \text{mol}^{-1}$$

$S_m^{\ominus}(WI_2, g) = 0.2504 \text{ kJ} \cdot \text{mol}^{-1} \cdot \text{K}^{-1}$

$S_m^{\ominus}(W, s) = 0.0335 \text{ kJ} \cdot \text{mol}^{-1} \cdot \text{K}^{-1}$

$\Delta_f H_m^{\ominus}(I_2, g) = 62.24 \text{ kJ} \cdot \text{mol}^{-1}$

$S_m^{\ominus}(I_2, g) = 0.2600 \text{ kJ} \cdot \text{mol}^{-1} \cdot \text{K}^{-1}$

计算:(1)反应在 623 K 时 $\Delta_r G_m^{\ominus}$;

(2)反应 $WI_2(g) \rightleftharpoons I_2(g) + W(s)$ 发生时的最低温度是多少?

$(-43.76 \text{ kJ} \cdot \text{mol}^{-1}; 1.64 \times 10^3 \text{ K})$

第3章 化学反应速率和化学平衡

学习要求

1. 掌握化学反应速率的表示方法。
2. 掌握质量作用定律和化学反应的速率方程式。
3. 掌握阿仑尼乌斯经验式,学会应用活化能、活化分子的概念来解释浓度、温度及催化剂对反应速率的影响。
4. 掌握化学平衡的概念及浓度、压力、温度对化学平衡的影响。
5. 熟练掌握化学平衡及其有关计算。
6. 了解化学反应速率与化学平衡原理在生产中的应用。

化学反应速率是讨论在指定条件下化学反应进行的快慢,而化学平衡则是讨论在指定条件下化学反应进行的程度。化学平衡指出了反应发生的可能性和限度,化学反应速率则从速率的角度告诉我们反应的现实性。化学反应速率和化学平衡是研究化学反应进行的两个基本问题。对于它们的研究,无论在理论上还是在化工生产和日常生活应用上都具有重大的意义。

3.1 化学反应速率

不同的化学反应,它们的反应速率是不相同的。有的反应进行得很快,几乎瞬时就可完成,例如,爆炸反应、感光反应、酸碱中和反应等。相反,有些化学反应则进行得很慢,例如有机合成反应一般需要几十分钟、几小时甚至几天才能完成;金属的腐蚀、塑料和橡胶的老化更是缓慢;还有的化学反应如岩石的风化、石油的形成需要经历几十万年甚至更长的岁月。在化工生产中为了尽快生产更多的产品,就需要设法加快其化学反应速率;而对于有害的反应,如金属腐蚀、塑料的老化等则需要设法抑制和最大限度地降低其反应速率,以减少损失。还有某些反应在理论上从热力学上判断,其正向自发趋势很明显,但实际上进行的速率却很慢。因此对反应速率及其影响因素的研究,具有重要的理论意义和实际意义。

3.1.1 化学反应速率及表示方法

为了描述化学反应速率,可以用反应物物质的量随时间不断降低来表示,也可用生成物的量随时间不断增加来表示。但由于反应方程式中生成物和反应物的化学计量数往往不同,所以用不同物质的物质的量的变化率来表示反应速率,其数值不一致,因此这样定义化学反应速率是不妥当的。

根据国标规定,化学反应速率是反应进度(ξ)随时间的变化率。对于化学反应

$$a\text{A}+b\text{B}\longrightarrow g\text{G}+d\text{D}$$

反应速率

$$J=\frac{\text{d}\xi}{\text{d}t} \tag{3.1}$$

式中,ξ 为反应进度;t 为时间。

由于反应进度的改变 $\text{d}\xi$ 与物质 B 的改变量 $\text{d}n_{\text{B}}$ 有如下关系,即

$$\text{d}\xi=\frac{1}{\nu_{\text{B}}}\text{d}n_{\text{B}} \tag{3.2}$$

式中,ν_{B} 为物质 B 在反应式中的化学计量数,对于反应物 ν_{B} 取负值,表示减少;对于生成物 ν_{B} 取正值,表示增加。这样化学反应速率可写成

$$J=\frac{1}{\nu_{\text{B}}}\frac{\text{d}n_{\text{B}}}{\text{d}t} \tag{3.3}$$

若反应系统的体积为 V,V 不随时间 t 变化,定义恒容反应速率为

$$v=\frac{J}{V}=\frac{1}{V\nu_{\text{B}}}\frac{\text{d}n_{\text{B}}}{\text{d}t}=\frac{1}{\nu_{\text{B}}}\frac{\text{d}c_{\text{B}}}{\text{d}t} \tag{3.4}$$

对于上述反应有

$$v=\frac{1}{-a}\frac{\text{d}c\,(\text{A})}{\text{d}t}=\frac{1}{-b}\frac{\text{d}c\,(\text{B})}{\text{d}t}=\frac{1}{g}\frac{\text{d}c\,(\text{G})}{\text{d}t}=\frac{1}{d}\frac{\text{d}c\,(\text{D})}{\text{d}t} \tag{3.5}$$

式中,v 的单位为 $\text{mol}\cdot\text{L}^{-1}\cdot\text{s}^{-1}$。

以合成氨的反应为例,反应方程式 $\text{N}_2(\text{g})+3\text{H}_2(\text{g})\longrightarrow 2\text{NH}_3(\text{g})$ 的化学反应速率为

$$v=\frac{\text{d}c(\text{N}_2)}{-\text{d}t}=-\frac{1}{3}\frac{\text{d}c(\text{H}_2)}{\text{d}t}=\frac{1}{2}\frac{\text{d}c(\text{NH}_3)}{\text{d}t} \tag{3.6}$$

由此可见,以浓度为基础的化学反应速率 v 的数值,对于同一反应系统与选用何种物质为基准无关,只与化学反应计量方程式有关。

反应速率是通过实验测得的,实验中常用化学法或物理法在不同时刻取样测定反应物或生成物的浓度,有了浓度随时间的变化关系,通过作切线,即可得到不同时刻的反应速率。

【例 3.1】 在 CCl_4 溶剂中,N_2O_5 的分解反应方程式为

$$2\text{N}_2\text{O}_5\longrightarrow 2\text{N}_2\text{O}_4+\text{O}_2$$

在 40.0 ℃下,N_2O_5 的浓度实验数据如下表所示:

t/min	0	5	10	15	20	30
$c(\text{N}_2\text{O}_5)/(\text{mol}\cdot\text{L}^{-1})$	0.200	0.180	0.161	0.144	0.130	0.104
t/min	40	50	70	90	110	130	∞
$c(\text{N}_2\text{O}_5)/(\text{mol}\cdot\text{L}^{-1})$	0.084	0.068	0.044	0.028	0.018	0.012	0

用作图法计算出反应时间 $t=45\ \text{min}$ 的瞬间速率。

解 根据表中给出的实验数据,得到 $c(\text{N}_2\text{O}_5)$-t 曲线,如图 3.1 所示。

通过 A 点($t=45\ \text{min}$)作切线,再求出 A 点的切线斜率,即

$$A \text{ 点的切线斜率} = \frac{-(0.144-0)\ \text{mol}\cdot\text{L}^{-1}}{(93-0)\ \text{min}} = -1.55\times10^{-3}\ \text{mol}\cdot\text{L}^{-1}\cdot\text{min}^{-1}$$

3.1.2 化学反应速率的基本理论

化学反应速率的大小,首先取决于反应物的本性。此外,反应速率还与反应物的浓度、温度和催化剂等外界条件有关。为了说明这些问题,历史上先后提出两种著名的化学反应速率理论,一是碰撞理论,另一个是过渡状态理论。

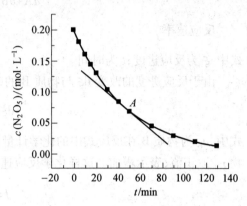

图 3.1　N_2O_5 的浓度实验数据

1. 碰撞理论

1918 年 Lewis 在 Arrhenius 研究的基础上,利用气体分子运动论的成果,提出了主要适用于气体双原子反应的有效碰撞理论,其主要论点如下。

(1)反应物分子必须相互碰撞才可能发生反应。但并不是每次碰撞均可发生反应,只有那些能发生反应的碰撞才称为有效碰撞。例如,根据气体分子运动论计算,浓度为 $1\ \text{mol}\cdot\text{L}^{-1}$ 的 HI 在 700 K 进行热分解反应,即

$$2HI(g) \Longrightarrow H_2(g)+I_2(g)$$

1 L 容积中 HI 分子每秒内相互碰撞次数可达 3.4×10^{34},若每次碰撞都能发生反应,理论反应速率则为 $5.6\times10^{10}\ \text{mol}\cdot\text{L}^{-1}\cdot\text{s}^{-1}$,而实际反应速率仅为 $1.6\times10^{-3}\ \text{mol}\cdot\text{L}^{-1}\cdot\text{s}^{-1}$,比理论反应速率低 3.5×10^{13} 倍。这说明发生碰撞是化学反应的先决条件,但不是充分条件,反应速率不仅与碰撞频率有关,还与碰撞分子的能量因素有关。

(2)能够发生有效碰撞的分子称为活化分子。只有活化分子发生定向碰撞才能引起反应。一定的温度下气体分子具有一定的平均能量,但各分子的动能并不相同,气体分子的能量分布如图 3.2 所示。

图 3.2 中横坐标 E 为能量,纵坐标 $\dfrac{\Delta N}{N\Delta E}$ 为具有能量 $E \sim (E+\Delta E)$ 范围内单位能量区间的分子数 ΔN 与分子总数 N 的比值(分子分数),曲线下的总面积表示分子分数的总数为 100%。由曲线可见,大部分分子动能在 E_m 附近,只有少数分子动能比 E_m 低得多或高得多,假设分子达到有效碰撞的最低能量为 E_0,所谓的活化分子就是分子动能大于 E_0 的那些分子。那些非活化分子必须吸收足够的能量才能转变为活化分子,活化能是指 1 mol 活化分子的平均能量(E_m^*)与 1 mol 反应物分子平均能量 E_m 之差,用 E_a 表示,即

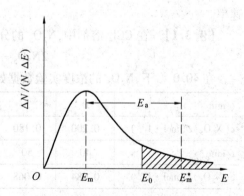

图 3.2　气体分子的能量分布示意图

$$E_a = E_m^* - E_m \tag{3.7}$$

反应活化能一般在 $40 \sim 400 \ kJ \cdot mol^{-1}$ 之间。化学反应速率与反应活化能大小密切有关,每种反应各有其特定的活化能值,活化能值大于 $400 \ kJ \cdot mol^{-1}$ 的反应属于慢反应;活化能值小于 $40 \ kJ \cdot mol^{-1}$ 的反应属于快反应。

在一定温度下,活化能越大,活化分子百分数就越小,有效碰撞次数越少,反应速率就越慢;反之活化能越小,活化分子百分数越大,有效碰撞次数越多,反应速率就越快。

由于反应物分子有一定的几何构型,分子内原子的排列有一定的方位,只有几何方位适宜的有效碰撞才可能导致反应的发生,如

$$CO(g) + NO_2(g) \longrightarrow CO_2(g) + NO(g)$$

CO 分子和 NO_2 分子可有不同取向的碰撞,只有碳原子和氧原子相撞时,才可能发生氧原子的转移,导致化学反应,如图 3.3 所示。

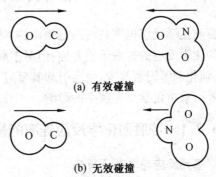

(a) 有效碰撞

(b) 无效碰撞

图 3.3　分子碰撞的不同取向

2. 过渡状态理论

过渡状态理论认为,化学反应并不是通过反应物分子的简单碰撞完成的,在反应物到产物的转变过程仔,必须通过一种过渡状态。这种中间状态可用下式表示,即

$$A—B+C \rightleftharpoons [A \cdots B \cdots C] \rightleftharpoons A+B—C$$

$\qquad$ 起始状态 $\qquad$ 过渡状态 $\qquad$ 终止状态

当分子 C 以足够大的动能克服 AB 分子对它的排斥力,向 AB 分子接近时,AB 间的结合力逐渐减弱,这时既有旧键的部分破坏($A \cdots B$)又有新键的部分生成($B \cdots C$)。此时 AB 与 C 处于过渡状态,并形成了一个类似配合物结构的物质($A \cdots B \cdots C$),该物质称为活化络合物。活化络合物相对于反应物和产物具有较高的能量,如图 3.4 所示,处于一种不稳定状态,它可以转变为原来的反应物分子,也可以分解为产物分子,这取决于各自的反应速率。

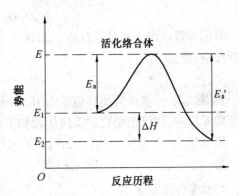

图 3.4　反应过程势能变化示意图

把具有平均能量的反应物分子形成活化络合物时所吸收的最低能量称为正反应的活化能(E_a),把具有平均能量的产物分子形成活化络合物时所吸收的最低能量称为逆反应的活化能(E_a'),正、逆反应活化能之差即为该反应的反应热,即

$$\Delta H = E_a - E_a' \tag{3.8}$$

由图 3.4 可看出,反应的活化能越小,反应物分子需要越过的势能(有时称阈能)越低,越容易形成活化络合物,反应速率也就越快。但活化能与反应过程有关,不具有状态函数性质,反应过程一旦改变,活化能随之改变,这就是催化剂能降低反应活化能,改变反应速率的原因。

综上所述,碰撞理论着眼于相撞"分子对"的平均动能,而过渡状态理论着眼于分子相互作用的势能。二者都有活化能的概念,过渡状态理论把反应速率与反应物分子的微观结构联系起来,有助于更好地理解活化能的本质。两个理论都能说明一些实验现象,但理论计算与实验结果相符的还只限于很少的几个简单反应。一些反应的活化能主要通过实验测定得到。

3.2　影响化学反应速率的因素

影响化学反应速率的内因是物质的本性,因为不同的反应物质具有不同的活化能,所以各种化学反应的速率千差万别;但对于同一化学反应,由于外界条件如浓度(或分压)、温度、催化剂等因素改变,也会引起其反应速率的改变。本节将分别讨论浓度、温度和催化剂等因素对化学反应速率的影响。

3.2.1　浓度对化学反应速率的影响

1. 基元反应与非基元反应

化学反应方程式往往只表示反应的始态和终态是何种物质以及它们之间的化学计量关系,并不反映所经过的实际过程。化学反应经历的途径叫反应机理或反应历程。

反应物分子经过有效碰撞一步直接转化成生成物分子的反应称为基元反应,例如

$$NO_2 + CO \longrightarrow NO + CO_2$$

$$2NO + O_2 \longrightarrow 2NO_2$$

但大多数反应为非基元反应。非基元反应是由两个或两个以上的基元步骤所组成的化学反应,例如

$$H_2 + I_2 \longrightarrow 2HI$$

长期以来,一直认为此反应是由 H_2 和 I_2 直接碰撞的基元反应,但后来研究发现它是个非基元反应,现已证明它的反应历程如下:

第一步　　　　　　　　$I_2(g) \longrightarrow 2I(g)$　快反应

第二步　　　　　　　　$H_2(g) + 2I(g) \longrightarrow 2HI(g)$　慢反应

2. 质量作用定律

对于一般基元反应

$$aA + bB \longrightarrow dD + gG$$

在一定温度下,反应速率与反应物浓度幂的乘积成正比,其中各反应物浓度的指数为基元反应方程式中各反应物前的系数(即化学计量数的绝对值),这一规律称为质量作用定律,其数学表达式为

$$v = k\{c(A)\}^a\{c(B)\}^b \tag{3.9}$$

此式称为速率方程式,$c(A)$,$c(B)$ 分别表示反应物 A 和 B 浓度,k 为速率常数,当 $c(A) = c(B) = 1\ mol \cdot L^{-1}$ 时,$v = k$,因此 k 的物理意义是指某反应在温度一定时,单位反应物浓度的反应速率,k 的大小取决于反应物的本质,不同的反应 k 值不相同,k 值大小与反

应物浓度无关,但随着温度、催化剂等因素而改变。

基元反应若按反应分子数划分,可分为单分子反应、双分子反应和三分子反应。绝大多数基元反应是双分子反应,在分解反应或异构化反应中可能出现单分子反应,三分子反应的数目很少,一般只出现在原子复合或自由基复合反应中。

应用质量作用定律时应注意以下几个问题:

①质量作用定律适用于基元反应。对于非基元反应,只能对其反应机理中的每一个基元反应应用质量作用定律,不能根据总反应方程式直接书写速率方程式。

②固体或纯液体参加的化学反应,因固体和纯液体本身为标准态,不列入反应速率方程式中,如

$$C(s)+O_2(g)\longrightarrow CO_2(g)$$
$$v=k\,c(O_2)$$

③若反应物中有气体,在速率方程式中也可用气体分压来代替浓度。上述反应的速率方程式也可写成

$$v=k'p(O_2)$$

质量作用定律可用分子碰撞观点加以解释。在一定温度下,反应物活化分子个数的百分数是一定的,当增加反应物浓度时,活化分子个数百分数虽未改变,但单位体积中活化分子总数相应增大,在单位时间及单位体积内有效碰撞次数必然增加,所以反应速度加快。

3. 非基元反应速率方程式

不同于基元反应,非基元反应的速率方程式不能由质量作用定律直接写出,而必须是符合实验数据的经验表达式,可采取任何形式。

对于化学计量反应

$$aA+bB\longrightarrow dD+gG$$

由实验数据得出的经验速率方程式,常常也可写成与式(3.9)相类似的幂积的形式

$$v=k\{c(A)\}^{\alpha}\{c(B)\}^{\beta}$$

式中各组分浓度的方次 α 和 β(一般不等于各组分化学计量数的绝对值),分别称为反应组分 A 和 B 的反应分级数,反应总级数为各组分反应分级数的代数和。

如 $2NO+2H_2\longrightarrow N_2+2H_2O$,经实验测定,其反应速率方程为

$$v=k\{c(NO)\}^2\{c(H_2)\}^1$$

而不是 $v=k\{c(NO)\}^2\{c(H_2)\}^2$,由此可见,非基元反应速率方程式浓度的指数与反应物的化学计量数的绝对值不一定相等,其指数必须由实验测定。有些反应通过实验测定的速率方程式中,反应物浓度的指数恰好等于方程式中该物质的化学计量数的绝对值,也不能断言一定是基元反应。

【例3.2】 某一温度下乙醛的分解反应 $CH_3CHO(g)\longrightarrow CH_4(g)+CO(g)$ 在一系列不同浓度的初始反应的实验数据如下表:

$c(CH_3CHO)/mol \cdot L^{-1}$	0.10	0.20	0.30	0.40
$v/mol \cdot L^{-1} \cdot s^{-1}$	0.020	0.081	0.182	0.318

求:(1)此反应对乙醛是几级?

(2)计算反应速率常数 k;

(3)$c(CH_3CHO)=0.15$ mol·L^{-1}时的反应速率。

解 (1)该反应的速率方程

$$v = k\{c(CH_3CHO)\}^m$$

将四组数据代入

$$0.020 = k\cdot(0.1)^m$$
$$0.081 = k\cdot(0.2)^m$$
$$0.182 = k\cdot(0.3)^m$$
$$0.318 = k\cdot(0.4)^m$$

解得 $m=2$,所以此反应对乙醛是 2 级。

(2)计算反应速率常数 k

$$v = k\{c(CH_3CHO)\}^2$$

将 $c(CH_3CHO)=0.20$ mol·L^{-1}和 $v=0.081$ mol·L^{-1}·s^{-1}代入,得

$$k=2.00 \text{ L}\cdot\text{mol}^{-1}\cdot\text{s}^{-1}$$

(3)将上面的数据带入,得

$$v=2\times\{c(CH_3CHO)\}^2$$
$$c(CH_3CHO)=0.15 \text{ mol}\cdot\text{L}^{-1}$$

代入,得

$$v=2\times0.15^2=0.045 \text{ mol}\cdot\text{L}^{-1}\cdot\text{s}^{-1}$$

3.2.2 温度对化学反应速率的影响

温度是影响化学反应速率的主要因素之一。一般说来,升高温度可以增大化学反应速率。

1. Van't Hoff 规则

一般化学反应,在反应物浓度不变情况下,在一定温度范围内,温度升高 10 K,反应速率或反应速率常数一般增加 2～4 倍,即

$$\frac{v_{(T+10)}}{v_{(T)}}=\frac{k_{(T+10)}}{k_{(T)}}=2～4$$

此规则称为 Van't Hoff 规则。

温度升高使反应速率迅速加快,主要是因为温度升高,分子运动速度加快,分子间的碰撞次数增加。同时温度升高,分子的能量升高,活化分子百分数增大,因而有效碰撞次数显著增加,导致了化学反应速率明显加快。

2. Arrhenius 公式

1889 年瑞典物理化学家 Arrhenius 在大量实验基础上提出反应速率常数 k 和温度之间的关系,即

$$k = A\exp\left(\frac{-E_a}{RT}\right) \tag{3.10}$$

或写成

$$\ln\frac{k}{A} = \frac{-E_a}{RT} \tag{3.11}$$

式中，E_a 为反应活化能，$J \cdot mol^{-1}$；R 为气体常数；A 为"指前因子"，是反应的特性常数。

从上式可见，反应速率常数与热力学温度 T 成指数关系，温度的微小变化都会使 k 值有较大的变化，体现了温度对反应速率的显著影响。

Arrhemius 公式较好地反映了反应速率常 k 与温度 T 的关系。由上式可看出，若以 $\ln K$ 对 $\frac{1}{T}$ 作图可得一直线，直线的斜率为 $\frac{-E_a}{R}$，截距为 $\ln A$，由这些数据即可求出活化能 E_a 和指前因子 A。若已知某一反应在 T_1 时的反应速率常数为 k_1，在 T_2 时的反应速率常数为 k_2，有

$$\ln\frac{k_1}{A} = \frac{-E_a}{RT_1} \tag{3.12}$$

$$\ln\frac{k_2}{A} = \frac{-E_a}{RT_2} \tag{3.13}$$

式(3.13) – 式(3.12) 得

$$\ln\frac{k_2}{k_1} = -\frac{E_a}{R}\left(\frac{1}{T_2} - \frac{1}{T_1}\right) \tag{3.14}$$

利用式(3.14) 可计算反应的活化能以及不同温度下的反应速率常数 k。

【例 3.3】 已知某反应 $A \rightarrow B + C$，在不同温度下测得的反应速率常数 k 如下表。

T/K	773.5	786	797.5	810	824	834
$k/(10^{-3}s^{-1})$	1.63	2.95	4.19	8.13	14.9	22.2

求反应的活化能和指前因子。

解 根据题意得

$\frac{1}{T}/(10^{-3}K^{-1})$	1.29	1.27	1.25	1.23	1.21	1.20
$\ln k/s^{-1}$	– 6.42	– 5.83	– 5.48	– 4.81	– 4.21	– 3.81

作 $\ln k/s^{-1} - 1/T$ 曲线，如图 3.5 所示。

由图可求得斜率 $-\frac{E_a}{R} = -28\ 432.87$，将 $R = 8.314$ 代入得 $E_a = 236.4\ kJ \cdot mol^{-1}$，截距 $\ln A = 30.21$，$A = 1.8 \times 10^{13}s^{-1}$。

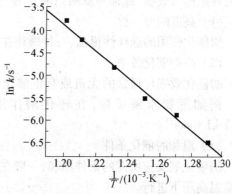

图 3.5 温度和反应速率常数的关系

3.2.3 催化剂对化学反应速率的影响

能显著改变化学反应速率而本身的组成和质量在反应前后保持不变的一类物质称为催化剂。催化剂能改变化学反应速率的作用

称为催化作用,在催化剂作用下进行的反应称为催化反应,能加快化学反应速率的催化剂称为正催化剂,能减慢化学反应速率的催化剂称为负催化剂或抑制剂。

催化剂能加快化学反应速率的原因,是由于它改变了原来的反应途径,从而降低了反应的活化能,如图3.6所示。原反应的活化能为E_a,加入催化剂后催化作用改变了反应途径,使活化能降低为E_a',活化分子百分数相应增多,因而反应得以加速。

从图3.6可以看出,在正向反应活化能降低的同时,逆向反应活化能也降低同样多,故逆向反应也同样得到加速。

关于催化剂的催化作用,需要注意以下几方面。

① 化剂只能通过改变反应途径来改变反应速率,但不改变反应的 ΔH、ΔG 或 $\Delta G^{\ominus}$,它无法使不能自发进行的反应得以进行。

② 催化剂能同等程度地改变可逆反应的正逆反应速率,因此催化剂能加快化学平衡的到达,但不会导致化学平衡常数的改变,也不会影响化学平衡的移动。

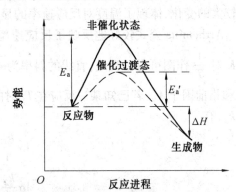

图3.6 催化剂改变反应途径示意图

③ 催化剂具有选择性,一种催化剂通常只能对一种或少数几种反应起催化作用,同样的反应物用不同的催化剂可得到不同的产物。例如乙醇脱氢,采用不同的催化剂所得的产物不同,即

$$C_2H_5OH \xrightarrow[473 \sim 523\ K]{Cu} CH_3CHO + H_2$$

$$C_2H_5OH \xrightarrow[623 \sim 633\ K]{Al_2O_3} C_2H_4 + H_2O$$

$$C_2H_5OH \xrightarrow[413\ K]{浓\ H_2SO_4} C_2H_5OC_2H_5 + H_2O$$

生物体内进行着各种复杂的反应,如碳水化合物、蛋白质、脂肪等物质的合成和分解,基本上都是以酶为催化剂来进行反应,酶的本质是一类结构和功能特殊的蛋白质,被酶催化的对象称为底物(或称为基质),酶作为一种生物催化剂,具有以下几方面独特的特点。

(1) 高度的专一性

酶催化作用的选择性很强,一种酶往往对一种特定的反应有效。

(2) 高的催化效率

酶催化效率比通常的无机或有机催化剂高出 $10^8 \sim 10^{12}$ 倍,能大大降低反应的活化能。例如蔗糖水解反应,在转化酶作用下可使其活化能从 $107.1\ kJ \cdot mol^{-1}$ 降至 $39.1\ kJ \cdot mol^{-1}$。

(3) 温和的催化条件

酶催化剂反应所需的条件温和,一般在常温常压下就能进行,不像有的催化剂反应要在高温高压下进行。

（4）对特殊的酸碱环境要求

酶只在一定的 pH 值范围内才表现出其活性,若溶液 pH 值不适宜,就可能因酶的分子结构发生改变而失去活性。

3.3　化学平衡

对于化学反应,我们不仅需要知道反应在给定条件下的产物,而且还需要知道在该条件下反应可以进行到什么程度,所得的产物最多有多少,如要进一步提高产率,应该采取哪些措施等。这些都是化学平衡理论要解决的问题。

3.3.1　化学平衡

1. 化学平衡

通常化学反应都有可逆性,只是可逆程度有所不同,少部分的化学反应在一定条件下几乎能进行到底的,这样的反应称为不可逆反应,如

$$2KClO_3 \xrightarrow[\Delta]{MnO_2} 2KCl+3O_2$$

$$HCl+NaOH \longrightarrow NaCl+H_2O$$

但绝大多数化学反应,在同一条件下,既能向正方向进行又能向逆方向进行,这类反应称为可逆反应,如合成氨反应中的 CO 变换反应

$$CO(g)+H_2O(g) \Longleftrightarrow CO_2(g)+H_2(g)$$

为表示反应的可逆性,在方程式中用箭头"$\Longleftrightarrow$"代替"$\longrightarrow$"。上述 CO 的变换反应,一定温度下,在密闭容器中,反应开始时 CO(g)和 H₂O(g)的浓度大,正反应速率较大,随着反应的进行,反应物浓度逐渐减小,而生成物 CO₂(g)和 H₂(g)浓度不断增加,正反应速率逐渐减小,逆反应速率不断增大,经过一段时间后,反应物和生成物的浓度不再随时间而改变,反应已经达到极限。因此,将可逆反应的正、逆反应速率相等,反应物和生成物浓度恒定时反应系统所处的状态称为化学平衡状态,简称化学平衡。化学平衡的建立过程如图 3.7 所示。

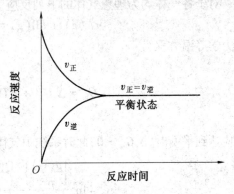

图 3.7　化学平衡的建立

化学平衡有如下特点。

①化学平衡是种动态平衡。反应系统达到平衡后,从表面上看,反应已经"终止",而实际上,处于平衡状态的系统内正、逆反应均仍在继续进行,只是由于 $v(正)=v(逆)$。此时在单位时间内因正反应使反应物减少的量和因逆反应使反应物增加的量恰好相等,致使各物质的浓度不变。因此,这种平衡实际上是一种动态平衡。

②可逆反应平衡后,在一定条件下各物质浓度(或分压)不再随时间而变化。

③化学平衡是有条件的、相对的。当平衡条件改变时,原有平衡被破坏,系统将在新的条件下达到新的平衡。

④化学平衡是可逆反应在一定条件下所能达到的最终状态。因此到达平衡的途径,可从正反应开始,也可从逆反应开始。

2.化学平衡常数

(1)经验平衡常数

平衡常数是表明化学反应限度的特征值,对一般的可逆反应

$$aA + bB \rightleftharpoons gG + dD$$

若反应物和生成物均为气体,达到化学平衡时,各物质的分压分别为 $p(A)$、$p(B)$、$p(G)$、$p(D)$,则有

$$K_p = \frac{\{p(G)\}^g \{p(D)\}^d}{\{p(A)\}^a \{p(B)\}^b} \tag{3.15}$$

式中,K_p 称为压力经验平衡常数。

若在溶液中发生的反应,达化学平衡时,各物质的浓度分别为 $c(A)$、$c(B)$、$c(G)$、$c(D)$,则有

$$K_c = \frac{\{c(G)\}^g \{c(D)\}^d}{\{c(A)\}^a \{c(B)\}^b} \tag{3.16}$$

式中,K_c 称为浓度经验平衡常数。

在上两个平衡常数表达式中,如果 $a + b = g + d$,则 K_p、K_c 无单位;若 $a + b \neq g + d$,则 K_p、K_c 有相应的单位,其单位随分压或浓度所用的单位不同而异。

(2)标准平衡常数

平衡常数除了可用实验测定外,还可通过热力学方法计算得到,因此热力学平衡常数也称为标准平衡常数,用 $K^\ominus$ 表示。

对于各气体均为理想气体的下列反应

$$aA(g) + bB(g) \rightleftharpoons gG(g) + dD(g)$$

热力学等温方程为

$$\Delta_r G_m = \Delta_r G_m^\ominus + RT\ln \frac{\left\{\frac{p(G)}{p^\ominus}\right\}^g \left\{\frac{p(D)}{p^\ominus}\right\}^d}{\left\{\frac{p(A)}{p^\ominus}\right\}^a \left\{\frac{p(B)}{p^\ominus}\right\}^b} \tag{3.17}$$

反应达到平衡时,$\Delta_r G_m = 0$,此时系统中气体物质的分压均称为平衡分压,则

$$\ln \frac{\left\{\frac{p(G)}{p^\ominus}\right\}^g \left\{\frac{p(D)}{p^\ominus}\right\}^d}{\left\{\frac{p(A)}{p^\ominus}\right\}^a \left\{\frac{p(B)}{p^\ominus}\right\}^b} = \frac{-\Delta_r G_m^\ominus}{RT} \tag{3.18}$$

在给定条件下,反应的 T 和 $\Delta_r G_m^\ominus$ 均为定值,所以 $\dfrac{-\Delta_r G_m^\ominus}{RT}$ 亦为定值,故

$$\frac{\left\{\frac{p(G)}{p^{\ominus}}\right\}^{g}\left\{\frac{p(D)}{p^{\ominus}}\right\}^{d}}{\left\{\frac{p(A)}{p^{\ominus}}\right\}^{a}\left\{\frac{p(B)}{p^{\ominus}}\right\}^{b}} = 常数 \tag{3.19}$$

令此常数为 $K^{\ominus}$，则

$$K^{\ominus} = \frac{\left\{\frac{p(G)}{p^{\ominus}}\right\}^{g}\left\{\frac{p(D)}{p^{\ominus}}\right\}^{d}}{\left\{\frac{p(A)}{p^{\ominus}}\right\}^{a}\left\{\frac{p(B)}{p^{\ominus}}\right\}^{b}} \tag{3.20}$$

并可得

$$\ln K^{\ominus} = \frac{-\Delta_r G_m^{\ominus}}{RT} \tag{3.21}$$

对于水溶液中的反应，即

$$a\mathrm{A(aq)} + b\mathrm{B(aq)} \Longleftrightarrow g\mathrm{G(aq)} + d\mathrm{D(aq)}$$

同理可得

$$K^{\ominus} = \frac{\left\{\frac{c(G)}{c^{\ominus}}\right\}^{g}\left\{\frac{c(D)}{c^{\ominus}}\right\}^{d}}{\left\{\frac{c(A)}{c^{\ominus}}\right\}^{a}\left\{\frac{c(B)}{c^{\ominus}}\right\}^{b}} \tag{3.22}$$

由上述方程可知：标准平衡常数 $K^{\ominus}$ 是量纲为 1 的量，$K^{\ominus}$ 值越大，说明正反应进行的越彻底。$K^{\ominus}$ 的值只与温度有关，不随着浓度或分压而变。

书写平衡常数表达式时，应注意以下几点。

① 平衡常数表达式与化学方程式的写法要对应，例如合成氨反应

$$\mathrm{N_2(g)} + 3\mathrm{H_2(g)} \Longleftrightarrow 2\mathrm{NH_3(g)}; \qquad K_1^{\ominus} = \frac{\left\{\frac{p(\mathrm{NH_3})}{p^{\ominus}}\right\}^{2}}{\left\{\frac{p(\mathrm{N_2})}{p^{\ominus}}\right\}\left\{\frac{p(\mathrm{H_2})}{p^{\ominus}}\right\}^{3}}$$

$$\frac{1}{2}\mathrm{N_2(g)} + \frac{3}{2}\mathrm{H_2(g)} \Longleftrightarrow \mathrm{NH_3(g)}; \qquad K_2^{\ominus} = \frac{\left\{\frac{p(\mathrm{NH_3})}{p^{\ominus}}\right\}}{\left\{\frac{p(\mathrm{N_2})}{p^{\ominus}}\right\}^{1/2}\left\{\frac{p(\mathrm{H_2})}{p^{\ominus}}\right\}^{3/2}}$$

$$\frac{1}{3}\mathrm{N_2(g)} + \mathrm{H_2(g)} \Longleftrightarrow \frac{2}{3}\mathrm{NH_3(g)}; \qquad K_3^{\ominus} = \frac{\left\{\frac{p(\mathrm{NH_3})}{p^{\ominus}}\right\}^{2/3}}{\left\{\frac{p(\mathrm{N_2})}{p^{\ominus}}\right\}^{1/3}\left\{\frac{p(\mathrm{H_2})}{p^{\ominus}}\right\}}$$

其中三个平衡常数的关系为

$$K_1^{\ominus} = (K_2^{\ominus})^{2} = (K_3^{\ominus})^{3}$$

因此，在使用和查阅平衡常数时，必须注意它们所对应的反应方程式。

② 当有纯液体、纯固体参加反应时，其浓度可认为是常数，均不写入平衡常数的表达式中，如

$$\mathrm{CaCO_3(s)} \Longleftrightarrow \mathrm{CaO(s)} + \mathrm{CO_2(g)}$$

$$K^{\ominus} = \frac{p(CO_2)}{p^{\ominus}}$$

③ 在稀溶液反应中，水是大量的，浓度可视为常数，不写入平衡常数表达式中，如

$$Cr_2O_7^{2-}(aq) + H_2O(l) \rightleftharpoons 2H^+(aq) + 2CrO_4^{2-}(aq)$$

$$K^{\ominus} = \frac{\left\{\dfrac{c(H^+)}{c^{\ominus}}\right\}^2 \left\{\dfrac{c(CrO_4^{2-})}{c^{\ominus}}\right\}^2}{\left\{\dfrac{c(Cr_2O_7^{2-})}{c^{\ominus}}\right\}}$$

【例 3.4】 计算反应 $CO(g) + H_2O(g) \rightleftharpoons CO_2(g) + H_2(g)$ 的 $\Delta_r G_m^{\ominus}(298.15\ K)$ 和 298.15 K 时的平衡常数 $K^{\ominus}$。

解 化学反应 $\qquad CO(g) + H_2O(g) \rightleftharpoons CO_2(g) + H_2(g)$

$\Delta_f G_m^{\ominus}(B)/(kJ \cdot mol^{-1})$ $\quad$ -137.17 $\quad$ -228.57 $\quad$ -394.36 $\qquad$ 0

$$\Delta_r G_m^{\ominus} = \sum_B \nu_B \Delta_f G_m^{\ominus}(B) = -394.36 + 0 - (-137.17) - (-228.57) = -28.62\ kJ \cdot mol^{-1}$$

$$\ln K^{\ominus} = \frac{-\Delta_r G_m^{\ominus}}{RT} = \frac{-28.62 \times 10^3}{8.314 \times 298.15}$$

$$K^{\ominus} = 1.02 \times 10^5$$

3. 多重平衡原则

化学反应的平衡常数也可利用多重平衡原则计算而得，如果某反应可以由几个反应相加（或相减）而得，则该反应的平衡常数等于几个反应平衡常数之积（或商）。这种关系称为多重平衡原则。

证明：设反应(1)、反应(2)和反应(3)在温度 T 时的标准平衡常数分别为 $K_1^{\ominus}$、$K_2^{\ominus}$、$K_3^{\ominus}$，各自的标准吉布斯自由能变为 $\Delta_r G_1^{\ominus}$、$\Delta_r G_2^{\ominus}$、$\Delta_r G_3^{\ominus}$，如果

$$反应(3) = 反应(1) + 反应(2)$$

则有 $\qquad\qquad\qquad\qquad \Delta_r G_3^{\ominus} = \Delta_r G_1^{\ominus} + \Delta_r G_2^{\ominus}$

即 $\qquad\qquad\qquad -RT\ln K_3^{\ominus} = -RT\ln K_1^{\ominus} + (-RT\ln K_2^{\ominus})$

$$\ln K_3^{\ominus} = \ln K_1^{\ominus} + \ln K_2^{\ominus}$$

$$K_3^{\ominus} = K_1^{\ominus} \cdot K_2^{\ominus}$$

同理若 $\qquad\qquad\qquad\qquad 反应(3) = 反应(1) - 反应(2)$

则有 $\qquad\qquad\qquad\qquad\qquad K_3^{\ominus} = K_1^{\ominus}/K_2^{\ominus}$

若方程式两边同乘 n，即

$$若反应(3) = n \times 反应(1)$$

则有 $\qquad\qquad\qquad\qquad\qquad K_3^{\ominus} = (K_1^{\ominus})^n$

若方程式两边同除以 n，即

$$若反应(3) = 反应(1)/n$$

则有 $\qquad\qquad\qquad\qquad\qquad K_3^{\ominus} = (K_1^{\ominus})^{1/n}$

根据多重平衡原则，可以应用若干已知反应的平衡常数，按上述原则求得某些其他反应的平衡常数，无需一一通过实验测得。

【例3.5】 已知下列三个反应的标准平衡常数

(1) $H_2(g) + \frac{1}{2}O_2(g) \rightleftharpoons H_2O(g)$ $K_1^{\ominus}$

(2) $N_2(g) + O_2(g) \rightleftharpoons 2NO(g)$ $K_2^{\ominus}$

(3) $4NH_3(g) + 5O_2(g) \rightleftharpoons 4NO(g) + 6H_2O(g)$ $K_3^{\ominus}$

求反应(4)$N_2(g) + 3H_2(g) \rightleftharpoons 2NH_3(g)$ 的标准平衡常数 $K_4^{\ominus}$。

解 反应(4) = 反应(2) + 3 × 反应(1) $-\frac{1}{2}$ × 反应(3)

$$K_4^{\ominus} = \frac{K_2^{\ominus} \times (K_1^{\ominus})^3}{(K_3^{\ominus})^{1/2}}$$

4. 平衡常数的有关计算

利用平衡常数可以计算达到平衡时各反应物和生成物的浓度或分压,以及反应物的转化率。某反应物的转化率是指该反应物已转化的量占起始量的百分率,可表示为

$$某反应物的转化率 = \frac{该反应物已转化的量}{该反应物的起始量} \times 100\% \tag{3.23}$$

对一些有气体参加的反应,由于用压力表测得的是混合气体的总压力,直接测量各组分气体的分压很困难,通常用道尔顿分压定律来计算有关组分气体的分压。道尔顿分压定律的主要内容是,混合气体的总压力等于各组分气体的分压力之和,某组分气体的分压等于该组分气体的摩尔分数与混合气体总压之积。其数学表达式为

$$p_{总} = \sum_i p_i \tag{3.24}$$

$$p_i = \frac{n_i}{n_{总}} p_{总} \tag{3.25}$$

式中,p_i、n_i 分别为第 i 种组分气体的分压和物质的量;$p_{总}$、$n_{总}$ 分别为混合气体的总压力和总物质的量。

道尔顿分压定律仅适用于理想气体混合物,对低压下的气体混合物近似适用。

【例3.6】 CO 的转化反应 $CO(g) + H_2O(g) \rightleftharpoons CO_2(g) + H_2(g)$ 在 797 K 时的平衡常数 $K^{\ominus} = 0.5$,若在该温度下使 2.0 mol CO(g) 和 3.0 mol H_2O(g) 在密闭容器内反应,试计算在此条件下的平衡转化率。

解 设达到平衡时 CO 转化了 x mol

$$CO(g) + H_2O(g) \rightleftharpoons CO_2(g) + H_2(g)$$

反应开始时物的质量/mol   2.0   3.0   0   0

平衡时物质的量/mol   2.0 $- x$ 3.0 $- x$ x x

平衡时总物质的量 $n_{总} = 2.0 - x + 3.0 - x + x + x = 5.0$ mol

设平衡时系统的总压力为 $p_{总}$,各物质的分压为

$$p(CO) = \frac{2.0 - x}{5.0}p_{总}; \quad p(CO_2) = p(H_2) = \frac{x}{5.0}p_{总}; \quad p(H_2O) = \frac{3.0 - x}{5.0}p_{总}$$

$$K^{\ominus} = \frac{\dfrac{p(CO_2)}{p^{\ominus}} \dfrac{p(H_2)}{p^{\ominus}}}{\dfrac{p(CO)}{p^{\ominus}} \dfrac{p(H_2O)}{p^{\ominus}}} = \frac{p(CO_2)p(H_2)}{p(CO)p(H_2O)} = 0.5$$

即

$$\frac{\dfrac{x}{5.0}p_{总} \dfrac{x}{5.0}p_{总}}{\dfrac{2.0-x}{5.0}p_{总} \dfrac{3.0-x}{5.0}p_{总}} = 0.5$$

$$\frac{x^2}{(2.0-x)(3.0-x)} = 0.5$$

$$x = 1.0 \text{ mol}$$

故 CO 的转化率为 $\dfrac{1.0}{2.0} \times 100\% = 50\%$

3.3.2 化学平衡的移动

一切化学平衡都是相对的和暂时的,当外界条件改变,旧的平衡就会被破坏,从而引起系统中各物质的浓度或分压发生变化,直到在新的条件下建立新的平衡。这种因外界条件的改变使化学反应从原来的平衡状态转变到新的平衡状态的过程称为化学平衡的移动。从能量角度来说,可逆反应达到平衡时,$\Delta G = 0$,因此一切能导致 ΔG 发生变化的外界条件(浓度、压力、温度等)都会使原平衡发生移动。

1. 浓度对化学平衡的影响

对某一可逆反应

$$aA + bB \rightleftharpoons gG + dD$$
$$\Delta_r G_m = \Delta_r G_m^{\ominus} + RT\ln J$$

式中 J 为反应商

$$J = \frac{\left\{\dfrac{p(G)}{p^{\ominus}}\right\}^g \left\{\dfrac{p(D)}{p^{\ominus}}\right\}^d}{\left\{\dfrac{p(A)}{p^{\ominus}}\right\}^a \left\{\dfrac{p(B)}{p^{\ominus}}\right\}^b}$$

将 $\Delta_r G_m^{\ominus} = -RT\ln K^{\ominus}$ 代入上式,得

$$\Delta_r G_m^{\ominus} = RT\ln \frac{J}{K^{\ominus}}$$

①$J < K^{\ominus}$,$\dfrac{J}{K^{\ominus}} < 1$,$\Delta_r G_m < 0$,反应向正方向进行,平衡正向移动。

②$J = K^{\ominus}$,$\dfrac{J}{K^{\ominus}} = 1$,$\Delta_r G_m = 0$,处于平衡状态。

③$J > K^{\ominus}$,$\dfrac{J}{K^{\ominus}} > 1$,$\Delta_r G_m > 0$,反应向逆方向进行,平衡逆向移动。

化学平衡的移动实际上是系统条件改变后,重新考虑化学反应的方向和程度问题。对于已达到平衡的体系,如果增加反应物的浓度或减少生成物的浓度,则使 $J < K^{\ominus}$,平衡

正向移动,移动的结果使 J 增大,直至重新等于 $K^{\ominus}$,此时体系又建立起新的平衡。

【例3.7】 在例3.6的系统中,保持797 K不变,再向已达平衡的容器中加入3.0 mol的水蒸气,问 CO 的总转化率为多少?

解 设加入水蒸气后,CO 又转化了 y mol

$$CO(g) + H_2O(g) \rightleftharpoons CO_2(g) + H_2(g)$$

原平衡时各物质的量 /mol   1.0   2.0   1.0   1.0

加入 3.0 mol H_2O (g) 瞬间 1.0   5.0   1.0   1.0

新平衡时各物质的量 /mol $1.0 - y$ $5.0 - y$ $1.0 + y$ $1.0 + y$

新平衡时总物质的量

$$n_\text{总} = 1.0 - y + 5.0 - y + 1.0 + y + 1.0 + y = 8.0 \text{ mol}$$

新平衡时每种物质的分压为

$$p(CO) = \frac{1.0 - y}{8.0}p_\text{总}; \quad p(CO_2) = p(H_2) = \frac{1.0 + y}{8.0}p_\text{总}; \quad p(H_2O) = \frac{5.0 - y}{8.0}p_\text{总}$$

$$K^{\ominus} = \frac{\dfrac{p(CO_2)}{p^{\ominus}}\dfrac{p(H_2)}{p^{\ominus}}}{\dfrac{p(CO)}{p^{\ominus}}\dfrac{p(H_2O)}{p^{\ominus}}} = \frac{p(CO_2)p(H_2)}{p(CO)p(H_2O)} =$$

$$\frac{\left(\dfrac{1.0 + y}{8.0}p_\text{总}\right)^2}{\dfrac{1.0 - y}{8.0}p_\text{总}\dfrac{5.0 - y}{8.0}p_\text{总}} = \frac{(1.0 + y)^2}{(1.0 - y)(5.0 - y)} = 0.5$$

$$y = 0.29 \text{ mol}$$

CO 的总转化率为 $\dfrac{1 + 0.29}{2.0} \times 100\% = 64.5\%$

加入 3.0 mol 的水蒸气后,CO 的总转化率从 50% 增加到 64.5%,上述例子表明几种物质参加反应时,为了使价格昂贵物质得到充分利用,常常加大价格低廉物质的投料量,以降低成本提高经济效益。

2. 压力对化学平衡的影响

对于有气体参加的化学平衡,改变系统的总压力势必引起各组分气体分压同等程度的改变,这时平衡移动的方向就要由反应系统本身决定,下面分几种情况讨论。

对于可逆反应

$$a(A)(g) + bB(g) \rightleftharpoons gG(g) + dD(g)$$

①反应前后气体分子总数相等的反应,即 $\Delta n = (g + d) - (a + b) = 0$,系统总压力改变,同等程度地改变了反应物和生成物的分压,但 J 值仍等于 $K^{\ominus}$,故对平衡不影响。

②反应前后气体分子总数不相等的反应,即 $\Delta n \neq 0$,压力对化学平衡的影响如表3.1所示。

表 3.1　压力对化学平衡的影响

平衡移动方向　　　Δn 　压力变化	$\Delta n > 0$ （气体分子总数增加的反应）	$\Delta n < 0$ （气体分子总数减少的反应）
增加压力	$J > K^{\ominus}$ 平衡逆向移动	$J < K^{\ominus}$ 平衡正向移动
减小压力	$J < K^{\ominus}$ 平衡正向移动	$J > K^{\ominus}$ 平衡逆向移动

③ 有惰性气体参加反应,在恒温、恒容条件下,对化学平衡无影响;恒温、恒压条件下,惰性气体引入造成各组分气体分压减小,化学平衡将向气体分子总数增加的方向移动。

④ 对于液相和固相的反应系统,压力改变不影响化学平衡。

3. 温度对化学平衡的影响

浓度和压力对化学平衡的影响是在温度不变的条件下讨论的,标准平衡常数 $K^{\ominus}$ 不变,而温度对化学平衡的影响则会改变标准平衡常数 $K^{\ominus}$,即

$$\Delta_r G_m^{\ominus} = -RT\ln K^{\ominus}$$

$$\Delta_r G_m^{\ominus} = \Delta_r H_m^{\ominus} - T\Delta_r S_m^{\ominus}$$

$$-RT\ln K^{\ominus} = \Delta_r H_m^{\ominus} - T\Delta_r S_m^{\ominus}$$

$$\ln K^{\ominus} = -\frac{\Delta_r H_m^{\ominus}}{RT} + \frac{\Delta_r S_m^{\ominus}}{R}$$

$$\ln K^{\ominus} \approx -\frac{\Delta_r H_m^{\ominus}(298.15\ K)}{R}\frac{1}{T} + \frac{\Delta_r S_m^{\ominus}(298.15\ K)}{R} \tag{3.26}$$

对一定反应来说,$\ln K^{\ominus}$ 与 $\frac{1}{T}$ 成线形关系。

设某一可逆反应,温度为 T_1、T_2 时,对应的标准平衡常数为 $K_1^{\ominus}$ 和 $K_2^{\ominus}$,则

$$\ln K_1^{\ominus} \approx -\frac{\Delta_r H_m^{\ominus}(298.15\ K)}{R}\frac{1}{T_1} + \frac{\Delta_r S_m^{\ominus}(298.15\ K)}{R} \tag{3.27}$$

$$\ln K_2^{\ominus} \approx -\frac{\Delta_r H_m^{\ominus}(298.15\ K)}{R}\frac{1}{T_2} + \frac{\Delta_r S_m^{\ominus}(298.15\ K)}{R} \tag{3.28}$$

式(3.28) – 式(3.27) 得

$$\ln \frac{K_2^{\ominus}}{K_1^{\ominus}} = -\frac{\Delta_r H_m^{\ominus}(298.15\ K)}{R}\left(\frac{1}{T_2} - \frac{1}{T_1}\right) \tag{3.29}$$

式(3.29) 是表示平衡常数 $K^{\ominus}$ 与温度 T 关系的重要方程,利用此式不仅可计算出某一温度下的标准平衡常数 $K^{\ominus}$,也可从已知两温度下的平衡常数值转而求出反应的焓变。表 3.2 列出了温度对化学平衡常数的影响。

表 3.2　温度对化学平衡的影响

平衡常数　　熵变 温度变化	$\Delta_r H_m^{\ominus} < 0$ （放热反应）	$\Delta_r H_m^{\ominus} > 0$ （吸热反应）
温度升高	$K^{\ominus}$ 变小 $J > K^{\ominus}$，平衡逆向移动	$K^{\ominus}$ 变大 $J < K^{\ominus}$，平衡正向移动
温度降低	$K^{\ominus}$ 变大 $J < K^{\ominus}$，平衡正向移动	$K^{\ominus}$ 变小 $J > K^{\ominus}$，平衡逆向移动

【例 3.8】　已知反应 $\frac{1}{2}H_2(g) + \frac{1}{2}Cl_2(g) \Longleftrightarrow HCl(g)$ 在 298.15 K 时得 $K_1^{\ominus} = 5.13 \times 10^{16}$，$\Delta_r H_m^{\ominus}(298.15\ K) = -92.3\ kJ \cdot mol^{-1}$，试计算 500 K 时的 $K_2^{\ominus}$ 为多少？

解　　　　　$$\ln \frac{K_2^{\ominus}}{K_1^{\ominus}} = -\frac{\Delta_r H_m^{\ominus}(298.15\ K)}{R}\left(\frac{1}{T_2} - \frac{1}{T_1}\right)$$

$$\ln \frac{K_2^{\ominus}}{5.13 \times 10^{16}} = -\frac{-92.3 \times 10^3}{8.314}\left(\frac{1}{500} - \frac{1}{298}\right)$$

$$K_2^{\ominus} = 1.45 \times 10^{10}$$

4. 催化剂与化学平衡的关系

催化剂降低了反应的活化能，因此可以加快反应速率。对于任一可逆反应来说，催化剂能同等程度地加快正、逆反应速率，而使平衡常数 K 保持不变，所以，催化剂不影响化学平衡。在尚未达到平衡状态的反应系统中加入催化剂，可以加快反应速率，缩短反应到达平衡状态的时间，即缩短了完成反应所需要的时间，这在工业生产上是有重要意义的。

5. 吕·查德原理

总的来说，浓度、压力和温度在一定条件下都能影响化学平衡，但温度的影响使平衡常数改变，而浓度和压力不改变平衡常数。增加反应物的浓度，平衡向生成物方向移动；增加气体的压力，平衡向气体分数减少的方向移动；升温反应向吸热反应方向进行，以上这些结论可以概括为一条普遍的规律：假如改变平衡系统的条件之一，如浓度、压力或温度，平衡就向能减弱这个改变的方向移动，这就是吕·查德原理。

阅读拓展

硫酸工业

硫酸作为重要的基本原料，广泛用于化工、轻工、纺织、冶金、石油化工、医药等行业。目前在化工方面，硫酸主要用于化肥生产，特别是磷肥。硫酸生产路线有硫磺制酸、烟气制酸、硫铁矿制酸和石膏制酸等。我国硫酸生产多年来一直是以硫铁矿为主要原料。

接触法制硫酸可以用硫黄、黄铁矿、石膏、有色金属冶炼厂的烟气（含有一定量的 SO_2）等作原料。世界上主要用硫黄作原料制硫酸，因为用硫黄作原料成本低，对环境的污染少。我国由于硫黄矿产资源较少，主要用黄铁矿作原料。

工业制造硫酸的生产过程主要分三个阶段。

1. 造气

将经过粉碎的黄铁矿,分别放在专门设计的燃烧炉中,利用空气中的氧气使其燃烧,就可以得到SO_2。随后生成的以SO_2为主要成分的气体先通过净化室,目的是除去会让金属催化剂中毒失效的杂质气体。

$$4FeS_2 + 11O_2 \xrightarrow{\triangle} 2Fe_2O_3 + 8SO_2$$
$$\Delta_r H_m = -853 \ kJ \cdot mol^{-1}$$

2. 接触氧化

经过净化、干燥的炉气(其体积分数为7% SO_2,11% O_2,82% N_2)进入接触室,发生氧化反应,生成SO_3。接触室含有预热过的催化剂,接触室的作用是让气体和固体催化剂接触,发生一个多相催化反应,这一步SO_2被氧化成SO_3。SO_2跟O_2是在催化剂(如V_2O_5等)表面上接触时发生反应的,所以这种生产硫酸的方法叫做接触法。

$$2SO_2 + O_2 \xrightarrow{催化剂} 2SO_3$$
$$\Delta_r H_m = -98.3 \ kJ \cdot mol^{-1}$$

SO_2接触氧化反应条件的选择:

(1)催化剂

在通常状况下SO_2与O_2反应的速率很低,这对生产极不利。已知有几种物质可以作为加快SO_2与O_2反应的催化剂,其中较为理想的是五氧化二矾(V_2O_5),目前工业上都以五氧化二矾作为二氧化硫氧化的催化剂。

(2)温度

二氧化硫接触氧化是一个可逆的放热反应,根据化学反应速率和化学平衡理论判断,温度对二氧化硫接触氧化的影响是:温度较低有利于提高二氧化硫的平衡转化率,但不利于提高反应速率;温度较低时催化剂的活性不高,不利于发挥催化剂在提高反应速率中的作用。因此对于二氧化硫的接触氧化,需要确定一个理想的反应温度使化学反应速率和二氧化硫平衡转化率都比较高。在实际生产中,选定400 ~500 ℃作为操作温度,因为在这个温度内,反应速率和二氧化硫的平衡转化率(93.5 % ~99.2 %)都比较理想。

(3)压强

二氧化硫的接触氧化是一个气体总体积缩小的可逆反应。根据化学反应速率和化学平衡理论判断,压强对二氧化硫接触氧化的影响是:增大气体压强,既能提高二氧化硫的平衡转化率,又能提高化学反应速率。但是,实际上增大气体压强以后,二氧化硫的平衡转化率提高得并不多。考虑到加压必须增大投资以解决增加设备和提供能量的问题,而且常压下在400 ~500 ℃时,SO_2的平衡转化率已很高,所以硫酸工厂通常采用常压操作。

3. 三氧化硫的吸收

从接触室出来的气体,主要是SO_3,N_2以及剩余的未起反应的O_2和SO_2,进入吸收塔后SO_3与H_2O化合生成H_2SO_4,即

$$SO_3(g) + H_2O(l) =\!=\!= H_2SO_4(l)$$

$$\Delta_r H_m = -130.3 \text{ kJ} \cdot \text{mol}^{-1}$$

H_2SO_4虽然是由SO_3跟H_2O化合而成的,但工业上并不直接用H_2O或稀硫酸来吸收SO_3。因为那样容易形成酸雾,不利于对SO_3的吸收。为了尽可能提高吸收效率,工业上用质量分数为98 %的硫酸吸收SO_3。98 %浓硫酸吸收后生成更高纯度的硫酸,高浓度硫酸再被稀释成需要的浓度。尾气用氨水吸收生成亚硫酸铵,然后亚硫酸铵用浓硫酸中和,生成SO_2送回接触室继续反应。而另一个产物硫酸铵则结晶析出作为氮肥。

习　题

1. 实验测得反应$CO(g) + NO_2(g) = CO_2(g) + NO(g)$在650 K时的动力学数据如下表。

实验编号	$c(CO)/(\text{mol} \cdot \text{L}^{-1})$	$c(NO_2)/(\text{mol} \cdot \text{L}^{-1})$	$\dfrac{dc(NO)}{dt}/(\text{mol} \cdot \text{L}^{-1} \cdot \text{s}^{-1})$
1	0.025	0.040	2.2×10^{-4}
2	0.05	0.040	4.4×10^{-4}
3	0.025	0.120	6.6×10^{-4}

(1)计算并写出反应的速率方程;

(2)求650 K的速率常数;

(3)当$c(CO) = 0.10 \text{ mol} \cdot \text{L}^{-1}$,$c(NO_2) = 0.16 \text{ mol} \cdot \text{L}^{-1}$时,求650 K的反应速率;

(4)若800 K时的速率常数为23.0 $\text{mol}^{-1} \cdot \text{L} \cdot \text{s}^{-1}$,求反应的活化能。

(略;0.22 $\text{mol}^{-1} \cdot \text{L} \cdot \text{s}^{-1}$;3.52×$10^{-3}$ $\text{mol} \cdot \text{L}^{-1} \cdot \text{s}^{-1}$;134.0 $\text{kJ} \cdot \text{mol}^{-1}$)

2. 研究指出反应$2NO(g) + Cl_2(g) \longrightarrow 2NOCl(g)$在一定温度范围内为基元反应,求:

(1)该反应的速率方程;

(2)该反应的总级数是多少;

(3)当其他条件不变时,如果将容器的体积增加到原来的2倍,反应速率如何变化;

(4)如果容器体积不变而将NO的浓度增加到原来的3倍,反应速率又如何变化。

3. 某一化学反应,当温度由300 K升高到310 K时,反应速率增大了一倍,试求这个反应的活化能。

4. 反应$N_2O_5(g) = N_2O_4(g) + \frac{1}{2}O_2(g)$,在不同温度下的速率常数如下:

k/s^{-1}	0.0787×10^5	3.46×10^5	13.5×10^5	49.8×10^5	150×10^5	487×10^5
$t/℃$	0	25	35	45	55	65

求该温度范围内反应的平均活化能? 该反应为几级反应? (103.3 $\text{kJ} \cdot \text{mol}^{-1}$;一级反应)

5. 某反应$A(g) \longrightarrow 2B(g)$的$E_a = 262 \text{ kJ} \cdot \text{mol}^{-1}$,当温度为600 K时,$k_1 = 6.10 \times 10^{-8} \text{s}^{-1}$。求当$k_2 = 1.00 \times 10^{-4} \text{s}^{-1}$,温度是多少? (698 K)

6. 写出下列反应的标准平衡常数$K^\ominus$和经验平衡常数K_p和K_c:

(1)$CH_4(g) + H_2O(g) \rightleftharpoons CO(g) + 3H_2(g)$

(2)$Al_2O_3(s) + 3H_2(g) \rightleftharpoons 2Al(s) + 3H_2O(g)$

7. 已知下列反应在1 362 K时的标准平衡常数:

(1)$H_2(g) + \frac{1}{2}S_2(g) \rightleftharpoons H_2S(g)$ $\qquad K_1^\ominus = 0.80$

(2)$3H_2(g) + SO_2(g) \rightleftharpoons H_2S(g) + 2H_2O(g)$ $\qquad K_2^\ominus = 1.8 \times 10^4$

计算反应 $4H_2(g)+2SO_2(g) \rightleftharpoons S_2(g)+4H_2O(g)$ 在此温度下的标准平衡常数 $K^\ominus$。(1.97×10^{-9})

8. 乙烷裂解生成乙烯 $C_2H_6(g) \rightleftharpoons C_2H_4(g)+H_2(g)$，已知在 1 273 K、100 kPa 下，反应达到平衡时，$p(C_2H_6)=2.62$ kPa，$p(C_2H_4)=48.7$ kPa，$p(H_2)=48.7$ kPa，计算该反应的标准平衡常数 $K^\ominus$。在实际生产中可在定温定压下采用加入过量水蒸气的方法来提高乙烯的产率(水蒸气作为惰性气体加入)，试以平衡移动原理来解释。(9.05;略)

9. 某温度时 8.0 mol SO_2 和 4.0 mol O_2 在密闭容器中进行反应生成 SO_3 气体，测得起始和平衡时(温度不变)系统的总压力分别为 300 kPa 和 220 kPa。试求该温度时反应 $2SO_2(g)+O_2(g) \rightleftharpoons 2SO_3(g)$ 的平衡常数和 SO_2 的转化率。(80;80%)

10. 在 294.8 K 时反应 $NH_4HS(s)$(初始只有 NH_4HS 固体) $\rightleftharpoons NH_3(g)+H_2S(g)$ 的标准平衡常数 $K^\ominus=0.070$，求：

(1)平衡时该气体混合物的总压；

(2)在同样的实验中，NH_3 的最初分压为 25.3 kPa，H_2S 的平衡分压为多少? (52 kPa;17 kPa)

11. PCl_5 加热后发生分解反应

$$PCl_5(g) \rightleftharpoons PCl_3(g)+Cl_2(g)$$

在 10 L 密闭容器内装有 2 mol PCl_5，某温度时有 1.5 mol 分解，求该温度下的标准平衡常数。若在该密闭容器内再通入 1 mol Cl_2 后，有多少摩尔的 PCl_5 分解。(0.45;13.2)

12. 根据吕·查德理定律。讨论下列反应

$$2Cl_2(g)+2H_2O(g) \rightleftharpoons 4HCl(g)+O_2(g)$$

将这四种气体混合后，反应达到平衡，下列左边的操作改变对右边的物理量的平衡数值有何影响(操作条件没有注明的表示温度不变和体积不变)?

(1)增大容器体积 　　　　　 $n(H_2O,g)$

(2)加入 O_2 　　　　　　　 $n(H_2O,g)$

(3)加入 O_2 　　　　　　　 $n(O_2,g)$

(4)加入 O_2 　　　　　　　 $n(HCl,g)$

(5)减小容器体积 　　　　　 $n(Cl_2,g)$

(6)减小容器体积 　　　　　 $p(Cl_2,g)$

(7)减小容器体积 　　　　　 K

(8)升高温度 　　　　　　　 K

(9)升高温度 　　　　　　　 $p(HCl)$

(10)加氮气 　　　　　　　　 $n(HCl,g)$

(11)加催化剂 　　　　　　　 $n(HCl,g)$

13. 反应 $H_2(g)+I_2(g) \rightleftharpoons 2HI(g)$ 在 773 K，$K^\ominus=120$ 623 K 时 $K^\ominus=17.0$，计算：

(1)该反应的 $\Delta_r H_m^\ominus$；

(2)473 K 时的 $K^\ominus$；

(3)623 K 时，$H_2(g)$、$I_2(g)$、$HI(g)$ 的起始分压分别为 405.2 kPa，405.2 kPa 和 202.6 kPa，平衡向何方向移动。(52.17 kJ·mol^{-1}；2.06×10^4；略)

14. 在密闭容器内装入 CO 和水蒸气，在 972 K 条件下使这两种气体进行下列反应

$$CO(g)+H_2O(g) \rightleftharpoons CO_2(g)+H_2(g)$$

若开始反应时两种气体的分压均为 8 080 kPa，达到平衡时已知有 50% 的 CO 转化为 CO_2。问：

(1)判断上述反应在 298.15 K、标准态下能否自发进行? 并求出 298.15 K 条件下的 $K^\ominus$；

(2)欲使上述反应在标准态下能自发进行，对反应的温度条件有何要求；

(3)计算 972 K 下的 $K^{\ominus}$;

(4)若在原平衡体系中再通入水蒸气,使密闭容器内水蒸气的分压在瞬间达到 8 080 kPa,通过计算 J 值,判断平衡移动的方向;

(5)欲使上述水煤气变换反应有 90% CO 转化为 CO_2,问水煤气变换原料比 $p(H_2O)/p(CO)$ 应为多少。

15.对于下列平衡系统 $C(s)+H_2O(g)=CO(g)+H_2(g)$,该反应是一放热反应。问:

(1)欲使平衡向右移动,可采取哪些措施;

(2)欲使(正)反应进行得较快且完全(平衡向右移动)的适宜条件是什么,这些措施对 $K^{\ominus}$ 及 $K^{\ominus}$(正)和 $K^{\ominus}$(逆)的影响各是什么。

第4章 酸碱平衡

学习要求

1. 掌握弱电解质解离平衡的计算;了解活度、离子强度概念。
2. 掌握缓冲溶液的原理和计算。
3. 掌握酸碱质子理论。
4. 掌握溶度积概念、沉淀溶解平衡的特点和有关计算。

按电解质水溶液导电性的强弱,电解质一般可分为强电解质和弱电解质,在水溶液中仅部分电离的物质称为弱电解质,如弱酸、弱碱和少数盐类;几乎能完全电离的物质称为强电解质,如强酸、强碱和大多数盐类。本章主要依据化学平衡的基本原理,着重介绍水溶液中酸、碱、盐解离平衡及其移动的基本规律,简单介绍强电解质溶液的性质和酸碱质子理论。

4.1 弱电解质的解离平衡和强电解质溶液

4.1.1 弱电解质的解离平衡

1. 弱电解质的解离平衡和解离常数

弱电解质在水溶液中只是部分电离,绝大部分仍以未电离的分子状态存在,因此在弱电解质溶液中,始终存在着已电离的弱电解质的离子和未电离的弱电解质分子之间的平衡,这种平衡称为解离平衡。如醋酸(HAc)在水溶液中存在解离平衡,即

$$HAc \rightleftharpoons H^+ + Ac^-$$

解离常数
$$K_i = \frac{c(H^+)c(Ac^-)}{c(HAc)} \qquad (4.1)$$

一般用 K_a 表示弱酸的解离常数,K_b 表示弱碱的解离常数。K_i 具有一般平衡常数的特性,对于给定电解质来说,它与温度有关,与浓度无关。由于弱电解质解离过程中的焓变较小,所以温度对 K_i 的影响不大。解离常数 K_i 是衡量弱电解质解离程度大小的特性常数,K_i 越小说明弱电解质解离程度越小,电解质越弱,一般将 $K_i \leqslant 10^{-4}$ 的电解质称为弱电解质,K_i 介于 $10^{-2} \sim 10^{-3}$ 之间的称为中强电解质。

解离常数 K_i 可以通过实验测出,也可以利用热力学方法根据公式 $\ln K_i = \dfrac{-\Delta_r G_m}{RT}$ 计算求得。附录6中列出了一些常见的弱酸、弱碱的解离常数。

2. 解离度

弱电解质在溶液中的电离能力大小,也可以用解离度 α 来表示

$$\alpha = \frac{\text{已解离的电解质分子数}}{\text{溶液中原有电解质分子数}} \times 100\% \tag{4.2}$$

解离度犹如化学平衡中的转化率,其大小主要取决于电解质的本性,除此之外还受溶液的浓度、温度和其他电解质存在等因素的影响。

3. 一元弱酸(弱碱)离子浓度计算

利用解离平衡常数 K_a 或 K_b 可计算溶液中的各种离子浓度,以 HAc 溶液为例,即

$$HAc \rightleftharpoons H^+ + Ac^-$$

初始浓度 $/(\mathrm{mol \cdot L^{-1}})$ $\quad\quad\quad c$

平衡浓度 $/(\mathrm{mol \cdot L^{-1}})$ $\quad\quad c - c\alpha \quad c\alpha \quad c\alpha$

$$K_a = \frac{\{c(H^+)/c^\ominus\}\{c(Ac^-)/c^\ominus\}}{c(HAc)/c^\ominus} = \frac{c\alpha \cdot c\alpha}{(c - c\alpha)c^\ominus} = \frac{\alpha^2}{1-\alpha}\frac{c}{c^\ominus}$$

一般当 $c/K_a > 380$ 时,$\alpha \leqslant 5\%$,$1 - \alpha \approx 1$,采用近似计算,上式可简化为

$$K_a = \frac{c}{c^\ominus}\alpha^2$$

则

$$\alpha = \sqrt{\frac{K_a}{c/c^\ominus}} \tag{4.3}$$

式(4.3)表明:在一定温度下,一元弱酸的解离度与其浓度的平方根成反比,即浓度越稀,解离度越大,这一关系称为稀释定律。但这并不意味着溶液中的离子浓度也必定相应地增大,可以计算出此时溶液中的 H^+ 的浓度为

$$c(H^+) = c\alpha = c\sqrt{\frac{K_a}{c/c^\ominus}} = \sqrt{K_a c c^\ominus} \tag{4.4}$$

即溶液中 H^+ 的浓度是随着酸浓度的减小而减小的。

同理,可以求得一元弱碱溶液中

$$\alpha = \sqrt{\frac{K_b}{c/c^\ominus}}; \quad\quad c(OH^-) = \sqrt{K_b c c^\ominus} \tag{4.5}$$

【例 4.1】 已知 298.15 K 时,HAc 的 $K_a = 1.75 \times 10^{-5}$,试分别计算 0.20 $\mathrm{mol \cdot L^{-1}}$,0.04 $\mathrm{mol \cdot L^{-1}}$ HAc 溶液中 $c(H^+)$ 和 α 值,并将结果加以比较。

解
$$\frac{c_1}{K_a} = \frac{0.2}{1.75 \times 10^{-5}} = 1.14 \times 10^4 > 380$$

$$\frac{c_2}{K_a} = \frac{0.04}{1.75 \times 10^{-5}} = 2.29 \times 10^3 > 380$$

可做近似计算,则

(1)0.20 mol·L^{-1} HAc 溶液中

$$\alpha_1 = \sqrt{\frac{K_a}{c_1/c^{\ominus}}} = \sqrt{\frac{1.75 \times 10^{-5}}{0.20}} = 0.009\ 4$$

$$c(H^+) = c_1\alpha_1 = 0.20 \times 0.009\ 4 = 1.9 \times 10^{-3}\ mol·L^{-1}$$

(2)0.04 mol·L^{-1} HAc 溶液中

$$\alpha_2 = \sqrt{\frac{K_a}{c_2/c^{\ominus}}} = \sqrt{\frac{1.75 \times 10^{-5}}{0.04}} = 0.021$$

$$c(H^+) = c_2\alpha_2 = 0.04 \times 0.021 = 8.6 \times 10^{-4}\ mol·L^{-1}$$

由计算结果可知对于同一电解质,随着溶液的稀释,其解离度将增大,但溶液中的 $c(H^+)$ 反而降低。

4. 同离子效应和盐效应

往弱电解质溶液中,分别加入一种含有相同离子的盐,如在 HAc 溶液中加入 NaAc, 或加入不含相同离子的盐,如在 HAc 溶液中加入 NaCl,情况将如何呢?

在两支试管中各加入 10 mL 1mol·L^{-1} HAc 溶液,再各加指示剂甲基橙 2 滴,溶液呈红色,表明 HAc 溶液为酸性。若在其中一支试管中加入少量固体 NaAc,边振荡边和另一试管比较,发现前者的红色变成黄色(甲基橙在酸中为红色,在微酸和碱中为黄色)。实验表明,在 HAc 溶液中,因加入 NaAc 后,酸性逐渐降低。这是因为 HAc–NaAc 溶液中存在着电离平衡,即

$$HAc \rightleftharpoons H^+ + Ac^-$$

由于 NaAc 是强电解质,完全电离为 Na$^+$ 和 Ac$^-$,使试管中 Ac$^-$ 的总浓度增加,这时 HAc 的电离平衡就要向着生成 HAc 分子方向移动,结果 HAc 浓度增大,H$^+$ 的浓度减小,即 HAc 解离度降低。

同样,在弱电解质氨水中由于存在着电离平衡,即

$$NH_3·H_2O \rightleftharpoons NH_4^+ + OH^-$$

若在氨水中加入铵盐如 NH$_4$Cl,也等于在溶液中加入了 NH$_4^+$,这时平衡就要向着生成 NH$_3$·H$_2$O 方向移动,结果 NH$_3$·H$_2$O 浓度增大,OH$^-$ 浓度减少,即氨水解离度降低。

这种由于在弱电解质中加入一种含有相同离子(阳离子或阴离子)的强电解质,使电离平衡发生移动,降低弱电解质解离度的作用,称为同离子效应。

若在 HAc 溶液中加入不含相同离子的强电解质(如 NaCl)时,由于溶液中离子间的相互牵制作用增强,Ac$^-$ 和 H$^+$ 结合生成 HAc 分子的机会减小,故表现出 HAc 的解离度略有所增加,这种效应称为盐效应。例如在 1 L 0.10 mol·L^{-1} HAc 溶液中加入 0.1 mol NaCl,能使 HAc 解离度从 1.3% 增加为 1.7%,溶液中 H$^+$ 溶液从 1.3×10^{-3} mol·L^{-1} 增加为 1.7×10^{-3} mol·L^{-1}。可见在一般情况下,和同离子效应相比,盐效应的影响很小。

【例4.2】 在 1.0 L 0.20 mol·L^{-1} 氨水中,加入 0.20 mol 固体 NH$_4$Cl,假设加入固体前后溶液的体积未变,求加入固体 NH$_4$Cl 前后溶液中的 $c(OH^-)$。

解 (1)加入 NH$_4$Cl 固体前氨水溶液中

$$\frac{c_1}{K_b} = \frac{0.2}{1.74 \times 10^{-5}} = 1.14 \times 10^4 > 380$$

可做近似计算,则

$$c(OH^-) = \sqrt{K_b c_1} = \sqrt{1.74 \times 10^{-5} \times 0.2} = 1.87 \times 10^{-3} \ mol \cdot L^{-1}$$

(2)加入 NH_4Cl 固体后氨水溶液中,设溶液中的 $c(OH^-)$ 为 x $mol \cdot L^{-1}$,则

$$NH_3 \cdot H_2O \Longrightarrow NH_4^+ + OH^-$$

初始浓度/$(mol \cdot L^{-1})$ 0.2

平衡浓度/$(mol \cdot L^{-1})$ $0.2-x$ $0.2+x$ x

$$K_b = \frac{c(NH_4^+)c(OH^-)}{c(NH_3 \cdot H_2O)} = \frac{(0.2+x)x}{0.2-x}$$

由于同离子效应抑制解离 x 很小,故 $0.2+x \approx 0.2$,$0.2-x \approx 0.2$,即

$$K_b = \frac{0.2x}{0.2} = 1.74 \times 10^{-5} \ mol \cdot L^{-1}$$

$$x = 1.74 \times 10^{-5} \ mol \cdot L^{-1}$$

与同浓度的氨水相比,加入 NH_4Cl 固体后,溶液中的 $c(OH^-)$ 从 1.87×10^{-3} $mol \cdot L^{-1}$ 降到 1.74×10^{-5} $mol \cdot L^{-1}$,可见同离子效应的影响是相当大的。

5.多元弱酸的解离平衡

含有一个以上可置换的氢原子的酸称为多元酸,如 H_2CO_3,H_2S,H_2SO_3 是二元酸,H_3PO_4 是三元酸。多元酸的解离是分级进行的,每一级都有一个解离常数,以水溶液中的 H_2S 为例,其解离过程分两步进行。

一级解离为

$$H_2S \Longrightarrow H^+ + HS^- \ ; \quad K_{a1} = \frac{\{c(H^+)/c^{\ominus}\}\{c(HS^-)/c^{\ominus}\}}{c(H_2S)/c^{\ominus}} = 1.1 \times 10^{-7} \tag{4.6}$$

二级电离为

$$HS^- \Longrightarrow H^+ + S^{2-} \ ; \quad K_{a2} = \frac{\{c(H^+)/c^{\ominus}\}\{c(S^{2-})/c^{\ominus}\}}{c(HS^-)/c^{\ominus}} = 1.3 \times 10^{-13} \tag{4.7}$$

式中,K_{a1} 和 K_{a2} 分别表示 H_2S 的一级解离常数和二级解离常数,$K_{a1} \gg K_{a2}$ 说明第二级解离比第一级解离困难得多,这是因为带有两个负电荷的 S^{2-} 对 H^+ 的吸引要比带一个负电荷的 HS^- 对 H^+ 的吸引要强得多,而且第一级解离出来的 H^+ 将对第二级解离产生同离子效应,抑制后者解离。因此多元弱酸(多元弱碱)的强弱主要取决于 $K_{a1}(K_{b1})$ 的值的大小。

计算氢硫酸溶液中的 H^+ 浓度时,应将各级解离出来的 H^+ 浓度都考虑在内,但由于 $K_{a1} \gg K_{a2}$,可以认为溶液中的 H^+ 基本上是由第一级解离产生的,所以在近似计算多元弱酸溶液中的 $c(H^+)$ 时,可略去后续各级解离,只用第一级解离常数 K_{a1} 计算便可,即

$$c(H^+) = \sqrt{K_{a1} c c^{\ominus}} \tag{4.8}$$

此外,需要指出的是酸的浓度、酸的强度和酸度三者概念是不同的。酸的浓度又称为酸的分析浓度,它包括未离解的酸的浓度和已离解的酸的浓度。酸的强度是指因解离度不同而有强酸和弱酸的区别。至于酸度是指 $c(H^+)$。

4.1.2 强电解质溶液

1. 表观解离度

过去人们曾认为强电解质在水溶液中应全部解离为相应离子,但后来科学实验表明,很多强电解质即使在稀溶液中也并不是全部以离子状态存在。如 KNO_3 在浓度 $0.1\ mol\cdot L^{-1}$ 的溶液中,也只有 97% (质量分数)成为离子状态,其余 3% (质量分数)的 KNO_3 是以 K^+ 和 NO_3^- 的形式存在于溶液中的。

这是因为在强电解质溶液中,离子浓度很大,离子间静电引力作用使每一个离子的周围吸引一定数量的带相反电荷的离子,形成了某一离子被相反电荷离子包围着的"离子氛",而且离子浓度越大,离子与它的离子氛之间的作用越强,所以从实验测得的"解离度",并非真正的解离度,称之为表观解离度。

2. 离子的活度和活度系数

在电解质溶液中,由于离子之间的相互作用以及离子氛的存在,使得电解质溶液的一些与浓度有关的性质(如导电性、溶液的依数性等)受到影响。为了定量描述强电解质溶液中离子的相互作用,引入离子的活度和活度系数概念。

电解质溶液中能有效地自由运动的离子浓度称为离子有效浓度,或称为活度,通常用 a 表示。它和离子的真实浓度 c 之间的关系是

$$a = fc \tag{4.9}$$

式中,f 为活度系数,一般 $a<c$,所以 $f<1$,活度系数 f 反映了溶液中离子间相互牵制作用的强弱。f 越大,离子间相互牵制作用越小,离子自由活动程度越大,溶液浓度越稀,f 越接近于 1,当溶液无限稀释时,$f=1$。

3. 离子强度

为了说明离子浓度和电荷对活度系数的影响,提出离子强度(I)的概念。其定义为

$$I = \frac{1}{2}\sum_i b_i z_i^2 \tag{4.10}$$

式中,b_i 为溶液中 i 种离子的质量摩尔浓度,$mol\cdot kg^{-1}$;z_i 为溶液中 i 种离子的电荷数。

当强电解质浓度较稀时,可直接用物质的摩尔浓度来代替质量摩尔浓度计算。

【例4.3】 计算 $0.01\ mol\cdot kg^{-1} CaCl_2$ 溶液中的离子强度。

解 $I = \dfrac{1}{2}\sum_i b_i z_i^2 = \dfrac{1}{2}(0.01\times 2^2 + 0.02\times 1^2) = 0.03\ mol\cdot kg^{-1}$

活度的概念在讨论电解质溶液的性质时非常重要。当溶液浓度大,离子强度较大时,计算结果与实验测定结果出入较大。通常在讨论弱电解质的稀溶液和难溶电解质溶液时,溶液浓度较小,可以用浓度代替活度计算。

生物体内,各种电解质以一定的浓度和比例存在于体液中,参与体液渗透平衡、酸碱平衡和无机盐代谢平衡等生物机制。了解活度和离子强度等概念,可以更全面地理解生物化学过程。

4.2 溶液的酸碱性

水是最重要的溶剂,许多生物、地质和环境化学反应以及多数化工产品的生产都是在水溶液中进行的。水溶液的酸碱性取决于溶质和水的解离平衡,这里首先讨论水的解离。

4.2.1 水的解离平衡

实验证明,纯水有微弱的导电能力,它是一种极弱的电解质,纯水的解离实质上是一个水分子从另一个水分子中夺取 H^+ 而生成 H_3O^+ 和 OH^- 的过程。

$$H_2O+H_2O \Longleftrightarrow H_3O^+ + OH^-$$

可简写成

$$H_2O \Longleftrightarrow H^+ + OH^-$$

实验证明,295K 时,1L 纯水中仅有 1.0×10^{-7} mol 水分子发生解离,所以

$$c(H^+) = c(OH^-) = 1.0 \times 10^{-7} \text{mol} \cdot L^{-1}$$

那么

$$K_w = \frac{c(H^+)}{c^{\ominus}} \frac{c(OH^-)}{c^{\ominus}} = 1.0 \times 10^{-14} \tag{4.11}$$

上式表明:在一定温度下,水中的氢离子浓度和氢氧根离子浓度的乘积为一常数,这个常数 K_w 称为水的离子积。

水的解离是吸热反应,温度升高解离度增大,水的离子积也增大,不同温度时水的离子积常数见表4.1。

表 4.1 K_w 与温度 T 的关系

T/K	273	283	291	295	298	313	333
$K_w/10^{-14}$	0.13	0.36	0.74	1.0	1.27	3.8	12.6

由表4.1可见,K_w 随温度变化不甚明显,因此在普通温度做一般计算时,可用 $K_w = 1.0 \times 10^{-14}$。

4.2.2 溶液的酸碱性和 pH 值

K_w 反映了水溶液中 $c(H^+)$ 和 $c(OH^-)$ 的关系,知道 $c(H^+)$ 就可计算出 $c(OH^-)$,反之亦然。根据水溶液中 H^+ 和 OH^- 相互依存、相互制约的关系,可以统一用 $c(H^+)$ 或 $c(OH^-)$ 来表示溶液的酸碱性。在室温范围内:

中性溶液　　$c(H^+) = c(OH^-) = 1.0 \times 10^{-7} \text{mol} \cdot L^{-1}$

酸性溶液　　$c(H^+) > c(OH^-)$,$c(H^+) > 1.0 \times 10^{-7} \text{mol} \cdot L^{-1}$

碱性溶液　　$c(H^+) < c(OH^-)$,$c(H^+) < 1.0 \times 10^{-7} \text{mol} \cdot L^{-1}$

在生产和科学研究中,经常使用一些酸性或碱性很弱的溶液,用 $\text{mol} \cdot L^{-1}$ 为单位表示溶液的酸碱性,数值往往是 10 的负若干次方,很不方便。通常用氢离子浓度的负对数来表示溶液的酸碱性,这个负对数称为 pH 值,其定义是

$$pH = -\lg\left\{\frac{c(H^+)}{c^{\ominus}}\right\} \tag{4.12}$$

和 pH 值的表示方法一样,氢氧根离子浓度的负对数,称为 pOH 值,表示为

$$pOH = -\lg\left\{\frac{c(OH^-)}{c^\ominus}\right\}$$ (4.13)

对于同一溶液中,有 $\quad$ pH+pOH = 14.0

例如:纯水中的 $c(H^+) = 1.0 \times 10^{-7} mol \cdot L^{-1}$,它的 pH = 7.0,0.0010 $mol \cdot L^{-1}$ HCl 溶液中,$c(H^+) = 1.0 \times 10^{-3} mol \cdot L^{-1}$,它的 pH = 3.0;0.01 $mol \cdot L^{-1}$ NaOH 溶液中,$c(OH^-) = 1.0 \times 10^{-2} mol \cdot L^{-1}$,pOH = 2.0,pH = 12.0。

pH 和 pOH 都可作为溶液酸碱性的量度,但一般都习惯用 pH 值来表示,pH 值的常用范围是 0~14 之间,中性溶液中 pH = 7,酸性溶液 pH<7,碱性溶液 pH>7。当溶液的 pH<0 或 pH>14,就直接用 $c(H^+)$ 或 $c(OH^-)$ 来表示溶液的酸碱性。

测定和控制溶液的酸碱性十分重要。例如,正常情况下人体血液的 pH 值为 7.35~7.45,如不在此范围内,将会引起酸中毒或碱中毒,如果 pH>7.8 或 pH<7.0,则人将死亡;又如不少化学反应或化工生产过程必须控制在一定 pH 值范围才能进行或完成,在精制硫酸铜除铁杂质过程中,必须控制 pH 值在 4 左右才能收到良好的效果;此外,各种农作物的生长发育都要求土壤保持一定 pH 值范围,水稻为 6~7、小麦为 6.3~7.5、玉米为 6~7、大豆为 6~7、棉花为 6~8、马铃薯为 4.8~5.5 等。

测定 pH 值的方法很多,常采用的方法有:酸碱指示剂、pH 试纸和 pH 计。

借助其颜色变化来指示溶液 pH 值的物质叫酸碱指示剂。为什么在不同 pH 值的溶液中,酸碱指示剂会显示出不同的颜色呢? 这是因为酸碱指示剂通常是一些有机弱酸和弱碱,当溶液的 pH 值改变时,其本身结构上发生变化而引起颜色改变。现以石蕊为例来加以说明。

石蕊是一种有机弱酸,它的分子和解离产生的离子有不同的颜色,以 HIn 表示石蕊分子式,在溶液中的解离平衡式为

$$HIn + H_2O \Longrightarrow H_3O^+ + In^-$$
$$红色 \qquad\qquad\qquad 蓝色$$

溶液加酸时,$c(H_3O^+)$ 增大,平衡向左移动,当 pH<5.0 时,石蕊呈红色;溶液加碱时 $c(H_3O^+)$ 减小,平衡向右移动,当 pH>8.0 时,石蕊呈蓝色;当 5.0<pH<8.0 时,呈过渡的紫色。

各种指示剂在不同的 pH 范围内变色,表 4.2 列出了几种常用指示剂的变色情况和变色范围。

表 4.2 常用指示剂变色范围

指示剂	pH 值变色范围	颜色		
		酸色	中间色	碱色
甲基橙	3.1~4.4	红	橙	黄
甲基红	4.4~6.2	红	橙	黄
石蕊	5.0~8.0	红	紫	蓝
酚酞	8.0~10.0	无	粉红	红
溴百里酚蓝	6.2~7.6	黄	绿	蓝

利用酸碱指示剂的颜色变化,可以粗略了解溶液的酸碱性,要较准确地知道溶液的酸碱性,可使用 pH 试纸和 pH 计。pH 试纸是经多种酸碱指示剂的混合溶液浸透后晾干的试纸,在不同的 pH 值下它能显示不同的颜色。将欲测定溶液滴在试纸上,然后把试纸呈现的颜色与标准比色板相对照,即可知道欲测溶液的 pH 值。常用的一种 pH = 1~14 广范 pH 试纸,有 14 个颜色阶,分别对应 1~14 的 pH 值。

至于更准确地测量 pH 值,则需要用到各种类型的 pH 计。pH 计是基于溶液中 $c(H^+)$ 不同,在特定电极上会产生不同电位,然后通过电学系统显示出溶液 pH 值的一种较精密的电子仪器。有关其使用请见分析化学部分。

4.2.3 盐类水溶液的酸碱性

酸和碱可以发生中和反应而生成盐和水,即盐是酸碱中和的产物。盐的溶液是否因而就呈中性呢?由实验可知,有些盐如 NaCl、KCl 的水溶液呈中性,但大多数盐的水溶液或是呈酸性如 NH_4Cl、$FeCl_3$ 等水溶液,或是呈碱性如 NaAc、Na_2CO_3 等水溶液。这是由于盐类水解作用而造成的。

1. 盐类的水解和溶液的酸碱性

盐类水解作用的实质可认为是盐类的离子与由水所电离出来的 H^+ 或 OH^- 作用生成弱酸或弱碱,破坏了水的电离平衡,使溶液中 $c(H^+)$ 和 $c(OH^-)$ 发生相对的改变而呈酸性或碱性。这种盐类的离子与水的复分解反应,称为盐类的水解。因盐类不同,分三种情况讨论。

(1)强碱弱酸盐水解

例如   NaCN 在水溶液中的水解过程可表示为

$$NaCN \longrightarrow Na^+ + CN^-$$
$$+$$
$$H_2O \rightleftharpoons OH^- + H^+$$
$$\Updownarrow$$
$$HCN$$

由于 H^+ 与 CN^- 结合生成弱酸 HCN,同时因 H^+ 浓度减少,H_2O 的解离平衡向右移动,溶液中 OH^- 浓度不断增加,直至 H^+ 浓度同时满足 HCN 的解离平衡和 H_2O 的解离平衡,此时溶液中 $c(OH^-) > c(H^+)$,故溶液呈碱性。

NaCN 水解离子方程式为

$$CN^- + H_2O \rightleftharpoons HCN + OH^-$$

由此可见,含有弱酸根(如 Ac^-,CN^-,F^- 等)的强碱弱酸盐的水解,实际上只是其阴离子发生水解而使溶液呈碱性。

(2)强酸弱碱盐水解

例如 NH_4Cl 在水溶液中的水解过程可表示为

$$NH_4Cl \longrightarrow NH_4^+ + Cl^-$$

$$H_2O \overset{+}{\Longleftrightarrow} O\ H^- + H^+$$

$$\Updownarrow$$

$$NH_3H_2O$$

溶液中 NH_4^+ 与水解离生成的 OH^- 作用生成 $NH_3 \cdot H_2O$,破坏水的解离平衡,平衡向右移动,达到平衡时,$c(H^+) > c(OH^-)$,溶液呈酸性。

NH_4Cl 水解的离子方程式为

$$NH_4^+ + H_2O \Longleftrightarrow NH_3 \cdot H_2O + H^+$$

由此可见,含有阳离子(如 NH_4^+)的强酸弱碱盐的水解,实际上是阳离子发生水解而使溶液呈酸性。

(3)弱酸弱碱盐水解

弱酸弱碱盐的阳离子和阴离子都能与水作用生成弱酸和弱碱,溶液的酸碱性由所生成的弱酸或弱碱的相对强度决定。若 $K_a > K_b$,则溶液呈酸性;若 $K_a < K_b$,则溶液呈碱性;若 $K_a = K_b$,则溶液呈中性。

现以 NH_4Ac、NH_4CN、NH_4F 分别进行讨论

$$NH_4Ac \longrightarrow NH_4^+ + Ac^-$$

$$NH_4^+ + Ac^- + H_2O \Longleftrightarrow NH_3 \cdot H_2O + HAc$$

因为 $K_a(HAc) = K_b(NH_3 \cdot H_2O)$,所以 NH_4Ac 溶液呈中性

$$NH_4CN \longrightarrow NH_4^+ + CN^-$$

$$NH_4^+ + CN^- + H_2O \Longleftrightarrow NH_3 \cdot H_2O + HCN$$

因为 $K_a(HCN) < K_b(NH_3 \cdot H_2O)$,所以 NH_4CN 溶液呈碱性

$$NH_4F \longrightarrow NH_4^+ + F^-$$

$$NH_4^+ + F^- + H_2O \Longleftrightarrow NH_3 \cdot H_2O + HF$$

因为 $K_a(HF) > K_b(NH_3 \cdot H_2O)$,所以 NH_4F 溶液呈酸性。

2. 水解常数和水解度

(1)水解常数

水解反应与弱酸(或弱碱)的解离平衡常数以及 H_2O 的解离平衡常数有关,以一元强碱弱酸盐 $NaAc$ 的水解平衡为例,即

$$Ac^- + H_2O \Longleftrightarrow HAc + OH^-$$

平衡常数表达式为

$$K_h = \frac{\{c(HAc)/c^{\ominus}\}\{c(OH^-)/c^{\ominus}\}}{\{c(Ac^-)/c^{\ominus}\}}$$

式中,K_h 表示水解平衡常数,简称水解常数。

将上式右边分子分母同乘以 $c(H^+)/c^{\ominus}$,得

$$K_h = \frac{c(HAc)c(OH^-)c(H^+)}{c(Ac^-)c(H^+)c^{\ominus}} = \frac{K_w}{K_a(HAc)}$$

推广其他一元强碱弱酸盐水解常数为

$$K_h = \frac{K_w}{K_a} \tag{4.14}$$

一定温度下 K_w 是常数，K_a 越小（生成的酸越弱），则 K_h 越大，其盐水解的倾向也越大，盐溶液的碱性越强。

同理可推得一元强酸弱碱盐的水解平衡常数为

$$K_h = \frac{K_w}{K_b} \tag{4.15}$$

对于一元弱酸弱碱如 NH_4Ac 在水溶液中水解，即

$$NH_4^+ + Ac^- + H_2O \Longleftrightarrow NH_3 \cdot H_2O + HAc$$

$$K_h = \frac{c(NH_3 \cdot H_2O)c(HAc)}{c(NH_4^+)c(Ac^-)} = \frac{c(NH_3 \cdot H_2O)c(HAc)c(H^+)c(OH^-)}{c(NH_4^+)c(Ac^-)c(H^+)c(OH^-)} = \frac{K_w}{K_a(HAc)K_b(NH_3 \cdot H_2O)}$$

可以推得

$$K_h = \frac{K_w}{K_a K_b} \tag{4.16}$$

（2）水解度

盐类的水解程度除用 K_h 表示外，还可用水解度 h 表示，即

$$h = \frac{已水解的盐浓度}{盐的初始浓度} \times 100\% \tag{4.17}$$

3. 多元弱酸强碱盐的水解

多元弱酸强碱是分级水解的，以 Na_2CO_3 为例，即

$$CO_3^{2-} + H_2O \Longleftrightarrow HCO_3^- + OH^-$$

$$HCO_3^- + H_2O \Longleftrightarrow H_2CO_3 + OH^-$$

$$K_{h1} = \frac{\{c(HCO_3^-)/c^\ominus\}\{c(OH^-)/c^\ominus\}}{\{c(CO_3^{2-})/c^\ominus\}} = \frac{K_w}{K_{a2}} \tag{4.18}$$

$$K_{h2} = \frac{\{c(H_2CO_3)/c^\ominus\}\{c(OH^-)/c^\ominus\}}{\{c(HCO_3^-)/c^\ominus\}} = \frac{K_w}{K_{a1}} \tag{4.19}$$

由于 $K_{a1} \gg K_{a2}$ 所以 $K_{h1} \gg K_{h2}$，因此只需考虑第一级水解，第二级水解可忽略不计。

4. 盐溶液 pH 值的近似计算

盐溶液 pH 值的计算，虽属水解平衡计算范畴，但只要计算出盐的水解常数，用 K_h 来代替前面公式中的 K_a 或 K_b 即可，具体方法与电离平衡计算相同。

【例 4.4】 计算 $0.10\ mol \cdot L^{-1} NH_4Cl$ 溶液的 pH 值和水解度。

解 NH_4Cl 是一元强酸弱碱盐，所以

$$K_h = \frac{K_w}{K_b} = \frac{1.0 \times 10^{-14}}{1.7 \times 10^{-5}} = 5.9 \times 10^{-10}$$

设达到水解平衡时，$c(H^+)$ 为 $x\ mol \cdot L^{-1}$，则

$$NH_4^+ + H_2O \Longrightarrow NH_3 \cdot H_2O + H^+$$

平衡浓度/(mol·L^{-1})　0.10$-x$　　　　x　　　x

$$K_h = \frac{\{c(NH_3H_2O)/c^\ominus\}\{c(H^+)/c^\ominus\}}{\{c(NH_4^+)/c^\ominus\}} = \frac{x \cdot x}{0.10-x}$$

因为　　　　　　　　　　$c/K_h = 0.10/(5.9 \times 10^{-10}) > 380$

有　　　　　　　　　　　　0.10$-x \approx 0.10$

所以　　　　　$x^2 = K_h = 0.10 \times 5.9 \times 10^{-10}$　$x = 7.7 \times 10^{-6}$mol·L^{-1}

$$pH = -lg(7.7 \times 10^{-6}) = 5.11$$

水解度　　　　　$h = 7.7 \times 10^{-6}/0.10 = 7.7 \times 10^{-5}$

【例4.5】 计算 0.10 mol·L^{-1} NH$_4$Ac 溶液的 pH 值。

解　NH$_4$Ac 是一元弱酸弱碱盐,则

$$NH_4^+ + Ac^- + H_2O \Longrightarrow NH_3 \cdot H_2O + HAc$$

平衡浓度　　　$c(NH_4^+)$　$c(Ac^-)$　　　$c(NH_3 \cdot H_2O) c(HAc)$

水解平衡时　　$c(NH_4^+) = c(Ac^-)$　　　$c(NH_3 \cdot H_2O) = c(HAc)$

$$K_h = \frac{K_w}{K_a K_b} = \frac{c^2(HAc)}{c^2(Ac^-)}$$

$$\frac{c(HAc)}{c(Ac^-)} = \sqrt{\frac{K_w}{K_a \cdot K_b}}$$

$$c(H^+) = K_a \frac{c(HAc)}{c(Ac^-)} = \sqrt{\frac{K_w K_a}{K_b}}$$

因为 $K_a \approx K_b$,所以 $c(H^+) = \sqrt{K_w} = \sqrt{1.0 \times 10^{-14}} = 1.0 \times 10^{-7}$mol·L^{-1}

pH = 7.0,溶液呈中性。

由计算可知,一元弱酸弱碱盐的 pH 值和盐的浓度无关。

4.2.4　影响盐类水解因素

1. 盐类本性

盐类水解的程度主要取决于盐类本身的性质,盐类水解后生成的弱酸或弱碱越弱,即 K_a 或 K_b 越小时,K_h 越大,另外如果水解产物是很弱的电解质又是溶解度很小的难溶物质或挥发性气体,则水解度就极大,甚至可达完全水解,例如

$$Al_2S_3 + 6H_2O \longrightarrow 2Al(OH)_3 + 4H_2S \uparrow$$

$$SnCl_2 + H_2O \longrightarrow Sn(OH)Cl \downarrow + HCl$$
$$(白色)$$

$$SbCl_3 + H_2O \longrightarrow SbOCl \downarrow + 2HCl$$
$$(白色)$$

所以若将上述物质直接溶于水,得到的是水解产物而得不到水溶液。

2. 盐的浓度

一定温度下,盐的浓度越小,水解程度就越大。例如,将水玻璃(Na$_2$SiO$_3$ 的水溶液)

稀释就能促使部分硅酸沉淀,溶液成为白色混浊液。

3.温度

盐的水解反应是吸热反应,升高温度,平衡向吸热反应方向(水解方向)移动,故加热可促使盐类的水解。

4.同离子效应

在盐溶液中加入酸(或碱),由于同离子效应使平衡向生成盐的主向移动,可降低水解程度。如 KCN 在水溶液中有明显的水解现象,即

$$CN^- + H_2O \rightleftharpoons HCN + OH^-$$

水解可产生挥发性的剧毒的氢氰酸(HCN)。如果在配制 KCN 溶液时,先在水中加入适量强碱(如 KOH),由于同离子效应可以抑制 CN^- 的水解,使水解度减小,阻止有毒的 HCN 气体生成。

4.3 缓冲溶液

一般水溶液,若受到酸、碱或水的作用,其 pH 值易发生明显的变化,而许多化学反应和生产过程常要求在一定的 pH 值范围内进行,这就需要使用缓冲溶液。溶液的这种能对抗外来少量强酸、强碱或稍加稀释,而使其 pH 值基本上保持不变的作用,叫缓冲作用。具有缓冲作用的溶液称为缓冲溶液。

缓冲溶液的组成通常有以下几种:

(1)弱酸及其弱酸盐　例如 HAc-NaAc 的混合溶液。

(2)弱碱及其弱碱盐　例如 $NH_3 \cdot H_2O-NH_4Cl$ 的混合液。

(3)多元酸的酸式盐及其次级酸盐　例如 $NaHCO_3-Na_2CO_3$,$NaH_2PO_4-Na_2H_2PO_4$ 的混合液。

4.3.1 缓冲溶液的作用原理

缓冲溶液为什么具有对抗外界少量强酸、强碱或稀释的作用呢? 这是由缓冲溶液的组成决定的。现以 HAc-NaAc 的混合溶液为例说明产生缓冲作用的原因。

HAc 为弱酸,在溶液中部分解离,即

$$HAc \rightleftharpoons H^+ + Ac^-$$

NaAc 是强电解质溶液,可以完全电离,即

$$NaAc \longrightarrow Na^+ + Ac^-$$

由于大量 Ac^- 存在,产生了同离子效应,使得 HAc 的解离平衡向左移动,即 H^+ 与 Ac^- 结合成 HAc,从而抑制了 HAc 的解离。因此缓冲溶液中存在着大量的 HAc 和 Ac^-,而 H^+ 浓度很小。

当往此缓冲溶液中加入少量强酸(如 HCl)时,溶液中存在着的大量的 Ac^- 能和 H^+ 结合成弱电解质 HAc,结果使溶液中 $c(H^+)$ 没有明显升高,即溶液的 pH 值没有明显降低。在这里,Ac^- 成为缓冲溶液的"抗酸"成分,即

$$HAc \Longleftrightarrow H^+ + Ac^-$$

大量　　少量　大量

外加少量酸平衡向左移动

当往此缓冲溶液中加入少量强碱(如 NaOH),溶液中的 H^+ 即与加入碱中的 OH^- 结合成难解离的水。在溶液中的 $c(H^+)$ 稍有降低的同时,溶液中存在着较多的 HAc,将解离出 H^+ 来补充溶液中减少的 H^+,结果使溶液中 $c(H^+)$ 没有明显降低,即溶液中的 pH 值并没有明显升高。这时 HAc 成为缓冲溶液的"抗碱"成分,即

$$HAc \Longleftrightarrow H^+ + Ac^-$$

大量　　少量　大量

外加少量碱平衡向右移动

如果加入大量的强酸强碱,溶液就失去了缓冲能力。

当往此缓冲溶液中加入适量水稀释时,由于 $c(H^+) = K_a \dfrac{c(酸)}{c(盐)}$,$c(酸)$ 和 $c(盐)$ 浓度等比例减小,$\dfrac{c(酸)}{c(盐)}$ 比值不变,所以仍可维持溶液的 pH 值基本不变,但稀释的倍数不能太多,若加入大量的水,就需考虑水的解离了。

4.3.2　缓冲溶液 pH 值的计算

在缓冲溶液中存在着弱酸(或弱碱)的解离平衡,由于同离子效应,其解离度降低,因此缓冲溶液 H^+ 或 OH^- 浓度的计算方法和前述的同离子效应相同。

现以 HAc–NaAc 弱酸-弱酸盐组成的缓冲溶液为例进行讨论

$$HAc \Longleftrightarrow H^+ + Ac^-$$
$$NaAc \longrightarrow Na^+ + Ac^-$$

$$K_a = \frac{c(H^+)c(Ac^-)}{c(HAc)}; \quad c(H^+) = K_a \frac{c(HAc)}{c(Ac^-)}$$

由于 HAc 的解离度很小,加上 Ac^- 的同离子效应,使 HAc 解离度更小,上式中的 $c(HAc)$ 可以认为是 HAc 的浓度,式中 $c(Ac^-)$ 可以认为是盐 NaAc 的浓度,即 $c(HAc) \approx c(酸)$,$c(Ac^-) \approx c(盐)$,代入上式得

$$c(H^+) = K_a \frac{c(酸)}{c(盐)} \tag{4.20}$$

等号两边取负对数,即

$$pH = pK_a - \lg \frac{c(酸)}{c(盐)} \tag{4.21}$$

上两式常被用来计算缓冲溶液的 pH 值。

对于弱碱及其盐所组成的缓冲溶液,其 pH 值的计算公式可用类似方法推导出来,即

$$c(OH^-) = K_b \frac{c(碱)}{c(盐)}$$

对等号两边取负对数,即

$$pOH=pK_b-\lg\frac{c(\text{碱})}{c(\text{盐})}$$

则
$$pH=14-pK_b+\lg\frac{c(\text{碱})}{c(\text{盐})} \tag{4.22}$$

【例 4.6】 $0.20\ mol\cdot L^{-1}$ HCl 溶液与 $0.50\ mol\cdot L^{-1}$ NaAc 溶液等体积混合后,试计算:

(1)溶液的 pH 值是多少?

(2)在混合溶液中加入溶液体积的 1/20 的 $0.50\ mol\cdot L^{-1}$ 的 NaOH 溶液,溶液的 pH 值改变了多少?

(3)在混合溶液中加入溶液体积的 1/20 的 $0.50\ mol\cdot L^{-1}$ 的 HCl 溶液,溶液的 pH 值改变了多少?

(4)将最初的混合溶液用水稀释一倍,溶液的 pH 值改变了多少?

(5)从以上计算结果中能得出什么结论?

解 (1)溶液等体积混合后 $c(HCl)=0.1\ mol\cdot L^{-1}$,$c(NaAc)=0.25\ mol\cdot L^{-1}$

$$HCl+NaAc\longrightarrow NaCl+HAc$$

由于反应生成 HAc $0.1\ mol\cdot L^{-1}$,还剩余 NaAc $0.15\ mol\cdot L^{-1}$,所以组成 HAc-NaAc 缓冲溶液,则

$$pH=pK_a-\lg\frac{c(\text{酸})}{c(\text{盐})}=4.74-\lg\frac{0.10}{0.15}=4.92$$

(2)在缓冲溶液中加入溶液体积为 1/20 的 $0.50\ mol\cdot L^{-1}$ 的 NaOH 溶液后,则

$$c(HAc)=\frac{0.10-0.50\times\dfrac{1}{20}}{1+\dfrac{1}{20}}=0.071\ mol\cdot L^{-1}$$

$$c(NaAc)=\frac{0.15+0.50\times\dfrac{1}{20}}{1+\dfrac{1}{20}}=0.17\ mol\cdot L^{-1}$$

$$pH=pK_a-\lg\frac{c(\text{酸})}{c(\text{盐})}=4.74-\lg\frac{0.071}{0.17}=5.12$$

$$\Delta(pH)=5.12-4.92=0.20$$

(3)在缓冲溶液中加入溶液体积为 1/20 的 $0.50\ mol\cdot L^{-1}$ 的 HCl 溶液后,则

$$c(HAc)=\frac{0.10+0.50\times\dfrac{1}{20}}{1+\dfrac{1}{20}}=0.12\ mol\cdot L^{-1}$$

$$c(NaAc)=\frac{0.15-0.50\times\dfrac{1}{20}}{1+\dfrac{1}{20}}=0.12\ mol\cdot L^{-1}$$

$$pH=pK_a-\lg\frac{c(\text{酸})}{c(\text{盐})}=4.74-\lg\frac{0.12}{0.12}=4.74$$

$$\Delta(pH) = 4.74 - 4.92 = -0.18$$

(4)稀释一倍后 $c(HAc) = 0.05 \text{ mol} \cdot L^{-1}$，$c(NaAc) = 0.075 \text{ mol} \cdot L^{-1}$

$$pH = pK_a - \lg\frac{c(酸)}{c(盐)} = 4.74 - \lg\frac{0.05}{0.075} = 4.92$$

$$\Delta(pH) = 4.92 - 4.92 = 0$$

(5)从计算结果可以看出，在缓冲溶液中加入少量的酸、碱或适当稀释，溶液的 pH 值改变值很小。

4.3.3 缓冲溶液的选择和配制

各种弱酸(或弱碱)及其盐所组成的缓冲溶液，其 pH 值是不同的，所以在实际工作中应根据所需要的 pH 值来选择缓冲溶液的体系。

缓冲溶液的 pH 值取决于 pK_a(或 pK_b)以及酸(或碱)与盐的浓度比。当缓冲溶液的体系确定后，$K_a(K_b)$ 就确定了，通过改变 $c(酸)/c(碱)$ 或 $c(碱)/c(盐)$ 的值(通常在 $0.1 \sim 10$ 之间变化)，便可得到不同 pH 值的缓冲溶液。

以 HAc-NaAc 缓冲溶液为例，$pK_a = 4.76$，酸与碱浓度的比值和对应的溶液 pH 值如表 4.3 所示。由表可见，在表中酸与碱浓度比值范围内，HAc-NaAc 缓冲溶液的 pH 值为 $3.76 \sim 5.76$。同理对于其他弱酸及其弱酸盐所组成的缓冲溶液，一般有

$$pH = pK_a \pm 1.00$$

由上述关系可知，选择和配制缓冲溶液的方法是：根据要求选择与所需 pH 值相近的一种 pK_a 弱酸及其弱酸盐(或与所需 pOH 相近的一种 pK_b 弱碱及弱碱盐)为缓冲溶液，再调节 $c(酸)/c(碱)$ 或 $c(碱)/c(盐)$ 的比值达到所要求的 pH 值，表 4.4 为常见缓冲溶液的 pH 值。

表 4.3 酸与碱浓度比值和对应的溶液 pH 值

$c(HAc)/c(AC^-)$	pH 值
10 : 1	3.76
1 : 1	4.76
1 : 10	5.76

表 4.4 常见缓冲溶液的 pH 值

缓冲溶液	pK_a 或 pK_b	pH 值
HAc-NaAc	4.76	$3.76 \sim 5.76$
$NH_3 \cdot H_2O-NH_4Cl$	$pK_b = 4.76$	$8.25 \sim 10.25$
$NaH_2PO_4-Na_2HPO_4$	7.20	$6.20 \sim 8.20$
$NaHCO_3-Na_2CO_3$	10.33	$9.33 \sim 11.33$

【例 4.7】 欲配制 250 mL，pH 值为 5.00 的缓冲溶液，问在 12.0 mL、6.00 mol·L^{-1} HAc 溶液中应加入固体 NaAc·$3H_2O$ 多少克？

解
$$pH = pK_a - \lg\frac{c(酸)}{c(盐)}$$

$$5.00 = 4.76 - \lg\frac{\frac{12.0}{250} \times 6.00}{c(NaAc)}$$

解得 $c(\text{NaAc}) = 0.5 \text{ mol} \cdot \text{L}^{-1}$

应加入固体 NaAc·3H₂O 质量为

$$\frac{250}{1\,000} \times 0.5 \times 136 = 17.0\text{g}$$

4.3.4 缓冲溶液的应用

缓冲溶液在工农业生产、医学、生物学、化学等方面都有重要的意义。例如,在半导体工业中常用 HF 和 NH_4F 混合腐蚀液除去硅片表面的氧化物(SiO_2);电镀液常需用缓冲溶液来调节它的 pH 值;土壤中由于含有 H_2CO_3-$NaHCO_3$,Na_2HPO_4-Na_2HPO_4 腐植酸-腐植酸盐等缓冲体系,才能使土壤维持一定的 pH 值,有利于微生物的正常活动和农作物的发育生长。

人体血液 pH 值为 7.35～7.45,因为这一 pH 值范围最适于细胞代谢及整个机体的生存。人体血液的酸碱度能够经常保持恒定的原因,固然主要是由于各种排泄器官将过多的酸、碱物质排出体外,但也因为血液中具有多种缓冲体系的缘故,人体血液中的主要缓冲体系有 H_2CO_3-$NaHCO_3$,$NaHPO_4$-Na_2HPO_4、血浆蛋白-血浆蛋白盐、血红朊-血红朊盐等,其中以 H_2CO_3-$NaHCO_3$ 起主要的缓冲作用。当机体新陈代谢过程中产生的酸(如磷酸、乳酸等)进入血液时,则发生 $HCO_3^- + H^+ \longrightarrow H_2CO_3$,$H_2CO_3$ 分子被血液带到肺部以 CO_2 的形式排出体外;当代谢产生的碱进入血液时,则发生 $H_2CO_3 + OH^- \longrightarrow HCO_3^- + H_2O$,$H_2O$ 通过肾、毛孔排出体外,从而防止了酸、碱中毒。

4.4 酸碱质子理论

酸碱电离理论,是 Arrbenius 于 1887 年提出来的。他认为能在水中电离出的全部阳离子都是 H^+ 的物质为酸;能在水中电离出的全部阴离子都是 OH^- 的物质是碱。酸碱中和反应的实质是 H^+ 和 OH^- 结合成水。这个理论取得了很大成功,它以物质在水中电离为基础去定义酸碱,使人们对酸碱的认识有了本质的深刻了解,是酸碱理论发展的重要里程碑,至今还在广泛使用。

但是,Arrbenius 酸碱理论也有局限性,它不适用于非水体系和无溶剂体系。例如他把酸碱仅限于在水溶液中讨论,就不能解释由 $NH_3(g)$ 和 $HCl(g)$ 直接反应生成盐 NH_4Cl;把碱仅限于氢氧化物,但像 CO_3^{2-},S^{2-} 等物质也显碱性。这些现象用酸碱电离理论也不能得到很好的解释。为了克服阿氏理论的局限性,在近代酸碱理论的发展中,先后提出了**酸碱溶剂理论、酸碱质子理论、酸碱电子理论和软硬酸碱原理**等理论。其中,最著名的是1923 年布朗斯特德和劳莱提出的**酸碱质子理论**。

4.4.1 酸碱质子理论

酸碱质子理论认为,凡是能给出质子的物质(分子或离子)就是酸,凡是能接受质子的物质就是碱。简单地说,酸是质子的给体,碱是质子的受体,酸碱质子理论对酸碱的区别是以质子 H^+ 为判剧的。如在水溶液中

$$\text{HAc(aq)} \rightleftharpoons \text{H}^+\text{(aq)} + \text{Ac}^-\text{(aq)}$$

$$\text{NH}_4^+\text{(aq)} \rightleftharpoons \text{H}^+\text{(aq)} + \text{NH}_3\text{(aq)}$$

$$\text{H}_2\text{PO}_4^-\text{(aq)} \rightleftharpoons \text{H}^+\text{(aq)} + \text{HPO}_4^{2-}\text{(aq)}$$

其中 HAc，NH_4^+，H_2PO_4^- 都能给出质子，所以认定它们都是酸，根据定义 Ac^-，NH_3，HPO_4^{2-} 都是碱。酸给出质子的过程一般是可逆的，酸给出质子后，剩余的部分必有接受质子的能力，都是碱，所以酸与对应的碱的辩证关系可表示为

$$\text{酸} \rightleftharpoons \text{质子} + \text{碱}$$

酸碱这种相互依存相互转化的关系称为酸碱的共轭关系，酸失去质子后形成的碱称为该酸的共轭碱，如 NH_3 是 NH_4^+ 的共轭碱；碱结合质子后形式的酸称为该碱的共轭酸，如 NH_4^+ 是 NH_3 的共轭酸。酸与其共轭碱(或碱与其共轭酸)组成一个共轭酸碱对。表4.5列出一些常见的共轭酸碱对。

表4.5　一些常见的共轭酸碱对

	酸 $\rightleftharpoons$ 质子 + 碱
	$\text{HCl} \rightleftharpoons \text{H}^+ + \text{Cl}^-$
	$\text{H}_3\text{O}^+ \rightleftharpoons \text{H}^+ + \text{H}_2\text{O}$
	$\text{HSO}_4^- \rightleftharpoons \text{H}^+ + \text{SO}_4^{2-}$
	$\text{H}_3\text{PO}_4 \rightleftharpoons \text{H}^+ + \text{H2PO}_4^-$
酸性增强	$\text{HAc} \rightleftharpoons \text{H}^+ + \text{Ac}^-$
	$\text{H}_2\text{CO}_3 \rightleftharpoons \text{H}^+ + \text{HCO}_3^-$
	$\text{H}_2\text{S} \rightleftharpoons \text{H}^+ + \text{HS}^-$
	$\text{H}_2\text{PO}_4^- \rightleftharpoons \text{H}^+ + \text{HPO}_4^{2-}$
	$\text{NH}_4^+ \rightleftharpoons \text{H}^+ + \text{NH}_3$
	$\text{HCO}_3^- \rightleftharpoons \text{H}^+ + \text{CO}_3^{2-}$
	$\text{H}_2\text{O} \rightleftharpoons \text{H}^+ + \text{OH}^-$

(左侧纵向：酸 性 增 强；右侧纵向：碱 性 增 强)

由表4.5可见，酸碱皆可以是中性分子、正离子或负离子，还有一些像 H_2PO_4^-，HCO_3^-，HS^-，H_2PO_4^- 等物质既可以得到质子又可失去质子，既可作为酸，又可作为碱，这些称为两性物质，两性物质遇到比它更强的酸时，它就接受质子，表现出碱的特性，而遇到比它更强的碱时，它就放出质子，表现出酸的特性。根据酸碱共轭关系，若酸越易给出质子，其共轭碱就越难接受质子，即酸越强，其共轭碱就越弱；反之，酸越弱，其共轭碱就越强。

4.4.2 酸碱反应

酸碱质子理论认为，酸碱反应的实质是两个共轭酸碱对之间的质子传递反应，即

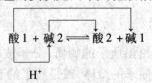

$$\text{酸 1} + \text{碱 2} \rightleftharpoons \text{酸 2} + \text{碱 1}$$

$$\text{H}^+$$

酸碱反应方向是较强碱夺取较强酸放出的质子而转化为各自的共轭弱酸和弱碱。若

相互作用的酸、碱越强,则反应进行得越完全,如

$$\overline{\mathrm{H}^+}$$
$$\mathrm{HCl} + \mathrm{NH}_3 \Longrightarrow \mathrm{NH}_4^+ + \mathrm{Cl}^-$$
强酸　　中强碱　弱酸　极弱碱

质子的传递过程并不要求必须在水溶液中进行,酸碱反应也可在非水溶液、无溶剂条件下进行。由此可见酸碱质子理论不仅扩大了酸碱的范围,而且还扩大了酸碱反应的范围。从质子传递的观点来看,电离子中所有酸碱盐之间的离子平衡,都可视为质子酸碱反应。

(1)中和反应

$$\mathrm{HAc} + \mathrm{OH}^- \longrightarrow \mathrm{H}_2\mathrm{O} + \mathrm{Ac}^-$$
$$\mathrm{H}^+$$

(2)解离

$$\mathrm{HAc} + \mathrm{H}_2\mathrm{O} \Longrightarrow \mathrm{H}_3\mathrm{O}^+ + \mathrm{Ac}^-$$
$$\mathrm{H}^+$$

$$\mathrm{H}_2\mathrm{O} + \mathrm{NH}_3 \Longrightarrow \mathrm{NH}_4^+ + \mathrm{OH}^-$$
$$\mathrm{H}^+$$

(3)水解

$$\mathrm{H}_2\mathrm{O} + \mathrm{Ac}^- \Longrightarrow \mathrm{HAc} + \mathrm{OH}^-$$
$$\mathrm{H}^+$$

$$\mathrm{NH}_4^+ + \mathrm{H}_2\mathrm{O} \Longrightarrow \mathrm{H}_3\mathrm{O}^+ + \mathrm{NH}_3$$
$$\mathrm{H}^+$$

酸碱质子理论扩大了酸碱的含义和酸碱反应的范围,加强了人们对酸碱反应的认识。但是,质子理论只限于质子的接受,对于无质子参加的酸碱反应,如酸性的 SO_3 和碱性的 CaO 之间发生的反应,就不能很好的解释。因此,酸碱质子理论也有其应用的局限性。

4.5　沉淀溶解平衡和溶度积

严格说来,在水中绝对不溶的物质是没有的,通常把在水中溶解度小于 0.01 g 的物质称为难溶物质,溶解度为 0.01 ~ 0.1 g 的物质称为微溶物质,溶解度较大者可称为易溶物质,本节主要介绍与难溶电解质和微溶电解质溶解性有关的特征常数——溶度积。

4.5.1　溶度积

在一定温度下,将难溶电解质晶体放入水中时,就会发生溶解和沉淀两个过程。以 AgCl 为例,AgCl(s)是由 Ag^+ 和 Cl^- 组成的晶体,将其放入水中时,晶体中的 Ag^+ 和 Cl^- 在水分子的作用下,不断由晶体表面溶入溶液中,成为无规则运动的水合离子,这一过程称为溶解过程。与此同时,已经溶解在溶液中的 $Ag^+(aq)$ 和 $Cl^-(aq)$ 在不断运动中相互碰撞或与未溶解的 AgCl(s)表面碰撞,也会不断地从液相回到固相表面,并且以 AgCl(s)形式析

出,这一过程称为沉淀。任何难溶电解质的溶解和沉淀过程都是相互可逆的。开始时,溶解速率大于沉淀速率,经过一定时间后,溶解和沉淀速率相等时,溶液成为 AgCl(s) 的饱和溶液,同时溶液中建立了一种动态的多相离子平衡。在固体难溶电解质的饱和溶液中,把存在着的电解质与由它解离产生的离子之间的平衡称为沉淀溶液平衡。以 AgCl(s) 为例可表示为

$$AgCl(s) \xrightleftharpoons[\text{溶解}]{\text{沉淀}} Ag^+(aq) + Cl^-(aq)$$

该动态平衡的标准平衡常数表达为

$$K^\ominus = K_{sp}^\ominus(AgCl) = \frac{c(Ag^+)}{c^\ominus} \frac{c(Cl^-)}{c^\ominus}$$

对于难溶电解质的解离平衡,其平衡常数 K 特称为溶度积常数,简称溶度积,记为 K_{sp};$c(Ag^+)$ 和 $c(Cl^-)$ 是饱和溶液中 Ag^+ 和 Cl^- 的浓度。

对于一般的沉淀反应

$$A_nB_m(s) \xrightleftharpoons{} nA^{m+}(aq) + mB^{n-}(aq)$$

溶度积通式为

$$K_{sp}^\ominus(A_nB_m) = \left\{\frac{c(A^{m+})}{c^\ominus}\right\}^n \left\{\frac{c(B^{n-})}{c^\ominus}\right\}^m \tag{4.23}$$

由于 $c^\ominus = 1 \text{ mol} \cdot L^{-1}$,所以 $K_{sp}^\ominus(A_nB_m) = \{c(A^{m+})\}^n \{c(B^{n+})\}^m$

上式表明:在一定温度下,难溶电解质的饱和溶液中,各组分离子浓度幂的乘积为一常数,K_{sp} 的大小间接反映了难溶电解质溶解能力的大小,同时它也表示了难溶的强电解质处于沉淀溶解平衡的一种状态。任何难溶的强电解质,无论其溶解度多么小,它们的饱和溶液中总有达成沉淀溶解平衡的离子;任何沉淀反应,无论进行得多么完全,溶液中总有沉淀物的组分离子,并且离子浓度的幂的乘积为常数。K_{sp} 只受温度的影响,常见难溶强电解质的溶度积常数列于附录 3 中。值得注意的是,上述溶度积常数表达式虽是根据难溶强电解质多相离子平衡推导而来,其结论同样适用于难溶弱电解质的多相离子平衡。

4.5.2 溶解度和溶度积的相互换算

溶解度和溶度积都可以用来表示难溶电解质的溶解性,两者既有联系又有区别。从相互联系考虑,它们之间可以相互换算,既可以从溶解度求得溶度积,也可以从溶度积求得溶解度。它们之间的区别在于,溶度积是未溶解的固相与溶液中相应离子达到平衡时的离子浓度的乘积,只与温度有关。溶解度不仅与温度有关,还与系统的组成、pH 的改变、配合物的生成等因素有关。换算时,应注意浓度单位必须采用 mol · L^{-1} 来表示。另外,由于难溶电解质的溶解度很小,溶液浓度很小,难溶电解质饱和溶液的密度可近似认为等于水的密度。一般溶解度用符号 s 表示,s 与 K_{sp} 之间的关系与物质的类型有关,下面分别进行讨论。

对于 AB 型难溶强电解质,如 AgBr、BaSO$_4$ 等为

$$AB(s) \xrightleftharpoons{} A^{n+}(aq) + B^{n-}(aq)$$

平衡离子浓度 s s

$$K_{SP}^{\ominus}(AB) = \frac{c(A^{n+}) \, c(B^{n-})}{c^{\ominus} \quad c^{\ominus}} = s^2$$

$$s = \sqrt{K_{sp}^{\ominus}(AB)}$$

对于 AB_2 或 A_2B 型难溶强电解质,如 CaF_2,Ag_2CrO_4,$Mg(OH)_2$ 等,以 AB_2 为例,即

$$AB_2(s) \Longrightarrow A^{2n+}(aq) + 2B^{n-}(aq)$$

平衡离子浓度 $\qquad\qquad\qquad\qquad s \qquad\qquad 2s$

$$K_{SP}^{\ominus}(AB_2) = \frac{c(A^{2n+})}{c^{\ominus}} \left\{ \frac{c(B^{n-})}{c^{\ominus}} \right\}^2 = s(2s)^2 = 4s^3$$

$$s = \sqrt[3]{\frac{K_{sp}^{\ominus}(AB_2)}{4}}$$

由此可推广至任一 A_nB_m 型难溶强电解质,其溶解度和溶度积的关系为

$$A_nB_m(s) \Longrightarrow nA^{m+}(aq) + mB^{n-}(aq)$$

平衡离子浓度 $\qquad\qquad\qquad\qquad ns \qquad\qquad ms$

$$K_{SP}^{\ominus}(A_nB_m) = \left\{ \frac{c(A^{m+})}{c^{\ominus}} \right\}^n \left\{ \frac{c(B^{n-})}{c^{\ominus}} \right\}^m = (ns)^n (ms)^m = m^m n^n s^{m+n}$$

$$s = \sqrt[(m+n)]{\frac{K_{sp}^{\ominus}(A_nB_m)}{m^m n^n}} \tag{4.24}$$

【例 4.8】 已知在 298.15 K 时,AgCl 和 Ag_2CrO_4 的溶度积分别为 1.56×10^{-10} 和 9.0×10^{-12}。试求该温度下,AgCl 和 Ag_2CrO_4 的溶解度。

解 AgCl 属于 AB 型难溶电解质,其溶解度为

$$s_1 = \sqrt{K_{sp}^{\ominus}(AgCl)} = \sqrt{1.56 \times 10^{-10}} = 1.25 \times 10^{-5} \text{ mol} \cdot L^{-1}$$

Ag_2CrO_4 属于 A_2B 型难溶电解质,其溶解度为

$$s_2 = \sqrt[3]{\frac{K_{sp}^{\ominus}(Ag_2CrO_4)}{4}} = \sqrt[3]{\frac{9.0 \times 10^{-12}}{4}} = 1.31 \times 10^{-4} \text{ mol} \cdot L^{-1}$$

由计算可见,虽然 $K_{sp}(Ag_2CrO_4)$ 小于 $K_{sp}(AgCl)$,但 Ag_2CrO_4 溶解度要大于 AgCl,这是由于两者的溶度积表示式类型不同。所以 K_{sp} 虽然也可表示难溶电解质的溶解大小,但只能用来比较相同类型的电解质,如同是 AB 型或是 AB_2 型等,此时 K_{sp} 越小,其溶解度也越小,而对于不同类型的难溶电解质不能简单地用 K_{sp} 直接判断溶解度的大小。

必须指出的是:溶解度 s 与溶度积 K_{sp} 之间的换算是有条件的,包括:

①仅适合于溶解度很小的难溶电解质溶液。因为溶解度小,溶液的离子强度小,浓度才可以近似地等于活度。对于溶解度较大的强电解质,由于离子强度较大将会引致较大误差,例如 $CaSO_4$,$CaCrO_3$ 等。

②仅适用于离解出来的阴离子不发生其他副反应(水解、缔合等)的物质。对于难溶硫化物、碳酸盐和磷酸盐,由于阴离子的水解作用,不能利用上述方法计算。

③仅适用于在水溶液中的溶解部分全部解离的场合。对于如 Hg_2Cl_2 和 Hg_2I_2 等共价性较强的物质,由于它们不能在水中完全解离,计算将会有误差。

④只适合难溶电解质一步完全解离的场合。在分步电离场合,由于平衡的相互牵制,

浓度关系复杂,不能做上述简单处理,例如

$$Fe(OH)_3 \rightleftharpoons Fe(OH)_2^+ + OH^-$$

$$Fe(OH)_2^+ \rightleftharpoons Fe(OH)^{2+} + OH^-$$

$$Fe(OH)^{2+} \rightleftharpoons Fe^{3+} + OH^-$$

显然,$c(Fe^{3+}) \neq c(OH^-) \times \frac{1}{3}$,但 $c(Fe^{3+}) \times [c(OH^-)]^3 = K_{sp}[Fe(OH)_3]$ 的关系仍然是正确的。

4.5.3 溶度积规则

根据吉布斯自由能变判据,即

$$\Delta G = RT \ln \frac{Q}{K} \begin{cases} <0 & \text{反应正向进行} \\ =0 & \text{反应处于平衡状态} \\ >0 & \text{反应逆向进行} \end{cases}$$

应用于沉淀-溶解平衡,即

$$A_nB_m(s) \rightleftharpoons nA^{m+}(aq) + mB^{n-}(aq)$$

此时 $Q = \left\{ \dfrac{c(A^{m+})}{c^\ominus} \right\}^n \left\{ \dfrac{c(A^{n-})}{c^\ominus} \right\}^m$,$Q$ 和 $K_{sp}^\ominus$ 表达式相近,但意义不同,Q 称为离子积(又称反应商),表示在任何情况下的溶液中离子浓度的乘积,而 $K_{sp}^\ominus$ 是指难溶电解质和溶液中的离子达到平衡(饱和溶液)时的离子浓度的乘积,$K_{sp}^\ominus$ 是平衡条件下的 Q。

在任何给定的溶液中,可根据 Q 和 $K_{sp}^\ominus$ 的大小来判断沉淀的生成和溶解。

①当 $Q < K_{sp}^\ominus$ 时,$\Delta G < 0$,溶液为不饱和溶液,无沉淀析出,若已有沉淀存在时,沉淀将会溶解。

②当 $Q = K_{sp}^\ominus$ 时,$\Delta G = 0$,达到动态平衡,溶液恰好饱和,无沉淀析出。

③当 $Q > K_{sp}^\ominus$ 时,$\Delta G > 0$,溶液为过饱和溶液,沉淀从溶液中析出。

这一规则称为溶度积规则,它是判断沉淀生成和溶解的定量依据。

4.6 沉淀的生成和溶解

4.6.1 沉淀的生成

1. 加入沉淀剂使沉淀析出

根据溶度积规则,在某难溶电解质溶液中,如果 $Q > K_{sp}^\ominus$,就有该物质的沉淀生成,这是沉淀生成的必要条件。

【例4.9】 在 $0.1\ mol \cdot L^{-1} FeCl_3$ 溶液中,加入等体积的含有 $0.20\ mol \cdot L^{-1} NH_3 \cdot H_2O$ 和 $2.0\ mol \cdot L^{-1} NH_4Cl$ 的混合溶液,问能否产生 $Fe(OH)_3$ 沉淀?

解 由于等体积混合,各物质的浓度均减小一倍,即

$$c(Fe^{3+}) = 0.05\ mol \cdot L^{-1} \quad c(NH_4Cl) = 1.0\ mol \cdot L^{-1} \quad c(NH_3 \cdot H_2O) = 0.1\ mol \cdot L^{-1}$$

设 $c(OH^-)$ 为 $x\,mol \cdot L^{-1}$，即

$$NH_3 \cdot H_2O \Longrightarrow NH_4^+ + OH^-$$

平衡浓度 $\qquad\qquad\qquad\qquad 0.10-x \quad 1.0+x \quad x$

$$K_b^{\ominus}(NH_3 \cdot H_2O) = \frac{c(NH_4^+)c(OH^-)}{c(NH_3 \cdot H_2O)c^{\ominus}} = 1.7 \times 10^{-5}$$

$$\frac{(1.0+x)x}{0.10-x} = 1.7 \times 10^{-5}$$

因为 $c/K_b^{\ominus} = 0.10/(1.7 \times 10^{-5}) > 380$，$x$ 很小

所以 $\qquad\qquad\qquad\qquad 0.10-x \approx 0.1 \quad 1.0+x \approx x$

$$\frac{1.0x}{0.1} = 1.7 \times 10^{-5} \quad x = 1.7 \times 10^{-6}$$

$$Q = c(Fe^{3+})(c(OH^-))^3 = 0.05 \times (1.7 \times 10^{-6})^3 =$$

$$2.5 \times 10^{-19} > K_{sp}^{\ominus}(Fe(OH)_3) = 4 \times 10^{-38}$$

所以溶液中有 $Fe(OH)_3$ 沉淀生成。

2. 同离子效应

在难溶的强电解质的饱和溶液中,加入具有相同离子的易溶强电解质,难溶电解质的多相离子平衡将发生移动,如同弱酸或弱碱溶液中的同离子效应一样,使难溶强电解质的溶解度减小。

【例 4.10】 计算 25 ℃ 下 $CaF_2(s)$ 在以下不同溶液中的溶解度:

(1) 在水中的溶解度;

(2) 在 $0.01\,mol \cdot L^{-1}$ 的 $Ca(NO_3)_2$ 溶液中的溶解度;

(3) 在 $0.01\,mol \cdot L^{-1}$ 的 NaF 溶液中的溶解度。

并比较三种情况下溶解度的大小。

解 附录中查得 25 ℃ 时,$K_{sp}^{\ominus}(CaF_2) = 5.3 \times 10^{-9}$

(1) 设 CaF_2 在水中溶解度为 s_1,则

$$s_1 = \sqrt[3]{\frac{K_{sp}^{\ominus}(CaF_2)}{4}} = \sqrt[3]{\frac{5.3 \times 10^{-9}}{4}} = 1.1 \times 10^{-3}\,mol \cdot L^{-1}$$

(2) 设 CaF_2 在 $0.01\,mol \cdot L^{-1}$ 的 $Ca(NO_3)_2$ 溶液中的溶解度为 s_2,则

$$CaF_2(s) \Longrightarrow Ca^{2+}(aq) + 2F^-(aq)$$

平衡浓度 $\qquad\qquad\qquad\qquad 0.010+s_2 \qquad\quad 2s_2$

$$(0.01+s_2) \times (2s_2)^2 = 5.3 \times 10^{-9}$$

因为 $\qquad\qquad 0.01+s_2 \approx 0.01, 0.01 \times 4(s_2)^2 = 5.3 \times 10^{-9}$

所以 $\qquad\qquad\qquad\qquad s_2 = 3.64 \times 10^{-4}\,mol \cdot L^{-1}$

(3) 设 CaF_2 在 $0.01\,mol \cdot L^{-1}$ 的 NaF 溶液中的溶解度为 s_3,则

$$CaF_2(s) \Longrightarrow Ca^{2+}(aq) + 2F^-(aq)$$

平衡浓度 $\qquad\qquad\qquad\qquad s_3 \qquad\quad 0.01+2s_3$

$$s_3 \times (0.01+2s_3)^2 = 5.3 \times 10^{-9}$$

因为 $$0.01 + 2s_3 \approx 0.01, \quad s_3 \times 0.01 = 5.3 \times 10^{-9}$$
所以 $$s_3 = 5.3 \times 10^{-5} \text{ mol} \cdot \text{L}^{-1}$$

比较 s_1, s_2, s_3 发现水中 CaF_2 的溶解度 s_1 最大,在 $Ca(NO_3)_2$ 和 NaF 溶液中由于含有和 CaF_2 解离出的相同离子 Ca^{2+} 和 F^-,造成 CaF_2 的溶解度均有所降低,这种现象称为难溶电解质的同离子效应。

在实际应用中,可利用沉淀反应来分离溶液中的离子。依据同离子效应,加入适当过量的沉淀试剂,如生成 CaF_2 沉淀时加入过量 NaF 溶液,这样可使沉淀反应趋于完全。所谓完全,并不是使溶液中的某种被沉淀离子的浓度等于零,实际上这是做不到的。一般情况下,只要溶液中被沉淀的离子浓度不超过 10^{-5} mol $\cdot$ L^{-1},即认为这种离子沉淀完全了。在洗涤沉淀时,也常应用同离子效应。从溶液中析出的沉淀常含有杂质,要得到纯净的沉淀,就必须洗涤。为了减少洗涤过程中沉淀的损失,常用与沉淀含有相同离子的溶液来洗涤,而不用纯水来洗涤。例如可使用 NH_4Cl 溶液来洗涤 AgCl 沉淀。

同离子效应在分析鉴定和分离提纯中应用很广泛。但是任何事物都具有两重性,在实际应用中,如果认为沉淀试剂过量越多沉淀越完全,因而大量使用沉淀试剂,不仅不会产生明显的同离子效应,往往还会因其他副反应的发生,反而会使沉淀的溶解度增大。如 AgCl 沉淀中加入过量的 HCl,可以生成配离子 $[AgCl_2]^-$,而使 AgCl 溶解度增大,甚至能溶解。另外,盐效应也能使沉淀的溶解度增大。

3. 盐效应

因加入易溶强电解质而使难溶电解质溶解度增大的效应,称为盐效应。盐效应的产生,主要是由于溶液中离子强度增大,在阴、阳离子周围形成"离子氛",降低了难溶电解质解离出来的离子的有效浓度,从而使沉淀过程变慢,平衡向溶解方向移动,这样难溶电解质溶解度增大。

不但加入不具有相同离子的电解质能产生盐效应,加入具有相同离子的电解质,在产生同离子效应的同时,也能产生盐效应。所以在利用同离子效应降低沉淀溶解度时,沉淀试剂不能过量太多,否则将会引起盐效应,使沉淀的溶解度增大。一般情况下,沉淀剂过量 20% ~ 50% 为好。表 4.6 表明了 $PbSO_4$ 在 Na_2SO_4 溶液中溶解度的变化。当 Na_2SO_4 的浓度从 0 增加到 0.04 mol $\cdot$ L^{-1} 时,$PbSO_4$ 溶解度逐渐变小,这时同离子效应起主导作用;当 Na_2SO_4 的浓度为 0.04 mol $\cdot$ L^{-1} 时,$PbSO_4$ 的溶解度最小;当 Na_2SO_4 的浓度大于 0.04 mol $\cdot$ L^{-1} 时,$PbSO_4$ 溶解度逐渐增大,这时盐效应起主导作用。

表 4.6 $PbSO_4$ 在 Na_2SO_4 溶液中的溶解度

$c(Na_2SO_4)/(\text{mol} \cdot \text{L}^{-1})$	0	0.001	0.01	0.02	0.04	0.100	0.200
$s(PbSO_4)/(\text{mmol} \cdot \text{L}^{-1})$	0.15	0.024	0.016	0.014	0.013	0.016	0.023

一般地说,若难溶电解质的溶度积很小时,盐效应的影响很小,可忽略不计;若难溶电解质的溶度积较大,溶液中各种离子的总浓度也较大时就应考虑盐效应的影响了。

4. pH 值对沉淀反应的影响

某些难溶电解质如氢氧化物和硫化物,它们的溶解度与溶液的酸度有关,因此控制溶液的 pH 值就可以促使某些沉淀生成。

【例 4.11】 一溶液中含有 Fe^{3+} 和 Fe^{2+},它们的浓度均为 $0.050\ mol \cdot L^{-1}$,如果要求 $Fe(OH)_3$ 沉淀完全而 Fe^{2+} 不生成 $Fe(OH)_2$ 沉淀,需控制溶液 pH 值为何值?

解 查附录知 $K_{sp}^{\ominus}(Fe(OH)_3) = 4 \times 10^{-18}$ $K_{sp}^{\ominus}(Fe(OH)_2) = 8 \times 10^{-16}$

沉淀完全时 $\qquad\qquad c(Fe^{3+}) = 1 \times 10^{-5}\ mol \cdot L^{-1}$

$Fe(OH)_3$ 完全沉淀时所需 $c(OH^-)$ 为

$$c(OH^-)/c^{\ominus} = \sqrt[3]{\frac{K_{sp}^{\ominus}(Fe(OH)_3)}{c(Fe^{3+})/c^{\ominus}}} = \sqrt[3]{\frac{4 \times 10^{-38}}{1 \times 10^{-5}}} = 1.59 \times 10^{-11}\ mol \cdot L^{-1}$$

$$pH = 14.0 - pOH = 14.0 - 10.8 = 3.2$$

Fe^{2+} 开始沉淀所需要的 $c(OH^-)$ 为

$$c(OH^-)/c^{\ominus} = \sqrt{\frac{K_{sp}^{\ominus}(Fe(OH)_3)}{c(Fe^{3+})/c^{\ominus}}} = \sqrt{\frac{8 \times 10^{-16}}{0.05}} = 1.26 \times 10^{-7}\ mol \cdot L^{-1}$$

$$pH = 14.0 - pOH = 14.0 - 6.9 = 7.1$$

所以溶液的 pH 值应控制在 $3.2 \sim 7.1$ 之间,这样既可使 Fe^{3+} 完全沉淀而又使 Fe^{2+} 不沉淀。

难溶金属氢氧化物的 $K_{sp}^{\ominus}$ 各不相同,故开始沉淀和沉淀完全时的 OH^- 浓度或 pH 值也不相同。在沉淀分离中,常根据金属氢氧化物 $K_{sp}^{\ominus}$ 之间的差别,通过调节、控制溶液的 pH 值,使某些金属氢氧化物沉淀出来,另一些金属离子则仍保留在溶液中,从而达到了分离、提纯的目的。

5. 分步沉淀

如果在溶液中有两种或两种以上的离子都能与加入的试剂发生沉淀反应,它们将根据溶度积的大小而先后生成沉淀。例如,在含有相同浓度的 Cl^- 和 I^- 的混合溶液中,逐滴加入 $AgNO_3$ 溶液,先是产生淡黄色的 AgI 沉淀,后来才出现白色的 AgCl 沉淀,这种先后沉淀的现象,称为分步沉淀。

为什么沉淀次序会有先后呢?可以根据溶度积的规则来说明。假定溶液中 Cl^- 和 I^- 的浓度都是 $0.010\ mol \cdot L^{-1}$,在此溶液中加入 $AgNO_3$ 溶液,由于 AgCl 和 AgI 的溶度积不同,相应沉淀开始时所需的 Ag^+ 浓度也就不同。

AgI 开始析出时所需的 Ag^+ 浓度为

$$c(Ag^+)/c^{\ominus} = \frac{K_{sp}^{\ominus}(AgI)}{c(I^-)/c^{\ominus}} = \frac{8.3 \times 10^{-17}}{0.01} = 8.3 \times 10^{-15}\ mol \cdot L^{-1}$$

AgCl 开始析出时所需 Ag^+ 浓度为

$$c(Ag^+)/c^{\ominus} = \frac{K_{sp}^{\ominus}(AgCl)}{c(Cl^-)/c^{\ominus}} = \frac{1.8 \times 10^{-10}}{0.01} = 1.8 \times 10^{-8}\ mol \cdot L^{-1}$$

由计算可知,沉淀 I^- 所需要的 Ag^+ 浓度比沉淀 Cl^- 所需的 Ag^+ 浓度要小得多,所以 AgI 先沉淀析出。

在用 $AgNO_3$ 沉淀 I^- 时,随着 $AgNO_3$ 的逐渐加入和 AgI 的继续沉淀,溶液中的 Ag^+ 浓度不断增加,I^- 浓度相应减小。当 Ag^+ 增加到能使 AgCl 开始沉淀所需的浓度时,则 AgI、

AgCl同时沉淀,溶液中存在着两个固相。此时溶液对 AgI 和 AgCl 均属饱和,因此 Ag^+ 浓度必须同时满足下列两个溶度积关系式,即

$$\frac{c(Ag^+)}{c^\ominus}\frac{c(I^-)}{c^\ominus}=K_{SP}^\ominus(AgI)$$

$$\frac{c(Ag^+)}{c^\ominus}\frac{c(Cl^-)}{c^\ominus}=K_{SP}^\ominus(AgCl)$$

$$\frac{c(I^-)}{c(Cl^-)}=\frac{K_{sp}^\ominus(AgI)}{K_{sp}^\ominus(AgCl)}=\frac{8.3\times10^{-17}}{1.8\times10^{-10}}=4.6\times10^{-7}$$

计算结果表明:当 I^- 和 Cl^- 浓度比值为 4.6×10^{-7} 时,若溶液中加入 Ag^+ ,此两种离子会同时沉淀。

当 AgCl 开始沉淀时, $c(Cl^-)=0.01$ $mol \cdot L^{-1}$ 时,溶液中的 $c(I^-)=4.6\times10^{-9}$ $mol \cdot L^{-1}$ 已经远小于 1×10^{-5} $mol \cdot L^{-1}$,这就是说 AgCl 开始沉淀时, I^- 已沉淀得很完全了。

从上面讨论可以看出,如果是同一类型的难溶电解质,溶度积数值差别越大,混合离子有可能被分离得越完全。此外,分步沉淀的顺序不仅与溶度积有关,还与溶液中要沉淀的离子浓度有关。

总之,当溶液中同时存在几种离子时,生成沉淀的顺序决定于相应的离子积达到并超过溶度积的先后顺序。在实际工作中,常利用分步沉淀原理来控制条件以达到实验目的。

【例4.12】 在 0.10 $mol \cdot L^{-1}$ 的 Co^{2+} 盐溶液中含有 Cu^{2+} 杂质,用硫化物分步沉淀去除 Cu^{2+} 的条件是什么?

解 开始析出 CoS 沉淀所需 S^{2-} 的最低浓度为

$$c(S^{2-})=\frac{K_{sp}^\ominus(CoS)}{c(Co^{2+})}=\frac{4.0\times10^{-21}}{0.10}=4\times10^{-20}\ mol \cdot L^{-1}$$

Cu^{2+} 完全沉淀时 S^{2-} 的浓度为

$$c(S^{2-})=\frac{K_{sp}^\ominus(CuS)}{c(Cu^{2+})}=\frac{6.3\times10^{-36}}{1.0\times10^{-5}}=6.3\times10^{-31}\ mol \cdot L^{-1}$$

只要将加入钴盐溶液中 S^{2-} 的浓度控制在 $6.3\times10^{-31}\sim4.0\times10^{-20}$ $mol \cdot L^{-1}$ 之间即可将 Cu^{2+} 以 CuS 形式完全去除,而 Co^{2+} 能保留下来。

$$H_2S \Longrightarrow H^+ + HS^- \qquad K_{a1}=1.1\times10^{-7}$$

$$HS^- \Longrightarrow H^+ + S^{2-} \qquad K_{a2}=1.3\times10^{-13}$$

$$H_2S \Longrightarrow 2H^+ + S^{2-} \qquad K^\ominus = K_{a1}\times K_{a2}$$

$$K^\ominus=\frac{\left\{\frac{c(H^+)}{c^\ominus}\right\}^2\frac{c(S^{2-})}{c^\ominus}}{\frac{c(H_2S)}{c^\ominus}}$$

饱和溶液中 $c(H_2S)=0.1$ $mol \cdot L^{-1}$,当 $c(S^{2-})=4.0\times10^{-20}$ $mol \cdot L^{-1}$

$$\left\{\frac{c(H^+)}{c^\ominus}\right\}^2\frac{c(S^{2-})}{c^\ominus}=K^\ominus\frac{c(H_2S)}{c^\ominus}$$

$$c^2(H^+)\times4.0\times10^{-20}=K_{a1}K_{a2}\times0.1$$

解得 $c(H^+) = 0.19 \text{ mol} \cdot L^{-1}$

所以只要控制溶液中 $c(H^+) > 0.19 \text{ mol} \cdot L^{-1}$，即可用硫化物分步沉淀法将 Cu^{2+} 杂质去除。

4.6.2 沉淀的溶解

根据溶度积规则，沉淀溶解的必要条件为 $Q < K_{sp}^{\ominus}$，因此一切能降低多相离子平衡系统中有关离子浓度的方法，都能促使平衡向沉淀溶解的方向移动。

1. 酸碱溶解法

利用酸、碱或某些盐类（如铵盐）与难溶电解质组分离子结合成弱电解质（包括弱酸、弱碱和水），以溶解某些弱碱盐、弱酸盐、酸性或碱性氧化物和氢氧化物等难溶物的方法，称为酸碱溶解法。如

$$Fe(OH)_3 + 3H^+ \rightleftharpoons Fe^{3+} + 3H_2O$$

$$CaCO_3 + 2H^+ \rightleftharpoons Ca^{2+} + H_2O + CO_2$$

$$Mg(OH)_2 + 2NH_4^+ \rightleftharpoons Mg^{2+} + 2NH_3 + 2H_2O$$

以难溶弱酸盐 $CaCO_3$ 溶于盐酸为例。

(1) $CaCO_3(s) \rightleftharpoons Ca^{2+}(aq) + CO_3^{2-}(aq)$ 　　$K_1 = K_{sp}^{\ominus} = 2.8 \times 10^{-9}$

(2) $CO_3^{2-} + H^+ \rightleftharpoons HCO_3^-$ 　　$K_2 = \dfrac{1}{K(HCO_3^-)} = \dfrac{1}{4.8 \times 10^{-11}}$

(3) $HCO_3^- + H^+ \rightleftharpoons H_2CO_3$ 　　$K_3 = \dfrac{1}{K(H_2CO_3)} = \dfrac{1}{4.4 \times 10^{-7}}$
　　　　　　　　$\longrightarrow CO_2 + H_2O$

(1)+(2)+(3)得

$$CaCO_3 + 2H^+ \rightleftharpoons Ca^{2+} + H_2O + CO_2$$

$CaCO_3$ 溶于盐酸得平衡常数为

$$K = K_1 K_2 K_3 = \frac{K_{sp}^{\ominus}(CaCO_3)}{K(HCO_3^-)K(H_2CO_3)} = \frac{2.8 \times 10^{-9}}{4.8 \times 10^{-11} \times 4.4 \times 10^{-7}} = 1.3 \times 10^8$$

平衡常数 K 很大，溶解反应进行的相当彻底，所以 $CaCO_3$ 能溶于盐酸中。

难溶弱酸盐溶于酸的难易程度与难溶盐的溶度积和酸碱溶解反应生成的弱电离常数有关。K_{sp} 越大，K_a 值越小，难溶弱酸盐的酸碱溶解反应越易进行。

对于难溶性的两性氢氧化物，如 $Zn(OH)_2$，$Al(OH)_3$，$Sn(OH)_2$ 等，不仅易溶于强酸，而且易溶于强碱，以 $Zn(OH)_2$ 为例，其原理如下

$$2H^+ + ZnO_2^{2-} \rightleftharpoons Zn(OH)_2 \rightleftharpoons Zn^{2+} + 2OH^-$$
　　　　　+　　　　　　　　　　　　　　　　+
　　$2OH^-$加碱平衡左移　　　　　　　　　　$2H^+$加酸平衡右移
　　　　　↓　　　　　　　　　　　　　　　　↓
　　　　$2H_2O$　　　　　　　　　　　　　　$2H_2O$

2. 氧化还原法

有些金属硫化物，如 CuS，HgS 等，其溶度积特别小，在饱和溶液中，S^{2-} 浓度特别少，不

能溶于非氧化性强酸,只能用强氧化酸将 S^{2-} 氧化,降低其浓度,以达到溶解沉淀的目的,如

$$CuS(s) \rightleftharpoons Cu^{2+}(aq) + S^{2-}(aq)$$
$$\downarrow + HNO_3 \longrightarrow S + NO + H_2O$$

溶解反应方程式为

$$3CuS(s)+2NO_3^-(aq)+8H^+(aq) \rightleftharpoons 3Cu^{2+}(aq)+3S(s)+2NO(g)+4H_2O(l)$$

3.配位溶解法

通过加入配位剂,使难溶电解质的组分离子形成稳定的配离子,降低难溶电解质组分离子的浓度,从而使其溶解。如 AgCl 难溶于稀硝酸,但可溶于氨水,其溶解过程为

$$AgCl(s) \rightleftharpoons Ag^+(aq)+Cl^-(aq)$$
$$+$$
$$2NH_3(aq)$$
$$\Updownarrow$$
$$[Ag(NH_3)_2]^+(aq)$$

总溶解反应方程式为

$$AgCl(s)+2NH_3(aq) \rightleftharpoons [Ag(NH_3)_2]^+(aq)+Cl^-(aq)$$

由于 Ag^+ 与 NH_3 形成了稳定的配离子 $[Ag(NH_3)_2]^+$,使溶液中 Ag^+ 的浓度降低,从而 $c(Ag^+) \cdot c(Cl^-)<K_{sp}(AgCl)$,故 AgCl 沉淀能溶解于氨水中。

对于溶度积特别小的难溶电解质来说,必须同时降低难溶电解质所解离出的正、负离子的浓度,才能有效地使难溶物的离子积小于其溶度积,从而达到溶解的目的。例如,HgS 的溶度积$(K_{sp}=4.0\times10^{-53})$特别小,它既不溶于非氧化性强酸,也不溶于氧化性硝酸,但可溶于王水中,总的溶解反应方程式为

$$3HgS(aq)+2NO_3^-(aq)+12Cl^-(aq)+8H^+(aq) \rightleftharpoons$$
$$3[HgCl_4]^{2-}(aq)+3S(s)+2NO(g)+4H_2O(l)$$

利用王水的氧化性可把 S^{2-} 氧化为单质 S。同时王水中大量的 Cl^- 还可与 Hg^{2+} 配位形成稳定的配离子 $[HgCl_4]^{2-}$,从而同时降低了 S^{2-} 和 Hg^{2+} 的浓度,使 $c(Hg^{2+}) \cdot c(S^{2-})<K_{sp}$,这样 HgS 便溶于王水中。

4.6.3 沉淀的转化

在含有沉淀的溶液中,加入相应试剂使一种沉淀转化为另一种沉淀的过程,称为沉淀的转化。沉淀的转化在生产和科研中是常常遇到的问题。例如工业上锅炉用水,时间久了,锅炉底部结成了锅垢,如不及时清除,将因传热不匀,容易发生危险,燃料耗费也多。由于锅垢中含有的 $CaSO_4$ 微溶于水,较难除去,若加入一种试剂 Na_2CO_3,可使 $CaSO_4$ 转化为 $CaCO_3$ 沉淀,后者易溶于酸,锅垢即可除去。

$CaSO_4$ 转化为 $CaCO_3$ 的反应为

$(1)CaSO_4(s) \rightleftharpoons Ca^{2+}(aq)+SO_4^{2-}(aq); \quad K_1=K_{sp}^{\ominus}(CaSO_4)$

加入 Na_2CO_3 后,提供了大量的 CO_3^{2-},即

$(2) CaSO_4(s) + CO_3^{2-}(aq) \Longrightarrow CaCO_3(s) + SO_4^{2-}(aq)$; $K_2 = \dfrac{1}{K_{sp}(CaCO_3)}$

$(1)+(2)$ 得 $CaSO_4(s) + CO_3^{2-}(aq) \Longrightarrow CaCO_3(s) + SO_4^{2-}(aq)$

总反应的平衡常数为

$$K^{\ominus} = \frac{c(SO_4^{2-})}{c(CO_3^{2-})} = K_1 K_2 = \frac{K_{sp}^{\ominus}(CaSO_4)}{K_{sp}^{\ominus}(CaCO_3)} = \frac{9.1 \times 10^{-6}}{2.8 \times 10^{-9}} = 3.3 \times 10^3$$

上述计算表明,这一沉淀转化反应向右进行的趋势相当大,所以可利用沉淀转化反应来去除锅垢。对于类型相同的难溶电解质,沉淀转化程度的大小取决于两种难溶电解质溶度积的相对大小。一般地说,溶度积较大的难溶电解质容易转化为溶度积较小的难溶电解质,两种沉淀物的溶度积相差越大,沉淀转化越完全。

阅读拓展

酸碱理论的发展简史

酸碱是无机化学中的重要组成部分,其理论在化学学科中占有极为重要的地位。随着科学的发展,酸和碱的范围越来越广泛,更多的化学物质属于它们的范围之中,因此对它进行系统地认识和分析就显得更加重要。

人们对酸碱的最初认识是从观察事物的现象开始的,在我国古代典籍中,对酸的记载比碱要早得多。《周礼·疡医》中有"以酸养骨"的说法,在五行学说出现以后,人们开始用五行来解释五味,其对应的关系为:

木 火 金 水 土
| | | | |
酸 苦 辛 咸 甘

按照这种关系,古代人们便把"酸"定义为"木味",这可能是由于古代人在选择食性植物时,发现许多植物具有酸性的缘故。在发酵现象被人们认识以后,"酸"便成为"醋"的同义词。至于"碱"字,原繁体字形为"卤咸"、"卤金",初指土碱,与人们的味觉没有多大的关系,在古代的五味中也没有碱的地位。

国外的情况与我国类似,在古代的埃及、希腊、罗马,人们知道果汁(酒)再进一步发酵便得到了酸,酸的英文(acid)来自阿拉伯文(acetum),这个字就意味着"变酸"(sour);而碱则指灰碱(碳酸钾),碱英语词(alkali)是指 plantaskes(植物的灰分)。以后人们认识了除 alkali 以外的更多的碱类物质,于是便把它们统称为 base。在我国近代化学史中,对 alkal 和 base 两个词在翻译时往往不加区别,都称为"碱"。

1663 年,英国化学家波义耳根据实验总结出了朴素的酸碱理论,认为:

酸:有酸味、其水溶液能溶解某些金属、能与硫化物(多硫化钾)作用生成硫的沉淀、跟碱接触会失去原有的特性、而且能使石蕊试液变红的物质。

碱:有苦涩味、有滑溜的感觉和去污的能力、有溶解油和硫磺的作用、能腐蚀皮肤、与酸接触后失去原有特性、而且能使石蕊试液变蓝的物质。

到了 1776 年,英国化学家卡文迪什又补充了一条酸的性质:很多酸(如硫酸、盐酸等)和锌、铁、锡等金属作用生成氢气。可以看出,波义耳的定义虽比前人高明许多,但仍很不完善,易与盐混淆。如氯化铁、碳酸钾符合波义耳朴素酸碱理论,但它们实际上却是盐。

以上是古代人们在生产和生活实践中对酸碱现象的初步认识,是酸碱理论产生和发展的启蒙阶段,真正的酸碱理论是从拉瓦锡开始的。

1787 年,法国化学家拉瓦锡进一步发展了酸碱理论,他做了大量的实验,分析了当时几乎所有的酸(硫酸、硝酸),发现其中都含有氧,阐明观点为:"一般的可燃物质(指非金属)燃烧以后通常变为酸,因此氧是酸的本原,一切酸中都含有氧。"这个酸的氧理论,持续了 70 年,一直影响到 19 世纪,普遍地为人们所接受。

1789 年,法国化学家贝托雷发现氢氰酸中只含有 C、H、N 三种元素,并不含有氧。1861 年,英国化学家戴维用多种实验证明,盐酸、氢溴酸中都不含氧却有酸的一切性质,他认为:判断一种物质是不是酸,要看它是否含有氢。这个概念带有片面性,因为很多有机化合物和氨都含有氢,但它们并不是酸。解决这个矛盾的是李比希,他指出:酸是氢的化合物,但是酸中的氢必须是可以被金属或碱所置换的。随着生产和科学的发展,人们提出了一系列对酸碱的看法,直到 19 世纪后期,电离理论建立后,现代的酸碱理论才相继出现。

习　题

1.写出下列各种物质的共轭酸:

CO_3^{2-}　　　HS^-　　　H_2O　　　HPO_4^{2-}　　　S^{2-}　　　$[Al(OH)(H_2O)_5]^{2+}$

2.写出下列各种物质的共轭碱:

H_3PO_4　　　HAc　　　HS^-　　　HNO_3　　　$HClO$　　　H_2CO_3　　　$[Zn(H_2O)_6]^{2+}$

3.计算下列溶液的 pH 值:

(1)0.20 $mol \cdot L^{-1}$ 的 $HClO_4$ 溶液;

(2)4.0×10^{-3} $mol \cdot L^{-1}$ 的 $Ba(OH)_2$ 溶液;

(3)0.02 $mol \cdot L^{-1}$ 的氨水溶液;

(4)将 pH 为 8.00 和 10.00 的 NaOH 溶液等体积混合;

(5)将 pH 为 2.00 的强酸和 pH 为 13.00 的强碱溶液等体积混合;

(6)0.30 $mol \cdot L^{-1}$ NaAc 溶液;

(7)0.20 $mol \cdot L^{-1}$ NH_4Cl 溶液。

4.某浓度为 0.1 $mol \cdot L^{-1}$ 的一元弱酸溶液,其 pH 值为 2.77,求这一弱酸的解离常数及该条件下的解离度。

5.已知 HAc 溶液的浓度为 0.20 $mol \cdot L^{-1}$,求:

(1)该溶液中的 $c(H^+)$、pH 值和解离度;

(2)在上述溶液中加入 NaAc 晶体,使其溶解的 NaAc 的浓度为 0.20 $mol \cdot L^{-1}$ 时所得溶液中 $c(H^+)$、pH 值和 HAc 解离度;

比较上述(1)(2)两小题所得计算结果,说明什么问题?

6.写出下列各种盐水解反应的离子方程式,并判断这些盐溶液的 pH 值大于 7、等于 7、还是小于 7。

$NaNO_2$　　　NaF　　　Na_2S　　　NH_4HCO_3　　　$SbCl_3$

7. 取 50.0 mL,0.100 mol·L^{-1} 某一元弱酸溶液,与 20.0 mL,0.100 mol·L^{-1}KOH 溶液混合,将混合溶液稀释至 100 cm^3,测得此溶液的 pH 值为 5.25,求此一元弱酸的解离常数。

8. 现有 125 mL,1.0 mol·L^{-1}NaAc 溶液,欲配制 250 mL pH 值为 5.0 的缓冲溶液,需加入 6.0 mol·L^{-1}HAc 溶液多少立方厘米?

9. 今有三种酸(CH$_3$)$_2$AsO$_2$H,ClCH$_2$COOH,CH$_3$COOH,它们的标准解离常数分别为 6.4×10^{-7},1.4×10^{-5},1.76×10^{-5},试问:

(1)欲配制 pH=6.50 缓冲溶液,用哪种酸最好?

(2)需要多少克这种酸和多少克 NaOH 可以配制 1.0 L 缓冲溶液,其中酸和它的对应盐的总浓度等于 1.00 mol·L^{-1}?

10. 在烧杯中盛放 20.00 mL,0.100 mol·L^{-1}氨的水溶液,逐步加入 0.100 mol·L^{-1}HCl 溶液。试计算:

(1)当加入 10.00 mL HCl 后,混合液的 pH 值;

(2)当加入 20.00 mL HCl 后,混合液的 pH 值;

(3)当加入 30.00 mL HCl 后,混合液的 pH 值。

11. 根据 PbI$_2$ 的溶度积,计算(25 ℃时):

(1)PbI$_2$ 在水中的溶解度(mol·L^{-1});

(2)PbI$_2$ 饱和溶液中的 Pb^{2+}和 I$^-$的浓度;

(3)PbI$_2$ 在 0.010 mol·L^{-1}KI 饱和溶液中 Pb^{2+}和 I$^-$的浓度;

(4)PbI$_2$ 在 0.010 mol·L^{-1}Pb(NO$_3$)$_2$ 溶液中的溶解度。

12. 将 Pb(NO$_3$)$_2$ 溶液与 NaCl 溶液混合,设混合液中 Pb(NO$_3$)$_2$ 的浓度为 0.20 mol·L^{-1},问:

(1)当在混合溶液中 Cl$^-$的浓度等于 5.0×10^{-4} mol·L^{-1}时,是否有沉淀生成?

(2)当在混合溶液中 Cl$^-$的浓度等于多少时,开始生成沉淀?

(3)当在混合溶液中 Cl$^-$的浓度等于 6.0×10^{-2} mol·L^{-1}时,残留于溶液中 Pb^{2+}的浓度为多少?

13. (1)在 10 mL,1.5×10^{-3}mol·L^{-1}MnSO$_4$ 溶液中,加入 5.0 mL,0.15 mol·L^{-1}氨水溶液,能否生成 Mn(OH)$_2$ 沉淀?

(2)若在原 MnSO$_4$ 溶液中,先加入 0.495 g(NH$_4$)SO$_4$ 固体(忽略体积变化),然后再加入上述氨水 5.0 mL,能否生成 Mn(OH)$_2$ 沉淀?

14. 在 100 mL,0.20 mol·L^{-1}MnCl$_2$ 溶液中加入 100 mL 含有 NH$_4$Cl 的 0.010 mol·L^{-1}氨水溶液,问在此氨水溶液中需含有多少克 NH$_4$Cl 才不致生成 Mn(OH)$_2$ 沉淀?

15. 一种混合溶液中含有 3.0×10^{-2} mol·L^{-1}Pb^{2+}和 2.0×10^{-2} mol·L^{-1}Cr^{3+},若向其中逐滴加入浓 NaOH 溶液(忽略溶液体积的变化),Pb^{2+}与 Cr^{3+}均有可能形成氢氧化物沉淀。问:

(1)哪种离子先被沉淀?

(2)若要分离这两种离子,溶液的 pH 值应控制在什么范围?

16. 试计算下列沉淀转化反应的平衡常数:

(1)PbCrO$_4$(s)+S^{2-}⇌PbS(s)+CrO$_4^{2-}$

(2)Ag$_2$CrO$_4$(s)+2Cl$^-$⇌2AgCl(s)+CrO$_4^{2-}$

(3)ZnS(s)+Cu^{2+}⇌CuS(s)+Zn^{2+}

第5章 氧化还原与电化学

学 习 要 求

1. 掌握氧化还原方程式的配平。
2. 理解电极电势的概念。
3. 掌握 Nernst 方程式及有关计算。
4. 了解原电池电动势与吉布斯自由能变的关系。
5. 掌握电极电势有关方面的应用。
6. 掌握元素电势图及其应用。
7. 了解金属腐蚀原理及防腐方法。

5.1 氧化还原反应的特征

5.1.1 基本概念

1. 氧化数

氧化数是假设把化合物中成键的电子都归给电负性大的原子,从而求得原子所带的电荷,此电荷数即为该原子在该化合物中的氧化数。

2. 确定元素原子氧化数的规则

(1)单质的氧化数为零。

(2)所有元素的原子,其氧化数的代数和在多原子的分子中等于零;在多原子的离子中等于离子所带的电荷数。

(3)氢在化合物中的氧化数一般为+1。但在活泼金属的氢化物(如 NaH、CaH_2 等)中,氢的氧化数为-1。

(4)氧在化合物中的氧化数一般为-2。但在过氧化物(如 H_2O_2)中,氧的氧化数为-1;在超氧化合物(如 KO_2)中,氧化数为 $\frac{1}{2}$(注意氧化数可以是分数);在 OF_2 中,氧化数为+2。

5.1.2 氧化还原反应方程式的配平

1. 氧化数法

氧化数法配平氧化还原反应方程式的具体步骤如下。

(1)首先写出基本反应式,以硝酸与硫磺作用生成二氧化硫和一氧化氮为例,则

$$S + HNO_3 \longrightarrow SO_2 + NO + H_2O$$

(2)找出氧化剂中原子氧化数降低的数值和还原剂中原子氧化数升高的数值。

上述反应中,氮原子的氧化数由+5 变为+2,它降低的值为3,因此它是氧化剂。硫原子的氧化数由 0 变为+4,它升高的值为4,因此它是还原剂,即

$$\overset{0}{S} + H\overset{+5}{N}O_3 \longrightarrow \overset{+4}{S}O_2 + \overset{+2}{N}O + H_2O$$

(+4 升高, -3 降低)

(3)按照最小公倍数的原则对各氧化数的变化值乘以相应的系数 4 和 3,使氧化数降低值和升高值相等,都是 12,即

$$\overset{0}{S} + H\overset{+5}{N}O_3 \longrightarrow \overset{+4}{S}O_2 + \overset{+2}{N}O + H_2O$$

$(+4) \times 3 = +12$
$(-3) \times 4 = -12$

(4)将找出的系数分别乘在氧化剂和还原剂的分子式前面,并使方程式两边的氮原子和硫原子的数目相等,即

$$3S + 4HNO_3 \longrightarrow 3SO_2 + 4NO + H_2O$$

(5)用观察法配平氧化数未变化的元素原子数目,则得

$$3S + 4HNO_3 \longrightarrow 3SO_2 + 4NO + 2H_2O$$

(6)最后把反应方程式的"$\longrightarrow$"换成"$=$",方程式配平

$$3S + 4HNO_3 = 3SO_2 \uparrow + 4NO \uparrow + 2H_2O$$

2. 离子-电子法

在有些化合物中,元素原子的氧化数确定比较困难,它们参加的氧化还原反应,用氧化数法配平反应式存在一定的困难,例如

$$MnO_4^- + H_2C_2O_4 \longrightarrow Mn^{2+} + CO_2$$

对于这一类的反应,用离子-电子法来配平比较方便。另外,在离子之间进行的氧化还原反应,反应式除用氧化数法来配平外也常用离子-电子法来配平。

离子-电子法配平氧化还原方程式,是将反应式改写为半反应式,先将半反应式配平,然后把这些半反应式加合起来,消去其中的电子而完成。具体配平步骤如下。

(1)用离子方程式写出反应的主要物质,例如

$$MnO_4^- + H_2C_2O_4 \longrightarrow Mn^{2+} + CO_2$$

(2)任何一个氧化还原反应都是由两个半反应组成的,因此可以将这个方程式分成两个未配平的半反应式,一个代表氧化,另一个代表还原,即

$$H_2C_2O_4 \longrightarrow 2CO_2 (氧化)$$

$$MnO_4^- \longrightarrow Mn^{2+} (还原)$$

(3)调整计量系数并加一定数目的电子使半反应两端的原子数和电荷数相等,即

$$H_2C_2O_4 - 2e \longrightarrow 2CO_2 + 2H^+ (氧化半反应)$$

$$MnO_4^- + 8H^+ + 5e \longrightarrow Mn^{2+} + 4H_2O (还原半反应)$$

（4）根据氧化剂获得的电子数和还原剂失去的电子数必须相等的原则，将两个半反应式加合为一个配平的离子反应式，即

$$5H_2C_2O_4-10e \longrightarrow 10CO_2+10H^+$$

$$+)2MnO_4^-+16H^++10e \longrightarrow 2Mn^{2+}+8H_2O$$

$$2MnO_4^-+5H_2C_2O_4+6H^+ === 2Mn^{2+}+5CO_2+8H_2O$$

但是如果在半反应中反应物和产物中的氧原子数不同，可以依照反应是在酸性或碱性介质中进行，而在半反应式中加 H^+ 或 OH^-，并利用水的解离平衡使两侧的氧原子数和电荷数均相等，下面举例来说明配平方法。

【例5.1】 配平反应方程式

$$KMnO_4+K_2SO_3 \longrightarrow MnSO_4+K_2SO_4（酸性介质）$$

解 第一步 写出主要的反应物和生成物的离子式，即

$$MnO_4^-+SO_3^{2-} \longrightarrow Mn^{2+}+SO_4^{2-}$$

第二步 写出两个半反应中的电对，即

$$MnO_4^- \longrightarrow Mn^{2+}（还原）$$

$$SO_3^{2-} \longrightarrow SO_4^{2-}（氧化）$$

第三步 配平两个半反应式，即

$$MnO_4^-+8H^++5e \longrightarrow Mn^{2+}+4H_2O （氧化半反应）$$

$$SO_3^{2-}+H_2O-2e \longrightarrow SO_4^{2-}+2H^+（还原半反应）$$

由于反应是在酸性介质中进行的，在氧化半反应式中，产物的氧原子数比反应物少时，应在左侧加 H^+ 离子使所有的氧原子都化合而成 H_2O，并使氧原子数和电荷数均相等；在还原半反应式的左边加水分子使两边的氧原子和电荷均相等。

第四步 根据获得和失去电子数必须相等的原则，将两个半反应式加合而成一个配平了的离子反应式，即

$$2MnO_4^-+16H^++10e \longrightarrow 2Mn^{2+}+8H_2O$$

$$+)5SO_3^{2-}+5H_2O-10e \longrightarrow 5SO_4^{2-}+10H^+$$

$$2MnO_4^-+5SO_3^{2-}+6H^+ === 2Mn^{2+}+5SO_4^{2-}+3H_2O$$

【例5.2】 配平反应方程式

$$I_2 \longrightarrow IO_3^-+I^-（碱性介质）$$

解 第一步 写出主要的反应物和生成物的离子式，即

$$I_2+OH^- \longrightarrow IO_3^-+I^-$$

第二步 写出两个半反应中的电对，即

$$I_2 \longrightarrow IO_3^-（氧化）$$

$$I_2 \longrightarrow I^-（还原）$$

第三步 由于反应是在碱性介质中进行的，在半反应 $I_2 \longrightarrow IO_3^-$ 中，产物有氧原子，而反应物无氧原子，所以应在左边加足够的 OH^-，使右侧生成水分子，并且使两边的电荷数相等，即

$$\frac{1}{2}I_2 + 6OH^- - 5e \longrightarrow IO_3^- + 3H_2O \text{(氧化半反应)}$$

另一个半反应用观察法进行,即

$$\frac{1}{2}I_2 + e \longrightarrow I^- \text{(还原半反应)}$$

第四步　根据得失电子数必须相等的原则,将两个半反应式加合成一个配平了的离子反应式,即

$$\frac{1}{2}I_2 + 6OH^- - 5e \longrightarrow IO_3^- + 3H_2O$$

$$+) \qquad \frac{5}{2}I_2 + 5e^- \longrightarrow 5I^-$$

$$3I_2 + 6OH^- \Longrightarrow IO_3^- + 5I^- + 3H_2O$$

在配平半反应方程式时,如果反应物和生成物内所含的氧原子的物质的量(通常不规范地说成氧原子的数目)不等,可根据介质的酸碱性,分别在半反应方程式中加 H^+,OH^- 或 H_2O 使反应方程式两边的氧原子的物质的量相等,其经验规则见表 5.1。

表 5.1　不同介质条件下配平氧原子的物质的量的经验规则

介质条件	比较方程式两边氧原子的物质的量	配平时左边应加入物质	生　成　物
酸性	左边 O 多	H^+	H_2O
	左边 O 少	H_2O	H^+
碱性	左边 O 多	H_2O	OH^-
	左边 O 少	OH^-	H_2O
中性(或弱碱性)	左边 O 多	H_2O	OH^-
	左边 O 少	H_2O(中性)	H^+
		OH^-(弱碱性)	H_2O

综上所述,氧化数法既可配平分子反应式也可配平离子反应式,是一种常用的配平反应式的方法。离子-电子法除对于用氧化数法难以配平的反应式比较方便之外还可通过学习离子-电子法掌握书写半反应式的方法,而半反应式是电极反应的基本反应式。

5.2　原电池和电极电势

5.2.1　原电池

原电池是利用自发的氧化还原反应产生电流的装置。它可使化学能转化为电能,同时证明氧化还原反应中有电子转移。如 Cu-Zn 原电池,如图 5.1 所示。

将锌片插入含有 $ZnSO_4$ 溶液的烧杯中,铜片插入含有 $CuSO_4$ 溶液的烧杯中。用盐桥将两个烧杯中的溶液沟通,将铜片、锌片用导线与检流计相连形成外电路,就会发现有电流通过。实验表明,在两极发生反应为

$$\text{负极} \qquad Zn-2e \Longrightarrow Zn^{2+}$$
$$\text{正极} \qquad Cu^{2+}+2e \Longrightarrow Cu$$
$$\text{总反应} \qquad Cu^{2+}+Zn \Longrightarrow Cu+Zn^{2+}$$

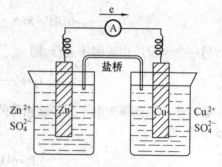

图 5.1　铜-锌原电池

盐桥通常是 U 形管,其中装入含有琼胶的饱和氯化钾溶液。盐桥中的 K^+ 和 Cl^- 分别向硫酸铜溶液和硫酸锌溶液移动,使锌盐溶液和铜盐溶液一直保持着电中性。因此,锌的溶解和铜的析出得以继续进行,电流得以继续流动。

在原电池中,每一个半电池是由同一种元素不同氧化值的两种物质所构成。一种是处于低氧化值的可作还原剂的物质,称为还原型物质,例如锌半电池中的 Zn,铜半电池中的 Cu。另一种是处于高氧化值的可作氧化剂的物质,称为氧化态物质,例如锌半电池中的 Zn^{2+},铜半电池中的 Cu^{2+}。这种由同一元素的氧化态物质和其对应的还原态物质所构成的整体,称为氧化还原电对,常用氧化态/还原态表示。例如 Zn^{2+}/Zn 和 Cu^{2+}/Cu 电对。氧化态物质和还原态物质在一定条件下可相互转化,即

$$\text{氧化态}+ne \Longrightarrow \text{还原态}$$

这种关系式称为电极反应。原电池是由两个氧化还原电对组成的。在理论上说,任何氧化还原反应均可设计成原电池,但实际操作有时会很困难,特别是有些复杂的反应。

为了简便和统一,原电池的装置可以用符号表示,如铜锌原电池可表示为

$$(-)Zn(s) \mid ZnSO_4(c_1) \parallel CuSO_4(c_2) \mid Cu(s)(+)$$

习惯上把负极(-)写在左边,正极(+)写在右边。其中"$\mid$",表示两相界面;"$\parallel$"表示盐桥;c_1 和 c_2 表示溶液的浓度,当溶液浓度为 $1\ mol \cdot L^{-1}$ 时可略去不写。若有气体参加电极反应,还需注明气体的分压。

值得注意的是,如果电极反应中的物质本身不能作为导电电极,也就是说,若电极反应中无金属导体时,则必须用惰性电极(如铂电极、石墨电极等)作为导电电极,而且参加电极反应的物质中有纯气体、液体或固体时,如 $Cl_2(g)$,$Br_2(l)$,$I_2(s)$ 应写在导电电极一边。另外,若电极反应中含有多种离子,可用逗号把它们分开,例如

$$5Fe^{2+}+MnO_4^-+8H^+ \Longrightarrow 5Fe^{3+}+Mn^{2+}+4H_2O$$

对应的原电池符号为

$$(-)Pt \mid Fe^{2+}(c_1),Fe^{3+}(c_2) \parallel MnO_4^-(c_3),Mn^{2+}(c_4),H^+(c_5) \mid Pt(+)$$

又如

$$Sn^{2+}+Hg_2Cl_2 \Longrightarrow Sn^{4+}+2Hg+2Cl^-$$

对应的原电池符号为

$$(-)Pt \mid Sn^{2+}(c_1),Sn^{4+}(c_2) \parallel Cl^-(c_3) \mid Hg_2Cl_2,Hg(+)$$

5.2.2　电极电势

在上述铜-锌原电池中,为什么电子从 Zn 原子转移给 Cu^{2+} 而不是从 Cu 原子转移给 Zn^{2+}。这与金属在溶液中的情况有关。

金属晶体中,有金属离子和自由运动的电子存在,当把金属 M 板(棒)放入它的盐溶

· 88 ·

液中时,一方面金属 M 表面构成晶格的金属离子和极性大的水分子互相吸引,有一种使金属板(棒)上留下过剩电子而自身以水合离子 M^{n+} 的形式进入溶液的倾向,金属越活泼,溶液越稀,这种倾向越强;另一方面盐溶液中的 M^{n+} 又有一种从金属 M 表面获得电子而沉积在金属表面上的倾向,金属越不活泼,溶液越浓,这种倾向越弱,这两种对立着的倾向在某种条件下达到动态平衡,即

$$M \underset{沉积}{\overset{溶解}{\rightleftharpoons}} M^{n+} + ne$$

在某一给定浓度的溶液中,若失去电子的倾向大于获得电子的倾向,到达平衡时的最后结果将是金属离子进入溶液,使金属板(棒)上带负电荷,靠近金属板(棒)附近的溶液带正电荷的双电层结构,如图 5.2(a)所示。相反,如果离子沉积的趋势大于金属溶解的趋势,达到平衡时,金属和溶液的界面上形成了金属带正电溶液带负电的双电层结构,如图 5.2(b)所示。这

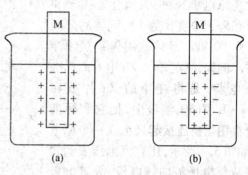

图 5.2 双电层示意图

时在金属和盐溶液之间产生电位差,这种产生在金属和它的盐溶液之间的电势称为金属的电极电势。金属的电极电势除与金属本身的活泼性和金属离子在溶液中的浓度有关外,还取决于温度。

在铜-锌原电池中,Zn 片与 Cu 片分别插在它们各自的盐溶液中,构成 Zn^{2+}/Zn 电极与 Cu^{2+}/Cu 电极。实验告诉我们,如将两电极连以导线,电子流将由锌电极流向铜电极,这说明 Zn 片上留下的电子要比 Cu 片上多,也就是 Zn^{2+}/Zn 电极的上述平衡比 Cu^{2+}/Cu 电极的平衡更偏于右方,或电对 Zn^{2+}/Zn 与 Cu^{2+}/Cu 两者具有不同的电极电势,Zn^{2+}/Zn 电对的电极电势比 Cu^{2+}/Cu 电对要负一些。由于两极电势不同,电子流(或电流)可以通过这根导线。

1. 标准氢电极和标准电极电势

电极电势的绝对值无法测量,只能选定某种电极作为标准,其他电极与之比较,求得电极电势的相对值,通常选定的是标准氢电极。

标准氢电极是这样构成的,将镀有铂黑的铂片置于氢离子浓度为 $1\ mol \cdot L^{-1}$(严格地说应为活度为 1)的硫酸溶液中,如图 5.3 所示。在 298.15 K 时,从玻璃管上部的支管中不断地通入压力为 100.00 kPa 的纯氢气使铂黑吸附氢气达到饱和,形成一个氢电极,在这个电极的周围建立了如下的平衡,即

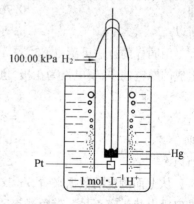

图 5.3 标准氢电极

$$2H^+ + 2e \rightleftharpoons H_2$$

这时产生在标准压力下的 H_2 饱和了的铂片和 H^+ 浓度为 $1\ mol \cdot L^{-1}$ 的硫酸溶液之间的电势称为氢的标准电极电势,将它作为电极电势的相对标准令其为零,即 $\varphi^{\ominus}(H^+/H_2) = 0.000\ 0\ V$ 或 $\varphi^{\ominus}_{H^+/H_2} = 0.000\ 0\ V$。

用标准氢电极与其他各种标准状态下的电极组成原电池测得这些电池的电动势,从而计算各种电极的标准电极电势,通常测定时的温度为 298.15 K。所谓标准状态是指组成电极的离子浓度为 $1\ mol \cdot L^{-1}$(对于氧化还原电极来讲,为氧化态离子和还原态离子浓度比为1),气体的分压为 100.00 kPa,液体或固体都是纯净物质。例如,测定 Zn^{2+}/Zn 电对的标准电极电势,是将纯净的 Zn 片放在 $1\ mol \cdot L^{-1}\ ZnSO_4$ 溶液中,把它和标准氢电极用盐桥连接起来组成一个原电池,如图5.4所示,用直流电压表测知电流从氢电极流向锌电极,故氢电极为正极,锌电极为负极,其反应为

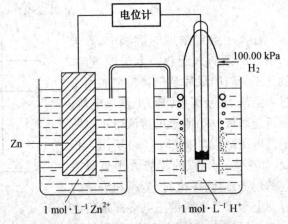

图 5.4　测量锌电极标准电极电势的装置

$$Zn + 2H^+ \Longrightarrow Zn^{2+} + H_2$$

原电池的电动势是在没有电流通过的情况下,两个电极的电极电势之差,即

$$E = \varphi_+ - \varphi_- \tag{5.1}$$

在 298.15 K 用电位计测得标准氢电极和标准锌电极所组成的原电池其电动势为 0.762 8 V,根据上式计算 Zn^{2+}/Zn 电对的标准电极电势 $\varphi^{\ominus}(Zn^{2+}/Zn)$,因为

$$E^{\ominus} = \varphi^{\ominus}_+ - \varphi^{\ominus}_- \tag{5.2}$$

所以　　　　　　　$E^{\ominus} = \varphi^{\ominus}(H^+/H_2) - \varphi^{\ominus}(Zn^{2+}/Zn)$

即　　　　　　　　$0.762\ 8\ V = 0 - \varphi^{\ominus}(Zn^{2+}/Zn)$

所以　　　　　　　$\varphi^{\ominus}(Zn^{2+}/Zn) = -0.762\ 8\ V$

用同样的方法可测得 Cu^{2+}/Cu 电对的电极电势。在标准 Cu^{2+}/Cu 电极与标准氢电极组成的原电池中,铜电极为正极,氢电极为负极。在 298.15 K,测得铜氢电池的电动势为 0.34 V,即

$$E^{\ominus} = \varphi^{\ominus}(Cu^{2+}/Cu) - \varphi^{\ominus}(H^+/H_2)$$

即　　　　　　　　$0.34\ V = \varphi^{\ominus}(Cu^{2+}/Cu) - 0$

所以　　　　　　　$\varphi^{\ominus}(Cu^{2+}/Cu) = +0.34\ V$

从上面测定的数据来看,Zn^{2+}/Zn 电对的标准电极电势带有负号,Cu^{2+}/Cu 电对的标准电极电势带有正号。带负号表明锌失去电子的倾向大于 H_2,或 Zn^{2+} 获得电子变成金属 Zn 的倾向小于 H_2。带正号表明铜失去电子的倾向小于 H_2,或说 Cu^{2+} 获得电子变成金属铜的倾向大于 H^+,也可以说 Zn 比 Cu 活泼,因为 Zn 比 Cu 更容易失去电子转变为 Zn^{2+}。

如果把锌和铜组成一个电池,电子必定从锌极向铜极流动,电动势为

$$E^{\ominus} = \varphi^{\ominus}(Cu^{2+}/Cu) - \varphi^{\ominus}(Zn^{2+}/Zn) = +0.34\ V - (-0.762\ 8\ V) = 1.10\ V$$

上述原电池装置不仅可以用来测定金属的标准电极电势,而且可以用来测定非金属离子和气体的标准电极电势对某些剧烈与水反应而不能直接测定的电极。例如 K^+/K,F_2/F^- 等电极则可以通过热力学数据用间接方法来计算标准电极电势。一些物质在水溶液中的标准电极电势见附录4。

正确使用标准电极电势表,需要注意以下几方面。

(1)使用电极电对时,一定要注明相应的电对,即

$$M^{n+}+ne \Longleftrightarrow M$$

电极反应中,M^{n+} 为物质的氧化型,M 为物质的还原型,即

$$氧化态+ne \Longleftrightarrow 还原态$$

同一种物质在某一电对中是氧化剂,在另一电对中也可以是还原剂。例如,Fe^{2+} 在电极反应

$$Fe^{2+}+2e \Longleftrightarrow Fe; \quad \varphi^{\ominus}(Fe^{2+}/Fe)=-0.440 \text{ V}$$

中是氧化态,在电极反应

$$Fe^{3+}+e \Longleftrightarrow Fe^{2+}; \quad \varphi^{\ominus}(Fe^{3+}/Fe^{2+})=+0.771 \text{ V}$$

中是还原态。所以在讨论与 Fe^{2+} 有关的氧化-还原反应时,若 Fe^{2+} 是作为还原剂而被氧化为 Fe^{3+},则必须用与还原态的 Fe^{2+} 相对应的电对的电势值(+0.771 V)。反之,若 Fe^{2+} 是作为氧化剂而被还原为 Fe,则必须用与氧化态的 Fe^{2+} 相对应的电对的电势值(-0.440 V)。

(2)从附录4可以看出,氧化态物质获得电子的本领或氧化能力自上而下依次增强;还原态物质失去电子的本领或还原能力自下而上依次增强。其强弱程度可从电极电势值大小来判别。比较还原能力必须用还原态物质所对应的电势;比较氧化能力必须用氧化态物质所对应的电势值。

(3)由于氧化还原反应常常与介质的酸度有关,故标准电极电势表又分为酸表($\varphi_A^{\ominus}$)和碱表($\varphi_B^{\ominus}$)。应用时应根据实际的反应情况查表。如电极反应中有 H^+ 应查酸表;电极反应中有 OH^- 应查碱表;若电极反应中没有出现 H^+ 或 OH^-,则应根据物质的实际存在条件去查表,如查 $Fe^{3+}+e \Longleftrightarrow Fe^{2+}$ 电极的标准电极电势,由于 Fe^{3+} 和 Fe^{2+} 只能存在于酸性条件,所以应查酸表。

(4)标准电极电势值反映物质得失电子趋势的大小,是强度因素,与电极反应的书写形式无关,例如

$$Cu^{2+}+2e \Longleftrightarrow Cu \qquad \varphi^{\ominus}(Cu^{2+}/Cu)=+0.337 \text{ V}$$

$$Cu^{2+} \Longleftrightarrow Cu+2e \qquad \varphi^{\ominus}(Cu^{2+}/Cu)=+0.337 \text{ V}$$

$$2Cu^{2+}+4e \Longleftrightarrow 2Cu \qquad \varphi^{\ominus}(Cu^{2+}/Cu)=+0.337 \text{ V}$$

(5)附录4为298.15 K 时的标准电极电势,由于电极电势随温度变化,故在室温下可以借用表列数据。

2. 电极的类型

(1)金属-金属离子电极

它是金属置于含有同一金属离子的盐溶液中所构成的电极。例如 Zn^{2+}/Zn 电对所组成的电极。其电极反应为

$$Zn^{2+} + 2e \Longrightarrow Zn$$

电极符号为 $Zn \mid Zn^{2+}(c)$

(2)气体-离子电极

氢电极、氯电极是气体-离子电极,这类电极的构成,需要一个固体导电体,该导电固体对所接触的气体和溶液都不起作用,但它能催化气体电极反应的进行,常用的固体导电体是铂和石墨。氢电极和氯电极的电极反应分别为

$$2H^+ + 2e \Longrightarrow H_2$$
$$Cl_2(g) + 2e \Longrightarrow 2Cl^-$$

电极符号分别为

$$Pt \mid H_2(g, p) \mid H^+(c) ; \quad Pt \mid Cl_2(g, p) \mid Cl^-(c)$$

(3)金属-金属难溶盐或氧化物-阴离子电极

这类电极是这样组成的:将金属表面涂以该金属的难溶盐(或氧化物),然后将它放在与该盐具有相同阴离子的溶液中。例如表面涂有 Ag 的银丝插在 KCl 溶液中即是一例,称为氯化银电极,如图 5.5 所示。它的电极反应为

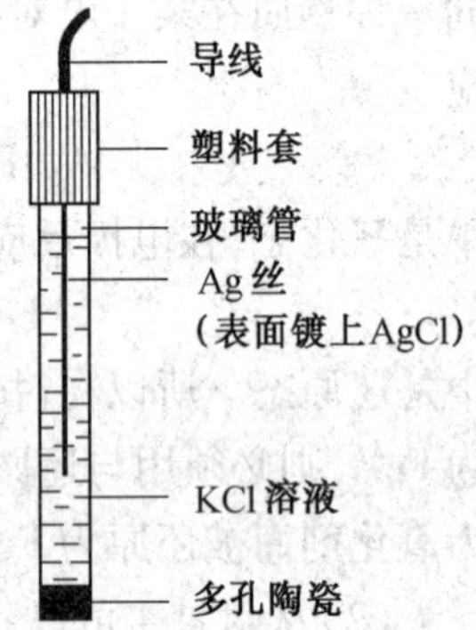

$$AgCl + e \Longrightarrow Ag + Cl^-$$

电极符号为 $Ag \mid AgCl \mid Cl^-(c)$

应该指出的是氯化银电极与银电极是不相同的,虽然从电极反应看,两者都是 Ag^+ 和 Ag 之间的氧化还原,但在一定温度条件下,某电极的电极电势是与溶液中相应离子的浓度有关系的。Ag^+/Ag 电对的电极电势,随 Ag 丝相接触的溶液 Ag^+ 浓度不同而变化。$AgCl/Ag$ 电对的电极电势,也与溶液中 Ag^+ 的浓度有关,但它却受控于溶液中 Cl^- 的浓度,这是因为在有 AgCl 固相存在的溶液中存在

$$Ag^+ + Cl^- \Longrightarrow AgCl(s)$$

因而 Ag^+ 浓度受 Cl^- 浓度的控制。

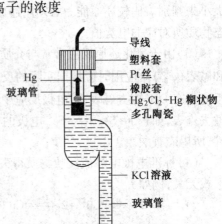

图 5.5 氯化银电极

实验室常用的甘汞电极,如图 5.6 所示,也是这一类电极。它的组成是在金属 Hg 的表面覆盖一层氯化亚汞(Hg_2Cl_2),汞电极的电极反应为

$$Hg_2Cl_2(s) + 2e \Longrightarrow 2Hg(l) + 2Cl^-$$

然后注入氯化钾溶液,电极符号为

$$Hg \mid Hg_2Cl_2 \mid Cl^-(c)$$

图 5.6 甘汞电极

(4)氧化还原电极

这类电极的组成是将惰性导电材料(铂或石墨)放在一种溶液中,这种溶液含有同一元素不同氧化数的两种离子,如 Pt 插在含有 Fe^{3+}、Fe^{2+} 的溶液中,即为一例。Fe^{3+}/Fe^{2+} 的

电极反应为

$$Fe^{3+}+e \Longrightarrow Fe^{2+}$$

电极符号为 $Pt|Fe^{3+}(c_1),Fe^{2+}(c_2)$。这里 Fe^{3+} 与 Fe^{2+} 处于同一液相用逗点分开。

以上是关于电极的简单分类,有关电极的详细分类请参看本书第 16 章相关内容。

5.2.3 电池的电动势和化学反应吉布斯自由能变

从热力学中已知体系的吉布斯自由能的减少,等于体系在等温等压下所做的最大有用功(非膨胀功),即 $-\Delta G = W_{max}$。如果某一氧化还原反应可以设计成原电池,那么在恒温、恒压下,电池所做的最大有用功就是电功。电功($W_{电}$)等于电动势(E)与通过的电量(Q)的乘积,即

$$W_{电}=Q \cdot E=E \cdot nF=nFE$$

在原电池中如果非膨胀功只有电功一种,那么自由能和电池电动势之间就有下列关系

$$\Delta_r G=-W_{电}=-QE=-nFE$$

即

$$\Delta_r G=-nFE \tag{5.3}$$

式中,n 代表得失电子的物质的量;F 为法拉第(Faraday)常数,即 l mol 电子所带的电量,其值等于 96 485 $C \cdot mol^{-1}$;E 代表电池的电动势。

这个关系式说明电池的电能来源于化学反应。在反应中,当电子自发的从低电势区流至高电势区,即从负极流向正极,反应自由能减少($\Delta_r G$)转变为电能并做了电功。若电池中的所有物质都处在标准状态进行的 1 mol 反应,则电池的电动势就是标准电动势 $E^{\ominus}$。在这种情况下,$\Delta_r G$ 就是标准自由能变化 $\Delta_r G_m^{\ominus}$,则上式可以写为

$$\Delta_r G_m^{\ominus}=-nFE^{\ominus} \tag{5.4}$$

这个关系式把热力学和电化学联系起来,所以测得原电池的电动势 $E^{\ominus}$,就可以算出该电池的最大电功,以及反应的自由能变化 $\Delta_r G_m^{\ominus}$。反之,已知某个氧化还原反应的自由能变化 $\Delta_r G_m^{\ominus}$ 的数据,就可求得该反应所构成原电池的电动势 $E^{\ominus}$。由 $\Delta_r G$(或 E)或 $\Delta_r G_m^{\ominus}$(或 $E^{\ominus}$)可判断氧化还原反应进行的方向和限度。等温、等压条件下有

$\Delta_r G<0,E>0$ 反应正向自发进行;

$\Delta_r G>0,E<0$ 反应正向不自发进行,逆向自发;

$\Delta_r G=0,E=0$ 反应达到平衡状态。

如果电池反应是在标准态下进行,则用 $E^{\ominus}$ 判断即可。

【例5.3】 试根据下列电池写出反应式并计算在 298. 15 K 时电池的 $E^{\ominus}$ 值和 $\Delta_r G_m^{\ominus}$ 值。

$$(-)Zn|ZnSO_4(1mol \cdot L^{-1}) \parallel CuSO_4(1 mol \cdot L^{-1})|Cu(+)$$

解 从上述电池看出锌是负极,铜是正极,电池的氧化还原反应式为

$$Cu^{2+}+Zn \Longrightarrow Cu+Zn^{2+}$$

查附录 4 知道

$$\varphi^{\ominus}(Zn^{2+}/Zn) = -0.762\ 8\ V \qquad \varphi^{\ominus}(Cu^{2+}/Cu) = +0.34\ V$$

$$E^\ominus = \varphi^\ominus(Cu^{2+}/Cu) - \varphi^\ominus(Zn^{2+}/Zn) = +0.34\ V - (-0.762\ 8\ V) = 1.10\ V$$

即
$$E^\ominus = 1.10\ V$$

将 $E^\ominus$ 代入式(5.4)得

$$\Delta_r G_m^\ominus = -nFE^\ominus = -2 \times 96.5\ kJ \cdot V^{-1} \cdot mol^{-1} \times 1.10\ V = -212\ kJ \cdot mol^{-1}$$

即
$$\Delta_r G_m^\ominus = -212\ kJ \cdot mol^{-1}$$

【例 5.4】 求下列电池在 298.15 K 时的电动势 $E^\ominus$ 值和 $\Delta_r G_m^\ominus$ 值,试回答此反应是否能够进行?

$$(-)Cu|CuSO_4(1\ mol \cdot L^{-1})\ \|\ H^+(1\ mol \cdot L^{-1})|H_2(100.00\ kPa)|Pt(+)$$

解 从上述电池看出铜是负极,氢是正极,电池的氧化还原反应式为

$$Cu^{2+} + 2H^+ \Longrightarrow Cu + H_2(100.00\ kPa)$$

查附录 4 知道

$$\varphi^\ominus(Cu^{2+}/Cu) = 0.34\ V$$

$$E^\ominus = \varphi^\ominus(H^+/H_2) - \varphi^\ominus(Cu^{2+}/Cu) = 0 - 0.34\ V = -0.34\ V$$

即
$$E^\ominus = -0.34\ V$$

将 $E^\ominus$ 代入式(5.4)得

$$\Delta_r G_m^\ominus = -nFE^\ominus = -2 \times 96.5\ kJ \cdot V^{-1} \cdot mol^{-1} \times (-0.34\ V) = 65.62\ kJ \cdot mol^{-1}$$

即
$$\Delta_r G_m^\ominus = 65.62\ kJ \cdot mol^{-1} > 0$$

因 $|\Delta_r G_m^\ominus| > 40\ kJ \cdot mol^{-1}$,可以用 $\Delta_r G_m^\ominus$ 代替 $\Delta_r G_m$ 判断反应方向。由于 $\Delta_r G^\ominus$ 是正值此反应不可能进行,反之,逆反应能自发进行。

【例 5.5】 已知反应 $H_2(g) + Cl_2(g) \Longrightarrow 2HCl(g)$,$\Delta_r G^\ominus = -262.4\ kJ \cdot mol^{-1}$,计算 298.15 K 时该电池的电动势 $E^\ominus$ 和 $\varphi^\ominus(Cl_2/Cl^-)$。

解 设上述反应在原电池中进行,电极反应为

负极 $2H^+ + 2e \Longrightarrow H_2$ $\varphi^\ominus(H^+/H_2) = 0$

正极 $Cl_2 + 2e \Longrightarrow 2Cl^-$ $\varphi^\ominus(Cl_2/Cl^-)$

由式(5.4)得

$$-262.4\ kJ \cdot mol^{-1} = -2 \times 96.5\ kJ \cdot V^{-1} \cdot mol^{-1} \times E^\ominus$$

即
$$E^\ominus = +1.36\ V$$

又
$$E^\ominus = \varphi^\ominus(Cl_2/Cl^-) - \varphi^\ominus(H^+/H_2)$$

所以 $+1.36\ V = \varphi^\ominus(Cl_2/Cl^-) - \varphi^\ominus(H^+/H_2) = \varphi^\ominus(Cl_2/Cl^-) - 0 = \varphi^\ominus(Cl_2/Cl^-)$

即
$$\varphi^\ominus(Cl_2/Cl^-) = +1.36\ V$$

5.2.4 影响电极电势的因素

前面已经指出,电极电势的大小,不但取决于电极的本质,而且也与溶液中离子的浓度、气体的压力和温度等因素有关。

1. 能斯特(Nernst)方程式

对于任意一个氧化还原反应

$$aOx_1 + bRe_2 \Longrightarrow dRe_1 + cOx_2$$

其中 Ox_1/Re_1、Ox_2/Re_2 分别是氧化还原过程中的电对，a、b、c 和 d 为各物质的计量系数。

等温等压下，由热力学等温方程式可知

$$\Delta_r G_m = \Delta_r G_m^{\ominus} + RT\ln Q$$

将 $\Delta_r G_m = -nFE$，$\Delta_r G_m^{\ominus} = -nFE^{\ominus}$ 代入上式并整理得

$$-nFE = -nFE^{\ominus} + RT\ln Q$$

即

$$E = E^{\ominus} - \frac{RT}{nF}\ln Q \tag{5.5}$$

称上式为 Nernst(德国化学家 W. Nernst) 方程式。式中，n 为电池反应电子转移数，Q 为反应商。Nernst 方程式表达了一个氧化还原反应任意状态下电池电动势 E 与标准电池电动势 $E^{\ominus}$ 及反应商 Q 之间的关系。同时，Nernst 方程式也是计算任意状态下电池电动势的理论依据。

将 $E = \varphi_+ - \varphi_-$，$E^{\ominus} = \varphi_+^{\ominus} - \varphi_-^{\ominus}$，$Q = \dfrac{\{c(Re_1)/c^{\ominus}\}^d \{c(Ox_2)/c^{\ominus}\}^c}{\{c(Ox_1)/c^{\ominus}\}^a \{c(Re_2)/c^{\ominus}\}^b}$ 代入式(5.5)，经整理可得

$$E = E^{\ominus} - \frac{RT}{nF}\ln \frac{\{c(Re_1)/c^{\ominus}\}^d \{c(Ox_2)/c^{\ominus}\}^c}{\{c(Ox_1)/c^{\ominus}\}^a \{c(Re_2)/c^{\ominus}\}^b}$$

或

$$E = \left[\varphi_+^{\ominus} + \frac{RT}{nF}\ln \frac{\{c(Ox_1)/c^{\ominus}\}^a}{\{c(Re_1)/c^{\ominus}\}^d}\right] - \left[\varphi_-^{\ominus} + \frac{RT}{nF}\ln \frac{\{c(Ox_2)/c^{\ominus}\}^c}{\{c(Re_2)/c^{\ominus}\}^b}\right]$$

由于在原电池中两个电极是相互独立的，φ 值大小在一定温度时只与电极本性及参加电极反应的物质浓度有关，因此上式可分解为两个独立的部分，即

$$\varphi_+ = \varphi_+^{\ominus} + \frac{RT}{nF}\ln \frac{\{c(Ox_1)/c^{\ominus}\}^a}{\{c(Re_1)/c^{\ominus}\}^d} \tag{5.6a}$$

$$\varphi_- = \varphi_-^{\ominus} + \frac{RT}{nF}\ln \frac{\{c(Ox_2)/c^{\ominus}\}^c}{\{c(Re_2)/c^{\ominus}\}^b} \tag{5.6b}$$

上面两式的形式完全一样，它具有普遍的意义。设电极反应为

$$aOx + ne \rightleftharpoons bRe$$

则

$$\varphi = \varphi^{\ominus}(Ox/Re) + \frac{RT}{nF}\ln \frac{\{c(Ox)/c^{\ominus}\}^a}{\{c(Re)/c^{\ominus}\}^b} \tag{5.6}$$

上式称为电极反应的 Nernst 方程式。该式表明在任意状态时电极电势与标准态下的电极电势及电极反应物质浓度之间的关系。

在实际上作中，测定的是溶液的浓度，Nernst 方程式中用的应为活度，当溶液无限稀释时，离子间的相互作用趋于零，活度也就接近于浓度。在本书中，如无特别说明，Nernst 方程式中的活度均用相对浓度($c/c^{\ominus}$)代替。

若在 298.15 K 时将自然对数变换为以 10 为底的对数并代入 R 和 F 等常数的数值，则有

$$\varphi = \varphi^{\ominus}(Ox/Re) + \frac{0.059\,2\ V}{n}\lg \frac{\{c(Ox)/c^{\ominus}\}^a}{\{c(Re)/c^{\ominus}\}^b} \tag{5.7}$$

式(5.6)和式(5.7)是两个十分重要的公式,它们是处理非标准态下氧化还原反应的理论依据。

在应用 Nernst 方程式时应注意以下几方面。

(1)若电极反应中有固态物质或纯液体,则其不出现在方程式中。若为气体物质,则以气体的相对分压($p/p^{\ominus}$)来表示。

(2)若电极反应中,除氧化态、还原态物质外,还有参加电极反应的其他物质,如 H^+、OH^- 存在,则这些物质的相对浓度项也应出现在 Nernst 方程式中。

(3)若有纯液体(如 Br_2)、纯固体(如 Zn)和水参加电极反应,它们的相对浓度为1。

2. 浓度对电极电势的影响

Nernst 方程式表明,对于一个固定的电极,在一定的温度下,其电极电势值的大小只与参加电极反应的物质的浓度有关。Nernst 方程式的重要应用就是分析电极物质浓度的变化对电极电势的影响。下面通过举例来讨论浓度对电极电势的影响。

【例5.6】 计算当 $c(Zn^{2+})=0.001\ mol\cdot L^{-1}$ 时,电对 Zn^{2+}/Zn 在 298.15 K 时的电极电势。

解 此电对的电极反应是

$$Zn^{2+}+2e \Longrightarrow Zn$$

按式(5.7),写出其 Nernst 方程式为

$$\varphi(Zn^{2+}/Zn) = \varphi^{\ominus}(Zn^{2+}/Zn) + \frac{0.059\ 2\ V}{2}\lg\{c(Zn^{2+})/c^{\ominus}\}$$

代入有关数据,则

$$\varphi(Zn^{2+}/Zn) = -0.762\ 8\ V + \frac{0.059\ 2\ V}{2}\lg(0.001) = -0.851\ 6\ V$$

即

$$\varphi(Zn^{2+}/Zn) = -0.851\ 6\ V$$

【例5.7】 计算 298.15 K 下,pH = 13 时的电对 O_2/OH^- 的电极电势。($p(O_2)=100.00\ kPa$)

解 此电对的电极反应是

$$O_2+2H_2O+4e \Longrightarrow 4OH^-$$

当 pH = 13 时,$c(OH^-)=0.1\ mol\cdot L^{-1}$,按式(5.7),写出其 Nernst 方程式为

$$\varphi(O_2/OH^-) = \varphi^{\ominus}(O_2/OH^-) + \frac{0.059\ 2\ V}{4}\lg\frac{p(O_2)/p^{\ominus}}{\{c(OH^-)/c^{\ominus}\}^4}$$

代入有关数据,则

$$\varphi(O_2/OH^-) = (+0.401\ V) + \frac{0.059\ 2\ V}{4}\lg\frac{1}{(0.100)^4} = +0.460\ V$$

即

$$\varphi(O_2/OH^-) = +0.460\ V$$

通过上述两个例题可以看出,当氧化态或还原态离子浓度变化时,电极电势的代数值将受到影响,不过这种影响不大。当氧化态(如 Zn^{2+})浓度减少时,其电极电势的代数值减少,这表明此电对(如 Zn^{2+}/Zn)中的还原态(如 Zn)的还原性将增强;当还原态(如 OH^-)浓度减少时,其电极电势的代数值增大,这表明此电对(如 O_2/OH^-)中的氧化态(如

O$_2$)的氧化性将增强。

3. 酸度对电极电势的影响

【例 5.8】 在 298.15 K 下,将 Pt 片浸入 $c(Cr_2O_7^{2-}) = c(Cr^{3+}) = 1\ mol \cdot L^{-1}$, $c(H^+) = 10.0\ mol \cdot L^{-1}$ 溶液中。计算电对 $Cr_2O_7^{2-}/Cr^{3+}$ 的电极电势。

解 此电对的电极反应为

$$Cr_2O_7^{2-} + 14H^+ + 6e \Longrightarrow 2Cr^{3+} + 7H_2O$$

按式(5.7),写出其 Nernst 方程式为

$$\varphi(Cr_2O_7^{2-}/Cr^{3+}) = \varphi^{\ominus}(Cr_2O_7^{2-}/Cr^{3+}) + \frac{0.059\ 2\ V}{n}\lg\frac{\{c(Cr_2O_7^{2-})/c^{\ominus}\}\{c(H^+)/c^{\ominus}\}^{14}}{\{c(Cr^{3+})/c^{\ominus}\}^2}$$

代入有关数据,则

$$\varphi(Cr_2O_7^{2-}/Cr^{3+}) = (+1.33\ V) + \frac{0.059\ 2\ V}{6}\lg\frac{1\times(10.0)^{14}}{1} = +1.47\ V$$

即

$$\varphi(Cr_2O_7^{2-}/Cr^{3+}) = +1.47\ V$$

由上例可以看出,介质的酸碱性对氧化还原电对的电极电势影响较大。当 $c(H^+)$ 从 $1\ mol \cdot L^{-1}$ 增加到 $10.0\ mol \cdot L^{-1}$ 时,φ 从 +1.33 V 增大到 +1.47 V,使高锰酸盐的氧化能力增强。可见,高锰酸盐在酸性介质中的氧化能力较强。

5.3 电极电势的应用

5.3.1 判断氧化剂和还原剂的相对强弱

电极电势的高低表明得失电子的难易,也就是表明了氧化还原能力的强弱。电极电势越正,氧化态的氧化性越强,还原态的还原性越弱。电极电势越负,还原态的还原性越强,氧化态的氧化性越弱。因此,判断两个氧化剂(或还原剂)的相对强弱时,可用对应的电极电势的大小来判断。若处于标准态,标准电极电势是很有用的。根据标准电极电势对应的电极反应,这种半电池反应常写为

氧化态 + ne $\Longrightarrow$ 还原态

则 $\varphi^{\ominus}$ 越大,$\Delta_r G_m^{\ominus}$ 越小,电极反应向右进行的趋势越强;即 $\varphi^{\ominus}$ 越大,电对的氧化态的电子能力越强,还原态失电子能力越弱。或者说,某电对的 $\varphi^{\ominus}$ 越大,其氧化态是越强的氧化剂,还原态是越弱的还原剂。反之,某电对的 $\varphi^{\ominus}$ 越小,其还原态是越强的还原剂,氧化态是越弱的氧化剂。若处于非标准态,用 φ 判断。φ 由 Nernst 方程计算求得,然后再比较氧化剂或还原剂相对强弱。

例如判断 Zn 与 Fe 还原性的强弱,查附录 4 可知 $\varphi^{\ominus}(Fe^{2+}/Fe) = -0.440\ V$, $\varphi^{\ominus}(Zn^{2+}/Zn) = -0.762\ 8\ V$。这表示在酸性介质中处于标准态时,Zn 的还原性强于 Fe,Zn^{2+} 的氧化性弱于 Fe^{2+}。

5.3.2 判断氧化还原反应进行的方向和进行的程度

在 5.2 中我们已经知道,由 $\Delta_r G$(或 E)或 $\Delta_r G_m^{\ominus}$(或 $E^{\ominus}$)可判断氧化还原反应进行的

方向和限度。等温等压条件下，$\Delta_r G<0$，$E>0$，反应正向自发进行；$\Delta_r G>0$，$E<0$，反应正向不自发进行，逆向自发；$\Delta_r G=0$，$E=0$，反应达到平衡状态。如果电池反应是在标准态下进行，则有 $\Delta_r G_m^\ominus<0$，$E^\ominus>0$，反应正向自发进行；$\Delta_r G_m^\ominus>0$，$E^\ominus<0$，反应正向不自发进行，逆向自发；$\Delta_r G_m^\ominus=0$，$E^\ominus=0$，反应达到平衡状态。通常对非标准态的氧化还原反应，也可以用标准电池电动势来粗略判断。在电极反应中，若没有 H^+ 或 OH^- 参加，也无沉淀生成，且 $E^\ominus>0.2$ V 时，反应一般正向进行，浓度或分压的变化不易引起反应方向的变化。若 $0<E^\ominus$，则需通过 Nernst 方程计算后，再用 E 判断。若电极反应有 H^+ 或 OH^- 参加，$E^\ominus>0.5$ V 反应一般正向进行。若 $0<E^\ominus<0.5$ V，则需通过 Nernst 方程计算后，再用 E 判断。事实上参与反应的氧化态和还原态物质，其浓度和分压并不都是1 mol·L^{-1} 或标准气压。不过在大多数情况下，用标准电极电势来判断，结论还是正确的，这是因为经常遇到的大多数氧化还原反应，如果组成原电池，其电动势都是比较大的，一般大于 0.2 V。在这种情况下，浓度或分压的变化虽然会影响电极电势，但不会因为浓度的变化而使 $E^\ominus$ 值正负变号。但也有个别的氧化还原反应组成原电池后，它的电动势相当小，这时判断反应方向，必须考虑浓度对电极电势的影响，否则会出差错。例如判断下列反应的反向

$$Sn+Pb^{2+}(0.100\ 0\ mol\cdot L^{-1})\Longrightarrow Sn^{2+}(1\ mol\cdot L^{-1})+Pb$$

按式(5.7)写出其 Nernst 方程式为

$$\varphi(Pb^{2+}/Pb)=\varphi^\ominus(Pb^{2+}/Pb)+\frac{0.059\ 2\ V}{2}lg\{c(Pb^{2+})/c^\ominus\}$$

从附录4可查得 $\varphi^\ominus(Pb^{2+}/Pb)=-0.126\ 2$ V，代入有关数据，则

$$\varphi(Pb^{2+}/Pb)=-0.126\ 2\ V+\frac{0.059\ 2\ V}{2}lg(0.100\ 0)=-0.155\ 8\ V$$

$$\varphi^\ominus(Sn^{2+}/Sn)=-0.137\ 5\ V=\varphi(Sn^{2+}/Sn)>\varphi(Pb^{2+}/Pb)=-0.155\ 8\ V$$

所以上述反应可以逆向进行。

在用电极电势来判断氧化还原反应进行的方向和进行的程度时，应该注意下列两点。

①从电极电势只能判断氧化还原反应能否进行，进行的程度如何，但不能说明反应的速率，因热力学和动力学是两回事。

②含氧化合物(例如 $K_2Cr_2O_7$)参加氧化还原反应时，用电极电势判断反应进行的方向和程度，还要考虑溶液的酸度，这是因为有时酸度能影响到反应的方向和反应的程度。

5.3.3 求平衡常数和溶度积常数

1. 求平衡常数

氧化还原反应同其他反应如沉淀反应和酸碱反应等一样，在一定条件下也能达到化学平衡。那么，氧化还原反应的平衡常数怎样求得呢？

在化学平衡一章中，已介绍过标准自由能变化和平衡常数之间的关系为

$$\Delta_r G_m^\ominus=-RT\ln K^\ominus$$

而所有的氧化还原反应从原则上讲又都可以用它构成原电池，电池的电动势与反应自由能变化之间的关系为

$$\Delta_r G_m^\ominus=-nFE^\ominus$$

所以由以上两式可得

$$\ln K^{\ominus} = \frac{nFE^{\ominus}}{RT} \qquad\qquad (5.8a)$$

在 298.15 K 时

$$\ln K^{\ominus} = \frac{nE^{\ominus}}{0.025\ 7\ \text{V}} \qquad\qquad (5.8b)$$

或

$$\lg K^{\ominus} = \frac{nE^{\ominus}}{0.059\ 2\ \text{V}} \qquad\qquad (5.8c)$$

由式(5.8)可知若知道了电池的电动势和电子的转移数,便可计算氧化还原反应的平衡常数了。但是在应用式(5.8)时,应注意准确的取用 n 的数值,因为同一个电池反应,可因反应方程式中的计量数不同而有不同的电子转移数 n。

【例5.9】 求反应 $Sn + Pb^{2+}(1\ \text{mol} \cdot L^{-1}) \Longrightarrow Sn^{2+}(1\ \text{mol} \cdot L^{-1}) + Pb$ 的平衡常数 $(\varphi^{\ominus}(Sn^{2+}/Sn) = -0.137\ 5\ \text{V})$。

解 从附录4标准电极电势表可查得

$$\varphi^{\ominus}(Pb^{2+}/Pb) = -0.126\ 2\ \text{V}$$

则 $\quad E^{\ominus} = \varphi^{\ominus}(Pb^{2+}/Pb) - \varphi^{\ominus}(Sn^{2+}/Sn) = -0.126\ 2\ \text{V} - (-0.137\ 5\ \text{V}) = 0.011\ 3\ \text{V}$

将 $E^{\ominus} = 0.011\ 3\ \text{V}$ 和 $n = 2$ 代入式(5.8c)得

$$\lg K^{\ominus} = \frac{nE^{\ominus}}{0.059\ 2\ \text{V}} = \frac{2 \times 0.011\ 3\ \text{V}}{0.059\ 2\ \text{V}} = 0.382$$

即 $\qquad\qquad\qquad\qquad K^{\ominus} = 2.41$

2. 求溶度积常数

【例5.10】 测定 AgCl 的溶度积常数 $K_{sp}^{\ominus}$。

解 可设计一种由 AgCl/Ag 和 Ag^+/Ag 两个电对所组成的原电池,测定 AgCl 的溶度积常数 $K_{sp}^{\ominus}$。在 AgCl/Ag 半电池中,Cl^- 浓度为 $1\ \text{mol} \cdot L^{-1}$,在 Ag^+/Ag 半电池中,Ag^+ 浓度为 $1\ \text{mol} \cdot L^{-1}$。这个原电池可设计为

$(-) Ag(s) \mid AgCl(s) \mid Cl^-(1\ \text{mol} \cdot L^{-1}) \parallel Ag^+(1\ \text{mol} \cdot L^{-1}) \mid Ag(s) (+)$

正极反应 $\qquad Ag^+ + e \Longrightarrow Ag; \quad \varphi^{\ominus}(Ag^+/Ag) = +0.799\ 6\ \text{V}$

负极反应 $\qquad AgCl + e \Longrightarrow Ag + Cl^-; \quad \varphi^{\ominus}(AgCl/Ag) = +0.22\ \text{V}$

电池反应 $\qquad Ag^+ + Cl^- \Longrightarrow AgCl; \quad E^{\ominus} = +0.799\ 6\ \text{V} - 0.22\ \text{V} = 0.58\ \text{V}$

根据将 $E^{\ominus} = 0.58\ \text{V}$ 和 $n = 1$ 代入式(5.8c)得

$$\lg K^{\ominus} = \frac{nE^{\ominus}}{0.059\ 2\ \text{V}} = \frac{1 \times 0.58\ \text{V}}{0.059\ 2\ \text{V}}$$

即 $\qquad\qquad\qquad\qquad K^{\ominus} = 6.3 \times 10^9$

$$K_{sp}^{\ominus}(AgCl) = \frac{1}{K^{\ominus}} = \frac{1}{6.3 \times 10^9} = 1.6 \times 10^{-10}$$

由于 AgCl 在水中的溶解度很小,用一般的化学方法很难测得其 $K_{sp}^{\ominus}$ 值,而利用原电池的方法来测定 AgCl 的溶度积常数是很容易的。

根据氧化还原反应的标准平衡常数与原电池的标准电动势间的定量关系,同样可以

用测定原电池电动势的方法来推算弱酸的解离常数、水的离子积和配离子的稳定常数等。

5.4 元素电势图及其应用

5.4.1 元素电势图

在周期表中,除碱金属和碱土金属外,其余元素几乎都存在着多种氧化态,各氧化态之间都有相应的标准电极电势,美国化学家 W. M. Latimer 把它们的标准电极电势以图解方式表示,这种图称为元素电势图或 Latimer 图。比较简单的元素电势图是把同一种元素的各种氧化态按照高低顺序排列出横列,关于氧化态的高低顺序有两种书写方式:一种是从左至右,氧化态由高到低排列(氧化态在左边还原态在右边,本书采用此法);另一种是从左到右,氧化态由低到高排列。两者的排列顺序恰好相反,所以使用时应加以注意。在两种氧化态之间若构成一个电对,就用一条直线把它们连起来,并在上方标出这个电对所对应的标准电极电势。物质不同,物质的存在形式不同,电极电位数值也不同。所以根据溶液的 pH 值不同,又可以分为两大类:$\varphi_A^{\ominus}$(A 表示酸性溶液)表示溶液的 pH$=0$,$\varphi_B^{\ominus}$(B 表示碱性溶液)表示溶液的 pH$=14$。写某一元素的元素电势图时,既可以将全部氧化态列出,也可以根据需要列出其中的一部分。

例如碘元素电势图为

$$\varphi_A^{\ominus}/V$$

$$H_5IO_6 \xrightarrow{+1.7} IO_3^- \xrightarrow{+1.13} HIO \xrightarrow{+1.45} I_2 \xrightarrow{+0.535} I^-$$

$$+1.19 \quad\quad +0.99$$

$$\varphi_B^{\ominus}/V$$

$$H_3IO_6^{2-} \xrightarrow{+0.70} IO_3^- \xrightarrow{+0.145} IO^- \xrightarrow{+0.44} I_2 \xrightarrow{+0.535} I^-$$

$$+0.49$$

也可以列出其中的一部分,例如

$$\varphi_A^{\ominus}/V$$

$$HIO \xrightarrow{+1.45} I_2 \xrightarrow{+0.535} I^-$$

$$+0.99$$

因此,连线上的数字表示连线左右化学物质组成电对时的标准电极电势。或者说,连线上的数字表示其左边物质在此介质中的氧化能力,同时也说明其右边物质在此介质中的还原能力。

由于元素电位图中省去了介质及其产物的化学式,书写电对的离子平衡式时,要运用介质及其产物的书写原则:酸性介质中,方程式里不应出现 OH^-;在碱性介质中,方程式里不应出现 H^+。

5.4.2 元素电势图的应用

通过元素电势图不仅能直观全面地看出一个元素各氧化态之间的关系和电极电势的高低,还可直观地判断各氧化态的稳定性,求算一些未知电对的电极电势。现分别讨论如下。

1. 判断元素各氧化态氧化还原性的强弱

元素电势图很直观地反映了元素各氧化态的氧化还原性的强弱。下面以锰的元素电势图为例进行讨论。从锰的元素电势图可知,在酸性介质中,除 Mn^{2+} 和 Mn 外,其余各氧化态都表现出较强的氧化性,其中 MnO_4^{2-} 在酸性介质中还原为 MnO_2 表现的氧化性最强。这些氧化态在酸性介质中的氧化性比对应氧化态在碱性介质中的氧化性都强,金属锰在酸性介质和碱性介质中都有较强的还原性。

2. 判断元素各氧化态稳定性——歧化反应是否能够进行

如果某元素具有各种高低不同氧化态,则处于中间氧化态物质就可能在适当条件下(加热或加酸、碱)发生反应,一部分转化为较低氧化态,而另一部分转化为较高氧化态。这种反应称之为自身氧化还原反应。它是一种歧化反应。

将某氧化态组成的两个电对设计成原电池,若 $\varphi_+^{\ominus} > \varphi_-^{\ominus}$,即 $\varphi_{右}^{\ominus} > \varphi_{左}^{\ominus}$,表示反应能自发进行,说明该氧化态不稳定,能发生歧化反应。若 $\varphi_+^{\ominus} < \varphi_-^{\ominus}$,即 $\varphi_{右}^{\ominus} < \varphi_{左}^{\ominus}$,表示该氧化态稳定,不发生歧化反应。从 Mn 的元素电势图可知:在酸性介质中,MnO_4^{2-} 不稳定,易歧化为 MnO_4^- 和 MnO_2;Mn^{3+} 不稳定,易歧化为 MnO_2 和 Mn^{2+};Mn^{2+} 的氧化性弱,还原性也弱,故 Mn^{2+} 在酸性溶液中最稳定。在碱性介质中,$Mn(OH)_3$ 不稳定,易歧化为 MnO_2 和 $Mn(OH)_2$;$Mn(OH)_2$ 的氧化性弱,但有较强的还原性,易被空气氧化为 MnO_2,故 MnO_2 最稳定。

3. 求算未知电对的标准电极电势

如果同种元素有三种不同的氧化态,已知其中两个电极反应的标准电极电势值,利用自由能变化和电极电势关系可计算出第三个电极反应的标准电极电势值,例如

$$Fe^{2+} + 2e \rightleftharpoons Fe; \quad \varphi^{\ominus}(Fe^{2+}/Fe) = -0.440 \text{ V}$$

$$Fe^{3+} + e \rightleftharpoons Fe^{2+}; \quad \varphi^{\ominus}(Fe^{3+}/Fe^{2+}) = +0.771 \text{ V}$$

因为

$$Fe^{3+} \xrightarrow{\Delta G_{m1}^{\ominus}} Fe^{2+} \xrightarrow{\Delta G_{m2}^{\ominus}} Fe$$
$$\underbrace{\qquad\qquad\qquad}_{\Delta G_m^{\ominus}}$$

所以

$$\Delta_r G_m^{\ominus} = \Delta_r G_{m1}^{\ominus} + \Delta_r G_{m2}^{\ominus}$$

即

$$-n_3 F \varphi_3^{\ominus} = -n_1 F \varphi_1^{\ominus} - n_2 F \varphi_2^{\ominus}$$

$$3 \times F \varphi^{\ominus}(Fe^{3+}/Fe^{2+}) = 1 \times F \varphi^{\ominus}(Fe^{3+}/Fe^{2+}) + 2 \times F \varphi^{\ominus}(Fe^{2+}/Fe)$$

$$\varphi^{\ominus}(Fe^{3+}/Fe^{2+}) = \frac{1 \times F \times (+0.771) + 2 \times F \times (-0.440)}{3 \times F} \text{V} = -0.037 \text{ V}$$

写成一个通式为

$$\varphi^\ominus = \frac{n_1\varphi_1^\ominus + n_2\varphi_2^\ominus + n_3\varphi_3^\ominus + \cdots + n_i\varphi_i^\ominus}{n_1 + n_2 + n_3 + \cdots + n_i} \tag{5.9}$$

式中, $\varphi_1^\ominus, \varphi_2^\ominus, \varphi_3^\ominus, \cdots, \varphi_i^\ominus$ 分别代表依次相邻的电对的标准电极电势, $\varphi^\ominus$ 代表新电对的标准电极电势, $n_1, n_2, n_3, \cdots, n_i$ 分别代表依次相邻的电对中转移的电子数。用这种方法可以计算出难于测定的电对的标准电极电势。

【例 5.11】 已知① $Cu^{2+} + e \Longrightarrow Cu^+$ $\quad n_1 = 1 \quad \varphi_1^\ominus = +0.159 \text{ V}$;

② $Cu^{2+} + 2e \Longrightarrow Cu$ $\quad n_2 = 2 \quad \varphi_2^\ominus = +0.337 \text{ V}$

求:③ $Cu^+ + e \Longrightarrow Cu$ 的 $\varphi_3^\ominus$?

解 画出有关物质的元素电势图。即

$$Cu^{2+} \xrightarrow{\ +0.159 \text{ V}\ } Cu^+ \xrightarrow{\quad ?\quad} Cu$$
$$\underline{\qquad +0.337 \text{ V} \qquad}$$

根据式(5.9)可得

$$n_2\varphi_2^\ominus = n_1\varphi_1^\ominus + n_3\varphi_3^\ominus$$

即

$$\varphi_3^\ominus = \frac{n_2\varphi_2^\ominus - n_1\varphi_1^\ominus}{n_3} = \frac{2 \times (+0.337 \text{ V}) - 1 \times (+0.159 \text{ V})}{1} = +0.515 \text{ V}$$

5.5 金属腐蚀及其应用

金属或合金,由于坚固、耐用等性能,在工农业生产、交通运输和日常生活中得到广泛应用。金属受环境(大气中的氧气、水蒸气、酸雾、以及酸、碱、盐等各种物质)作用发生化学变化而失去其优良性能的过程称为金属腐蚀。金属腐蚀非常普遍,小到人们日常生活中钢铁制品生锈,大到各种大型机器设备因腐蚀而报废,造成的经济损失也非常惊人。全世界每年由于腐蚀而损失的金属约一亿吨,占年产量的 20% ~ 40%。更严重的是,在生产中由于机器、设备等受到腐蚀而损坏,造成环境污染、劳动条件恶化、危害人体健康、影响产品质量甚至造成恶性事故,危害更是难以估量。因此,了解金属腐蚀的原理及如何有效地防止金属腐蚀,对于保护劳动者的安全和健康,维护生产的正常进行是十分必要的。

5.5.1 金属腐蚀的分类

根据金属腐蚀的原理不同,可将金属腐蚀分为化学腐蚀和电化学腐蚀两大类。

1. 化学腐蚀

单纯由化学作用引起的腐蚀称为化学腐蚀。化学腐蚀的特征是,腐蚀介质为非电解质溶液或干燥气体,腐蚀过程中电子在金属与氧化剂之间直接传递而无电流产生。当金属在一定温度下与某些气体(如 O_2, SO_2, H_2S, Cl_2 等)接触时,会在金属表面生成相应的化合物、氧化物、硫化物、氯化物等而使金属表面腐蚀。这种腐蚀在低温时反应速度较慢,腐蚀不显著;但在高温时则会因反应速度加快而使腐蚀加速。例如在高温下钢铁容易被氧化,生成 FeO, Fe_2O_3 和 Fe_3O_4 组成氧化层,同时钢铁中的渗碳钢 Fe_3C 与周围的 H_2O,

CO_2 等可发生脱碳反应,即

$$Fe_3C+O_2 \Longrightarrow 3Fe+CO_2$$
$$Fe_3C+CO_2 \Longrightarrow 3Fe+2CO$$
$$Fe_3C+H_2O \Longrightarrow 3Fe+CO+H_2$$

脱碳反应的发生,致使碳不断地从邻近的尚未反应的金属内部扩散到反应区。于是金属内部的碳逐渐减少,形成脱碳层,如图5.7所示。同时,反应生成的 H_2 在金属内部扩散,使钢铁产生氢脆。脱碳和氢脆的结果都会使钢铁表面硬度和抗疲劳性降低。

金属在一些液态有机物(如苯、氯仿、煤油、无水酒精等)中的腐蚀,也是化学腐蚀,其中最值得注意的是金属在原油中的腐蚀。原油中含有多种形式的有机硫化物,与钢铁作用生成疏松的硫化亚铁是原油输送管道及贮器腐蚀的一大原因。

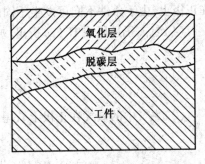

图5.7　工件表面氧化脱碳示意图

2. 电化学腐蚀

金属与周围的物质发生电化学反应(原电池作用)而产生的腐蚀,称为电化学腐蚀。

电化学腐蚀的特征是,电子在金属与氧化剂之间的传递是间接的,即金属的氧化与介质氧化剂的还原在一定程度上可以各自独立地进行从而形成了腐蚀微电池。在通常条件下,电化学腐蚀比化学腐蚀速率快,更普遍,危害性更大。所以了解电化学腐蚀的原理及如何防止电化学腐蚀显得更为迫切。

将纯金属锌片插入稀硫酸中,几乎看不到有气体 H_2 产生,但向溶液中滴加几滴 $CuSO_4$ 溶液,锌片上立刻有大量的气体 H_2 产生。纯金属不易被腐蚀,但加入 $CuSO_4$ 后,锌置换出铜覆盖在锌表面,形成了微型的原电池,即

锌为负极　　　　　　　$Zn^{2+}+2e \Longrightarrow Zn$
铜为正极　　　　　　　$Cu^{2+}+2e \Longrightarrow Cu$
　　　　　　　　　　　$2H^++2e \Longrightarrow H_2$

因而加大锌的溶解和氢气的产生。

当两种金属或两种不同的金属制成的物体相接触,同时又与其他介质(如潮湿空气、其他潮湿气体、水或电解质溶液等)相接触时,就形成了一个原电池,进行原电池的电化学作用。例如在铜板上有一些铁的铆钉,长期暴露在潮湿的空气中,在铆钉的部位就容易生锈,如图5.8所示。这是因为铜板暴露在潮湿的空气中时表面上会凝结一层薄薄的水膜,空气里的 CO_2,工厂区的 SO_2,沿海地

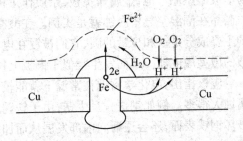

图5.8　铜板上铁铆钉的电化学腐蚀示意图

区潮湿空气中的 NaCl 都能溶解到这一薄层水膜中形成电解质溶液,这就形成了原电池。其中铁是负极,铜是正极。在负极上一般都是金属溶解的过程(即金属被腐蚀的过程),如 Fe 发生氧化反应,即

$$Fe^{2+}+2e \Longrightarrow Fe$$

在正极上,由于条件不同可发生不同的反应。如在正极 Cu 上发生下列两种还原反应:

(1)氢离子还原成 $H_2(g)$ 析出(亦称为析氢腐蚀),即

$$2H^++2e \Longrightarrow H_2$$

$$\varphi_1 = \frac{RT}{2F}\ln\frac{\{c(H^+)/c^{\ominus}\}^2}{p(H_2)/p^{\ominus}}$$

(2)大气中的氧气在正极上获得电子,发生还原反应(亦称为吸氧腐蚀),即

$$O_2+4H^++4e \Longrightarrow 2H_2O$$

$$\varphi_2 = \varphi^{\ominus}(O_2/H_2O)+\frac{RT}{4F}\ln[\{p(O_2)/p^{\ominus}\} \cdot \{c(H^+)/c^{\ominus}\}^4]$$

一般工业生产中钢铁在大气中的腐蚀主要是吸氧腐蚀。即使钢铁表面处于一些酸性水膜中,但是只要空气中的氧气不断溶解于水膜并扩散到正极,由于 $\varphi^{\ominus}(O_2/H_2O)=+1.229$ V,而且在空气中 $p(O_2) \approx 21$ kPa,虽然腐蚀速率很慢,但是空气中的氧气可不断溶于水膜中,即反应(2)比反应(1)容易发生,也就是说当有氧气存在时 Fe 的腐蚀更为严重。即使纯铁在浓度为 0.5 mol·L^{-1} 的硫酸溶液的薄膜下,也是如此。但是如果将铁完全浸没在浓度为 0.5 mol·L^{-1} 的硫酸溶液中时,铁与酸反应速率快,空气中的氧气来不及不断进入水溶液中,这时便可能发生析氢腐蚀了。例如,在钢铁酸洗时就可能发生析氢腐蚀。

由于两种金属紧密连接,电池反应不断地进行,Fe 变成 Fe^{2+} 而进入溶液,多余的电子移向铜极,在铜极上氧气和氢离子被消耗掉生成水,Fe^{2+} 就与溶液中的 OH^- 结合,生成 $Fe(OH)_2$,然后又与潮湿空气中的水分和氧发生作用,最后生成铁锈(铁锈是铁的各种氧化物和氢氧化物的混合物),即

$$4Fe(OH)_2+H_2O+O_2 \Longrightarrow 4Fe(OH)_3$$

结果铁就受到了腐蚀。

普通金属通常含有杂质(如碳等),当金属表面在介质如潮湿空气、电解质溶液等中,易形成微型原电池,金属作负极,杂质作正极,从而发生电化学作用造成金属的腐蚀。钢铁制品在潮湿空气中腐蚀就是实例。在酸雾较大的环境下,金属表面形成一层水膜,钢铁的主要成分是铁和少量的碳,它们被浸在电解质溶液中,以 Fe 为负极,C 为正极形成了无数的微型原电池。从而发生类似于铜板上铁铆钉电化学腐蚀的两种主要情况。

应该指出,电化学腐蚀在常温下就能较快地进行,因此也比较普便,危害性也比化学腐蚀大得多。例如钢铁一旦生锈,由于铁锈质地疏松又能导电,因此可使腐蚀蔓延,不仅破坏钢铁表面,还会逐渐向内部发展从而加剧钢铁的腐蚀。

5.5.2 金属的防腐蚀

认识了金属腐蚀的原因,就能有效地采取措施防止金属腐蚀。金属腐蚀过程是很复

杂的过程,腐蚀的类型也不是单一的。但不管哪种类型的腐蚀均是金属与周围的介质发生作用引起的。因此,金属的防护应从金属和介质两方面考虑。常用的金属防腐蚀方法有以下几种。

1. 隔离介质

化学腐蚀或电化学腐蚀都是由于介质参与使金属被氧化而腐蚀。因此,设法让金属与介质隔离就可起到防护作用。当腐蚀电池的正、负极不与腐蚀介质接触时电流等于零,金属不会被腐蚀。因此可以在金属表面上涂一层非金属材料如油漆、搪瓷、橡胶、高分子(塑料)等,也可以在金属表面镀一层耐腐蚀的金属或合金形成一个保护层,使金属与腐蚀介质隔开,就能有效地防止金属腐蚀。

2. 改变金属性质

在金属中添加其他金属或非金属元素制成合金,可以降低金属的活泼性和减少被腐蚀的可能。这种方法一方面是改变金属本性提高防腐蚀性能的根本措施;另一方面还是改善金属的使用性能的有效措施。如含 Crl8% (质量分数)的不锈钢具极强的抗腐蚀能力,被广泛用于制作不锈钢制品。

3. 金属钝化

铁在稀硝酸中溶解很快,但不溶于浓硝酸。这是因为铁在浓硝酸中被钝化了。用浓 HNO_3,浓 H_2SO_4,$AgNO_3$,$HClO_3$,$K_2Cr_2O_7$,$KMnO_4$ 等都可以使金属钝化。金属变成钝态之后,其电极电势向正的方向移动,甚至可以升高到接近于贵金属(如 Pt,Au)的电极电势。由于电极电势升高,钝化后的金属失去了它原来的特性。

4. 电化学防护

(1)牺牲阳极保护法

由金属的电化学腐蚀原理可知,在腐蚀过程中被腐蚀的金属作负极,失去电子。为防止腐蚀,可在被保护金属表面上连接一些更活泼的金属,使之成为原电池的负极,失去电子被腐蚀,被保护金属作正极得到保护。在轮船底部及海底设备上焊装一定数量的锌块,在海水中形成原电池,以保护船体。

(2)外加电流法

根据原电池的阴极不受腐蚀的原理,可在被保护的金属表面外接直流电的负极作为阴极。正极接在一些废钢铁上作为阳极。这时只要维持一定的外加电流,即可使金属构件免受腐蚀。地下输油管道及某些化工设备均可采用外加电流的阴极电保护法。

(3)缓蚀剂法

这种方法多用于直接与腐蚀性介质接触的金属管道等的防腐。通常在腐蚀性介质中加入少量添加剂,就能改变介质的性质,从而大大降低金属的腐蚀速率。其缓蚀机理一般是减慢腐蚀过程的速率,或者是覆盖电极表面从而防止腐蚀。这样的添加剂称为缓蚀剂。缓蚀剂的添加量一般在 0.1% ~1% (质量分数)。缓蚀剂分为无机盐类与有机类两大类。在碱性或中性介质中常使用无机缓蚀剂硝酸钠、硅酸盐、亚硝酸钠、磷酸盐、铬酸盐和重铬酸盐等。在酸性介质中常用有机缓蚀剂琼脂、糊精、动物胶和生物碱等。

阅读拓展

电位–pH 图在金属腐蚀与防护中的应用

电位–pH 图是著名的比利时腐蚀学家 M. Pourbaix 教授于 1938 年首先提出来的，也被人称之为 Pourbaix 图。该图以元素的电极电位(E)为纵坐标，水溶液的 pH 值为横坐标，将元素与水溶液之间大量的复杂的均相和非均相化学反应，以及电化学反应在给定条件下的平衡关系简单明了地图示于一个很小的平面或空间里。根据位图，可方便地推断出反应的可能性及生成物的稳定性，这对材料腐蚀的研究提供了极大的方便。同时还可以对现有生产工艺进行理论剖析，改进完善现有生产方法，预测新方法新工艺，因而，位图已在化工、冶金、环境、地学等学科领域得到广泛应用。

1. 电位–pH 图的原理

在金属腐蚀过程中，电位是控制金属离子化过程的因素，表征溶液酸度的 pH 值则是控制腐蚀产物的稳定性的因素，因此溶液 pH 值和氧化还原电位是金属腐蚀中的两个重要因素。一般说来，在许多反应过程中，化学反应的方向和限度都可由电位、pH 和反应物、产物的活度所组成的热力学方程式来预见。而这样的方程式就可以用电位–pH 图简明地表示出来，故电位–pH 图对金属腐蚀有着重要的指导意义。

2. 理论电位–pH 图的绘制

理论电位–pH 图是根据体系的热力学数据绘制的。绘制此类图时，首先要知道这一体系中可能存在的各种化合物，以及这些化合物生成的自由能或化学位、标准电极电位、固态化合物的浓度积、反应的平衡常数等数据，然后分别计算出给定体系各重要反应的反应物浓度、溶液 pH 值和电极电位的关系等。

3. 理论电位–pH 图的应用

(1)判断氧化还原反应进行的方向

根据具有高电极电势电对的氧化型的氧化能力大，具有低电极电势电对的还原型的还原能力大，二者易起氧化还原反应的原理可以得出结论：位于高位置曲线的氧化型易与低位置曲线的还原型反应，两条直线之间的距离越大，即两电对的电极电势差越大氧化还原反应的自发倾向就越大。若高位曲线与低位曲线有交点，在交点处两电对的氧化能力和还原能力相等(设交点 pH 值为 pH)，则随着 pH 值的改变氧化还原反应的方向将发生逆转。

例如：$H_3AsO_4 + 2I^- + 2H^+ = H_3AsO_3 + I_2 + H_2O$，根据 I_2/I^- 和 H_3AsO_4/H_3AsO_3 两个电对所组成的电位–pH 图(图 5.9)可见：在 pH=0 时，上线 H_3AsO_4 的氧化能力强于 I_2，H_3AsO_3 的还原能力弱于 I^-，所以反应向正方向进行。当 pH=0.34 时两线相交，两种氧化态的氧化能力相等，两种还原态的还原能力相等，两电对处于平衡状态。当 pH>0.34 时，I_2 的氧化能力强于 H_3AsO_4，I^- 的还原能力弱于 H_3AsO_3，上述反应向逆方向进行。

(2)推测氧化剂或还原剂在水溶液中的稳定性

对于水溶液中的化学反应：$aA + mH^+ + ne^- = bB + H_2O$，显然，根据能斯特方程，在一定的 pH 值时，$E$ 值大，意味着 A 的浓度大；相反，E 值小，意味着 B 的浓度大。若 E 一定，pH 值

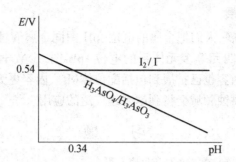

图 5.9 I_2/I^- 和 H_3AsO_4/H_3AsO_4 电对的电位-pH 图

大,意味着 A 的浓度大;相反,pH 值小,B 的浓度大。所以当电位和 pH 值较高时,只允许氧化型存在;当电位和 pH 值较低时,则只允许还原型存在。由此可以得出结论:对于一条电位-pH 线,线的上方为该直线所代表的电对的氧化型的稳定区,线的下方为电对的还原型的稳定区;对于一个电位-pH 图,则图的右上方为高氧化态的稳定区,图的左下方为低氧化态的稳定区。而图中由横、竖和斜的电位-pH 线所围成的平面恰是某些物种稳定存在的区域。各曲线的交点所处的电位和 pH 值是各电极的氧化型和还原型共存的条件。据此,可将电位-pH 图应用于推测氧化剂或还原剂在水溶液中的稳定性。

以金属元素 Fe 为例,从图 5.10 中可以看出,只有 Fe 处于 b 线之下,也就是说 Fe 处于水的不稳定区(氢区),因而能自发地将水中的 H_2O 还原为 H_2,而其他各物种都处于水的稳定区,因而能在水中稳定存在。若向 Fe^{2+} 的溶液中加入 OH^-,当 pH≥7.45 时则生成 $Fe(OH)_2$;而在 Fe^{3+} 溶液中加入 OH^-,当 pH≥2.2 时,就以 $Fe(OH)_3$ 形式稳定存在。

(3)电位-pH 图在腐蚀中的应用

将铁-水体系的电位-pH 图(图 5.10)简化成腐蚀体系的电位-pH 图(图 5.11),可以明确地显示出电位-pH 图从理论上对金属腐蚀情况及防护方法的预测。从图中不难看出,若铁位于 A 点位置,因该区是铁和 H_2 的稳定区,故不会发生腐蚀。若铁处于 B 点位置,由于该区是 Fe^{2+} 离子和 H_2 的稳定区,因此会发生析氢腐蚀。若铁处于 C 点位置,因该区对 Fe^{2+} 离子和 H_2O 是稳定的,则铁也将被腐蚀,但此时不会发生 H^+ 离子还原,而是发生氧的还原过程。

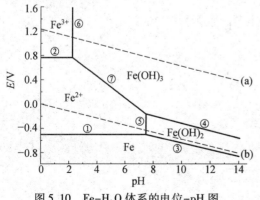

图 5.10 $Fe-H_2O$ 体系的电位-pH 图

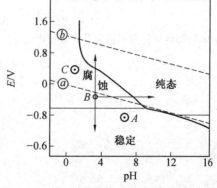

图 5.11 铁-水腐蚀体系的稳定、腐蚀、钝态图

4. 电位-pH 图的发展

随着科学技术的发展,人们把金属的电位-pH 图同金属腐蚀与防护的实际情况紧密结合起来,建立了三元、四元等多元体系的电位-pH 图,少数学者还试制了浓溶液的电位-pH 图,同时其表达内容也已扩展到包括配位体(L),内容更为丰富。相信在不久的将来,电位-pH 图在金属腐蚀领域会得到越来越广泛的应用。

习 题

1. 用氧化数法或离子电子法配平下列各反应方程式:

(1) $Fe^{3+} + I^- \longrightarrow Fe^{2+} + I_2$

(2) $MnO_4^- + Cl^- \longrightarrow Mn^{2+} + Cl_2 + H_2O$(酸性介质)

(3) $Cr_2O_7^{2-} + H_2S \longrightarrow Cr^{3+} + S$

(4) $Cu_2S + HNO_3 \longrightarrow Cu(NO_3)_2 + H_2SO_4 + NO$

2. 根据标准电极电势,判断下列氧化剂的氧化能力的大小并排列顺序:

O_2 $Cr_2O_7^{2-}$ MnO_4^- Zn^{2+} Fe^{3+} Sn^{4+} F_2

3. 根据标准电极电势,判断下列还原剂的还原能力的大小并排列顺序:

Sn^{2+} Sn Fe Cl^- Br^- I^-

4. 写出下列各原电池的电极反应式和电池反应式,并计算各原电池的电动势(298.15 K):

(1) $Sn|Sn^{2+}(1 \text{ mol} \cdot L^{-1}) \parallel Pb^{2+}(1 \text{ mol} \cdot L^{-1})|Pb$

(2) $Sn|Sn^{2+}(1 \text{ mol} \cdot L^{-1}) \parallel Pb^{2+}(0.1 \text{ mol} \cdot L^{-1})|Pb$

(3) $Sn|Sn^{2+}(0.1 \text{ mol} \cdot L^{-1}) \parallel Pb^{2+}(0.01 \text{ mol} \cdot L^{-1})|Pb$

$$(0.010 \ 1 \text{ V}, -0.155 \ 8 \text{ V}, -0.019 \ 6 \text{ V})$$

5. 计算说明,$K_2Cr_2O_7$ 能否与 10 mol·L^{-1} 盐酸作用放出氯气。(设其他物质均处于标准态)

$$(\varphi^{\ominus}(Cr_2O_7^{2-}/Cr^{3+}) = 1.47 \text{ V} > \varphi^{\ominus}(Cl_2/Cl^-) = 1.30 \text{ V},能放出氯气)$$

6. 计算下列反应在 298.15 K 时的平衡常数 $K^{\ominus}$。

$$\frac{1}{2}O_2(p^{\ominus}) + H_2(p^{\ominus}) \Longrightarrow H_2O(l) \qquad (3.3 \times 10^{41})$$

7. 已知 298.15 K 时,$\varphi^{\ominus}(PbSO_4/Pb^{2+}) = -0.356$ V,$\varphi^{\ominus}(Pb^{2+}/Pb) = -0.126$ V,求 $PbSO_4$ 溶度积 $K_{sp}^{\ominus}$。

$$(1.7 \times 10^{-8})$$

8. 已知碘在酸性介质中的部分电势图为

$$\varphi_A^{\ominus}/V$$

$$IO_3^- \xrightarrow{+1.13} HIO \xrightarrow{+1.45} I_2 \xrightarrow{+0.535} I^-$$

在图中碘的哪些氧化态不稳定易发生歧化反应?

第6章 原子结构

学习要求

1. 了解原子的组成和原子核外电子运动的特殊性。
2. 了解原子结构的量子力学模型及量子力学理论的发展过程。
3. 理解波函数,掌握四个量子数及其物理意义。
4. 能正确写出一般原子核外电子排布式和价电子构型。
5. 理解并掌握原子结构和元素周期表、元素若干性质的关系。
6. 掌握离子键理论、共价键理论和杂化轨道理论的基本要点。
7. 掌握分子间作用力、氢键对物质物理和化学性质的影响。
8. 了解各类晶体的内部结构和特征,理解晶体结构与物质性质之间的关系。

20 世纪初,随着科学技术突飞猛进,人们对原子这个微粒开始逐步研究,从而认识了原子内部结构的复杂性,建立了原子结构的有关理论。有了原子结构认识上的突破,才有对分子、离子以及晶体等内部结构的明确认识。所以,我们首先要学习原子的内部结构。

6.1 氢原子光谱和玻尔理论

1808 年英国化学家道尔顿(John Dalton)提出了物质由原子构成,原子不可再分的看法。整个 19 世纪人们几乎都认为原子不可再分,但是 19 世纪末物理学上一系列的新发现,特别是电子的发现和 α 粒子的散射现象,终于打破了原子不可分割的旧看法,并证实原子本身也是很复杂的。

6.1.1 原子组成

1911 年,英国物理学家卢瑟福(E. Rutherford)用一束平行的 α 射线射向金箔,发现绝大多数 α 粒子穿过金箔不改变行进的方向,只有极少数的 α 粒子产生偏转,其中个别粒子甚至反方向折回。

据此卢瑟福提出了含核原子模型。他认为原子的中心有一个带正电的原子核,电子在它的周围旋转,由于原子核和电子在整个原子中只占有很小的空间,因此原子中绝大部分是空的。原子的直径约为 10^{-10} m,电子的直径约为 10^{-15} m,原子核的直径约在 $10^{-16} \sim 10^{-14}$ m 之间。由于电子的质量极小,所以原子的质量几乎全部集中在核上,当 α 粒子正遇原子核即折回,擦过核边产生偏转,穿过空间不改变行进方向。但卢瑟福的理论不能精确指出原子核上的正电荷数。

1913 年,卢瑟福的学生莫塞莱(H. G. J. Moseley)研究 X 射线谱。他用不同元素做 X 射线管的阳极,得到各种元素特征的 X 射线谱,并发现 X 射线频率的平方根与元素的原子序数成直线关系,即

$$\sqrt{\nu} = a(Z-b) \tag{6.1}$$

式中,Z 是原子序数;a,b 是常数。根据莫塞莱定律可以测定元素的原子序数。

1920 年英国科学家查德维克(J. Chadwick)用铜、银、铂等不同元素代替金做 α 粒子散射实验测定核电荷数,结果与莫塞莱的原子序数相吻合,证明了元素的原子序数等于核上正电荷数。由于整个原子是电中性的,所以确定了核上正电荷数也就等于核外电子数。

由此可见,原子是由原子核和电子所组成。在化学反应中,原子核并不发生变化,而只是核外电子的运动状态发生变化。对核外电子运动状态的描述,最早的是玻尔理论。

6.1.2 氢原子光谱

近代原子结构理论的建立是从研究氢原子光谱开始的,原子受带电粒子的撞击直接发出特定波长的明线光谱称为发射光谱,这种由原子态激发产生的光谱称为原子光谱。它由许多不连续的谱线组成,所以又称线状光谱。

原子光谱中以氢原子光谱最简单,它在红外区、紫外区和可见光区都有几根不同波长的特征谱线。氢光谱在可见范围内有 5 根比较明显的谱线,通常用 H_α,H_β,H_γ,H_δ,H_ε 来表示,它们的波长依次为 656.3,486.1,434.0,410.2 和 397.0 nm,如图 6.1 所示。对于原子光谱的不连续性,当时的卢瑟福核原子模型无法解释,直到玻尔(D. Bohr)提出原子结构新理论才解决了这个问题。

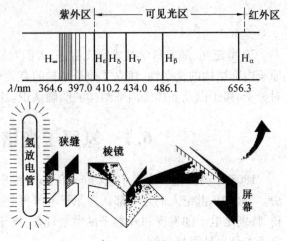

图 6.1 氢原子光谱实验示意图

6.1.3 玻尔理论

1913 年丹麦青年物理学家玻尔,在卢瑟福核原子模型的基础上,接受了刚刚萌芽的普朗克(M. Planck)量子论(1900 年)和爱因斯坦(A. Einstein)的光子学说(1905 年)的最新成就,根据辐射的不连续性和氢原子光谱有间隔的特性,研究原子光谱产生的原因,得出原子中电子的能量可能是不连续的,是量子化的结论,从而提出了氢原子的电子结构理论。

(1)在原子中,电子不能在任意轨道运动,只能沿着符合一定条件、以原子核为中心的、半径和能量确定的圆形轨道上运动。电子在这种轨道上运动时,不吸收或放出能量,处于一种稳定态。这些轨道的能量状态不随时间而改变,称为定态轨道。

(2)电子在一定轨道中运行,具有一定的能量,在不同轨道上运动时可具有不同的能量,电子运动时所处能量状态称为能级。电子在轨道上运动时所具有的能量只能取某些

不连续的数值,也就是电子的能量是量子化的。玻尔推算出氢原子允许能量 E 可由下式给出,即

$$E = -\frac{B}{n^2} \qquad (6.2)$$

式中,n 为主量子数,其值可取 1,2,3…任何正整数;B 为 2.18×10^{-18} J。当 $n=1$ 时,轨道离核最近,能量最低,轨道上的电子被原子核束缚最牢,这时的能量状态叫氢原子的基态或最低能级。当 $n=2,3,4\cdots$,轨道依次离核渐远,能量逐渐升高。这些能量状态称为氢原子激发态或较高能级。

(3)只有当电子从某一轨道跃迁到另一轨道时,才有能量的吸收或放出。当电子从能量较高(E_2)的轨道跃迁到能量较低(E_1)的轨道时,原子就放出能量。放出的能量转变成为一个辐射能的量子,其频率可由两个轨道的能量差决定,因为量子的能量与辐射能的频率成正比 $E = h\nu$,所以

$$E_2 - E_1 = \Delta E = h\nu$$
$$\nu = \frac{E_2 - E_1}{h} \qquad (6.3)$$

式中,h 为普朗克常数 6.626×10^{-34} J $\cdot$ s^{-1};E 的单位为 J。

应用上述玻尔的原子模型可以解释氢原子光谱。如果电子从 $n=4,5,6,7$ 等轨道跳回 $n=2$ 的轨道,按式(6.3)计算出来的波长分别等于 656.3,486.1,434.0,410.2,397.0 nm,即为氢光谱中可见光部分的 H_α,H_β,H_γ,H_δ,H_ε 的波长。如果电子从其他能级跳回 $n=1$ 能级,由于放出的能量大,光频率高,波长短,就得到紫外光区的谱线。如果电子从其他能级跳回到 $n\geq3$ 能级时,由于放出的能量小,光的频率低,波长长,就得到红外光区的谱线。只要是单电子原子或离子的光谱都能用玻尔模型加以解释,如 He^+,Li^{2+},Be^{3+},B^{4+},C^{5+},N^{6+} 和 O^{7+},这些离子已在天体星际的光谱中证明它们的存在,部分已在实验研究中制得。

但是,玻尔理论不能说明多电子原子光谱,也不能说明氢原子光谱的精细结构,有相当的局限性。这是由于电子是微观粒子,电子运动不遵守经典力学的规律而有它本身的特征和规律。玻尔理论虽然引入了量子化,但并没有完全摆脱经典力学的束缚,它的电子绕核运动的固定轨道的观点不符合微观粒子运动的特性,因此原子的玻尔模型不可避免地要被新的模型(即原子的量子力学模型)所替代。

6.2 原子的量子力学模型

量子力学是研究电子、原子、分子等微粒运动规律的科学。微观粒子运动不同于宏观物体运动,其主要特点是量子化和波粒二象性。

6.2.1 微观粒子的波粒二象性

光的波动性和粒子性经过了几百年的争论,到了 20 世纪初,物理学家通过大量实验对光的本性有了比较正确的认识。光的干涉、衍射等现象说明光具有波动性,而光电效

应、原子光谱又说明光具有粒子性,这被称为光的波粒二象性。

1. 德布罗依波

光的波粒二象性及有关争论启发了法国物理学家德布罗依(L. de Broglie),他在 1924 年提出一个大胆的假设,实物微粒都具有波粒二象性,认为实物微粒不仅具有粒子性,还具有波的性质,这种波称为德布罗依波或物质波。他认为质量为 m,运动速度为 v 的微粒波长 λ 相应为

$$\lambda = \frac{h}{p} = \frac{h}{mv} \tag{6.4}$$

式中,h 为普朗克常数;p 为动量。

德布罗依的大胆假说在 1927 年由戴维逊(C. J. Davission)和革麦(L. H. Germer)进行的电子衍射实验所证实。戴维逊和革麦用一束电子流,通过镍晶体(作为光栅),得到和光衍射相似的一系列衍射圆环,根据衍射实验得到的电子波的波长与按德布罗依公式计算出来的波长相符。此现象说明电子具有波动性。以后又证明中子、质子等其他微粒都具有波动性。表 6.1 对几种物质的德布罗依波性进行了比较。

表 6.1　几种物质的德布罗依波长

物　　质	质量/g	速度/(cm · s^{-1})	λ/cm	波动性
慢速电子	9.1×10^{-28}	5.9×10^{7}	1.2×10^{-9}	显著
快速电子	9.1×10^{-28}	5.9×10^{9}	1.2×10^{-11}	显著
α 粒子	6.61×10^{-24}	1.5×10^{9}	1.0×10^{-15}	显著
1 g 小球	1.0	1.0	6.6×10^{-29}	不显著
垒球	2.1×10^{2}	3.0×10^{3}	1.1×10^{-34}	不显著
地球	6.0×10^{27}	3.4×10^{4}	3.3×10^{-61}	不显著

物质波强度大的地方,粒子出现的机会多,即出现的几率大;强度小的地方,粒子出现的几率小。也就是说,空间任何一点波的强度和微粒(电子)在该处出现的几率成正比,所以物质波又称几率波。

2. 测不准原理

具有波粒二象性的微粒和宏观物体的运动规律有很大的不同。1927 年,德国物理学家海森堡(W. Heisenberg)指出,对于波粒二象性的微粒而言,不可能同时准确测定它们在某瞬间的位置和速度(或动量),如果微粒的运动位置测得越准确,则相应的速度越不易测准,反之亦然,这就是测不准原理。测不准数学表示式为

$$\Delta p_x \cdot \Delta x \geq h$$

上式表明,不可能设计出一种实验方法,同时准确地测出某一瞬间电子运动的位置和速度(动量)。如果非常准确地测出电子的速度,就不能准确地测出它的位置。这反映微粒具有波动性,不服从经典力学规律,而遵循量子力学所描述的运动规律。

6.2.2　核外电子运动状态描述

我们知道,电磁波可用波函数 ψ 来描述。量子力学从微观粒子具有波粒二象性角度

出发,认为微粒的运动状态也可用波函数来描述。对微粒讲,它是在三维空间做运动的。因此,它的运动状态必须用三维空间伸展的波来描述,也就是说,这种波函数是空间坐标x,y,z的函数$\psi(x,y,z)$。波函数是一个描述波的数学函数式,量子力学上用它来描述核外电子的运动状态。波函数可通过解量子力学的基本方程——薛定谔方程求得。

1. 薛定谔方程

1926年,奥地利科学家薛定谔(E. Schrødinger)在考虑实物微粒的波粒二象性的基础上,通过光学和力学的对比,把微粒的运动用类似于表示光波动的运动方程来描述。

薛定谔方程是一个二阶偏微分方程,是描述微观粒子运动的基本方程,即

$$\frac{\partial^2 \psi}{\partial x^2} + \frac{\partial^2 \psi}{\partial y^2} + \frac{\partial^2 \psi}{\partial z^2} + \frac{8\pi^2 m}{h^2}(E-V)\psi = 0$$

式中,E为体系的总能量;V为体系的势能;m为微粒的质量;h为普朗克常数;x,y,z为微粒的空间坐标。

对于氢原子来说,ψ是描述氢原子核外电子运动状态的数学函数式,E是氢原子的总能量,V是原子核对电子的吸引能,m是电子的质量。

解薛定谔方程时,为了数学上的求解方便,将直角坐标(x,y,z)变换为球极坐标(r,θ,φ),如图6.2所示。它们之间的变换关系如图6.3所示,图中P为空间的一点。

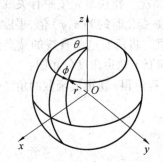

r——半径;θ——余纬度;ϕ——平经度

图6.2 球极坐标

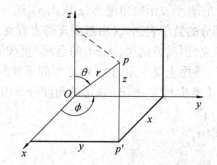

$x = r\sin\theta\cos\phi$;$y = r\sin\theta\sin\phi$;
$z = r\cos\phi$;$r^2 = x^2 + y^2 + z^2$

图6.3 球极坐标与直角坐标的关系

原函数是直角坐标的函数$\psi(x,y,z)$,经变换后,成为球极坐标的函数$\psi(r,\theta,\varphi)$。在数学上,将和几个变量有关的函数假设分成几个只含有一个变量的函数的乘积,从而求得这几个函数的解,再将它们相乘,就得到原函数

$$\psi(r,\theta,\varphi) = R(r)\Theta(\theta)\Phi(\varphi)$$

通常把与角度有关的两个函数合并为$Y(\theta,\varphi)$,则

$$\psi(r,\theta,\varphi) = R(r)Y(\theta,\varphi)$$

ψ是r,θ,φ的函数,分成$R(r)$和$Y(\theta,\varphi)$两部分后,$R(r)$只与电子离核的距离有关,所以$R(r)$称为波函数的径向部分,$Y(\theta,\varphi)$只与两个角度有关,所以称为波函数的角度部分。

2. 波函数与原子轨道

我们知道波函数 ψ 是通过解薛定谔方程得来的。所得的一系列合理的解 ψ_i 和相应的一系列能量值 E_i 代表了体系中电子的各种可能的运动状态,及与这个状态相对应的能量。因此在量子力学中微观粒子运动状态是用波函数和对应的能量来描述的。

波函数的意义可表述如下。

① 波函数 ψ 是描述微观粒子(电子)运动状态的数学函数式,三维空间坐标的函数。

② 每一个波函数 ψ_i 都有相对应的能量值 E_i。

③ 电子的波函数没有明确直观的物理意义。

波函数 ψ 就是原子轨道,量子力学中的"轨道"不是指电子在核外运动遵循的轨迹,而是指电子的一种空间运动状态。

前述波函数可分为角度部分和径向部分乘积,即

$$\psi_{nlm}(r,\theta,\varphi) = R_{nl}(r)Y_{lm}(\theta,\varphi)$$

因此,可从角度部分和径向部分两个侧面来画原子轨道和电子云的图形。由于角度分布图对化学键的形成和分子构型都很重要,所以下面将对原子轨道和电子云的角度分布图加以举例说明,而对径向部分仅做简要介绍。

(1) 原子轨道的角度分布图

它表示波函数角度部分 $Y(\theta,\varphi)$ 随 θ 和 φ 变化的情况。作法是先按照有关波函数角度部分的数学表达式(由解薛定谔方程得出)找出 θ 和 φ 变化时的 $Y(\theta,\varphi)$ 值,再以原子核为原点,引出方向为 (θ,φ) 的直线,直线的长度为 Y 值。将所有这些直线的端点连接起来,在平面上是一定的曲线,在空间形成的一个曲面,即原子轨道角度分布图。

【例6.1】 画出 s 轨道的角度分布图,由薛定谔方程解得 s 轨道波函数的角度分布 Y_s 为 $\sqrt{\dfrac{1}{4\pi}}$。

解 $Y_s = \sqrt{\dfrac{1}{4\pi}}$

由于 Y_s 是一个常数,与 θ、φ 无关,所以 s 原子轨道角度分布图为一球面,其半径为 $\sqrt{\dfrac{1}{4\pi}}$,图略。

【例6.2】 画出 p_z 轨道的角度分布图,已知 p_z 轨道波函数的角度分布 Y_{p_z} 为 $\sqrt{\dfrac{1}{4\pi}}\cos\theta$。

解 $Y_{p_z} = \sqrt{\dfrac{3}{4\pi}}\cos\theta$

Y_{p_z} 随 θ 的变化而改变,在作图前先求出 θ 为某些角度时的 Y_{p_z} 值,列于下表。

θ	0°	30°	60°	90°	120°	150°	180°
$\cos\theta$	1.00	0.87	0.50	0	−0.50	−0.87	−1.00
Y_{p_z}	0.49	0.42	0.24	0	−0.24	−0.42	−0.49

然后如图6.4所示,从原点引出与轴成θ角的直线,令直线长度等于相应的Y_{p_z}值,连接所有直线端点,再把所得到图形绕z轴转360°,所得空间曲面即为p_z轨道角度分布。这样的图像应该是立体的,但一般是取剖面图。Y_{p_z}图在z轴上出现极值,所以称为p_z轨道。此图形在xy平面上$Y_{p_z}=0$,即角度分布值等于0,这样的平面叫节面。必须指出,图中节面上下的正负号仅表示Y值是正值还是负值,并不代表电荷。其他原子轨道角度分布图,也可由各自数学函数式如$Y_{p_z}=$

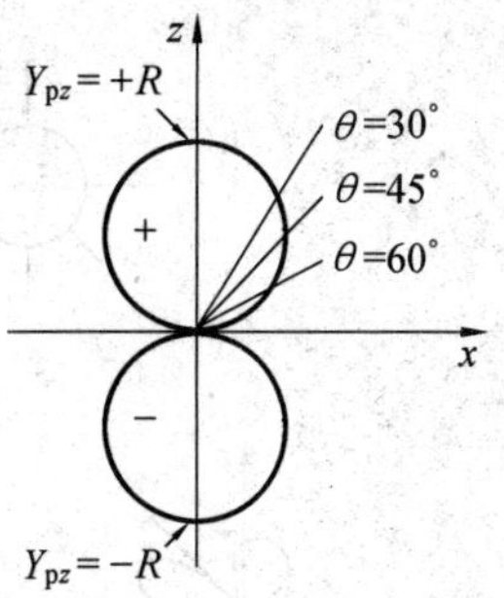

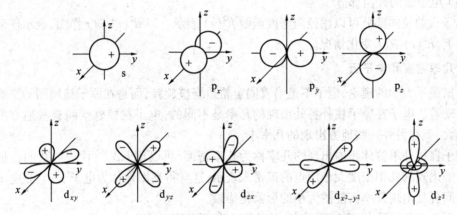

图6.4 Y_{p_z}原子轨道角度分布示意图

$\sqrt{\dfrac{3}{4\pi}}\sin\theta\cos\theta,Y_{d_z^2}=\sqrt{\dfrac{5}{16\pi}}(3\cos^2\theta-1)$,用类似的方法作图。$Y_{p_z}$原子轨道的角度分布如图6.4所示,s,p,d原子轨道的角度分布如图6.5所示。

图6.5 s、p、d原子轨道的角度分布示意图

(2) 电子云的角度分布图

电子云是电子在核外空间出现的几率密度分布的形象化描述,而几率密度的大小可用$|\psi|^2$来表示,因此以$|\psi|^2$作图,可以得到电子云的图像。将$|\psi|^2$的角度部分Y^2随θ、φ变化的情况作图,就得到电子云的角度分布图。电子云的角度分布图和相应的原子轨道的角度分布图是相似的,它们之间主要区别有两点。

① 由于$Y<1$,因此Y^2一定小于Y,因而电子云角度分布图要比原子轨道角度分布图"瘦";

② 原子轨道角度分布图有正、负之分,而电子云角度分布图全部为正,这是由于Y平方后,总是正值,如图6.6所示。

(3) 原子轨道的径向部分

原子轨道径向部分即径向波函数$R(r)$。以$R(r)$对r作图,表示任何角度方向上,$R(r)$随r变化的情况,按解薛定谔方程的方法求得波函数的径向部分的函数式。如氢原子的$R_{1s}=2\left(\dfrac{1}{a_0}\right)^{\frac{3}{2}}\cdot e^{-r/a_0}$,然后根据函数式计算不同$r$时的$R(r)$值。再以所得数据作图,就可以得到径向波函数图。

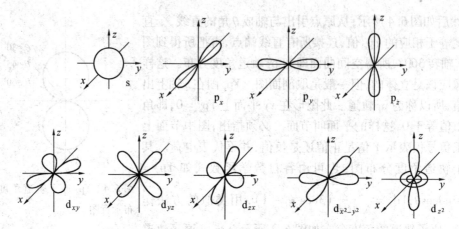

图 6.6　s、p、d 电子云角度分布示意图

（4）电子云的径向部分

电子云的径向部分可以用径向密度函数 $R^2(r)$ 表示。以 $R^2(r)$ 对 r 作图，表示任何角度方向上，$R^2(r)$ 随 r 变化情况。

3. 几率密度和电子云

根据量子力学的理论，电子不是沿着固定轨道绕核旋转，而是在原子核周围的空间很快地运动着。电子在原子核外各处出现的几率是不同的，电子在核外空间有些地方出现的几率大，而在另外一些地方出现的几率小。

电子在核外单位体积内出现的几率称为几率密度，可以用 $|\psi|^2$ 代表。我们常把电子在核外出现的几率密度大小用点的疏密来表示，这样得到图像称为电子云，它是电子在核外空间各处出现几率密度的大小的形象化描绘。

从图 6.7 可以看出，在氢原子中，电子的几率密度随离核的距离的增大而减小，也就是电子在单位体积内出现的几率以接近原子核处为最大，然后随半径的增大而减小。对于基态氢原子而言，根据量子力学计算，在半径等于 52.9 pm 的薄球壳中电子出现的几率最大，这个数值正好等于玻尔计算出来的氢原子在基态（$n=1$）时的轨道半径——玻尔半径。而量子力学与玻尔理论描述正常氢原子中电子运动状态的区别在于：玻尔理论认为电子只能在半径为 52.9 pm 的平面圆

图 6.7　氢原子 1s 电子云示意图

形轨道上运动，而量子力学则认为电子在半径为 52.9 pm 的球壳薄层内出现的几率最大，但在半径大于或小于 52.9 pm 的空间区域中也有电子出现，只是几率小些罢了。因此，通常取一个等密度面，即将电子云密度相同的各点连成的曲面，使界面内电子出现的几率达到 90%，来表示电子云的形状，这样的图像称做电子云界面图。

4. 四个量子数

薛定谔方程有非常多的解，但在数学上的解，在物理意义上并不都是合理的，并不都能表示为电子运动的一个稳定状态的。要使所求的解具有特定的物理意义，需有边界条件的限制。在解薛定谔方程时，自然导出了三个量子数（n, l, m），它们只能取如下数值：

主量子数 $n = 1, 2, 3, \cdots$；

角量子数 $l = 0, 1, 2, \cdots, n-1$。共可取 n 个数值；

磁量子数 $m = 0, \pm 1, \pm 2, \cdots, \pm l$。共可取 $2n+1$ 个数值。

由上可知，波函数可用一组量子数 n, l, m 来描述，每一个由一组量子数所确定的波函数表示电子的一种运动状态。在量子力学中，把三个量子数都有确定值的波函数，称为一个原子轨道。例如，$n = 1$，$l = 0$，$m = 0$ 所描述的波函数 ψ_{100}，称为 1s 原子轨道。

根据实验和理论进一步研究，电子还做自旋运动，因此还需要第四个量子数，即自旋量子数 m_s 来描述原子核外的电子运动状态。下面分别对四个量子数进行讨论。

(1) 主量子数 n

主量子数决定电子在核外出现几率最大区域离核的平均距离。它的数值取从 1 开始的任何整数，$n = 1, 2, 3, \cdots$。当 $n = 1$ 时，电子离核平均距离最近，n 数值增大，电子离核平均距离增大，能量逐渐升高。所以电子在原子核外不同壳层区域内（电子层）运动，具有不同的能级，因此，主量子数 n 是决定原子中电子能量的主要因素。主量子数可用符号 $K, L, M, N \cdots$ 表示，即

n 值	1	2	3	4	5	6	$\cdots$
n 值符号	K	L	M	N	O	P	$\cdots$

(2) 角量子数 l

角量子数代表电子角动量大小，根据光谱实验结果和理论推导，发现电子运动在离核平均距离等同的区域内（即 n 值相同），电子云的形状不同，能量还稍有差别。因此，除主量子数 n 外，还需要用角量子数 l 这一参数来描述电子运动状态和能量。l 的取值受主量子数 n 的限制，可以取从 0 到 $n-1$ 的正整数，l 值和 n 值之间存在如表 6.2 所示的关系。

表 6.2　l 与 n 的关系

主量子数 n	角量子数 l	主量子数 n	角量子数 l
1	0	4	0,1,2,3
2	0,1	$\cdots$	$\cdots$
3	0,1,2		

每种 l 值表示一类电子云的形状，其数值常用光谱符号表示，即

l 值	0	1	2	3	4	$\cdots$
l 值符号	s	p	d	f	g	$\cdots$

$l = 0$，即 s 原子轨道，电子云呈球形对称；$l = 1$，即 p 原子轨道，电子云呈哑铃形；$l = 2$，即 d 原子轨道，电子云是花瓣形，如图 6.6 所示。f 电子云形状更为复杂。因此，当主量子数 n 值相同，角量子数 l 值不同的电子，不仅能量不同，电子云形状也不同，即同一电子层又形成若干电子亚层，其中 s 亚层离核最近，能量最低，而 p, d, f 亚层依次离核渐远，能量依次升高。

(3) 磁量子数 m

角量子数值相同的电子，具有确定的电子云形状，但可以在空间沿着不同的方向伸展。磁量子数决定电子在外磁场作用下，在核外运动的角动量在磁场方向上的分量大小，

它用来描述原子轨道或电子云在空间的伸展方向。m 数值受 l 值的限制,它可取从 -1 到 $+1$,包括 0 在内的整数值。这就意味着 l 确定后 m 可有 $2l+1$ 个,即每个亚层中的电子可有 $2l+1$ 个取向。当 $l=0$ 时,$m=0$,即 s 电子只有一种空间取向(球形对称的电子云,没有方向性);当 $l=1$ 时,$m=+1,0,-1$,即 p 电子可有三种取向。电子云沿着直角坐标的 x,y,z 三个轴的方向伸展,分别称为 p_x,p_y,p_z,如图 6.8 所示;当 $l=2$ 时,$m=+2,+1,0,-1,-2$,即 d 电子可有 5 种取向,即 $d_z^2,dx_z,dy_z,dx_y,d_x^2-d_y^2$。

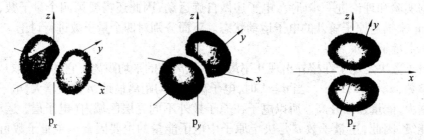

图 6.8　2p 电子云在空间的三种取向

我们常把量子数 n,l 和 m 都确定的电子运动状态称为原子轨道,原子轨道数由量子数决定,见表 6.3。因此,s 只有 1 个原子轨道,p 亚层可有 3 个原子轨道,d 亚层可有 5 个原子轨道,f 亚层有 7 个原子轨道,见表 6.3。空间的取向不同,并不影响电子的能量,在没有外磁场作用下,n,l 相同,m 不同的几个原子轨道属同一能级,能量完全等同,这样的轨道称为等价轨道或简并轨道。如 l 相同的 3 个 p 轨道、5 个 d 轨道或 7 个 f 轨道,分别都是等价轨道。

（4）自旋量子数 m_s

自旋量子数不能从薛定谔方程中解得,它是后来实验和理论进一步研究引入的,用来表示电子的两种不同的运动状态,这两种状态有不同的"自旋"角动量,其值可取正和负,称为自旋量子数 m_s。通常用相反箭头（↑↓）表示分别处于不同自旋状态的电子,称做自旋反平行;相同箭头（↑↑）表示处于相同自旋状态的电子,称作自旋平行。1921 年斯脱恩（Otto Stern）和日勒契（Walter Rerlach）,将原子束通过一不均匀磁场,结果原子束一分为二,偏向两边,证实了原子中未成对电子的自旋量子数 m_s 值不同,有两个相反的方向。

表 6.3　量子数与原子轨道

n	l	m	轨道	轨道数
1	0	0	1s	1
2	0	0	2s	1
2	1	$+1,0,-1$	2p	3
3	0	0	3s	1
3	1	$+1,0,-1$	3p	3
3	2	$+2,+1,0,-1,-2$	3d	5
4	0	0	4s	1
4	1	$+1,0,-1$	4p	3
4	2	$+2,+1,0,-1,-2$	4d	5
4	3	$+3,+2,+1,0,-1,-2,-3$	4f	7

上述四个量子数综合起来,说明了电子在原子中所处的运动状态,缺一不可。

量子力学原子模型,修正了玻尔原子模型的缺陷,能够解释多电子原子光谱,因而较好地反映了核外电子层的结构、电子运动的状态和规律、量子数与电子层最大容量关系,见表6.4,还能解释化学键的形成,是迄今为世人公认的成功理论。当然它绝非完善,还有待继续发展。

表 6.4　量子数与电子层最大容量

电子层主量子数 n	K	L		M			N			
	1	2		3			4			
电子亚层角量子数 l	s 0 1s	s 0 2s	p 1 2p	s 0 3s	p 1 3p	d 2 3d	s 0 4s	p 1 4p	d 2 4d	f 3 4f
磁量子数 m	0	0	-1 0 +1	0	-1 0 +1	-2 -1 0 +1 +2	0	-1 0 +1	-2 -1 0 +1 +2	-3 -2 -1 0 +1 +2 +3
亚层 f 轨道数目	1	1	3	1	3	5	1	3	5	7
电子数目	2	2	6	2	6	10	2	6	10	14
n 电子层中最大容量 $2n^2$	2	8		18			32			

6.3　核外电子分布和周期系

上节已讨论了量子力学的原子模型,了解了核外电子的运动状态。本节将讨论原子的电子结构。除氢外,其他元素的原子,核外都不止一个电子,这些原子统称为多电子原子。在讨论多电子原子的核外电子排布前,先讨论一下多电子原子的能级,它是讨论元素周期系和元素化学性质的理论依据。

6.3.1　多电子原子的能级

氢原子的核外只有一个电子,原子的基态和激发态的能量都决定于主量子数,与角量子数无关。在多电子原子中,由于原子中轨道之间的相互排斥作用,使得主量子数相同的各轨道产生分裂,主量子数相同的各轨道的能量不再相等。因此多电子原子中各轨道的能量不仅取决于主量子数,还和角量子数有关。原子中各轨道的能级的高低主要是根据光谱实验结果得到的。

1. 鲍林近似能级图

鲍林(L. Pauling)根据光谱实验结果总结出多电子原子中各轨道能级相对高低的情况,并用图近似地表示出来,如图6.9所示。此图称为鲍林近似能级图,它反映了核外电子填充的一般顺序。

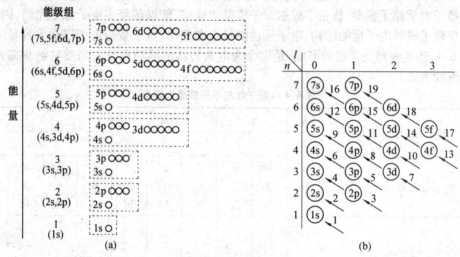

图 6.9　近似能级图和电子填充顺序

由图可以看出,多电子原子的能级不仅与主量子数 n 有关,还和角量子数 l 有关。当 l 相同时,n 越大,则能级越高,因此 $E_{1s} < E_{2s} < E_{3s}\cdots$;当 n 相同,l 不同时,l 越大,能级越高,因此 $E_{ns} < E_{np} < E_{nd} < E_{nf}\cdots$。

对于鲍林近似能级图,需注意以下几点。

① 它只有近似意义,不可能完全反映出每个元素的原子轨道能级的相对高低。

② 它只能反映同一原子内各原子轨道能级之间的相对高低,不能比较不同元素间原子轨道能级的相对高低。

③ 电子在某一轨道上的能量,实际上与原子序数(核电荷数)有关,核电荷数越大,对电子吸引力越大,电子离核越近,轨道能量越低。鲍林近似能级图反映了原子序数递增电子填充的先后顺序。

从图 6.9 可以看出,ns 能级均低于 $(n-1)d$,这种 n 值大的 s 亚层的能量反而比 n 值小的 d 亚层能量为低的现象称为能级交错。

根据原子中各轨道能量大小情况把原子轨道划分为七个能级组,如图 6.9(a) 所示。相邻两个能级组之间的能量差比较大,而同一能级组中各轨道的能量差较小或很接近。

上面讨论的能级交错现象可用屏蔽效应和钻穿效应来解释。

2. 屏蔽效应和钻穿效应

(1) 屏蔽效应

多电子原子中,电子不仅受到原子核吸引,电子之间也存在着排斥作用。斯莱脱 (J. C. Slater) 认为,多电子原子中,某一电子受其余电子排斥作用的结果,与原子核对电子的吸引作用正好相反,即其余电子屏蔽或削弱了原子核对该电子的吸引作用。电子实际受到核的引力比核电荷 Z 引力要小,要从 Z 中减去一个 σ 值,σ 称为屏蔽常数,电子实际上所受到的核电荷称为有效核电荷,用 Z^* 表示为

$$Z^* = Z - \sigma \tag{6.5}$$

这种将其他电子对某个电子的排斥作用,归结为抵消一部分核电荷的作用,称为屏蔽

效应。在原子中,如果屏蔽效应大,就会使得电子受到的有效核电荷减少,因而电子具有的能量就增大。

（2）钻穿效应

根据量子力学理论,电子可以出现在原子内任何位置上,即最外层电子也可能出现在离核很近处。这就是说,外层电子可钻穿到内电子层而更靠近核,这种电子渗入原子内部空间而靠近核的本领称为钻穿。钻穿结果降低了其他电子对它的屏蔽作用,起到了增加有效核电荷、降低轨道能量的作用。电子钻穿得靠核越近,电子的能量越低。这种由于电子钻穿而引起能量发生变化的现象称为钻穿效应。

6.3.2 核外电子排布原理和电子排布

根据原子光谱实验结果和量子力学理论,以及对元素周期律的分析,总结出核外电子排布遵循的三个原则,即能量最低原理、泡利不相容原理、洪特规则。

1. 能量最低原理

自然界任何体系的能量越低,则所处的状态越稳定。因此,核外电子在原子轨道上的排布,也应使整个原子的能量处于最低状态。即电子总是优先分布在能量较低的轨道上,使原子处于能量最低状态。只有当能量最低的轨道已占满后,电子才能依次进入能量较高的轨道,按照近似能级图中各能级的顺序由低到高填充的,如图6.9(b)所示。这一原则,称为能量最低原理。

2. 泡利不相容原理

能量最低原理把电子进入轨道的次序确定了,但每一轨道上的电子数是有一定限制的。1925年,泡利(W. Paul)根据原子的光谱现象和周期系中每一周期的元素数目,提出一个原则,称为不相容原理。在同一原子中,不可能有两个电子具有完全相同的四个量子数。如果原子中电子的 n, l, m 三个量子数都相同,则第四个量子数 m_s 一定不同,即同一轨道最多能容纳2个自旋方向相反的电子。

应用泡利不相容原理,可以推算出某一电子层或亚层中的最大容量。如第一电子层最多可有2个电子;第2电子层有4个轨道可容纳8个电子,依此推算出第3,4,5电子层电子的最大容量分别为18,32,50。以 n 代表层号数,则每层电子最大容量为 $2n^2$。

3. 洪特规则

洪特(F. Hund)从大量光谱实验中发现,电子在同一亚层的各个轨道(等价轨道)上分布时,将尽可能以自旋方向相同的方式分占不同的轨道,这个规则叫洪特规则,也称最多等价轨道规则。用量子力学理论推算,也证明这样的排布可以使体系能量最低。作为洪特规则特例,当等价轨道被电子半充满(如 p^3, d^5, f^7)、全充满(p^6, d^{10}, f^{14})或全空(p^0, d^0, f^0)时也是比较稳定的。

讨论核外电子排布,主要是根据核外电子排布原则,结合鲍林近似能级图,按照原子序数的增加,得到核外电子填入各亚层的填充顺序,如图6.9(b)所示。这样就可准确写出周期系各元素原子的核外电子排布式,即电子排布构型。对大多数元素来说,核外电子排布构型与光谱实验结果是一致的,但也有少数不符合。对于这种情况,我们首先应该尊重光谱实验事实。

6.3.3 原子的电子结构与元素周期性的关系

周期系中各元素原子的核外电子排布情况是根据光谱实验得出的,元素在周期表中的位置和它们的电子层结构有直接关系,周期性源于基态原子的电子层结构随原子序数递增呈现的周期性。表6.5列出了周期系中各元素原子的电子层结构。

表6.5 元素的电子层结构

周期	原子序数	元素符号	电子结构
1	1	H	$1s^1$
	2	He	$1s^2$
2	3	Li	$[He]2s^1$
	4	Be	$[He]2s^2$
	5	B	$[He]2s^22p^1$
	6	C	$[He]2s^22p^2$
	7	N	$[He]2s^22p^3$
	8	O	$[He]2s^22p^4$
	9	F	$[He]2s^22p^5$
	10	Ne	$[He]2s^22p^6$
3	11	Na	$[Ne]3s^1$
	12	Mg	$[Ne]3s^2$
	13	Al	$[Ne]3s^23p^1$
	14	Si	$[Ne]3s^23p^2$
	15	P	$[Ne]3s^23p^3$
	16	S	$[Ne]3s^23p^4$
	17	Cl	$[Ne]3s^23p^5$
	18	Ar	$[Ne]3s^23p^6$
4	19	K	$[Ar]4s^1$
	20	Ca	$[Ar]4s^2$
	21	Sc	$[Ar]4s^23d^1$
	22	Ti	$[Ar]4s^23d^2$
	23	V	$[Ar]4s^23d^3$
	24	Cr	$[Ar]4s^13d^5$
	25	Mn	$[Ar]4s^23d^5$
	26	Fe	$[Ar]4s^23d^6$
	27	Co	$[Ar]4s^23d^7$
	28	Ni	$[Ar]4s^23d^8$
	29	Cu	$[Ar]4s^13d^{10}$
	30	Zn	$[Ar]4s^23d^{10}$
	31	Ga	$[Ar]4s^23d^{10}4p^1$
	32	Ge	$[Ar]4s^23d^{10}4p^2$
	33	As	$[Ar]4s^23d^{10}4p^3$
	34	Se	$[Ar]4s^23d^{10}4p^4$
	35	Br	$[Ar]4s^23d^{10}4p^5$
	36	Kr	$[Ar]4s^23d^{10}4p^6$
	37	Rb	$[Kr]5s^1$

周期	原子序数	元素符号	电子结构
5	38	Sr	$[Kr]5s^2$
	39	Y	$[Kr]5s^24d^1$
	40	Zr	$[Kr]5s^24d^2$
	41	Nb	$[Kr]5s^14d^4$
	42	Mo	$[Kr]5s^14d^5$
	43	Tc	$[Kr]5s^24d^5$
	44	Ru	$[Kr]5s^14d^7$
	45	Rh	$[Kr]5s^14d^8$
	46	Pd	$[Kr]4d^{10}$
	47	Ag	$[Kr]5s^14d^{10}$
	48	Cd	$[Kr]5s^24d^{10}$
	49	In	$[Kr]5s^24d^{10}5p^1$
	50	Sn	$[Kr]5s^24d^{10}5p^2$
	51	Sb	$[Kr]5s^24d^{10}5p^3$
	52	Te	$[Kr]5s^24d^{10}5p^4$
	53	I	$[Kr]5s^24d^{10}5p^5$
	54	Xe	$[Kr]5s^24d^{10}5p^6$
6	55	Cs	$[Xe]6s^1$
	56	Ba	$[Xe]6s^2$
	57	La	$[Xe]6s^25d^1$
	58	Ce	$[Xe]6s^24f^15d^1$
	59	Pr	$[Xe]6s^24f^3$
	60	Nd	$[Xe]6s^24f^4$
	61	Pm	$[Xe]6s^24f^5$
	62	Sm	$[Xe]6s^24f^6$
	63	Eu	$[Xe]6s^24f^7$
	64	Gd	$[Xe]6s^24f^75d^1$
	65	Tb	$[Xe]6s^24f^9$
	66	Dy	$[Xe]6s^24f^{10}$
	67	Ho	$[Xe]6s^24f^{11}$
	68	Er	$[Xe]6s^24f^{12}$
	69	Tm	$[Xe]6s^24f^{13}$
	70	Yb	$[Xe]6s^24f^{14}$
	71	Lu	$[Xe]6s^24f^{14}5d^1$
	72	Hf	$[Xe]6s^24f^{14}5d^2$
	73	Ta	$[Xe]6s^24f^{14}5d^3$
	74	W	$[Xe]6s^24f^{14}5d^4$

周期	原子序数	元素符号	电子结构
6	75	Re	$[Xe]6s^24f^{14}5d^5$
	76	Os	$[Xe]6s^24f^{14}5d^6$
	77	Ir	$[Xe]6s^24f^{14}5d^6$
	78	Pt	$[Xe]6s^14f^{14}5d^9$
	79	Au	$[Xe]6s^14f^{14}5d^{10}$
	80	Hg	$[Xe]6s^24f^{14}5d^{10}$
	81	Tl	$[Xe]6s^24f^{14}5d^{10}6p^1$
	82	Pb	$[Xe]6s^24f^{14}5d^{10}6p^2$
	83	Bi	$[Xe]6s^24f^{14}5d^{10}6p^3$
	84	Po	$[Xe]6s^24f^{14}5d^{10}6p^4$
	85	At	$[Xe]6s^24f^{14}5d^{10}6p^5$
	86	Rn	$[Xe]6s^24f^{14}5d^{10}6p^6$
7	87	Fr	$[Rn]7s^1$
	88	Ra	$[Rn]7s^2$
	89	Ac	$[Rn]7s^26d^1$
	90	Th	$[Rn]7s^26d^2$
	91	Pa	$[Rn]7s^25f^26d^1$
	92	U	$[Rn]7s^25f^36d^1$
	93	Np	$[Rn]7s^25f^46d^1$
	94	Pu	$[Rn]7s^25f^6$
	95	Am	$[Rn]7s^25f^7$
	96	Cm	$[Rn]7s^25f^76d^1$
	97	Bk	$[Rn]7s^25f^9$
	98	Cf	$[Rn]7s^25f^{10}$
	99	Es	$[Rn]7s^25f^{11}$
	100	Fm	$[Rn]7s^25f^{12}$
	101	Md	$[Rn]7s^25f^{13}$
	102	No	$[Rn]7s^25f^{14}$
	103	Lr	$[Rn]7s^25f^{14}6d^1$
	104	Rf	$[Rn]7s^25f^{14}6d^2$
	105	Db	$[Rn]7s^25f^{14}6d^3$
	106	Sg	$[Rn]7s^25f^{14}6d^4$
	107	Bh	$[Rn]7s^25f^{14}6d^5$
	108	Hs	$[Rn]7s^25f^{14}6d^6$
	109	Mi	$[Rn]7s^25f^{14}6d^7$

按表6.5,周期系中各元素原子的电子排布,除极少数元素例外,其排列顺序是按照鲍林近似能级图填充的。该图是假定所有元素原子的能级高低次序是一样的,但事实上,原子轨道能级次序不是一成不变的。原子轨道的能量在很大程度上决定于原子序数,随着元素原子序数的增加,核对电子的吸引力增加,因而原子轨道的能量逐渐下降。

　　表6.5表明,原子的电子结构与元素周期系关系密切。第一、二、三周期都是短周期,每一元素的外层电子结构分别为 $1s^{1-2}$,$2s^{1-2}2p^{1-6}$,$3s^{1-2}3p^{1-6}$;第四、五周期为长周期,元素的外层电子结构分别为 $4s^{1-2}3d^{1-10}4p^{1-6}$ 和 $5s^{1-2}4d^{1-10}$ 即 $5p^{1-6}$(其中各有10个过渡元素分别布满3d和4d亚层);第六周期为含镧系元素的长周期,每一元素的外层电子结构分别为 $6s^{1-2}$,$5d^{1-10}6p^{1-6}$,$4f^{1-14}6s^2$(其中有14个镧系元素布满4f亚层,10个过渡元素布满5d亚层);第七周期是一个不完全周期,现只有23个元素,每一元素的外层电子结构分别为 $5f^{1-14}6d^{1-7}7s^{1-2}\cdots$(其中有14个锕系元素布满5f亚层)。从103号元素铹到109号元素鿏,新增电子依次填充6d亚层。第110,111和112号元素,德国科学家称已人工合成,但有待证实。

　　关于铹以后的人工合成元素(104—109)的命名,1997年8月27日国际纯粹和应用化学协会(International Union of Pure and Applied Chemistry,简写IUPAC)宣布命名见表6.6。

表6.6　新元素的命名

原子序数	名　称	符　号	原子序数	名　称	符　号
104	Rutherfordium	Rf	107	Bohrium	Bh
105	Dubnium	Db	108	Hassium	Hs
106	Seaborgrium	Sg	109	Meitnerium	Mt

　　在归纳原子的电子结构并比较它们和元素周期系关系时,可得出如下结论。

　　①原子序数。　　　原子序数=核电荷数=核外电子总数

　　当原子的核电荷依次增大时,原子的最外电子层经常重复着同样的电子构型,而元素性质的周期性的改变正是由于原子周期性地重复着最外层电子构型的结果。

　　②周期。　　　原子的电子层数(主量子数 n)=元素所处周期数

　　每一周期开始都出现一个新的电子层,因此原子的电子层数等于该元素在周期表所处的周期数,即原子的最外电子层的主量子数代表该元素所在的周期数。各周期中元素的数目等于相应能级组中原子轨道所能容纳的电子总数,它们之间的关系见表6.7。

表6.7　周期与能级组的关系

周　期	能级组	能级组中原子轨道电子排布顺序	周期内元素数目
1	I	$1s^{1\rightarrow2}$	2
2	II	$2s^{1\rightarrow2}2p^{1\rightarrow6}$	8
3	III	$3s^{1\rightarrow2}3p^{1\rightarrow6}$	8
4	IV	$4s^{1\rightarrow2}3d^{1\rightarrow10}4p^{1\rightarrow6}$	18
5	V	$5s^{1\rightarrow2}4d^{1\rightarrow10}5p^{1\rightarrow6}$	18
6	VI	$6s^{1\rightarrow2}4f^{1\rightarrow14}5d^{1\rightarrow10}6p^{1\rightarrow6}$	32
7	VII	$7s^{1\rightarrow2}5f^{1\rightarrow14}6d^{1\rightarrow}$(未完)	尚未布满,预测有32种

③族。 **主族元素族数 = 价电子数**

周期系中元素的分族是原子的电子构型分类的结果,元素原子的价电子结构决定其在周期表中所处的族数。价电子是指原子参加化学反应时能够用于成键的电子。周期表中把性质相似的元素排成纵行,称为族,共有 8 个族(I 族 ~ Ⅷ族)。每一族又分为主族(A族)和副族(B族)。由于ⅧB族包括 3 个纵行,所以共有 18 个纵行,如图 6.10 所示。

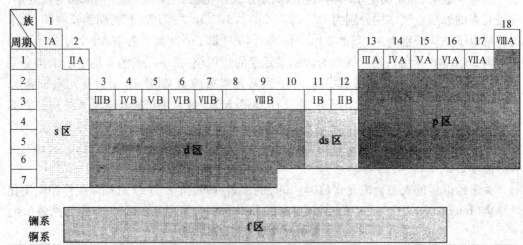

图 6.10 周期表分区示意图

周期系中同一族元素的电子层数虽然不同,但它们的外层电子构型相同。对主族元素来说,族数等于最外层电子数。例如 VA 族元素,它们最外层电子数都是 5,最外层电子构型也相同为 ns^2np^3,即

N	[He]	$2s^22p^3$
P	[Ne]	$3s^23p^3$
As	[Ar]	$3d^{10}4s^24p^3$
Sb	[Kr]	$4d^{10}5s^25p^3$
Bi	[Xe]	$4f^{14}5d^{10}6s^26p^3$

对副族元素讲,次外层电子数在 8 到 18 之间的一些元素,其族数等于最外层电子数与次外层 d 电子数之和。例如ⅦB族,最外层电子数与次外层 d 电子数之和是 7,外电子构型相同为 $(n-1)d^5ns^2$,即

Mn	[Ar]	$3d^54s^2$
Tc	[Kr]	$4d^55s^2$
Re	[Xe]	$4f^{14}5d^56s^2$

上述规则,对ⅧB 不完全适用。

④区。根据电子排布的情况及元素原子的价电子构型,可以把周期表中的元素所在的位置划分成 s,p,d,ds,f 五个区,如图 6.10 所示。

s 区元素指最后一个电子填在 ns 能级上的元素,位于周期表左侧,包括ⅠA(碱金属)和ⅡA(碱土金属)。它们易失去最外层一个或两个电子,形成 +1 或 +2 价正离子,属于活泼金属。

p 区元素指最后一个电子填在 np 能级上的元素,位于周期表右侧,包括ⅢA–ⅦA及零族(ⅧA)元素。

d 区元素指最后一个电子填在$(n-1)$d 能级上的元素,位于周期表中部。这些元素性质相近,有可变氧化态。往往把 d 区元素进一步分为 d 区和 ds 区,d 区的价电子构型为$(n-1)$d$^{1-8}$ns$^{1-2}$(有例外),ds 区的价电子构型为$(n-1)$d^{10}ns$^{1-2}$(如ⅠB 铜族和ⅡB 锌族)。

f 区元素指最后一个电子填在$(n-2)$f 能级上的元素,即镧系、锕系元素(但镧和锕属 d 区),价电子构型为$(n-2)$f$^{1-14}$$(n-1)d^{0-2}$ns^2,该区元素特点是性质极为相似。

6.3.4 原子结构与元素性质的关系

原子的某些性质如有效核电荷、原子半径、电离能等,都与原子内部结构有关,并对元素的物理和化学性质有重大影响。通常把这些表征原子基本性质的物理量称为原子参数。周期系中元素性质呈周期性的变化,就是原子结构周期性变化的体现。

1. 原子半径 r

由于电子云没有明显界面,因此原子大小的概念是比较模糊的,通常所说的原子半径是根据物质的聚集状态,人为规定的一种物理量。常用的有以下三种。

①共价半径。同种元素的两个原子以共价键连接时,它们核间距的一半,称为该原子的共价半径。例如,氯分子中两原子的核间距等于 198 pm,则氯原子的共价半径为 99 pm。原子核间距可以通过晶体衍射、光谱等实验测得。

②范德华半径。在分子晶体中,分子间是以范德华力(即分子间力)结合的,这时两个同种原子间距的一半,称为范德华半径。在稀有气体形成的单原子分子晶体中,分子间以范德华力相互联系,这样两个同种原子核间距离的一半即为范德华半径。例如,在氖分子的晶体中测得两原子核间距为 320 pm,则氖原子的范德华半径为 160 pm。

③金属半径。金属单质的晶体中,相邻两金属核间距的一半,称为金属原子的金属半径。例如,在锌晶体中,测得了两原子的核间距为 266 pm,则锌原子的金属半径为 113 pm。原子的金属半径一般比它的单键共价半径大 10% ~ 15% 。

周期系中各元素原子半径见表 6.8。其中金属用金属半径,非金属用共价半径,稀有气体用范德华半径表示。

表 6.8　元素的原子半径/pm

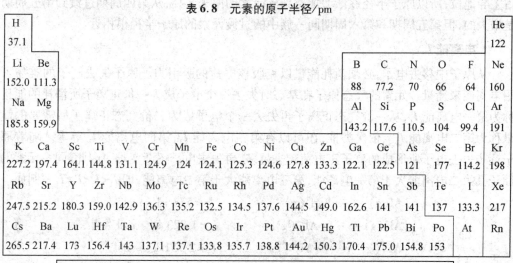

H 37.1																	He 122
Li 152.0	Be 111.3											B 88	C 77.2	N 70	O 66	F 64	Ne 160
Na 185.8	Mg 159.9											Al 143.2	Si 117.6	P 110.5	S 104	Cl 99.4	Ar 191
K 227.2	Ca 197.4	Sc 164.1	Ti 144.8	V 131.1	Cr 124.9	Mn 124	Fe 124.1	Co 125.3	Ni 124.6	Cu 127.8	Zn 133.3	Ga 122.1	Ge 122.5	As 121	Se 177	Br 114.2	Kr 198
Rb 247.5	Sr 215.2	Y 180.3	Zr 159.0	Nb 142.9	Mo 136.3	Tc 135.2	Ru 132.5	Rh 134.5	Pd 137.6	Ag 144.5	Cd 149.0	In 162.6	Sn 141	Sb 141	Te 137	I 133.3	Xe 217
Cs 265.5	Ba 217.4	Lu 173	Hf 156.4	Ta 143	W 137.1	Re 137.1	Os 133.8	Ir 135.7	Pt 138.8	Au 144.2	Hg 150.3	Tl 170.4	Pb 175.0	Bi 154.8	Po 153	At	Rn

La 187.7	Ce 182.4	Pr 182.8	Nd 182.2	Pm 181	Sm 180.2	Eu 198.3	Gd 180.1	Tb 178.3	Dy 177.5	Ho 176.7	Er 175.8	Tm 174.7	Yb 193.9

原子半径的大小主要决定于原子的有效核电荷和核外电子的层数。图 6.11 为原子半径随原子序数变化呈周期性变化的情况。

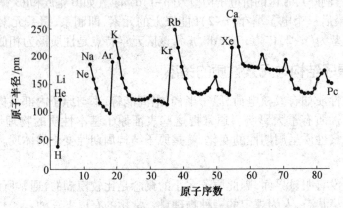

图 6.11　原子半径的周期性变化

在周期系的同一短周期中,从碱金属到卤素,原子的有效核电荷逐渐增加,电子层数保持不变,因此核对电子的吸引力逐渐增大,原子半径逐渐减小。在长周期中,从第三个元素开始,原子半径减小比较缓慢,后半部的元素(例如第四周期从 Cu 开始),原子半径反而略为增大,但随即又逐渐减小。这是由于在长周期过渡元素的原子中,有效核电荷增大不多,核和外层电子的吸力也增加较少,因而原子半径减少较慢。而到了长周期的后半部,即自 IB 开始,由于次外层已充满 18 个电子,新加的电子要加在最外层,半径又略为增大。当电子继续填入最外层时,因有效核电荷的增加,原子半径又逐渐减小。各周期末尾稀有气体原子的最外层为 8 个电子,不能再和其他原子结合形成共价键,它们的分子都是单原子分子,其半径为范德华半径,数值相应变大。

同一主族,从上到下,电子层构型相同,有效核电荷相差不大,因而电子层增加的因素占主导地位,所以原子半径逐渐增加。副族元素的原子半径,从第四周期过渡到第五周期是增大的,但第五周期和第六周期同一族中的过渡元素的原子半径很相近。

2. 电离能 I

从原子中移去电子,必须消耗能量以克服核电荷的吸引力。原子失去电子的难易可用电离能来衡量。元素的气态原子在基态时失去一个电子成为一价正离子所消耗的能量称为第一电离能 I_1,从一价气态正离子再失去一个电子成为二价气态正离子所需要的能量称为第二电离能 I_2。依次类推,还可以有第三电离能 I_3,第四电离能 I_4 等等。随着原子逐步失去电子所形成的离子正电荷越来越多,再失去电子逐渐变难。因此,同一元素的原子其第二电离能大于第一电离能,第三电离能大于第二电离能,即 $I_1 < I_2 < I_3 < I_4 \cdots$ 例如

$$Al(g) - e \longrightarrow Al^+(g) \qquad I_1 = 578 \text{ kJ} \cdot \text{mol}^{-1}$$
$$Al^+(g) - e \longrightarrow Al^{2+}(g) \qquad I_2 = 1\ 823 \text{ kJ} \cdot \text{mol}^{-1}$$
$$Al^{2+}(g) - e \longrightarrow Al^{3+}(g) \qquad I_3 = 2\ 751 \text{ kJ} \cdot \text{mol}^{-1}$$

通常讲的电离能,如果不加标明,都是第一电离能。表 6.9 列出了周期系各元素的第一电离能。

电离能的大小反映了原子失去电子的难易。电离能越大,原子失去电子时吸收的能量越大,原子失去电子越难;反之,电离能越小,原子失去电子越易。

元素的电离能在周期和族中都呈现规律性的变化,同一周期中从左到右,元素的有效核电荷逐渐增加,原子半径逐渐减小,原子的最外层上的电子数逐渐增多,元素的电离能逐渐增大。稀有气体由于具有稳定的电子结构,在同一周期的元素中电离能最大。在长周期的中部元素(即过渡元素)由于电子加到次外层,有效核电荷增加不多,原子半径减小较慢,电离能增加不显著,个别处变化不十分有规律。虽然,同一周期中从左到右,电离能总的变化趋势是增大的,但也稍有起伏。例如,第二周期中 Be 和 N 的电离能比后面的元素 B 和 O 的电离能反而大,这是由于 Be 的外层电子层结构为 $2s^2$,电子已经成对,N 的外电子层结构为 $2s^2 2p^3$,是半充满状态,都是比较稳定的结构,失去电子较难,因此电离能也就大些。一般说来,具有半充满或全充满电子构型的元素都有较大的电离能。

表 6.9　元素的第一电离能/($kJ \cdot mol^{-1}$)

H 1312																	He 2372
Li 520.2	Be 899.4											B 800.6	C 1086	N 1402	O 1314	F 1681	Ne 2081
Na 495.8	Mg 737.9											Al 577.5	Si 786.4	P 1019	S 999.5	Cl 1251	Ar 1520
K 418.8	Ca 598.8	Sc 631	Ti 658	V 650	Cr 652.8	Mn 717.3	Fe 759.3	Co 758	Ni 736.6	Cu 745.4	Zn 906.3	Ga 578.8	Ge 762.1	As 946	Se 940.9	Br 1140	Kr 1351
Rb 403	Sr 549.5	Y 616	Zr 660	Nb 664	Mo 684.9	Tc 702	Ru 711	Rh 720	Pd 805	Ag 730.9	Cd 867.6	In 558.2	Sn 708.6	Sb 833.6	Te 869.2	I 1008	Xe 1170
Cs 356.4	Ba 502.9	Lu 523.4	Hf 642	Ta 743.1	W 768	Re 759.4	Os 840	Ir 878	Pt 868	Au 890	Hg 1007	Tl 589.1	Pb 715.5	Bi 703.2	Po 812	At 916.7	Rn 1037
Fr [386]	Ra 509.3	Lr 490															

La	Ce	Pr	Nd	Pm	Sm	Eu	Gd	Tb	Dy	Ho	Er	Tm	Yb
538.1	528	523	530	536	549	546.7	592	564	571.9	581	589	596.7	603.8

同一主族从上到下,最外层电子数相同,有效核电荷增加不多,则原子半径的增大起主要作用,因此核对外层电子的吸力逐渐减弱,电子逐渐易于失去,一般电离能逐渐减小。

3. 电子亲和能 E_A

原子结合电子的难易可用电子亲和能 E_A 来定性比较,释放能量用负号,吸收能量用正号。元素的气态原子在基态时得到一个电子成为一价气态负离子所放出的能量称电子亲和能。电子亲和能也有第一、第二等,如果不加注明,都是指第一电子亲和能。当负一价离子获得电子时,要克服负电荷之间的排斥力,因此需要吸收能量,例如

$$O(g) + e \longrightarrow O^-(g) \qquad E_{A1} = -14.8 \ kJ \cdot mol^{-1}$$
$$O^-(g) + e \longrightarrow O^{2-}(g) \qquad E_{A2} = +780 \ kJ \cdot mol^{-1}$$

非金属原子的第一电子亲和能总是负值,而金属原子的电子亲和能一般为正值或略小于零。表 6.10 列出主族元素的电子亲和能。电子亲和能的大小反映了原子得到电子的难易。电子亲和能越小,原子得到电子时放出的能量越多,因此,该原子越容易得到电子。电子亲和能的大小也主要决定于原子的有效核电荷、原子半径和原子的电子层结构。

同周期元素,从左到右,原子的有效核电荷增大,原子半径逐渐减小,同时由于最外层

电子数逐渐增多,易与电子结合形成 8 电子稳定结构,元素的电子亲和能(代数值)逐渐减小。同一周期中以卤素的电子亲和能最小。碱土金属因它们半径大且具有 ns^2 电子层结构,不易与电子结合,稀有气体其原子具有 ns^2np^6 的稳定电子层结构,更不易结合电子,因而元素的电子亲和能均为正值。

表 6.10　主族元素的电子亲和能/$(kJ \cdot mol^{-1})$

H −72.7							He 48.2
Li −59.6	Be 48.2	B −26.7	C −121.9	N 6.75	O −141	F −328	Ne 115.8
Na −52.9	Mg 38.6	Al −42.5	Si −133.6	P −72.1	S −200.4	Cl −349	Ar 96.5
K −48.4	Ca 28.9	Ga −28.9	Ge −115.8	As −78.2	Se −195	Br −324.7	Kr 96.5
Rb −46.9	Sr 28.9	In −28.9	Sn −115.8	Sb −103.2	Te −190.2	I −295.1	Xe 77.2

注:数据依据 H. Hotop&W. C. Lineberger,J. Phys. chem.. Ref. Data,14,731(1985)

同一主族中,元素的电子亲和能要根据有效核电荷、原子半径和电子层结构具体分析,大部分逐渐增大,部分逐渐减小。氮原子的电子亲和能为 $6.75\ kJ \cdot mol^{-1}$,比较特殊,因其 ns^2np^3 外电子层结构比较稳定,得电子能力较小。且氮原子半径小,电子间排斥力大,所以吸收的能量仅略大于放出的能量。

4. 电负性 X

电离能和电子亲和能各自从一个方面反映原子得失电子的能力。而某些原子不易失去或得到电子,具有稳定的电子层结构,稀有气体原子便是如此。为了全面衡量分子中原子得失电子的能力,引入了元素电负性的概念。

1932 年,鲍林定义元素的电负性是原子在分子中吸引电子的能力。他指定最活泼的非金属元素氟的电负性 X_F 为 4.0,并根据热化学数据比较各元素原子吸引电子的能力,得出其他元素的电负性 X_P,见表 6.11。元素的电负性数值越大,表示原子在分子中吸引电子的能力越强。

表 6.11　元素的电负性 X_P

H 2.1																	
Li 1	Be 1.5											B 2	C 2.5	N 3	O 3.5	F 4	
Na 0.9	Mg 1.2											Al 1.5	Si 1.8	P 2.1	S 2.5	Cl 3	
K 0.8	Ca 1	Sc 1.3	Ti 1.5	V 1.6	Cr 1.6	Mn 1.5	Fe 1.8	Co 1.9	Ni 1.9	Cu 1.9	Zn 1.6	Ga 1.6	Ge 1.8	As 2	Se 2.4	Br 2.8	
Rb 0.8	Sr 1	Y 1.2	Zr 1.4	Nb 1.6	Mo 1.8	Tc 1.9	Ru 2.2	Rh 2.2	Pd 2.2	Ag 1.9	Cd 1.7	In 1.7	Sn 1.8	Sb 1.9	Te 2.1	I 2.5	
Cs 0.7	Ba 0.9	La–Lu 1.0–1.2	Hf 1.3	Ta 1.5	W 1.7	Re 1.9	Os 2.2	Ir 2.2	Pt 2.2	Au 2.4	Hg 1.9	Tl 1.8	Pb 1.9	Bi 1.9	Po 2	At 2.2	
Fr 0.7	Ra 0.9	Ac–No 1.1–1.3															

在周期系中,电负性也呈现有规律的递变。同一周期中,从左到右,从碱金属到卤素,原子的有效核电荷逐渐增大,原子半径逐渐减小,原子吸引电子的能力基本呈增加趋势,所以元素的电负性相应逐渐增大。同一主族中,从上到下,电子层构型相同,有效核电荷相差不大,原子半径增加的影响占主导地位,因此元素的电负性基本上呈减小趋势。必须指出,同一元素所处氧化态不同,其电负性值也不同。

5. 元素的金属性和非金属性

元素的金属性是指原子失去电子变成正离子的倾向,元素的非金属性是指原子得到电子而变成负离子的倾向。元素的原子越容易失去电子,金属性越强;越容易得到电子,非金属性越强。影响元素金属性和非金属性强弱的因素和影响电离能、电子亲和能大小的因素一样,因此常用电离能来衡量原子失去电子的难易,用电子亲和能衡量原子和电子结合的难易。元素的金属性和非金属性的强弱也可以用电负性来衡量。元素电负性数值越大,原子在分子中吸引电子的能力越强,因而非金属性也越强。所以用电离能、电子亲和能或电负性来衡量时,大致都显示同一周期元素从左到右金属性逐渐减弱,非金属性渐强;同一族元素从上到下,金属性逐渐增强,非金属性渐弱。

6.4 化学键和分子间相互作用力

分子的性质除取决于分子的化学组成,还取决于分子的结构。分子的结构通常包括两方面的内容:一是分子中直接相邻的原子间的强相互作用力,即化学键。一般可分为离子键、共价键、金属键;二是分子中的原子在空间的排列,即空间构型。此外,相邻分子之间还存在一种较弱的相互作用,即分子间力或范德华力。气体分子凝聚成液体或固体,主要就靠这种作用力。分子间力对于物质的熔点、沸点、熔化热、气化热、溶解度以及粘度等物理性质起着重要的作用。原子间的键合作用以及化学键的破坏所引起的原子重新组合是最基本的化学现象。弄清化学键的性质和化学变化的规律不仅可以说明各类反应的本质,而且对化合物的合成起指导作用。这一节将在原子结构的基础上,讨论形成化学键的有关理论,认识分子构型,并对分子间的作用力进行的讨论。

6.4.1 离子键

1. 离子键理论

20 世纪初,德国化学家柯塞尔(W. Kossel)根据稀有气体具有稳定结构的事实提出了离子键理论,他认为不同原子之间相互化合时(电负性小的金属原子和电负性较大的非金属原子),发生电子转移,形成正、负离子,达到稀有气体稳定状态的倾向,然后通过静电吸引形成化合物。

这种由原子间发生电子转移形成正、负离子,并通过静电引力作用形成的化学键称为离子键。通过离子键作用形成的化合物称为离子型化合物。

离子键的主要特征是没有方向性和饱和性。离子是带电体,它的电荷分布是球形对称的,可以在任何方向与带有相反电荷的离子相互吸引,且各方向吸引力一样,只要空间条件许可,一个离子可以同时和若干电荷相反的离子相吸引。当然,这并不意味着一个离子周围排列的相反电荷离子的数目是任意的。实际上,在离子晶体中,每个离子周围排列的电荷相反的离子的数目都是固定的。例如在 NaCl 晶体中,每个 Na^+ 周围有 6 个 Cl^-,每个 Cl^- 周围也有 6 个 Na^+。

2. 离子半径变化规律

离子半径大致有以下变化规律。

①同一元素,离子半径大于原子半径,正离子半径小于负离子半径和原子半径,正电荷越高,半径越小。如 $r(S^{2-}) > r(S)$,$r(Fe^{2+}) < r(Fe)$。正离子半径一般较小,为 0 ~ 170 pm,负离子半径一般较大,为 130 ~ 250 pm。同一元素形成几种不同电荷的离子时,电荷高的正离子半径小,如 $r(Fe^{2+}) < r(Fe^{3+}) < r(Fe)$。

②同一周期的正离子半径随离子电荷数增加而减小,负离子半径随离子电荷增加而增大,如 $r(Na^+) > r(Mg^{2+}) > r(Al^{3+})$,$r(F^-) < r(O^{2-})$。

③同族元素,从上而下电子层数依次递增,相同电荷的离子半径也递增,如 $r(Li^+) < r(Na^+) < r(K^+) < r Rb^+ < r(Cs^+)$,$r(F^-) < r(Cl^-) < r(Br^-) < r(I^-)$。

④对等电子离子而言,离子半径随负电荷的降低和正电荷的升高而减小,如 $O^{2-} > F^- > Na^+ > Al^{3+}$。

⑤相同电荷的过渡元素和内过渡元素正离子的半径均随原子序数的增加而减小。

3. 离子的电子构型

简单负离子(如 F^-,Cl^-,S^{2-} 等)的外电子层都是稳定的稀有气体结构,因最外层有 8 个电子,故称为 8 电子稳定构型。但正离子的情况比较复杂,其电子构型如下:

① 2 电子构型——Li^+,Be^{2+} 等;

② 8 电子构型——Na^+,Al^{3+} 等;

③ 18 电子构型——Ag^+,Hg^{2+} 等;

④ 18+2 电子构型——Sn^{2+},Pb^{2+} 等(次外层为 18 个电子,最外层为 2 个电子);

⑤ 9 ~ 17 电子构型——Fe^{2+},Mn^{2+} 等,又称为不饱和电子构型。

6.4.2 共价键

离子键理论说明离子型化合物的形成和特性,但不能说明 H_2,O_2,N_2 等由相同原子组成的分子的形成和特性。1916 年,美国化学家路易斯(G. N. Lewis)认为分子的形成是原子间共享电子对的结果,以电子配对的概念提出了共价键理论。1927 年,德国人海特勒(W. Heitler)和美籍德国人伦敦(F. London)首先用量子力学的薛定谔方程来研究最简单的氢分子,从而发展了价键理论。1931 年美国化学家鲍林(L. Pauling)提出杂化轨道理论,圆满地解释了碳四面体结构的价键状态。30 年代以后,美国化学家莫立根(R. S. Mulliken)和德国化学家洪特(F. Hund)提出分子轨道理论,着重研究分子中电子的运动规律,分子轨道理论在 50 年代取得重大成就,圆满地解释了氧分子的顺磁性、奇电子分子或离子的稳定存在等实验现象,因而分子轨道理论得到广泛应用。

1. 价键理论

用量子力学处理两个氢原子组成的体系时发现,若电子自旋方向相反的两个氢原子相互靠近时,随着核间距的减小,使两个 1s 原子轨道发生重叠,即按照波的叠加原理可以同相位叠加(就是同号重叠),核间形成一个电子密度较大的区域。两原子核都被电子密度大的区域吸引,系统能量降低。当核间距降到平衡距离时,体系能量处于最低值,达到稳定状态,这种状态称为基态。当核间距进一步缩小,原子核之间斥力增大,使系统的能量迅速升高,排斥作用又将氢原子推回平衡位置。因此氢分子中的两个原子是在平衡距离附近振动。

若电子自旋方向相同的两个氢原子相互靠近时,两个原子轨道发生不同相位叠加(就是异号重叠),致使电子几率密度在两核间减少,增大了两核的斥力,系统能量升高,处于不稳定态,称为激发态。

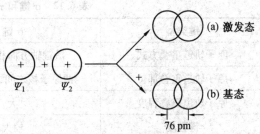

图 6.11　氢分子的两种状态

将其推广形成价键理论,基本要点为:

①自旋方向相反的未成对电子互相配对可以形成共价键。若 A、B 两原子各有 1 个未成对电子,则可形成共价单键(A—B);若 A、B 两原子各有 2 个或 3 个未成对电子,则可形成双键(A=B)或叁键(A≡B),共用电子对数目超过 2 的称为多重键;若 A 原子 2 个未成对电子,B 原子有 1 个,则 A 与 2 个 B 结合而成 AB_2 分子。

②在形成共价键时原子轨道总是尽可能地达到最大限度的重叠使系统能量最低。

2. 共价键的特征

根据上述基本要点,可以推断共价键有两个特征。

(1)饱和性

根据自旋方向相反的单电子可以配对成键的理论,在形成共价键时,几个未成对电子只能和几个自旋方向相反的单电子配对成键,这便是共价键的"饱和性"。

(2)方向性

根据原子轨道重叠体系能量降低的理论,在形成共价键时,两个原子的轨道必须最大重叠。除了 s 轨道是球形外,p,d,f 轨道在空间都有一定的伸展方向。因此,除了 s 轨道与 s 轨道成键没有方向限制,其他原子轨道只有沿着一定的方向才会有最大的重叠。这就是共价键有方向性的原因。

3. 共价键的类型

共价键的形成是由原子与原子接近时它们的原子轨道相互重叠的结果,根据轨道重叠的方向、方式及重叠部分的对称性划分为不同的类型,最常见的是 σ 键和 π 键。

(1)σ 键

两原子轨道沿键轴(成键原子核连线)方向进行同号重叠,所形成的键叫 σ 键。σ 键原子轨道重叠部分对键轴呈圆柱形对称(沿键轴方向旋转任何角度,轨道的形状、大小、符号都不变,这种对称性称圆柱形),如 H_2 分子中的键 s-s 轨道重叠,HCl 分子中的键 s-

p_x 轨道重叠,Cl_2 分子中的键 p_x-p_x 轨道重叠等都是 σ 键。

（2）π 键

两原子轨道沿键轴方向在键轴两侧平行同号重叠,所形成的键叫 π 键。π 键原子轨道重叠部分对等地分布在包括键轴在内的对称平面上下两侧,呈镜面反对称（通过镜面,原子轨道的形状、大小相同,符号相反,这种对称性称镜面反对称）。因此,p_y-p_y,p_z-p_z 轨道重叠形成的共价键都是 π 键。

共价单键一般是 σ 键。共价双键和叁键则包括 σ 键和 π 键。表 6.12 列出 σ 键和 π 键的特征。

表 6.12 σ 键和 π 键的特征比较

键类型	σ 键	π 键
原子轨道重叠方式	沿键轴方向相对重叠	沿键轴方向平行重叠
原子轨道重叠部位	两原子核之间,在键轴处	键轴上方和下方,键轴处为零
原子轨道重叠程度	大	小
键强度	较大	较小
化学活泼性	不活泼	活泼

4. 键参数

化学键的性质在理论上可以由量子力学计算而做定量的讨论,也可以通过表征键性质的某些物理量来描述。这些物理量如键长、键角、键能等,统称为键参数。

（1）键能 E

以能量标志化学键强弱的物理量称为键能。不同类型的化学键有不同的键能,如离子键能是晶格能,金属键能为内聚能等。本节讨论共价键的键能。

在 298.15 K 和 100 kPa 下（常温常压下）,断裂 1 mol 键所需要的能量称为键能(E),单位为 $kJ \cdot mol^{-1}$。

对于双原子分子而言,在上述温度压力下,将 1 mol 理想气态分子离解为理想气态原子所需要的能量称离解能(D),离解能就是键能,例如

$$H_2(g) \longrightarrow 2H(g) \qquad D_{H-H} = E_{H-H} = 436.00 \ kJ \cdot mol^{-1}$$

$$N_2(g) \longrightarrow 2N(g) \qquad D_{N-N} = E_{N-N} = 941.69 \ kJ \cdot mol^{-1}$$

对于多原子分子,要断裂其中的键成为单个原子,需要多次离解,因此离解能不等于键能,而是多次离解能的平均值才等于键能,例如

$$CH_4(g) \longrightarrow CH_3(g) + H(g) \qquad D_1 = 435.34 \ kJ \cdot mol^{-1}$$

$$CH_3(g) \longrightarrow CH_2(g) + H(g) \qquad D_2 = 460.46 \ kJ \cdot mol^{-1}$$

$$CH_2(g) \longrightarrow CH(g) + H(g) \qquad D_3 = 426.97 \ kJ \cdot mol^{-1}$$

$$+ \quad CH(g) \longrightarrow C(g) + H(g) \qquad D_4 = 339.07 \ kJ \cdot mol^{-1}$$

$$\overline{\qquad\qquad\qquad\qquad\qquad\qquad\qquad\qquad\qquad\qquad\qquad\qquad}$$

$$CH_4(g) \longrightarrow C(g) + H(g) \qquad D_4 = 339.07 \ kJ \cdot mol^{-1}$$

$$E_{C-H} = D_{总} \div 4 = 1\ 661.84 \div 4 = 415.46 \ kJ \cdot mol^{-1}$$

通常共价键的键能指的是平均键能,一般键能越大,表明键越牢固,由该键构成的分子也就越稳定。

(2)键长 L

分子中两原子核间的平衡距离称为键长。例如,氢分子中两个氢原子的核间距为76 pm,所以 H—H 键的键长就是76 pm。用量子力学近似方法可以求算键长。实际上对于复杂分子往往是通过光谱或衍射等实验方法测定键长。表 6.13 列出一些化学键的键长和键能数据。

表6.13 一些化学键的键长和键能数据

共价键	键长/pm	键能/(kJ·mol^{-1})	共价键	键长/pm	键能/(kJ·mol^{-1})
H—H	76	436	Cl—Cl	198.8	239.7
H—F	91.8	565±4	Br—Br	228.4	190.16
H—Cl	127.4	431.2	I—I	266.6	148.95
H—Br	140.8	362.3	C—C	154	345.6
H—I	160.8	294.6	C=C	134	602±21
F—F	141.8	154.8	C≡C	120	835.1

键长和键能虽可判别化学键的强弱,但要反映分子的几何形状尚需键角这个参数。

(3)键角 θ

分子中键与键之间的夹角称为键角。对于双原子分子无所谓键角,分子的形状总是直线型的。对于多原子分子,由于分子中的原子在空间排布情况不同,有不同的几何构型,也就有键角问题。

由此可见,知道一个分子的键角和键长,即可确定分子的几何构型。键角一般通过光谱和 X 射线衍射等实验测定,也可以用量子力学近似计算得到。

6.4.3 杂化轨道理论

杂化轨道的概念是从电子具有波动性,波可以叠加的观点出发的。杂化轨道理论认为原子在形成分子时,中心原子的若干不同类型、能量相近的原子轨道经过混杂平均化,重新分配能量和调整空间方向组成数目相同、能量相等的新原子轨道,这种混杂平均化过程称为原子轨道"杂化"。所得新原子轨道称为杂化原子轨道,或简称杂化轨道。

注意,孤立原子轨道本身并不会杂化,因而不会出现杂化轨道。只有当原子相互结合的过程中需发生原子轨道的最大重叠,才会使原子内原来的轨道发生杂化以发挥更强的成键能力。

杂化轨道理论的基本要点如下。

①同一个原子中只有能量相近的原子轨道之间可以通过叠加混杂,形成成键能力更强的新轨道,即杂化轨道,常见的有 $nsnp,nsnpnd,(n-1)dnsnp$ 杂化;

②不同电子亚层中的原子轨道杂化时,电子会从低能量层跃迁到高能量层,其所需的能量完全由成键时放出的能量予以补尝,形成的杂化轨道成键能力大于未杂化轨道;

③一定数目的原子轨道杂化后可得能量相等的相同数目的杂化轨道,各杂化轨道能量高于原来的能量较低的电子亚层的能量而低于原来能量较高的电子亚层的能量,不同

类型的杂化所得杂化轨道空间取向不同。

杂化后的电子轨道与原来相比在角度分布上更加集中,从而使它在与其他原子的原子轨道成键时重叠的程度更大,形成的共价键更加牢固。

1. s 和 p 原子轨道杂化

s 和 p 原子轨道杂化的方式通常有 3 种,就是 sp,sp^2,sp^3 杂化,现分别扼要介绍如下。

(1)sp 杂化轨道

sp 杂化轨道是 1 个 ns 轨道与 1 个 np 轨道杂化。例如,$BeCl_2$ 分子中的 Be 原子的价电子层原子轨道取 sp 杂化,形成 2 个 sp 杂化轨道,简记为$(sp)_1$,$(sp)_2$。杂化过程示意如下,即

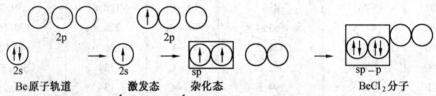

每个 sp 杂化轨道含有 $\frac{1}{2}$s 成分和 $\frac{1}{2}$p 成分,这 2 个杂化轨道在空间的分布呈直线形,如图 6.12(a)所示。

Be 原子的 2 个 sp 杂化轨道与 Cl 原子的 p 轨道沿键轴方向重叠而成 2 根等同的 Be—Cl 键,$BeCl_2$ 分子呈直线形结构,如图 6.12(b)所示。

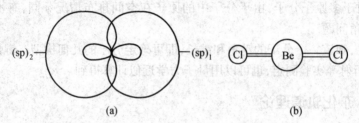

图 6.12 sp 杂化轨道及 $BeCl_2$ 分子的构型示意图

(2)sp^2 杂化轨道

sp^2 杂化轨道为 1 个 ns 轨道和 2 个 np 轨道杂化而成,每个杂化轨道的形状是一头大一头小,含有 $\frac{1}{3}$s 和 $\frac{2}{3}$p 的成分,杂化轨道间的夹角为 120°,呈平面三角形,如图 6.13 所示。例 BF_3 中的 B 原子与 3 个 F 原子结合时,其价电子首先被激发成 $2s^1 2p^2$,然后杂化为能量等同的 3 个 sp^2 杂化轨道,简记为$(sp^2)_1$,$(sp^2)_2$,$(sp^2)_3$。杂化过程示意如下,即

在 BF_3 分子中,3 个 F 原子的 2p 轨道与 B 原子的 3 个 sp^2 杂化轨道沿着平面三角形三个顶点相对重叠形成 3 根等同的 B—F σ 键,整个分子呈平面三角形结构,如图6.13(b)

所示。

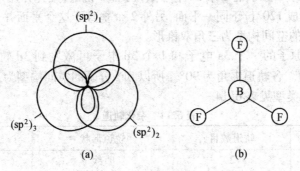

图 6.13 sp^2 杂化轨道及 BF_3 分子的结构示意图

（3）sp^3 杂化轨道

sp^3 杂化轨道是 1 个 ns 轨道和 3 个 np 轨道杂化而成,每个 sp^3 杂化轨道的形状也是一头大,一头小,含有 $\frac{1}{4}$ s 和 $\frac{3}{4}$ p 的成分,sp^3 杂化轨道间的夹角为 109.5°,空间构型为正四面体,如图 6.14(a)所示。

例如,CH_4 分子中的 C 原子与 4 个 H 原子结合时,由于 C 原子的 2s 和 2p 轨道的能量比较相近,2s 电子首先被激发到 2p 轨道上,然后 1 个 s 轨道与 3 个 p 轨道杂化而成能量等同的 4 个 sp^3 杂化轨道,简记为 $(sp^3)_1,(sp^3)_2,(sp^3)_3,(sp^3)_4$。杂化过程示意如下,即

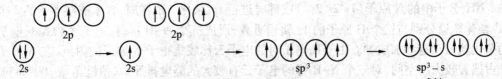

4 个氢原子的 s 轨道分别与 C 原子的 4 个 sp^3 杂化轨道沿四面体的四个顶点互相重叠,形成 4 根等同的 C-H σ 键,键角为 109.5°,CH_4 分子呈正四面体结构,如图 6.14(b)所示。

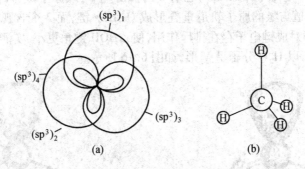

图 6.14 sp^3 杂化轨道及 CH_4 的分子构型示意图

2. sp^3d 杂化和 sp^3d^2 杂化

不仅 s,p 原子轨道可以杂化,d 原子轨道也可参与杂化,得 s-p-d 杂化轨道。PCl_5 中

的 P 原子属于 sp^{3}d。P 原子的 1 个 3s 电子激发到 3d 轨道,杂化作用形成 5 个 sp^{3}d 杂化轨道。其中 3 个互成 120°位于同一平面,另外 2 个垂直于这个平面并分别位于平面的两侧,所以 PCl$_5$ 分子的空间构型为三角双锥形。

SF$_6$ 分子中 S 原子的一个 3s 电子和 1 个 3p 电子可激发到 3d 轨道,杂化作用形成 6 个 sp^{3}d^2 杂化轨道。各轨道夹角为 90°。所以 SF$_6$ 分子的空间构型为正八面体。

原子轨道杂化类型见表 6.14。

表 6.14　杂化轨道

类　型	轨道数目	轨道形状	实　例
sp	2	直线	BeCl$_2$,HgCl$_2$
sp^2	3	平面三角	BF$_3$
sp^3	4	四面体	CCl$_4$,NH$_3$,H$_2$O
sp^{3}d	5	三角双锥	PCl$_5$
sp^{3}d^2	6	八面体	SF$_6$

3. 等性杂化和不等性杂化轨道

在 s-p 杂化过程中,每一种杂化轨道所含 s 及 p 的成分相等,这样的杂化轨道称为等性杂化轨道。例 BF$_3$ 分子,CH$_4$ 分子中杂化为等性杂化。若在 s-p 杂化过程中形成各新原子轨道所含 s 和 p 的成分不相等,这样的杂化轨道称为不等性杂化轨道。例 NH$_3$ 分子和 H$_2$O 分子中是典型的 sp^3 不等性杂化轨道。

(1)NH$_3$ 分子结构

NH$_3$ 分子中的 N 原子(1s^{2}2s^{2}2p^3)成键时进行 sp^3 杂化。成键时,含未成对电子的 3 个 sp^3 杂化轨道分别与三个 H 原子的 1s 轨道重叠,形成三个 N–H σ 键,另 1 个含孤对电子的杂化轨道没有参加成键。由于孤电子对的电子云比较集中于 N 原子的附近,在 N 原子外占据着较大的空间,对三个 N–H 键的电子云有较大的静电排斥力,使键角从 109°28′被压缩到 107°18′,以至 NH$_3$ 分子呈三角锥形。同时其所在的杂化轨道含有较多的 s 轨道成分,其余三个杂化轨道则含有较多的 p 轨道成分,使这四个 sp^3 杂化轨道不完全等同。

(2)H$_2$O 分子结构

H$_2$O 分子中的 O 原子(1s^{2}2s^{2}2p^4)已有 2 对孤对电子,氧原子成键时也采用 sp^3 不等性杂化,2 个杂化轨道与氢的原子轨道重叠形成 O–H σ 键,而 2 个含孤对电子的杂化轨道不参加成键,同样对成键电子存在排斥作用,使∠HOH 键角更小,实测水分子中∠HOH 的键角为 104.5°,所以 H$_2$O 分子呈 V 形,如图 6.16 所示。

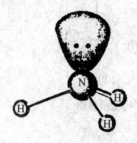

图 6.15　氨分子的结构示意图

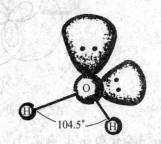

104.5°

图 6.16　水分子的结构示意图

上述所涉及的 CH_4 和 NH_3，H_2O 中的中心原子都采取 sp^3 杂化，成键杂化轨道中等性杂化的 s 成分含量为 25%，而不等性杂化的 s 成分含量 NH_3，H_2O 分别为 22.6% 和 20.2%，成键轨道间的夹角分别为 109.5°，107° 和 104.5°。可见，键角随 s 成分的减少而相应缩小。杂化轨道理论成功地解释了许多分子中键合状况以及分子的形状、键角、键长等实验。

6.4.4　分子间力和氢键

化学键是决定物质化学性质的主要因素，但单就化学键的性质还不能说明物质的全部性质及其所处的状态。例如，在温度足够低时许多气体能凝聚为液体，甚至凝固为固体，这说明还存在着某种相互吸引的作用力，即分子间力。

1. 分子间力

分子间力相当微弱，一般为 $0.2 \sim 50$ kJ·mol^{-1}（共价键能量为 $150 \sim 500$ kJ·mol^{-1}），但对物质的许多性质有着较大的影响，如对物质的熔点、沸点、表面张力、稳定性等都有相当大的影响。这种作用力的大小与分子的结构、分子的极性有关。

（1）分子的极性

任何分子都是核和电子组成。核和电子的电荷，可看成与物体的质量一样有一重心，即假定电荷集中于一点。我们把分子中正负电荷集中的点分别称为"正电荷中心"和"负电荷中心"，有的分子正负电荷中心不重合，正电荷集中的点为正极，负电荷集中的点为负极，这样分子产生了偶极，称为极性分子；有的分子正负电荷中心重合，不产生偶极，称为非极性分子。

同核双原子分子如 H_2，Cl_2，N_2 等，由于两个元素的电负性相同，所以两个原子对共用电子对的吸引能力相同，正、负电荷中心必然重合，因此它们是非极性分子。异核双原子分子如 HCl，CO，NO 等，由于两元素的电负性不相同，其中电负性大的元素的原子吸引电子的能力较强，负电荷中心必靠近电负性大的一方，而正电荷中心则较靠近电负性小的一方，正负电荷中心不重合。因此，它们是极性分子。

多原子分子，分子是否有极性，主要决定于分子的组成和构型。如 NH_3 分子中，N—H 键有极性（氮原子部分带负电，氢原子部分带正电），氨分子为三角锥形结构，各个键的极性不能抵消，因而正负电荷中心不重合，所以氨分子是极性分子；在 BF_3 分子中，B—F 键为极性键，但 BF_3 是一个平面三角形，互成 120°，三个 B—F 键的极性互相抵消，整个 BF_3 分子正负电荷中心重合，所以 BF_3 分子是非极性分子；同样正四面体的 CCl_4 也是非极性分子；而 CH_3Cl 由于键的极性不能抵消，所以 CH_3Cl 是极性分子。总之，共价键是否有极性，决定于成键原子间共用电子对是否有偏移，分子是否有极性决定于整个分子正负电荷中心是否重合。

分子极性的大小常用偶极矩衡量。偶极矩的概念是德拜（Debye）提出来的，他将偶极矩 p 定义为分子中电荷中心上的电荷量 δ 与正负电荷中心间距 d 的乘积，即

$$p = \delta \cdot d$$

式中，δ 是偶极上的电荷，C；d 为正负电荷中心间距或偶极长度，m；p 为偶极矩，C·m。偶极矩是一个矢量，其方向规定为从正到负。

分子偶极矩的大小可用实验方法直接测定。表 6.15 为某些气态分子的偶极矩的实验值。

表 6.15　某些分子的偶极矩和分子的几何构型

分子	$p/(10^{-30}C \cdot m)$	几何构型	分子	$p/(10^{-30}C \cdot m)$	几何构型
H_2	0.0	直线形	HF	6.4	直线形
N_2	0.0	直线形	HCl	3.61	直线形
CO_2	0.0	直线形	HBr	2.63	直线形
CS_2	0.0	直线形	HI	1.27	直线形
BF_3	0.0	平面三角形	H_2O	6.23	V 形
CH_4	0.0	正四面体	H_2S	3.67	V 形
CCl_4	0.0	正四面体	SO_2	5.33	V 形
CO	0.33	直线形	NH_3	5.00	三角锥形
NO	0.53	直线形	PH_3	1.83	三角锥形

由表 6.15 可见分子几何构型对称(如平面三角形、正四面体形)的多原子分子,其偶极矩为零。从分子偶极矩可推出其分子的几何构型。反过来,我们知道了分子的几何构型,也可以知道其分子的偶极矩是否等于零。偶极矩越大,分子的极性越强。

(2)分子的变形性和极化率

在外电场(E)的作用下,分子内部的电荷分布将发生相应的变化,分子中带正电荷的核和带负电荷的电子间将产生相对位移,这称为分子的变形性。对非极性分子而言,原来重合的正负电荷中心在电场影响下互相分离,产生了偶极,称为分子的极化,所形成的偶极称为诱导偶极。电场越强,分子变形越大,诱导偶极越大。外电场取消,诱导偶极消失,分子恢复为非极性分子。所以诱导偶极与电场强度 E 成正比,即

$$p_{诱导} = \alpha \cdot E$$

式中,α 为比例常数,可衡量分子在电场作用下变形性的大小,称为分子诱导极化率,简称为极化率。分子中电子数越多,α 越大。外电场强度一定,α 越大的分子,p 诱导越大,分子的变形性也越大。分子的极化率 α 由实验测得,见表 6.16。

表 6.16　某些分子的极化率

分　子	$\alpha/(10^{-30}m^3)$	分　子	$\alpha/(10^{-30}m^3)$
He	0.203	HCl	2.56
Ne	0.392	HBr	3.49
Ar	1.63	HI	5.20
Kr	2.46	H_2O	1.59
Xe	4.01	H_2As	3.64
H_2	0.81	CO	1.93
O_2	1.55	CO_2	2.59
N_2	1.72	NH_3	2.34
Cl_2	4.50	CH_4	2.60
Br_2	6.43	C_2H_6	4.50

表中数据表明,随分子中电子数的增多以及电子云弥散,α 值相应加大。以周期系同族元素的有关分子为例,从 He 到 Xe 及从 HCl 到 HI,α 值增大,分子的变形性必然增大。

极性分子本身就存在的偶极称为固有偶极或永久偶极。极性分子通常都做不规则的热运动,如图 6.17(a)所示。若在外电场的作用下,其正极转向负电极,其负极转向正电极,按电场的方向排列,如图 6.17(b)所示,此过程称为取向或定向极化。同时电场也使分子正负电荷中心之间的距离拉大,发生变形,产生诱导偶极,此时分子的偶极为固有偶极和诱导偶极之和,分子的极性有所增强。

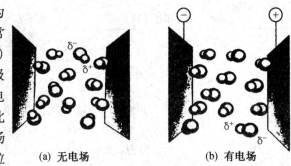

(a) 无电场　　　　　　(b) 有电场

图 6.17　极性分子在电场中的取向

分子的取向、极化和变形,不仅在电场中发生,而且在相邻分子间也可以发生。极性分子固有偶极相当于无数个微电场,当极性分子与极性分子,极性分子与非极性分子相邻时同样也会发生极化作用。这种极化作用对分子间力的产生有重要影响。

(3)分子间力

分子间力又叫范德华力,一般包括下面三个部分。

①色散力。非极性分子在运动过程中电子云分布不是始终均匀的,每瞬间分子内带负电的部分(电子云)和带正电的部分(核)不时地发生相对位移,致使电子云在核的周围摇摆,分子发生瞬时变形极化,产生瞬时偶极。这种瞬时偶极之间的相互作用称为色散力。色散力的大小与分子的极化率有关,极化率 α 越大,则分子间的色散力也越大。

②诱导力。当极性分子与非极性分子相邻时,非极性分子受极性分子的诱导而变形极化,产生诱导偶极,这种固有偶极与诱导偶极之间的相互作用称为诱导力,此力为 1920 年德拜提出,又称德拜力。诱导力的大小与分子的偶极矩及分子的极化率有关,极性分子偶极矩越大,极性与非极性两种分子的极化率越大,则诱导力也越大。

③取向力。当极性分子与极性分子相邻时,极性分子的固有偶极间必然发生同极相斥,异极相吸,从而先取向,后变形,这种固有偶极与固有偶极间的相互作用称为取向力。此力在 1912 年由葛生所提出,又称葛生力。取向力大小与分子的偶极矩和极化率均有关,但主要取决于固有偶极,即分子的偶极矩越大,分子间的取向力也大。

分子间力均为电性引力,它们既没有方向性也没有饱和性,它们的大小和示例见表 6.17 及表 6.18。

表 6.17　分子间作用力

分子间作用力	能量/(kJ·mol^{-1})	实　例
色散力	0.05—40	F—F⋯F—F
诱导力	2—10	HCl—HCl⋯H—Cl
取向力	5—25	I—Cl⋯I—Cl

表 6.18　某些物质的分子间力

物　　质	两分子间的相互作用力		
	取向力/$(kJ \cdot mol^{-1})$	诱导力/$(kJ \cdot mol^{-1})$	色散力/$(kJ \cdot mol^{-1})$
He	0	0	0.05
Ar	0	0	2.9
Xe	0	0	18
CO	0.000 21	0.003 7	4.6
HCl	1.2	0.36	7.8
HBr	0.39	0.28	15
HI	0.021	0.1	33
NH_3	5.2	0.63	5.6
H_2O	11.9	0.65	2.6

(4)分子间力对物质性质的影响

分子间力对物质物理性质的影响是多方面的。液态物质分子间力越大,气化热就越大,沸点也就越高;固态物质分子间力越大,熔化热就越大,熔点也就越高。一般而言,结构相似的同系列物质分子量越大,分子变形性也就越大,分子间力越强,物质的沸点、熔点也就越高。例如稀有气体、卤素等,其沸点和熔点就是随着分子量的增大而升高的。

分子间力对液体的互溶性以及固、气态非电解质在液体中的溶解度也有一定影响。溶质和溶剂的分子间力越大,则在溶剂中的溶解度也越大。

另外,分子间力对分子型物质的硬度也有一定的影响。极性小的聚乙烯、聚异丁烯等物质,分子间力较小,硬度也小;含有极性基团的有机玻璃等物质,分子间力较大,硬度也大。

2.氢键

(1)氢键的形成

当氢原子与电负性很大而半径很小的原子(例如 F,O,N)形成共价型氢化物时,由于原子间共用电子对的强烈偏移,氢原子几乎呈质子状态,便可和另一个高电负性且含有孤对电子的原子产生静电吸引作用,这种引力称为氢键。氢键是一种很弱的键,其键能一般在 $40\ kJ \cdot mol^{-1}$ 以下,但比范德华力强。氢键的键能与元素的电负性及原子半径有关,元素电负性越大,原子半径越小,形成的氢键越强。

氢键的组成可用 X—H⋯Y 通式表示,式中 X,Y 代表 F,O,N 等电负性大而半径小的原子,X 和 Y 可以是同种元素,也可以是不同种元素。氢键的强弱次序为 F—H⋯F>O—H⋯O>N—H⋯N。H⋯Y 间的氢键,其间的长度为氢键的键长,拆开一摩尔 H⋯Y 键所需的能量为氢键能。

氢键不同于分子间力,它有方向性和饱和性。氢键的饱和性是因为氢体积非常小,当X—H 分子中的 H 与 Y 形成氢键后,已被电子云所包围,这时若有另一个 Y 靠近时必被排斥,所以每个 X—H 只能和一个 Y 相互吸引而形成氢键。氢键的方向性是因为 Y 吸引X—H 形成氢键时,将取 H—X 键轴的方向,即 X—H⋯Y 一般在一直线上。

（2）氢键对物质性质的影响

氢键的形成对物质性质将产生重大影响，分为以下几个方面。

①对熔点沸点的影响。HF 在卤化氢中分子量最小，那么，它的熔点、沸点应该是最低，但事实上却反常的高，这是因为 HF 分子间形成了氢键，其气化、液化都需消耗一定的能量来破坏部分氢键。而 HCl，HBr，HI 分子间不能形成氢键，因分子间力的依次增加，熔、沸点依次升高。

②对溶解度的影响。如果溶质分子与溶剂分子间能形成氢键，将有利于溶质分子的溶解。例如乙醇和乙醚都是有机化合物，前者因形成氢键能溶于水，而后者则不溶。同样，NH_3 易溶于 H_2O 也是形成氢键的缘故。

③对生物体的影响。氢键对生物体的影响极为重要，最典型的是生物体内的 DNA。DNA 由两条多核苷酸链组成，链间以大量的氢键连接组成螺旋状的立体构型，如图 6.18 所示。生物体的 DNA 中，根据两链氢键匹配的原则可复制出相同的 DNA 分子。因此可以说由于氢键的存在，使 DNA 的克隆得以实现，保持物种的繁衍。

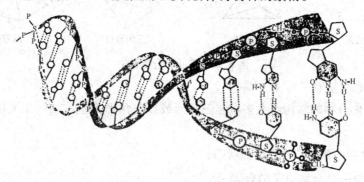

图 6.18　DNA 结构示意图

阅读拓展

簇状化合物

簇状化合物是指含有金属–金属键（M–M）的多面体分子，它们的电子结构是以离域的多中心键为特征的。这类化合物类似配合物，但不是经典的配合物，也不是一般的多核配合物，如图 6.19 所示。

1. 簇状化合物的结构特点

（1）簇状化合物是以成簇的原子所构成的金属骨架为特征的，骨架中的金属原子以一种多角形或多面体排列，如图 6.20 所示。

（2）簇的结构中心多数是空的，无中心金属原子存在，少数例外。如 $Au_{11}I_3[P(p-ClC_6H_4)_3]_7$ 结构中，11 个 Au 中，有一个在中心。

（3）簇的金属骨架结构中的边并不代表经典价键理论中的双中心电子对键。骨架中的成键作用以离域的多中心键为主要特征。

（4）占据骨架结构中顶点的不仅可以是同种或异种过渡金属原子，也可以是主族金

$[Co(NH_3)_6]Cl_3$
经典配合物

$[(NH_3)_3Co -\!\!\!\!\underset{\substack{\\ O \\ | \\ O}}{\overset{\substack{H \\ | \\ O \\ | \\ H \\ | \\ O \\ | \\ H}}{\big|}}\!\!\!\!- Co(NH_3)_3]^{3+}$

多核配合物

原子簇配合物

图 6.19　簇状化合物

　　三角形　　　　　四面体　　　　　三角双锥　　　　　四方锥

图 6.20　簇状化合物骨架

属原子,甚至非金属原子 C,B,P 等。

　　(5)簇状化合物的结构绝大多数是三角形或以三角形为基本结构单元的三角形多面体。

2. 簇化合物中配体(L)的结合状态

端基:仅与一个金属原子结合 M–L;

线桥基:与两个金属原子结合(M–L–M),简称桥基,表示为 u_2–L;

面桥基:结合在金属原子面的中心上($M_xL, x \geqslant 3$),称为面桥基,以"u_x–L"表示;其中 u_3–L 最为常见。

3. 双核簇化合物

这类化合物研究得较多,尤以卤合物及羰合物较为普遍,如 $[Re_2Cl_8]^{2-}$, $[Mo_2(SO_4)_4]^{3-}$,$Cr_2(O_2CCH_3)_4$ 等。

它由两个 $ReCl_4$ 结合而成,上下氯原子对齐成四方柱型,Cl–Cl 键长为 0.332 nm,小于其范德华半径之和(0.34 ~ 0.36 nm),为什么上下两组氯原子完全重叠,而不是反交叉型,且 Re–Re 很短。

4. 三原子簇

这些化合物的金属骨架大多是三角形的,最熟知的是 $[Re_3Cl_{12}]^{3-}$。其中 Re 原子按三角形直接键合并借卤桥间接键合。Re-Re 距离为 2.47Å，比 $[Re_2Cl_8]^{2-}$（0.224 nm）要长：

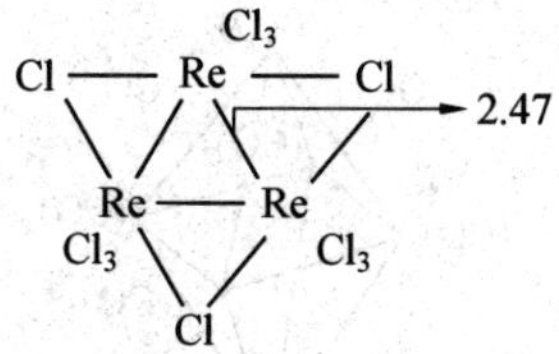

$$
\begin{array}{c}
\text{Cl}_3 \\
\text{Cl} \text{—} \text{Re} \text{—} \text{Cl} \longrightarrow 2.47 \\
\text{Re} \text{—} \text{Re} \\
\text{Cl}_3 \quad \text{Cl}_3 \\
\text{Cl}
\end{array}
$$

5. 四原子簇

四原子簇的金属骨架结构多数是四面体形。

如 $Co_4(CO)_{12}$，$Rh_4(CO)_{12}$，$Ir_4(CO)_{12}$ 等：

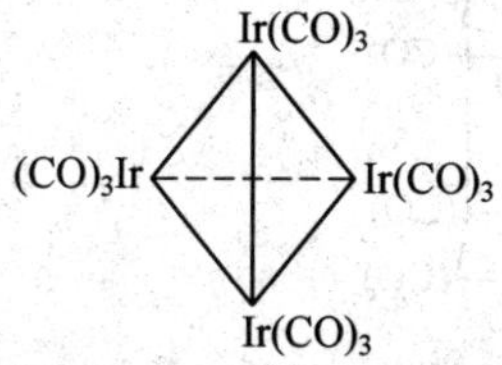

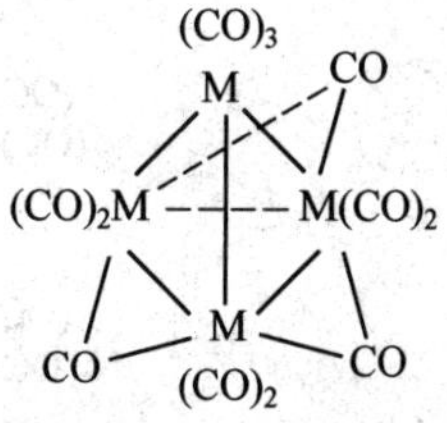

$$
\begin{array}{cc}
\text{Ir(CO)}_3 & \text{(CO)}_3 \quad \text{CO} \\
& \text{M} \\
\text{(CO)}_3\text{Ir} \text{----} \text{Ir(CO)}_3 \qquad \text{(CO)}_2\text{M} \text{—} \text{M(CO)}_2 \\
\text{Ir(CO)}_3 & \text{CO} \quad \text{M} \quad \text{CO} \\
& \text{(CO)}_2 \\
& \text{M}_4(\text{CO})_{12}(\text{M=Co, Rh})
\end{array}
$$

再如四面体杂原子簇 $Co_3(CO)_9C-R$：

$$
\begin{array}{c}
\text{R} \\
\text{C} \\
\text{(CO)}_3\text{Co} \text{----} \text{Co(CO)}_3 \\
\text{Co(CO)}_3
\end{array}
$$

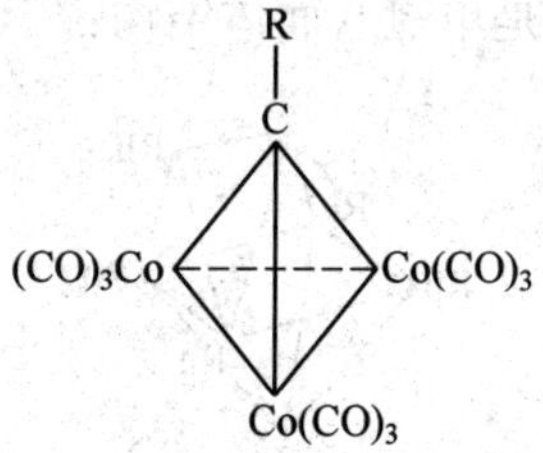

6. 四原子以上的簇状配合物

（1）五原子羰基簇有三角双锥和四方锥两种构型。

如 $[Ni_5(CO)_{12}]^{2-}$ 为三角双锥结构：

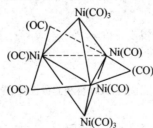

$Fe_5(CO)_{15}C$ 为四方锥结构：

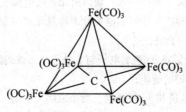

(2)六原子簇以八面体结构为特征

如 $Rh_6(CO)_{12}(\mu_3\text{-}CO)_4$：

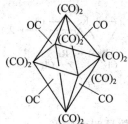

再如 $[Pt_6(CO)_6(\mu_2\text{---}CO)_6]^{2-}$ 为三角棱柱结构：

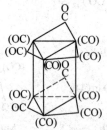

(3)某些六原子以上的金属簇常以八面体结构为基础。

如 $[Rh_7(CO)_{16}]^{3-}$，可以看作是单冠八面体结构：

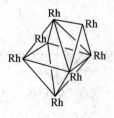

习 题

1.试区别：

(1)基态和激发态；

(2)外电子层构型和外电子层结构；

(3)晶体和非晶体,晶胞和晶格；

(4)孤对电子和键对电子；

(5)单键、双键和叁键,共价键和配位键,极性键和非极性键,极性分子和非极性分子；

(6)氢键、分子间力和化学键。

2.试述四个量子数的物理意义和它们取值的规则。

3.何谓电离能？它的大小取决于哪些因素？如何用元素的电离能来衡量元素金属性的强弱？何谓电负性？通常采用哪一种电负性标度？如何用电负性来衡量元素的金属性和非金属性的强弱？

4.下列说法对不对？若不对试改正之。

(1)s 电子与 s 电子间形成的键是 σ 键,p 电子与 p 电子间形成的键是 π 键；

(2)通常 σ 键的键能大于 π 键的键能；

(3)sp^3 杂化轨道指的是 1s 轨道和 3p 轨道混合后形成的 4 个 sp^3 杂化轨道。

5.下列的电子运动状态是否存在？为什么？

(1) $n=2$　$l=2$　$m=0$　$m_s=+\dfrac{1}{2}$

(2) $n=3$　$l=1$　$m=2$　$m_s=-\dfrac{1}{2}$

(3) $n=4$　$l=2$　$m=0$　$m_s=+\dfrac{1}{2}$

(4) $n=2$　$l=1$　$m=1$　$m_s=+\dfrac{1}{2}$

6. 写出 $_{21}Sc$，$_{42}Mo$，$_{48}Cd$ 的电子排布式。

7. 若元素最外层仅有一个电子,该电子的量子数为 $n=4,l=0,m=0,m_s=+\dfrac{1}{2}$。问:

(1) 符合上述条件的元素可以有几个? 原子序数各为多少?

(2) 写出相应元素原子的电子结构,并指出在周期表中所处的区域和位置。

8. 在下列各组中填入合适的量子数:

(1) $n=2$　$l=?$　$m=1$　$m_s=-\dfrac{1}{2}$

(2) $n=3$　$l=1$　$m=?$　$m_s=+\dfrac{1}{2}$

(3) $n=4$　$l=0$　$m=0$　$m_s=?$

9. 试用 s,p,d,f 符号来表示下列各元素原子的电子结构:

(1) $_{18}Ar$　　(2) $_{26}Fe$　　(3) $_{53}I$　　(4) $_{47}Ag$

并指出它们各属于第几周期? 第几族?

10. 已知四种元素的原子的外电子层结构分别为:

(1) $4s^2$　　(2) $3s^23p^5$　　(3) $3d^24s^2$　　(4) $5d^{10}6s^2$

试指出:(1) 它们在周期系中各处哪一区? 哪一周期? 哪一族?

(2) 它们的最高正氧化值各为多少?

(3) 电负性的相对大小。

11. 第四周期某元素,其原子失去 3 个电子,在 $l=2$ 的轨道内电子半充满,试推断该元素的原子序数,并指出该元素名称;第五周期某元素,其原子失去 2 个电子,在 $l=2$ 的轨道内电子半充满,试推断该元素原子序数、电子结构,并指出位于周期表中的哪一族? 是什么元素?

12. 对多电子原子来说,当主量子数 $n=4$ 时,有几个能级? 各能级有几个轨道? 最多能容纳几个电子?

13. 已知甲元素是第三周期 p 区元素,其最低氧化值为 -1,乙元素是第四周期 d 区元素,其最高氧化值为 $+4$。试填下表:

元素	外电子层构型	族	金属或非金属	电负性相对高低
甲				
乙				

14. 指出相应于下列各特征元素的名称:

(1) 具有 $1s^22s^22p^63s^23p^5$ 电子层结构的元素;

(2) ⅡA 族中第一电离能最大的元素;

(3) ⅥA 族中具有最大电子亲和能的元素。

15. 指出具有下列性质的元素(不查表,且稀有气体除外):

(1) 原子半径最大和最小　　(2) 电离能最大和最小

(3)电负性最大和最小　　　　(4)电子亲和能最大

16. 指出下列分子的中心原子采用的杂化轨道类型,并判断它们的几何构型。

(1)BeH_2　　(2)SiH_4　　(3)BBr_3　　(4)CO_2

17. 指出下列各分子间存在哪几种分子间力(包括氢键)。

(1)H_2　(2)O_2　(3)H_2O　(4)$HCl-H_2O$　(5)H_2S　(6)H_2S-H_2O　(7)H_2O-O_2　(8)CH_3Cl

18. 指出下列各对分子间存在的分子间作用力的类型。

(1)苯和四氯化碳　　　(2)甲醇和水　　　(3)二氧化碳和水　　　(4)溴化氢和碘化氢

19. 已知 KI 的晶格能(U)为-631.9 kJ·mol^{-1},钾的升华热(S)为 90.0 kJ·mol^{-1},钾的电离能(I)为 418.9 kJ·mol^{-1},碘的升华热(S)为 62.4 kJ·mol^{-1},碘的电离能(D)为 151 kJ·mol^{-1},碘的电子亲和能(E)为-310.5 kJ·mol^{-1},求碘化钾的生成热。　　　　　　　　　(-251.3 kJ·mol^{-1})

20. 填充下表

物质	晶格上质点	质点间作用力	晶体类型	熔点高或低
MgO				
SiO_2				
Br_2				
NH_3				
Cu				

21. 由 N_2 和 H_2 每生成 1 mol NH_3 放热 46.02 kJ,而生成 1 mol NH_2—NH_2 却吸热 96.26 kJ。又知 H—H 键能为 436 kJ·mol^{-1},N≡N 叁键键能为 945 kJ·mol^{-1}。求:(1)N—H 键的键能;(2)N—N 单键的键能。　　　　　　　　　(245.5 kJ·mol^{-1},738.7 kJ·mol^{-1})

第 7 章 配位化学基础

学 习 要 求

1. 掌握配位化合物的结构特点及命名方法。
2. 掌握配位化合物价键理论,了解配位化合物的空间结构与中心离子杂化形式的关系。
3. 掌握配位平衡理论,了解其应用。

配位化合物(简称"配合物")是以具有接受电子对的空轨道的离子或原子(称为配合物的形成体)为中心,一定数目可以给出电子对的离子或分子为配位体,两者以配位键相结合形成具有一定空间构型的复杂化合物。通常认为配位化学始于 1798 年 $CoCl_3 \cdot 6NH_3$ 的发现。1893 年瑞士苏黎士(Zurich)大学化学教授 AlfredWerner 提出了配合物的正确化学式和成键本质,被认为是近代配位化学的创始人。配位化学在科学研究和生产实验中起着越来越重要的作用,它研究的内容实际上已经打破了传统的无机化学、有机化学、物理化学和分析化学的界限,成为各分支化学的交叉点。金属的分离和提取、工业分析、催化、电镀、环保、医药工业、印染工业、化学纤维工业以及生命科学、人体健康等,无一不与配位化合物有关。近年来,这一领域的充分发展已形成了一门独立的分支学科——配位化学。

7.1 配位化合物的组成和命名

7.1.1 配位化合物的组成

$CoCl_3 \cdot 6NH_3$ 实际上是一种含复杂离子的化合物,其结构式为 $[Co(NH_3)_6]Cl_3$,方括号内是由一个 Co^{3+} 和 6 个 NH_3 牢固地结合而形成的复杂离子 $[Co(NH_3)_6]^{3+}$,称为配离子,它十分稳定,在水溶液中很难离解。其中简单阳离子 Co^{3+} 称为中心离子,NH_3 称为配位体。

中心离子与配位体之间以配位键相连接。配位体也可以是阴离子,如 Cl^-,CN^- 等。这样形成的配离子就可能是阴离子,如 $[AuCl_4]^-$,$[Fe(CN)_6]^{4-}$ 等。

配位化合物 $[Co(NH_3)_6]Cl_3$ 方括号内的这一部分又称为内界,方括号外的部分称为外界。

中心离子绝大多数是金属离子,最常见的是一些过渡金属元素的离子,例如 Fe^{3+},Co^{3+} 和 Cu^{2+} 等。非金属元素的原子也可以作为中心原子,如 B 和 Si 分别形成 $[BF_4]^-$,

$[SiF_6]^-$ 等配离子。有少数配合物的形成体不是离子而是中性原子,如 $[Ni(CO)_4]$ 中的 Ni 原子等。

对配位体而言,它以一定的数目和中心离子相结合。在配体中直接和中心离子连接的原子叫配位原子。一个中心离子所结合的配位原子的总数称为该中心原子的配位数。如 $[Co(NH_3)_6]^{3+}$ 中 Co^{3+} 的配位数为 6。配体 NH_3 只有一个配位原子 N,这样的配体称为单齿配体。又如 $[Cu(en)_2]^{2+}$(en 为 $NH_2CH_2CH_2NH_2$ 的简写)中 Cu^{2+} 的配位数为 4 而不是 2。因为每个 en 有两个配位原子 N,象 en 这样一个配体中有两个或两个以上配位原子的配体称为多齿配体。

中心离子(原子)的配位数一般是 2,4,6 和 8,最常见的是 4 和 6。配位数的多少决定于配合物中的中心离子和配体的体积大小、电荷多少、彼此间的极化作用、配合物生成时的外界条件(浓度、温度)等。

常见的配位原子有 14 种。除 H 和 C 外,还有周期表中第 VA 族的 N、As 和 Sb,第 VIA 族的 O、S 和 Se、Te,第 VIIA 族的 F、Cl、Br 和 I。配位数是容纳在原子或离子周围的电子对的数目,故不受周期表族次的限制,而决定于元素的周期数。中心离子的最高配位数第一周期为 2,第二周期为 4,第三、四周期为 6,第五周期为 8。一般说来,如果中心离子的半径越大,则周围能结合的配体就越多,配位数就越大。例如 Al^{3+} 和 F^- 形成 $[AlF_6I]^{3-}$,而体积较小的 B(III)就只能与 F^- 形成 $[BF_4]^-$。但中心离子的体积越大,它和配体间的吸引力就越弱,这就使它达不到最高配位数。中心离子和配体的体积关系并非决定配位数的惟一因素。中心原子电荷增加,或配体电荷的减少,均有利于配位数的增加。另外,增大配体浓度,降低反应速率将有利于形成高配位数的配合物。

7.1.2 配位化合物的命名

根据中国化学会无机专业委员会制定的汉语命名原则,配位化合物命名规则如下:若配合物为配离子化合物,则命名时配阴离子在前,配阳离子在后;若为配阳离子化合物,则叫某化某或某酸某;若为配阴离子化合物,则在配阴离子与外界阳离子之间用"酸"字连接,称为某酸某。

以下举一些配合物命名的实例,作进一步阐述。

(1)含配阳离子的配合物

配体与中心离子之间加"合"字,中心离子的氧化值用带括号的罗马数字表示。有多种配体时,配体之间用中圆点"·"分开,命名次序为先阴离子后中性分子。同类配体按配位原子元素符号的英文字母顺序的先后命名。如

$[Cu(NH_3)_4]SO_4$	硫酸四氨合铜(II)
$[Fe(en)_3]Cl_3$	三氯化三(乙二胺)合铁(III)
$[CrCl_2(H_2O)_4]Cl$	一氯化二氯·四水合铬(III)
$[Co(NH_3)_5(H_2O)]Cl_3$	三氯化五氨·一水合钴(III)

(2)含配阴离子的配合物

$K_4[Fe(CN)_6]$	六氰合铁(II)酸钾(俗名黄血盐)
$K[PtCl_5(NH_3)]$	五氯·一氨合铂(IV)酸钾

（3）中性配合物

$[PtCl_2(NH_3)_2]$	二氯·二氨合铂（Ⅱ）
$[Co(NO_2)_3(NH_3)_3]$	三硝基·三氨合钴（Ⅲ）
$[Fe(CO)_5]$	五羰基合铁（铁为中性原子）

7.1.3 螯合物

1. 螯合物的概念

一个配体以两个或两个以上的配位原子（即多齿配体）和同一中心离子配位而形成一种环状结构的配合物，称为螯合物。这个名称是因为同一配体的双齿，好像一对蟹钳螯住中心离子的缘故。环状结构是螯合物的特点。

例如　多齿配体乙二胺（en）中的两个 N 原子可以作为配位原子，当其与 Cu^{2+} 作用时，生成二乙二胺合铜（Ⅱ）配阳离子 $[Cu(en)_2]^{2+}$，即

$$
\begin{array}{c} CH_2-NH_2 \\ | \\ CH_2-NH_2 \end{array} + Cu^{2+} + \begin{array}{c} CH_2-NH_2 \\ | \\ CH_2-NH_2 \end{array} = \left[\begin{array}{ccc} CH_2-H_2N & & NH_2-CH_2 \\ & \searrow\!\!Cu\!\!\swarrow & \\ CH_2-H_2N & & NH_2-CH_2 \end{array} \right]^{2+}
$$

其中有两个五原子环，每个环皆由两个碳原子、两个氮原子和中心离子 Cu^{2+} 构成。大多数螯合物有五原子环或六原子环。

2. 螯合剂

能与中心离子形成螯合物的多齿配体，称为螯合剂。一般常见的螯合剂是含有 N、O、S、P 等配位原子的有机化合物。螯合剂有以下一些特点。

①含有两个或两个以上能给出孤电子对的配位原子，即一定是多齿配位。

②这些配位原子在螯合剂的分子结构中必须处于适当的位置，即配位原子之间一般间隔两个或三个其他原子，只有这样才能形成稳定的五原子环或六原子环。

最常用的有机螯合剂是含有氨基乙二酸 $[-N(CH_2COOH)_2]$ 基团的一类有机化合物，称为氨羧配位剂。其中应用最广泛的是乙二胺四乙酸（Ethylene Diamine Tetraacetic Acid，简称 EDTA），可表示为

$$
\begin{array}{ccc} HOOCCH_2 & & CH_2COOH \\ & \searrow \qquad \swarrow & \\ & N-CH_2-CH_2-N & \\ & \nearrow \qquad \nwarrow & \\ HOOCCH_2 & & CH_2COOH \end{array}
$$

考虑其在水中的溶解度较小，实际使用的是其二钠盐，即乙二胺四乙酸二钠，也称 EDTA。

一分子的 EDTA 中有六个配位原子：四个氧原子（羧羟基中的氧）和两个氮原子。它几乎能与所有的金属离子形成十分稳定的螯合物，且配位比简单，多为 1∶1，因此常将其配成标准溶液来测定未知液中的金属离子浓度。

3. 螯合物的特殊稳定性

螯合物比具有相同配位原子的非螯合物要稳定得多，在水中更难离解，主要原因是生

成了稳定的环状化合物(螯环)。如果多齿配体中的配位原子得到充分利用,则一个二齿配体(如乙二胺)与金属离子配合时,可形成一个螯环,一个四齿配体(如氨三乙酸)可形成三个螯环,一个六齿配位(如 EDTA)则可形成五个螯环,如图 7.1 所示。

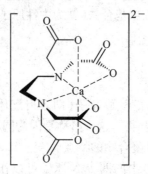

图 7.1　EDTA 与 Ca^{2+} 形成的螯合物的结构式

要使螯合物完全离解为金属离子和配体,对于二齿配体所形成的螯合物,需要破坏两个键;对于三齿配体所形成的螯合物,则需要破坏三个键。因此,螯合物的稳定性随螯合物中环数的增多而增强。此外,螯环的大小也会影响螯合物的稳定性。一般具有五原子环或六原子环的螯合物最稳定。

7.2　配位化合物的价键理论

用来解释配合物中化学键的本质、配合物结构和稳定性,以及一般性质(如磁性、光谱等)的理论主要有价键理论、晶体场论和分子轨道理论。1931 年,鲍林首先将分子结构的价键理论应用于配合物,后经发展逐步完善形成了近代配合物价键理论。价键理论较成功地解释了配合物的结构、稳定性及磁性的差别,但也有其局限性,它不能解释过渡金属配合物普遍具有特征颜色的现象,也不能解释配合物的可见和紫外吸收光谱等。因此,在近代,价键理论的地位逐渐为配合物的晶体场理论和分子轨道理论所取代。但价键理论简单明了,易于被初学者接受,所以颇受人们的欢迎。本节只介绍配位化合物的价键理论。

7.2.1　价键理论的要点

价键理论认为:中心离子(或原子)与配体形成配合物时,中心离子(或原子)以空的杂化轨道,接受配体中配位原子提供的孤对电子,形成配位共价键,这是一种特殊的共价键,共用电子对由单一原子提供。中心离子(或原子)杂化轨道的类型与形成的配离子的空间结构密切相关,也决定配位键型(内轨或外轨配键)。

7.2.2　外轨配键和内轨配键

配合物的配位键是一种极性共价键,具有一定的方向性和饱和性。

以 $[Zn(NH_3)_4]^{2+}$ 为例,Zn^{2+} 的外围电子层结构为 $3s^2 3p^6 3d^{10}$,它的 4s 和 4p 轨道是空

的。且能量相近,在与NH_3形成配离子时,这4个空轨道杂化形成4个等价sp^3杂化轨道,容纳配体中4个N原子提供4对孤电子对,而形成4个等性的$p-sp^3\sigma$配键,即

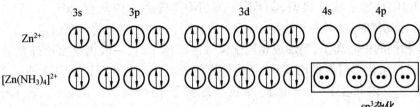

sp³杂化

上图中的"↑"表示中心离子的电子,"·"表示配位原子的电子。若中心金属离子d轨道未充满电子,如Fe^{2+},则形成配合物时的情况就比较复杂。Fe^{2+}的3d能级上有6个电子,其中4个轨道中是单电子(洪特规则)。在形成$[Fe(H_2O)_6]^{2+}$配离子时,中心离子的电子层不受配体影响。H_2O中配位原子氧的孤对电子进入Fe^{2+}的4s、4p和4d空轨道形成的sp^3d^2杂化轨道,形成6个$p-sp^3d^2\sigma$配键。

这种中心离子仍保持其自由离子状态的电子结构,配位原子的孤对电子仅进入外层空轨道而形成的配键,称为外轨配键,其对应的配离子称为外轨型配离子。$[Zn(NH_3)_4]^{2+}$和$[Fe(H_2O)_6]^{2+}$都是外轨型配离子,它的配合物称为外轨型配合物。外轨型配合物中心离子的杂化形式有sp,sp^2,sp^3,sp^3d^2等。

Fe^{2+}在形成$[Fe(CN)_6]^{4-}$配离子时,由于配体CN^-对中心离子d电子的作用特别强,能将Fe^{2+}的电子"挤成"只占3个轨道并全都自旋配对,使2个d轨道空出来。6个CN中配位原子碳的孤对电子进入Fe^{2+}的3d,4s和4p空轨道形成d^2sp^3杂化轨道,单电子数为零,磁性也没有了。像这样中心离子的电子结构改变,未成对的电子重新配对,从而在内层腾出空轨道来形成的配键称为内轨配键。用这种键型结合的配离子称为内轨型配离子,如$[Fe(CN)_6]^{2+},[Co(NH_3)_6]^{3+},[PtCl_6]^{2-}$等都是内轨型配离子,它们的配合物称为内轨型配合物。内轨型配合物中心离子的杂化形式有dsp^2,d^2sp^3等。

以上关于$[Fe(H_2O)_6]^{2+}$和$[Fe(CN)_6]^{4-}$配离子键型结构的叙述可以示意如下,即

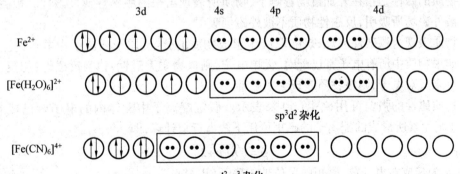

sp³d² 杂化

d²sp³ 杂化

配合物是内轨型还是外轨型,主要决定于中心离子的电子构型、离子所带的电荷和配位体的性质。具有d^{10}构型的离子,只能用外层轨道形成外轨型配合物;具有d^8构型的离子如Ni^{2+},Pt^{2+},Pd^{2+}等,大多数情况下形成内轨型配合物;具有其他构型的离子,既可形成内轨型配合物,也可形成外轨型配合物。

中心离子电荷增多,有利于形成内轨型配合物。中心离子与配位原子电负性相差很大时,易生成外轨型配合物;电负性相差较小时,则生成内轨型配合物。如配位原子 $F(F^-)$,$O(H_2O)$ 常生成外轨型,$C(CN^-)$,$N(NO_2^-)$ 等生成内轨型;NH_3 及其衍生物(如 RNH_2 等)作配体时,有时为外轨型,有时为内轨型,视中心离子的情况而定。

对于相同的中心离子,当形成相同配位数的配离子时,一般内轨型比外轨型稳定,这是因为 sp^3d^2 杂化轨道能量比 d^2sp^3 杂化轨道能量高;sp^3 杂化轨道能量比 dsp^2 杂化轨道高。在溶液中内轨型配离子也比外轨型配离子较难离解。例如,$[Fe(CN)_6]^{3-}$ 和 $[Ni(CN)_4]^{2-}$ 分别比 $[FeF_6]^{3-}$ 和 $[Ni(NH_3)_4]^{2+}$ 难离解。

7.2.3 配位化合物的空间结构

配位化合物的空间结构取决于中心离子杂化轨道的类型。现将常见杂化轨道类型与配合物空间结构的关系见表7.1。

表7.1 中心离子杂化轨道类型与配离子的空间结构

杂化轨道类型	配离子空间结构	配位数	实 例
sp	直线型	2	$[Cu(NH_3)_6]^+$,$[Ag(NH_3)_2]^+$,$[Ag(CN)_2]^-$
sp^2	平面三角型	3	$[CuCl_3]^{2-}$,$[HgI_3]^-$
sp^3	正四面体	4	$[Ni(NH_3)_4]^{2+}$,$[Zn(NH_3)_4]^{2+}$,$[Ni(CO)_4]$
dsp^2	正方型	4	$[Cu(NH_3)_6]^{2+}$,$[Ni(CN)_4]^{2+}$,$[PtCl_4]^{2-}$
dsp^3	三角双锥型	5	$[Ni(CN)_5]^{3-}$,$[Fe(CO)_5]$
sp^3d^2	正八面体	6	$[Co(NH_3)_6]^{2+}$,$[Fe(H_2O)_6]^{3+}$,$[FeF_6]^{3-}$
d^2sp^3			$[Fe(CN)_6]^{3-}$,$[Fe(CN)_6]^{4-}$,$[Co(NH_3)_6]^{3+}$

7.2.4 配位化合物磁性

物质的磁性是指在外加磁场影响下,物质所表现出来的顺磁性或反磁性。顺磁性物质可被外磁场所吸引,反磁性物质不被外磁场吸引。

物质表现为顺磁性或反磁性,取决于组成物质的分子、原子或离子中电子的运动状态。如果物质中所有电子都已配对,无单电子,则该物质无磁性,称为反磁性;相反,如物质中有未成对电子,则该物质表现为顺磁性。

物质磁性的强弱可用磁矩(μ)来表示。假定配离子中配体内的电子皆已成对,则 d 区过渡元素所形成的配离子的磁矩可用下式做近似计算,即

$$\mu = \sqrt{n(n+2)}$$

式中,n 为未成对电子数,磁矩的单位玻尔磁子(B.M)。

利用这个关系式,我们可以通过磁性实验来验证配离子是内轨型还是外轨型,并可近似计算未成对电子数。磁矩可用磁天平测出。例如,实验测得 $[FeF_6]^{3-}$ 磁矩为 5.90 B.M,则 $n \approx 5$。可见,在 $[FeF_6]^{3-}$ 中 Fe^{3+} 仍保留 5 个未成对电子,以 sp^3d^2 杂化轨道与配位原子 F 形成外轨配键。再如,实验测得 $[Fe(CN)_6]^{4-}$ 的 $\mu=0$,则 $n=0$ 说明在 $[Fe(CN)_6]^{4-}$ 中 Fe^{2+} 的

杂化形式为 d^2sp^3，$[Fe(CN)_6]^{4-}$ 是内轨型配合物。

7.3　配位平衡

7.3.1　配位平衡和平衡常数

配离子虽然是十分稳定的原子团，但在水溶液中也能少部分离解为中心离子和配体。比如，在 $[Cu(NH_3)_4]^{2+}$ 中加入 Na_2S 溶液，即有黑色的 CuS 沉淀生成。这是因为 $[Cu(NH_3)_4]^{2+}$ 在水溶液中可像弱电解质一样，部分离解出 Cu^{2+} 和 NH_3，Cu^{2+} 与 S^{2-} 反应生成了溶解度极小的 CuS 沉淀。$[Cu(NH_3)_4]^{2+}$ 在水溶液中存在如下平衡，即

$$[Cu(NH_3)_4]^{2+} \Longleftrightarrow Cu^{2+} + 4NH_3$$

由化学平衡原理，可得到

$$\frac{c(\{Cu(NH_3)_4\}^{2+})/c^{\ominus}}{\{c(Cu^{2+})/c^{\ominus}\}\{c(NH_3)/c^{\ominus}\}^4} = \beta_4^{\ominus}$$

式中，$\beta_4^{\ominus}$ 为 $[Cu(NH_3)_4]^{2+}$ 的标准累积稳定常数或标准总稳定常数（$\beta_4^{\ominus}$ 在右下角的数字表示此配离子中的配体数）。$\beta^{\ominus}$ 越大，表示形成配离子的倾向越大，此配合物越稳定。有时也可用 $\beta^{\ominus}$ 的倒数来表示，即

$$\frac{1}{\beta^{\ominus}} = \beta^{\ominus\prime}$$

式中，$\beta^{\ominus\prime}$ 为累积不稳定常数或离解常数。$\beta^{\ominus}$ 越大，$\beta^{\ominus\prime}$ 越小。表 7.2 列出了常见配离子的稳定常数。

表7.2　配离子的累积稳定常数

配　离　子	$\beta_n^{\ominus}$	$\lg \beta_n^{\ominus}$	配　离　子	$\beta_n^{\ominus}$	$\lg \beta_n^{\ominus}$
$[AgCl_2]^-$	1.74×10^5	5.24	$[Co(NH_3)_6]^{3+}$	2.29×10^{35}	34.36
$[CdCl_4]^{2-}$	3.47×10^2	2.54	$[Cu(NH_3)_4]^{2+}$	1.38×10^{12}	14.14
$[CuCl_4]^{2-}$	4.17×10^5	5.62	$[Ni(NH_3)_6]^{2+}$	1.02×10^8	8.01
$[HgCl_4]^{2-}$	1.59×10^{14}	16.2	$[Zn(NH_3)_6]^{2+}$	5.00×10^8	8.70
$[PdCl_3]^-$	25	1.4	$[AlF_6]^{3-}$	6.9×10^{19}	19.84
$[SnCl_4]^{2-}$	30.2	1.48	$[FeF_5]^{2-}$	2.19×10^{15}	15.34
$[SnCl_6]^{2-}$	6.6	0.82	$[Zn(OH)_4]^{2-}$	1.4×10^{15}	15.15
$[Ag(CN)_2]^-$	1.3×10^{21}	21.1	$[CdI_4]^{2-}$	1.26×10^6	6.10
$[Cd(CN)_4]^{2-}$	1.1×10^{16}	16.04	$[HgI_4]^{2-}$	3.47×10^{20}	30.54
$[CuCl_4]^{3-}$	5×10^{30}	30.7	$[Fe(SCN)_5]^{2-}$	1.20×10^6	6.08
$[Fe(CN)_6]^{4-}$	1.0×10^{24}	24.00	$[Hg(SCN)_5]^{2-}$	7.75×10^{21}	21.89

配 离 子	$\beta_n^{\ominus}$	$\lg \beta_n^{\ominus}$	配 离 子	$\beta_n^{\ominus}$	$\lg \beta_n^{\ominus}$
$[Fe(CN)_6]^{3-}$	1.0×10^{31}	31.00	$[Zn(SCN)_4]^{2-}$	20	1.30
$[Hg(CN)_4]^{2-}$	3.24×10^{41}	41.51	$[Ag(Ac)_2]^{-}$	4.37	0.64
$[Ni(CN)_4]^{2-}$	1.0×10^{22}	22.00	$[Pt(Ac)_3]^{2-}$	2.46×10^3	3.39
$[Zn(CN)_4]^{2-}$	5.75×10^{16}	16.76	$[Al(C_2O_4)_3]^{3-}$	2×10^{16}	16.3
$[Ag(NH_3)_2]^{+}$	1.62×10^7	7.21	$[Fe(C_2O_4)_3]^{4-}$	1.66×10^5	5.22
$[Cd(NH_3)_4]^{2+}$	3.63×10^6	6.56	$[Fe(C_2O_4)_3]^{3-}$	1.59×10^{20}	20.20
$[Co(NH_3)_6]^{2+}$	2.46×10^4	4.39	$[Zn(C_2O_4)_3]^{4-}$	1.4×10^8	8.15

注:主要选自 Sillen. LG. Stability Constants of Metal-Ioh Complplexes. 1964.

在用稳定常数比较配离子的稳定性时,只有同种类型配离子才能直接比较。例如 $[Ag(CN)_2]^{-}$ 的稳定常数大于 $[Ag(NH_3)_2]^{+}$ 的,故稳定性 $[Ag(CN)_2]^{-}>[Ag(NH_3)_2]^{+}$。两种同类型配合物稳定性的不同,决定了配合物形成的先后次序。例如,若在含有 NH_3 和 CN^- 的溶液中加入 Ag^+,则必定首先形成很稳定的 $[Ag(CN)_2]^{-}$ 配离子,只有在 CN^- 与 Ag^+ 的配位反应进行完全后,才可能形成 $[Ag(NH_3)_2]^{+}$ 配离子。同样,两种金属离子能与同一配位剂形成同类型配合物时,其配位先后次序也是这样。但是必须指出,只有当两者的稳定常数相差足够大时,才能完全分步配位。

多配体的配离子在水溶液中的离解与多元弱酸(弱碱)的离解相类似,是分步进行的。例如 $[Ag(NH_3)_2]^{+}$ 的离解可表示为

$$[Ag(NH_3)_2]^{+} \rightleftharpoons [Ag(NH_3)]^{+}+NH_3$$

$$[Ag(NH_3)]^{+} \rightleftharpoons Ag^{+}+NH_3$$

其对应的逐级平衡常数称为配离子的逐级不稳定常数。它们的倒数称为逐级稳定常数,用 $K_1^{\ominus}$、$K_2^{\ominus}$ 表示。

各逐级稳定常数的乘积,即为该配离子的累积稳定常数 $\beta^{\ominus}$。例如 $[Ag(NH_3)_2]^{+}$ 的累积稳定常数可表示为

$$K_1^{\ominus}K_2^{\ominus}=\frac{c\{[Ag(NH_3)]^{+}\}/c^{\ominus}}{\{c(Ag^{+})/c^{\ominus}\}\{c(NH_3)/c^{\ominus}\}}\times\frac{c\{[Ag(NH_3)_2]^{+}\}/c^{\ominus}}{\{c[Ag(NH_3)^{+}]/c^{\ominus}\}\{c(NH_3)/c^{\ominus}\}}=$$

$$\frac{c([Ag(NH_3)_2]^{+})/c^{\ominus}}{\{c(Ag^{+})/c^{\ominus}\}\{c(NH_3)/c^{\ominus}\}^2}=\beta_2^{\ominus}$$

同理可推得

$$K_1^{\ominus}K_2^{\ominus}K_3^{\ominus}=\beta_3^{\ominus}; \quad K_1^{\ominus}K_2^{\ominus}\cdots K_n^{\ominus}=\beta_n^{\ominus}$$

一般配离子的逐级稳定常数彼此相差不大,因此在计算离子浓度时,必须考虑各级配离子的存在。但在实际工作中,一般总是加入过量配位剂,这时金属离子绝大部分处在最高配位数的状态,故其他较低级配离子可忽略不计。如果只求简单金属离子的浓度,只需按累积稳定常数 $\beta^{\ominus}$ 做计算。这样,计算就大为简化了。

【例7.1】 在 1.0 mL 0.040 mol·L^{-1} $AgNO_3$ 溶液中,加入 1.0 mL 2.0 mol·L^{-1} 氨水

溶液,计算在平衡后溶液中的 Ag^+ 浓度。

解 由于溶液的体积增加一倍,则各相应浓度减少一半,即 $AgNO_3$ 浓度为 $0.020\ mol \cdot L^{-1}$,氨溶液为 $1.0\ mol \cdot L^{-1}$。设平衡后 $c(Ag^+) = x\ mol \cdot L^{-1}$,则

$$Ag^+ \quad + \quad 2NH_3 \quad \Longleftrightarrow \quad [Ag(NH_3)_2]^+$$

起始浓度/$(mol \cdot L^{-1})$ 0.20   1.0   0

平衡浓度/$(mol \cdot L^{-1})$ x $[1.0-2(0.020-x)]$ $(0.020-x)$

$$\beta_2^{\ominus} = \frac{c\{[Ag(NH_3)_2]^+\}/c^{\ominus}}{\{c(Ag^+)/c^{\ominus}\}\{c(NH_3)/c^{\ominus}\}^2} = 1.62 \times 10^7 =$$

$$\frac{(0.02-x)}{x[1.0-2(0.020-x)]^2} = 1.62 \times 10^7$$

由于 $0.020-x \approx 0.020$(NH_3 大大过量,故可认为全部 $AgNO_3$ 都已生成 $[Ag(NH_3)_2])^+$
则上式解得

$$x = 1.4 \times 10^{-9}\ mol \cdot L^{-1}$$

7.3.2 配位平衡的移动

配位平衡的移动符合化学平衡移动的一般规律。若在某一个配位平衡的体系中加入某种化学试剂(如酸、碱、沉淀剂或氧化还原剂等),会导致该平衡的移动,也即原平衡的各组分的浓度发生了改变。如果在同一溶液中具有多重平衡关系,且各种平衡是同时发生的,则其浓度必须同时满足几个平衡条件,这样溶液中一种组分浓度的变化,就会引起配位平衡的移动。

1. 配位平衡和酸碱平衡

若在含有 $[Fe(C_2O_4)_3]^{3-}$ 的水溶液中加入盐酸,则发生下列反应,即

$$[Fe(C_2O_4)_3]^{3-} \Longrightarrow Fe^{3+} + 3C_2O_4^{2-}$$
$$+$$
$$6H^+ \Longrightarrow 3H_2C_2O_4$$

结果是配离子 $[Fe(C_2O_4)_3]^{3-}$ 被破坏,生成了难解离的弱电解质草酸 $H_2C_2O_4$,配位平衡为弱电解质的解离平衡所取代。显然,最终的结果取决于配离子及弱电解质的相对稳定性,在本例中弱酸 $H_2C_2O_4$ 比配离子 $Fe[(C_2O_4)_3]^{3-}$ 更稳定。

2. 配位解离平衡和氧化还原平衡

在氧化还原平衡中,若加入配位剂,由于配离子的形成,使得某些电对的电极电势值发生改变,很可能影响甚至改变化学反应的方向。

【例 7.2】 在 $2Fe^{3+} + 2I^- \Longrightarrow 2Fe^{2+} + I_2$ 反应中加入 CN^-,下列反应是否能正向进行?

$$[Fe(CN)_6]^{3-} + 2I^- \Longrightarrow [Fe(CN)_6]^{4-} + I_2$$

解 查附录 4 得 $\varphi^{\ominus}(I_2/I^-) = 0.54\ V$,$\varphi^{\ominus}(Fe^{3+}/Fe^{2+}) = 0.77\ V$,从标准电极电势判断,反应 $2Fe^{3+} + 2I^- \Longrightarrow 2Fe^{2+} + I_2$ 可以正向进行。对于电对 $[Fe(CN)_6]^{3-}/[Fe(CN)_6]^{4-}$,由 Nernst 方程,其电极电势为

$$\varphi^{\ominus}\{[Fe(CN)_6]^{3-}/[Fe(CN)_6]^{4-}\} = \varphi^{\ominus}(Fe^{3+}/Fe^{2+}) + 0.059\ \lg \frac{c(Fe^{3+})c^{\ominus}}{c(Fe^{2+})c^{\ominus}}$$

其中 $c(Fe^{3+})$ 为 $[Fe(CN)_6]^{3-}$ 离解出的浓度，$c(Fe^{2+})$ 为 $[Fe(CN)_6]^{4-}$ 离解出的浓度，其计算方法如下，即

$$[Fe(CN)_6]^{3-} \rightleftharpoons Fe^{3+}+6CN^-$$

$$\frac{[c(Fe^{3+})/c^\ominus][c(CN^-)/c^\ominus]^6}{c\{[Fe(CN)_6]^{3-}\}/c^\ominus} = \frac{1}{\beta_6^\ominus} = \frac{1}{1.0\times10^{31}}$$

根据题意，标准状态时配体和配离子的浓度均为 $1.0\ mol\cdot L^{-1}$，则

$$c(Fe^{3+}) = \frac{1}{1.0\times10^{31}}\ mol\cdot L^{-1}$$

$$c(Fe^{2+}) = \frac{1}{1.0\times10^{24}}\ mol\cdot L^{-1}$$

所以 $\varphi^\ominus\{[Fe(CN)_6]^{3-}/[Fe(CN)_6]^{4-}\} = 0.77\ V + 0.059\ V\ lg\dfrac{1.0\times10^{24}}{1.0\times10^{31}} = 0.36\ V$

小于 $\varphi^\ominus(I_2/I^-)$ 的 $0.54\ V$，则

$$2[Fe(CN)_6]^{3-}+2I^- \rightleftharpoons [Fe(CN)_6]^{4-}+I_2$$

不能正向进行，只能逆向进行。

3. 配位平衡和沉淀溶解平衡

配位平衡与沉淀溶解平衡的关系可用下列事实说明之。将 $AgNO_3$ 溶液和 $NaCl$ 溶液相混合则立即产生白色 $AgCl$ 沉淀。然后加入浓 NH_3，由于生成 $[Ag(NH_3)_2]^+$，$AgCl$ 不断溶解，直至消失。若再加入 KBr 溶液，则有淡黄色的 $AgBr$ 沉淀析出。接着加入 $Na_2S_2O_3$ 溶液，则 $AgBr$ 沉淀又溶解，这是因为生成了 $[Ag(S_2O_3)_2]^{3-}$ 配离子。若又加入 KI 溶液，则有黄色 AgI 沉淀析出。加入 KCN 溶液，AgI 沉淀溶解，生成 $[Ag(CN)_2]^-$。最后加入 Na_2S 溶液，生成黑色 Ag_2S 沉淀。这些化学反应可以简单表示如下（$K_{sp}^\ominus$ 为难溶化合物的溶度积常数），即

$$AgNO_3 \xrightarrow{NaCl} AgCl \xrightarrow{NH_3} [Ag(NH_3)_2]^+ \xrightarrow{KBr} AgBr\downarrow \xrightarrow{Na_2S_2O_3}$$
$$(K_{sp}^\ominus=1.56\times10^{-10}) \quad (\beta_{sp}^\ominus=1.62\times10^7) \quad (K_{sp}^\ominus=7.7\times10^{-13})$$

$$[Ag(S_2O_3)_2]^{3-} \xrightarrow{KI} AgI\downarrow \xrightarrow{KCN} [Ag(CN)_2]^- \xrightarrow{Na_2S} AgS\downarrow$$
$$(\beta_2^\ominus=2.38\times10^{13}) \quad (K_{sp}^\ominus=1.5\times10^{-16}) \quad (\beta_2^\ominus=1.3\times10^{21}) \quad (K_{sp}^\ominus=1.6\times10^{-49})$$

【例7.3】 完全溶解 $0.010\ mol\ AgCl$ 需 NH_3 的最低浓度为多少？$AgCl$ 溶解后，若在此溶液中加入 $0.010\ mol\cdot L^{-1}\ KBr$ 溶液（设体积不变），问是否有 $AgBr$ 沉淀析出？已知 $AgCl$ 和 $AgCr$ 的浓度积分别为 $K_{sp}^\ominus(AgCl)=1.8\times10^{-10}$，$K_{sp}^\ominus(AgBr)=5.4\times10^{-13}$。

解 $AgCl$ 在氨水中的溶解反应为

$$AgCl+2NH_3 \rightleftharpoons [Ag(NH_3)_2]^+ + Cl^-$$

平衡时，其平衡常数为

$$K^\ominus = \frac{\{c[Ag(NH_3)_2^+]/c^\ominus\}[c(Cl^-)/c^\ominus]}{[c(NH_3)/c^\ominus]^2}$$

上式分子分母同乘以 $c(Ag^+)/c^\ominus$，则

$$K^{\ominus} = \frac{\{c[Ag(NH_3)_2^+]/c^{\ominus}\}[c(Cl^-)/c^{\ominus}][c(Ag^+)/c^{\ominus}]}{[c(NH_3)/c^{\ominus}]^2[c(Ag^+)/c^{\ominus}]^2} =$$

$$\beta_2^{\ominus} \cdot K_{sp}^{\ominus}(AgCl) = 1.62\times10^7\times1.8\times10^{-10} = 2.92\times10^{-3}$$

平衡时
$$c(NH_3) = \sqrt{\frac{\{c[Ag(NH_3)^+]/c^{\ominus}\}\{c(Cl^-)/c^{\ominus}\}}{K^{\ominus}}} \cdot c^{\ominus}$$

设 AgCl 溶解后,全部转化为 $[Ag(NH_3)_2]^+$,则 $c[Ag(NH_3)_2]^+ = 0.010\ mol \cdot L^{-1}$,$c(Cl^-) = 0.010\ mol \cdot L^{-1}$,则

$$c(NH_3) = \sqrt{\frac{(0.010\ mol \cdot L^{-1}/c^{\ominus})\times(0.010\ mol \cdot L^{-1}/c^{\ominus})}{2.93\times10^{-3}}} \cdot c^{\ominus} =$$

$$1.8\times10^{-1}\ mol \cdot L^{-1}$$

溶解过程中要消耗氨水,消耗氨水的浓度可根据反应方程式求出,即

$$2\times0.010\ mol \cdot L^{-1} = 0.020\ mol \cdot L^{-1}$$

所以,溶解 0.010 mol AgCl 至少所需要氨水的浓度为

$$1.8\times10^{-1}\ mol \cdot L^{-1} + 0.020\ mol \cdot L^{-1} = 0.20\ mol \cdot L^{-1}$$

此时,溶液中 $c(Ag^+)$ 为

$$c(Ag^+) = \frac{c[Ag(NH_3)_2^+]/c^{\ominus}}{\beta_2^{\ominus}\times[c(NH_3)/c^{\ominus}]} \cdot c^{\ominus} = \frac{0.010\ mol \cdot L^{-1}}{1.62\times10^7\times1.8\times10^{-1}\ mol \cdot L^{-1}} \cdot c^{\ominus} =$$

$$3.4\times10^{-9}\ mol \cdot L^{-1}$$

加入 $0.010\ mol \cdot L^{-1}$ KBr 溶液后,则

$$[c(Ag^+)/c^{\ominus}][c(Br^-)/c^{\ominus}] = 3.4\times10^{-11} > K_{sp}^{\ominus}(AgBr)$$

所以,必然会有 AgBr 沉淀析出。

　　总之,究竟发生配位反应还是沉淀反应,取决于配位剂和沉淀剂的能力大小以及它们的浓度。它们能力的大小主要看稳定常数和溶度积。如果配位剂的配位能力大于沉淀剂的沉淀能力。则沉淀消失或不析出沉淀,而生成配离子,例如 AgCl 沉淀溶解于氨水中,就生成了 $[Ag(NH_3)_2]^+$。反之,如果沉淀剂的沉淀能力大于配位剂的配位能力,则配离子被破坏,而有新的沉淀产生,例如在 $[Ag(NH_3)_2]^+$ 中加入 Br^-,有 AgBr 沉淀析出。

阅读拓展

配位化合物的应用

1. 配位化合物在分析化学中的应用

(1)离子鉴定和分离

在定性分析中,广泛应用配位反应以达到离子鉴定和离子分离的目的。某种配位剂若能和金属离子形成特征的有色配位化合物或沉淀,便可用于对该离子的特效鉴定。如水溶液中 Fe^{3+} 与 KSCN 溶液易形成特征的血红色的 $[Fe(SCN)_n]^{3-n}$,利用此反应可鉴定 Fe^{3+}。同时也可以根据红色的深浅来定量测定 Fe^{3+} 的含量。

　　离子分离是基于混合离子中有某种离子能与某种配位剂形成稳定配合物,这种方法

常常是将配位剂加到难溶固体混合物中,其中能形成配合物的离子进入溶液,其余留在沉淀中。例如 Zn^{2+}、Al^{3+} 的分离,是在混合液中加入过量氨水形成的沉淀中仅 $Zn(OH)_2$ 能与 NH_3 形成配离子 $[Zn(NH_3)_4]^{2+}$ 而进入溶液,$Al(OH)_3$ 不能,从而达到分离的目的。

(2)配位滴定

在定量分析中,配位滴定是一种十分重要的滴定分析方法。它的应用十分广泛。

(3)掩蔽干扰

例如,在含有 Co^{2+} 和 Fe^{3+} 的混合溶液中,加入配位剂 KSCN 检出 Co^{2+} 时,将发生下列反应,即

$$[Co(H_2O)_6]^{2+}+4SCN^-\!\!=\!\!=\!\![Co(SCN)_4]^{2-}+6H_2O$$

粉红色   宝蓝色

但 Fe^{3+} 也可与 SCN^- 离子反应形成血红色,妨碍了对 Co^{2+} 的鉴定。如果先在溶液中加入足量的 NaF 溶液,使 Fe^{3+} 生成稳定的 $[FeF_6]^{3-}$,就可以排除 Fe^{3+} 对 Co^{2+} 的干扰。这种防止干扰的作用称为掩蔽作用,所用配位剂称为掩蔽剂。

2. 配位化合物在工业上的应用

配位化合物主要用于湿法冶金,湿法冶金就是用水溶液直接从矿石中将金属以化合物的形式浸取出来,然后再进一步还原为金属的过程。广泛用于从矿石中提取稀有金属和有色金属。在湿法冶金中配位化合物起着重要的作用。

以金的提炼为例,首先是将矿石中的金在 NaCN 存在时,以空气中的氧将其氧化为 $[Au(CN)_2]^-$,即

$$4Au+8CN^-+2H_2O+O_2=\!\!=\!\!=4[Au(CN)_2]^-+4OH^-$$

没有配位剂 NaCN 存在,金不能被氧化。因为 $\varphi^{\ominus}_{Au^+/Au}(1.68\ V)$ 远比 $\varphi^{\ominus}_{O_2/OH^-}(0.401\ V)$ 数值大。但当有 NaCN 存在时,由于形成 $[Au(CN)_2]^-$,其 $\varphi^{\ominus}_{[Au(CN)_2]^-/Au}(-0.56\ V)$ 比 $\varphi^{\ominus}_{O_2/OH^-}(0.401\ V)$ 数值小得多,因而氧气可以氧化矿石中的金。然后将含有 $[Au(CN)_2]^-$ 的溶液用锌还原,可得到单质金,即

$$Zn+2[Au(CN)_2]^-=\!\!=\!\!=2Au+[Zn(CN)_4]^{2-}$$

3. 配位化合物在生物、医药等方面的应用

配位化合物在生物化学中也起着很重要的作用,在生物体内,和呼吸作用密切相关的血红素是一种铁的配合物。植物光合作用中作为催化剂的叶绿素是一种镁的配合物。对人体有重要作用的维生素 B_{12} 是一种钴的配合物。生物体内的高效、高选择性生物催化剂——金属酶,它们有比一般催化剂高千万倍的催化效能。例如,固氮酶含有两个容易分开的金属蛋白成分,即以铁和以钼为中心的复杂配合物——相对分子质量约 5 万的铁蛋白和约 27 万的钼蛋白。固氮酶在常温常压下将氮转化为氨的催化过程中它们起着决定性的作用。目前地球上植物生长所需的氮肥,估计 88% 是由自然界固氮酶的作用而生成。生物金属酶的研究,对现代化学工业和粮食生产都有重要意义。

配合物在医药上的应用相当广泛,配位剂能与细菌生存所需的金属离子结合成稳定的配合物,使细菌不能繁殖和生存。肾上腺素、维生素 C 等药物,在有微量金属离子存在时容易变质,可用氨酸配位剂除去这些微量金属。二巯基丙醇(BAL)是一种很好的解毒

药,因它可以和砷、汞以及一些重金属离子形成稳定配合物而解毒。D青霉胺毒性小,它有 O、N、S 三种配位原子,是 Hg、Pb 等重金属离子的有效解毒剂。枸橼酸钠可和 Pb^{2+} 形成稳定配合物,它是防治职业性铅中毒的有效药物,有迅速减轻症状和促进体内铅排出的作用,并能改善贫血,有助于恢复健康。医学上也曾用 $[Ca(EDTA)]^{2-}$ 治疗职业性铅中毒,因 $[Pb(EDTA)]^{2-}$ 比 $[Ca(EDTA)]^{2-}$ 更稳定,故在 Ca^{2+} 被 Pb^{2+} 取代成为无毒的可溶性配合物后,可经肾脏排出体外。枸橼酸钠可与血液中 Ca^{2+} 配位,避免血液的凝结,这是常用的一种血液抗凝剂。此外,给缺铁病人补铁的枸橼酸铁铵,治疗血吸虫病的酒石酸锑钾,治疗糖尿病的锌的配合物胰岛素等药物都是配合物。又如古老的经典配位化合物二氯二氨合铂(Ⅱ),能有选择地接合于脱氧核糖核酸(DNA),阻碍细胞分裂,表现良好的抗癌活性。

习 题

1. 命名下列配合物,并指出配离子的中心离子、配体、配位原子、配位数。

$K_3[Cr(CN)_6]$ $[Zn(OH)(H_2O)_3]NO_3$ $(NH_4)[Ni(CN)_4]$ $[Cu(NH_3)_4][PtCl_4]$

2. 写出下列配合物(配离子)的化学式:

(1)硫酸四氨合铜(Ⅱ)

(2)四硫氰·二氨合铬(Ⅲ)酸铵

(3)二羟基·四水合铝(Ⅲ)配离子

(4)六氟硅(Ⅳ)酸钾

3. 试用价键理论说明下列配离子的键型(内轨型或外轨型)几何构型和磁性大小。

(1)$[Co(NH_3)_6]^{2+}$ (2)$[Co(CN)_6]^{3-}$

4. 实验测得下列化合物的磁矩数值(B. M.)如下:

$[CoF_6]^{3-}$ 4.5; $[Ni(NH_3)_4]^{2+}$ 3.2; $[Fe(CN)_6]^{4-}$ 0

试指出它们的杂化类型,判断哪个是内轨型,哪个是外轨型? 并预测它们的空间结构。

5. 试解释为何螯合物有特殊的稳定性? EDTA 与金属离子形成的配合物为何其配位比大多为 1∶1?

6. 计算下列反应的平衡常数

(1)$[Fe(C_2O_4)_3]^{3-}+6CN^- \Longrightarrow [Fe(CN)_6]^{3-}+3C_2O_4^{2-}$ (6.3×10^{10})

(2)$[Ag(NH_3)_2]^+ +2S_2O_3^{2-} \Longrightarrow [Ag(S_2O_3)_2]^{3-}+2NH_3$ (6.8×10^6)

7. 已知 $[Ag(CN)_4]^{3-}$ 的累积稳定常数 $\beta_2^{\ominus}=3.5\times10^7$,$\beta_3^{\ominus}=1.4\times10^9$,$\beta_4^{\ominus}=1.0\times10^{10}$,试求配合物的逐级稳定常数 $K_3^{\ominus}$ 和 $K_4^{\ominus}$。   (4.9×10^{-6};4.4×10^2)

8. 0.1 g 固体 AgBr 能否完全溶解于 100 mL 1 mol·L^{-1} 氨水中?

9. 通过计算说明反应 $[Cu(NH_3)_4]^{2+}+Zn \Longrightarrow [Zn(NH_3)_4]^{2+}+Cu$ 能否向右进行。

10. 在 50 mL 0.10 mol·L^{-1} $AgNO_3$ 溶液中加入密度为 0.93 g·mL,质量分数为 0.182 的氨水 30 mL 后,加水稀释到 100 mL,求算溶液中 Ag^+、$[Ag(NH_3)_2]^+$ 和 NH_3 的浓度各是多少?若在此混合溶液中又加入 KCl 1.0 mmol,是否有 AgCl 沉淀析出?

($Ag^+=3.7\times10^{-10}$ mol·L^{-1},$[Ag(NH_3)_2]^+=0.05$ mol·L^{-1},$NH_3=2.9$ mol·L^{-1})

第8章 金属元素与材料

学 习 要 求

1. 了解金属单质的熔点以及导电性等物理性质的一般规律和典型实例。
2. 了解金属及合金材料的化学特性及应用。

8.1 金属单质的物理性质和化学性质

在目前已知的 112 种元素中,除了位于周期表右上方的 22 种非金属元素外,其余均为金属元素。金属单质一般具有金属光泽、良好的导电性和延展性,而非金属单质则不然。但位于周期表 p 区中的硼–硅–碲–砹这一对角线附近的一些元素却兼有某些金属和非金属的性质。因此金属和非金属之间并没有严格的界限。

8.1.1 金属单质的物理性质

1. 熔点、沸点和硬度

表 8.1、8.2、8.3 中列出了一些单质的熔点、沸点和硬度的数据。

表 8.1 中熔点较高的金属单质集中在第Ⅵ副族附近:钨的熔点为 3 410 ℃,是熔点最高的金属。第Ⅵ副族的两侧向左和向右,单质的熔点趋于降低;汞的熔点为−38.842 ℃,是常温下惟一为液态的金属,铯的熔点也仅 28.40 ℃,低于人体温度。

表 8.1 单质的熔点

	ⅠA	ⅡA	ⅢB	ⅣB	ⅤB	ⅥB	ⅦB	Ⅷ	Ⅷ	Ⅷ	ⅠB	ⅡB	ⅢA	ⅣA	ⅤA	ⅥA	ⅦA	0
1	H₂ 259.34																	He 271.2
2	Li 180.54	Be 1 278											B 2 079	C ~3 550	N₂ 209.86	O₂ 218.4	F₂ 219.62	Ne 248.67
3	Na 97.81	Mg 618.8											Al 660.37	Si 1 410	P(白) 44.1	S(菱) 112.8	Cl₂ 100.98	Ar 189.2
4	K 63.25	Ca 839	Sc 1 541	Ti 1 660	V 1 890	Cr 1 857	Mn 1 244	Fe 1 535	Co 1 495	Ni 1 455	Cu 1 083.4	Zn 419.58	Ga 29.78	Ge 937.4	As(灰) 817*	Se(灰) 217	Br₂ 7.2	Kr 156.6
5	Rb 38.89	Sr 769	Y 1 522	Zr 1 852	Nb 2 468	Mo 2 610	Tc 2 172	Ru 2 310	Rh 1 966	Pd 1 554	Ag 961.93	Cd 320.9	In 156.61	Sn 231.968	Sb 630.74	Te 449.5	I₂ 113.5	Xe 111.9
6	Cs 28.40	Ba 725	La 918	Hf 2 227	Ta 2 996	W 3 410	Re 3 180	Os 3 045	Ir 2 410	Pt 1 772	Au 1 064.43	Hg −38.842	Tl 303.3	Pb 327.502	Bi 271.3	Po 254	At 302	Rn 71

*系在加压下。

从表 8.2 可以看出,金属单质的沸点变化大致与熔点的变化是平行的,钨也是沸点最高的金属。虽然金属单质的硬度数据不全,但自表 8.3 中仍可看出,硬度较大的也位于第 Ⅵ 副族附近,铬是硬度最大的金属(莫氏硬度为 9.0),而位于第 Ⅵ 副族两侧的单质的硬度趋于减小。

表 8.2 单质的沸点*

	IA	ⅡA	ⅢB	ⅣB	ⅤB	ⅥB	ⅦB		Ⅷ		ⅠB	ⅡB	ⅢA	ⅣA	ⅤA	ⅥA	ⅦA	0
1	H₂ -252.87																	He -268.934
2	Li 1 342	Be 2 970*											B 2 550**	C 3 830*** ~3 930	N₂ -195.8	O₂ -182.962	F₂ -219.62	Ne -246.048
3	Na 882.9	Mg 1 090											Al 2 467	Si 2 355	P(白) 280	S(菱) 444.674	Cl₂ -34.6	Ar -185.7
4	K 760	Ca 1 484	Sc 2 836	Ti 3 287	V 3 380	Cr 2 672	Mn 1 962	Fe 2 750	Co 2 870	Ni 2 732	Cu 2 567	Zn 907	Ga 2 403	Ge 2 830	As(灰) 613*	Se(灰) 684.9	Br₂ 58.78	Kr 152.30
5	Rb 686	Sr 1 384	Y 3 338	Zr 4 377	Nb 4 742	Mo 4 612	Tc 4 877	Ru 3 900	Rh 3 727	Pd 2 970	Ag 2 212	Cd 765	In 2 080	Sn 2 270	Sb 1 950	Te 989.8	I₂ 184.35	Xe -107.1
6	Cs 669.3	Ba 1 640	La 3 464	Hf 4 602	Ta 5 425	W 5 660	Re 5 627	Os 5 027	Ir 4 130	Pt 3 827	Au 2 808	Hg 356.68	Tl 1 457	Pb 1 740	Bi 1 560	Po 962	At 337	Rn -61.8

*系在减压下;**升华;***系在加压下。

表 8.3 单质的硬度*

	IA	ⅡA	ⅢB	ⅣB	ⅤB	ⅥB	ⅦB		Ⅷ		ⅠB	ⅡB	ⅢA	ⅣA	ⅤA	ⅥA	ⅦA	0
1	H₂																	He
2	Li 0.6	Be 4											B 9.5	C 10.0	N₂	O₂	F₂	Ne
3	Na 0.4	Mg 2.0											Al 2~2.9	Si 7.0	P 0.5	S 1.5~2.5	Cl₂	Ar
4	K 0.5	Ca 1.5	Sc	Ti 4	V	Cr 9.0	Mn 5.0	Fe 4~5	Co 5.5	Ni 5	Cu 2.5~3	Zn 2.5	Ga 1.5	Ge 6.5	As 3.5	Se 2.0	Br₂	Kr
5	Rb 0.3	Sr 1.8	Y	Zr 4.5	Nb	Mo 6	Tc	Ru 6.5	Rh	Pd 4.8	Ag 2.5~4	Cd 2.0	In 1.2	Sn 1.5~1.8	Sb 3.0~3.3	Te 2.3	I	Xe
6	Cs 0.2	Ba	La	Hf	Ta 7	W 7	Re	Os 7.0	Ir 6~6.5	Pt 4.3	Au 2.5~3	Hg 1	Tl	Pb 1.5	Bi 2.5	Po	At	Rn

注:表 8.1,8.2,8.3 主要摘自参考文献[6]

    *以金刚石等于 10 的莫氏硬度表示。这是按照不同矿物的硬度来区分的,硬度大的可以在硬度小的物体表面刻出线纹。这十个等级是:1—滑石;2—岩盐;3—方解石;4—萤石;5—磷灰石;6—冰晶石;7—石英;8—黄玉;9—刚玉;10—金刚石。

金属单质的密度也存在着较有规律的变化。一般说来,各周期中开始的元素,其单质的密度较小,而后面的密度较大。

在工程上,可按金属的这些物理性质不同来将金属划分为:

① { 轻金属:密度小于 5g·cm⁻³,包括 s 区(镭除外)金属以及钪、钇、钛和铝等
重金属:密度大于 5g·cm⁻³ 的其他金属

② 低熔点金属 { 低熔点轻金属:多集中在 s 区
低熔点重金属:多集中在第 Ⅱ 副族及 p 区

③高熔点金属 { 高熔点轻金属
高熔点重金属:多集中在 d 区 }

一般说来,固态金属单质都属于金属晶体,排列在格点上的金属原子或金属正离子依靠金属键结合构成晶体;金属键的键能较大,可与离子键或共价键的键能相当。但对于不同金属,金属键的强度仍有较大的差别,这与金属的原子半径、能参加成键的价电子数以及核对外层电子的作用力等有关。每一周期开始的碱金属的原子半径是同周期中最大的,价电子又最少,因而金属键较弱,所需的熔化热小,熔点低。除锂外,钠、钾、铷、铯的熔点都在 100 ℃以下,它们的硬度和密度也都较小。从第Ⅱ主族的碱土金属开始向右进入 d 区的副族金属,由于原子半径的逐渐减小,参与成键的价电子数的逐渐增加(d 区元素原子的次外层 d 电子也有可能作为价电子)以及原子核对外层电子作用力的逐渐增强,金属键的键能将逐渐增大,因而熔点、沸点等也逐渐增高。第Ⅵ副族原子未成对的最外层 s 电子和次外层 d 电子的数目较多,可参与成键,又由于原子半径较小,所以这些元素单质的熔点、沸点最高。第Ⅶ副族以后,未成对的 d 电子数又逐渐减小,因而金属单质的熔点、沸点又逐渐降低。部分 ds 区及 p 区的金属,其晶体类型有从金属晶体向分子晶体过渡的趋势,这些金属的熔点较低。

2. 导电性

金属都能导电,是电的良导体,处于 p 区对角线附近的金属如锗,导电能力介于导体与绝缘体之间,是半导体。表8.4为单质的电导率数据。

表8.4 单质的电导率/(MS·m⁻¹)

	IA	IIA	IIIB	IVB	VB	VIB	VIIB		VIII		IB	IIB	IIIA	IVA	VA	VIA	VIIA	0
1	H_2																	He
2	Li 10.8	Be 28.1*											B 5.6×10^{-11}	C 7.273×10^{-2}	N_2	O_2	F_2	Ne
3	Na 21.0	Mg 24.7											Al 37.74	Si 3.0×10^{-5}	P 1×10^{-15}	S 5×10^{-19}	Cl_2	Ar
4	K 13.9	Ca 29.8	Sc 1.78	Ti 2.38	V 5.10	Cr 7.75	Mn 0.694 4	Fe 10.4	Co 16.0	Ni 16.6	Cu 59.59	Zn 16.9	Ga 5.75	Ge 2.2×10^{-6}	As 3.00	Se 1.0×10^{-4}	Br_2	Kr
5	Rb 7.806	Sr 7.69	Y 1.68	Zr 2.38	Nb 8.00	Mo 18.7	Tc	Ru 13	Rh 22.2	Pd 9.488	Ag 68.17	Cd 14.6	In 11.9	Sn 9.09	Sb 2.56	Te 3×10^{-4}	I_2 7.7×10^{-13}	Xe
6	Cs 4.888	Ba 3.01	La 1.63	Hf 3.023	Ta 7.7	W 19	Re 5.18	Os 11	Ir 19	Pt 9.43	Au 48.76	Hg 1.02	Tl 5.6	Pb 4.843	Bi 0.936 3	Po	At	Rn

注:主要摘自参考文献[6]。单位自(电阻率)$10^{-3}\Omega\cdot m$ 换算为(电导率)MS·m⁻¹

从表8.4 中可以看出,银、铜、金、铝是良好的导电材料,而银与金较昂贵、资源稀少,仅用于某些电子器件连接点等特殊场合,铜和铝则广泛应用于电器工业中。金属铝的导电率为铜的 60% 左右,但密度不到铜的一半,铝的资源十分丰富,在相同的电流容量下,使用铝制电线比铜线质量更轻,因此常用铝代替铜来制造导电材料,特别是高压电缆。

钠的电导率仅为导电率最高的银的 1/3,但钠的密度比铝的更小,钠的资源也十分丰富,价格仅为铜的 1/7;钠十分活泼,用钠做导线时,表皮采用聚乙烯包裹,并用特殊装置连接。

应当指出,金属的纯度以及温度等因素对金属的导电性能影响相当重要。金属中杂质的存在将使金属的导电率大为降低,所以用做导线的金属往往是相当纯净的。例如按质量分数计,一般铝线的纯度均在 99.5% 以上。温度的升高,通常能使金属的导电率下降,对于不少金属来说,温度每相差 1K,导电率将变化约 0.4%。金属的这种导电的温度特性也是有别于半导体的特征之一。

8.1.2 金属单质的化学性质

由于金属元素的电负性较小,在进行化学反应时倾向于失去电子,因而金属单质最突出的化学性质总是表现为还原性。

1. 还原性

(1)金属单质的活泼性

金属单质的还原性与金属元素的金属性虽然并不完全一致,但总体的变化趋势还是服从元素周期律的。即在短周期中,从左到右由于一方面核电荷数依次增多,原子半径逐渐缩小,另一方面最外层电子数依次增多,同一周期从左到右金属单质的还原性逐渐减弱。在长周期中总的递变情况和短周期是一致的。但由于副族金属元素的原子半径变化没有主族的显著,所以同周期单质的还原性变化不甚明显,甚至彼此较为相似。在同一主族中自上而下,虽然核电荷数增加,但原子半径也增大,金属单质的还原性一般增强;而副族的情况较为复杂,单质的还原性一般反而减弱。可简单表达如下:

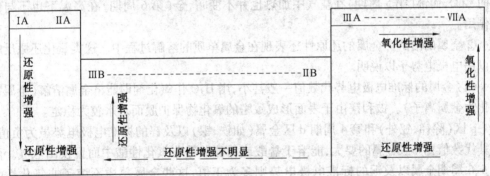

现就金属与氧的作用和金属的溶解分别说明如下。

①金属与氧的作用。s区金属十分活泼,具有很强的还原性。它们很容易与氧化合,与氧化合的能力基本上符合周期系中元素金属性的递变规律。

s区金属在空气中燃烧时除能生成正常的氧化物(如 Li_2O,BeO,MgO)外,还能生成过氧化物(如 Na_2O_2,BaO_2,)。过氧化物中存在着过氧离子 O_2^{2-},其中含有过氧键—O—O—。这些氧化物都是强氧化剂,遇到棉花、木炭或银粉等还原性物质时,会发生爆炸,所以使用它们时要特别小心。

钾、铷、铯以及钙、锶、钡等金属在过量的氧气中燃烧时还会生成超氧化物,如 KO_2,BaO_4 等。

过氧化物和超氧化物都是固体储氧物质,它们与水作用会放出氧气,装在面具中,可供在缺氧环境中工作的人员呼吸用。例如,超氧化钾能与人呼吸时所排出气体中的水蒸气发生反应,即

$$4KO_2(s) + 2H_2O(g) === 3O_2(g) + 4KOH(s)$$

呼出气体中的二氧化碳则可被氢氧化钾所吸收,即

$$KOH(s) + CO_2(g) === KHCO_3(s)$$

p 区金属的活泼性一般远比 s 区金属的要弱。锡、铅、锑、铋等在常温下与空气无显著作用。铝较活泼,容易与氧化合,但在空气中铝能立即生成一层致密的氧化物保护膜,阻止氧化反应的进一步进行,因而在常温下,铝在空气中很稳定。

d 区(除第Ⅲ副族外)和 ds 区金属的活泼性也较弱。同周期中各金属单质活泼性的变化情况与主族的相类似,即从左到右一般有逐渐减弱的趋势,但这种变化远较主族的不明显。例如,对于第 4 周期金属单质,在空气中一般能与氧气作用。在常温下,钪在空气中迅速氧化;钛、钒对空气都较稳定;铬、锰能在空气中缓慢被氧化,但铬与氧气作用后,表面形成的三氧化二铬(Cr_2O_3)也具有阻碍进一步氧化的作用;铁、钴、镍也能形成氧化物保护膜;铜的化学性质比较稳定,而锌的活泼性较强,但锌与氧气作用生成的氧化锌薄膜也具有一定的保护性能。

前面已指出,在金属单质活泼性的递变规律上,副族与主族又有不同之处。在副族金属中,同周期间的相似性较同族间的相似性更为显著,且第 4 周期中金属的活泼性较第 5 和第 6 周期金属强,或者说副族金属单质的还原性往往有自上而下逐渐减弱的趋势。例如对于第Ⅰ副族,铜(第 4 周期)在常温下不与干燥空气中的氧气化合,加热时则生成黑色的 CuO,而银(第 5 周期)在空气中加热也并不变暗,金(第 6 周期)在高温下也不与氧气作用。

②金属的溶解。金属的还原性还表现在金属单质的溶解过程中。这类氧化还原反应可以用电极电势予以说明。

s 区金属的标准电极电势代数值一般甚小,用 H_2O 作氧化剂即能将金属溶解(金属被氧化为金属离子)。铍和镁由于表面形成致密的氧化物保护膜而对水较为稳定。

p 区(除锑、铋外)和第 4 周期 d 区金属(如铁、镍)以及锌的标准电极电势虽为负值,但其代数值比 s 区金属的要大,能溶于盐酸或稀硫酸等非氧化性酸中而置换出氢气。而第 5、6 周期金属以及铜的标准电极电势则多为正值,这些金属单质不溶于非氧化性酸(如盐酸或稀硫酸)中,其中一些金属必须用氧化性酸(如硝酸)予以溶解(此时氧化剂已不是 H^+)。一些不活泼的金属如铂、金需用王水溶解,这是由于王水中的浓盐酸可提供配合剂 Cl^- 而与金属离子形成配离子(见本节金属的配合性能),从而使金属的电极电势代数值大为减小,即

$$3Pt + 4HNO_3 + 18HCl === 3H_2[PtCl_6] + 4NO(g) + 3H_2O$$

$$Au + HNO_3 + 4HCl === H[AuCl_4] + NO(g) + 2H_2O$$

铌、钽、钌、铑、锇、铱等不溶于王水中,但可借浓硝酸和浓氢氟酸组成的混合酸予以溶解。

应当指出,p 区的铝、镓、锡、铅以及 d 区的铬,ds 区的锌等还能与碱溶液作用,例如

$$2Al + 2NaOH + 2H_2O === 2NaAlO_2 + 3H_2(g)$$

$$Sn + 2NaOH === Na_2SnO_2 + H_2(g)$$

这与这些金属的氧化物或氢氧化物保护膜具有两性有关,或者说由于这些金属的氧

化物或氢氧化物保护膜能与过量 NaOH 作用生成离子。

第 5 和第 6 周期中,第Ⅳ副族的锆、铪,第Ⅴ副族的铌、钽,第Ⅵ副族的钼、钨以及第Ⅶ副族的锝、铼等金属不与氧、氯、硫化氢等气体反应,也不受一般酸碱的侵蚀,且能保持原金属或合金的强度和硬度。它们都是耐蚀合金元素,可提高钢在高温时的强度、耐磨性和耐蚀性。其中铌、钽不溶于王水中,钽可用于制造化学工业中的耐酸设备。

第Ⅷ族的铂系金属钌、铑、钯、锇、铱、铂以及第Ⅰ副族的银、金,化学性质最为不活泼(银除外),统称为贵金属。这些金属在常温,甚至在一定的高温下不与氟、氯、氧等非金属单质作用;其中钌、铑、锇和铱甚至不与王水作用。铂即使在它的熔化温度下也具有抗氧化的性能,常用于制作化学器皿或仪器零件,例如铂坩埚、铂蒸发器、铂电极等。保存在巴黎的国际标准米尺也是用质量分数为 10% 的 Ir 和 90% 的 Pt 的合金制成的。铂系金属在石油化学工业中广泛用做催化剂。

顺便指出,副族元素中的第Ⅲ副族,包括镧系元素和锕系元素单质的化学性质是相当活泼的。常将第Ⅲ副族的钇和 15 种镧系元素合称为稀土元素。

稀土金属单质的化学活泼性与金属镁的相当。在常温下,稀土金属能与空气中的氧气作用生成稳定的氧化物。

(2)温度对单质活泼性的影响

上面所讨论的金属单质的活泼性主要强调了在常温下变化的规律。众所周知,金属镁在空气中能缓慢地氧化,使表面形成白色的氧化镁膜,当升高到一定温度(燃点)时,金属镁即能燃烧,同时耀眼的白光。这表明,升高温度将会有利于金属单质与氧气的反应。但高温时,金属单质的活泼性递变的规律究竟如何呢? 由于标准电极电势是用来衡量金属在溶液中失去电子的能力,在高温下,金属的还原性需要从化学热力学以及化学动力学来予以阐明。现以高温时一些常见金属单质(同时也联系有关非金属单质)与氧的作用,即与氧结合能力的强弱为例,做些简单说明。

前面章节中曾指出,在可对比的情况下,反应的 $\Delta G^{\ominus}$ 值越负,或 $K^{\ominus}$ 值越大,表明该反应进行的性越大,进行得越彻底。对于单质与氧气反应来说,也表明该单质与氧的结合能力越强,为了便于各单质间的对比,常以单质与 1 mol O_2 反应的方程式来表达。在任意温度 T 下,反应的标准吉布斯函数变 $\Delta G^{\ominus}$ 可近似地按下式进行估算,即

$$\Delta G^{\ominus} \approx \Delta H^{\ominus} - T\Delta S^{\ominus}$$

例如,对于金属与氧气反应的方程式以及 $\Delta G^{\ominus}(T)$ 的表达式为

$$\frac{4}{3}Al(s) + O_2(g) \Longrightarrow \frac{2}{3}Al_2O_3(s)$$

$$\Delta G^{\ominus} \approx (-1\ 117 + 0.208\ T) \text{kJ} \cdot \text{mol}^{-1}$$

而金属铁与氧气作用生成氧化亚铁的反应为

$$2Fe(s) + O_2(g) \Longrightarrow 2FeO(s)$$

$$\Delta G^{\ominus} \approx (-533 + 0.145\ T) \text{kJ} \cdot \text{mol}^{-1}$$

可以看出,由于金属单质与氧气反应在一定温度范围内生成固态氧化物,反应的 $\Delta S^{\ominus}$ 为负值,所以反应 $\Delta G^{\ominus}$ 代数值随 T 的升高而变大。即从化学热力学的角度上说,在高温下金属与氧的结合能力比在常温下金属与氧的结合能力要弱。例如,在室温下,银与

氧反应的 $\Delta G^{\ominus}$ 为负值,但当温度升高到 408 K 以上时,其 $\Delta G^{\ominus}$ 为正值,在标准条件下,氧化银就不再生成了。但在通常的高温条件(金属单质及其氧化物均为固态)下,绝大多数金属(例如上述的铝和铁即是,而金、铂等则不然)与氧反应的都是负值,这也是大多数金属,除能引起钝化的以外,无论是在干燥的大气中或是在潮湿的大气中都能引起腐蚀性的原因。

此外,若对比上述铝和铁分别与氧的结合能力的强弱,将上述两反应式相减,再乘以 3/2,可得

$$2Al(s)+3FeO(s)\!=\!\!=\!\!=\!Al_2O_3(s)+3Fe(s)$$

$$\Delta G^{\ominus} \approx (-876+0.095\ T) kJ \cdot mol^{-1}$$

在通常的高温条件下,该反应的 $\Delta G^{\ominus}$ 也是一个负值,表明该反应进行的可能性很大,并可能进行得相当彻底。所以金属铝能从钢铁中夺取氧而作为钢的脱氧剂。

按上述方法计算结果表明,在 873 K 时,单质与氧气结合能力由强到弱的顺序大致为 Ca,Mg,Al,Ti,Si,Mn,Na,Cr,Zn,Fe,H_2,C,Co,Ni,Cu。可以看出,这一顺序与常温时单质的活泼性递变情况并不完全一致。

温度不仅影响着单质与氧的反应可能性,从化学动力学角度上说,高温时加快了反应速率。上述镁与氧气在高温时反应剧烈,主要是加快了反应速率。金属的高温氧化在设计气体透平机、火箭引擎、高温石油化工设备时都应当引起重视。

2. 金属的钝化

上面曾提到一些金属(如铝、铅、镍等)与氧的结合能力较强,但实际上在一定的温度范围内,它们还是相当稳定的。这是由于这些金属在空气中氧化生成的氧化膜具有较显著的保护作用,或称为金属的钝化。粗略地说,金属的钝化主要是指某些金属和合金在某种环境条件下丧失了化学活性的行为。最容易产生钝化作用的有铝、铬、镍和钛以及含有这些金属的合金。

金属由于表面生成致密的氧化膜而钝化,不仅在空气中能保护金属免受氧的进一步作用,而且在溶液中还因氧化膜的电阻有妨碍金属失去电子的倾向,引起了电化学极化,从而使金属的电极电势值变大,金属的还原性显著减弱。铝制品可作为炊具,铁制的容器和管道能被用于贮运浓 HNO_3 和浓 H_2SO_4,就是由于金属的钝化作用。

金属的钝化对金属材料的制造、加工和选用具有重要的意义。例如,钢铁在 570 ℃ 以下经发黑处理所形成的氧化膜 Fe_3O_4 能减缓氧原子深入钢铁内部,而使钢铁受到一定的保护作用。但当温度高于 570 ℃ 时,铁的氧化膜中增加了结构较疏松的 FeO,所以钢铁一般对高温抗氧化能力较差。如果在钢中加入铬、铝和硅等,由于它们能生成具有钝化作用的氧化膜,有效地减慢了高温下钢的氧化,一种称为耐热钢的材料就是根据这一原理设计制造的。

8.2　金属和合金材料

金属作为一种材料使用,具备许多可贵的使用性能和加工性能,其中包括良好的塑

性、较高的导电性和导热性。但它们的机械性能如强度、硬度等不能满足工程上对材料的要求，而且价格较高。因此，在工程技术上使用最多的金属材料是合金。

8.2.1 合金的结构和类型

合金是由两种或两种以上的金属元素（或金属和非金属元素）经过熔炼、烧结等方法而制成的具有金属特性的物质。例如，钢和铸铁是铁和碳为主要元素组成的合金，黄铜是铜和锌等元素组成的合金。合金有时能保持组成合金各组分原有的性质，同时还能出现新的特性。例如，在金属铝中加入铜和镁，不仅保持了轻的特性，而且提高了它的硬度和强度。合金从结构上可以有三种基本类型。

1. 金属固溶体

一种金属与另一种金属或非金属熔融时相互溶解，凝固时形成均匀的固体，就称金属固溶体。其中含量多的称溶剂金属，含量少的称溶质金属。固溶体保持着溶剂金属的晶格类型，溶质金属可以有限或无限地分布在溶剂金属的晶格中。

2. 金属化合物

如果两种组分的原子半径和电负性相差较大时，易形成金属化合物。金属化合物是合金中各组分按一定比例化合而成的一种新晶体。在周期表中相距位置较远、电负性相差较大的两元素形成的金属化合物，严格遵守化合价规律，如 Mg_2Si，Mg_2Sb_3，$MgSe$ 等；过渡元素 Fe，Cr，Mo，W，V 等与原子半径很小的元素 C，H，B 等形成尺寸因素化合物，如 Fe_3C，Fe_2N，Fe_4N，CrN 等，这类化合物有严格组成，但不符合化合价规律。金属化合物一般都有复杂晶格，熔点高、硬度高且脆性大。当合金中出现金属化合物时，合金的硬度、强度和耐磨性提高，但塑性和韧性降低。

3. 机械混合物

机械混合物是由两种或两种以上组分混合而成，它可以是纯金属、固溶体、金属化合物各自的混合，也可以是它们之间的混合。例如，两种金属在熔融时互溶，但凝固时分别结晶，形成成分不同的微晶体的机械混合物，整个合金组织不均匀。在钢中，渗碳体和铁素体在一定条件下能形成机械混合物，称为珠光体。机械混合物的性能取决于各组分的性能和它们各自的形状、数量、大小及分布情况。

8.2.2 常见的金属和合金材料

1. 轻金属和轻合金

轻金属集中于周期表中的 s 区以及与其相邻的某些元素。工程上使用的主要是由镁、铝、钛、锂、铍等金属以及由它们所形成的合金。由于轻合金具有密度小的特点，因此作为轻型材料在交通运输、航空航天等领域中起到广泛的应用。

（1）铝及铝合金

铝是分布较广的元素，在地壳中含量仅次于 O 和 Si，是金属中含量最高的。纯铝密度较低（$2.7 \, g \cdot cm^{-1}$），有良好的导热、导电性（仅次于 Au，Ag，Cu），延展性好、塑性高，可进行各种压力加工。铝的化学性质活泼，在空气中迅速氧化形成一层致密、牢固的氧化膜,从而具有良好的耐蚀性,电气工业上铝常代替铜制作导线、电缆、电器和散热器等,但纯铝的强度低,只有通过合金化才能得到可作结构材料使用的各种铝合金。

在铝中加入适量的 Cu,Mg,Mn,Zn,Si 等合金元素后可获得密度小、强度高、有良好加工性能的铝合金。Al-Mg 和 Al-Mn 合金具有很高的抗蚀性,所以称为防锈铝合金简称防锈铝。Al-Mg 合金的合金元素含量较高,它的强度要高于 Al-Mn 合金,这两种铝合金都具有良好的塑性和焊接性,可用于制造抗蚀性的航空油箱、容器、管道和铆钉等。

硬铝是 Al-Cu-Mg 系铝合金的总称,合金元素 Cu 和 Mg 的加入,显著提高合金的强度。硬铝的强度较防锈铝高,但抗蚀性不高,为防止其受腐蚀,对硬铝工件通常进行阳极化处理,使其表面形成一层致密的氧化膜,能起到保护作用。

超硬铝是 Al-Mg-Zn-Cu 系合金的总称,它是强度极高的一种铝合金,比强度相当于超高强度钢水平,因此称为超强度硬铝合金,简称超硬铝。这类合金不仅强度高而且密度比普通硬铝减小 15%,且能挤压成型,多用于制造受力大的重要构件,如飞机大梁、起落架、摩托车骨架和轮圈等。超硬铝的抗蚀性较差,为防止其受腐蚀,也要像硬铝那样,采取一些措施,可采用包以含锌质量分数为 1% 的铝合金,来提高超硬铝的抗蚀性。目前,超硬铝合金广泛用于制造飞机、舰艇和载重汽车等,可增加载重量及提高运行速度,并具有避磁性等特点。

Al-Li 合金是近年来研究发展的新型高强度轻合金材料,以 Al-Li 合金代替传统铝合金可显著减轻重量,而且其可焊性好,可用以制造大型复杂焊接结构件,是航天航空及高级运动器材的优良材料。

(2)钛及钛合金

钛是周期表中第ⅣB 族元素,外观似钢,熔点达 1 672 ℃,属难熔金属。钛在地壳中储量较丰富,远高于 Cu,Zn,Sn,Pb 等常见金属。我国钛的资源极为丰富,仅四川攀枝花地区发现的特大型钒钛磁铁矿中,钛金属储量即达 4.2 亿吨,接近国外探明钛储量的总和。

钛是容易钝化的金属,且在含氧环境中,其钝化膜在受到破坏后还能自行愈合。因此,对空气、水和若干腐蚀介质都是稳定的,与 Au,Ag 等贵金属相近。钛在海水中具有优良的耐蚀性,将钛放入海水中数年,取出后仍光亮如初,抗氧化能力远优于不锈钢。钛的低温韧性好,在-253 ℃的超低温下,仍能保持其强度及良好的塑性和韧性,可用做火箭及导弹的液氢燃料箱。

钛的密度小,强度高。其比强度是不锈钢的 3.5 倍,铝合金的 1.3 倍,是目前所有工业金属材料中最高的。

纯钛强度低、塑性好、易于加工。如有杂质,特别是 O,N,C 等元素存在,会提高钛的强度和硬度,而降低其塑性,增加脆性。可用于制造飞机的蒙皮、船舶中耐海水腐蚀的管道、化工设备,如洗涤塔、冷却器、阀门和管道等。

液态的钛几乎能溶解所有的金属,形成固溶体或金属化合物等各种合金。合金元素如 Al,V,Zr,Sn,Si,Mo 和 Mn 等的加入,可改善钛的性能,以适应不同部门的需要。例如 Ti-Al-Sn 合金有很高的热稳定性和耐蚀性,可在 450 ℃下长时间工作。以 Ti-Al-V 合金为代表的超塑性合金,可以 50% ~150% 地伸长加工成型,其最大伸长可达到2 000%。

钛也是一种外科植入物的优良材料,它强度高、比重轻,便于复杂成型,抗人体组织液腐蚀,可与人体活组织共存,可用于制造人工关节、骨骼、固定螺钉、假牙等,是一种理想的外科植入材料。

由于上述优异性能,钛享有"未来的金属"的美称。钛合金已广泛用于国民经济各部门,它是火箭、导弹和航天飞机不可缺少的材料。船舶、化工、电子器件和通讯设备、医疗及若干轻工业部门中也大量应用钛合金。只是目前钛材的价格较昂贵,限制了它的普遍使用。

2. 合金钢和硬质合金

在碳钢中加入某些元素,以改善钢的某些性能,这种钢称为合金钢,被加入的元素称为合金元素。在合金钢中经常加入的元素有 d 区的钛、锆、钒、铌、铬、钼、钨、锰、钴、镍以及 p 区的铝和硅等。

合金元素能改善钢的机械性能、工艺性能或物理、化学性能。不同的合金元素对钢的性能产生不同的影响。合金元素 Ni,Cr,Mn,Si 等加入钢中,既可提高钢的强度和硬度,又能改善钢的韧性;高熔点合金元素 Mo,V,W 等加入钢中可提高钢的强度;Ni 可降低脆性转变温度,改善钢的低温韧性,是许多低温用钢中的主要合金元素;钢中加入 Cr 可大大提高钢的耐蚀能力;钢中加入 Mn 可提高钢的耐磨性;当钢中加入适量的 Al,Cr,Si 等元素,可显著提高钢的抗高温氧化性能,由于 Al_2O_3,Cr_2O_3 和 SiO_2 等非常致密的氧化膜的存在,可保护钢材表面不被继续氧化。

合金元素对钢的工艺性能也有一定的影响。在钢中适量提高 S,Mn 含量可改善其切削性能,有时切削工艺性能要求很高时,专门在钢中加入适量 Pb;某些合金元素加入钢中,将提高钢材的冷形变硬化率,钢变硬变脆,使冷形变加工困难,因此,凡需要进行冷处理成型的钢,如冷镦、冷冲压等,常限制钢中 C,Si,S,P,Ni,Cr,V,Cu 各元素的含量。V,Ti,Nb,Zr 等元素可改善钢的焊接性能,而 C,Si,S,P 则恶化焊接性能等等。

第Ⅳ,Ⅴ,Ⅵ副族金属与碳、氮、硼等所形成的间隙化合物,由于硬度和熔点特别高,因而统称为硬质合金。它是 20 世纪 60 年代初出现的一种新型工程材料。它兼有硬质化合物的硬度、耐磨性和钢的强度及韧性。即使在 1 000～1 100 ℃还能保持其硬度。硬质合金是金属加工、采矿钻井及量具、模具等的重要工具材料。其多样化是近年来硬质合金发展的一个突出特点。

3. 记忆合金

如果某种合金在一定外力作用下使其几何形态(形状和体积)发生改变,而当加热到某一温度时,它又能够完全恢复到变形前的几何形态,这种现象称为形状记忆效应。具有形状记忆效应的合金叫形状记忆合金,简称记忆合金。记忆合金是近 20 年发展起来的一种新型金属材料,它具有"记忆"自己形状的本领,在航天工业、医学和人类生活中具有十分广泛的发展前景。

记忆合金的这种在某一温度下能发生形状变化的特性,是由于这类合金存在着一对可逆转变的晶体结构的缘故。例如,含 Ti,Ni 各 50%(质量分数)的记忆合金,有菱形和立方体两种晶体结构。两种晶体结构之间有一个转化温度。高于这一温度时,会由菱形结构转变为立方结构,低于这一转变温度时,则向相反方向转变。晶体结构类型的改变导致了材料形状的改变。

目前已知的记忆合金有 Cu-Zn-X(X 为 Si,Sn,Al,Ga),Cu-Al-Ni,Cu-Au-Zn,Cu-Sn,Ag-Cd,Ni-Ti(Al),Ni-Ti-X,Fe-Pt(Pd)以及 Fe-Ni-Ti-Co 等。用记忆合金制成的因温度变化而胀缩的弹簧,可用于暖房、玻璃房顶窗户的启闭。气温高时,弹簧伸长,顶窗打开,使之通风,气温低时,弹簧收缩,气窗关闭。

4. 贮氢合金

所谓贮氢合金是指两种特定金属的合金。一种金属可以大量吸进 H_2,形成稳定的氢化物;而另一种金属与氢的亲和力小,使氢很容易在其中移动。第一种金属控制着 H_2 的吸藏量,而后一种金属控制着吸收氢气的可逆性。稀土金属是前一种的代表。

贮氢合金能够像人类呼吸空气那样大量地"呼吸"H_2,是开发利用氢能源、分离精制高纯氢的理想材料。

阅读拓展

功能卓越的稀土金属

稀土金属指元素周期表中的镧系元素以及与其密切相关的钪和钇,共有 17 种金属元素。稀土一词是历史遗留下来的名称,稀土元素是从 18 世纪末开始陆续发现的,当时人们常把不溶于水的固体氧化物称为土。稀土一般是以氧化物状态分离出来的,又很稀少,因而得名为稀土。通常把镧、铈、镨、钕、钷、钐、铕称为轻稀土或铈组稀土;把钆、铽、镝、钬、铒、铥、镱、镥钇称为重稀土或钇组稀土。也有的根据稀土元素物理化学性质的相似性和差异性,除钪之外(有的将钪划归稀散元素),划分成三组,即轻稀土组为镧、铈、镨、钕、钷;中稀土组为钐、铕、钆、铽、镝;重稀土组为钬、铒、铥、镱、镥、钇。

目前,世界上发现的稀土矿物约有 250 种,而具有开采利用价值的只有十几种。我国的稀土资源占世界的 41.36%,探明的储量居世界之首,已探明的稀土资源量约 6588 万吨。我国稀土资源不但储量丰富,而且还具有矿种和稀土元素齐全、稀土品味及矿点分布合理等优势,为我国稀土工业的发展奠定了坚实的基础。

由于特殊的原子结构,稀土家族的成员非常的活泼,且个个身手不凡,魔力无边。它们与其他元素结合,便可组成品类繁多、功能千变万化、用途各异的新型材料,且性能翻番提高,被称作当代的"工业味精"。如在超音速飞机中应用含稀土的合金,可在 400℃ 以下长期工作,它是现今高温性能最好的合金之一,它的持久强度比一般铝合金可提高 1 ~ 2 倍;钢中加入稀土后,制成的薄料横向冲击韧性提高 50% 以上,耐腐蚀性能提高 60%,而每吨钢只要加稀土 300 克左右,作用十分显著,真可谓四两拨千斤;稀土添加在酸性纺织染料中,可以提高上染率、调整染料和纤维的亲和力、提高染色牢度、改善纤维的色泽、外观质量及手感柔软度、并可节约染料及减少环境污染和减轻劳动强度等;稀土元素可以提高植物的叶绿素含量、增强光合作用、促进根系的发育和对养分的吸收。还能促进种子萌发、促进幼苗生长,还具有使作物增强抗病、抗寒、抗旱的能力;用稀土钷作热源,可为真空探测和人造卫星提供辅助能量。钷电池可作为导弹制导仪器及钟表的电源,此种电池体积小,能连续使用数年之久。在今天的世界上,无论是航天、航空、军事等高科技领域,还是人们的日常生活用品,无论工业、农牧业、还是化学、生物学、医药,稀土的应用及其作用几乎是无所不在,无所不能。

在军事方面,稀土有工业"黄金"之称,由于其具有优良的光电磁等物理特性,能与其他材料组成性能各异、品种繁多的新型材料,其最显著的功能就是大幅度提高其他产品的质量和性能。比如大幅度提高用于制造坦克、飞机、导弹的钢材、铝合金、镁合金、钛合金的战术性能。而且,稀土同样是电子、激光、核工业、超导等诸多高科技的润滑剂。稀土科技一旦用于军事,必然带来军事科技的跃升。从一定意义上说,美军在冷战后几次局部战争中压倒性控制,以及能够对敌人肆无忌惮地公开杀戮,正缘于稀土科技领域的超人一等。

在冶金工业方面,稀土金属或氟化物、硅化物加入钢中,能起到精炼、脱硫、中和低熔点有害杂质的作用,并可以改善钢的加工性能;稀土硅铁合金、稀土硅镁合金作为球化剂生产稀土球墨铸铁,由于这种球墨铸铁特别适用于生产有特殊要求的复杂的球铁件,被广泛用于汽车、拖拉机、柴油机等机械制造业;稀土金属添加至镁、铝、铜、锌、镍等有色合金中,可以改善合金的物理化学性能,并提高合金室温及高温机械性能。

在石油化工方面,用稀土制成的分子筛催化剂,具有活性高、选择性好、抗重金属中毒能力强的优点,因而取代了硅酸铝催化剂用于石油催化裂化过程;在合成氨生产过程中,用少量的硝酸稀土为助催化剂,其处理气量比镍铝催化剂大1.5倍;在合成顺丁橡胶和异戊橡胶过程中,采用环烷酸稀土-三异丁基铝型催化剂,所获得的产品性能优良,具有设备挂胶少,运转稳定,后处理工序短等优点;复合稀土氧化物还可以用作内燃机尾气净化催化剂,环烷酸铈还可用作油漆催干剂等。

在玻璃陶瓷方面,稀土氧化物或经过加工处理的稀土精矿,可作为抛光粉广泛用于光学玻璃、眼镜片、显象管、示波管、平板玻璃、塑料及金属餐具的抛光;在熔制玻璃过程中,可利用二氧化铈对铁有很强的氧化作用,降低玻璃中的铁含量,以达到脱除玻璃中绿色的目的;添加稀土氧化物可以制作不同用途的光学玻璃和特种玻璃,其中包括能通过红外线、吸收紫外线的玻璃、耐酸及耐热的玻璃、防X-射线的玻璃等;在陶釉和瓷釉中添加稀土,可以减轻釉的碎裂性,并能使制品呈现不同的颜色和光泽,被广泛用于陶瓷工业。

在新材料方面,稀土钴及钕、铁、硼永磁材料,具有高剩磁、高矫顽力和高磁能积,被广泛用于电子及航天工业;纯稀土氧化物和三氧化二铁化合而成的石榴石型铁氧体单晶及多晶,可用于微波与电子工业;用高纯氧化钕制作的钇铝石榴石和钕玻璃,可作为固体激光材料;稀土六硼化物可用于制作电子发射的阴极材料;镧镍金属是20世纪70年代发展起来的贮氢材料;铬酸镧是高温热电材料;各国采用钡钇铜氧元素改进的钡基氧化物制作的超导材料,可在液氮温区获得超导体,使超导材料的研制取得了突破性进展。

此外,稀土还广泛用于照明光源,投影电视荧光粉、增感屏荧光粉、三基色荧光粉、复印灯粉;在农业方面,向田间作物施用微量的硝酸稀土,可使其产量增加5% ~ 10%;在轻纺工业中,稀土氯化物还广泛用于鞣制毛皮、皮毛染色、毛线染色及地毯染色等方面。

我们生活中几乎每天都会与稀土材料打交道,汽车尾气净化催化剂是稀土应用量最大的项目之一,计算机显示器、照相机镜头、各种电子屏等都应用了稀土材料。

习　题

1. 在金属单质中熔点、沸点和硬度最大的金属是哪些金属?
2. 最轻的金属是哪种金属? 导电性最好的金属是哪种金属? 熔点最低的金属是哪种金属?
3. 轻金属和重金属是怎样划分的?
4. 金属单质的化学性质有哪些?
5. 为什么金属铂、金能溶于王水?
6. 合金从结构上可有哪3种基本类型?
7. 常见的合金材料有哪些? 各有什么用处?
8. 合金钢和硬质合金有什么区别?

第9章 非金属元素与材料

学习要求

1. 了解非金属单质的熔点、沸点、硬度以及导电性等物理性质的一般规律和典型实例。
2. 了解或熟悉某些非金属单质及其化合物的化学特性及应用。
3. 了解工程上某些无机非金属材料与化学有关的特性及应用。

9.1 非金属单质和化合物的物理性质

晶体微粒间作用力的性质和大小,对晶体的熔点、沸点、硬度等性质有重大影响。而晶体在工程材料中占有十分重要的地位,若能事先根据单质或化合物的组成与结构,以及组成元素在周期表中的位置,区分晶体所属类型并判别微粒间作用力的大小,就可大致了解晶体所具有的一般性质,这对选择和使用工程材料无疑是十分有益的。

1. 非金属单质

目前已知的 22 种非金属元素除氢位于 s 区外,都集中在 p 区,分别位于周期表ⅢA 到ⅦA 及零族,其中砹、氡为放射性元素。在这些元素中,除稀有气体以单原子分子存在外,所有其他非金属单质都至少由两个原子通过共价键结合在一起。例如,H_2,卤素,O_2,N_2 都是由共价键结合而成的双原子分子,属分子晶体;金刚石、晶体硅是由很多原子结合而成的原子晶体(其中每个原子均以 4 个 sp^3 杂化轨道参与成键),硼也是原子晶体;处于 p 区非金属与金属边界的磷、砷、硒、碲,甚至碳(石墨)等出现了层状、链状等过渡型结构的多种同素异形体。

非金属单质的熔点、沸点、硬度按周期表呈现一定的规律,两边(左边的 H_2,右边的稀有气体、卤素等)的较低,中间(C,Si 等原子晶体)的较高。有关数据列入表 8.1 ~ 8.3 中,这完全与它们的晶体结构相适应,属于原子晶体的硼、碳、硅等单质的熔、沸点都很高,属于分子晶体的物质熔、沸点都很低,其中一些单质常温下呈气态(如稀有气体及 F_2,Cl_2,O_2,N_2)或液态(如 Br_2)。氦是所有物质中熔点($-272.2\ ℃$)和沸点($-246.4\ ℃$)最低的。液态的 He,Ne,Ar 以及 O_2,N_2 等常用来作为低温介质。如利用 He 可获得$0.001\ K$的超低温。一些呈固态的单质,其熔、沸点也不高。金刚石的熔点($3\ 550\ ℃$)和硬度(10)是所有单质中最高的。根据这种性质,金刚石除被用作装饰品外,在工业上还被用作钻探、切割和刻痕的硬质材料。石墨虽然是层状晶体,熔点也很高($3\ 652 \sim 3\ 697\ ℃$)。由于石墨具有良好的化学稳定性、传热导电性,在工业上用做电极、坩埚和热交换器的材料。非金属单质一般是非导体,也有一些单质具有半导体性质,如硼、碳、硅、磷、砷、硒、碲、碘等。在单质半导体材料中以硅和锗为最好,其他如碘易升华,硼熔点高(2 079 ℃)。磷的同素异形体中,白磷剧毒(致死量0.1 g),因而不能作为半导体材料。

2. 卤化物

卤化物是指卤素与电负性比卤素小的元素所组成的二元化合物。卤化物中着重讨论氯化物。

表9.1和表9.2中分别为一些氯化物的熔点和沸点。从表中可以看出,大致分成三种情况:活泼金属的氯化物如 NaCl,KCl,$BaCl_2$ 等的熔点、沸点较高;非金属的氯化物如 PCl_3,CCl_4,$SiCl_4$ 等的熔点、沸点都很低;位于周期表中部的金属元素的氯化物如 $AlCl_3$,$FeCl_3$,$CrCl_3$,$ZnCl_2$ 等的熔点、沸点介于两者之间,大多偏低。

表9.1 氯化物的熔点/℃

	IA	IIA	IIIB	IVB	VB	VIB	VIIB	VIII	VIII	VIII	IB	IIB	IIIA	IVA	VA	VIA	VIIA	0
1	HCl −114.8																	
2	LiCl 605	$BeCl_2$ 405											BCl_3 −107.3	CCl_4 −23	NCl_3 <−40	Cl_2O_7 −91.5	ClF −154	
3	NaCl 801	$MgCl_2$ 714											$AlCl_3$ 190*	$SiCl_4$ −70	PCl_5 166.8d / PCl_3 −112	SCl_4 −30	Cl_2 −100.98	
4	KCl 770	$CaCl_2$ 782	$ScCl_3$ 939	$TiCl_4$ −25 / $TiCl_3$ 440d	VCl_4 −28	$CrCl_3$ 约1 150 / $CrCl_2$ 824	$MnCl_2$ 650	$FeCl_3$ 306 / $FeCl_2$ 672	$CoCl_2$ 724	$NiCl_2$ 1 001	$CuCl_2$ 620 / CuCl 430	$ZnCl_2$ 283	$GaCl_3$ 77.9	$GeCl_4$ −49.5	$AsCl_3$ −8.5	$SeCl_4$ 205		
5	RbCl 718	$SrCl_2$ 875	YCl_3 721	$ZrCl_4$ 437*	$NbCl_5$ 204.7	$MoCl_5$ 194		$RuCl_3$ >500d	$RhCl_3$ 475d	$PdCl_2$ 500d	AgCl 455	$CdCl_2$ 568	$InCl_3$ 586	$SnCl_4$ −33 / $SnCl_2$ 246	$SbCl_5$ 2.8 / $SbCl_3$ 73.4	$TeCl_4$ 224	α-ICl 27.2	
6	CsCl 645	$BaCl_2$ 963	$LaCl_3$ 860	$HfCl_4$ 319s	$TaCl_5$ 216	WCl_5 275 / WCl_5 248		$OsCl_3$ 550d	$IrCl_3$ 763d	$PtCl_4$ 370d	$AuCl_3$ 254d / AuCl 170d	$HgCl_2$ 276 / Hg_2Cl_2 400s	$TlCl_3$ 25 / TlCl 430	$PbCl_4$ −15 / $PbCl_2$ 501	$BiCl_3$ 231			

* 系在加压下。d 表示分解;s 表示升华。$FeCl_2$,$RhCl_3$,$OsCl_3$,$BiCl_3$ 的数据有个温度范围,本表系取平均值。

物质的熔点、沸点主要决定于物质的晶体结构。氯是活泼非金属,它与很活泼金属 Na,K,Ba 等化合形成离子型氯化物,晶态时是离子晶体,晶格点上的正、负离子间作用着较强的离子键,晶格能大,因而熔点、沸点较高;氯与非金属化合形成共价型氯化物,固态时是分子晶体,因而熔点、沸点较低。但氯与一般金属元素(包括 Mg,Al 等)化合,往往形成过渡型氯化物。例如,$FeCl_3$,$AlCl_3$,$MgCl_2$,$CdCl_2$ 等,固态时是层状(或链状)结构晶体,不同程度地呈现出离子晶体向着分子晶体过渡的性质,因而其熔点、沸点低于离子晶体的,但高于分子晶体的,常易升华。然而,若细看表9.1中熔点数据,可发现两个有趣的问题:

①IA 族元素氯化物(除 LiCl 外)的熔点自上而下逐渐降低,而 IIA 族元素氯化物,虽都有较高的熔点(说明基本上属于离子晶体,$BeCl_2$ 除外),但自上而下熔点逐渐升高,变化趋势恰好相反,表明还有其他因素在起作用。

②多数过渡金属及 p 区金属氯化物不但熔点较低,且一般说来,同一金属元素的低价态氯化物的熔点比高价态的要高。例如,$FeCl_2$ 熔点高于 $FeCl_3$ 的熔点,$SnCl_2$ 的熔点高于 $SnCl_4$ 的熔点。

表9.2　氯化物的沸点/℃

周期	I A	II A	III B	IV B	V B	VI B	VII B	VIII			I B	II B	III A	IV A	V A	VI A	VII A	0
1	HCl -84.9																	
2	LiCl 1 342	$BeCl_2$ 520											BCl_3 12.5	CCl_4 76.8	NCl_3 <71	Cl_2O_7 82	ClF -100.8	
3	NaCl 1 413	$MgCl_2$ 1 412											$AlCl_3$ 177.8s	$SiCl_4$ 57.57	PCl_5 162s PCl_3 75.5	SCl_4 -15d	Cl_2 -34.6	
4	KCl 1 500s	$CaCl_2$ >1 600	$ScCl_3$ 825s	$TiCl_4$ 136.4	VCl_4 148.5	$CrCl_3$ 1 300s	$MnCl_2$ 1 190	$FeCl_3$ 315d	$CoCl_2$ 1 049	$NiCl_2$ 973s	$CuCl_2$ 933d CuCl 1 490	$ZnCl_2$ 732	$GaCl_3$ 201.3	$GeCl_4$ 84	$AsCl_3$ 130.2	$SeCl_4$ 288d		
5	RbCl 1 390	$SrCl_2$ 1 250	YCl_3 1 507	$ZrCl_4$ 331s	$NbCl_5$ 254	$MoCl_5$ 268		$RuCl_3$ 800s			AgCl 1 550	$CdCl_2$ 960	$InCl_3$ 600	$SnCl_4$ 114.1 $SnCl_2$ 652	$SbCl_5$ 79 $SbCl_3$ 283	$TeCl_4$ 380	α-ICl 97.4	
6	CsCl 1 290	$BaCl_2$ 1 560	$LaCl_3$ >1 000	$HfCl_4$ 319s	$TaCl_5$ 242	WCl_6 346.7 WCl_5 275.6	$ReCl_4$ 500				$AuCl_3$ 265s AuCl 289.5d	$HgCl_2$ 302	$TlCl_3$ 720	$PbCl_4$ 105d $PbCl_2$ 950	$BiCl_3$ 447			

* 系在加压下。d 表示分解;s 表示升华。$LiCl,ScCl_3$ 的数据有个温度范围,本表系取平均值。

3. 氧化物

氧化物是指氧与电负性比氧要小的元素所形成的二元化合物。表9.3 为一些氧化物的熔点。氧化物的沸点的变化规律基本和熔点的一致,数据不再列表。一些金属氧化物(包括 SiO_2)的硬度见表9.4。总的说来,与氯化物相似,但也存在一些差异。金属性强的元素的氧化物如 Na_2O,BaO,CaO,MgO 等是离子晶体,熔点、沸点大都较高。大多数非金属元素的氧化物如 SO_2,N_2O_5,CO_2 等是共价型化合物,固态时是分子晶体,熔点、沸点低。但与所有的非金属氯化物都是分子晶体不同,非金属硅的氧化物 SiO_2(方石英)是原子晶体,熔点、沸点较高。大多数金属性不大强的元素的氧化物是过渡化合物,其中一些较低价态金属的氧化物如 Cr_2O_3,Al_2O_3,Fe_2O_3,NiO,TiO_2 等可以认为是离子晶体向原子晶体的过渡,或者说介于离子晶体和原子晶体之间,熔点较高。而高价态金属的氧化物如 V_2O_5,CrO_3,MoO_3,Mn_2O_7 等,由于“金属离子”与“氧离子”相互极化作用强烈,偏向于共价型分子晶体,可以认为是离子晶体向分子晶体的过渡,熔点、沸点较低。其次,当比较表9.1 和表9.3 时可发现,大多数相同价态的某金属的氧化物的熔点都比其氯化物的要高。例如,MgO 熔点高于 $MgCl_2$ 的熔点,Al_2O_3 熔点高于 $AlCl_3$ 的熔点,Fe_2O_3 熔点高于 $FeCl_3$ 的熔点,CuO 熔点高于 $CuCl_2$ 的熔点。

表 9.3　氧化物的熔点/℃

周期	I A	II A	III B	IV B	V B	VI B	VII B	VIII			I B	II B	III A	IV A	V A	VI A	VII A	0
1	H_2O 0.000																	
2	Li_2O >1 700	BeO 2 530											B_2O_3 450	CO_2 -56.6*	N_2O_3 -102	O_2 -218.4	OF_2 -223.8	
3	Na_2O 1 275s / Na_2O_2 460d	MgO 2 852											Al_2O_3 2 072	SiO_2 1 610	P_2O_5 583 / P_2O_3 23.8	SO_3 16.83 / SO_2 -72.7	Cl_2O_7 -91.5 / Cl_2O -20	
4	KO_2 380 / K_2O 350d	CaO 2 614		TiO_2 1 840	V_2O_5 690	CrO_3 196 / Cr_2O_3 2 266	Mn_2O_7 5.9 / MnO_2 535d	Fe_2O_3 1 565 / FeO 1 369	CoO 1 795	NiO 1 984	CuO 1 326 / Cu_2O 1 235	ZnO 1 975	Ga_2O_3 1 795	GeO_2 1 115.0	As_2O_5 315d / As_2O_3 312.3	SeO_3 118 / SeO_2 345	Br_2O -17.5	
5	RbO_2 432 / Rb_2O 400d	SrO 2 430	Y_2O_3 2 410	ZrO_2 2 715	Nb_2O_5 1 520	MoO_3 795		RuO_4 25.5	Rh_2O_3 1 125d	PdO 870	Ag_2O 230d	CdO >1 500		SnO_2 1 630 / SnO 1 080d	Sb_2O_3 656	TeO_3 395d / TeO_2 733	I_2O_5 325d	
6	Cs_2O_2 400 / Cs_2O 400d	BaO 1 918 / BaO_2 450	La_2O_3 2 307	HfO_2 2 758	Ta_2O_5 1 872	WO_3 1 473	Re_2O_7 约297	OsO 40.6	IrO_2 1 100d	PtO 550d	Au_2O 160d	HgO 500d / Hg_2O 100d	Tl_2O_3 717 / Tl_2O 300	PbO_2 90d / PbO 886	Bi_2O_3 825			

注:表 9.1,9.2,9.3 摘自参考文献[6]

* 系在加压下。d 表示分解;s 表示升华。P_2O_5,Br_2O,I_2O_5,TiO_2,Rh_2O_3,SeO_2 的数据有个温度范围,本表系取平均值。

表 9.4　某些金属氧化物和二氧化硅的硬度(金刚石=10)

氧化物	BaO	SrO	CaO	MgO	TiO_2	Fe_2O_3	SiO_2	Al_2O_3	Cr_2O_3
硬度	3.3	3.8	4.5	5.5~6.5	5.5~6	5~6	6~7	7~9	9

从上可见,原子型、离子型和某些过渡型的氧化物晶体,由于具有熔点高、硬度大、对热稳定性高的共性,工程中常可用做磨料、耐火材料、绝热材料及耐高温无机涂层材料等。

9.2　非金属单质和化合物的化学性质

9.2.1　氧化还原性

1.非金属单质

与金属单质不同,非金属单质的特性是易得电子,呈现氧化性,但除 F_2、O_2 外,大多数非金属单质既具有氧化性,又具有还原性。在实际中有重要意义的,可分为下列四个方面。

(1)用于氧化剂的非金属单质

较活泼的非金属单质如 F_2,O_2,Cl_2,Br_2 具有强氧化性,常用做氧化剂。其氧化性强弱可用定量判别,对于指定反应既可从 $\varphi(正) > \varphi(负)$,也可从反应的 $\Delta G < 0$ 来判别反应

自发进行的方向。

例如,我国四川盛产井盐,盐卤水约含碘 $0.5 \sim 0.7$ g·L^{-1},若通入氯气可制碘,这是由于

$$Cl_2 + 2I^- === 2Cl^- + I_2$$

这时必须注意,通氯气不能过量。因为过量 Cl_2 可将 I_2 进一步氧化为无色 IO_3^- 而得不到预期的产品 I_2,即

$$5Cl_2 + I_2 + 6H_2O === 10Cl^- + 2IO_3^- + 12H^+$$

从电极电势看,这是由于 $\varphi^{\ominus}(Cl_2/Cl^-) = 1.358$ V $> \varphi^{\ominus}(IO_3^-/I_2) = 1.195$ V,Cl_2 具有较强的氧化性,I_2 则具有一定的还原性。

（2）用于还原剂的非金属单质

较不活泼的非金属单质如 C,H$_2$,Si 常用做还原剂。例如,作为我国主要燃料的煤或用于炼铁的焦炭,就是利用碳的还原性;硅的还原性不如碳强,不与任何单一的酸作用,但能溶于 HF 和 HNO$_3$ 的混合酸中,也能与强碱作用生成硅酸盐和氢气,即

$$3Si + 18HF + 4HNO_3 === 3H_2[SiF_6] + 4NO(g) + 8H_2O$$

$$\varphi^{\ominus}(SiF_6^{2-}/Si) = -1.24 \text{ V}$$

$$Si + 2NaOH + H_2O === Na_2SiO_3 + 2H_2(g)$$

$$\varphi^{\ominus}(SiO_3^{2-}/Si) = -1.73 \text{ V}$$

铸造生产中用水玻璃（硅酸钠水溶液）与砂造型时,为了加速水玻璃的硬化作用,常在水玻璃与砂的混合料中加入少量硅粉。硅酸钠与水作用生成硅酸和氢氧化钠,硅粉与氢氧化钠按上式反应并放出大量热,加速铸型的硬化,这种型砂生产上称为水玻璃自硬砂。

较不活泼的非金属单质在一般情况下还原性不强,不与盐酸或稀硫酸等作用。但碘、硫、磷、碳、硼等单质均能被浓硝酸或浓硫酸氧化生成相应的氧化物或含氧酸,例如

$$S + 2HNO_3(浓) === H_2SO_4 + 2NO(g)$$

$$C + 2H_2SO_4(浓) === CO_2(g) + 2SO_2(g) + 2H_2O$$

（3）用于氧化和还原剂的非金属单质

大多数非金属单质既具有氧化性又具有还原性,其中 Cl$_2$,Br$_2$,I$_2$,P$_4$,S$_8$ 等能发生歧化反应。以 H$_2$ 为例,高温时氢气变得较为活泼,能在氧气中燃烧,产生无色但温度较高的火焰（氢氧焰）,即

$$H_2(g) + \frac{1}{2}O_2(g) \xrightarrow{燃烧} H_2O(g)$$

由于反应放出大量热 $\Delta H^{\ominus}(298.15 \text{ K}) = -241.8$ kJ·mol^{-1},氢氧焰可用于焊接钢板、铝板以及不含碳的合金等。在一定条件下,氢气和氧气的混合气体遇火能发生爆炸,因此工程或实验室中使用氢气时要注意安全。但是,氢气与活泼金属反应时则表现出氧化性,例如

$$2Li + H_2 \xrightarrow{\Delta} 2LiH$$

$$Ca + H_2 \xrightarrow{\Delta} CaH_2$$

反应生成物氢化锂和氢化钙都是离子型氢化物,这些晶体中氢以 H$^+$ 状态存在,它们是优

良的还原剂,能将一些金属氧化物或卤化物还原为金属,例如

$$2LiH+TiO_2 \stackrel{}{=\!=\!=} 2LiOH+Ti$$

这些离子型氢化物也能与水迅速反应而产生氢气,用于救生衣、救生筏、军用气球和气象气球的充气,例如

$$CaH_2+2H_2O \stackrel{}{=\!=\!=} 2H_2(g)+Ca(OH)_2$$

也可利用此反应来测定并排除系统中的痕量湿气,因而氢化钙可用做有效的干燥剂和脱水剂。

(4)惰性介质的非金属单质

一些不活泼的非金属单质如稀有气体、N_2 等通常不与其他物质反应,常用做惰性介质或保护性气体。

2. 无机化合物

(1)高锰酸钾

锰原子核外的 $3d^5 4s^2$ 电子都能参加化学反应,氧化值为 +1 到 +7 的锰化合物都已发现,其中以 +2,+4,+6,+7 较为常见。在 +7 价锰的化合物中,高锰酸盐是最稳定的,应用最广的是高锰酸钾 $KMnO_4$。它是暗紫色晶体,在溶液中呈高锰酸根离子特有的紫色。$KMnO_4$ 固体加热至 200 ℃以上时按下式分解,即

$$2KMnO_4(s) \stackrel{\Delta}{=\!=\!=} K_2MnO_4(s)+MnO_2(s)+O_2(g)$$

在实验室中有时也可利用这一反应制取少量的氧气。

$KMnO_4$ 在常温时较稳定,但在酸性溶液中不稳定,会缓慢地按下式分解,即

$$4MnO_4^-(aq)+4H^+(aq) \stackrel{}{=\!=\!=} 4MnO_2(s)+3O_2(g)+2H_2O(l)$$

在中性或微碱性溶液中,$KMnO_4$ 分解的速率更慢。但是光对 $KMnO_4$ 的分解起催化作用,所以配制好的 $KMnO_4$ 溶液需贮存在棕色瓶中。

$KMnO_4$ 是一种常用的氧化剂,其氧化性的强弱与还原产物都与介质的酸度密切相关。在酸性介质中它是很强的氧化剂,氧化能力随介质酸性的减弱而减弱,还原产物也不同。这也可从下列有关的电极电势看出,即

$$MnO_4^-(aq)+8H^+(aq)+5e \stackrel{}{=\!=\!=} Mn^{2+}(aq)+4H_2O$$
$$\varphi^{\ominus}(MnO_4^-/Mn^{2+})=1.507 \text{ V}$$
$$MnO_4^-(aq)+2H_2O(l)+3e \stackrel{}{=\!=\!=} MnO_2(s)+4OH^-(aq)$$
$$\varphi^{\ominus}(MnO_4^-/MnO_2)=0.595 \text{ V}$$
$$MnO_4^-(aq)+e \stackrel{}{=\!=\!=} MnO_4^{2-}(aq)$$
$$\varphi^{\ominus}(MnO_4^-/MnO_4^{2-})=0.558 \text{ V}$$

在酸性介质中,MnO_4^- 可以氧化 SO_3^{2-},Fe^{2+},H_2O_2,甚至 Cl^- 等,本身被还原为 Mn^{2+}(浅红色,稀溶液为无色),例如

$$2MnO_4^-+5SO_3^{2-}+6H^+ \stackrel{}{=\!=\!=} 2Mn^{2+}+5SO_4^{2-}+3H_2O$$

在中性或弱碱性溶液中,MnO_4^- 可被较强的还原剂如 SO_3^{2-} 还原为 MnO_2(棕褐色沉淀),即

$$2MnO_4^-+3SO_3^{2-}+H_2O \stackrel{}{=\!=\!=} 2MnO_2(s)+3SO_4^{2-}+2OH^-$$

在强碱性溶液中,MnO_4^- 还可以被(少量的)较强的还原剂如 SO_3^{2-} 还原为 MnO_4^{2-}(绿

色),则

$$2MnO_4^- + SO_3^{2-} + 2OH^- = 2MnO_4^{2-} + SO_4^{2-} + H_2O$$

（2）重铬酸钾

它是常用的氧化剂。在酸性介质中 +6 价铬（以 $Cr_2O_7^{2-}$ 形式存在）具有较强的氧化性。可将 Fe^{2+}，NO_2^-，SO_3^{2-}，H_2S 等氧化，而 $K_2Cr_2O_7$ 被还原为 Cr^{3+}。分析化学中可借下列反应测定铁的含量（先使样品中所含铁全部转变为 Fe^{2+}），即

$$Cr_2O_7^{2-} + 6Fe^{2+} + 14H^+ = 2Cr^{3+} + 6Fe^{3+} + 7H_2O$$

在重铬酸盐或铬酸盐的水溶液中存在下列平衡，即

$$2CrO_4^{2-}(aq) + 2H^+(aq) \rightleftharpoons Cr_2O_7^{2-}(aq) + H_2O(l)$$
$$\text{（黄色）} \qquad\qquad \text{（橙色）}$$

加酸或加碱可以使上述平衡发生移动。若加入酸使溶液呈酸性，则溶液中以重铬酸根离子 $Cr_2O_7^{2-}$ 为主而显橙色；若加入碱使呈碱性，则以铬酸根离子 CrO_4^{2-} 为主而显黄色。

实验室使用的铬酸洗液是 $K_2Cr_2O_7$ 饱和溶液和浓 H_2SO_4 混合制得的。它具有强氧化性，用于洗涤玻璃器皿，可以除去壁上沾附的油脂等。在铬酸洗液中常有暗红色的针状晶体析出，这是由于生成了铬酸酐 CrO_3，即

$$K_2Cr_2O_7 + H_2SO_4(\text{浓}) = 2CrO_3(s) + K_2SO_4 + H_2O$$

洗液经反复使用多次后，就会从棕红色变为暗绿色（Cr^{3+}）而失效。为了防止 +6 价铬（致癌物质）的污染，现大都改用合成洗涤剂代替铬酸洗液。

（3）亚硝酸盐

亚硝酸盐中氮的氧化值为 +3，处于中间价态，它既有氧化性又有还原性。在酸性溶液中的标准电极电势为

$$HNO_2(aq) + H^+(aq) + e \rightleftharpoons NO(g) + H_2O(l)$$
$$\varphi^{\ominus}(HNO_2/NO) = 0.983\ V$$
$$NO_3^-(aq) + 3H^+(aq) + 2e \rightleftharpoons HNO_2(aq) + H_2O(l)$$
$$\varphi^{\ominus}(NO_3^-/HNO_2) = 0.934\ V$$

亚硝酸盐在酸性介质中主要表现为氧化性。例如，能将 KI 氧化为单质碘，NO_2^- 被还原为 NO，即

$$2NO_2^- + 2I^- + 4H^+ = 2NO(g) + I_2(s) + 2H_2O$$

亚硝酸盐遇较强氧化剂如 $KMnO_4$，$K_2Cr_2O_7$，Cl_2 时，会被氧化为硝酸盐，即

$$Cr_2O_7^{2-} + 3NO_2^- + 8H^+ = 2Cr^{3+} + 3NO_3^- + 4H_2O$$

亚硝酸盐均可溶于水并有毒，是致癌物质。

（4）过氧化氢

H_2O_2 中氧的氧化值为 -1，介于零价与 -2 价之间，H_2O_2 既具有氧化性又具有还原性，并且还会发生歧化反应。

H_2O_2 在酸性或碱性介质中都显相当强的氧化性。在酸性介质中，H_2O_2 可把 I^- 氧化为 I_2（并且还可以将 I_2 进一步氧化为碘酸），H_2O_2 则被还原为 H_2O（或 OH^-），即

$$H_2O_2 + 2I^- + 2H^+ = I_2 + 2H_2O$$

但遇更强的氧化剂如氯气、酸性高锰酸钾等时，H_2O_2 又呈现还原性而被氧化为 O_2。例如

$$2MnO_4^- + 5H_2O_2 + 6H^+ === 2Mn^{2+} + 5O_2(g) + 8H_2O$$

已用放射性同位素证实此反应产生的 O_2 全部来自还原剂 H_2O_2,而不是来自 H_2O 或 MnO_4^-。即 H_2O_2 与 O_2 的化学计量数必须相等。

H_2O_2 的分解反应是一个歧化反应,即

$$2H_2O_2(l) === 2H_2O(l) + O_2(g)$$

$$\Delta H^\ominus(298.15\ K) = -195.7\ kJ \cdot mol^{-1}$$

根据标准电极电势(酸性介质中),即

$$O_2(g) + 2H^+(aq) + 2e === H_2O_2(aq)$$

$$\varphi^\ominus(O_2/H_2O_2) = 0.695\ V$$

$$H_2O_2(aq) + 2H^+(aq) + 2e === 2H_2O(l)$$

$$\varphi^\ominus(H_2O_2/H_2O) = 1.776\ V$$

由上式可知,H_2O_2 作氧化剂的 $\varphi^\ominus(H_2O_2/H_2O)$ 大于它作还原剂的 $\varphi^\ominus(O_2/H_2O_2)$,因此上述 H_2O_2 的歧化反应是热力学上可自发进行的反应,即液态 H_2O_2 是热力学不稳定的。但无催化剂存在时,在室温下,分解得还不算快。很多物质,如 I_2,MnO_2 以及多种重金属离子(Fe^{2+},Mn^{2+},Cr^{3+} 等)都可使 H_2O_2 催化分解。分解时可发生爆炸,同时放出大量的热。在见光或加热时 H_2O_2 分解过程也会加速。因此 H_2O_2 应置于棕色瓶中,并放在阴冷处。

9.2.2 酸碱性

1. 氧化物及其水合物的酸碱性

氧化物按其组成可分为正常氧化物(含氧离子 O^{2-})、过氧化物(含过氧离子 O_2^{2-},如 H_2O_2)、超氧化物(含超氧离子 O_2^-,如 KO_2)和臭氧化物(含臭氧离子 O_3^-,如 NaO_3)等。根据氧化物对酸、碱的反应的不同,又可将氧化物分为酸性、碱性、两性和中性氧化物等四类。中性氧化物又称不成盐氧化物,如 CO,NO,N_2O 等,它们不与酸、碱反应,也不溶于水。与酸性、碱性和两性氧化物相对应,它们的水合物也有酸性、碱性和两性的。氧化物的水合物不论是酸性、碱性和两性,都可以看做是氢氧化物,即可用一个简化的通式 $R(OH)_x$ 来表示,其中 x 是元素 R 的氧化值。在书写酸的化学式时,习惯上总把氢列在前面;在写碱的化学式时,则把金属列在前面而写成氢氧化物的形式。例如,硼酸写成 H_3BO_3 而不写成 $B(OH)_3$;而氢氧化镧是碱,则写成 $La(OH)_3$。

当元素 R 的氧化值较高时,氧化物的水合物易脱去一部分水而变成含水较少的化合物。例如,硝酸 HNO_3(H_5NO_5 脱去两个水分子);正磷酸 H_3PO_4(H_5PO_5 脱去 1 个水分子)等。对于两性氢氧化物如氢氧化铝,既可写成碱的形式 $Al(OH)_3$,也可写成酸的形式,即

$$Al(OH)_3 === H_3AlO_3 === HAlO_2 + H_2O$$

$$\text{(氢氧化铝)} \quad \text{(正铝酸)} \quad \text{(偏铝酸)}$$

周期系中元素的氧化物及其水合物的酸碱性的递变有以下规律。

(1)氧化物及其水合物的酸碱性强弱的一般规律

①周期系各族元素最高价态的氧化物及其水合物,从左到右(同周期)酸性增强,碱性减弱;自上而下(同族)酸性减弱,碱性增强。这一规律在主族中表现明显,副族情况大

致与主族有相同的变化趋势,但要缓慢些。它们的酸碱性递变顺序见表9.5和表9.6。

同一族元素较低价态的氧化物及其水合物,自上而下一般也是酸性减弱,碱性增强。例如,$HClO$,$HBrO$,HIO的酸性逐渐减弱。又如在第 V 主族元素+3 价态的氧化物中,N_2O_3 和 P_2O_3 呈酸性,As_2O_3 和 Sb_2O_3 呈两性,而 Bi_2O_3 则呈碱性。与这些氧化物相对应的水合物的酸碱性也是这样。

表9.5 周期系中主族元素氢氧化物的酸碱性

I A	II A	III A	IV A	V A	VI A	VII A
						酸性增强 →
LiOH(中强碱)	$Be(OH)_2$(两性)	H_3BO_3(弱酸)	H_2CO_3(弱酸)	HNO_3(强酸)		
NaOH(强碱)	$Mg(OH)_2$(中强碱)	$Al(OH)_3$(两性)	H_2SiO_3(弱酸)	H_3PO_4(中强酸)	H_2SO_4(强酸)	$HClO_4$(极强酸)
KOH(强碱)	$Ca(OH)_2$(中强碱)	$Ga(OH)_2$(两性)	$Ge(OH)_4$(两性)	H_3AsO_4(中强酸)	H_2SeO_4(强酸)	$HBrO_4$(强酸)
RbOH(强碱)	$Sr(OH)_2$(强碱)	$In(OH)_3$(两性)	$Sn(OH)_4$(两性)	$H[Sb(OH)_6]$(弱酸)	H_6TeO_6(弱酸)	H_5IO_6(中强酸)
CsOH(强碱)	$Ba(OH)_2$(强碱)	$Tl(OH)_3$(弱碱)	$Pb(OH)_4$(两性)			

碱性增强 ←

表9.6 副族元素氢氧化物的酸碱性

III B	IV B	V B	VI B	VII B
				酸性增强 →
$Sc(OH)_3$(强碱)	$Ti(OH)_4$(两性)	HVO_3(弱酸)	H_2CrO_4(中强酸)	$HMnO_4$(强酸)
$Y(OH)_3$(中强碱)	$Zr(OH)_4$(两性)	$Nb(OH)_5$(两性)	H_2MoO_4(酸)	$HTcO_4$(酸)
$La(OH)_3$(强碱)	$Hf(OH)_4$(两性)	$Ta(OH)_5$(两性)	H_2WO_4(弱酸)	$HReO_4$(弱酸)

碱性增强 ←

②同一元素形成不同价态的氧化物及其水合物时,一般高价态的酸性比低价态的要强,例如

$HClO$(弱酸) $HClO_2$(中强酸) $HClO_3$(强酸) $HClO_4$(极强酸) →

酸性增强

Mn(OH)$_2$	Mn(OH)$_3$	Mn(OH)$_4$	H$_2$MnO$_4$	HMnO$_4$
（碱）	（弱碱）	（两性）	（弱酸）	（强酸）

酸性增强 →

CrO	Cr$_2$O$_3$	CrO$_3$
（碱性）	（两性）	（酸性）

酸性增强 →

（2）对上述规律的解释

表 9.5 和表 9.6 显示的递变规律可用"ROH 模型"来解释。

ROH 模型是把氧化物的水合物都写成 R(OH)$_x$ 的形式,把水合物看做由 R^{x+},O^{2-} 与 H$^+$ 三种离子组成,然后根据 3 种离子间作用力的相对大小来判断其酸碱性的强弱。化合物 R(OH)$_x$ 可按下面两种方式解离,即

$$\overset{\text{I} \qquad \text{II}}{\text{R} \quad | \quad \text{O} \quad | \quad \text{H}}$$

如果在 I 处(R—O 键)断裂,化合物发生碱式解离;如果 II 处(O—H 键)断裂,就发生酸式解离。如果 R—O 键与 O—H 键的强度相差不大,I、II 处都有可能断裂,这类氢氧化物即为两性氢氧化物。若简单地把 R、O、H 都看成离子,考虑 R^{x+} 和 H$^+$ 分别与 O^{2-} 之间的作用力。H$^+$ 半径很小,它与 O^{2-} 之间的吸引力是较强的。如果 R^{x+} 的电荷数越多、半径越小,它与 O^{2-} 之间的吸引力越大,即它与 H$^+$ 之间的电性排斥力也就越大,这样就不易从 R—O 处断裂,而较易从 O—H 处断裂,即发生酸式解离;相反,如果 R^{x+} 的电荷数少、半径又大,R—O 键的结合力就较弱,因此就较易从 R—O 处断裂,即发生碱式解离。对不同的 R(OH)$_x$ 而言,R^{x+} 是主要的可变因素,所以应用此理论时,主要就看 R^{x+} 的吸 O^{2-}、能力及斥 H$^+$ 能力的大小。以第 3 周期的元素为例,从表 9.5 中的数据可以看出,Na$^+$ 或 Mg^{2+} 由于离子电荷数较少而半径较大,与 O^{2-} 之间的作用力相对来说不够强大,还不能和 H$^+$ 与 O^{2-} 之间的作用力相抗衡,因而 NaOH 和 Mg(OH)$_2$ 这两种化合物都发生碱式解离。Al^{3+} 由于电荷数更多而半径更小,与 O^{2-} 之间的作用力已能和 H$^+$ 与 O^{2-} 之间的作用力相抗衡,因而 Al(OH)$_3$ 可按两种方式解离,是典型的两性氢氧化物。其余的 4 种氢氧化物,由于 R^{x+} 的离子电荷数从 +4 到 +7 依次增多而半径依次减小,使 R^{x+} 的吸 O^{2-} 能力及斥 H$^+$ 能力逐渐增大,因而酸性依次增强。HClO$_4$ 是最强的无机酸。

由上所述,R 的电荷数(氧化值)对氧化物的水合物的酸碱性确实起着重要作用。一般说来,R 为低价态(≤+3)金属元素(主要是 s 区和 d 区金属)时,其氢氧化物多呈碱性,R 为较高价态(+3 ~ +7)非金属或金属性较弱的元素(主要是 p 区和 d 区元素)时,其氢氧化物多呈酸性,R 为中间价态(+2 ~ +4)一般金属(p 区、d 区及 ds 区的元素)时,其氢氧化物常显两性,例如 Zn^{2+}、Sn^{2+}、Pb^{2+}、Al^{3+}、Cr^{3+}、Sb^{3+}、Ti^{4+}、Mn^{4+}、Pb^{4+} 等的氢氧化物。

氧化物及其水合物的酸碱性是工程实践中广泛应用的性质之一,例如炼铁时的造渣反应,即

$$CaO + SiO_2 \xrightarrow{\text{高温}} CaSiO_3$$

就是应用酸性氧化物与碱性氧化物之间的反应除去杂质硅石(主要是 SiO$_2$,由矿石中带入)。

氯化钡可做盐浴剂,但少量的氧化钡是有害的杂质,可用酸性氧化物 SiO$_2$ 或 TiO$_2$(钛

白粉)与之反应而除去,即

$$BaO + SiO_2 \xrightarrow{\text{高温}} BaSiO_3$$

$$BaO + TiO_2 \xrightarrow{\text{高温}} BaTiO_3$$

再例如耐火材料的选用也要考虑其酸碱性:酸性耐火材料(以 SiO_2 为主)在高温下易与碱性物质反应而受到腐蚀;碱性耐火材料(以 MgO,CaO 为主)在高温下易受酸性物质腐蚀;而中性耐火材料(以 Al_2O_3,Cr_2O_3 为主)则有抗酸、碱腐蚀的能力。

2. 氯化物与水的作用

很多氯化物与水作用后会使溶液呈酸性,根据酸碱质子理论,反应的本质是正离子酸与水的质子传递过程。氯化物按其与水作用的强弱,主要可分为 3 类。

①活泼金属如钠、钾、钡的氯化物在水中解离并水合,但不与水发生反应,水溶液的 pH 值并不改变。

②大多数不太活泼金属(如镁、锌等)的氯化物会不同程度地与水发生反应,尽管反应常常是分级进行和可逆的,却总会引起溶液酸性的增强。它们与水反应的产物一般为碱式盐与盐酸,例如

$$MgCl_2 + H_2O \rightleftharpoons Mg(OH)Cl + HCl$$

又如,在焊接金属时常用氯化锌浓溶液清除钢铁表面的氧化物,主要是利用 $ZnCl_2$ 与水反应而产生的酸性。

较高价态金属的氯化物(如 $FeCl_3$,$AlCl_3$,$CrCl_3$)与水反应的过程比较复杂。但一般仍简化表示为以第一步反应为主(注意,一般并不产生氢氧化物的沉淀),例如

$$Fe^{3+} + H_2O \rightleftharpoons Fe(OH)^{2+} + H^+$$

值得注意的是,p 区 3 种相邻元素形成的氯化物,氯化亚锡($SnCl_2$),三氯化锑($SbCl_3$),三氯化铋($BiCl_3$)与水反应后生成的碱式盐在水或酸性不强的溶液中溶解度很小,分别以碱式氯化亚锡 $[Sn(OH)Cl]$,氯氧化锑($SbOCl$),氯氧化铋($BiOCl$)的形式沉淀析出(均为白色),即

$$SnCl_2 + H_2O \rightleftharpoons Sn(OH)Cl(s) + HCl$$

$$SbCl_3 + H_2O \rightleftharpoons SbOCl(s) + HCl$$

$$BiCl_3 + H_2O \rightleftharpoons BiOCl(s) + HCl$$

它们的硫酸盐、硝酸盐也有相似的特性,可用做检验亚锡、三价锑或三价铋盐的定性反应。在配制这些盐类的溶液时,为了抑制其水解,一般都先将固体溶于相应的浓酸,再加适量水而成(为了防止用做还原剂的 Sn^{2+} 久置被空气氧化,可在 $SnCl_2$ 溶液中加入少量纯锡粒)。

③多数非金属氯化物和某些高价态金属的氯化物与水发生完全反应。例如,BCl_3,$SiCl_4$,PCl_5 等与水能迅速发生不可逆的完全反应,生成非金属含氧酸和盐酸,即

$$BCl_3(l) + 3H_2O = H_3BO_3(aq) + 3HCl(aq)$$

$$SiCl_4(l) + 3H_2O = H_2SiO_3(s) + 4HCl(aq)$$

$$PCl_5(s) + 4H_2O = H_3PO_4(aq) + 5HCl(aq)$$

这类氯化物在潮湿空气中成雾的现象就是由于强烈与水作用而引起的。在军事上可用做"烟雾剂"。生产上可用沾有氨水的玻璃棒来检查 $SiCl_4$ 系统是否漏气。

四氯化锗与水作用,生成胶状的二氧化锗的水合物,即

$$GeCl_4+4H_2O=GeO_2 \cdot 2H_2O+2HCl$$

所得胶状水合物逐渐凝聚,脱水后得到二氧化锗晶体。工业上从含锗的原料中,先使锗形成四氯化锗而挥发出来,将经精馏提纯的 $GeCl_4$ 和水作用得到二氧化锗,再用纯氢还原,可以制得锗。

3. 硅酸盐与水的作用

硅酸盐是硅酸或多硅酸的盐,绝大多数难溶于水,也不与水作用。硅酸钾、硅酸钠是常见的可溶性硅酸盐。将 SiO_2 与 $NaOH$ 或 Na_2CO_3 共熔,可制得硅酸钠,即

$$SiO_2+2NaOH \xrightarrow{\text{熔融}} Na_2SiO_3+H_2O(g)$$

$$SiO_2+2Na_2CO_3 \xrightarrow{\text{熔融}} Na_2SiO_3+CO_2(g)$$

硅酸钠的熔体呈玻璃状,溶于水所得粘稠溶液称为"水玻璃",俗称"泡花碱",是纺织、造纸、制皂、铸造等工业的重要原料,由于它有相当强的粘结能力,所以亦是工业上重要的无机粘结剂。市售水玻璃因含有铁盐等杂质而呈蓝绿色或浅黄色。硅酸钠写成 Na_2SiO_3(或 $Na_2O \cdot SiO_2$),是一种简化的表示方法。硅酸钠实际上是多硅酸盐,可表示为 $Na_2O \cdot mSiO_2$,m 通常称为水玻璃的"模数"。市售的水玻璃模数一般在 3 左右。

由于硅酸的酸性很弱($K_{a1}^{\ominus}=1.7 \times 10^{-10}$,比碳酸的酸性还弱),所以硅酸钠(或硅酸钾)能与水强烈作用而使溶液呈碱性,其反应式可简化表示为

$$SiO_3^{2-}+2H_2O=H_2SiO_3+2OH^-$$

9.2.3　含氧酸盐的热稳定性

若将一般的无机含氧酸盐的热稳定性加以归纳,可得如下规律。

①酸不稳定,对应的盐也不稳定。H_3PO_4,H_2SO_4,H_2SiO_4 等酸稳定,相应的磷酸盐、硫酸盐、硅酸盐也稳定;HNO_3,H_2CO_3,H_2SO_3,$HClO$ 等酸不稳定,它们相应的盐也不稳定。

②同一种酸,其盐的稳定性规律是,正盐、酸式盐、酸依次下降,如下表所示:

	Na_2CO_3	$NaHCO_3$	H_2CO_3
分解温度/℃	~1 800	270	常温分解

③同一酸根,其盐的稳定性次序是,碱金属盐>碱土金属盐>过渡金属盐>铵盐。如下表所示:

	Na_2CO_3	$CaCO_3$	$ZnCO_3$	$(NH_4)_2CO_3$
分解温度/℃	~1 800	841	350	58

④同一成酸元素,高氧化数的含氧酸比低氧化数的稳定,相应的盐也是这样。

如 Na_2SO_3 加热即分解,而 Na_2SO_4,K_2SO_4,$BaSO_4$ 等在 1 000 ℃时仍不分解。但也有例外,如 $NaNO_3$ 不如 $NaNO_2$ 稳定。

盐的热分解反应有氧化还原与非氧化还原反应之分。硝酸盐、亚硝酸盐、高锰酸盐等的热分解是氧化还原反应,而碳酸盐、硫酸盐的热分解则是非氧化还原反应。

倍受诺贝尔奖青睐的碳家族

碳原子是我们极其熟悉的微观粒子之一,比如动植物的生命体以及煤炭等燃料都含有碳原子。然而你知道吗? 碳原子是自然界中最为神奇的原子之一,同样由碳原子组成的物质既可以硬如顽石,也可以软如泥块,还可以美丽无比……。科学家已经发现,由碳元素组成的物质主要有金刚石、石墨、C_{60}(足球烯)、石墨烯等单质。为什么同样是由碳原子构成而会有如此大的性能差异呢? 原来是由于它们具有不同的原子模型。

金刚石——立体网状结构模型。金刚石的所有优良性质,都得益于它的不同凡响的特殊结构,即中心碳原子以 4 个 sp^3 杂化轨道与 4 个邻近的碳原子成键(键长 0.154 nm,键角 109°28′),形成 4 个 σ 键,金刚石许多优异性能来源于碳–碳四面体结构,如图 9.4 所示。金刚石是原子晶体,熔点高(3 550 ℃)、硬度最大(10),在室温下惰性,但在空气中加热至 827 ℃(1 100 K)时,可燃烧生成 CO_2。金刚石除可作装饰品外,在工业上主要用做钻头,刀具及精密轴承等。

图 9.4　金刚石结构

石墨——层状滚珠结构模型。石墨是一种深灰色的具有金属光泽而不透明的细磷片状固体,就目前所知它是自然界中最软的矿石。原来石墨中的碳原子是一层一层排列的,虽然每一层的碳原子结合得非常紧密,但层与层之间的结合力却非常地弱,其结构如图 9.5所示。因此,在层间非常容易发生断裂,从而表现出较软的性质,如具有滑腻感、熔点较高、容易导电等优良的性能,常用于干电池电极或高温作业下的润滑剂。

碳富勒烯——一类由碳原子组成的笼状分子,它是继金刚石和石墨之后人类发现的碳元素的第三种形态。碳富勒烯最早是由英国化学家克罗托博士于 1985 年发现的,为此,他获得了 1986 年的诺贝尔化学奖。

图 9.5　石墨结构

1985 年起科学家们陆续发现了碳的第三种晶体形态,即富勒烯(Fullerene)碳原子簇:C_{28},C_{30},C_{50},C_{70},C_{76},C_{80},C_{90},C_{94},…,C_{240},C_{540},C_{960}等,其中 C_{60} 比较稳定,它是由 60 个碳原子组成、具有 32 面体的空心球结构,如图 9.6 所示。由于它的中心有一个直径为360pm 的空腔,可以容纳其他原子,如将碱金属掺入 C_{60} 晶体中,可制造出一系列超导材料;同时,C_{60} 分子有 30 个双键,可以合成各种化合物。它能加氢生成 $C_{60}H_{36}$ 和 $C_{60}H_{18}$,$C_{60}H_{36}$ 和 $C_{60}H_{18}$,又能脱氢成为 C_{60};它可以氟化成 $C_{60}F_{42}$,$C_{60}F_{60}$ 等,这些白色粉末可以作为高温润滑剂、耐热和防水材料。C_{60} 及其衍生物在酶抑制剂、抗病毒、DNA 切割、光动力医疗法等方面有着广泛的应用前景。可以肯定地说,C_{60} 球形结构的发现,开辟了碳的新纪元。

图 9.6　碳富勒烯结构

石墨烯(Graphene)是英国曼彻斯特大学 Geim 课题组于 2004 年发现的单原子层石墨晶体薄膜,是由 sp^2 杂化的碳原子构成的二维蜂窝状物质,是构建其他维数碳材料的基本单元,如图9.7,其中碳-碳键长约为0.142 nm。完美的石墨 烯是二维的,只包括六角元胞(等角六边形);如果有五角元 胞和七角元胞存在,它们将构成石墨烯的缺陷。为此,曼彻 斯特大学的安德烈·海姆(A. K. Geim)和康斯坦丁·诺沃肖 洛夫(K. S. Novoselov)因其在石墨烯制备和研究方面的开创 性工作获得了2010年诺贝尔物理学奖。

图9.7 二维蜂窝状石墨烯

这些特殊结构蕴含了丰富而新奇的物理现象,使石墨烯 表现出许多优异性质,石墨烯不仅有优异的电学性能(室温 下电子迁移率可达到$2×10^5$ $cm^2/(V \cdot S)$),突出的导热性能(5 000 $W/(m \cdot K)$),超长的 比表面积(2 630 m^2/g),其杨氏模量(1 100 GPa)和断裂强度(125 GPa)也可与碳纳米管 媲美,而且还具有一些独特的性能,如完美的量子隧道效应、半整数量子霍尔效应、永不消 失的电导率等。

习　题

1. 比较下列各项性质的高低或大小次序:

(1)SiO_2,KI,$FeCl_3$,$FeCl_2$的熔点;

(2)金刚石、石墨、硅的导电性;

(3)SiC,SiO_2,BaO晶体的硬度。

2. 比较下列各组化合物的酸性,并指出你所依据的规律?

(1)$HClO_4$,H_2SO_4,H_2SO_3

(2)H_2CrO_4,H_3CrO_3,$Cr(OH)_3$

3. 下列各组内的物质能否一起共存? 若不能共存,则说明原因,并写出有关的化学方程式(未标明 状态的均指水溶液)。

(1)Sn^{4+},Sn^{2+}与$Sn(s)$

(2)$Na_2O_2(s)$与$H_2O(l)$

(3)$NaHCO_3$与$NaOH$

(4)NH_4Cl与$Zn(s)$

(5)$NaAlO_2$与HCl

(6)$NaAlO_2$与$NaOH$

第10章 功 能 材 料

学 习 要 求

1. 了解功能材料的发展和分类。
2. 了解功能材料的特点及应用。

10.1 功能材料的发展和分类

10.1.1 功能材料的发展概况

材料是人类社会生活的物质基础,材料的发展导致时代的变迁,推进人类的物质文明和社会进步。例如,"石器时代"、"铜器时代"和"铁器时代"等。为了生存和发展,人类一方面从大自然中选择天然物质进行加工和改造,获得适用的材料;另一方面通过物理化学加工方法研制合金、玻璃、陶瓷、合成高分子材料来满足生产和生活的需要。人们在使用这些材料时,有的是利用某些材料具有抵抗外力的作用,从而保持自己的形状和结构不变的优良力学性能(如强度和韧性)来制造工具、机械、车辆以及修建房屋、桥梁、铁路等,这些材料统称为结构材料。而有的则是通过光、电、磁、声、热、化学、生物化学等作用,使材料具有特定的功能,主要是光学功能、电磁功能、声学功能、生体功能、分离功能、形状记忆功能、自适应功能等,按照其性能常称为光学材料、磁性材料、电绝缘材料、超导材料、声学材料、生物医学材料、分离材料、智能材料。利用它们制造具有记录、储存、传导信息或转换能量的功能元、器件。这些材料总称为功能材料。

功能材料的发展历史与结构材料一样悠久,但是人们使用"功能材料"这一名词来描述它们还是近40年来的事情。功能材料的概念是由美国贝尔研究所 J. A. Morton 博士在1965年首先提出,后经日本研究所、大学和材料学会的大力提倡,很快受到了各国材料科学界的重视和接受。这主要是由于高技术产业的发展所致。例如,航天空间技术、海洋开发技术、生物医学工程技术等尖端技术的开发,迫切要求与之适应的新型结构材料和特种功能材料。20世纪60年代,随着微电子工业的发展,促进了半导体材料的迅速发展。70年代的"能源危机",促使各国开发新能源和研制储能材料。激光技术的出现,使光学材料、光电子材料面貌一新。80年代以来,一场以高技术为中心的新技术革命,在欧美和日本等国兴起,并迅速波及世界各国和地区,新技术革命的主要标志就是新型材料、信息技术和生物工程技术。

由于高技术发展的需要,强烈刺激现代材料向功能材料方向发展,使得新型功能材料异军突起,进展之速令世人瞩目,赋予高技术以新的内涵,促进了各种高技术的发展和应用的实现。

10.1.2 功能材料的分类

根据材料的性质特征和用途,可以将功能材料定义为具有优良的电学、磁学、光学、热学、声学、力学、化学和生物学功能及其相互转化的功能,被用于非结构目的高技术材料。功能材料种类多,迄今还没有一个公认的分类方法,目前主要是根据材料的物质性、功能性、应用性进行分类。

1.根据材料的物质性进行分类

主要可分金属功能材料、无机非金属功能材料、有机功能材料、复合功能材料。

2.按材料的功能性进行分类

主要分为电学功能材料、磁学功能材料、光学功能材料、声学功能材料、力学功能材料、热学功能材料、化学功能材料、生物医学功能材料、核功能材料。

3.按材料的应用性进行分类

主要可分为信息材料、电子材料、电工材料、电迅材料、计算机材料、传感材料、仪器仪表材料、能源材料、航空航天材料、生物医用材料等。

应该指出,由于功能材料的种类繁杂,应用领域广泛,上述的分类是相对的。考虑多方面的因素,本书采用混合分类法。

10.2 功能材料的特点和应用

10.2.1 功能材料的特点

功能材料为高技术密集型材料,在研究开发和生产功能材料时具有三个显著的特点:
①综合运用现代先进的科学技术成就,多学科交叉、知识密集;
②品种比较多、生产规模一般比较小、更新换代快、技术保密性强;
③需要投入大量的资金和时间,存在相当大的风险,但一旦研究开发成功,则成为高技术、高性能、高产值、高效益的产业。

功能材料与结构材料相比,最大的特点是两者性能上的差异和用途的不同。

10.2.2 功能材料的应用

功能材料种类繁多,有广泛的应用前景,下面介绍几种功能材料的一些重要应用。

1.磁性材料及应用

物质按磁性,主要可分为抗磁性、顺磁性、铁磁性和亚铁磁性。前两类为弱磁性,后两类为强磁性。从原子结构看,呈现抗磁性的物体是由元素的电子分布式中的电子层都为电子充满的原子、离子或分子组成的,如稀有气体食盐、水以及绝大多数有机化合物;顺磁性物体的原子、离子或分子则具有未被电子填满的电子层(具有未成对电子)。典型的顺磁性气体是 O_2,常见的顺磁体有过渡金属的盐类、稀土金属的盐类及氧化物。用做磁性材料的是具有强磁性的铁磁性材料和亚铁磁性材料。

磁性材料按化学成分大致可分为金属磁性材料与铁氧体两类。

（1）金属磁性材料

它主要是铁、镍、钴及其合金,如铁硅合金、铁镍合金、铁钴合金、锰铝合金等。它们具有金属的导电性能,通常呈现铁磁性。其中,金属软磁材料(指在较弱的磁场下,易磁化也易退磁的一种磁性材料)通常适用于低频、大功率的电力电子工业、仪器工业、仪器仪表、电子通讯、磁电式仪表、磁通计等,例如硅钢片广泛用做电力变压器。金属硬磁材料(指磁化后不易退磁而能长期保留磁性的一种磁性材料)如铝镍合金等,可用于制取体积小、重量轻的永磁器件,尤宜用于宇航等空间技术领域。

（2）铁氧体

它是以氧化铁为主要成分的磁性氧化物。因其制备工艺沿袭了陶瓷和粉末冶金的工艺,所以有时也称之为磁性瓷。铁氧体的化学式为 MFe_2O_4 或 $MO \cdot Fe_2O_3$,其 M 是指 Fe^{3+} 以及离子半径与 Fe^{2+} 的相近的 +2 价金属离子,如 Mn^{2+},Cu^{2+},Ni^{2+},Co^{2+} 等。例如,锰锌铁氧体、镍锌铁氧体、钡铁氧体等广泛应用于电视、广播、收音、发报、通讯等领域。其中常见有收报器、发报器、电感元件、磁性无线、永磁扬声器、磁色纯器、磁控管、磁偏转扫描器等。到 20 世纪 80 年代以后,高频开关的出现,在彩色电视机、录像机、计算机和监视器中大量使用这种类型铁芯,如用于变压电源和滤波器的 E 形、UF 形磁芯。而且,磁性材料既可用于磁悬浮列车和超导船上,又可用于磁场水处理和磁吸器等方面。

2. 超导材料及应用

超导现象首先是荷兰物理学家翁奈(Onnes)于 1911 年在研究水银低温电阻时发现的。当水银温度降低到 4.2 K 以下,水银的电阻突然变为零;后来又陆续发现一些金属、合金和化合物也具有这种现象,称为超导现象。物质在超低温下失去电阻的性质称为超导电性,相应的具有这种性质的物质称为超导体。超导体在电阻消失前的状态称为常导状态,电阻消失后的状态称为超导状态。

超导材料种类繁多,相对于氧化物高温超导体而言,元素、合金和化合物超导体的超导转变温度较低($T_c < 30$ K),其超导机理基本能用 BCS 理论解释,因而又被称为常规超导体或传统超导体。超导材料的经验规律为:

（1）一价金属、铁磁质、反铁磁质不是超导体

价电子数 Z 在 2~8 的金属,才是超导体。在所有金属元素中,超导元素近 50 种。在常压下已有 27 种超导元素,其中临界温度最高的是 Nb,$T_c = 9.26$ K,其次是 T_c,$T_c = 8.22$ K。在超导元素中,除 V,Nb,T_c 是属于第 II 类超导体外,其余均为第 1 类超导体。超导元素在常温下,导电性比普通金属差。

（2）超导金属分为过渡金属和非过渡金属

在过渡金属中,T_c 与 Z 有关,Z 为奇数的元素,T_c 较高,Z 在 4~6 时,T_c 最低。在非过渡金属中,T_c 随 Z 增大而增加。

超导材料的应用领域十分广泛,如超导体的零电阻效应显示了其无损耗输电流的性质,大功率发电机、电动机如能实现超导化将会大大降低能耗。若将超导体应用于潜艇的动力系统,可以大大提高它的隐蔽性和作战能力。同时超导体在国防、交通、电工、地质探矿和科学研究中的大工程上都有很多应用。利用超导磁体磁场强、体积小、质量轻的特点,可用于负载能力强、速度快的超导悬浮列车和超导船。利用超导隧道效应,可制造世界上最灵敏的电磁信号的探测元件和用于高速运行的计算机元件。用这种探测器制造的

超导量子干涉磁强计可以测量地球磁场几十亿分之一的变化,能测量人的脑磁图和心磁图,还可用于探测深水下的潜水艇;放在卫星上可用于矿产资源普查;通过测量地球磁场的细微变化为地震预报提供信息。超导体用于微波器件可以大大改善卫星通讯质量。超导材料的应用显示出巨大的优越性。

3. 纳米材料的应用

纳米作为材料的衡量尺度,其大小为 10^{-9} m,即 1 nm 是十亿分之一米,约为 10 个原子的尺度。纳米材料是组成相或晶粒在任一维上尺寸小于 100 nm 的材料,也叫超分子材料,是由粒径尺寸介于 1 ~ 100 nm 之间的超细颗粒组成的固体材料。

纳米材料的应用正向不同领域渗透,已经成功的技术有以下几种。

(1)催化剂

聚合型马来酰亚胺树脂材料在军工、民用行业得到广泛应用,它性能优良,被认为是最有发展前途的树脂基体。纳米 TiO_2 可作为 N—苯基马来酰亚胺聚合反应的催化剂。

(2)润滑剂

可大大减轻摩擦件之间的磨损。把平均粒径小于 10 nm 的金刚石微粒均匀加入 $Cu_{10}Sn_2$ 合金基体中,干滑动摩擦试验结果表明:在载荷 78 N、滑动速率低于 1.6 m/s 时,$Cu_{10}Sn_2$ 复合材料的摩擦因数稳定 0.19 左右,远低于基体 $Cu_{10}Sn_2$ 合金($\mu = 0.31 \sim 0.38$)。而且 $Cu_{10}Sn_2$ 合金在摩擦过程中产生较大的噪声,摩擦过程不平稳,而 $Cu_{10}Sn_2$ 复合材料摩擦过程非常平稳,噪声很低,并且在摩擦的表面形成了部分连续的固体润滑膜。

(3)塑性陶瓷

纳米 TiO_2 与其他金属氧化物纳米晶一起,可组成具有优良力学性能的各种新型复合陶瓷材料,在开发超塑性陶瓷材料方面具有诱人的前景。

(4)生物传感器

葡萄糖生物传感器在临床医学、食品工业等方面都有重要的用途。将金、银、铜等纳米颗粒引入葡萄糖氧化酶膜层中,由此制得的生物传感体积小,电极响应快,灵敏度高。

(5)纳米复合材料

采用纳米粉体与塑料、合成纤维制备的功能材料、功能纤维;采用纳米羟基磷灰石与胶原蛋白和生长因子制备的仿生人工骨;采用溶胶-凝胶法可制备出聚酰亚胺-二氧化硅纳米复合材料等。

(6)磁性材料

纳米材料可制备出高效电子元件和高密度信息贮存器。

(7)纳米管

纳米碳管可看成是由六边形石墨扳成360°卷曲而成的粉状材料,表面为{0001}面。石墨的{0001}面最密排,面间距大,因而纳米碳管具有许多特别的性能。它的力学性能特别优异,可用它做超级纤维复合材料的增强体,质轻,不怕折叠,具有吸能功能。它的电子能带结构特殊,可做热敏电阻、电子开关,也是新一代发热材料。纳米管有分子级细孔,比表面积特大,是理想的储氢材料。制作电化学电容时,器件功率高,周期长,结构完整,还可以制成硫、硒、铯或镍纳米线,用于医学或其他领域。

纳米材料在交叉学科上的应用日新月异,像纳米生物技术、纳米智能材料、功能纤维等都取得了良好的效果。

4. 光导纤维的应用

光导纤维简称光纤,当前光纤的最大应用是激光通讯,即光纤通讯。它具有信息容量大、重量轻、抗干扰、保密性好、耐腐等优点,是一种极为理想的通讯材料。有人将它看做是"信息社会"的一个重要标志。

光纤大多呈圆柱状,断面像铅笔,中心是一支由高折射率的透明光学玻璃或塑料制成的细纤维芯,外面是一层低折射率的包皮,从而使入射的激光在芯料和包皮料的界面上发生光的全反射,所以入射光几乎全部被封闭在芯料内部,经无数次全反射呈锯齿形向前传播,使光信号从一端送到纤维的另一端。这就是光纤传送讯号的基本原理。

为减少传光损耗,光纤通讯对光纤不但要求材料纯度高,而且要有光学均匀性。所以不允许有铁、镍、铜、水等杂质,不能有气泡或晶体缺陷等。光纤还可用于电视传真电话、光学、医学、工业生产的自动控制、电子和机械工业等各个领域。

5. 功能陶瓷材料的应用

随着信息技术、生物工程、人工智能、自动化控制技术的飞速发展,具有多种功能特性的功能陶瓷得到广泛应用。目前,功能陶瓷是精细陶瓷的主要组成部分,就产值而言,功能陶瓷约占70%,工程结构陶瓷约占25%,生物陶瓷约占5%,而且功能陶瓷每年以20%速度迅速增加。

功能陶瓷是指在应用时主要利用其非力学性能的材料,这类材料通常具有一种或多种功能,如电、磁、光、热、化学、生物等功能。有的还有耦合功能,如压电、压磁、热电、电光、声光、磁光等。功能陶瓷与传统陶瓷相比在原材料、工艺等许多方面有很大差异,是知识和技术密集型产品。一般具有投资少、原材料及能源消耗少、劳动强度低、产值高、经济效益和社会效益显著、应用范围广等特点。

功能陶瓷材料应用范围广,它已在能源开发、空间技术、电子技术、传感技术、激光技术、光电子技术、红外技术、生物技术、环境科学等领域得到广泛的应用。

阅读拓展

纳米陶瓷功能材料研究及进展

中国的陶器可追溯到9000年前,瓷器也出现在4000年前。最初利用火煅烧粘土制成陶器,经历了漫长的发展,陶瓷质量有了很大提高。后来提高燃烧温度的技术出现,发现高温烧制的陶器,由于局部熔化而变得更加致密坚硬,完全改变了陶器多孔、透水的缺点。以粘土、石英、长石等矿物原料烧制而成的瓷器登上了历史舞台。

随着许多领域对材料提出了更高的要求和纳米材料及技术的广泛应用,在传统陶瓷基础上,一些强度高、性能好的新型陶瓷不断涌现,纳米陶瓷应运而生。人们希望这种陶瓷不但要保持普通陶瓷的优点,而且还要具有类似金属的柔韧性和可加工性。最近三四十年,国际上材料科学界掀起了一个研究纳米陶瓷的热潮。纳米陶瓷材料的强度、韧性和超塑性比普通陶瓷有大幅度提高,克服了工程陶瓷的许多不足,并对材料的力学、电学、热学、磁学、光学等性能产生重要影响,为替代工程陶瓷的应用开拓了新领域。

1. 纳米陶瓷材料的定义及其特性

所谓纳米陶瓷,是指显微结构中的物相均为纳米尺度的陶瓷材料,它包括晶粒尺寸、第二相分布、气孔尺寸等均是在纳米量级的水平上。由于纳米陶瓷的晶粒细化，晶界数量大幅度增加，可使材料的韧性和塑性大为提高，并对材料的电学、热学、磁学、光学等性能产生重要的影响，被认为是陶瓷研究发展的第三个台阶，其主要特性如下：

（1）超塑性

陶瓷的超塑性是由扩散蠕变引起的晶格滑移所致，扩散蠕变率与扩散系数成正比，与晶粒尺寸的 3 次方成反比。普通陶瓷只有在很高的温度下才表现出明显的扩散蠕变，而纳米陶瓷的扩散系数提高了 3 个数量级，晶粒尺寸下降了 3 个数量级，因而其扩散蠕变率较高，在较低的温度下，因其较高的扩散蠕变速率而对外界应力作出迅速反应，造成晶界方向的平移，表现出超塑性，使其韧性大为提高。

（2）扩散与烧结性能

由于纳米陶瓷材料存在着大量的界面，这些界面为原子提供了短程扩散途径，与单晶材料相比，纳米陶瓷材料具有较高的扩散率。增强扩散能力的同时又使纳米陶瓷材料的烧结温度大为降低。

（3）力学性能

纳米陶瓷的特性主要在力学性能方面，包括纳米陶瓷材料的硬度、断裂韧度和低温延展性等。纳米陶瓷高温下硬度、强度较普通陶瓷有较大的提高。有关研究表明，纳米陶瓷具有在较低温度下烧结就能达到致密化的优越性。一般在室温压缩时，纳米颗粒已有很好的结合，温度达到 500℃ 时能很快致密化，而晶粒大小只有稍许的增加，所制得的材料的硬度和断裂韧度值更好，由于其烧结温度比工程陶瓷低 400 ~ 600℃，即低温烧结就能获得好的力学性能。另外烧结不需要任何添加剂，其硬度和断裂韧度随烧结温度的增加（即孔隙度的降低）而增加。近年来国内外对纳米复相陶瓷的研究表明，在微米级基体中引入纳米分散相进行复合，可使材料的断裂强度、断裂韧性提高 2 ~ 4 倍，最高使用温度提高 400 ~ 600℃，同时还可提高材料的硬度和弹性模量，提高抗蠕变性和抗疲劳破坏性能。

（4）磁学性能

晶粒中的磁各向异性与颗粒的形状、晶体结构、内应力以及晶粒表面的原子状况有关。由于纳米颗粒尺寸超细，其磁学性能与粗晶粒材料有着显著的区别，表现出明显的小尺寸效应。当晶粒尺寸减小到纳米级时，晶粒之间的铁磁相互作用开始对材料的宏观磁性有着重要影响。与铁磁原子类似，根据相互作用的大小，纳米晶粒体可表现出超顺磁性、超铁磁性、超自旋玻璃态等特性。

（5）纳米陶瓷的其他性能

纳米陶瓷还具有独特性能，如做外墙用的建筑陶瓷材料具有自清洁和防雾功能。纳米陶瓷具有广谱吸波效果，不仅能吸收和反射红外光，还能吸收高频雷达波和屏蔽通信波段的电磁波。纳米陶瓷的红外反射率可达 0.3 ~ 0.95，根据需要广范围可调，其对高频电磁波的吸收波率和透波特性也广范围可调。不仅可用于军工攻防武器装置和重要军事设施，还可用于高层建筑及医院外墙涂料的大面积电磁波屏蔽材料。纳米陶瓷发光材料，尤其是长余辉发光材料，涂在室外墙体上，可在天黑后持续发光十小时。

2. 纳米陶瓷的制备

纳米陶瓷的制备工艺包括纳米粉体制备、粉体成型和烧结。制备纳米陶瓷，首先要得到纳米级粉体原料。纳米陶瓷粉体制备技术已日趋成熟，已发展有多种制备方法，包括物理和化学制备方法,如蒸发-凝聚、高能机械球磨、激光诱导气相沉积、等离子气相合成及湿化学法等途径都是制备纳米粉体的有效方法。粉体成型就是指通过某种工艺,除去孔隙以形成致密的块体材料,并且保持纳米晶的特征。常规方法有沉降法、原位凝固法、热压法。由于纳米粉体晶粒尺寸小,表面积大,因此在材料烧结过程中易出现开裂等现象,应采用一些特殊的烧结方式,如真空(加压)烧结、快速微波烧结、超高压低温烧结、高温等静压烧结、加入添加剂的烧结等。

3. 面临的问题

制备纳米陶瓷,首先要得到纳米级粉体原料,纳米级粉体用机械的方法是很难得到的,必须用物理或化学的方法制备;其次,纳米粉体在制造过程中的最大困难是如何解决团聚问题,团聚给烧结带来了很大的麻烦,因为团聚的粉体在烧结后将引入大量的缺陷和气孔,严重影响烧结产物的致密度和性能,而且团聚的粉体将使粉体在烧成过程中易形成大晶粒,从而使产物达不到纳米级,而且在成型工艺中,由于纳米粉体的比表面积大,常规的陶瓷成型方法应用于纳米粉体会出现一系列的问题,因此纳米粉体的成型工艺有待研究;最后烧成时,由于纳米粉体的大比表面积和表面活性,能加速纳米陶瓷的烧结速率、减低烧结温度、缩短烧结时间,因此将大大改变陶瓷烧结动力学过程。

4. 纳米陶瓷的发展现状和应用前景

纳米陶瓷技术涉及到多种学科和领域,是由化工、物理、硅酸盐、材料科学等相互交叉并有机联系起来的新技术,它的发展将会对人类社会的进步和经济的发展产生重大而深远的影响。我国自1999年开始陶瓷超塑性的研究,几年来取得了许多成果。但是同国外相比还有很大差距,主要应加强在粉体制备、成形和烧结工艺方面的研究。由于纳米材料及技术的独特性能,在陶瓷材料中的改进性能方面产生了极其重要的影响,为陶瓷工业注入了新的活力。随着现代新技术的发展,功能陶瓷及其应用正向着高可靠、微型化、薄膜化、精细化、多功能、智能化、集成化、高性能、高功能和复合结构方向发展。

习　题

1. 功能材料按物质性应分为哪几类?
2. 功能材料按材料的功能性应分为几类?
3. 功能材料按材料的应用性应分为几类?
4. 功能材料有哪些明显的特点?
5. 磁性材料有哪些应用?
6. 超导材料有哪些应用?
7. 纳米材料有哪些应用?
8. 光导纤维有哪些应用?
9. 功能陶瓷材料有哪些应用?

第 11 章　生命科学、环境与无机化学

学习要求

1. 了解生命元素在周期表中的位置及分类。
2. 了解宏量元素和微量元素的生物功能。
3. 了解有害元素的毒性及环境污染与防治。

11.1　概　　述

生物赖于生存的化学元素称为生命元素,也称生物的必需元素。研究生命元素是生物无机化学的主要内容。已经发现的化学元素有 112 种,其中 92 种为自然界中存在的天然元素。生命元素有 60 多种,20 多种为生命所必需元素。这些元素在生命体内含量千差万别,其作用各不一样。有的可达百分之几十,有的则不到百万分之几,有的对生命是必需的有益的,有的则是非必需的或有害的。微量元素对生命体的作用,主要是看它们的生物效应,而不是根据含量的多少。高含量的生命元素固然可对生命起着重要作用,但这并不意味着含量低微的生命元素对生命的影响就很微小。许多含量极微的生命元素恰恰控制着生命的关键步骤。

目前生物无机化学是国内外研究的热点。我国学术界在微量元素与健康,微量元素在生命体内的作用,金属酶金属蛋白的结构、功能和模拟,新的无机金属药物的合成和作用机制等方面都已取得一定的成绩,有些研究达到国际领先水平。

11.1.1　生命必需元素

生命必需元素一般需要符合三个条件:

①该元素在生物体内的作用不能被其他元素所取代;

②该元素具有一定的生物功能,并参与代谢过程;

③缺少该元素时,生物体会发生病变。

现已发现符合条件的生命必需元素有 H,Na,K,Mg,Ca,Fe,Zn,C,N,O,P,I,V,Cr,Cu,Mn,Mo,Co,Ni,Si,S,Cl,Se,Br,F 共 25 种,其中 O,C,H,N,Ca,Mg,K,Na,P,S,Cl 等 11 种在动植物和人体中的质量分数一般在 0.01% 以上,称为生命必需的宏量元素,其余 14 种在动植物和人体中的质量分数小于 0.01%,称为生命必需的微量元素。

对藻类、真菌以及绿色植物所必需的营养成分有 C,H,O,N,P,S,K,Mg,B,Fe,Zn,Cu,Mn 等,前 8 种属宏量元素,后 5 种属微量元素。C,H,O,N 在动植物和人体中的质量分数见表 11.1。

表 11.1　C,H,O,N 在动植物和人体中的质量分数　/%

元　　素	植　　物	动　　物	人　　体
C	3.0	18.0	23.0
H	10.0	10.0	10.0
O	79.0	65.0	61.0
N	0.3	3.0	2.6
总计	92.3	96.0	96.6

11.1.2　生命元素在周期表中的位置

目前公认的人体必需元素和有毒元素在周期表中的位置见表 11.2。

表 11.2　人体生命元素在周期表中的位置

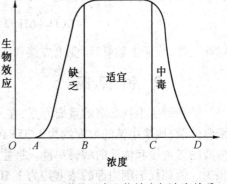

○ 必需宏量元素　　◇ 必需微量元素　　□ 有毒元素　　—— 有益元素

由表 11.2 可以看出生命元素主要分布于 2, 3, 4, 5 周期;宏量元素主要分布于 2, 3 周期,微量元素主要集中在第 4 周期;有毒元素如 Cd, Pb, Hg, Al, Be, Ga, Ln, Tl, As, Sb, Bi, Te 等主要集中在 5, 6 周期;有益元素如 Ge 等在第 4 周期。

11.1.3　微量元素生物效应与浓度关系

人体的必需微量元素还有一定适宜的浓度范围,超过或低于这个范围都会引起疾病。当元素含量适宜时,才对人体有益,但过量时会导致中毒,如图 11.1 所示。

图中微量元素的浓度在 $B \sim C$ 范围内是有

图 11.1　微量元素生物效应与浓度关系示意图

益的,小于 B,表示元素缺乏状态,产生营养缺乏症。大于 C 表示过量,会引起生物中毒,有益元素变成了有害元素。如 Se 是最典型的微量元素之一,在 $0.05\sim0.1~\mu g\cdot g^{-1}$ 时,Se 对人和动物是有益的,小于 $0.05~\mu g\cdot g^{-1}$ 时,牲畜会产生"白肌病",大于 $0.01~\mu g\cdot g^{-1}$,会引起"碱疾病"。还有一些污染元素如 Pb,Cd,Hg 等,对人体也是有毒微量元素。

11.2 宏量元素的生物功能

11 种宏量元素在人体中的质量分数为 99.8%,其中 O,C,H,N 共为 96.6%,它们和 P,S 一起组成了人体最基本的营养物质——水、糖、蛋白质、脂肪和核酸等。

水在人体内的质量分数为 65%,存在于所有组织和器官中。水为极好的溶剂,体内许多物质都溶解或悬浮在水中。生物体通过水从外界吸取养分,并输送到全身,以维持生命。蛋白质是体细胞中最重要的有机物质之一,它除含有 C,N,O,H 外,还含少量 S,有时还含 P,Fe,Zn,Cu,Mn,I。凡是构成生物体的结构物质(如肌肉蛋白)、促使体内化学反应的生物催化剂酶、调节生理作用的肽类激素、运输氧的载体血红蛋白、抗体以及病菌、病毒等,其本质都为蛋白质。可以说,没有蛋白质就没有生命。金属离子和蛋白质组成生物配合物,并对蛋白质结构起稳定作用。酶是由氨基酸组成的一类具有催化性和高专一性的特殊蛋白质,其生物功能用做生物催化剂。核酸是一类重要的生物大分子,是生物遗传的物质基础。在体内,它常与蛋白质结合成为核蛋白。核酸降解可产生多个核苷酸。Mg^{2+},Mn^{2+} 等可通过酶的作用影响核酸的复制、转录和翻译过程。下面对主要宏量元素的生物功能做一介绍。

11.2.1 氢和氧

氢作为人和动植物所必需的宏量元素,可与氧构成水;另外,它是构成生命体中一切有机物不可缺少的重要元素,许多与生、老、病、死有着密切关系的生物大分子,如蛋白质、脂肪、肽、多糖、核酸、激素和维生素的合成都离不开氢的参与。

氧在生物界起着十分重要的作用,从生命的呼吸到有机物的氧化分解都需要氧的参与。植物的叶绿素在日光的作用下使有机物分解产生 CO_2 和 H_2O 变为自己所需的养料($C_6H_{12}C_6$),并不断向空间输送 O_2,如

$$6CO_2+6H_2O \xrightarrow[\text{叶绿素}]{\text{日光}} C_6H_{12}O_6+6O_2\uparrow$$

除此之外,临床上输氧,工业上焊接和切割都离不开氧。

11.2.2 钠、钾、氯

钠和钾是生物必需的重要元素,在人体中,钠的质量分数为 0.16%,其中 80% 分布于细胞外液,血浆中钠的浓度约为 $1.35\times10^{-1}\sim1.48\times10^{-1}~mol\cdot L^{-1}$,它的主要功能是维持纳外液的渗透压和体液的酸碱平衡。钾主要存在于细胞内部,在人体中,钾细胞外液含钾量很少。例如红细胞内钾的浓度约为 $1.10\times10^{-1}\sim1.25\times10^{-1}~mol\cdot L^{-1}$,而血浆中仅含 $5.0\times10^{-3}~mol\cdot L^{-1}$。钾在维持细胞内液渗透压上起着重要作用。钾对植物体内碳水化合物,如淀粉、糖类等的形成有很大影响。缺钾时,禾本科植物及其他作物的籽、实、根、茎中淀

粉含量就显著降低。钾对植物机械组织的发育起着重要作用,使植物茎秆更加坚固,从而增强其抗倒伏的能力。适量的钠、钾会对生物产生重要的生理作用,但钠、钾过量也会带来一些不良反应,如人体中钠含量过高,会引起高血压等症。钾过量,会产生恶心、腹泻等症。

氯是生命必需的宏量元素,在机体内氯离子除与钾、钠合作参加生理作用外,还是多种组织液的成分。它与胃液中的氢离子形成盐酸,可加速食物的消化,人体中的氯主要靠食盐补充,当氯化钠缺乏时就会出现胃酸减少、食欲减退、精神不振等现象。但氯化钠过量也会引起高血压等。

11.2.3　钙、镁

钙在人体中的质量分数约为 2%,其中 99% 存在于骨骼和牙齿中,其余 1% 左右分布于体液中。它主要存在于细胞外,参与血液凝结、激素释放、神经传导、肌肉收缩和乳汁分泌等重要生理过程。在人体内钙和磷浓度的乘积基本维持定值。缺钙会引起人和动物发育不良,产生佝偻病。钙过量也会产生体内组织钙沉积、结石等症。

镁在人体中的质量分数约为 0.029%,半数存在于骨骼中,镁参与蛋白质的合成,参与多种酶的激活,又是复制脱氧核糖核酸(DNA)的必需元素。镁是叶绿素的重要成分,在糖类代谢中起重要作用。由 Mg^{2+} 激活的酶,至少可催化十多种生化反应,有相当高的特异性。镁、钙过量会导致肾病的产生。

11.3　微量元素的生物功能

对一些重要微量元素的生物功能做以下介绍。

锌是构成多种蛋白质分子的必需元素。锌在人体中含量达 $1.4 \sim 2.4$ g,主要存在于骨骼和皮肤(包括头发)中。锌与多种酶,核酸及蛋白质的合成有着密切的关系。锌的生物配合物是良好的缓冲剂,可调节机体的 pH。它能影响细胞分裂、生长和再长。对儿童有重要营养功能,缺锌可引起食欲减退,影响发育和智力,身体矮小等。含锌较多的食物是动物蛋白,如鱼、瘦肉、肝、肾和水产蛤、蚌等。一般来说,动物性食物中的锌不但含量高,而且活性大,易吸收。对婴幼儿来说,人奶中的锌比牛奶中的锌易吸收,虽然牛奶含锌量高于人奶,但牛奶中锌的利用却不如人奶好。

铁在人体内含量约 $3 \sim 5$ g,其中 70% 在血液内循环。铁与蛋白质结合成血红素,它为红细胞主要成分,若缺铁,血红素就无法形成造成贫血。血红素可携带氧气与营养素在体内循环,供给各细胞之需要,然后将各细胞产生二氧化碳与废物带至各排泄器官,排出体外。铁为体内细胞所含之重要物质。铁为部分酶素的成分,可活化酶素的消化功能。植物体内的铁是形成叶绿素的必要条件。因此铁是生物体必需的元素之一。含铁较多的食物是动物肝脏、豆类和某些蔬菜,以及红糖、葡萄、桃、梅等,一般动物性食物中的铁比植物性食物中的铁易吸收。

硒是人体必需的微量元素之一。硒的不足和过量都会使机体产生疾病。1973 年世界卫生组织专家委员会正式确定硒是人体营养必需的微量元素。硒有保护细胞的作用。因此,硒与细胞损伤性疾病(肿瘤、心脏病等)的关系是当前生物无机化学领域中重要的研究课题之一。近年研究发现,人体缺硒会引起心脏病、癌症和蛋白质营养不良等症。硒可预防镉中毒和砷引起的中毒。

铬是胰岛素参与作用的糖代谢和脂肪代谢过程所必需的元素,也是正常胆固醇代谢的必需元素。缺铬后血脂和胆固醇含量增加,糖耐受量受损,严重时出现糖尿病和动脉硬化。补铬病情可以改善。但必须指出,CrO_4^{2-} 是有毒的。还有钼、钴、锰、铜都是微量必需元素。

11.4 铅、镉、汞的毒性

随着人类社会的发展,人类的自然环境也发生了变化,其中之一是人类自己开采出来的一些金属污染了食物、水和空气,使人类健康受损,最为有害的金属是铅、镉和汞。这些污染金属进入机体的途径和对细胞代谢过程的影响,正是现今国内外研究的重点之一。

11.4.1 铅

水中铅的主要存在形态为 Pb^{2+}。来源于金属矿山、冶炼厂、电池厂、油漆厂等废水。我国工业废水中铅的最大允许排放浓度为 $1.0\ mg \cdot L^{-1}$。

对于人类来说,铅污染的主要来源是食物,铅中毒最常见途径是通过肠胃道的吸收。研究表明,铅可与体内一系列蛋白质、酶和氨基酸中的官能团结合,干扰机体许多方面的生化和生理活动,从而引起中毒。使用铅自来水管是饮水中铅的来源,通常每个成年人每日从饮水中摄入 $15 \sim 20\ \mu g$ 的铅。铅中毒可使机体免疫力降低、易疲倦、失眠、神经过敏、贫血和胃口差等。人体所含铅量的95%(质量分数)以上是以磷酸铅盐形式积存在骨骼中。牛铅中毒的症状为贫血,体重下降等。粗饲料铅中毒剂量为 $100\ \mu g \cdot g^{-1}$。家禽对铅的中毒忍受性相对较强,饲料中铅含量大于 $1\ 000\ mg \cdot kg^{-1}$ 时才引起中毒。大剂量的铅同样对植物产生毒害作用。

11.4.2 镉

水中镉的主要存在形态是 Cd^{2+}。镉常从矿物加工的副产物中获得,主要来源于电镀、颜料、冶金等工业废水。镉的毒性是在于酶的活性部位与锌竞争,破坏锌酶的正常功能。$10\ mg$ 的镉可引起急性镉中毒,导致恶心、呕吐、腹泻。长期接触低剂量镉能造成慢性镉中毒,这是镉的主要公害。日本富山县的一个大锌矿和冶炼厂的可溶性镉盐和铅盐污染河水,使当地200个老年人患骨痛病,后来有半数人因此死亡。我国工业废水中镉的最大允许排放浓度为 $0.1\ mg \cdot L^{-1}$。

11.4.3 汞

汞分为无机汞和有机汞两类,无机汞化合物有 HgS,HgO,$HgCO_3$,$HgHPO_4$,$HgSO_4$,$HgCl_2$,$Hg(NO_3)_2$ 和 Hg 等;有机汞化物有甲基汞、有机络合汞等。可溶性无机汞盐如 $HgCl_2$ 毒性大,能引起肠胃腐蚀、肾功能衰竭,并能致死。汞被排入江河中,某些厌氧菌能使汞甲基化{$CH_3Hg(II)$},并进入鱼类和贝类中。Hg^{2+} 可与细胞膜作用,使之改变通透性。当然有机汞的影响比无机汞大得多。汞与蛋白质中半胱氨酸残基巯基相结合,改变蛋白质构像或抑制酶的活性,使酶的催化活性改变。1953 年、1964 年、1973 年日本发生了三次因食用含甲基汞的鱼类和贝类而患的古怪的神经病,其症状是颤抖、行走困难,精神障碍。蛋白质和牛乳可作 Hg^{2+} 的解毒药,因它们在胃里可把 Hg^{2+} 沉淀下来。

另外,水中的无机汞在微生物的作用下会转变成有机汞,即

$$HgCl_2 + CH_4 \xrightarrow{\text{微生物}} CH_3HgCl + HCl$$

有机汞如 CH_3Hg^+ 离子的毒性更大,50 年代发生在日本的水俣病就是无机汞转变为有机汞,累积性的汞中毒事件。我国规定工业废水中汞的最大允许排放浓度 0.05 mg·L^{-1}。

11.5 环境污染与治理和保护

11.5.1 大气污染

1. 大气圈的组成

组成现代大气的主要成分是氮气(质量分数为 78.09%)、氧气(质量分数为 0.93%)及少量二氧化碳(质量分数为 0.03%),共占大气的 99.99%(质量分数),此外还有微量的稀有气体、臭氧等。水气是大气中的一个特殊成分,是自然界中水循环的一个组成部分。大气的质量在垂直方向的布是极不平均的,由于重力的作用,大气的主要质量分布在下层,其质量的 1/2 集中在离地 5 km 以下,3/4 分布在 10 km 以下,90%(质量分数)分布在 30 km 以下。根据大气在物理性质垂直分布的特点,可将大气圈分为对流层、平流层、中间层、暖层和逸散层等 5 个层次。图 11.2 表示了大气各层次划分的界疆,以及各层次的主要成分、温度变化趋势及气压大小。

对流层与人类活动关系最为密切,1 km 以下称大气边界层,这一层受地球表面人类活动影响最大,

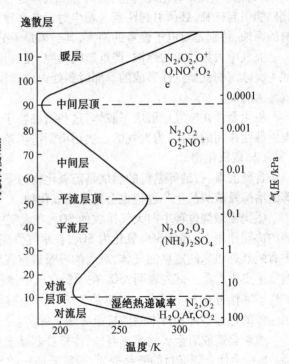

图 11.2 大气圈主要成分及温度分布图

也是大气污染的主要区域。在对流层中下热上冷,空气形成自然对流,有利于污染气体的扩散,显然在某些因素的影响下形成上热下冷"逆温层"时,则不利于污染质的扩散而造成污染事件。20 世纪 10 大公害事件中的马斯河谷事件、多诺拉事件、洛杉矶事件、伦敦事件都是在逆温情况下发生的。在平流层中温度下冷上热,所以在这一层中没有上下的

对流运动。

2. 单一性大气污染

主要的大气污染源来自燃烧煤、石油、煤气、天然气等。但燃烧时排放的烟尘、硫氧化物，以及汽车、工厂、采矿的排气、漏气、跑气和粉尘等，也给大气造成严重的污染。直接从各类污染源排出物质称一次污染物。一次污染物又可分为反应性污染物质和非反应性污染物质，反应性污染物质在大气中又可进行各种反应，生成一系列新的污染物，称为二次污染物。一次污染物单独影响大气而带来的污染称单一性大气污染，各种污染物协同作用(包括化学作用与物理作用)影响大气而带来的污染称综合性大气污染。在大气污染方面排放量较多、影响范围广、危害较大的单一性大气污染主要是粉尘、一氧化碳、硫氧化物、氮氧化物及碳氢化合物等。

(1)粉尘

粉尘是燃料燃烧、冶炼及其他工业过程所产生的主要固体污染物。主要成分是二氧化硅、二氧化二铝、氧化铁及其他各种金属氧化物。

粉尘主要是刺激呼吸系统，引起哮喘、气管炎、肺气肿和尘肺等。某些工业的特殊粉尘，如石棉粉尘、二氧化硅粉尘、铅尘等对人体危害极大。石棉尘及铅尘是强致癌尘，二氧化硅能引起硅肺，必须引起注意。粉尘对设备和建筑物造成严重的污染，容易导致金属材料的腐蚀，特别是对电子设备的损害，其后果是十分严重的。

大气中大量粉尘的弥散，严重影响日照，使气温下降，这种现象称为冷化效应。地球的 4 次冰河期就是这样形成的。那时到处火山爆发，烟雾遮天使日照减少，气温下降而形成冰河时期。

粉尘悬浮在空气中形成了胶体，这些微细粒子表面积大，具有很强的吸附性，提供了发生催化作用的表面，为大气的二次污染创造了条件。

(2)硫氧化物

含硫的煤、石油等燃料的燃烧是硫氧化物污染的主要来源，含硫金属矿物如 ZnS、PbS 等的冶炼及硫酸的生产过程也会排入硫氧化物。

燃烧或煅烧过程中向大气排放的 SO_2，在大气中由粉尘、光化学反应形成的 O_3、H_2O_2 等的协同作用下，部分 SO_2 氧化为 SO_3，在水气作用下又形成为 H_2SO_4 雾。硫氧化物是一种有强烈刺激味的窒息性气体，对人的呼吸道有强烈的刺激性，而湿性酸雾比干性硫氧化物危害更为严重。试验表明，SO_2 在干燥空气中体积含量达到 8×10^{-4} 时人还可以忍受，但湿性酸雾接近 0.8×10^{-6} 时人已不能忍受了。硫酸雾造成的大气污染最典型的例子是英国伦敦的烟雾事件和日本的四日市哮喘事件。

酸雾会造成对金属的严重腐蚀、使橡胶制品老化龟裂、纸张皮革变脆、纺织品强度下降。SO_2 会使光彩夺目的壁画变质、石雕质地松散及石面剥落、严重破坏名胜古迹。我国是具有悠久历史的文明古国，在工业技术发展的今天，如何保护各类名胜古迹不遭受大气环境的破坏，也就成为当前一项十分重要的工作。

(3)氮氧化物

氮氧化物主要来自燃料的高温燃烧。制造硝酸、染料、炸药、氮肥、染料中间体和硝酸盐时也会排出氮氧化物。氮氧化物种类很多，作为排放于大气中的污染物主要是 NO 和 NO_2，常用 NO_x 表示各种氮氧化物的综合。

燃料燃烧时空气中的 N_2 和 O_2 在高温下生成 NO，即

$$N_2 + O_2 \Longrightarrow 2NO$$

含氮的有机化合物燃烧时放出 N_2，它和空气中的 O_2 反应也能生成 NO。

上述反应在 300 ℃ 以下进行十分困难，1 500 ℃ 以上时 NO 的生成量显著增加，表 11.3 为空气中 N_2 与 O_2 的反应情况与温度的关系。燃烧温度越高、氧的浓度越大、反应时间越长，NO 的生成量越多。燃料在内燃机中燃烧时，温度较高，因此，现代交通工具排放的废气成为 NO_x 的主要污染源。

表 11.3　NO 的生成与温度的关系

温度/K	800	1 590	1 810	2 030	2 250
生成 NO 的体积浓度/($\times 10^{-6}$)	0.77	550.0	1 380.0	2 600.0	4 150.0

NO 和 O_2 化合生成 NO_2，温度越高，生成量越小，但当废气排入大气时随着温度的下降，NO_2 的量逐渐增加。NO_2 溶于水生成硝酸，即

$$3NO_2 + H_2O \Longrightarrow 2HNO_3 + NO$$

NO 是无色无味的气体，能刺激呼吸系统，并能与血红素结合形成亚硝基血红素而引起中毒，高浓度急性中毒也可使人的中枢神经受损，引起痉挛和麻痹。

NO_2 是棕色有特殊刺激臭味的气体，其毒性比 NO 约强 4~5 倍，能严重刺激呼吸系统，使血红素硝化，浓度大时可导致死亡。NO_2 的严重危害在于它能强烈吸收紫外线成为光化学烟雾的引发剂之一，关于光化学烟雾在综合性大气污染中将进一步讨论。

（4）一氧化碳

煤炭、石油或其他含碳燃料在燃烧过程中，只有在 O_2 供应充分的条件下才能较好的转变为 CO_2。而实际燃烧中总会有局部的供氧不足，因而必有一部分生成物是 CO。海洋及陆地上各种动植物的残骸及代谢物的降解也会产生 CO。目前，每年从大气污染物排放总量来看，CO 是居首位的。

CO 的毒性特点是无色、无臭、无味，使人不易警觉其存在，当其被人体吸收后，它极易与血红蛋白结合（血红蛋白与 CO 的结合力比与 O_2 的结合力大 200~300 倍），使血红蛋白失去携氧能力，即

$$CO(g) + 血红蛋白 \cdot O_2(1) \longrightarrow 血红蛋白 \cdot CO(1) + O_2(g)$$

体内 CO 浓度低时，由于供氧不足会影响体质健康，浓度高时可造成窒息死亡即通常的煤气中毒。一般来说，携 CO 的血红蛋白超过 10% 便引起头痛，超过 50% 便成假死状态，超过 60% 则导致死亡。空气中 CO 含量超过 10^{-5}，便会导致神经机能的障碍而对条件反射稍微迟钝，对于汽车司机来说是一种发生交通事故的潜在危险。CO 还会导致心脏病和恶性贫血症的患者直接死亡。值得注意的是，香烟也是 CO 的主要污染源，据报导每天吸一包烟等于生活在 5×10^{-5} 的 CO 环境中，严重影响吸烟者的健康。

（5）碳氢化合物

大气中的碳氢化合物主要来自石油制品的使用及加工，其中包括饱和烃、不饱和烃，也包括芳香烃。在环境科学中常用 HC 表示碳氢化合物。

近年来，石油使用量大幅度增加，除石油开采地的泄漏、散失外，运输及使用过程中也造成了气、水、土壤等多方面污染。大规模炼油厂及石油化工厂的兴建、大量以内燃机为动力的运输工具投入运行也造成了严重的污染。特别是交通工具的活动使这种污染蔓延

到各处,情况更为严重。

碳氢化合物与其他污染物成分在一定条件下协同作用,会造成光化学烟雾,其危害将在综合性大气污染中进行讨论。

3. 综合性大气污染

(1)光化学烟雾

向大气中排放的 NO_x,CO,HC 等出现逆温层的条件下难于扩散而逐步积累,在日光照射下通过复杂反应形成二次污染物,如乙醛、过氧化乙酰硝酸酯、臭氧等,以强刺激性烟雾分散在大气中,由于日光在反应中起了重要作用,因此称为光化学烟雾。美国洛杉矶是发生光化学烟雾持续时间最长的地方,所以又称为洛杉矶型烟雾。

光化学烟雾具有强烈的刺激性,能使人的眼睛红肿、喉头肿痛,中毒严重者会引起呼吸困难、视力减退、头晕目眩、手足抽搐以及引起人体动脉硬化、生理机能衰退直至导致死亡。光化学烟雾还会对植物产生严重危害,据报导,发生烟雾期间,洛杉矶郊区玉米、烟草、葡萄等作物与林木都遭到不同程度的危害,仅葡萄一项就破坏30%,6 500公顷松林,有62%受害、29%干枯。同时光化学烟雾还会引起橡胶龟裂等破坏作用。

光化学烟雾的成因,是一个十分复杂的过程。据报导,可以发生130多个反应,而且有的问题远没有搞清楚。例如日本发生的光化学烟雾,从化学观点来看,本质上是一样的,但危害性则比美国的光化学烟雾严重,可能还有目前尚未检出的其他有害物质存在。因此,各国对光化学烟雾的研究仍在继续进行。

(2)酸雨

酸雨(或酸雪)是最近一二十年以来,一种新的环境污染现象。大气中由于含有 CO_2,溶于水而使水的 pH 值小于7,略显酸性。据计算,正常情况下溶有 CO_2 的水的 pH 值为5.6。因此,一般把 pH 值低于5.5 的降雨称为酸雨。对酸雨成分的分析表明,雨水的酸性主要由 H_2SO_4,HNO_3 等强酸所致。因此认为工业、交通排放的 SO_2 和 NO_x,在大气中发生化学反应形成酸雾,长期停留在大气中,在气象变化时随同下雨或降雪落下而形成酸雨。

酸性雨水的下落,使人们的眼睛受到强烈的刺激、设备腐蚀加速、电器设备被破坏、建筑物被毁坏、农作物及水生生物的生存受到严重的威胁。因此,在世界许多地区,越来越引起人们的注意。在北欧的瑞典、挪威、丹麦、美国、加拿大以及日本都发现雨雪的酸度增高,pH 值下降到5,甚至到4以下。酸雨在我国已十分严重,在25个省、市、自治区设监测点进行了监测,其中88%地区出现酸雨,从地区分布上看,由北向南逐渐加重。

(3)大气污染对全球气候的影响

近年来,关于大气污染对全球气候反常的影响,众说纷纭。一种说法是由于温室效应的影响导致全球气温的升高,另一种说法认为冷化效应导致了全球气候变冷。环境科学家估计,如果全球大气平均温度下降 5~6 ℃,目前南、北极地区的冰雪覆盖会扩展至全球;如果全球大气平均温度上升5~6 ℃,目前南、北极地区的冰雪将融化,地球上绝大部分地区将会被淹没,全球将是一片汪洋。

通过对温室效应与冷化效应的讨论,可以了解到这两种相反的效应是由同一污染源——含硫燃料的燃烧排放物所引起。环境科学家的研究指出,这两种相反的效应不会简单地相互抵消,相反,这两种作用把大气拉向两个变化十分强烈的相反方向,使地球表面的气候处于极大的不平衡状态,以致使地球表面不同地区出现了强大的风暴、降雨、干旱等十分严重而复杂的气候状况。同时,也加大了大气变化预报工作的难度。

(4)臭氧层的破坏

臭氧层的破坏与酸雨、全球性气温升高是目前威胁人类安全生存的全球性的三大污染问题。臭氧层的破坏已引起世界各国的广泛关注。

在离地面 25~30 km 高空的平流层中,有一个臭氧浓度较大的区域,称为臭氧层,地球上的生物就是在这一层天然屏障的保护下得以生存和繁衍的。太阳光中紫外光的波长为 200~400 nm,而对人和生物生存及后代繁衍有直接影响的脱氧酸(DNA)对 260 nm 波长的紫外光有强烈的吸收,DNA 吸收了紫外辐射后引起细胞的变异或死亡,对人和生物的生存发生极大的影响。臭氧对小于 286 nm 波长的紫外辐射具有极强的吸收作用。因此,臭氧层可以阻挡太阳紫外辐射中最危险的波长,同时也使其他波长减少到可以忍耐的含量。

平流层中的臭氧层是怎么被破坏的呢? 平流层由于空气稀薄,没有云雨等天气现象,尘埃少,大气透明度好,成为现代超音速喷气机飞行的理想场所,这些飞行器排放的制冷剂氟里昂及废气 NO_x 与臭氧发生反应,即

氟里昂 11 $\qquad$ $CFCl_3 \xrightarrow{\text{紫外光照}} CFCl_2 \cdot + Cl \cdot$ $\qquad$ (11.1)

氟里昂 12 $\qquad$ $CF_2Cl_2 \xrightarrow{\text{紫外光照}} CF_2Cl \cdot + Cl \cdot$ $\qquad$ (11.2)

$\qquad$ $Cl \cdot + O_3 \longrightarrow ClO \cdot + O_2$ $\qquad$ (11.3)

$\qquad$ $ClO \cdot + O_3 \longrightarrow Cl \cdot + 2O_2$ $\qquad$ (11.4)

$\qquad$ $NO + O_3 \longrightarrow NO_2 + O_2$ $\qquad$ (11.5)

$\qquad$ $NO_2 + O_3 \longrightarrow NO + 2O_2$ $\qquad$ (11.6)

上述反应中,式(11.3)、(11.4)是低活化能的快反应,式(11.5)、(11.6)的反应较慢。因此,在平流层中氟里昂对臭氧层的破坏作用远远大于 NO_x。

通过上述反应的讨论可以看出平流层中氯原子及氮氧化物不因破坏了臭氧层而消耗,它们停留在臭氧层中继续起破坏作用,平流层中气体的扩散是十分困难的。据估计,若不再往平流层中排放影响臭氧存在的污染物质,目前存在平流层中氟里昂及氮氧化物的影响将至少持续 30 年。1974 年莫林纳和罗兰德提出,平流层臭氧已被消耗了 1%(质量分数),即使现在立即停止使用氟里昂,已排放的氟里昂将使臭氧层中的臭氧损失 2%(质量分数),但当时并未引起世界各国的重视。1989 年日、美、欧科学家联合观测北极区臭氧层结果表明,北极区上空的臭氧量年平均减少 15%(质量分数),最高达 30%(质量分数),形成了所谓"臭氧洞",这种"臭氧洞"正在不断扩大。有的科学家认为如果臭氧减少 10%(质量分数),地球上不同地区的紫外线辐射量将增加 19%~22%(质量分数),由此而引起的皮肤癌将增加 100 万人。有些科学家已观察到,由于臭氧的破坏,增强了紫外线对地面生物界的危害,美国佛罗里达大学的学者曾因臭氧损失而对 86 种不同植物进行了研究,认为接受过紫外线照射的植物会呈现各种症状,直至萎缩死亡。臭氧层的破坏已引起世界各地科学界和社会界的严重不安。因此,要求停止氟里昂的生产和使用,研究替代氟里昂的制冷剂已成为各国共同关心的问题。

11.5.2　水体污染

水是一种宝贵的自然资源,随着生产的发展,水也遭到十分严重的污染。城市生活污水和工业废水大都未经处理就排入水体,大气和土壤污染物经过雨雪冲洗也有相当一部分渗透转入水体,大大超过水体的自净能力,水质普遍下降,城市水质恶化。我国水体污染情况已十分严重,应引起重视,例如我国 24 条主要江河,有 15 条已受到严重污染。长江自渡口以下 21 个监测点,有 18 个检出酚,最高含量超标 305 倍,有 12 个江段检出汞,最高超标 40 倍。松花江的哈尔滨江段,在冰封枯水期,废水占江水总流量的 30%(体积分数),哈尔滨市 80%(质量分数)的饮水源取自松花江,处理后的自来水中仍含有多种化学毒物。黄浦江是上海自来水的主要水源,上海地区的工业及生活排污物通过各种渠道流入黄浦江,以致上海自来水常有异味。素有"八水绕长安"之美称的古都西安,近年来水质不断恶化,废污水日排放量达 560 千吨,其中仅 280 千吨排入北郊污水库及邓家村污水处理厂,其余 120 千吨排入江河、100 千吨排入渭河和大环河,60 千吨零星排入其他水域。素有香水河之称的渭河也变成了一条污水沟。这些污、废水的排放使西安地区的水体受到严重污染,深层地下水也分别受到酚、氟、铬、汞、铅等的污染,使西安地区的生活用水及工业用水陷入困境。

水体污染有两类:一类是自然污染,另一类是人为污染,而后者是主要的。自然污染主要是自然原因造成的,如特殊地质条件使某些地区有某种化学元素大量富集,天然植物在腐烂过程中产生某种毒物,以及降雨淋洗大气和地面后挟带各种物质流入水体等等。人为污染是人类生活和生产活动中产生的废、污水排入水体,它们包括生活污水,工业废水、农田排水和矿山排水等。此外废渣和垃圾倾倒在水中或岸边甚至堆积在土地上,经降雨淋流入水体,也会造成污染。下面,我们将对几类主要的污染物质分别加以说明。

1. 悬浮固体物质

悬浮固体物质是水污染的外观指标。浑浊的天然水在通常情况下危害不大,但是由生活污水或工业废水形成的浑浊水却是有害的,各种污染物随水漂流,扩大污染范围。天然水含泥沙量过高时,对水生物影响极大,甚至造成死亡。死亡生物体腐败会使水质剧烈恶化。

2. 酸、碱和一般盐类的无机物污染

冶金、金属加工的酸洗工序、制碱、造纸、化纤、皮革、炼油等工业废水是酸、碱污水的主要来源。当 pH 值小于 6.5 或大于 8.5 时,水中的生物生长受到抑制,致使水体自净能力受到阻碍,水生生物物种变异及鱼类减少,甚至绝迹。水质 pH 值过低时,对水下金属设备造成严重腐蚀。

水中含盐量升高,使河道周围土壤盐碱化,严重影响生态平衡。无机物污染中,氰化物是毒性极强的污染物,它破坏细胞中的氧化酶,人中毒后呼吸困难,全身细胞缺氧,因而窒息死亡。

3. 重金属盐的污染

常称重金属污染,污染水体的重金属有汞、镉、铅、铬、钒、钴、铜、砷等,以汞毒性最大,镉、铅、铬次之。砷的毒性与重金属相似,故污染指标也并入此类。重金属与有机物不同,它不能被微生物所分解,故当重金属流入水体后,可通过食物在生物体中逐步富集,或被水中悬浮物吸附后沉入水底,积存在泥沙中。此外,有些重金属如无机汞还能通过微生物作用转化为毒性更高的有机汞化合物如甲基汞。重金属主要通过食物、饮水及呼吸进入人体,且不易排泄,能在人体的一定部位积累而使人慢性中毒。日本的水俣病是由于汞的污染所造成的、骨痛病是由于镉污染所致。因此,水体中重金属的含量是水质污染的重要指标。

4. 有机物污染

(1) 耗氧有机物

造纸废水、城市生活污水和食品等工业废水中,含有大量的碳氢化合物、蛋白质,脂肪和木质素有机物质。这些物质直接排入水体,它们将被水中微生物分解而消耗水中的 O_2,故常称这些有机物质为耗氧有机物。其污染程度一般可以用溶解氧(DO)、生化需氧量(BOD_5)、化学耗氧量(COD)等多种指标来表示。

溶解氧反映水体中存在 O_2 的数量,有机污染物排入水体后,被好氧微生物分解,即发生腐败现象,产生甲烷、硫化氢、氨等恶臭物质,使水变质发臭,溶解氧 DO 值下降。

有机污染物质对水体的污染程度,通常是以微生物分解有机物时消耗的氧来表示,即生物化学需氧量(BOD)。一般都用水温 20 ℃时 5 天的生化需氧量作为统一指标(BOD_5),BOD_5 是评价水质的重要指标之一。水体中 BOD 量越高,溶解氧消耗越多,水质越差。生化需氧量测定过程长,所以通常又用化学需氧量(COD)表示。化学需氧量是用氧化剂如重铬酸钾或高锰酸钾等在一定条件下,氧化水中有机污染物质和一些还原物质所需的量折算为相当的 O_2 量。同样 COD 指标越高,水质越差。但 COD 不完全反映水中有机物质污染的情况,它也包括了其他还原性物质污染情况,故实际测定结果是水中还原性物质污染的总量。

(2) 水体的富营养化

流入水体的城市生活污水和食品工业废水中常含有 P、N 等水生植物生长、繁殖所必需的元素。对流动的水体来说,当生物营养元素多时,因为可随流水而稀释,一般影响不大。但在湖泊、水库、内海、河口等地区的水中,水流缓慢,停留时间长,适于植物营养元素的积存导致了水生植物迅速繁殖。这种由于水体中植物营养成分的污染而使藻类及浮游植物大量生长的现象,称水体的富营养化。水体富营养化后,水体中严重缺 O_2 导致水生动植物大量死亡。动植物残骸在水下腐烂,在厌氧菌的作用下生产 H_2S 等气体,使水质严重恶化。水体富营养化后,由于水生植物大量繁衍会导致水流不畅,甚至江河阻塞,对交通带来严重的影响。

(3) 难降解有机物的污染

随着现代化石油化学工业的高速发展,产生了许多种原来自然界没有的、难分解的、有剧毒的有机化合物。它们有合成洗涤剂、有机氯农药(DDT)、多氯联苯(PCB)等。这些化合物在水中很难被微生物降解,而通过食物吸收逐步被浓缩造成危害。这些化合物在制造和使用过程中或使用后,可通过各种途径流入水体造成污染,必须引起注意。

(4) 石油的污染

近年来石油的污染十分突出,特别是河口及近海水域,石油污染主要是由于海上采油和运输油船所引起的。炼油厂工业废水也会造成石油污染。

石油比水轻又不溶于水,覆盖在水面上形成薄膜层,阻止大气中的氧溶解在水中,造成水中溶解氧减少,形成恶臭、恶化水质。同时,油膜堵塞鱼的鳃部,使鱼类呼吸困难甚至引起鱼类死亡,若以含油污水灌田,亦可因油膜粘附在农作物上而使其枯死。

近年来,不断发生远洋输油船跑油事故,给近海国家造成了严重的石油污染事故,广泛引起国际关注。

11.5.3 放射性物质污染

放射性物质污染的来源,主要有两个方面:第一是核武器的使用与试验,第二是原子能和平利用过程中,放射性废水、废气、废渣的排放。各种来源的放射性废物都不可避免地随同自然沉降、雨水冲刷或废弃物的堆积而污染土壤。目前对处理放射性废弃物的主要措施,就是将或多或少地向土壤散放出放射性污染物质。随着原子能源(如核电站)的开发和使用,日趋成为土壤污染的重要方面。一切作物生长在土地上,因此放射性污染物质不可避免地从土壤通过食物链而传入人体,所以如何防止和控制放射性污染是环境保护的重要问题。由于放射性废物的处理,不能完全破坏其中的放射性元素,一般只是将其转化为更安全的形式贮存、或稀释排放。因此,放射性三废的处理,必须从全局出发,积极改进工艺流程,尽量采用先进技术,大搞综合利用,以期减少对环境的污染。

11.5.4 大气净化

从大气污染的讨论中可以看出,无论是温室效应的 CO_2、光化学烟雾的 NO_x、HC、CO,还是冷化效应的粉尘及硫酸盐气溶胶,主要来自燃料燃烧产物的排放。因此燃烧污染物的控制和处理是大气净化的主要任务。大气污染的一般治理方法,概述如下。

1. 粉尘

采用各种消烟除尘设备、降低大气中粉尘排放量。对粉尘中占主要比例的煤粉灰进行回收综合利用,用以制造建筑材料及其他化工产品。

2. 硫氧化物

对主要燃料煤及石油进行燃烧前脱硫处理,如煤的液化、气化都可以提供脱硫燃料。对燃烧后排放的硫氧化物可以采用化学处理的方法予以净化。

(1)氨吸收法

$$SO_2+2NH_3+H_2O \longrightarrow (NH_4)_2SO_3+SO_2 \uparrow$$
$$SO_2+NH_3+H_2O =\!=\!= NH_4HSO_3$$

吸收后的产物再以 H_2SO_4 酸化,即

$$NH_4HSO_3+H_2SO_4 \longrightarrow (NH_4)_2SO_3+2SO_2 \uparrow$$

得到高浓度 SO_2 气体用以制造硫酸等化工产品。

(2)碱吸收法

$$Na_2CO_3+SO_2 =\!=\!= Na_2SO_3+CO_2 \uparrow$$

副产物为亚硫酸钠。

(3)石灰乳吸收法

$$Ca(OH)_2+SO_2 =\!=\!= CaSO_3+H_2O$$

以上吸收法处理 SO_2 的同时，燃烧产物中 CO_2 也参与吸收反应，大大增加了吸收剂的用量。

（4）不回收法

此法将石灰石或都石粉混入燃煤中共同燃烧发生如下反应，即

$$CaCO_3 =\!=\!= CaO+CO_2$$
$$CaO+SO_2 =\!=\!= CaSO_3$$
$$2CaSO_3+O_2 =\!=\!= 2CaSO_4$$

此法脱硫效率不高，一般仅为 30% ~ 50% 。

3. 氮氧化物

氮氧化物有一定的氧化性，因此，可以在催化剂的作用下以还原法除去。例如，以 $CuO\text{-}Cr_2O_3$ 为催化剂，以 NH_3 为还原剂发生如下反应，即

$$6NO+4NH_3 =\!=\!= 5N_2+6H_2O$$
$$6NO_2+8NH_3 =\!=\!= 7N_2+12H_2O$$

但上述处理方法不适用于汽车尾气中 NO_x 排放的处理。目前，世界各国对此进行了大量研究工作，包括汽车尾气中 NO_x、CO、HC 排放的综合治理，研究的方向主要分 3 种途径：①改造内燃机燃烧结构；②改变燃料油的组成，加入某些添加剂，以降低燃烧产物中的污染成分的含量；③排放废气的处理。

至于其他各种污染源——如各工业生产过程的排气——所排放的污染物，则应按毒质的本性，加以过滤吸收或中和等处理措施，其情况各异，不便列举。

最后，对大气的环境保护来说，值得提出的极为有效的措施就是大量植树造林。我们知道大气中的氧是由植物光合作用提供的，在这一过程中，它消除了大气中相应的 CO_2。众所周知，人在 CO_2 中不能生存的。空气中 CO_2 的卫生标准是质量分数为 0.1% ，若质量分数达 4% 人就会出现症状，质量分数大于 10% 时人就会窒息而死，所以植物在调节大气中 O_2 及 CO_2 的正常含量上起了独到的作用。此外不同的植物对 SO_2、氟化物、汞、铅、氯、氯化氢、光化学烟雾、粉尘、放射线等有不同的吸收能力。而这种作用随表面积的增加而加大，因此森林比一般植物对防治大气污染更为有效，并且森林对调节气温，保持水土，防止噪音均能发挥极其重要作用。所以保护环境必须加强绿化，大力开展植树造林，同时还要注意保护林木，防止乱砍滥伐，以免破坏自然的生态系统，为人类生活提供足够的新鲜空气。

11.5.5　水体净化

工业废水性质复杂，且水量很大，一般在规划企业时应尽量考虑回收利用，尽量设法消除废水中的有害物质，力求不排或少排废水。必须排放时，要进行适当处理达到国家规定排放标准时再行排放。

废水的处理和利用，方法繁多，一般可归纳为物理法、化学法和生物法等。各种处理方法都有它的特点和适用的条件，往往需要配合使用。下面扼要介绍各类方法的原理及特点。

1. 物理法

水中的悬浮物质主要利用物理的机械法处理，这是各种污水处理过程中必不可少的

先行环节,一般悬浮物上还附着有各种其他可溶性和不溶性杂质,所以有效地去除悬浮物质后,可给水质的进一步处理减轻巨大的负担。这种方法主要根据废水中所含悬浮物质比重的不同,利用物理作用使之分离。最常用的有重力分离法、过滤法、热处理法等,可依据工业废水的不同性质采用不同的方法。过滤法中,近年来反渗透法发展很快,是水处理技术方面的一种膜法分离的新技术。

2. 化学法

化学处理法主要利用废水中所含的溶解物质或胶体物质能与其他物质发生化学反应,使它从废水中分离出来。最常用的是中和法、氧化还原法、化学凝聚法等。

(1)中和法

中和法的目的是调节废水的 pH 值。化工厂、金属酸洗车间、电镀车间等排出酸性废水,有的含无机酸,如硫酸、盐酸等,有的含有机酸,如醋酸等。

酸性废水可直接放入碱性废水进行中和。也可采用石灰、石灰石、电石渣等中和剂。

碱性废水的中和法是向废水中吹入二氧化碳气或用烟道废气中的 SO_2 来中和。

(2)沉淀法

沉淀法是去除水中重金属离子的有效方法,通常使用石灰乳调节污水的 pH 值,形成重金属氢氧化物沉淀而除去。例如电气工业中的含铜废水的处理反应为

$$Cu^{2+}+Ca(OH)_2 \longrightarrow Cu(OH)_2+Ca^{2+}$$

近年来研究成功的 FeS 沉淀转化法是除去水中重金属离子的十分有效方法,操作简便,处理成本低,反应如下,即

$$Hg^{2+}+FeS = HgS+Fe^{2+}$$
$$Cu^{2+}+FeS = CuS+Fe^{2+}$$
$$Pb^{2+}+FeS = PbS+Fe^{2+}$$
$$Cd^{2+}+FeS = CdS+Fe^{2+}$$

由于 HgS,PbS,CuS,CdS 等硫化物溶度积远远小于 FeS 的溶度积,使这些反应进行得十分完全。目前,以黄铁矿煅烧(制硫酸)的废渣来治理重金属离子污水的研究,获得十分良好的效果。

(3)氧化还原法

溶解于水中的有毒物质,可利用它在化学过程中能被氧化或还原的性质,使之转化成无毒或毒性较小的新物质,从而达到处理的目的。常用的氧化还原法主要有三种。

①空气氧化法。利用空气中氧做氧化剂进行处理。例如,石油化工厂的含硫废水,硫化物被转化成无毒的硫代硫酸盐或硫酸盐,其反应式为

$$2HS^-+2O_2 \longrightarrow S_2O_3^{2-}+H_2O$$
$$2S^{2-}+2O_2+H_2O \longrightarrow S_2O_2^{2-}+2OH^-$$
$$S_2O_3^{2-}+2O_2+2OH^- \longrightarrow 2SO_4^{2-}+H_2O$$

②漂白粉法。漂白粉($CaOCl_2$)是一种强氧化剂,溶于水则生成次氯酸($HClO$),次氯酸把废水中的污染物氧化。

目前比较成熟的是用漂白粉处理含氰废水,使有毒的 CN^- 离子变成无毒的 CO_2 和 N_2,其反应式为

$$CaOCl_2+2H_2O \longrightarrow CaCl_2+Ca(OH)_2+2HClO$$

$$2NaCN+Ca(OH)_2+2HClO \longrightarrow 2NaCNO+CaCl_2+2H_2O$$
$$2NaCNO+2HClO \longrightarrow 2CO_2 \uparrow +N_2 \uparrow +H_2 \uparrow +2NaCl$$

③其他。不仅可使用漂白粉还可以使用其他氧化剂,较常用的有氯气、臭氧等。尤其是臭氧的氧化能力很强,能氧化大部分无机物和很多有机物(如合成洗涤剂等),以臭氧处理后的废水能够进行生物处理。这是目前国际上很重视、且有发展前途的方法。

漂白粉、氯气、臭氧除有极强的氧化性外,还有极强的杀菌作用,也是常用的生活污水及医疗污水的处理剂。

一般机械工厂的酸洗废水与电镀(铬)废水的相互处理是氧化还原法处理污水的良好例证。酸洗废水中含有大量强还原剂 $FeSO_4$,镀铬废水中的主要污染成分 CrO_3 是一种强氧化剂,它们相互反应如下,即

$$3Fe^{2+}+CrO_3+6H^+ \Longrightarrow 3Fe^{3+}+Cr^{3+}+3H_2O$$

上述反应既除去了 CrO_3,也消耗了 H^+,反应产物再以石灰中和,并调节一定 pH 值,反应如下,即

$$Fe^{3+}+Cr^{3+}+3Ca(OH)_2 \Longrightarrow Fe(OH)_3 \downarrow +Cr(OH)_3 \downarrow +3Ca^{2+}$$

沉渣过滤,即可达到排放标准。

(4)化学凝聚法——混凝法

在某些工业废水中有不易沉下来的细小颗粒物质,其表面往往由于吸收离子而带电荷,彼此间相互排斥而形成胶体,不易沉淀,用一般沉淀法也不能除去。通常是向废水中投入混凝剂。混凝剂水解产生水合络离子及氢氧化物胶体,可中和原来粒子的电荷,而使之发生凝聚。

常用的混凝剂有硫酸铝 $Al_2(SO_4)_3 \cdot 18H_2O$、石灰、硫酸铁 $Fe_2(SO_4)_3$ 等,以及最近发展起来的有机高分子凝集剂。可根据废水性质及当地的材料供应条件来进行选择。

3. 物理化学法

(1)吸附法

吸附法处理废水就是利用多孔性吸附剂吸附废水中一种或几种溶质,使废水得到净化。这种方法处理成本较高,吸附剂再生困难,不利于处理高浓度废水。但是,对于处理低浓度废水有较高的净化效率。

(2)萃取法

利用有害物质在水中和有机溶剂中的溶解度不同,使废水与溶剂充分混合,有害物质便转移到有机溶剂中去,再使其从溶剂中分离出来。例如,焦化厂废水中的酚,可溶于苯、酯、醇、醚等溶剂,如利用醋酸丁酯来萃取废水中的酚可得到一定程度的净化。当然,这也是需要费用很高的方法,不便用来处理大量的含酚污水。

(3)离子交换法

这是一种特殊类型的吸附,通过离子交换树脂来实现。离子交换树脂有捕捉阳离子的阳离子交换树脂和捕捉阴离子的阴离子交换树脂。离子交换法在硬水软化方面得到广泛利用。在污水处理中借助于离子交换树脂的离子交换作用,来交换废水中有害的离子。

应用离子交换法进行污水处理时,可以回收有价值的金属原料,处理后的水质纯净,可以重复使用。但此法中树脂要经过周期性的再处理,所以也难以大规模的应用。若污水中含有较多的污染离子,交换量很大时,处理上更为困难。

4. 生物法

生物法就是利用微生物的作用来处理废水的方法。依照微生物对氧气的要求不同，生物法处理废水也相应区分为好气生物处理与嫌气生物处理。好气法处理有机物比嫌气法处理所需时间短得多，对污水进行生物处理时，首先要培养和引入适当的微生物品种，同时还需要有氧的供应和较复杂的处理设备。一般处理废水多用好气法，处理污泥则用嫌气法。目前好气生物处理法主要有生物滤池、氧化塘、活性污泥法等。

生物方法虽然广泛地用来处理多种废水，但是也存在不少问题。微生物生命活动与其生活环境密切相连，但工业废水的水量与水质常常发生变化，且四季温差变化较大，都会导致处理效果不稳定。尚且，废水中的某些有毒物质至今无法适用生物处理。因此，有一定局限性。

阅读拓展

绿色化学简介

绿色化学又称环境无害化学（EnvironmentallyBenignChemistry）、环境友好化学（EnvironmentallyFriendlyChemistry）、清洁化学（CleanChemistry），它采用化学的技术和方法去消灭或减少那些对人类健康、社区安全、生态环境有害的原料、催化剂、溶剂和试剂在生产过程中的使用，并且不产生有毒有害的副产物、废物和产品。绿色化学是一门从源头上阻止对环境污染的化学。

绿色化学具有重大的社会、环境和经济效益，它避免了化学的负面作用，显现了人的能动性，它比环保意识要高一个层次，环保意识是一个被动的概念。

1. 绿色化学原则

美国科学家、绿色化学的倡导者阿纳斯塔斯（AnastasPT）和韦纳（WanerJC）提出绿色化学的 12 条原则，经过不断修正发展，这些原则可作为化学家开发和评估一条合成路线、一个生产过程、一个化合物是不是绿色的指导方针和标准。

①防止废物的生成比在其生成后处理更好。

②设计的合成方法应使生产过程中所采用的原料最大量地进入产品之中。

③设计合成方法时，只要可能，不论原料、中间产物和最终产品，均应对人体健康和环境无毒、无害。

④设计的化学产品应在保持原有功效的同时，尽量无毒或毒性很小。

⑤应尽可能避免使用溶剂、分离试剂等助剂，如不可避免，也要选用无毒无害的助剂。

⑥合成方法必须考虑反应过程中能耗对成本与环境的影响，应设法降低能耗，最好采用在常温常压下的合成方法。

⑦在技术可行和经济合理的前提下，采用可再生资源代替消耗性资源。

⑧在可能的条件下，尽量不用不必要的衍生物。

⑨合成方法中采用高选择性的催化剂比使用化学计量助剂更优越。

⑩化工产品要设计成在终结其使用功能后.不会永存于环境中，要能分解成可降解的无害物质。

⑪进一步发展分析方法，对危险物质在生成前实行在线监测和控制。

⑫一个化学过程中使用的物质或物质的形态,应考虑尽量减小实验事故的潜在危险.如气体释放,爆炸和着火等.

这12条原则目前为国际化学界所公认,反映了近年来在绿色化学领域开展的多方面研究工作的内容,同时也指明了未来发展绿色化学的方向.

2. 绿色化学研究方法(原子经济性,E指数)

1991年,美国斯坦福大学的化学教授TrostBM,首先提出化学反应中的"原子经济性"(AtomEconomy)思想,即化学反应中究竟有多少原料分子进入到了产品之中,有多少变成了废弃的副产物.最理想的原子经济当然是全部反应物的原子嵌并人期望的最终产物中,不产生任何废弃物,这时的原子经济便是100%.原子经济的定量表述就是原子利用率.

原子经济性或原子利用率=(预期产物的分子量/全部反应物的原子量总和)×100%

E指数是化学家Sheldont提出来的,是从化工生产中的环保、高效、经济角度出发,通过化工流程的排废量来衡量合成反应的.

$$E指数(或称E因子)=废弃物(kg)/预期产物(kg)$$

这里的废弃物是指预期产物之外的任何副产物,包括反应后处理过程产生的无机盐,显然,要减少废弃物使E指数较小.以上两种研究方法在评价一个反应是否"绿色"方面具有极为重要的作用.

3. 绿色化学研究内容

绿色化学发展至今已经取得了很大的进展,按照目前通用的分类方法从原料的绿色化、催化剂的绿色化、溶剂的绿色化、合成方法的绿色化以及产品的绿色化五个方面对绿色化学研究进展作一综述.

(1)原料的绿色化

原料的绿色化主要表现在利用可再生资源作为原料以及采用低毒或无毒无害的原料代替高毒原料方面.利用生物量(生物原料)(Biomass)代替当前广泛使用的石油,是保护环境的一个长远的发展方向.1996年美国总统绿色化学挑战奖中的学术奖授予TaxasA&M大学M. Holtzapple教授,就是由于其开发了一系列技术,把废生物质转化成动物饲料、工业化学品和燃料.

(2)催化剂的绿色化

催化剂的绿色化主要表现在催化剂的高效方面.众所周知,催化领域常被称为绿色化学的基础台柱.催化反应能降低反应能垒、增加反应选择性以及减少分离步骤.减少大量有毒试剂的使用并使得可再生资源能进入主流反应研究.

(3)溶剂的绿色化

作为反应、分离及洗涤等的媒介,化学合成工业中会大量使用溶剂.在释放至环境或要处理的化学产品中,溶剂占了很大比例.当前广泛使用的溶剂是挥发性有机化合物,其在使用过程中有的会引起地面臭氧的形成,有的会引起水源污染,因此,减少溶剂的使用,改进传统的溶剂,选择对环境无害的溶剂以及开发无溶剂反应,是绿色化学的重要研究领域.目前,越来越多的反应正广泛使用超临界流体、离子液体、水或无溶剂条件来作为反应媒介并取得了较好的效果.

（4）合成方法的绿色化

将绿色化学原则运用于合成方法的设计能够得到更有效的化学反应,不仅大大减少副产物的产生,而且提高了生产者的安全性,当然受益最大的还是环境。总的来说,在设计绿色合成路线的时候,应该考虑的正是评价绿色化学反应的依据,即原子经济性问题。绿色合成反应问题亦是原子经济反应问题。在设计多步合成反应的最终产物时,必须考虑原料分子中的原子百分之百地转变成产物,不产生副产物或废物,实现废物的"零排放"。而对于大宗基本有机原料的生产来说,选择原子经济反应更是十分重要的。

4.绿色化学展望

传统化学向绿色化学的转变,可以看成是化学从"粗放型"向"集约型"的转变。绿色化学是知识经济时代化学工业发展的必然趋势,是当今国际化学研究的前沿。而绿色技术的发展日新月异,主要包括基因工程、细胞工程、酶工程和微生物工程在内的,生物技术、微生物技术、超声波技术以及膜技术,这些新技术都将大大促进绿色化学的发展。大力发展绿色化学工业,从源头上防止污染,从根本上减少或消除污染,实现零排放,提高原子经济性,是环境保护的必由之路。

习 题

1.生物体内的化学元素有几类? 划分的标准是什么? 它们和元素周期表有何联系?

2.举出 5 种重要的必需微量元素的生物生理功能。

3.为何说任何元素在体内过量都是有害的?

4.水中重金属污染有哪些危害? 哪些重金属元素的危害较大?

5.生命必需元素一般条件是什么?

6.宏量元素的生物功能是什么?

7.大气污染物的主要来源是什么? 主要污染物是哪些?

8.1952 年伦敦烟雾事件是如何形成的?

9.酸雨是如何形成的? 有哪些危害?

10.环境绿化对保护"生态平衡"有何作用?

第12章 分析化学概论

学 习 要 求

1. 了解分析化学的任务及其发展趋势。
2. 掌握定量分析的一般程序。
3. 熟悉误差的概念及误差的来源。
4. 掌握有效数字的运算规则。

12.1 分析化学的任务方法及发展趋势

12.1.1 分析化学的任务

分析化学是研究分析方法的科学或学科,是一门人们赖以获得物质化学组成、结构和形态信息的科学,是科学技术的眼睛、尖兵、侦察员,是进行科学研究的基础学科,是研究物质及其变化的重要方法之一。分析化学是化学学科的一个重要分支,它的任务是鉴定物质的化学结构、测定它的化学组成及这些组成的相对含量。

分析化学包括的范围很广,一个完整具体的分析方法包括测定方法和测定对象两部分,没有分析对象,就谈不到分析方法,对象与方法存在分析化学或者分析科学的各个方面。化学学科的各个分支——无机化学、结构化学、有机化学、高分子化学、物理化学以及生物学、医药学、材料科学、考古学、地质学、天文学、海洋学等,常常要运用各种分析手段解决科研中的问题。在经济建设中,分析化学的任务就更加重要,例如在农业生产方面,对于土壤的性质,灌溉用水、化肥、农药以及作用生长过程中的研究,需要用到分析化学;在工业方面,原材料中间产品、成品、副产品的质量控制也需要用到分析化学的紧密配合;在医药学方面,新型药物的研制,病理分析等也离不开分析化学;在环境保护方面,空气质量的预报、生活用水的监测,三废的处理及综合利用等,也要依靠分析化学。

分析化学是高等院校有关专业的一门专业基础课程。通过本课程学习,要求学生掌握分析化学的基本原理和分析化学的基本操作,把在无机化学、有机化学、物理化学中学过的理论知识运用到分析化学中去。掌握近代仪器分析的原理,对近代常用仪器构造有所了解,具有分析问题和解决问题的能力。

分析化学是一门实践性特强的学科。学生既要学好分析化学中的基本原理,又要高度重视实验课的学习,培养自己的动手能力,用理论知识指导实践,在实践中消化理论。对于分析化学的每一基本操作,都必须严格要求,一丝不苟,按照规范执行。注意培养学生严谨的科学态度,开展分析化学工作,实事求是,绝对不允许弄虚作假,努力培养学生分析问题和解决问题的能力,为学生今后更好的工作打下良好的基础。

12.1.2 分析方法的分类

根据分析的任务,分析的对象,分析的原理、操作方法和具体要求等不同,可将分析方法分为许多种类。

根据分析任务性质的不同可分为结构分析和成分分析,成分分析又分为定性分析和定量分析。结构分析的任务是研究物质的结构或晶体结构;定性分析的任务是鉴定物质由哪些元素、原子团或化合物所组成的;定量分析的任务是测定物质中有关组分的相对含量。根据分析的对象分为各种气态、固态和液态的无机物与有机物。有机分析的对象为有机物,虽然组成有机物的元素不多,但物种很多结构复杂,所以,通常不仅要鉴定物质的组成元素种类,更重要的是进行官能团的分析和结构分析;无机分析的对象为无机物,一般只要求鉴定物质由哪些元素、原子团或化合物组成及其有关组分的相对含量,很少要求测定它们的存在形式。

根据分析的原理分为化学分析法和仪器分析法。化学分析法是以物质的化学反应为基础的分析方法,如质量分析法和滴定分析法。通过化学反应及一系列操作步骤使试样中的待测组分转化为一种纯粹的、固定化学组成的化合物,再称量该化合物的质量,从而计算出待测组分的含量,这样的分析方法叫质量分析法。将已知浓度的试剂溶液,滴加到待测物质溶液中,使其与待测组分发生反应,而加入的试剂恰好为完成反应所必需的,根据加入试剂的准确体积计算出待测组分的含量,这样的分析方法称为滴定分析法。依据不同的反应类型,滴定分析法又可分为酸碱滴定法、沉淀滴定法、配位滴定法和氧化还原滴定法。化学分析法历史悠久,是分析化学的基础,故又称经典分析法。

仪器分析法是以物质的物理和物理化学性质为基础的分析方法,因为这类分析都有需要借助仪器测量光学吸光度或谱线强度、电学性质(如电流、电导、电位)等物理或物理化学性质,故称为仪器分析法。如光学分析法、电化学分析法、色谱分析法、质谱分析法、放射化学分析法等。光学分析法又包括吸光光度法,是根据分析组分的吸光度与浓度间的一定关系,通过测量分析组分在一定波长下的吸光度而求出分析组分的含量。红外和紫外吸收光谱分析法,是用红外光或紫外光照射不同的试样,可得到不同的谱图,根据图谱测定待测组分的结构或含量;发射光谱分析法,是利用不同的元素可以产生不同光谱的特性,通过检查元素光谱中几根灵敏而且较强的谱线进行定性分析,根据谱线的强度进行定量分析;原子吸收光谱分析法,是利用不同的元素可以吸收不同波长的光的性质,根据吸收光减弱的程度而进行分析;荧光分析法,是利用物质在紫外线的照射下可产生荧光,在一定条件下,荧光的强度与该物质的浓度成正比从而进行待测组分的分析。

电化学分析法又包括电质量分析法、极谱分析法等。

根据分析物质的用量及操作规模不同,可分为常量、半微量、微量和超微量分析,分类的情况见表12.1。

表 12.1　各种分析方法的试样用量

方　　法	试　样　质　量	试　样　体　积
常量分析	>0.1g	>10 mL
半微量分析	0.01 ~ 0.1 mg	1 ~ 10 mL
微量分析	0.1 ~ 10 mg	0.01 ~ 1 mL
超微量分析	<0.1 mg	<0.01 mL

根据待测成分含量高低不同,又可粗略分为常量成分(质量分数大于 1%)、微量成分(质量分数大于 0.01% ~ 1%)和痕量成分(质量分数介于 0.01%)的测定。要注意的是痕量成分的分析不一定是微量分析,因为为了测定痕量成分,有时需要取大量的样品(可达千克以上)。

根据分析的性质可分为例行分析和仲裁分析。一般工厂和生产单位的化验室的日常生产分析称为例行分析,不同的单位对分析结果有争论时,请权威的单位进行裁判的分析称为仲裁分析。

12.1.3　分析化学的发展趋势

分析化学曾是研究化学的开路先锋,它对元素的发现,原子量的测定,定比定律、倍比定律等化学基本定律的确立,曾做出杰出的贡献。但直到 19 世纪末,人们还认为分析化学尚无独立的理论体系,只能是分析技术。

1. 分析化学的发展历史

进入 20 世纪后,分析化学经历了三次大的变革:

第一次变革发生在 20 世纪初,由于物理化学中溶液理论的发展,用物理化学中的溶液平衡理论、动力学等研究分析化学中的基本理论问题:沉淀的形成和共沉淀;指示剂变色原理;滴定曲线和终点误差;缓冲原理及催化和诱导反应等,结合分析化学的需要,建立了酸碱、配位、沉淀、氧化还原四大平衡理论,为分析技术提供了理论基础,对分析反应过程中各种平衡的状态,各成份浓度的变化和发生反应的完全程度有较高的可预见性,使分析化学由一门技术逐渐被承认为一门科学。

第二次变革发生在第二次世界大战后直到 60 年代,在物理学和电子学的推动下,促进了分析化学从以化学为主的经典方法向以仪器为主的现代分析方法转化,进一步发展了以光谱分析、极谱分析为代表的仪器分析法。

第二次变革发生在 20 世纪后期,随着计算机应用技术的突飞猛进,为分析化学提供了高灵敏性、高选择性、高速化、自动化,智能化等新的手段。计算机的快速更新,将先进的计算机与分析仪器联用,使分析仪器进入过去传统分析技术无法涉及的许多领域。化学计量学的迅速兴起,现代分析化学把化学与数学、物理学、计算机科学、精密仪器制造、生命科学、材料科学等学科结合起来,分析化学已由单纯提供数据上升到从分析数据获取更多有用的信息的一门多学科性的综合科学。

进入新的世纪,分析化学又将发生巨大变化,材料科学、环境科学、生命科学等综合性科学的发展,给分析化学提出各种各样的问题,需要分析化学能提供更全面的信息,如物质的微区表面分布及逐层分析,基因排序分析、示踪元素追踪分析、在线过程分析、物质的无损分析等,总之,分析化学象其他科学一样,能广泛地吸取当代科学技术的最新成就,发展和丰富其本身的内容,成为当代富有活力的学科之一。

2.分析化学的发展趋势

高灵敏度——单分子(原子)检测;

高选择性——复杂体系(如生命体系、中药);

原位、活体、实时、无损分析;

自动化、智能化、微型化、图像化;

高通量、高分析速度。

12.2 定量分析的一般程序和误差

12.2.1 定量分析的一般程序

定量分析包括试样的采取和制备、试样的预处理、测定方法的选择和测定数据的处理这四个步骤。每一个步骤都会产生误差,所以分析工作掌握定量分析的一般程序和产生误差的原因及控制误差的方法。

1.试样的采取和制备

试样的采取和制备应保证分析试样的组成能代表整批物料的平均组成,即分析试样应有代表性。分析实验中所称取的试样通常只有零点几克到几克,但在实际工作中,要根据少量试样的分析结果,来判断产品的质量是否合格,或矿产资源是否可以开采利用等,这就要求试样的采取和制备应保证分析试样的组成能代表整批物料的平均组成,即分析试样应有代表性。制备有代表性的试样与分析结果的准确性同等重要。所以,面对种类繁多的各种样品,首先应按照一定的程序和方法采取和制备分析试样。通常是从物料的不同部位合理采取有代表性的一小部分试样,称为原始平均试样,然后将原始平均试样经过破碎、过筛及缩分等工序后,得到分析试样。

根据经验,平均试样的采取量与试样的均匀度、粒度、易破碎程度有关,可按照切乔特采样公式估算,即

$$Q = Kd^2 \tag{12.1}$$

式中,Q 为采取平均试样的最小质量,kg;d 为试样中最大颗粒的直径,mm;K 表征物料特性的缩分系数,物料均匀性好,一般取 $0.1 \sim 0.3$,物料均匀度差,一般取 $0.7 \sim 1.0$。

2.试样的预处理

在一般分析工作中,除干法分析(如发射光谱分析、差热分析)外,通常要对试样预处理,即将试样制成适合分析要求的溶液,把待测组分转变为适合的测定形态。

在无机物分析中,将试样分解转变成溶液即试液通常有湿法和干法两种方法。在分解试样时,总希望尽量少引入盐类,以免给以后操作带来干扰,故分解试样尽可能采用湿法。

（1）湿法

湿法是分解无机物试样最常用的方法，它用水、酸溶液、碱溶液或其他物质溶液分解试样。在湿法中选择溶剂的原则为：能溶于水先用水溶解，不溶于水的酸性物质用碱性溶剂，碱性物质用酸性溶剂，还原性物质用氧化性溶剂，氧化性物质用还原性溶剂。主要溶剂的性质及应用范围见表 12.2。

表 12.2 主要溶剂的性质及应用范围

溶剂	主 要 性 质	应 用 范 围
盐酸	强酸性，弱还原性，Cl^- 具有一定的络合能力（如与 Fe^{3+}、Sn^{4+} 等离子形成络合物）。除银、铅等少数金属离子外，绝大多数金属氧化物易溶于水。高温下，某些氯化物有挥发性，如硼锑、砷等拓氯化物。单独使用盐酸分解试样时，砷、磷、硫生成氢化物挥发	在金属电位序中，氢以前的金属及其合金均能溶液于盐酸，碳酸盐及碱土金属为主要成分的矿物，如菱苦土矿、白云石、菱铁矿、软锰矿、辉锑矿等均能用盐酸分解
硝酸	强酸性，浓硝酸具有强氧化性。几乎所有的硝酸盐都易溶于水，除金和铂族元素外，绝大多数金属能被硝酸分解，铝、铬等金属与硝酸作用会在表面生成氧化膜，产生"钝化"作用，生成微溶的 H_2SnO_3、SbO_3	常用于溶解铜、银、铅、锰等金属及其合金，铜、铅、锡、镍、钼等硫化物矿以及砷化物等
硫酸	沸点高，强酸性，热的浓硫酸有强氧化性和脱水能力，能使有机物炭化。利用其高沸点，加入硫酸并蒸发至冒白烟可以除去磷酸以外的其他酸类和某些挥发性物质	用于分解铬及铬钢、镍铁、铝镁、锌等非铁合金、独居石、萤石等矿物和锑、铀、钛等矿物，能破坏试样中的有机物
磷酸	沸点较高（213 ℃），在高温时形成焦磷酸和聚磷酸，PO_4^{3-} 具有一定的络合能力，W^{6+}、Mo^{3+} 等在酸性溶液中都与磷酸形成无色络合物，热的浓磷酸具有很强的分解能力，许多金属的磷酸盐不溶于水	在钢铁分析中，常以磷酸作为溶剂。许多难溶性的矿石，如铬铁矿、铌铁矿、钛铁矿、金红石以及锰铁、锰矿等均能被磷酸分解
高氯酸	是最强酸，热的浓高氯酸具有强氧化性和脱水性，绝大多数高氯酸盐都易溶于水。用高氯酸分解试样时，能将铬氧化为重铬酸根离子，硫氧化为硫酸根离子。沸点为 203 ℃（含量为 72%），蒸发至冒白烟时，可除去低沸点的酸，其残渣易溶于水，热的浓高氯酸遇有机物发生爆炸，当试样中含有机物时，应先用硝酸蒸发，破坏有机物，然后加入高氯酸	用于分解镍铬合金、高铬合金钢、不锈钢、汞的硫化物、铬矿石及氟矿石等，高氯酸是质量法测定二氧化硅的良好脱水剂

溶剂	主要性质	应用范围
氢碘酸	氢碘酸的沸点为127 ℃,由于碘化氢易被氧化,其水溶液因存在游离碘而常呈浅黄色或棕色,加入磷酸可使碘化氢稳定	氢碘酸在无机分析中主要用于分解汞的硫化物及锡石等,在有机分析中最重要的用途是破坏醚键,如蔡泽尔甲氧基测定法
氢氧化钠或氢氧化钾溶液	用20%～30%的氢氧化钠或氢氧化钾溶液与锌、铝等及其合金反应,分解反应可在银、铂或聚四氟乙烯器皿中进行	主要用于分解锌、铝金属及其合金以及钼、钨的无水氧化物
混合王水与逆王水	一体积硝酸和三体积的盐酸的混合物称为王水;三体积的硝酸与一体积的盐酸的混合物称为逆王水。王水与逆王水都具有很强的氧化性	王水用于分解金、钼、钯、铂、钨等金属,铋、铜、镍、钒合金,铁、钴、镍、钼、铅、锑、汞、砷等硫化矿物;逆王水用于分解银、汞、钼等金属,锰铁、锰钢及锗的硫化物
硫酸+磷酸	混合酸具有强酸性,其中磷酸根有一定的络合能力,混合酸的沸点高	用于分解高合金钢、低合金钢、铁矿、锰矿、铬铁矿、钒钛矿及含铌、钽、钨、钼的矿石
硫酸+氢氟酸	混合酸具有强酸性,氟离子有较强的络合能力	用于分解碱金属盐类、硅酸盐、钛矿石
硫酸+硝酸	混合酸具有强氧化性	用于分解碱金属盐类、硅酸盐、钛矿石
硝酸+氢氟酸	混合酸中的氟离子具有较强的络合能力	用于分解钼、铌、钽、钍、钛、钨、锆等金属及其氧化物、硼化物、氮化物、钨铁、锰合金、含硅合金及矿石的溶剂
浓硝酸+溴	具有强氧化性	主要用于分解砷化物,硫化物矿物
浓硫酸+高氯酸	具有强氧化性	主要用于分解金属镓,铬矿石等
磷酸+高氯酸	混合酸具有强氧化性,磷酸根有一定的络合能力	分解金属钨、铬铁、铬钢等
盐酸+过氧化氢	具有氧化性,过量的过氧化氢可加热除去	主要用于分解铜及铜合金
盐酸+氯化锡	具有还原性	用于分解磁铁矿、赤铁矿、褐铁矿等矿石

（2）干法

干法是用固体碱性或酸性物质与试样熔融或烧结,使试样分解,然后用水等物质浸取熔块而制备成溶液。不溶于酸的试样一般采用熔融法分解。熔融法是利用酸性或碱性溶剂与试样在高温下进行复分解反应,使欲测组分转变为可溶于水或溶于酸的化合物。熔融法的溶解能力很强,但熔融时要加入大量溶剂（一般为试样的6～12倍）,故将带入溶剂本身的离子和其中的杂质。熔融时坩埚材料的腐蚀,也会引入杂质。因此,如果试样的大部分组分可溶于酸,则先用酸使试样的大部分溶解,将不溶于酸的部分过滤,然后再用较少量的溶剂进行熔融,将熔融物所得溶液与溶于酸的溶液合并,制成分析试液。烧结法又称半熔法,它是在低于熔点的温度下,使试样与溶剂发生反应。和熔融法比较,烧结法的温度较低,加热时间较长,但不易损坏坩埚。常用溶剂的性质、使用条件和应用范围见表12.3。

表12.3　常用溶剂的性质、使用条件和应用范围

溶　剂	溶　剂　性　质	使　用　条　件	应　用　范　围
焦硫酸钾或硫酸氢钾	酸性溶剂,在 420 ℃ 以上分解,产生的三氧化硫,对矿石有分解作用,焦硫酸钾与碱性或中性氧化物混合熔融时,在 300 ℃ 左右发生复分解反应	焦硫酸钾的用量一般为试样量的 8 ~ 10 倍。置于铂皿中在 300 ℃ 下进行熔融	铁、铝、钛、锆、铌等氧化物矿石,中性和碱性耐火材料,铬铁矿及锰矿等
氟氢化钾	弱酸性溶剂,浸取溶块时,氟离子具有络合作用	溶块的用量为试样量的 8 ~ 10 倍,置于铂皿中在低温下熔融	主要用于分解硅酸盐、稀土和钍的矿石
铵盐溶剂或它们的混合物	弱酸性溶剂	铵盐的用量为试样量的 10 ~ 15 倍,一般置于瓷坩埚中,在 110 ~ 350 ℃ 下熔融	铜、铅、锌的硫化物矿石、铁矿、镍矿及锰矿等
碳酸钾或碳酸钠或两者的混合物	高熔点的碱性溶剂。熔融时空气中的氧起氧化作用	溶剂的用量为试样量的 6 ~ 8 倍,置于铂皿内,在 900 ~ 1 000 ℃ 熔融	铌、钛、钽、锆等氧化物,酸不溶性残渣,硅酸盐,不溶性硫酸盐、铁、锰等矿物
氢氧化物	低熔点的强碱性溶剂	氢氧化钠的用量为试样量的 10 ~ 20 倍,置于镍或铁、银坩埚内,在 500 ℃ 以下熔融	锑、铬、锡、锌、锆等矿物,两性元素氧化物
碳酸钙 + 氯化铵	弱碱性熔炉剂	氯化铵与试样等质量,碳酸钙的用量为试样质量的 8 倍,置于铂皿或镍坩埚中,在 900 ℃ 左右熔融	硅酸盐、岩石中的碱金属测定
过氧化钠	具有强氧化性和腐蚀性	过氧化钠的用量为试样量的 10 倍,置于铁或镍、银坩埚内一般在 600 ~ 700 ℃ 熔融	铬合金、铬铁矿、钼、镍、锑、钒等矿石,硅铁、硫化物矿石等
氢氧化钠 + 过氧化钠	强碱性氧化性溶剂	溶剂与试样的质量比为 $NaOH : Na_2CO_3 : 试样 = 1 : 2 : 5$,置于铁、镍、银坩埚内一般在 600 ℃ 以上熔融	铂合金、铬矿、铁矿、含硒、碲等矿物
碳酸钠与氧化镁	碱性溶剂	混合溶剂的质量为试样质量的 8 ~ 10 倍,置于铁或镍坩埚内,在 800 ℃ 左右半熔融	铁合金、煤中全硫量的测定等
碳酸钠与氯化铵	弱碱性溶剂	溶剂与试样混匀置于铁或镍坩埚内,在 750 ~ 800 ℃ 左右熔融	

在有机物分析中,一般需要将有机试样先进行分解,在分解过程中,待测元素应能定

量回收并转变为易于测定的某一价态。同时,要避免引入干扰物质。有机物的分解,通常采用干式灰化或湿式消化的方法。

干式灰化法是将试样置于马弗炉中加高温分解,以大气中的氧作为氧化剂,有机物燃烧留下无机残余物,一般加入少量浓盐酸或热的浓硝酸浸取残余物,然后定量地转移到玻璃容器,再按照分析的要求,进一步制备成分析溶液。干法灰化法的另一种形式是低温灰化法。它采用射频放电产生活性氧游离基,这种游离基的活性很强,能在低温下破坏有机物质。由于低温灰化法一般保持温度低于 100 ℃,这样可以最大限度地减少挥发损失。

湿式消化法是用硝酸或硫酸混合物与试样一起置于克氏烧瓶内,在一定温度下进行煮解,其中硝酸能破坏大部分有机物。在煮解过程中,硝酸被挥发,最后剩余硫酸,开始冒出的三氧化硫白烟在烧瓶内进行回流,直到溶液变为透明为止。在消化过程中,酸将有机物质氧化为二氧化碳、水及其他挥发性产物,留下无机成分,制得分析试液。

3. 测定方法的选择

分析试样经过预处理后,接下来的任务是选择适当的分析方法以满足分析任务的要求。选择什么分析方法应具体情况具体对待,一般原则有以下几方面。

(1)根据测定任务的具体要求

测定的组分、测定的准确度及完成测定任务的速度等。一般对标准物质和成品分析,准确度要求很高,应用不同的分析方法对分析试样进行检测,而分析方法大多选用标准方法或经典方法。微量或痕量成分分析(如环境样品)的灵敏度要求较高,通常选用仪器分析法;中间控制分析等分析样品的测定,要求快速简便,迅速能提供分析结果,这种分析往往准确度和灵敏度要求不高,所以一般宜选择快速分析法,如滴定分析法。

(2)待测组分的含量范围

常量组分多采用滴定分析法和重量分析法,它们的相对误差一般为千分之几。由于滴定分析法快速,所以当两种分析方法都可使用时,首先应选择滴定分析法,对于微量组分的分析测定,应选用光谱法、色谱法等灵敏度较高的仪器分析法;对痕量组分,因为一般的分析方法的检测限已超过了待测组分的含量,所以应该先进行富集处理,然后再选用如仪器分析法等高灵敏度的分析方法。

(3)分析试样的性质和基体的组成

选择分析方法之前,一定要了解待测组分的性质和分析试样基体的组成,不同的待测组分和试样基体应选择不同的分析方法。如要分析钠离子试样,由于钠离子的络合物一般都很不稳定,大部分盐类的溶解度较大,又不具有氧化还原性质,故通常不能选择滴定分析法和质量分析法,但钠离子能发射或吸收一定波长的特征谱线。因此,火焰光度法是较好的测定方法。又如黄铜中铜含量的分析,若采用碘量法,则干扰较多,尤其是 Fe^{3+},但若选用原子吸收分光光度法,则铁、锌等的干扰均可消除。再如环境水样品中的阴离子含量的分析,应首选离子色谱法,环境样品中有机物(农药残留量)的测定,应选择气相色谱法。

(4)实验分析室的现状

选择的方法应为实验室有条件或能够开展的方法。如测量环境水中阴离子目前较好的方法是离子色谱法,但如果实验室没有离子色谱仪,那就只能选择光度法等其他方法了。但是,如果实验室现有的设备条件实在不能满足分析要求时,可以将样品送往其他实验室。同时,还应考虑分析人员的分析水平,如分析低含量的钙时,可用电感耦合等离子发射光谱仪,但如实验室的人员对电感耦合等离子发射光谱仪都很陌生或不太熟悉,那么就选取其他的方法了。

方法一旦选择,应先用与分析试样组成相近的标准样品试做,看看方法的准确度和精密度是否符合要求,只有符合要求,才可以用于样品分析。分析试样,要做标准样品(又称管理样品)和空白样品,用以监控分析的质量。

4. 数据处理

样品经过分析测试得出一系列数据,处理这些数据,计算测试结果可能达到的准确范围。一般先将这些数据加以整理,剔除明显不正确的数据,然后根据统计学数据处理的规则决定取舍,再计算出数据的平均值,各组数据对平均值的偏差、平均偏差、标准偏差,然后再求出平均值的置信区间,得到分析结果。如何处理分析数据,下面将详细地介绍。

12.2.2 误 差

1. 分析化学中的误差、精密度和准确度

在实际工作中,由于分析方法、测量仪器、所用试剂和分析工作者主观因素等方面的原因,测定结果不可能和真实值完全一致。即使采用最可靠的分析方法,使用最精密的仪器,由技术很熟练的分析人员对同一试样进行多次测定,所得结果也不会完全相同。这说明在分析测定过程中,误差是客观存在的。为了减小误差,我们就应该了解分析过程中误差产生的原因及其出现的规律,通过对数据进行归纳、取舍等一系列分析处理,使测定结果尽量接近客观真实值。分析结果的准确度是指测定值 x 与真实值 x_T 的接近程度。准确度的高低是用误差来衡量的。

误差表示的是测定值 x 与真实值 x_T 的差值。测定值大于真实值,误差为正,测定值小于真实值,误差为负。误差可用绝对误差和相对误差来表示。

绝对误差 $$E = x - x_T$$

相对误差 $$E_r = \frac{x - x_T}{x_T}$$

在说明一些仪器测量的准确度时用绝对误差概念,例如,万分之一天平称量误差是 $\pm 0.000\ 1\ g$,50 mL 滴定管的读数误差是 $\pm 0.01\ mL$,这均能用绝对误差表示。但是,绝对误差不能表明误差在测定结果中所占的比例。例如,称取某试样的质量为 2.123 4 g,真实值为 2.123 3 g,其绝对误差为 $E = 0.000\ 1\ g$;如果称量另一物质的质量为 0.212 3 g,真实值为 0.212 2 g,其绝对误差为 $E = 0.000\ 1\ g$。两次测量误差相同,误差在测定结果中所占的比例并未反映出来。

相对误差是指绝对误差在真实值中所占的比率,通常以百分率(%)或千分率(‰)表示。

相对误差 $$E_r = \frac{x - x_T}{x_T} \times 100\% = \frac{E}{x_T} \times 100\%$$

真值指某一物理量本身具有的客观存在的真实数值。一般来说,真值是不知道的,但下列情况的真值可以知道。例如:

①理论真值是指某化合物的理论组成等。

②计量学约定的真值是指国际计量大会上确定的长度、质量、物质的量单位等。

③相对真值是指认定精度高一个数量级的测定值作为低一级的测量值的真值,这种真值是相对比较而言的,如科学实验中使用的标准样品和管理样品中组分的含量等。

在实际工作中,通常是用多次平行测定结果的算术平均值 $\bar{x}$ 表示分析测定结果,所以上述公式又表示为绝对误差

$$E = \bar{x} - x_T$$

相对误差 $\qquad E_r = \dfrac{\bar{x} - x_T}{x_T} \times 100\% = \dfrac{E}{x_T} \times 100\%$

式中 $\qquad \bar{x} = \dfrac{1}{n} \sum_{i=1}^{n} x_i$

相对误差反映出误差在真实值中所占的百分率,因此它更具有实际意义。为了与百分含量相区别,近年来,分析工作者常用千分率"‰"表示相对误差。

【例 12.1】 用分析天平称取质量为 1.926 6 g 和 0.192 7 g 的两物体,测定值分别为 1.926 5 g 和 0.192 6 g,问两次称量的绝对误差和相对误差分别是多少?

解 称量质量为 1.926 6 g 的物体

绝对误差 $\qquad E = 1.926\ 5\ \text{g} - 1.926\ 6\ \text{g} = -0.000\ 1\ \text{g}$

相对误差 $\qquad E_r = \dfrac{-0.000\ 1\ \text{g}}{1.926\ 6\ \text{g}} \times 1\ 000‰ = -0.05‰$

称量质量为 0.192 7 g 的物体

绝对误差 $\qquad E = 0.192\ 6\ \text{g} - 0.192\ 7\ \text{g} = -0.000\ 1\ \text{g}$

相对误差 $\qquad E_r = \dfrac{-0.000\ 1\ \text{g}}{0.192\ 7\ \text{g}} \times 1\ 000‰ = -0.5‰$

可以看出,两个物体的质量比相差近 10 倍,虽然测定的绝对误差相同,但相对误差却不同,亦相差 10 倍。所称物体质量大者相对误差小,准确度较高。因此实际工作中分析结果的准确度多用相对误差表示。

根据误差产生的原因和性质,可将误差分为系统误差、偶然误差和过失误差三类。

(1)系统误差

在同一条件下多次测量同一量时,误差的绝对值和符号保持恒定,或在条件改变时,按某一确定的规律变化的误差。它是由分析测定过程中的固定因素引起的,它具有单向性,重复测定时重复出现。增加测定次数不能使系统误差减小。系统误差的大小、正负可以测定,若能找出系统误差产生的原因,并设法加以修正就可以消除,因此又称为可测误差,系统误差产生的原因主要有以下几种:

①方法误差。由所采用的分析方法本身所引入的。例如在质量分析中沉淀的溶解损失或吸附某些杂质、灼烧沉淀时沉淀的分解或挥发等而产生的误差;在滴定分析中,反应不完全,干扰离子的影响,滴定终点与化学计量点不符,副反应的存在等所产生的误差都

属于方法误差。

②仪器误差。由仪器本身不准确或未经校准所引入的。例如天平不等臂、砝码腐蚀和量器刻度不准造成的误差。

③试剂误差。由分析中所用的试剂不纯所引起的。一般试剂的实际纯度与标称纯度是有一定误差的,而这一误差必将传递给最终分析结果。

④操作误差。由分析工作者所掌握的分析操作与正确的分析操作稍有差别所引入的。例如滴定管读数偏高或偏低、对颜色变化不敏锐等所造成的误差。

当实验条件确定时,系统误差就获得了一个客观上的恒定值,改变实验条件就能发现系统误差随条件变化而变化的规律,在多种实验条件中系统误差也是一个随实验条件而变化的误差。对那些系统误差的绝对值保持不变,但相对误差随着被测组分的含量的增大而减小的系统误差,特称之为恒定系统误差,如滴定分析中终点误差的绝对值是一定值,其相对值随试样量的增大而减小。如果系统误差的绝对值随试样量的增大而成比例的增大,但相对误差保持不变的系统误差称为比例误差,例如试样中存在的干扰成分引起的误差,误差的绝对值随试样量的增大而成比例地增大,而其相对值保持不变。故系统误差又可分为恒定误差和比例误差两种,恒定误差又可分为恒定正误差和恒定负误差。

(2)偶然误差

偶然误差又称不可测误差或随机误差。它是在实际相同条件下多次测量同一量时,误差的绝对值和符号的变化时大时小,时正时负,不可预定但具有抵偿性的误差。它是由某些偶然因素所引起的。偶然误差虽不能完全消除,但它的出现仍具有一定的规律性,表现为正态分布规律即正误差和负误差出现的几率相等,呈对称形式,小误差出现的几率大,大误差出现的几率小,很大误差出现的几率极小,也就是正态分布规律。

(3)过失误差

它是由分析人员的差错,主要是由分析人员的粗心或不遵守操作规程而造成的,如容器不干净、丢失试液、加错试剂、看错砝码、记录错误,计算错误等。过失误差严重影响分析结果的准确性,所测数据应丢弃不用,不得参加计算平均值。

精密度是指在相同条件下重复测量同一试样时,各测定值之间彼此接近的程度,精密度表现了测定值的重复性和再现性。精密度的高低通常用偏差来衡量,偏差越小,精密度越高。精密度可用绝对偏差、平均偏差、相对平均偏差、标准偏差和相对标准偏差来表示。

偏差是指个别测定结果与几次测定结果的平均值之间的差别。与误差相似,偏差也可用绝对偏差和相对偏差两种方法来表示。

绝对偏差
$$d_i = x_i - \bar{x} \quad (i = 1, 2, 3, 4, \cdots, n)$$
式中,x_i 为个别测定值,d_i 为个别测定值的绝对偏差。

相对偏差
$$\bar{d}_r = \frac{d_i}{\bar{x}} \times 1\,000\%o$$

用平均偏差表示精密度比较简单,但由于在一系列的测定结果中,小偏差占多数,大偏差占少数,如果按总的测定次数求算平均偏差,所得结果会使大偏差得不到应有的反映。例如,对同一试样进行测定,得两组测定值,其中偏差分别为

第一组:+0.11, -0.73, +0.24, +0.51, -0.14, 0.00, +0.30, -0.20

$$n = 8 \qquad \bar{d}_1 = 0.28$$

第二组:+0.26,+0.18,-0.25,-0.37,+0.32,-0.28,+0.31,-0.27

$$n = 8 \qquad \bar{d}_2 = 0.28$$

虽然两组测定结果的平均偏差相同,但实际上,由于第一组数据中出现了两个较大的偏差-0.73 和+0.51,因而测定结果的精密度不如第二组。若要更好地反映测定结果的精密度,应采用标准偏差。

标准偏差分为总体标准偏差 σ 和样本标准偏差 S。在分析化学中,所谓总体,是指在指定条件下,做无限次测量所得到的数据的集合。在总体中随机抽出一组测量值称为样本的子样。样本中所含测量值的数目 n 称为样本容量或样本大小。

当测定次数趋于无穷大时,总体标准偏差表示如下,即

$$\sigma = \sqrt{\frac{\sum (x - \mu)^2}{n}}$$

式中,μ 为无限多次测定的平均值,称为总体平均值,即

$$\lim_{n \to \infty} \bar{x} = \mu$$

在校正系统误差的情况下,μ 即为真值。

在一般的分析工作中,只能做有限次数的测定,有限测定次数时的样本标准偏差 S 的表达式为

$$S = \sqrt{\frac{\sum (x - \bar{x})^2}{n - 1}}$$

上述两组数据的平均偏差虽然相同,但样本标准偏差分别为 $S_1 = 0.38, S_2 = 0.30$,$S_1 > S_2$。可见标准偏差比平均偏差更能灵敏地反映出大偏差的存在。因而,能更好地反映测定结果的精密度。

实际工作中也使用相对标准偏差(用 S_r)表示测定结果的精密度,其表达式为

$$S_r = \frac{S}{x} \times 1\,000‰$$

【例 12.2】 分析铁矿中铁含量,得如下数据37.45%、37.20%、37.50%、37.30%、37.25%,计算此结果的平均值、平均偏差、标准偏差、相对标准偏差。

解 $\bar{x} = \dfrac{37.45\% + 37.20\% + 37.50\% + 37.30\% + 37.25\%}{5} = 37.34\%$

各次测量偏差分别为

$$d_1 = +0.11\% \quad d_2 = -0.14\% \quad d_3 = +0.16\% \quad d_4 = -0.04\% \quad d_5 = -0.09\%$$

$$\bar{d} = \frac{\sum |d_i|}{n} = \left(\frac{0.11 + 0.14 + 0.16 + 0.04 + 0.09}{5}\right)\% = 0.11\%$$

$$S = \sqrt{\frac{\sum d_i^2}{n - 1}} = \left(\sqrt{\frac{(0.11)^2 + (0.14)^2 + (0.16)^2 + (0.04)^2 + (0.09)^2}{5 - 1}}\right)\% = 0.13\%$$

$$S_r = \frac{S}{x} \times 1\,000‰ \times \frac{0.13}{37.34} \times 1\,000‰ = 3.5‰$$

测量工作的目的在于获得真值,但在校正系统误差的情况下只有进行无限多次测量,其数据的平均值才可能视为真值,显然这是无法做到的。虽然在实际工作中,只能做有限次测量,但是通过对有限次测量数据进行合理的数据分析,就可对真值的取值范围做出科学的论断。由于误差是客观存在的,所以用有限次测量得到的平均值 $\bar{x}$ 作为测定结果总有一定的不确定性。因此,需要在一定几率下,根据 $\bar{x}$ 对真值 μ 可能的取值范围做出估计。

统计学上,把一定几率下真值的这一取值范围称为置信区间,其几率称为置信度。置信度实际上就是人们对所做判断有把握的程度。一般来说,置信度越高,置信区间就越宽,相应判断失误的机会就越小。但置信度过高,往往会因为置信区间过宽而导致实用价值不大。例如,对于"某一铁矿石质量分数在 0% ~ 100%"这一推断来说,该判断完全正确,置信度为 100%,但因置信区间过宽,结果没有实际用处。作为判断时,置信度高低应定得合适。既要使置信区间宽度足够小,又要使置信度很高。通常若判断有 90% 或 95% 的把握,就可以认为该判断基本正确。在分析化学中做统计推断时,通常取 95% 的置信度。

12.2.3 提高分析结果准确度的方法

要得到精密而又可靠的分析结果,涉及许多因素。在操作、读数、记录及计算等各环节不发生差错,即绝对避免发生过失误差,尽可能减小系统误差和随机误差,才能提高分析结果的准确度。下面结合实际情况,简要讨论如何减小分析过程中的误差。

1. 选择合适的分析方法

为了使测定结果达到一定的准确度,以满足实际工作的需要,首先要选择合适的分析方法。各种分析方法的准确度和灵敏度各有侧重。质量法和滴定法测定的准确度高,相对误差一般为千分之几,但灵敏度低,对于低含量、微量或痕量组分的测定,常常测不出来,一般适用于质量分数在 1% 以上的常量组分的测定。而仪器分析法测定虽然灵敏度高,但准确度较差。如果用它测量常量组分,结果并不十分可靠,但对微量或痕量组分的测量,尽管相对误差较大,但因绝对误差不大,也能符合准确度的要求。因此这种方法适用于微量(质量分数 0.01% ~ 1%)和痕量(质量分数<0.01%组分)的测定。

例如,对质量分数含量为 40.20% 试样中铁的测定,采用准确度高的质量法和滴定法测定,若方法的相对误差为 2‰,则质量分数铁含量范围是 40.12% ~ 40.28%。而同一试样若采用仪器分析法如光度测定,由于方法的相对误差约为 20‰,则测得的质量分数铁含量范围是 40.00% ~ 39.49% 之间,相比之下误差就大得多。相反,对于微量或痕量组分的测定,如血清中微量铅、人的头发中微量铜等的测定,重量法和滴定法的灵敏度一般无法达到。而仪器分析法的灵敏度却可以达到,能满足工作的需要,虽然相对误差大,但对于微量和痕量来说,可允许有较大的相对误差,因此采用仪器分析法比较合适。

选择分析方法还要考虑与被测组分共存的其他物质干扰问题。总之,必须综合考虑分析对象、样品情况及分析结果要求等因素选择合适的分析方法。

2. 消除系统误差

在实际工作中,有时会有这样的情况,几次平行测定结果的精密度很好,但用其他可靠的方法一检查,就会发现分析结果有严重的系统误差,因此在分析测定工作中必须重视系统误差的消除。可以根据具体情况,采用不同的方法来检验和消除系统误差的大小。

①对照试验。用于检查有无系统误差最有效的方法,对照试验的结果可以说明系统误差的大小。通常有三种方法,其一是标准试样法即选用组成与试样相近的标准试样来做测定,将测定结果与标准值比较,用统计学上检验的方法确定有无系统误差;其二是标准方法即采用标准方法和所选方法同时测定某一试样,由测定结果做统计检验确定有无系统误差;其三是加入回收法即称取两份试样,在其中一份试样中加入已知量的欲测组分,平行进行此两份试样的测定,由加入被测组分量是否能定量回收判断有无系统误差,即

$$回收率\% = \frac{测得总量 - 试样含量}{加入量} \times 100\%$$

回收率越接近 100%,则分析结果的系统误差越小。

②空白试验。用于消除由试剂、蒸馏水及器皿引入的杂质所造成的系统误差。即在不加试样的情况下,按照试样分析的步骤和条件进行分析实验,所得结果中扣除此空白值,就可得到比较可靠的分析结果。

③校准仪器。用以消除仪器不准所引起的系统误差。如对砝码、移液管、容量瓶与滴定管进行校准,并利用校准后的标准称值。

3. 减小测量误差

为了保证分析结果的准确度,必须尽量减小误差。在重量分析中,一般的分析天平的称量误差为 $\pm0.000\ 1\ g$,用减量法称两次,可能引起的最大误差是 $\pm0.000\ 2\ g$,为了使称量的相对误差小于 0.1%,试样的质量就不能太小,应大于 0.2 g。在滴定分析中,滴定管读数有 $\pm0.01\ mL$ 的误差,在一次滴定中,需要读数两次,可能造成的最大误差是 $\pm0.02\ mL$,为了使测量体积的相对误差小于 0.1%,消耗滴定剂必须在 20 mL 以上,一般在滴定分析中,消耗的滴定剂体积通常控制在 20 ~ 40 mL 范围内。

值得注意的是,不同的测定分析中,对准确度的要求也不同,因此应根据具体要求,使测量的准确度与方法的准确度相对应。

4. 减小偶然误差

增加测定次数可以减小偶然误差,但测定次数大于 10 次时,偶然误差的减小已不明显。在一般分析测定中,平行作 3 ~ 5 次测定即可。过分地增多重复测定次数,会增加很多工作量,但对分析结果的可靠性并无很大益处。

12.2.4　分析化学中的分析数据的处理

定量分析得到的一系列测量值或数据,必须运用统计方法加以归纳取舍,以所得结果的可靠程度做出合理地判断并予以正确表达。然而运用统计方法处理数据,只是针对偶然误差分布规律,估计该误差对分析结果的影响的大小,并较为正确的表达和评价所得结果。因此,在最后处理分析数据时,一般都需要在校正系统误差和去除错误测定结果后进行统计处理,即进行数据整理,首先去除明显错误的数据,然后对一些精密度不太高的可

疑数据,可用 Q 检验法或格布斯检验法决定取舍,计算数据的平均值、平均偏差与标准偏差,并按照所要求的置信度,求出平均值的置信区间。

1. 误差的正态分布

无限次测定结果的偶然误差服从正态分布规律,所谓正态分布就是高斯分布。它的数学表达式为

$$y = f(x) = \frac{1}{\sigma\sqrt{2\pi}} e^{-(x-\mu)\frac{2}{2\sigma^2}} \tag{12.2}$$

式中,y 表示几率密度,x 表示测量值,μ 为总体平均值,即无限次测定数据的平均值,相应于曲线最高点的横坐标值。在没有系统误差时,它就是真值。σ 为标准偏差,它就是总体平均值 μ 到曲线拐点时的距离。$x - \mu$ 表示随机误差,若以 $x - \mu$ 作横坐标,则曲线最高点对应的横坐标为零,这时曲线成为随机误差的正态分布曲线。

正态分布曲线如图 12.1、12.2 和图 12.3 所示,它表明无限多次测定结果的分布,统计学上称为样本总体情况。

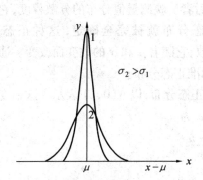

图 12.1 真值相同精密度不同的两类测定的正态分布曲线

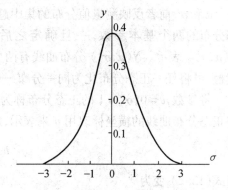

图 12.2 标准正态分布曲线

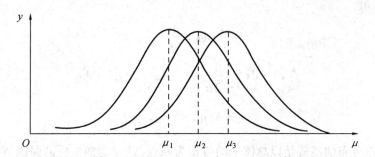

图 12.3 精密度相同真值不同的三个系列测定的正态分布曲线

由式(12.2)和图 12.1、12.2、12.3 可以得出:

① $x = \mu$ 时,y 值最大,此即分布曲线的最高点。这一现象体现了测量值的集中趋势。这就是说,大多数测量值集中在算术平均值的附近;或者说,算术平均值是最可信赖值或最佳值,它能很好地反映测量值的集中趋势。

② 曲线以 $x = \mu$ 这一直线为其对称轴。这一情况说明正误差和负误差出现的几率相等。

③ 当 x 趋向于 $-\infty$ 和 $+\infty$ 时,曲线以 x 轴为渐近线。这一情况说明小误差出现的几率大,大误差出现的几率小,出现很大误差的几率极小,趋近于零。根据此分布规律可知,随着测定次数的增加,偶然误差的算术平均值将逐渐接近于零。另外,实验证明,在测定次数较少时,分析结果的偶然误差的减小就不明显。因此在实际工作中,平行测定 3 ~ 5 次至多 10 次就已足够了。

根据式(12.2),得到 $x = \mu$ 时的几率密度为

$$y_{(x=\mu)} = \frac{1}{\sigma\sqrt{2\pi}} \tag{12.3}$$

几概率密度乘上 dx,就是测量值落在 dx 范围内的几率。由(12.3)式可见,σ 越大,测量值落在 μ 的附近的几率越小。这意味着测量时的精密度越差时,测量值的分布就越分散,正态分布曲线也就越平坦。反之,σ 越小,测量值的分散程度就越小,正态分布曲线也就越尖锐。Σ 反映测量值分布分散程度。

μ 和 σ,前者反映测量值分布的集中趋势,后者反映测量值分布的分散程度,它们是正态分布的两个基本参数,一旦确定之后,正态分布就被完全确定,这种正态分布以 $N(\mu, \sigma^2)$ 表示。$N(\mu, \sigma^2)$ 分布曲线有两个参数,它随着 μ 和 σ 的改变而改变。通过变量代换,可将任一正态分布化为同一分布 —— 标准正态分布。

将参数 $\mu = 0$,$\sigma^2 = 1$ 的正态分布称为标准正态分布,以 $N(0,1)$ 表示。这一变换就是将正态分布曲线的横坐标改用 u 来表示,定义 u 为

$$u = \frac{x - \mu}{\sigma} \tag{12.4}$$

将式(12.2)变为

$$y = f(x) = \frac{1}{\sigma\sqrt{2\pi}} e^{-\frac{\mu^2}{2}} \tag{12.5}$$

由式(12.4)得

$$d\mu = \frac{dx}{\sigma} \tag{12.6}$$

则

$$f(x) \cdot dx = \frac{1}{\sqrt{2\pi}} e^{-\frac{\mu^2}{2}} \cdot d\mu = \phi(\mu) \cdot d\mu \tag{12.7}$$

故

$$y = \phi(\mu) = \frac{1}{\sqrt{2\pi}} e^{-\frac{\mu^2}{2}} \tag{12.8}$$

标准正态分布曲线就是以总体平均值 μ 为原点,以 σ 为横坐标的曲线,它对于同一 μ 及 σ 的任何测量都是适用的,如图 12.2 所示。

正态分布曲线与横坐标 $-\infty$ 到 $+\infty$ 之间所夹的总面积,代表所有数据出现几率的总和,其值应为 1,即几率 P 为

$$P = \int_{-\infty}^{+\infty} f(x) \cdot dx = \int_{-\infty}^{+\infty} \frac{1}{\sigma\sqrt{2\pi}} e^{-(x-\mu)2/2\sigma^2} d\mu = 1 \tag{12.9}$$

任一偶然误差在某一区间出现的几率,可由几率密度函数 $f(x)$ 在该区间的定积分求得。但上述正态分布函数有两个参数,使用起来很不方便,变换为标准正态分布后,取不同的 μ 值对式(12.6)进行定积分,所得的面积即为偶然误差在该区间出现的几率。标准正态分布几率积分表就是这样制出来的,由于积分上下限不同,为了区别,在表的上方一般绘图说明表中所列是什么区间的几率,见表12.4。

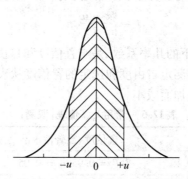

表12.4　正态分布几率积分表

$\lvert u \rvert$	面积	$\lvert u \rvert$	面积	$\lvert u \rvert$	面积
0.0	0.0000	1.0	0.3413	2.0	0.4773
0.1	0.0398	1.1	0.3643	2.1	0.4821
0.2	0.0793	1.2	0.3849	2.2	0.4861
0.3	0.1179	1.3	0.4032	2.3	0.4893
0.4	0.1554	1.4	0.4192	2.4	0.4918
0.5	0.1915	1.5	0.4332	2.5	0.4938
0.6	0.2258	1.6	0.4452	2.6	0.4953
0.7	0.2580	1.7	0.4554	2.7	0.4965
0.8	0.1881	1.8	0.4641	2.8	0.4974
0.9	0.3159	1.9	0.4713	3.0	0.4987

由表可见,分析结果落在 $\mu \pm 3\sigma$ 范围内的几率达99.74%,即误差超过 $\pm 3\sigma$ 的分析结果是很少的,在实际工作中,如果多次重复测量中的个别数据的误差的绝对值大于 3σ,则这个极端值可以舍去。

【例12.3】　已知某试样中 Co 的标准值为1.75%,$\sigma = 0.10$,又知测量时没有系统误差,求分析结果落在(1.75 ±0.15)% 范围内的几率。

解　$\lvert u \rvert = \dfrac{\lvert x - \mu \rvert}{\sigma} = \dfrac{\lvert x - 1.75 \rvert}{0.10} = 0.15/0.10 = 1.5$

查表12.4,求得几率为86.64%。

可以看出,如果这一区间可将标准值 μ 包括其中,即使 $\bar{x}$ 与 μ 不完全一致,也只能做出在 $\bar{x}$ 与 μ 之间不存在显著性差异的结论。因为按 t 分布规律,这些差异是偶然误差造成的,不属于系统误差。

2. 有限次数测量误差的分布规律

正态分布是无限次测量的分布规律,而在分析测试中,通常都是进行有限次数的测量,数据量有限,只能求出样本平均值 $\bar{x}$ 与样本标准偏差 S,而求不出总体标准偏差 σ,只能用 S 代替 σ 来估算测量数据的分布情况。用 S 代替 σ 必然引起对正态分布的偏离,这时可用 t 分布来处理。t 分布是英国统计学家兼化学家 Cosset 提出来的,定义为

$$t = \left| \frac{\bar{x} - \mu}{S} \sqrt{n} \right| \qquad (12.10)$$

式中,t 为在选定某一置信度下的几率系数,是与置信度和自由度($f = n - 1$)有关的统计量,称为置信因子。它可根据测定自由度和选定的置信度从表 12.5 中查得,t 值随置信度的提高而增大,随自由度的增加而减小。

表 12.5 常用 t_α、f 值表(双侧)

f	置信度、显著性水准		
	$P = 0.90, \alpha = 0.10$	$P = 0.95, \alpha = 0.05$	$P = 0.99, \alpha = 0.01$
1	6.31	12.71	63.66
2	2.92	4.30	9.92
3	2.35	3.18	5.84
4	2.13	2.78	4.60
5	2.02	2.57	4.03
6	1.94	2.45	3.71
7	1.90	2.36	3.50
8	1.86	2.31	3.36
9	1.83	2.26	3.25
10	1.81	2.23	3.17
20	1.72	2.09	2.84
∞	1.64	1.96	2.58

以 t 为横坐标,以相应的几率密度为纵坐标,作 t 分布曲线,如图 12.4 所示。

由图可见,t 分布曲线与正态分布曲线相似,只是因为测定次数较少,数据分散程度较大,其曲线形状较正态分布曲线低。t 分布曲线随自由度 f 而改变。当 f 趋近 ∞ 时,t 分布曲线就趋近正态分布曲线。与正态分布一样,t 分布曲线下面一定范围内的面积,就是该范围内的测定值出现的几率。应该注意,对于正态分布曲线,只要 $\frac{x - \mu}{\sigma}$ 的值一定,相应的几率也就一定。但对于 t 分布曲线,当 t 一定时,由于 f 值的不同,相应的曲线所包括的面积即几率也就不同。不同的 f 值及几率所相应的 t 值见表 12.5。表中置信度用 P 表示,显著性水平用 α 表示。由于 t 值与自由度及置信度有关,故引用时,常用注脚说明,一般表示为 t_α、f。

所谓置信度就是指误差在某个范围内出现的几率,也称为置信几率。在此范围之外

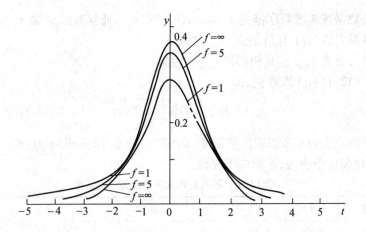

图 12.4　t 分布曲线

的几率为$(1 - P)$,称为显著性水平。在一定置信度下,误差或测定值出现的区间称为置信区间或置信范围。具体可表现为

$$\mu = x \pm u\sigma$$

式中,$(x \pm u\sigma)$为置信区间,u根据所要求的置信度表12.4中$f = \infty$的t值查得。因为在实际工作中,只能对试样进行有限次测定,求得样本平均值,以此来估计总体平均值的范围,它可由式(12.9)求得

$$\mu = \bar{x} \pm \frac{tS}{\sqrt{n}}$$

式中,$\bar{x} \pm \dfrac{tS}{\sqrt{n}}$为样本平均值的置信区间,一般称为平均值的置信区间。

【例 12.4】　用高效液相色谱法测定药物的某一成分,5 次测定的标准偏差为0.032%,平均值为0.54%,估计真实值在95% 和99% 置信度时应为多少?

解　(1)$P = 0.95$,$f = 5 - 1 = 4$,$t_{0.05,4} = 2.78$

$$\mu = \bar{x} \pm \frac{tS}{\sqrt{n}} = 0.54 + \frac{2.78 \times 0.032}{\sqrt{5}} = (0.54 \pm 0.04)\%$$

(2)$P = 0.99$,$f = 4$,$t_{0.01,4} = 4.60$

$$\mu = \bar{x} \pm \frac{tS}{\sqrt{n}} = 0.54 + \frac{4.60 \times 0.032}{\sqrt{5}} = (0.54 \pm 0.07)\%$$

12.2.5　可疑值的取舍

1.Q 检验法

当测量数据不多($n < 10$) 时,采用 Q 检验法比较方便。Q 值定义为

$$Q = \frac{|\,被检验数据 - 相邻的数据\,|}{最大值 - 最小值} \tag{12.11}$$

具体检验方法是:

① 将各数据按递增顺序排列 $x_1,x_2,x_3,\cdots x_{n-1},x_n$。通常考虑 x_1 或 x_n 为可疑值。

② 计算最大值(x_1)与最小值(x_n)之差。

③ 计算可疑值 $x_{可疑}$ 与其相邻值 $x_{相邻}$ 之差。

④ 按式(12.11)计算 Q 值,即

$$Q = \frac{|x_{可疑} - x_{相邻}|}{x_n - x_1}$$

⑤ 根据测定次数 n 和要求的置信度(如95%)查表12.6得到 $Q_表$ 值。若计算的 $Q > Q_表$,则该可疑值应予舍去,否则应予保留。

表 12.6　不同置信度下舍弃值的 $Q_表$ 值

测定次数	3	4	5	6	7	8	9	10
$Q(90\%)$	0.94	0.76	0.64	0.56	0.51	0.47	0.44	0.41
$Q(95\%)$	0.97	0.84	0.73	0.64	0.59	0.54	0.51	0.49
$Q(99\%)$	0.99	0.93	0.82	0.74	0.68	0.63	0.60	0.57

【例 12.5】　测定环境水中 NO_2^- 的含量,所得结果如下:7.590×10^{-2},7.534×10^{-2},7.056×10^{-2},6.732×10^{-2},7.596×10^{-2} mg/mL,试问 6.732×10^{-2} mg/mL 这个数是否应当保留(置信度为95%)?

解　　　　$Q = \left| \frac{6.732 \times 10^{-2} - 7.056 \times 10^{-2}}{6.732 \times 10^{-2}} \right| = 0.48$

查表12.6,置信度为95%,$n = 5$,$Q_表 = 0.73$,$Q < Q_表$,故 6.732×10^{-2} 这个数应当保留。

2. 格布斯法

有一组数据,从小到大排列为 $x_1,x_2,\cdots,x_{n-1},x_n$,其中 x_1 或 x_n 可能是异常值,需要首先进行判断,决定其取舍。

用格布斯法判断异常值时,首先计算出该组数据的平均值及标准偏差,再根据统计量 T 进行判断。统计量 T 与异常值、平均值及标准偏差有关。

设 x_1 是可疑的,则

$$T = \frac{\bar{x} - x_1}{S} \tag{12.12}$$

设 x_n 是可疑的,则

$$T = \frac{x_n - \bar{x}}{S} \tag{12.13}$$

如果 T 值很大,说明异常值与平均值相差很大,有可能要舍去。T 值要多大才能确定该异常值应舍去呢? 这要看我们对置信度的要求如何。统计学家们为我们制定了临界 T_a、n 值表,可供查阅。如果 $T > T_a$,则异常值应舍去,否则应保留。a 为显著性水平,n 为实验数据数目。

格布斯法最大的优点,是在判断异常值的过程中,将正态分布中的两个最重要的样本参数 $\bar{x}$ 及 S 引入进来,故方法的准确性较好。但这种方法的缺点是需要计算 $\bar{x}$ 及 S,手续稍

麻烦。

【例 12.6】 测定某物体废弃物中铜的含量,得结果如下 1.25、1.27、1.31、1.40。试问 1.40 这个数据应否保留?

解 $\bar{x} = 1.31, S = 0.066$

$$T = \frac{x_n - \bar{x}}{S} = \frac{1.40 - 1.31}{0.066} = 1.36$$

查表 12.7, $T_{0.05,4} = 1.46, T < T_{0.05,4}$,故 1.40 这个数据应该保留。

表 12.7 T_a、n 值表

N	显著性水平 a		
	0.05	0.025	0.01
3	1.15	1.15	1.15
4	1.46	1.48	1.49
5	1.67	1.71	1.75
6	1.82	1.89	1.94
7	1.94	2.02	2.10
8	2.03	2.13	2.22
9	2.11	2.21	2.32
10	2.18	2.29	2.41
11	2.23	2.36	2.48
12	2.29	2.41	2.55
13	2.33	2.46	2.61
14	2.37	2.51	2.63
15	2.41	2.55	2.71
20	2.56	2.71	2.88

12.2.6 显著性检验

1. T 检验法

(1) 平均值与标准值的比较

在实际工作中,为了检查分析方法或操作过程是否存在较大的系统误差,可对标准试样进行若干次分析,再利用 t 检验的方法比较分析结果的平均值与标准试样的标准值之间是否存在显著性差异,就可做出判断。

在一定置信度时,平均值的置信区间为

$$\mu = \bar{x} \pm \frac{tS}{\sqrt{n}}$$

进行 t 检验时,通常不要求计算其置信区间,而是先计算出 t 值,即

$$t = \frac{|\bar{x} - \mu|}{S}\sqrt{n} \qquad (12.14)$$

检验两个分析结果是否存在显著性差异时,用双侧检验。即 t 值大于 $t_{\alpha,f}$ 值,则两个分析结果存在显著性差异,否则不存在显著性差异。在分析化学中,通常以 95% 的置信度为检验标准,即双侧检验时显著性水平为 $\alpha = 0.05$。

【例 12.7】 采用某种新方法测定明矾中铝的百分含量,得到下列 9 个分析结果,10.74,10.77,10.77,10.77,10.81,10.82,10.73,10.86,10.81。已知该明矾中铝的标准值为10.77,试问采用该新方法后,是否引起系统误差(置信度为95%)?

解 $n = 9, f = n - 1 = 8, \bar{x} = 10.79\%, S = 0.042\%$

$$t = \frac{|\bar{x} - \mu|}{S}\sqrt{n} = \frac{|10.79 - 10.77|}{0.042}\sqrt{9} = 1.43$$

查表 12.5,$t_{0.05,8} = 2.31$(双侧检验),$t < t_{0.05,8}$,故 $\bar{x}$ 与 μ 之间不存在显著差异。即采用新方法后,没有引起系统误差。

(2)两组平均值 $\bar{x}_1$ 与 $\bar{x}_2$ 的比较

不同分析人员或同一分析人员采用不同方法分析同一试样,所得到的平均值,一般是不相等的,现在要判断这两组数据之间是否存在系统误差,即两平均值之间是否有显著性差异。对于这样的问题,也可用 t 检验法。

设有两组分析数据为

$$n_1 \qquad S_1 \qquad \bar{x}_1$$
$$n_2 \qquad S_2 \qquad \bar{x}_2$$

S_1 和 S_2 分别表示第一组和第二组分析数据的精密度,它们之间是否有显著性差异,可采用后面介绍的 F 检验法进行判断。如证明它们之间没有显著性差异,则可认为 $S_1 \approx S_2 \approx S$,而 S 应根据这两组分析的所有数据,由此求出

$$S = \sqrt{\frac{\sum (x_{1i} - \bar{x}_1)^2 + \sum (x_{2i} - \bar{x}_2)^2}{(n_1 - 1) + (n_2 - 1)}} \qquad (12.15)$$

式中,S 为合并标准偏差,总自由度 $f = n_1 + n_2 - 2$。

若已知两组数据的标准偏差 S_1 和 S_2,也可用下式计算合并标准偏差,即

$$S = \sqrt{\frac{S_1^2(n_1 - 1) + S_2^2(n_2 - 1)}{(n_1 - 1) + (n_2 - 1)}} \qquad (12.16)$$

为了判断两组平均值 $\bar{x}_1$ 与 $\bar{x}_2$ 之间是否存在显著差异,必须推导出两个平均值之差的 t 值,设两组数据的真值为 μ_1 和 μ_2,则有

$$\mu_1 = \bar{x} \pm tS/\sqrt{n_1}$$
$$\mu_2 = \bar{x} \pm tS/\sqrt{n_2}$$

若两组数据无显著差异,则可认为来自同一总体,即 $\mu_1 = \mu_2$,故

$$\bar{x} \pm tS/\sqrt{n_1} = \bar{x}_2 \pm tS/\sqrt{n_2}$$

$$\bar{x}_1 - \bar{x}_2 = \pm tS\sqrt{\frac{n_1 + n_2}{n_1 n_2}}$$

故

$$t = \frac{\bar{x}_1 - \bar{x}_2}{S} \sqrt{\frac{n_1 n_2}{n_1 + n_2}} \qquad (12.17)$$

很明显,当 $t_1 > t_\text{表}$ 时,可以认为 $\mu_1 \neq \mu_2$,两组数据不属于同一总体,即它们之间存在显著差异;反之,当 $t_1 \leqslant t_\text{表}$ 时,可以认为 $\mu_1 = \mu_2$,两组数据属于同一总体,即它们之间不存在显著差异。

2. F 检验法

F 检验法主要通过比较两组数据的方差 S^2,以确定它们的精密度是否有显著性差异。至于两组数据之间是否存在系统误差,则在进行 F 检验并确定它们的精密度没有显著性差异之后,再进行 t 检验。

已知样本标准偏差 S 为

$$S = \sqrt{\frac{\sum (x - \bar{x})^2}{n - 1}} \qquad (12.18)$$

故样本方差 S^2 为

$$S^2 = \frac{\sum (x - \bar{x})^2}{n - 1} \qquad (12.19)$$

F 检验法的步骤很简单。首先计算出两个样本的方差,分别为 $S_\text{大}^2$ 和 $S_\text{小}^2$,它们相应地代表方差较大和较小的那组数据的方差。然后计算 F 值,即

$$F = \frac{S_\text{大}^2}{S_\text{小}^2} \qquad (12.20)$$

计算时,规定 $S_\text{大}^2$ 和 $S_\text{小}^2$ 分别为分子和分母,这样才能与表 12.8 所列的 F 值进行比较。很明显,如果两组数据的精密度相差不大,则 $S_\text{大}^2$ 和 $S_\text{小}^2$ 也相差不大,F 值趋近 1。相反,如果两者之间存在显著性差异,则 $S_\text{大}^2$ 和 $S_\text{小}^2$ 就相差很大,相除的结果,F 值一定很大。在一定的置信度及自由度的情况下,如 F 值大于表 12.8 中所相应的 F 值,则认为它们之间存在显著性差异(置信度 95%),否则不存在显著性差异。注意表中列出的 F 值是单边值,引用时宜加以注意。

【例 12.8】 用两种不同的方法测定合金中铌的质量百分含量,所得结果如下:

第一种方法　　1.26　　　　1.22　　　　1.25
第二种方法　　1.35　　　　1.31　　　　1.33　　　　1.34

试问两种方法之间是否有显著性差异(置信度为 90%)?

解　　　　　$n_1 = 3$　　$\bar{x}_1 = 1.24\%$　　$S_1 = 0.021\%$

　　　　　　　$n_2 = 4$　　$\bar{x}_2 = 1.33\%$　　$S_2 = 0.017\%$

$$F = \frac{(0.021)^2}{(0.017)^2} = 1.53$$

查表 12.8,$F_\text{大} = 2$,$F_\text{小} = 3$,$F_\text{表} = 9.55$,则

$$F < F_\text{表}$$

说明两组数据的标准偏差没有显著性差异,故求得合并标准偏差为

$$S = \sqrt{\frac{\sum (x_{1i} - \bar{x}_1)^2 + \sum (x_{2i} - \bar{x}_2)^2}{(n_1 - 1) + (n_2 - 1)}} = 0.019$$

$$t = \frac{\bar{x}_1 - \bar{x}_2}{S}\sqrt{\frac{n_1 n_2}{n_1 + n_2}} = \frac{1.33 - 1.24}{0.019}\sqrt{\frac{3 \times 4}{3 + 4}} = 6.21$$

查表 12.5, 当 $P = 0.90$, $f = n_1 + n_2 - 2 = 5$ 时, $t_{0.10,5} = 2.02$, $t > t_{0.10,5}$, 故两种分析方法之间存在显著差异, 必须找出原因, 加以解决。

表 12.8　置信度 95% 时 F 值(单边)

$F_{小}$＼$F_{大}$	2	3	4	5	6	7	8	9	10	∞
2	19.00	19.16	19.25	19.30	19.33	19.36	19.37	19.38	19.39	19.50
3	9.55	9.28	9.12	9.01	8.84	8.88	8.84	8.81	8.78	8.53
4	6.94	6.59	6.39	6.26	6.16	6.19	6.04	6.00	5.96	5.63
5	5.79	5.41	5.19	5.05	4.95	4.88	4.82	4.78	4.74	4.36
6	5.14	4.76	4.53	4.39	4.28	4.21	4.15	4.10	4.06	3.67
7	4.74	4.35	4.12	3.97	3.87	3.79	3.73	3.68	3.63	3.23
8	4.46	4.07	3.84	3.69	3.58	3.50	3.44	3.39	3.34	2.93
9	4.26	3.86	3.63	3.48	3.37	3.29	3.23	3.18	3.13	2.71
10	4.10	3.71	3.48	3.33	3.22	3.14	3.07	3.02	2.97	2.54
∞	3.00	2.60	2.37	2.21	2.10	2.01	1.94	1.88	1.83	1.00

用 F 检验法来检验两组数据的精密度是否有显著性差异时, 必须首先确定它是属于单边检验还是双边检验。前者是指一组数据的方差只能大于、等于但不可能小于另一组数据的方差, 后者是指一组数据的方差可能大于、等于或小于另一组数据的方差。

【例 12.9】　在吸光光度分析中, 用一台旧仪器测定溶液的吸光度, 得标准偏差 $S_1 = 0.055$; 再用一台性能稍好的新仪器测定 4 次, 得标准偏差 $S_2 = 0.022$。试问新仪器的精密度是否显著地优于旧仪器的精密度?

解　在本例中, 已知新仪器的性能较好, 它的精密度不会比旧仪器的差。因此, 这是属于单边检验问题。

已知　　$n_1 = 6$　$S_1 = 0.055$

　　　　$n_2 = 4$　$S_2 = 0.022$

则　　　　$S_{大}^2 = 0.055^2 = 0.003\ 0$;　$S_{小}^2 = 0.022^2 = 0.000\ 48$

$$F = \frac{S_{大}^2}{S_{小}^2} = 6.25$$

查表 12.8 得 $F_{表} = 9.01$, $F < F_{表}$, 故两种仪器的精密度之间不存在统计学上的显著性差异, 即不能做出新仪器显著优于旧仪器的结论。由表中给出的置信度可知, 做出这种判断的可靠性达 95%。

如 F 值大于表 12.8 中所相应的 F 值, 则认为它们之间存在显著性差异(置信度

95%），否则不存在显著性差异。注意表中列出的 F 值是单边值，引用时宜加以注意。

12.2.7 相关性检验

分析化学中，经常要研究测量的信号 y 与浓度 x 之间的关系，最常用的直观方法是把它们画在直角坐标纸上，x、y 各占一个坐标，每个数据在图上对应于一个点。如果各点的排布接近一条直线，表明 x 和 y 线性关系好，如果各点排布不是很靠近一条直线，表明 x 和 y 的线性关系虽然不好，但可能存在某种非线性关系，如果各点排布得杂乱无章，表明相关性极小。

（1）相关系数

相关系数能反映 x、y 两个变量间的密切程度，为了定量地描述两个变量间的相关性，在统计学中作如下定义，若两个变量 x、y 的 n 次测量值为 (x_1, y_1)，(x_2, y_2)，$\cdots$，(x_n, y_n)，则相关系数为

$$r = \frac{\sum\limits_{i=1}^{n} (x_i - \bar{x})(y_i - \bar{y})}{\sqrt{\sum\limits_{i=1}^{n} (x_i - \bar{x})^2 \cdot \sum\limits_{i=1}^{n} (y_i - \bar{y})^2}} \qquad (12.21)$$

或

$$r = \frac{n \sum x_i y_i - \sum x_i \cdot \sum y_i}{\sqrt{[n \sum x_i^2 - (\sum x_i)^2] \times [n \sum y_i^2 - (\sum y_i)^2]}}$$

相关系数 r 是介于 0 到 ± 1 之间的相对数值，即 $0 \leqslant |r| \leqslant 1$，当 $|r| = 1$ 时，表示 (x_1, y_1)，(x_2, y_2)，$\cdots$，(x_n, y_n) 在一条直线上；当 $r = 0$ 时，表示 (x_1, y_1)，(x_2, y_2)，$\cdots$，(x_n, y_n) 等所对应的点杂乱无章或处在同一曲线上。实验中绝大多数情况是 $|r| < 1$，相关系数的意义如图 12.5 所示。

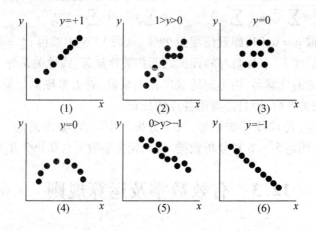

图 12.5　相关系数的意义

（2）相关系数检验

判断变量 x、y 是否存在线性关系是相对的。表 12.9 列出了不同置信度及自由度时的相关系数，用以检验线性关系。如果计算出的相关系数大于表上数值，就认为 x、y 之间存

在着相关性,即相关显著。相反,如果计算出的相关系数小于表上数值,就认为 x、y 之间不存在着相关性,即相关不显著。

表 12.9　相关系数 r 的临界值表

$f = n - 2$	$\alpha = 0.10$	$\alpha = 0.05$	$\alpha = 0.01$	$\alpha = 0.001$
1	0.988	0.997	0.999 8	0.999 99
2	0.900	0.950	0.990	0.999
3	0.805	0.878	0.959	0.991
4	0.729	0.811	0.917	0.974
5	0.669	0.754	0.874	0.951
6	0.622	0.707	0.834	0.925
7	0.582	0.666	0.798	0.898
8	0.549	0.632	0.765	0.872
9	0.521	0.602	0.735	0.847
10	0.479	0.576	0.708	0.823

【例 12.10】　用薄层色谱法测定生物样品大黄素的含量,测得不同点样量(μg)大黄素与色谱峰面积 A 为:

点样量/μg 　　 0.95 　　 1.90 　　 2.85 　　 3.80 　　 4.75

色谱峰面积 A 　 19 172 　 33 340 　 49 203 　 63 506 　 77 434

试以相关系数说明点样量与色谱峰面积之间的相关性。

解　设以 x 代表点样量,y 代表色谱峰面积,计算相关系数,得

$$f = \frac{n \sum x_i y_i - \sum x_i \cdot \sum y_i}{\sqrt{\left[n \sum x_i^2 - \left(\sum x_i \right)^2 \right] \times \left[n \sum y_i^2 - \left(\sum y_i \right)^2 \right]}} = 0.999\ 8$$

$f = 5 - 2 = 3$,取 $a = 0.01$,即置信度为 99%,从表 12.9 中查得 $r_{表} = 0.959$,$r > r_{表}$。可见,在 99% 的置信度下,点样量与峰面积之间相关性显著,线性关系好。

用具有回归功能的计算器,能迅速地求出相关系数,省去繁琐的运算步骤。在 Excel 中,不但能计算出相关系数,而且能看出各点的分布。

还需要指出的是,表 12.9 中的数值,对于分析工作而言,要求偏低。对于普通试样,用一般的分析方法,测定 5 ~ 6 对分析数据,得到相关系数 $r > 0.999$ 并不困难。

12.3　有效数字及运算规则

12.3.1　有效数字

在定量分析中,为了得到准确的分析结果,不仅要准确地进行各种测量,而且还要正确地记录和计算,分析结果所表达的不仅仅是试样中待测组分的含量,而且还反映了测量的准确程度。因此,在实验数据的记录和结果的计算中,保留几位数字不是任意的,而要

根据测量仪器、分析方法的准确度来决定。这就涉及到有效数字的概念。有效数字就是实际能测量到的数字。在科学实验中,对于任一物理量的测定,其准确度都是有一定限度的。例如读取滴定管上的刻度,甲得到 23.43 mL,乙得到 23.42 mL,丙得到 23.44 mL,丁得到 23.43 mL。这 4 位数字中,前 3 位数字都是很准确的,第 4 位数字因为没有刻度,是估计出来的,稍有差别。这第 4 位数字不甚准确,称为可疑数字。但它不是臆造的,所以记录时应保留它。故这 4 位数字都是有效数字。在有效数字中,只有最后一位是可疑的,其他各位数字都是确定的。

有效数字保留的位数,应当根据分析方法和仪器的准确度来决定,应使数字中只有一位数字是可疑的。例如,用分析天平称取某物质的质量为 0.501 0 g,这一数值中最后一位数字是可疑数字,而其他各位数字是准确的,此时的绝对误差为±0.000 1 g,相对误差为 $\dfrac{\pm 0.000\ 1}{0.501\ 0} \times 100\% = \pm 0.02\%$。若将上述称量结果改为 0.501 g,则表明绝对误差为 0.001 g,而相对误差为±0.2%。由此可见,记录时在小数点后多写或少写一位数字"0",测量精确度无形中就被夸大或缩小 10 倍。因此记录数据时,必须注意数据的有效数字的位数。"0"它可以是有效数字,也可以不是有效数字。例如在 1.000 8 中,"0"是有效数字。在 0.025 7 中"0"只起定位作用,不是有效数字,因为这些"0"只与选取的单位有关,而与测量的精度无关。在 0.038 0 中,前面的两个"0"不是有效数字,后面的一个"0"是有效数字。像 250 0 这样的数,有效数字的位数比较含糊,一般看成 4 位有效数字,但它也可能是 3 位或 2 位。这种情况,最好用指数形式表示成 2.5×10^3 或 2.50×10^3。

在分析化学中常会遇到倍数、分数关系,如 I_2 与 $Na_2S_2O_3$ 反应,其摩尔比为 $1:2$,因而 $n_{I_2} = \dfrac{1}{2} n_{Na_2S_2O_3}$,这里的"2"并非测量所得,它的有效数字视为无限多位。对于 pH、pM、$\lg K^{\ominus}$ 等对数数值,其有效数字的位数仅取决于尾数部分的位数。例如 pH = 11.02 即 $[H^+] = 9.6 \times 10^{-12}$,其有效数字的位数是 2 位而不是 4 位。

12.3.2　有效数字的修约规则

在对分析数据进行处理过程中,涉及到的各分析数值的有效数字位数可能不同。因此必须根据各步的测量精度和有效数字的计算规则合理地保留有效数字的位数,弃去多余的数字。弃去多余的数字的过程叫数字修约,它所遵循的规则称为"数字修约规则"。目前多采用"四舍六入五成双"规则,它规定,当测量值中被修约的那个数字等于或小于 4 时,该数字舍去;等于或大于 6 时,进位;等于 5 时,如进位后末位数为偶数则进位,舍去后末位数为偶数字则舍去。

当测量值中被修约的那个数字等于 5 时,如果其后还有数字,由于这些数字均系测量所得,故可以看出,该数字总是比 5 大,在这种情况下,该数字以进位为宜。

修约数字时,只允许对原测量值一次修约所需的位数,不能分次修约。在用计算机、计算器处理时也要按照有效数字的计算规则进行修约。

例如,将下列各测量值修约为两位有效数字,结果应为:

① 3.223   3.2

② 5.678 5   5.7

③ 4.562 8   4.6

④ 2.354 8   2.4

12.3.3　有效数字的运算规则

在分析化学的结果计算中,每个测量值的误差都要传递到结果里面。因此必须运用有效数字的运算规则,做到合理取舍各数据的有效数字的位数。

1.加减法

几个数据相加或相减时,它们的和或差只能保留一位可疑数字,即有效数字位数的保留,应以小数点后位数最少的数字为准。

【例 12.11】　计算 0.012 1+25.64+1.057 82=?

解　各位数中最后一位为可疑数字,绝对误差分别为±0.000 1,±0.01,±0.000 01,可见 25.64 的绝对误差最大,其小数点后位数有两位。因此应将计算器显示的相加的结果 26.709 92 取到小数点后第二位,按"四舍六入五成双"的规则修约成 26.71。

从误差的角度考虑,也可同样得到相同的结果。已知 3 个数据中最后一位数有±1 的绝对误差,即 0.012 1±0.000 1,25.64±0.01,1.057 82±0.000 01,故:

总绝对误差=0.000 1+0.01+0.000 01≈0.01

可见计算结果中小数点后第 2 位数字有±0.01 的误差,有效数字只能保留到这一位。

2.乘除法

当几个数相乘除时,所得结果的有效数字的位数应与各数中相对误差最大的那个数一致。通常可按照有效数字位数最少的那个数来保留计算结果的有效数字的位数。

【例 12.12】　计算 0.012 1×25.64×1.057 82=?

解　三个数的相对误差分别为

0.0121 $$E_r = \pm\frac{1}{121} \times 1\ 000‰ = \pm 8‰$$

25.64 $$E_r = \pm\frac{1}{2\ 564} \times 1\ 000‰ = \pm 0.4‰$$

1.057 82 $$E_r = \pm\frac{1}{105\ 782} \times 1\ 000‰ = \pm 0.00\ 09‰$$

其中以 0.012 1 的相对误差最大,它有 3 位有效数字,因此计算应取 3 位有效数字。即把计算器显示的计算结果 0.328 182 308 修约成 0.328。

在乘除法的运算过程中,若某一数据第一位有效数字大于或等于 8,则其有效数字的位数可多算一位,如 8.87 和 9.46,因其相对误差约为 1‰,与 12.45 和 14.27 等这些 4 位有效数字的相对误差相近,所以,通常将它们当做 4 位有效数字的数值处理。

在分析化学计算处理过程中,为了提高计算结果的可靠性,可以暂时多保留一位数字,再多保留是完全没有必要的,而且会增加运算时间。在得到最后结果时,一定要弃去多余的数字。现在很多都用计算机处理数据,虽然在运算过程中不必对每一步的计算结果进行修约,但应注意正确保留最后计算结果的有效数字的位数。对于高质量分数组分(例如>10%)的测定,要求分析结果有 4 位有效数字。对于中质量分数的组分(例如 1%~10%),一般要求有 3 位有效数字;对于微量组分(质量分数<1%,只要求 2 位有效数字。通常以此为标准,报出分析结果。用标准偏差和 RSD 表示平均值精密度时,标准偏差一般保留 2 位有效数字。如测定份数较少(少于 10 时)也可保留 1 位有效数字。

阅读拓展

定量分析实例——硅酸盐的分析

在生产实践中,待定量分析的对象往往含有多种组分,如合金、矿石和各种自然资源等。因此,为了掌握资源的完整情况或产品的质量,常须进行样品的全面定量分析。现以硅酸盐的全分析为例进行定量分析体验。硅酸盐是水泥、玻璃、陶瓷等许多工业生产的原料,天然的硅酸盐矿物有石英、云母、滑石、长石和白云石等多种,主要测定项目为 SiO_2,Fe_2O_3、Al_2O_3、TiO_2、CaO、MgO、Na_2O、K_2O,其中 Na_2O、K_2O 的测定一般是另取试样,按 Na_2O、K_2O 测定方法进行。其具体分析步骤如下。

1. 试样的分解

根据试样中 SiO_2 含量多少的不同,分解试样可采用两种不同的方法,若 SiO_2 含量低可用酸溶法分解试样;若 SiO_2 含量高,则采用碱熔法分解试样。酸溶法常用 HCl 或 $HF-H_2SO_4$ 为溶剂,但 $HF-H_2SO_4$ 为溶剂分解后的沉淀不能用于测定 SiO_2,因为易形成 SiF_4 挥发。碱熔法常用 Na_2CO_3 或 $Na_2CO_3+K_2CO_3$ 作熔剂,如果试样中含有还原性组分如黄铁矿、铬铁矿时,则于熔剂中加入一些 Na_2O_2 以分解试样。

试样先在低温熔化,然后升高温度至试样完全分解(一般约需 20 min),放冷,用热水浸取熔块,加 HCl 酸化。制备成一定体积的溶液。

2. SiO_2 测定

SiO_2 测定的方法有重量法和氟硅酸钾容量法,前者准确度高但太费时间,后者虽然准确度稍差但测定快速。

(1)重量法

试样经碱熔法分解,SiO_2 转变成硅酸盐,加 HCl 之后形成含有大量水分的无定形硅酸沉淀,为了使硅酸沉淀完全并脱去所含水分可以在水浴上蒸发至近干,加入 HCl 蒸发至湿盐状,再加入 HCl 和动物胶使硅酸凝聚。于 60~70℃保温 10 min 以后,加水溶解其他可溶性盐类,用快速滤纸过滤、洗涤。滤液留作测定其他组分用,沉淀灼烧至恒重,即得 SiO_2 的重量,以计算 SiO_2 的百分含量。

上述操作所得到的 SiO_2 中,往往含有少量被硅酸吸附的杂质如 Al^{3+} 和 Ti^{4+} 等,经灼烧之后变成对应的氧化物,与 SiO_2 混在一起被称重,造成结果偏高。为了消除这种误差,可将称过重的不纯的 SiO_2 沉淀用 $HF-H_2SO_4$ 处理,则 SiO_2 转变成 SiF_4 挥发逸去,即

$$SiO_2 + 4HF = SiF_4\uparrow + 2H_2O$$

所得残渣经灼烧称量,处理前后重量之差即为 SiO_2 的准确重量。供测定其他组分之用。

（2）氟硅酸钾容量法

试样分解后使 SiO_2 转化成可溶性的硅酸盐,在硝酸介质中加入 KCl 和 KF,则生成硅氟酸钾沉淀

$$SiO_3^{2-} + 6F^- + 2K^+ + 6H^+ = K_2SiF_6 \downarrow + 3H_2$$

因为沉淀的溶解度较大,所以应加入固体 KCl 至饱和,以降低沉淀的溶解度。在过滤洗涤过程中为了防止沉淀的溶解损失,采用 $KCl-C_2H_5OH$ 溶液作洗涤剂。沉淀洗后连同滤纸一起放入原塑料烧杯中,加入 $KCl-C_2H_5OH$ 溶液及酚酞指示剂,用 NaOH 溶液中和游离酸至酚酞变红。

加入沸水使沉淀水解

$$K_2SiF_6 + 3H_2O = 2KF + H_2SiO_3 \downarrow + 4HF$$

用标准 NaOH 溶液,滴定水解产生之 HF,由 NaOH 标准溶液之用量以计算 SiO_2 的百分含量。

3. Fe_2O_3,Al_2O_3,TiO_2 的测定

将重量法测定 SiO_2 的滤液加热至沸,以甲基红作指示剂,用氨水中和至微碱性,则 Fe^{3+},Al^{3+},Ti^{4+} 生成氢氧化物沉淀,过滤、洗涤。滤液备测 Ca^{2+},Mg^{2+} 之用,沉淀用稀 HCl 溶解之后,进行 Fe^{3+},Al^{3+},Ti^{4+} 的测定。

（1）Fe_2O_3 的测定

铁含量低时采用比色法测定,含量高时则用滴定分析结测定。

①光度法。在 pH = 8 ~ 11 的氨性溶液中,Fe^{3+} 与磺基水杨酸生成黄色络合物,即可进行测定。

②滴定分析法。铁含量高时,一般采用络合滴定法。控制 pH = 1 ~ 1.7 的条件下,以磺基水杨酸作指示剂、用标准 EDTA 确定至亮黄色即为终点,根据标准 EDTA 的用量以计算 Fe_2O_3 的含量。滴定后的溶液备测 Al_2O_3,TiO_2 之用。

（2）Al_2O_3,TiO_2 的测定

①滴定分析。将滴定 Fe^{3+} 的溶液用氨水调节 pH 值为 4 左右,加入 $HAc-NaAc$ 缓冲溶液,加入过量的 EDTA 标准溶液、加热促使 Al^{3+} 络合完全,再用标准硫酸铜返滴剩余的 EDTA,用 PAN 作指示剂,滴定至溶液呈紫红色即为终点,以测出 Al^{3+},Ti^{4+} 的总量。

在滴定 Al^{3+},Ti^{4+} 后的溶液中、加入苦杏仁酸加热煮沸,则钛的EDTA配合物中的EDTA被置换出来,而铝的 EDTA 络合物不作用。用标准硫酸铜滴定释放出来的 EDTA,即可测出 TiO_2 的总量。

由返滴定算出 Al^{3+},Ti^{4+} 消耗 EDTA 的总体积,减去置换滴定 Ti^{4+} 用去 EDTA 的体积,刚得出 Al^{3+} 络合用去 EDTA 的体积,即可算出 Al_2O_3 的含量。

②光度测定法。Ti^{4+} 的光度测定在 5% ~ 10% 的硫酸介质中,Ti^{4+} 与 H_2O_2 作用生成黄色络合物,可以进行测定。

$$TiO^{2+} + H_2O_2 = [TiO(H_2O_2)]^{2+}$$

Fe^{3+} 有干扰,可加入 H_3PO_4 以掩蔽之。但是,H_3PO_4 对钛络合物的黄色起减弱作用,为此试液与标准液中应加入同样量的 H_3PO_4。

4. CaO, MgO 的测定

分离 Fe^{3+}, Al^{3+}, Ti^{4+} 的滤液即可用来测定 CaO 和 MgO 的含量。一般采用配位滴定法,首先加三乙醇胺掩蔽干扰离子,以 CMP 为混合指示剂,调溶液 pH 大于 13,以 EDTA 标准溶液为滴定剂滴定至绿色萤光消失,并呈现红色,计算得氧化钙的质量百分数。

然后用酸性铬蓝 K-萘酚绿 B 混合指示剂为滴定终点指示剂,以酒石酸钾钠和三乙醇胺为掩蔽剂,调节 pH=10 或以上,用 EDTA 标准溶液为滴定剂,滴定终点时显纯蓝色。此时所得的 MgO 和 CaO 的总量,减去 CaO 含量后便得 MgO 含量。

K_2O, Na_2O 则需要另行称取一定量试样进行分解,所得溶液采用原子吸收光谱法进行 K_2O, Na_2O 含量的测定。

习 题

1. 下列情况分别引起什么误差? 如果是系统误差,应如何消除?

(1) 砝码被腐蚀;

(2) 天平两臂不等长;

(3) 天平称量时有一位读数估计不准;

(4) 试剂中含有少量被测组分;

(5) 容量瓶和吸管不配套;

(6) 质量分析中杂质被共沉淀;

(7) 以质量分数为 98% 的草酸作为基准物标定碱溶液。

2. 用沉淀法测定纯氯化钠中氯的质量分数,得到下列结果 $w(Cl)$:59.82,60.06,60.46,59.86,60.24。计算分析结果的绝对误差和相对误差。 $(-0.57, -0.94‰)$

3. 已知分析天平能称准到 ±0.1 mg,要使试样的称量误差不大于 0.1‰,至少要取试样多少克?

          $(0.2\ g)$

4. 测定某样品的含氮量,六次平行测定的结果是:20.48%,20.55%,20.58%,20.60%,20.53%,20.50%。

(1) 计算这组数据的平均值、平均偏差、标准偏差、相对标准偏差。

(2) 若此样品是标准样品,含氮量为 20.45%,计算以上测定结果的绝对误差和相对误差。

          $(20.54\%, 0.037\%, 0.046\%, 2.2‰, 0.09\%, 4.4‰)$

5. 水中 Cl^- 含量经 6 次测定,求得平均值为 35.2 mg·L^{-1}, S=0.7 mg·L^{-1},计算置信度为 90% 时平均值的置信区间。 $((35.2±0.6)\ mg·L^{-1})$

6. 按有效数字运算规则,计算下列各式:

(1) $2.187×0.854+9.6×10^{-5}-0.032\ 6×0.008\ 14$;

(2) $51.38÷(8.079×0.094\ 60)$;

(3) $\dfrac{9.827×50.62}{0.005\ 164×136.6}$;

(4) $\sqrt{\dfrac{1.5×10^{-8}×6.1×10^{-8}}{3.3×10^{-5}}}$

          $(1.868, 67.37, 705.2, 5.3×10^{-6})$

第 13 章　滴定分析

学 习 要 求

1. 了解滴定分析的四种方法及特点。
2. 掌握酸碱滴定法的基本原理及应用。
3. 掌握氧化还原滴定法的基本原理及应用。
4. 掌握络合滴定法的基本原理及应用。
5. 掌握沉淀滴定法的基本原理及应用。

　　容量滴定分析常分为四大滴定,即酸碱滴定法、氧化还原滴定法、络合滴定法、沉淀滴定法。四大滴定包含着四大平衡,即酸碱离解平衡、氧化还原离解平衡、络合离解平衡、沉淀离解平衡。本章概括介绍化学容量滴定法。

13.1　滴定分析概述

13.1.1　滴定分析法

　　通常使用滴定管进行含量测定时,将已知准确浓度的试剂溶液即标准溶液与待测物的溶液,按化学计量关系式几乎全部反应,然后根据标准溶液的浓度和所消耗的体积以及被测物的体积,算出待测组分的含量,这一类分析方法统称为滴定分析法。滴加标准溶液的操作过程称为滴定,滴加标准溶液与待测组分恰好反应完全的这一点,称为化学计量点。指示化学计量点通常加入指示剂,利用指示剂颜色的突变来判断滴定终点,实际分析操作中滴定终点与理论上的化学计量点往往不能恰好符合,它们之间存在很小差别。这种误差称为终点误差。一般来说,用于容量分析的终点误差在允许范围之内,实际滴定中相对误差应小于 0.5%。

13.1.2　滴定分析法对化学反应的要求与滴定分析法的分类

　　适合滴定分析法的化学反应,应符合以下几个条件。
　　①反应必须有确定的化学计量关系。反应定量地完成,通常要求≥99.9%,这是定量计算的基础。
　　②反应速度要快。对于速度慢的反应,适当采取措施,加热或加入催化剂等,提高其反应速度。
　　③有简便的确定终点方法。通常加入指示剂,指示化学计量点前后滴定的变化范围。
　　由于不能完全满足上述条件,可采取以下措施。

返滴定。Al^{3+} 与 EDTA 络合反应速度很慢,不能用于直接测定,可用加入过量 EDTA,并加热使 Al^{3+} 完全生成 Al-EDTA 络合物,然后用 Zn^{2+} 或 Cu 标准溶液返滴定剩余 EDTA。

间接滴定法。不能与滴定剂直接起反应的物质,有时可以通过另一种化学反应,以滴定法间接进行测定。如 Ca^{2+} 先沉淀为 CaC_2O_4,过滤、洗净,用 H_2SO_4 溶解,用 $KMnO_4$ 标准溶液滴定与 Ca^{2+} 结合的 $C_2O_4^{2-}$,从而间接测定 Ca^{2+} 的含量。

根据化学反应不同,滴定分析法一般分为下列四种。

(1)酸碱滴定法

酸碱反应为基础滴定分析法,如

$$H^+ + B^- \Longrightarrow HB$$

(2)沉淀滴定法

沉淀反应为基础滴定分析法,例如银量法

$$Ag^+ + Cl^- \Longrightarrow AgCl \downarrow$$

(3)络合滴定法

以络合反应为基础滴定分析法,例如 EDTA 法(Y^{4-})

$$M^{2+} + Y^{4-} \Longrightarrow MY^{2-}$$

(4)氧化还原滴定法

以氧化还原反应为基础滴定分析法,如高锰酸钾法

$$MnO_4^- + 5Fe^{2+} + 8H^+ \Longrightarrow Mn^{2+} + 5Fe^{3+} + 4H_2O$$

13.1.3 基准物质和标准溶液

通常配制标准溶液的主要物质为基准物质,基准物质应符合下列要求。

①物质的纯度必须≥99.9%,并且试剂的组成与化学式相符,含结晶水在常温下必须稳定,如草酸 $H_2C_2O_4 \cdot 2H_2O$ 等。

②基准物选择时,通常选摩尔质量比较大的物质,减少称量引起的误差。

③基准物与被测物反应符合滴定分析的要求。

用基准物质或其他物质配制成一定的溶液,称为标准溶液。配制标准溶液有直接法和间接法两种。

直接法。准确称取基准物质,溶解后,稀释到刻度,直接算出准确浓度。常用基准物质有 Na_2CO_3,$Na_2B_4O_7 \cdot 10H_2O$(硼砂),$H_2C_2O_4 \cdot 2H_2O$(二水合草酸),$K_2Cr_2O_7$,KIO_3,Cu,Zn,$AgNO_3$ 等。

间接法。粗略地称取一定量物质,或量取一定量体积溶液,配制成接近于所需要浓度的溶液,然后用基准物质或另一种标准溶液来标定。例如 NaOH 标准溶液,可用邻苯二钾酸氢钾基准物质来标定。

13.1.4 溶液浓度的表示方法及滴定分析计算

(1)物质的量浓度

溶液与标准溶液通常用物质的量浓度 c_B 表示,即

$$c_B = n_B / V \tag{13.1}$$

式中，n_B 为溶液的物质的量，mol；V 为溶液的体积，L^3、m^3；c_B 为浓度，$mol \cdot L^{-1}$。

在多元酸碱反应及氧化还原反应时涉及 n_B 的计算，对于

$$H_2SO_4、M_{H_2SO_4}=98.08 \ g \cdot mol^{-1}; M_{1/2H_2SO_4}=\frac{M_{H_2SO_4}}{2}=\frac{98.08}{2}=49.04 \ g \cdot mol^{-1}$$

相对浓度可表示为 $c_{H_2SO_4}$ 及 $c_{1/2H_2SO_4}$。

【例 13.1】 已知硫酸密度为 $1.84 g \cdot mL^{-1}$，其中 H_2SO_4 质量分数约为 95%，求每 1 000 mL H_2SO_4 中含 $n_{H_2SO_4}$、$n_{1/2H_2SO_4}$ 及 $c_{H_2SO_4}$ 和 $c_{1/2H_2SO_4}$

解 根据式(13.1)得

$$n_{H_2SO_4}=\frac{m_{H_2SO_4}}{M_{H_2SO_4}}=\frac{1.84 \ g \cdot mL^{-1} \times 1\ 000 \ mL \times 0.95}{98.08 \ g \cdot mL^{-1}}=17.8 \ mol$$

$$n_{1/2H_2SO_4}=\frac{m_{H_2SO_4}}{M_{1/2H_2SO_4}}=\frac{1.84 \ g \cdot mL^{-1} \times 1\ 000 \ mL \times 0.95}{49.04 \ g \cdot mL^{-1}}=35.6 \ mol$$

$$c_{H_2SO_4}=\frac{n_{H_2SO_4}}{V_{H_2SO_4}}=17.8 \ mol \cdot L^{-1}$$

$$c_{1/2H_2SO_4}=\frac{n_{1/2H_2SO_4}}{V_{H_2SO_4}}=35.6 \ mol \cdot L^{-1}$$

实际滴定分析中用滴定度 T 来表示浓度，即 $T_{待测物质/滴定剂}$，$g \cdot mL^{-1}$。$T_{Fe/KMnO_4}=0.005\ 268 \ g \cdot mL^{-1}$，表示 1 mL $KMnO_4$ 溶液将 Fe^{2+} 氧化为 Fe^{3+} 时的物质的质量 $0.005\ 268$ g，被测定铁的质量分数为

$$w(Fe)=\frac{T_{Fe/KMnO_4} \times V_{KMnO_4}}{m_{试样}} \times 100\%$$

在进行化学滴定分析计算时，有时滴定度 T 与浓度 c 可相互换算，如 $T_{KMnO_4}=0.018\ 50 \ g \cdot mL^{-1}$，即每毫升标准 $KMnO_4$ 溶液含有 $KMnO_4$ $0.018\ 50$ g，则

$$c_{KMnO_4}=\frac{T \times 1\ 000}{M} mol \cdot L^{-1}$$

(2)滴定分析计算

【例 13.2】 准确称取 2.942 g 基准物质 $K_2Cr_2O_7$，溶解后定量转移至 250 mL 容量瓶中。问此时 $c_{K_2Cr_2O_7}$ 与 $c_{1/6K_2Cr_2O_7}$ 各为多少？

解
$$M_{K_2Cr_2O_7}=294.2 \ g \cdot mol^{-1}$$

$$M_{1/6K_2Cr_2O_7}=\frac{294.2 \ g \cdot mol^{-1}}{6}=49.03 \ g \cdot mol^{-1}$$

$$c_{K_2Cr_2O_7}=\frac{2.942 \ g/294.2 \ g \cdot mol^{-1}}{0.250\ 0 \ L^{-1}}=0.040\ 00 \ mol \cdot L^{-1}$$

$$c_{1/6K_2Cr_2O_7}=\frac{2.942 \ g/49.03 \ g \cdot mol^{-1}}{0.250\ 0 \ L^{-1}}=0.240\ 0 \ mol \cdot L^{-1}$$

【例 13.3】 称取 0.150 0 g 基准物质 $H_2C_2O_4 \cdot 2H_2O$，用未知浓度的 KOH 溶液标定需 22.59 mL，求该 KOH 溶液浓度 c_{KOH}。

解 反应式 $$H_2C_2O_4+2OH^- = C_2O_4^{2-}+2H_2O$$

$$n_{KOH} = 2n_{H_2C_2O_4 \cdot 2H_2O}$$

$$n_{H_2C_2O_4 \cdot 2H_2O} = \frac{m_{H_2C_2O_4 \cdot 2H_2O}}{M_{H_2C_2O_4 \cdot 2H_2O}}$$

$$c_{KOH} = \frac{2m_{H_2C_2O_4 \cdot 2H_2O}}{M_{H_2C_2O_4 \cdot 2H_2O} V_{KOH}} = \frac{2 \times 0.150\,0\ g}{126.1\ g \cdot mol^{-1} \times 22.59\ mL \times 10^{-3}} = 0.105\,8\ mol \cdot L^{-1}$$

【例 13.4】 称取含铝试样 0.200 0 g,溶解后加入 0.020 62 mol·L⁻¹ EDTA 标准溶液 30.00 mL,控制条件使 Al^{3+} 与 EDTA 络合完全,然后以 0.020 12 mol·L⁻¹ Zn^{2+} 标准溶液滴定,消耗 Zn^{2+} 溶液 7.10 mL,计算试样中 Al_2O_3 的质量分数。

解 络合反应 $\qquad Al^{3+} + H_2Y^{2-} = AlY^- + 2H^+$

$$n_{Al_2O_3}\ 中有\ 2n_{Al_2O_3};\qquad Al\ 即:n_{Al} = 2n_{Al_2O_3};\qquad n_{Al_2O_3} = \frac{n_{Al}}{2}$$

$$n_{Al} = n_{H_2Y^{2-}};\qquad M_{Al_2O_3} = 102.0\ g \cdot mol^{-1}$$

$$w(Al_2O_3) = \frac{n_{Al_2O_3} M_{Al_2O_3}}{m_{试}} = \frac{\frac{n_{Al}}{2} M_{Al_2O_3}}{m_{试}} =$$

$$\frac{\frac{1}{2}(0.020\,62\ mol \cdot L^{-1} \times 30.00\ mL \times 10^{-3}\ L^{-1} \cdot mL^{-1} - 0.020\,12\ mol \cdot L^{-1} \times 7.10\ mL \times 10^{-3}\ L^3 \cdot mL^{-1}) \times 102.0\ g \cdot mol^{-1}}{0.200\ g} \times 100\% = 12.13\%$$

【例 13.5】 有 $KMnO_4$ 标准溶液,已知其浓度为 0.020 20 mol·L⁻¹,求其 $T_{Fe/KMnO_4}$。

解 氧化还原反应式为

$$5Fe^{2+} + MnO_4^- + 8H^+ = 5Fe^{3+} + Mn^{2+} + 4H_2O$$

$$n_{Fe^{2+}} = 5n_{KMnO_4}$$

$$n_{Fe^{2+}} = 2n_{Fe_2O_3} \qquad n_{Fe_2O_3} = \frac{n_{Fe^{2+}}}{2} = \frac{5}{2}n_{KMnO_4}$$

$$T_{Fe/KMnO_4} = \frac{m_{Fe}}{V_{KMnO_4}} = \frac{n_{Fe} M_{Fe}}{V_{KMnO_4}} = \frac{5n_{KMnO_4} M_{Fe}}{V_{KMnO_4}} = \frac{5 \times c_{KMnO_4} \times V_{KMnO_4} \times M_{Fe}}{V_{KMnO_4}} =$$

$$\frac{5 \times 0.020\,20\ mol \cdot L^{-1} \times 1\ L^3 \times 1\,000\ mL \cdot L^{-1} \times 55.85\ g \cdot mol^{-1}}{1\ L^3 \times 1\,000\ mL \cdot L^{-1}} = 5.641 \times 10^{-3}\ g \cdot mL^{-1}$$

13.2 酸碱滴定法

酸碱滴定法是重要的滴定分析方法之一。在前面章节中,已经介绍了酸碱平衡理论和酸碱质子理论。本章首先讨论酸碱平衡中分布分数/分布曲线、pH 值计算,然后再介绍酸碱滴定法的有关理论和应用。

13.2.1 不同 pH 值溶液中的各物质的分布分数 δ

1. 一元酸溶液

【例 13.6】 HAc 在溶液中以 HAc 及 Ac^- 两种形式存在,设总浓度为 c,则

$$c = [\text{HAc}] + [\text{Ac}^-]$$

HAc 所占分布分数为

$$\delta_{\text{HAc}} = \frac{c(\text{HAc})/c^{\ominus}}{c(\text{HAc})/c^{\ominus} + c(\text{Ac}^-)/c^{\ominus}} = \frac{1}{1 + \dfrac{c(\text{Ac}^-)/c^{\ominus}}{c(\text{HAc})/c^{\ominus}}} = \frac{1}{1 + \dfrac{K_a}{c(\text{H}^+)/c^{\ominus}}} = \frac{c(\text{H}^+)/c^{\ominus}}{c(\text{H}^+)/c^{\ominus} + K_a}$$

$$(13.1a)$$

Ac$^-$ 所占分布分数为

$$\delta_{\text{Ac}^-} = \frac{c(\text{Ac}^-)/c^{\ominus}}{c(\text{HAc})/c^{\ominus} + c(\text{Ac}^-)/c^{\ominus}} = \frac{K_a}{c(\text{H}^+)/c^{\ominus} + K_a} \qquad (13.1b)$$

$$\delta_{\text{HAc}} + \delta_{\text{Ac}^-} = 1$$

从 δ_{HAc}，δ_{Ac^-} 计算式可见，分布分数与 $[\text{H}^+]$ 即 pH 有关。pH 升高，δ_{Ac^-} 增加，δ_{HAc} 下降，pH 降低，δ_{Ac^-} 降低，δ_{HAc} 增加。当 pH $= pK_a$，$\delta_{\text{HAc}} = \delta_{\text{Ac}^-} = 0.5$，HAc 与 Ac$^-$ 各占一半。pH $\ll pK_{\text{HAc}}$，$\delta_{\text{HAc}} \gg \delta_{\text{Ac}^-}$，以 HAc 为主要形式存在，pH $\gg pK_{\text{HAc}}$，$\delta_{\text{Ac}^-} \gg \delta_{\text{HAc}}$，以 Ac$^-$ 为主要的形式存在。

2. 二元酸溶液

例如草酸溶液以 $H_2C_2O_4$，$HC_2O_4^-$ 和 $C_2O_4^{2-}$ 三种形式存在，设总浓度为 c，则

$$c = c(H_2C_2O_4) + c(HC_2O_4^-) + c(C_2O_4^{2-})$$

公式 δ_0，δ_1，δ_2 分别表示 $H_2C_2O_4$，$HC_2O_4^-$，$C_2O_4^{2-}$ 的分布系数。

$$\delta_0 = \frac{c(H_2C_2O_4)/c^{\ominus}}{C} = \frac{c(H_2C_2O_4)/c^{\ominus}}{c(H_2C_2O_4)/c^{\ominus} + c(HC_2O_4-)/c^{\ominus} + c(C_2O_4^{2-})/c^{\ominus}} =$$

$$\frac{1}{1 + \dfrac{c(HC_2O_4-)/c^{\ominus}}{c(H_2C_2O_4)/c^{\ominus}} + \dfrac{c(C_2O_4 \, 2-)/c^{\ominus}}{c(H_2C_2O_4)/c^{\ominus}}} =$$

$$\frac{1}{1 + \dfrac{K_{a1}}{c(H^+)/c^{\ominus}} + \dfrac{K_{a1}K_{a2}}{\{(H^+)/c^{\ominus}\}^2}} = \frac{\{c(H^+)/c^{\ominus}\}^2}{\{c(H^+)/c^{\ominus}\}^2 + K_{a1} \; c(H^+)/c^{\ominus} \quad + K_{a1}K_{a2}}$$

$$(13.2a)$$

同理可求

$$\delta_1 = \frac{K_{a1}\{c(H^+)/c^{\ominus}\}}{\{c(H^+)/c^{\ominus}\}^2 + K_{a1}\{c(H^+)/c^{\ominus}\} + K_{a1}K_{a2}} \qquad (13.2b)$$

$$\delta_2 = \frac{K_{a1}K_{a2}}{\{c(H^+)/c^{\ominus}\}^2 + K_{a1}c(H^+)/c^{\ominus} + K_{a1}K_{a2}} \qquad (13.2c)$$

则

$$c(H_2C_2O_4) = \delta_0 C, c(HC_2O_4^-) = \delta_1 C, c(C_2O_4^{2-}) = \delta_2 C$$

pH $\ll pK_{a1} = 1.23$ 时，$H_2C_2O_4$ 为主要存在形式；pH $\gg pK_{a2} = 4.19$ 时，溶液中 $C_2O_4^{2-}$ 为主要的存在形式；当 $1.23 \ll$ pH $\ll 4.19$ 时，溶液中以 $HC_2O_4^-$ 为主要存在形式。

【例 13.7】 计算 pH $= 5.00$ 时，0.20 mol $\cdot$ L^{-1} 草酸溶液中 $C_2O_4^{2-}$ 的浓度。

解 $\delta_2 = \dfrac{c(C_2O_4^{2-})/c^{\ominus}}{C} = \dfrac{K_{a1}K_{a2}}{\{c(H^+)/c^{\ominus}\}^2 + K_{a1}\{c(H^+)/c^{\ominus}\} + K_{a1}K_{a2}} =$

$$\frac{5.9\times10^{-2}\times6.4\times10^{-5}}{(10^{-5})^2+5.9\times10^{-2}\times10^{-5}+5.9\times10^{-2}\times6.4\times10^{-5}}=0.86$$

$$c(C_2O_4^{2-})=\delta_2c=0.86\times0.20\ mol\cdot L^{-1}=0.172\ mol\cdot L^{-1}$$

3. 三元酸溶液

例如 H_3PO_4,同样方法处理得 $\delta_0,\delta_1,\delta_2,\delta_3$ 分别表示 $H_3PO_4,H_2PO_4^-,HPO_4^{2-},PO_4^{3-}$ 的分布系数,即

$$\delta_0=\frac{\{c(H_3PO_4)/c^{\ominus}\}}{C}=\frac{\{c(H^+)/c^{\ominus}\}^3}{\{c(H^+)/c^{\ominus}\}^3+K_{a1}\{c(H^+)/c^{\ominus}\}^2+K_{a1}K_{a2}\{c(H^+)/c^{\ominus}\}+K_{a1}K_{a2}K_{a3}}$$

(13.3a)

$$\delta_1=\frac{\{c(H_2PO_4^-)/c^{\ominus}\}}{C}=\frac{K_{a1}\{c(H^+)/c^{\ominus}\}^2}{\{c(H^+)/c^{\ominus}\}^3+K_{a1}\{c(H^+)/c^{\ominus}\}^2+K_{a1}K_{a2}\{c(H^+)/c^{\ominus}\}+K_{a1}K_{a2}K_{a3}}$$

(13.3b)

$$\delta_2=\frac{\{c(HPO_4^{2-}/c^{\ominus})\}}{C}=\frac{K_{a1}K_{a2}(\{c(H^+)/c^{\ominus}\})}{\{c(H^+)/c^{\ominus}\}^3+K_{a1}\{c(H^+)/c^{\ominus}\}^2+K_{a1}K_{a2}\{c(H^+)/c^{\ominus}\}+K_{a1}K_{a2}K_{a3}}$$

(13.3c)

$$\delta_3=\frac{\{c([PO_4\ 2-)/c^{\ominus}\}}{C}=\frac{K_{a1}K_{a2}K_{a3}}{\{c(H^+)/c^{\ominus}\}^3+K_{a1}\{c(H^+)/c^{\ominus}\}^2+K_{a1}K_{a2}\{c(H^+)/c^{\ominus}\}+K_{a1}K_{a2}K_{a3}}$$

(13.3d)

13.2.2 酸碱溶液 pH 值的计算

酸碱滴定过程中要了解 pH 值变化,pH 值对许多反应有直接影响,计算不同情况下的 pH 值尤为重要。可以根据质子条件、物料平衡、电荷平衡求出溶液中的 pH 值。

1. 一元弱酸碱溶液 pH 值的计算

对于一元弱酸 HA,考虑 H_2O 的电离,存在下列电离反应,即

$$HA \Longrightarrow H^++A^- ; \quad H_2O \Longrightarrow H^++OH^-$$

质子条件为

$$c(H^+)=c(A^-)+c(OH^-)$$

(13.4a)

$$c(A^-)=K_ac(HA)/c(H^+)$$

$$c(OH^-)=K_a/c(H^+)$$

代入式(13.4a),得

$$c(H^+)=\frac{K_ac(HA)}{c(H^+)}+\frac{K_w}{c(H^+)}$$

$$c(H^+)^2=K_ac(HA)+K_a$$

$$c(H^+)=\sqrt{K_ac(HA)+K_a}$$

(13.4b)

$$c(HA)=c\delta_{HA}=\frac{c(H^+)}{c(H^+)+K_a}$$

代入式(13.4b),得一元三次方程

$$c(\text{H}^+)^3 + K_a c(\text{H}^+)^2 - (cK_a + K_w)c(\text{H}^+) - K_a K_w = 0$$

当 $c/K_a \geqslant 105$,允许 5% 误差,$c(\text{HA}) = c$ 代入得近似公式

$$c(\text{H}^+) = \sqrt{cK_a + K_w}$$

当 $cK_w \geqslant 10K_w$ 时,$c/K_{a1} > 105$ 代入式(13.4b)则得

$$c(\text{H}^+) = \sqrt{K_a c(\text{HA})} = \sqrt{K_a \{c - c(\text{H}^+)\}}$$

$$c(\text{H}^+) = \frac{1}{2}\left(-K_a + \sqrt{K_a^2 + 4cK_a}\right) \tag{13.4c}$$

如果满足 $\qquad\qquad c/K_a \geqslant 105 ; \quad cK_a \geqslant 10K_w$

则式(13.4b)简化为

$$c(\text{H}^+) = \sqrt{cK_a} \tag{13.4d}$$

此式成立的条件为浓度不很稀,$c(\text{H}^+)$ 来源 HA 的电离,省去水的电离,$c(\text{HA})$ 浓度近似以初始浓度 c 表示。

【例 13.8】 计算 $0.010\ \text{mol} \cdot \text{L}^{-1}$ HAc 溶液 pH 值。

解 $\qquad cK_a = 0.010\ K_a = 0.010 \times 1.80 \times 10^{-5} = 1.80 \times 10^{-7} > 10\ K_w = 2 \times 10^{-13}$

$$c/K_a = \frac{0.010}{1.80 \times 10^{-5}} = 5.56 \times 10^2 > 105$$

采用最简公式,求得

$$c(\text{H}^+) = \sqrt{cK_a} = \sqrt{0.010 \times 1.80 \times 10^{-5}} = 4.2 \times 10^{-4}\ \text{mol} \cdot \text{L}^{-1}$$

$$\text{pH} = 3.38$$

【例 13.9】 计算 $1.00 \times 10^{-4}\ \text{mol} \cdot \text{L}^{-1}$ 的 H_3BO_3 溶液的 pH 值,已知 $\text{p}K_a = 9.24$。

解 $\quad cK_a = 1.00 \times 10^{-4} \times 10^{-9.24} = 5.8 \times 10^{-14} < 10\ K_w = 1.0 \times 10^{-13}$

$$\frac{c}{K_a} = \frac{1.00 \times 10^{-4}}{10^{-9.24}} = 10^{5.24} \gg 105$$

$$c(\text{H}^+) = \sqrt{cK_a + K_w} = \sqrt{1.00 \times 10^{-4} \times 10^{-9.24} + 1.00 \times 10^{-14}} = 2.6 \times 10^{-7}\ \text{mol} \cdot \text{L}^{-1}$$

【例 13.10】 试求 $0.12\ \text{mol} \cdot \text{L}^{-1}$ HA 溶液 pH 值,已知 $\text{p}K_a = 2.86$。

解 $$cK_a = 0.12 \times 10^{-2.86} \gg 10\ K_w$$

$$\frac{c}{K_a} = \frac{0.12}{10^{-2.86}} = 87 < 105$$

$$c(\text{H}^+) = \sqrt{c_{\text{HA}} K_a + K_w} = \sqrt{K_a(c - c(\text{H}^+))}$$

采用式(13.4c)近似计算,得

$$c(\text{H}^+) = \frac{1}{2}\left(-K_a + \sqrt{K_a^2 + 4cK_a}\right) =$$

$$\frac{1}{2}\left(-10^{-2.86} + \sqrt{(10^{-2.86})^2 + 4 \times 0.12 \times 10^{-2.86}}\right) = 0.012\ \text{mol} \cdot \text{L}^{-1}$$

$$\text{pH} = 1.92$$

【例 13.11】 计算 $0.12\ \text{mol} \cdot \text{L}^{-1}$ NH_3 溶液的 pH 值。

解 NH_3 在水溶液中平衡方程式为

$$NH_3 + H_2O \Longrightarrow NH_4^+ + OH^-$$

$$cK_b = 0.12 \times 1.8 \times 10^{-5} = 2.2 \times 10^{-6} > 10K_w = 10 \times 1.0 \times 10^{-14} = 1.0 \times 10^{-13}$$

$$\frac{c}{K_b} = \frac{0.12}{1.8 \times 10^{-5}} = 6.7 \times 10^3 > 105$$

采用最简公式计算,得

$$c(OH) = \sqrt{cK_b} = \sqrt{0.12 \times 1.8 \times 10^{-5}} = 1.5 \times 10^{-3} \text{ mol} \cdot \text{L}^{-1}$$

$$pOH = -\lg c(OH^-) = -\lg 1.5 \times 10^{-3} = 2.82$$

$$pH = 14.00 - 2.82 = 11.18$$

【例 13.12】 已知水解反应 $B^- + H_2O = HB + OH^-$, $K_b = 5.6 \times 10^{-4}$。求 1.0×10^{-4} mol·L^{-1} B$^-$ 溶液的 pH 值。

解
$$cK_b > 10K_w; \quad \frac{c}{K_b} < 105$$

$$c(OH^-) = \sqrt{K_b c(B^-)} = \sqrt{K_b(c - c(OH^-))}$$

$$c(OH^-) = \frac{1}{2}(-K_b + \sqrt{K_b^2 + 4cK_b}) =$$

$$-\frac{5.6 \times 10^{-4}}{2} + \frac{1}{2}\sqrt{(5.6 \times 10^{-4})^2 + 4 \times 1.0 \times 10^{-4} \times 5.6 \times 10^{-4}} =$$

$$-2.8 \times 10^{-4} + 3.67 \times 10^{-4} = 8.7 \times 10^{-5} \text{ mol} \cdot \text{L}^{-1}$$

$$pOH = 4.06$$

$$pH = 14.00 - 4.06 = 9.94$$

2. 两性物质溶液 pH 值的计算

有一些物质,在溶液中既可给出质子,显示酸性,又可接受质子,显出碱性,这里酸碱平衡既要考虑酸性离解平衡,又要考虑碱性平衡。如 $NaHCO_3$,K_2HPO_4,NaH_2PO_4 及邻苯二钾酸氢等水溶液。

以 NaHA 为例,溶液中存在下列平衡,即

$$HA^- \Longrightarrow H^+ + A^{2-}$$

$$HA^- + H_2O \Longrightarrow H_2A + OH^-$$

$$H_2O \Longrightarrow H + OH^-$$

故其质子条件为

$$c(H^+) = c(A^{2-}) + c(OH^-) - c(H_2A)$$

即
$$c(H_2A) + c(H^+) = c(A^{2-}) + c(OH^-)$$

根据二元弱酸 H_2A 离解平衡关系,得到

$$\frac{c(H^+)c(HA^-)}{K_{a1}} + c(H^+) = \frac{K_{a2}c(HA^-)}{c(H^+)} + \frac{K_w}{c(H^+)}$$

$$c(H^+) = \sqrt{\frac{K_{a1}(K_{a2}c(HA^-) + K_w)}{K_{a1} + c(HA^-)}} \tag{13.5a}$$

当 HA$^-$ 放出质子比接受质子较弱时,$c(HA^-) \approx c$,则

$$c(H^+) = \sqrt{\frac{K_{a1}(K_{a2}c + K_w)}{K_{a1} + c}} \qquad (13.5b)$$

如果
$$cK_{a2} \geqslant 10K_w$$

则
$$c(H^+) = \sqrt{\frac{cK_{a1}K_{a2}}{K_{a1} + c}} \qquad (13.5c)$$

如果
$$c/K_{a1} > 10$$

则
$$c(H^+) = \sqrt{K_{a1}K_{a2}} \qquad (13.5d)$$

式(13.5c)和式(13.5d)是计算酸式盐溶液中 H^+ 浓度的近似公式,式(13.5d)是最简公式。使用时,注意上述条件是否满足。

【例 13.13】 计算 $0.15\ mol \cdot L^{-1} NaHCO_3$ 溶液 pH 值。

解
$$cK_{a2} = 0.15 \times 5.6 \times 10^{-11} = 8.4 \times 10^{-12} \gg 10K_w = 2.0 \times 10^{-13}$$

$$\frac{c}{K_{a1}} = \frac{0.15}{4.2 \times 10^{-7}} = 3.6 \times 10^5 > 10$$

故采用最简公式计算,得到
$$c(H^+) = \sqrt{K_{a1}K_{a2}} = \sqrt{4.2 \times 10^{-7} \times 5.6 \times 10^{-11}} = 4.9 \times 10^{-9}\ mol \cdot L^{-1}$$

$$pH = 8.31$$

【例 13.14】 分别计算 $0.050\ mol \cdot L^{-1} NaH_2PO_4$ 和 $1.0 \times 10^{-2}\ mol \cdot L^{-1} Na_2HPO_4$ 溶液的 pH 值。

解 对于 $0.050\ mol \cdot L^{-1} NaH_2PO_4$ 溶液
$$cK_{a2} = 0.050 \times 10^{-7.20} \gg 10K_w$$

$$\frac{c}{K_{a1}} = \frac{0.05}{10^{-2.12}} = 6.59 < 10$$

采用式(13.5c)计算,则
$$c(H^+) = \sqrt{\frac{cK_{a1}K_{a2}}{K_{a1} + c}} = \sqrt{\frac{0.050 \times 10^{-2.12} \times 10^{-7.20}}{(10^{-2.12} + 0.050)}} = 2.0 \times 10^{-5}\ mol \cdot L^{-1}$$

对于 $1.0 \times 10^{-2}\ mol \cdot L^{-1} Na_2HPO_4$ 溶液,$cK_{a3} < 10K_w$,K_w 不可忽略,$K_{a2} + c \approx c$ 故应用式(13.5b)计算。即

$$c(H^+) = \sqrt{\frac{K_{a2}(K_{a3}c + K_w)}{K_{a2} + c}} = \sqrt{\frac{6.3 \times 10^{-8}(4.4 \times 10^{-13} \times 1.0 \times 10^{-2} + 1.0 \times 10^{-14})}{1.0 \times 10^{-2}}} =$$

$$3.0 \times 10^{-10}\ mol \cdot L^{-1}$$

$$pH = 9.52$$

3. 弱酸弱碱盐

例如 NH_4Ac,$HCOONH_4$,NH_2CH_2COOH,$(NH_4)_2CO_3$ 等,NH_4^+ 起酸作用,Ac^-,$HCOO^-$,$^+NH_3CH_2COO^-$ 起碱作用,则可以用两性物质的计算公式求 CO_3^{2-},H^+ 浓度。

【例 13.15】 计算 $0.10\ mol \cdot L^{-1} NH_4AC$ 溶液的 pH 值。

解 Ac^- 的共轭酸 $K_a = 1.8 \times 10^{-5}$ NH_4^+ 的 $K_a' = \frac{K_w}{K_b} = 5.6 \times 10^{-10}$

$$K'_a c > 10K_w; \quad c \gg K_a$$

$$c(H^+) = \sqrt{\frac{K_{HAc}(K'_a c(NH_4+) + K_w)}{K_{HAc} + c(A_c-)}}$$

故应用式(13.5d)公式计算,得

$$c(H^+) = \sqrt{K_a K'_a} = \sqrt{1.8 \times 10^{-5} \times 5.6 \times 10^{-10}} = 1.0 \times 10^{-7} \text{ mol} \cdot L^{-1}$$

$$pH = 7.00$$

【例 13.16】 计算 $0.20 \text{ mol} \cdot L^{-1}$ 氨基乙酸溶液 pH 值。

解 氨基乙酸在水溶液中存在两种平衡,即

$$H_2NCH_2COOH \Longrightarrow H_2N-CH_2COO^- + H^+$$

$$K_{a2} = 2.5 \times 10^{-10}$$

$$^+H_3NCH_2COO^- + H_3O^+ \Longrightarrow {}^+H_3N-CH_2-COOH + H_2O$$

$$K_{b1} = \frac{K_w}{K_{a1}} = \frac{1.00 \times 10^{-14}}{4.5 \times 10^{-3}} = 2.2 \times 10^{-12}$$

由于 c 较大,用最简公式计算为

$$c(H^+) = \sqrt{\frac{K_{a1}(K_{a2}c(HA) + K_w)}{K_{a1} + c(HA)}}$$

由于 c 较大,用简式计算

$$c(H^+) = \sqrt{K_{a1}K_{a2}} = \sqrt{4.5 \times 10^{-3} + 2.5 \times 10^{-10}} = 1.1 \times 10^{-6} \text{ mol} \cdot L^{-1}$$

$$pH = 5.9$$

4. 其他酸碱溶液 pH 值的计算

上述讨论的一元弱酸(碱)和两性物质,弱酸弱碱溶液 pH 计算,在酸碱滴定法中经常用到。其他类型可见文献。当计算弱碱、强酸时,只要将 $c(H^+)$、K_a 换成 $c(OH^-)$、K_b 即可。

【例 13.17】 试求 $3.0 \times 10^{-7} \text{ mol} \cdot L^{-1}$ NaOH 溶液的 $c(OH^-)$,$c(H^+)$。

解 碱浓度 $< 4.7 \times 10^{-7} \text{ mol} \cdot L^{-1}$,采用精确公式计算式,则根据质子平衡

$$c(OH^-) = c(H^+) + c(Na^+) = \frac{K_w}{c(OH^-)} + c$$

$$c(OH^-) = \frac{1}{2}(c + \sqrt{c^2 + 4K_w}) = \frac{1}{2}(3.0 \times 10^{-7} + \sqrt{(3.0 + 10^{-7})^2 + 4 \times 10^{-14}}) =$$

$$3.3 \times 10^{-7} \text{ mol} \cdot L^{-1}$$

$$c(H^+) = \frac{1.0 \times 10^{-14}}{3.3 \times 10^{-7}} = 3.0 \times 10^{-8} \text{ mol} \cdot L^{-1}$$

缓冲溶液是对溶液起稳定 pH 作用,当共轭酸碱对浓度很高时 pH 计算在第 4 章已介绍,下面对缓冲溶液中 $c(H^+)$ 的计算公式进行推导。

对于弱酸 HB 及共轭碱 NaB 缓冲溶液,浓度分别为 c_{HB},c_{B^-}($\text{mol} \cdot L^{-1}$),物体平衡式为

$$c(Na^+) = c_{B^-}$$

$$c(HB) + c(B^-) = c_{HB} + c_{B^-}$$

电荷平衡式为
$$c(Na^+)+c(H^+)=c(B^-)+c(OH^-)$$
合并后得到
$$c_{B^-}+c(H^+)=c(B^-)+c(OH^-)$$
$$c(B^-)=c_{B^-}+c(H^+)-c(OH^-)$$

将此式代入物体平衡式中,得到
$$c(HB)=c_{HB}-c(H^+)+c(OH^-)$$

$$c(H^+)=K_a\frac{c(HB)}{c(B^-)}=K_a\frac{c_{HB}-c(H^+)+c(OH^-)}{c_{B^-}+c(H^+)-c(OH^-)} \tag{13.6a}$$

精确式计算时,十分复杂,根据实际情况,采用近似方法进行处理。pH<6 时,$c(OH^-)$可忽略,故式(13.6a)可简化后得到

$$c(H^+)=K_a\frac{c_{HB}-c(H^+)}{c_{B^-}+c(H^+)} \tag{13.6b}$$

pH>8 时,$c(H^+)$可忽略,故式(13.6a)可简化后得到

$$c(H^+)=K_a\frac{c_{HB}+c(OH^-)}{c_{B^-}-c(OH^-)} \tag{13.6c}$$

如果 $c_{HB}\gg c(OH^-)-c(H^+)$ 和 $c_{B^-}\gg c(H^+)-c(OH^-)$

得近似解
$$c(H^+)=K_a\frac{c_{HB}}{c_{B^-}}$$

$$pH=pK_a+lg\frac{c_{B^-}}{c_{HB}}$$

这就是通常计算缓冲溶液 H^+ 浓度的最简公式。

pH 范围为 $pK_a\pm1$,各种不同的共轭酸碱,由于它的 K_a 值的不同,组成的缓冲溶液所能控制 pH 值也不同。当 $c_a:c_b\approx1$ 时,缓冲溶液的缓冲能力最大。

13.2.3　酸碱滴定

为了正确地运用酸碱滴定进行分析测定,必须了解酸碱滴定过程中 H^+ 浓度的变化规律,选择合适的指示剂,或用电位滴定的方法,准确地确定滴定终点。

1. 酸碱滴定终点的指示方法

判断滴定分析终点有两类方法,即指示剂法和电位滴定法。指示剂法利用指示剂在某一 pH 范围内变色来指示终点,电位滴定法根据电位的突跃来确定终点。

(1)指示剂法

酸碱指示剂的平衡常数不同,它们的变色范围也不同。由于目测的误差,根据变色范围也略有不同。

指示剂的变色原理,主要在 HIn 存在时以酸式颜色,以 In^- 存在时以碱式颜色,$\frac{c(In^-)}{c(HIn)}=1$ 为指示剂的理论变色点。

例如,酚酞由平衡关系可以看出,酸性溶液酚酞以各种元素形式存在。在碱性溶液中,转化为醌式后显红色,但是在足够大的浓碱溶液中,酚酞有可能转化为无色的羧酸式。

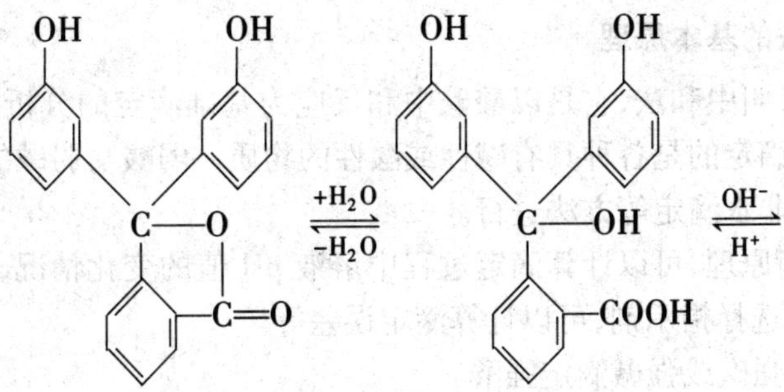

无色(内酯式)　　　　　　　　无色

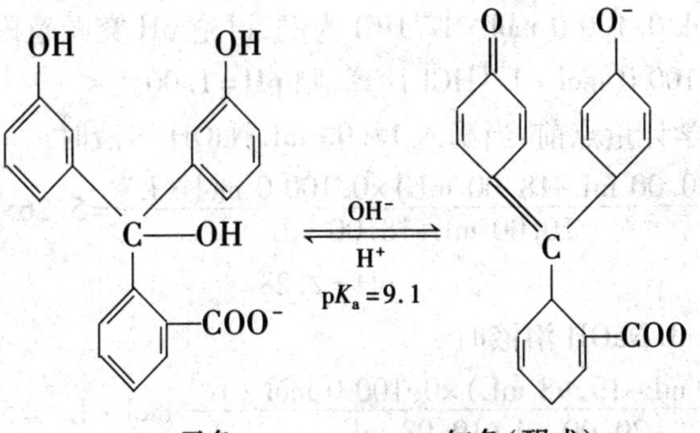

无色　　　　　　　　红色(醌式)

指示剂的酸式 HIn 和碱式 In⁻ 在溶液中达到平衡,即

$$HIn+H_2O=H_3O^++In^-$$

平衡时平衡常数为

$$\frac{\{c(H^+)/c^\ominus\}\{c(In^-)/c^\ominus\}}{\{c(HIn)/c^\ominus\}}=K_a$$

$$\frac{c(In^-)}{c(HIn)}=\frac{K_a}{c(H^+)} \tag{13.7}$$

由此可见$\frac{c(In^-)}{c(HIn)}$的值与 $c(H^+)$ 有关。$\frac{c(In^-)}{c(HIn)}\leqslant 0.1$,显示 HIn 的颜色;$\frac{c(In^-)}{c(HIn)}\geqslant 10$,显示 In⁻ 的颜色;$0.1<\frac{c(In^-)}{c(HIn)}<10$,显示混合色;当 $c(In^-)=c(HIn)$,$c(H^+)=K_a$,$pH=pK_a$ 称为理想变色点。

将$\frac{c(In^-)}{c(HIn)}\geqslant 10$,$\frac{c(In^-)}{c(HIn)}\leqslant 0.1$ 代入式(13.7)得 $pH\geqslant pK_a+1$,$pH\leqslant pK_a-1$。通常 $pH=pK_a\pm 1$ 就是指示剂变色的 pH 范围,称为指示剂理想变色范围。

(2)电位滴定法

由于肉眼辨别颜色的能力有差异,或者测定有色溶液时,不能用指示剂指示终点,这时可以用电位滴定法弥补其不足。

电位滴定仪通常有两个电极,一个做参比电极(甘汞电极),另一个做指示电极(pH 玻璃电极),加上 pH 计(或电位测定仪),利用滴定过程中 pH 随滴定剂体积 V 变化数据绘成 V–pH 曲线,通过对曲线的数学处理,求出终点时所需的滴定剂溶液的体积。

2. 酸碱滴定法的基本原理

酸碱滴定法又叫中和法，它是以酸碱中和反应为基础滴定的分析方法。通常滴定剂为强酸或强碱，被滴定的是各种具有碱性或酸性的物质。弱酸与弱碱的滴定意义不大，突跃不明显，可改用非水滴定等方法进行。

根据酸碱平衡原理，可以计算滴定过程中溶液 pH 值的变化情况，确定 pH 值的突跃范围，终点 pH 值，选择指示剂，可以计算滴定误差等。

（1）强酸滴定强碱或强碱滴定强酸

强酸 HCl，HNO_3，H_2SO_4，$HClO_4$ 与强碱 $NaOH$，KOH 之间相互滴定，以 $0.1000\ mol \cdot L^{-1}$ NaOH 滴定 $20.00\ mL\ 0.1000\ mol \cdot L^{-1}$ HCl 为例，讨论 pH 突跃范围和指示剂的选择。滴定前溶液酸度以 $0.1000\ mol \cdot L^{-1}$ HCl 计算，则 pH＝1.00。

滴定开始至化学计量点前，当滴入 18.00 mL NaOH 溶液时

$$c(H^+)=\frac{(20.00\ mL-18.00\ mL)\times 0.1000\ mol \cdot L^{-1}}{20.00\ mL+18.00\ mL}=5.26\times 10^{-3}\ mol \cdot L^{-1}$$

$$pH=2.28$$

当滴入 19.98 mL NaOH 溶液时

$$c(H^+)=\frac{(20.00\ mL-19.98\ mL)\times 0.1000\ mol \cdot L^{-1}}{20.00\ mL+19.98\ mL}\ mol \cdot L^{-1}=5.00\times 10^{-5}\ mol \cdot L^{-1}$$

$$pH=4.30$$

化学计量点时已滴入 NaOH 溶液 20.00 mL，溶液呈中性。则

$$c(H^+)=c(OH^-)=1.00\times 10^{-7} mol \cdot L^{-1}$$

$$pH=7.00$$

化学计量点后，溶液的 pH 决定于过量 NaOH 的浓度。如滴入 NaOH 溶液 20.02 mL，则

$$c(OH^-)=0.1000\ mol \cdot L^{-1}\times \frac{0.02\ mL}{20.00\ mL+20.02\ mL}=5.0\times 10^{-5}\ mol \cdot L^{-1}$$

$$pOH=4.30$$

$$pH=14.00-pOH=14.00-4.30=9.70$$

如此逐一计算，将计算结果以 NaOH 溶液加入量为横坐标，以 pH 值为纵坐标来绘制 pH-V 曲线，就得到酸碱滴定曲线，如图 13.1 所示。

由图可以看出，从滴定开始到 19.80 mL NaOH，pH 从 1.00 增大到 3.30，pH 改变了 2.30。当 NaOH 从 19.80 mL 滴定到 20.02 时，pH 由 4.30 突变到9.70，净改变 5.40 个单位，通常将滴定不足 0.1%（19.98 mL NaOH）到过量 0.1%（20.02 mL NaOH），称为滴定"突跃"。因此，选择理想的指示剂应该在突跃部分变色。通常用甲基红 pH＝4.4～6.2、酚酞 pH＝8.0～9.6，甲基橙 pH＝3.1～4.4 作为滴定指示剂，但甲基橙为传统的指示剂，误差大一些。最好选甲基红、酚酞作指示剂。

必须指出，滴定突跃的大小与溶液的浓度有关。用 $1.000\ mol \cdot L^{-1}$ NaOH 滴定 $1.000\ mL$ HCl，突跃为 3.3～10.7，此时可选用甲基橙为指示剂，滴定误差将小于 0.1%。用$0.01000\ mol \cdot L^{-1}$ NaOH 滴定 $0.0100\ mol \cdot L^{-1}$ HCl，突跃为 5.3～8.7，若选甲基橙指示

剂,误差达 1% 以上,应该选甲基红、酚酞作指示剂。

（2）强碱滴定弱酸

实验室中常用 NaOH 滴定醋酸就属于这种类型。当然被滴定的弱酸也可以是甲酸、乳酸、吡啶盐等。下面以 $0.100\ 0\ mol \cdot L^{-1}$ NaOH 滴定 $20.00\ mL$ $0.100\ 0\ mol \cdot L^{-1}$ HAc 为例,分别计算滴定开始至过计量点时的 pH 变化。

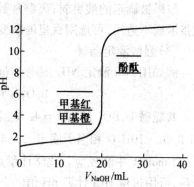

图 13.1　$0.100\ 0\ mol \cdot L^{-1}$ NaOH 滴定 $20.00\ mL\ 0.100\ 0\ mol \cdot L^{-1}$ HCl 的滴定曲线

基本反应式　$HAc + OH^- = Ac^- + H_2O$

滴定前　$0.100\ 0\ mol \cdot L^{-1}$ HAc 浓度为

$$c(H^+) = \sqrt{cK_{HAc}} = \sqrt{0.100\ 0 \times 1.8 \times 10^{-5}} = 1.34 \times 10^{-3}\ mol \cdot L^{-1}$$

$$pH = 2.87$$

滴定开始至化学计量点前,未中和的 HAc 和反应产物 Ac^- 组成缓冲体系,按缓冲溶液计算 pH,则

$$c(H^+) = K_a \frac{c_{HAc}}{c_{Ac^-}}$$

$$pH = pK_a - lg \frac{c_{HAc}}{c_{Ac^-}}$$

当滴入 $19.98\ mL$ NaOH 时

$$c_{HAc} = \frac{0.02\ mL \times 0.100\ 0\ mol \cdot L^{-1}}{20.00\ mL + 19.98\ mL}\ mol \cdot L^{-1} = 5.00 \times 10^{-5}\ mol \cdot L^{-1}$$

$$c_{Ac^-} = \frac{19.98\ mL \times 0.100\ 0\ mol \cdot L^{-1}}{20.00\ mL + 19.98\ mL}\ mol \cdot L^{-1} = 5.00 \times 10^{-2}\ mol \cdot L^{-1}$$

$$pH = pK_a - lg \frac{c_{HAc}}{c_{Ac^-}} = 4.74 - lg \frac{5.00 \times 10^{-5}\ mol \cdot L^{-1}}{5.00 \times 10^{-2}\ mol \cdot L^{-1}} = 7.74$$

化学计量点时,滴入 $20.00\ mL$ NaOH 全部中和 HAc,生成 NaAc,按 Ac^- 水解计算 pH,则

$$Ac^- + H_2O = HAc + OH^-$$

$$c(OH^-) = \sqrt{c_{Ac} \cdot K_b} = \sqrt{c_{Ac} \cdot \frac{K_w}{K_{HAc}}} =$$

$$\sqrt{0.050\ 00\ mol \cdot L^{-1} \times \frac{10^{-14}}{1.8 \times 10^{-5}}} = 5.27 \times 10^{-6}\ mol \cdot L^{-1}$$

$$pOH = 5.28;\quad pH = 14.00 - 5.28 = 8.72$$

化学计量点后,NaOH 过量 $0.02\ mL$,pH 按 NaOH 浓度来计算。则

$$c(OH^-) = \frac{0.02\ mL \times 0.100\ 0\ mol \cdot L^{-1}}{20.00\ mL + 20.02\ mL}\ mol \cdot L^{-1} = 5.0 \times 10^{-5}\ mol \cdot L^{-1}$$

$$pOH = 4.30;\quad pH = 9.70$$

pH 突跃范围为 $7.74 \sim 9.70$,可选用酚酞、百里酚蓝、百里酚酞指示终点,甲基橙不适合。

如果被滴定的酸更弱,离解常数 10^{-7} 左右,化学计量点时 pH 更高,突跃区间更小,酚酞指示剂不适用,可选用百里酚酞变色 pH 9.4~10.6 较合适。

(3)强酸滴定弱碱

例如用 HCl 滴定 NH_3、硼砂($Na_2B_4O_7 \cdot 10H_2O$)等。硼砂溶于水发生下列反应

$$B_4O_7^{2-} + 5H_2O \Longrightarrow 2H_2BO_3^- + 2H_3BO_3$$

共轭碱 $H_2BO_3^-$ 的 $pK_b = 4.76$,若 $cK_b \geqslant 10^{-8}$,便可用酸目视直接滴定。用 HCl 滴定 $Na_2B_4O_7 \cdot 10H_2O$ 相当于滴定二元弱碱,1 mol $Na_2B_4O_7 \cdot 10H_2O$ 水解生成 2 mol $H_2BO_3^-$,可与 2 mol H^+ 中和反应。化学计量点前,可用 $H_3BO_3/H_2BO_3^-$ 缓冲对计算 pH 值,化学计量点后,可用过量 HCl 计算 pH 值。

当化学计量点时,0.200 mol $\cdot L^{-1}$ HCl 滴定 20.00 mL 0.100 0 mol $\cdot L^{-1}$ $Na_2B_4O_7$ 溶液,终点时

$$c(H_3BO_3) = \frac{2 \times 20.00 \text{ mL} \times 0.100 \text{ 0 mol} \cdot L^{-1} + 2 \times 20.00 \text{ mL} \times 0.100 \text{ 0 mol} \cdot L^{-1}}{20.00 \text{ mL} + 20.00 \text{ mL}} \text{ mol} \cdot L^{-1} =$$

$$0.200 \text{ 0 mol} \cdot L^{-1}$$

$$c(H^+) = \sqrt{cK_a} = \sqrt{0.200 \text{ 0} \times 5.75 \times 10^{-10}} = 1.07 \times 10^{-5} \text{ mol} \cdot L^{-1}$$

$$pH = 4.97$$

可以选用甲基红指示剂(变色范围 pH 4.4~6.2),从黄色变为红色为终点。

(4)多元酸、混合酸和多元碱的滴定

多元酸的滴定

用 0.10 mol $\cdot L^{-1}$ NaOH 滴定 20 mL 0.10 mol $\cdot L^{-1}$ H_3PO_4,H_3PO_4 离解时有三级,即

$$H_3PO_4 \Longrightarrow H^+ + H_2PO_4^- \qquad K_{a1} = 7.6 \times 10^{-3}$$

$$H_2PO_4^- \Longrightarrow H^+ + HPO_4^{2-} \qquad K_{a2} = 6.3 \times 10^{-8}$$

$$HPO_4^{2-} \Longrightarrow H^+ + PO_4^{3-} \qquad K_{a3} = 4.4 \times 10^{-13}$$

第一化学计量点时,NaH_2PO_4 的浓度为 0.050 mol $\cdot L^{-1}$。两性物质因为 $K_{a2}c \gg K_w$,则

$$c(H^+) = \sqrt{\frac{K_{a1}K_{a2}c}{K_{a1}+c}} = \sqrt{\frac{7.6 \times 10^{-3} \times 6.3 \times 10^{-8} \times 0.050}{7.6 \times 10^{-3} + 5.0 \times 10^{-2}}} = 2.0 \times 10^{-5} \text{ mol} \cdot L^{-1}$$

$$pH = 4.70$$

选用甲基橙为指示剂,终点由红变黄。

第二化学计量点时,则

$$c(HPO_4^{2-}) = 0.10 \text{ mol} \cdot L^{-1}/3 = 0.033 \text{ mol} \cdot L^{-1}$$

$$c(H^+) = \sqrt{\frac{K_{a2}(K_{a3}c + K_w)}{c}} = \sqrt{\frac{6.3 \times 10^{-8}(4.4 \times 10^{-13} \times 0.033 + 1.0 \times 10^{-14})}{0.033}} =$$

$$2.2 \times 10^{-10} \text{ mol} \cdot L^{-1}$$

$$pH = 9.66$$

选用酚酞作指示剂(变色点 pH=9),终点出现过早。用百里酚酞(变色点 pH=10)作指示剂,滴定误差小于 0.5%。

第三化学计量点时,由于 K_{a3} 太小,不能滴定。但可加入 $CaCl_2$ 溶液形成 $Ca_3(PO_4)_2$

沉淀,释放出 H^+,第三个氢离子就可以滴定了。

对于多元酸能否准确滴定及分别滴定,可根据下列条件来确定,即

$$\begin{cases} cK_{a1} \geqslant 10^{-8} \\ K_{a1}/K_{a2} > 10^5 \end{cases}$$

满足上述条件,才能保证滴定误差≤0.5%。

混合酸滴定 两种弱酸(HA+HB)混合物,离解常数分别为 K_{HA}、K_{HB},浓度分别为 c_1、c_2。当 $\dfrac{c_1 K_{HA}}{c_2 K_{HB}} > 10^5$ 以上,且 $c_{HA} K_{HA} \geqslant 10^{-8}$ 时,能准确滴定第一种弱酸 HA。

第一化学计量点时

$$c(H^+) = \sqrt{K_{HA} K_{HB}}$$

$$pH = \frac{1}{2} pK_{HA} + \frac{1}{2} pK_{HB}$$

多元碱的滴定 用 HCl 溶液滴定 Na_2CO_3 就属于多元碱的滴定。Na_2CO_3 是二元弱碱,$K_{b1} = \dfrac{K_w}{K_{a2}} = 1.79 \times 10^{-4}$、$K_{b2} = \dfrac{K_w}{K_{a1}} = 2.38 \times 10^{-8}$。用 HCl 滴定 Na_2CO_3,第一化学计量点时,生成 HCO_3^- 两性物质,则

$$c(H^+) = \sqrt{K_{a1} K_{a2}'} = \sqrt{4.2 \times 10^{-7} \times 5.6 \times 10^{-11}} = 4.85 \times 10^{-9} \ mol \cdot L^{-1}$$

$$pH = 8.31$$

可选用酚酞作指示剂。$K_{b1}/K_{b2} = 10^4$,第二化学计量点,生成 H_2CO_3,饱和 H_2CO_3 浓度均为 $0.04 \ mol \cdot L^{-1}$。则

$$c(H^+) = \sqrt{cK_{a1}} = \sqrt{0.04 \times 4.2 \times 10^{-7}} = 1.3 \times 10^{-4} \ mol \cdot L^{-1}$$

$$pH = 3.9$$

可选用甲基橙作为第二化学计量点指示剂。如果形成 CO_2 过饱和溶液,酸度稍微增大,终点稍稍出现过早,因此,应注意在滴定终点附近剧烈摇动溶液。混合碱滴定 NaOH+ Na_2CO_3、$NaHCO_3 + Na_2CO_3$ 的含量常用 HCl 标准溶液来测定,用酚酞或甲酚红和百里酚蓝混合指示剂,能满足工业分析准确度的要求。第二化学计量点,滴定突跃也是较小的,可选用甲基橙指示终点,再选用参比溶液、加热等方法,达到水中碱度工业分析要求。

上述滴定中都需要配制标准溶液。酸标准溶液常为 HCl 溶液,浓度在 $0.01 \sim 1 \ mol \cdot L^{-1}$,准确浓度用基准物来标定,常用的无水 Na_2CO_3 和硼砂,它们反应分别为

$$Na_2CO_3 + 2HCl \Longrightarrow 2NaCl + H_2CO_3$$
$$\underline{\hspace{2cm}} \longrightarrow H_2O + CO_2$$

$$Na_2B_4O_7 + 2HCl + 5H_2O = 4H_3BO_3 + 2NaCl$$

用 Na_2CO_3 标定 HCl 溶液时,用甲基橙指示终点,硼砂标定 HCl 时,用甲基红指示终点。碱标准溶液一般用 NaOH 配制,浓度范围在 $0.01 \sim 1 \ mol \cdot L^{-1}$,由于在空气中 NaOH 易生成 Na_2CO_3,因此设法配制不含 Na_2CO_3 的 NaOH 溶液,其中之一就是配制质量分数为 50% NaOH 溶液,Na_2CO_3 以沉淀沉降,吸上层清液,稀释至所需浓度。另一种方法将 NaOH 置于烧杯中,以蒸馏水洗涤 $2 \sim 3$ 次,每次少量水洗去表面的少许 Na_2CO_3。标定

NaOH 溶液,可用 $H_2C_2O_4 \cdot 2H_2O$,KHC_2O_4,苯甲酸等作基准物。但最常用邻苯二甲酸氢钾,相当于一元酸的中和反应,酚酞作指示剂。

13.2.4 酸碱滴定法的计算与误差分析

【例 13.18】 称取混合碱 Na_2CO_3 和 NaOH 试样 1.200 g 溶于水,用 $0.501\ 0\ mol \cdot L^{-1}$ HCl 溶液滴定至酚酞褪色,用去 30.10 mL。然后加入甲基橙,继续滴加 HCl 溶液至呈现橙色,又用去 4.98 mL,求试样中 Na_2CO_3 和 NaOH 的质量分数。

解 酚酞为指示剂,Na_2CO_3 中和到 HCO_3^-,NaOH 完全被中和。甲基橙作指示剂,HCO_3^- 被中和到 H_2CO_3,根据上述滴去 NaOH 所需的酸为

$$30.10\ mL - 4.98\ mL = 25.12\ mL$$

设 $w(NaOH)$ 为 x,则

$$0.501\ 0\ mol \cdot L^{-1} \times 25.12\ mL \times 10^{-3} = \frac{1.200\ g \times \dfrac{x}{100}}{40.01}; \quad x = 41.96$$

设 $w(Na_2CO_3)$ 为 y,则

$$0.501\ 0\ mol \cdot L^{-1} \times 4.98\ mL \times 10^{-3} = \frac{1.200\ g \times \dfrac{y}{100}}{106.0}; \quad y = 22.04$$

【例 13.19】 称取硅酸盐试样 0.100 0 g,经熔融分解,沉淀出 K_2SiF_6,然后过滤、洗净,水解产生的 HF 用 $0.147\ 7\ mol \cdot L^{-1}$ NaOH 标准溶液滴定,以酚酞作指示剂,耗去标准溶液 24.72 mL。计算试样中的 $w(SiO_2)$。

解 有关化学方程式为

$$2K^+ + SiO_3^{2-} + 6F^- + 6H^+ =\!=\!= K_2SiF_6 \downarrow + 3H_2O$$
$$K_2SiF_6 + 3H_2O =\!=\!= 2KF + 4HF + H_2SiO_3$$
$$HF + NaOH =\!=\!= NaF + H_2O$$
$$4n_{SiO_2} = n_{HF} = n_{NaOH}$$

设试样中 $w(SiO_2)$ 为 x,则

$$0.147\ 7\ mol \cdot L^{-1} \times 24.72\ mL \times 10^{-3} = 4 \times \frac{0.100\ 0\ g \times \dfrac{x}{100}}{60.08}$$

$$x = 54.84$$

【例 13.20】 已知试样含 Na_3PO_4 和 Na_2HPO_4 混合物,以及其他不与酸作用的物质。今称取试样 1.800 g,溶解后用甲基橙指示终点,以 $0.484\ 2\ mol \cdot L^{-1}$ 溶液滴定时需用 30.12 mL,同样质量的试样,当用酚酞指示终点,需用 HCl 标准溶液 11.80 mL。求试样中各组分的质量分数。

解 酚酞作指示剂,下列反应,即

$$Na_3PO_4 + HCl =\!=\!= Na_2HPO_4 + NaCl$$

设 $w(Na_3PO_4)$ 为 x,则

$$0.484\ 2\ \text{mol} \cdot \text{L}^{-1} \times 11.80\ \text{mL} \times 10^{-3} = \frac{1.800\ \text{g} \times \dfrac{x}{100}}{163.9}$$

$$x = 52.03$$

当滴定到甲基橙变色时,发生下列反应,即

$$Na_2HPO_4 + HCl =\!=\!= NaH_2PO_4 + NaCl$$

滴定 Na_2HPO_4 所需 HCl 的体积为

$$30.12\ \text{mL} - 2 \times 11.80\ \text{mL} = 6.52\ \text{mL}$$

设 $w(Na_2HPO_4)$ 为 y,则

$$0.484\ 2\ \text{mol} \cdot \text{L}^{-1} \times 6.52\ \text{mL} \times 10^{-3} = \frac{1.800\ \text{g} \times \dfrac{y}{100}}{142.0}$$

$$y = 24.91$$

【例13.21】 称取尿素样品 0.298 8g,加入 H_2SO_4 和 K_2SO_4 煮解,加入硒作催化剂,提高煮解效率。此时有加氢转化为 NH_4HSO_4 或 $(NH_4)_2SO_4$,在上述煮解液中加入 NaOH 呈碱性,析出的氨利用水蒸气蒸馏,蒸馏出氨收集于饱和硼酸溶液中,加入溴甲酚绿和甲基红混合指示剂,以 $0.198\ 8\ \text{mol} \cdot \text{L}^{-1}$ HCl 溶液滴定至灰色终点,消耗 36.50 mL,计算试样中尿素的质量分数。

解 吸收反应 $\quad NH_3 + H_3BO_3 =\!=\!= NH_4^+ + H_2BO_3^-$

滴定反应 $\quad H^+ + H_2BO_3 =\!=\!= H_3BO_3$

1mol 尿素 $CO(NH_2)_2$ 含 2 mol NH_3,则

$$w(\text{尿素}) = \frac{\left(\dfrac{1}{2} \times 0.198\ 8\text{mol} \cdot \text{L}^{-1} \times 36.50\ \text{mL} \times 60.05\right) \times 100}{0.298\ 8\ \text{g} \times 1\ 000\ \text{mL}} = 72.91$$

【例13.22】 用 $0.100\ 0\ \text{mol} \cdot \text{L}^{-1}$ NaOH 滴定 25.00 mL $0.100\ 0\ \text{mol} \cdot \text{L}^{-1}$ HCl ①用甲基橙为指示剂,滴定至 pH=4.00 为终点;②用酚酞作指示剂,滴定至 pH=9.00,分别计算终点误差。

解 ①化学计量点 pH=7.00,今滴定 pH=4.00,HCl 未被中和,此时

$$c(H^+) = 1.0 \times 10^{-4}\ \text{mol} \cdot \text{L}^{-1}$$

总体积约 2×25.00 mL=50.0 mL

滴定误差

$$E_T = \frac{-\text{未被中和的 HCl 摩尔数}}{\text{原来 HCl 总摩尔数}} \times 100\% =$$

$$\frac{-1.0 \times 10^{-4}\ \text{mol} \cdot \text{L}^{-1} \times 50.0\ \text{mL}}{0.100\ 0\ \text{mol} \cdot \text{L}^{-1} \times 25.0\ \text{mL}} \times 100\% = -0.2\%$$

②滴定至 pH=9.00,则

$$c(H^+) = 1.0 \times 10^{-9}\ \text{mol} \cdot \text{L}^{-1}$$

$$c(OH^-) = 1.0 \times 10^{-5}\ \text{mol} \cdot \text{L}^{-1}$$

滴定误差

$$E_T = \frac{\text{过量 NaOH 摩尔数}}{\text{应加入 NaOH 摩尔数}} \times 100\% = \frac{1.0 \times 10^{-5} \text{mol} \cdot \text{L}^{-1} \times 50 \text{ mL}}{0.100\,0 \text{ mol} \cdot \text{L}^{-1} \times 25.00 \text{ mL}} \times 100\% = +0.02\%$$

【例13.23】 用 $0.100\,0$ mol·L^{-1}NaOH 溶液滴定 20.00 mL $0.100\,0$ mol·L^{-1}HAc，终点 pH 比化学计量点 pH 高 0.28 单位，计算终点误差。

解 化学计量点时

$$c(\text{Ac}^-) = \frac{0.100\,0 \text{ mol} \cdot \text{L}^{-1}}{2} = 0.050\,0 \text{ mol} \cdot \text{L}^{-1}$$

$$c(\text{OH}^-) = \sqrt{cK_b} = \sqrt{0.050\,00 \times 5.6 \times 10^{-10}} = 5.3 \times 10^{-6} \text{mol} \cdot \text{L}^{-1}$$

$$\text{pOH} = 5.28 \qquad \text{pH} = 8.72$$

依题意终点 $\quad \text{pH} = 8.72 + 0.28 = 9.00 \quad c(\text{H}^+) = 1.0 \times 10^{-9} \text{ mol} \cdot \text{L}^{-1}$

水解反应 $\qquad\qquad\qquad \text{Ac}^- + \text{H}_2\text{O} = \text{HAc} + \text{OH}^-$

$$\text{H}_2\text{O} = \text{H}^+ + \text{OH}^-$$

质子平衡 $\qquad\qquad c(\text{OH}^-) = c(\text{HAc}) + c(\text{H}^+) + c(\text{OH}^-)_{\text{过量}}$

因为 $c(\text{H}^+)_{\text{很小}}$，则 $\qquad\qquad c(\text{OH}^-) = c(\text{HAc}) + c(\text{OH}^-)_{\text{过量}}$

$$c(\text{OH}^-)_{\text{过量}} = c(\text{OH}^-) - c(\text{HAc})$$

$$c = c(\text{HAc}) + c(\text{Ac}^-) = \frac{0.100\,0 \text{ mol} \cdot \text{L}^{-1}}{2} = 0.05 \text{ mol} \cdot \text{L}^{-1}$$

$$c(\text{CH}^-) = \frac{K_w}{c(\text{H}^+)} - \frac{c(\text{H}^+)}{c(\text{H}^+) + K_a} \times c =$$

$$\frac{1.0 \times 10^{-14}}{1.0 \times 10^{-9}} - \frac{10^{-9}}{10^{-9} + 1.8 \times 10^{-5}} \times 0.05 \text{ mol} \cdot \text{L}^{-1} = 7.3 \times 10^{-6} \text{mol} \cdot \text{L}^{-1}$$

所以终点误差为

$$E_T = + \frac{7.3 \times 10^{-6} \text{ mol} \cdot \text{L}^{-1} \times 20 \text{ mL} \times 2}{0.10 \text{ mol} \cdot \text{L}^{-1} \times 20 \text{ mL}} = +1.5 \times 10^{-4} \approx +0.02\%$$

13.3　氧化还原滴定法

　　氧化还原滴定法是以氧化还原反应为基础的滴定分析法。在分析化学中，氧化还原反应还广泛应用在溶解、分离和测定步骤中。在氧化还原反应中，除了主反应外，还经常伴有各种副反应，介质对反应也有较大的影响，有的反应速度较慢，有时还加入催化剂，或加热时滴定。因此，讨论氧化还原反应，还应考虑反应机理、反应速度、反应条件及滴定条件等问题。根据所用的氧化剂和还原剂不同，可将氧化还原滴定法分为高锰酸钾法、重铬酸钾法、碘量法、溴酸钾法及镉量法等。本节讨论氧化还原滴定法的基本原理。

13.3.1　氧化还原平衡

1. 能斯特公式

氧化还原反应为

$$\text{Ox} + ne = \text{Red}$$

根据能斯特方程,则

$$\varphi_{Ox/Red} = \varphi_{Ox/Red}^{\ominus} + \frac{RT}{nF}\ln\frac{\alpha_{Ox}}{\alpha_{Red}} \tag{13.8a}$$

25℃时

$$\varphi_{Ox/Red} = \varphi_{Ox/Red}^{\ominus} + \frac{0.059}{n}\lg\frac{\alpha_{Ox}}{\alpha_{Red}} \tag{13.8b}$$

上式可见,电对的电极电位与氧化剂和还原剂的浓度有关。由于溶液不是简单离子组成,要考虑离子强度。当溶液组成改变时,电对的氧化剂和还原剂的存在形式也往往随之变化,从而引起电极电位的变化。因此,用能斯特方程式计算有关电对的电极电位时,如果采用电对的标准电极电位,计算的结果与实际情况就会相差较大。因此,下面引进条件电极电位。

2. 条件电极电位 $\varphi^{\ominus}{}'$

例如,计算 HCl 溶液中 Fe(Ⅲ)/Fe(Ⅱ) 体系的电极电位时,由能斯特公式得到

$$\varphi = \varphi^{\ominus} + 0.059\,\lg\frac{\alpha_{Fe^{3+}}}{\alpha_{Fe^{2+}}} = \varphi^{\ominus} + 0.059\,\lg\frac{\gamma_{Fe^{3+}}\{c(Fe^{3+})/c^{\ominus}\}}{\gamma_{Fe^{2+}}\{c(Fe^{2+})/c^{\ominus}\}} \tag{13.8c}$$

但是在 HCl 溶液中,除了 Fe^{2+},Fe^{3+} 外,还存在 $FeOH^{2+}$,$FeCl^{2+}$,$FeCl_2^+$,$FeCl^+$,$FeCl_2$,$FeCl_6^{3-}$,$FeCl^+$…,若用 $c_{Fe^{3+}}$,$c_{Fe^{2+}}$ 分别表示溶液中三价态铁和二价态铁的总浓度,$\alpha_{Fe(Ⅲ)}$,$\alpha_{Fe(Ⅱ)}$ 分别表示 HCl 溶液中 Fe^{3+},Fe^{2+} 的副反应系数,则

$$\alpha_{Fe(Ⅲ)} = \frac{c_{Fe^{3+}}}{c(Fe^{3+})}$$

$$c(Fe^{3+}) = \frac{c_{Fe^{3+}}}{\alpha_{Fe(Ⅲ)}} \tag{13.8d}$$

$$\alpha_{Fe(Ⅱ)} = \frac{c_{Fe^{2+}}}{c(Fe^{2+})}$$

$$c(Fe^{2+}) = \frac{c_{Fe^{2+}}}{\alpha_{Fe(Ⅱ)}} \tag{13.8e}$$

将式(13.8d)、(13.8e)代入式(13.8c),得

$$\varphi = \varphi^{\ominus} + 0.059\,\lg\frac{\gamma_{Fe^{3+}}\cdot\alpha_{Fe(Ⅱ)}\cdot c_{Fe(Ⅲ)}}{\gamma_{Fe^{2+}}\cdot\alpha_{Fe(Ⅲ)}\cdot c_{Fe(Ⅱ)}} =$$

$$\varphi^{\ominus} + 0.059\,\lg\frac{\gamma_{Fe^{3+}}\cdot\alpha_{Fe(Ⅱ)}}{\gamma_{Fe^{2+}}\cdot\alpha_{Fe(Ⅲ)}} + 0.059\,\lg\frac{c_{Fe(Ⅲ)}}{c_{Fe(Ⅱ)}}$$

当 $c_{Fe(Ⅲ)} = c_{Fe(Ⅱ)} = 1\ mol\cdot L^{-1}$ 时,上式变为

$$\varphi = \varphi^{\ominus} + 0.059\,\lg\frac{\gamma_{Fe^{3+}}\cdot\alpha_{Fe(Ⅱ)}}{\gamma_{Fe^{2+}}\cdot\alpha_{Fe(Ⅲ)}} = \varphi^{\ominus}{}' \tag{13.8f}$$

则 $\varphi^{\ominus}{}'$ 称为条件电极电位。在引入条件电极电位后,处理问题就比较实际。

因此

$$\varphi = \varphi^{\ominus}{}' + 0.059\,\lg\frac{c_{Fe(Ⅲ)}}{c_{Fe(Ⅱ)}}$$

一般通式为

$$\varphi_{Ox/Red} = \varphi_{Ox/Red}^{\ominus} + \frac{0.059}{n}\lg\frac{c_{Ox}}{c_{Red}} \tag{13.8g}$$

条件电极电位反映了离子速率与各种副反应的总结果,它的大小说明在外界因素影响下,氧化还原电对的实际氧化还原能力。应用条件电极电位比用标准电极电位能更正确地判断氧化还原反应的方向、次序和反应完成的程度。附录 4 及附录 5 列出了部分氧化还原反应的标准电极电位及条件电极电位。但由于条件电极电位数据比较少,在缺乏数据的情况下,可用标准电极电位近似计算。

【例 13.24】 计算 $1 \text{ mol} \cdot \text{L}^{-1}$ HCl 溶液中 $c_{Ce^{4+}} = 1.00 \times 10^{-2} \text{ mol} \cdot \text{L}^{-1}$, $c_{Ce^{3+}} = 1.0 \times 10^{-3} \text{mol} \cdot \text{L}^{-1}$ 时,Ce^{4+}/Ce^{3+} 电对的电位。

解 在 $1 \text{ mol} \cdot \text{L}^{-1}$ HCl 介质中,$\varphi_{Ce^{4+}/Ce^{3+}}^{\ominus\prime} = 1.28 \text{ V}$

$$\varphi = \varphi_{Ce^{4+}/Ce^{3+}}^{\ominus\prime} + 0.059 \lg \frac{c_{Ce^{4+}}}{c_{Ce^{3+}}} = 1.28 \text{ V} + 0.059 \lg \frac{1.00 \times 10^{-2}}{1.00 \times 10^{-3}} = 1.34 \text{ V}$$

【例 13.25】 计算 KI 浓度为 $1 \text{ mol} \cdot \text{L}^{-1}$ 时,Cu^{2+}/Cu^{+} 电对的条件电极电位(忽略酸强度的影响)。其中 $Cu^{+} + I^{-} \Longrightarrow CuI \downarrow$

解
$$Cu^{2+} + e \Longrightarrow Cu^{+}$$

$$\varphi_{Cu^{2+}/Cu^{+}} = \varphi_{Cu^{2+}/Cu^{+}}^{\ominus} + 0.0591 \lg \frac{\{c(Cu^{2+})/c^{\ominus}\}}{\{c(Cu^{+})/c^{\ominus}\}} =$$

$$\varphi_{Cu^{2+}/Cu^{+}}^{\ominus} + 0.0591 \lg \frac{\{c(Cu^{2+})/c^{\ominus}\}\{c(I^{-})/c^{\ominus}\}}{K_{sp}(CuI)} =$$

$$\varphi_{Cu^{2+}/Cu^{+}}^{\ominus} + 0.0591 \lg \frac{\{c(I^{-})/c^{\ominus}\}}{K_{sp}(CuI)} + 0.0591 \lg c\{(Cu^{2+})/c^{\ominus}\}$$

当 $c(Cu^{2+}) = c(I^{-}) = 1 \text{ mol} \cdot \text{L}^{-1}$ 时,则

$$\varphi_{Cu^{2+}/Cu^{+}}^{\ominus} = \varphi_{Cu^{2+}/Cu^{+}}^{\ominus} + 0.059 \lg \frac{c(I^{-})}{K_{sp}(CuI)} = 0.16 - 0.059 \lg 1.1 \times 10^{-12} = 0.87$$

上述计算仍未考虑 Cu^{2+} 发生副反应。

外界条件对条件电极电位有影响。离子强度,影响浓度系数,影响较小。氧化还原中若存在沉淀反应,终点反应使电对的氧化剂和还原剂的浓度发生变化,从而影响条件电极电位。生成沉淀,电对的电极电位会发生改变,必须考虑 K_{sp} 对条件电极电位的影响。另一个酸度的影响,当半反应中有 H^{+} 或 OH^{-} 参加反应,酸度直接影响电对电极电位。

【例 13.26】 计算 pH = 8 $H_3AsO_4/HAsO_2$ 电对的条件电极电位。

解 $H_3AsO_4/HAsO_2$ 电对的半反应为

$$H_3AsO_4 + 2H^{+} + 2e \Longrightarrow HAsO_2 + 2H_2O$$

根据能斯特方程式,即

$$\varphi_{H_3AsO_4/HAsO_2} = \varphi_{HAsO_4/HAsO_2}^{\ominus} + \frac{0.059}{2} \lg \frac{\{c(H_3AsO_4)/c^{\ominus}\}\{c(H^{+})/c^{\ominus}\}^2}{\{c(HAsO_2)/c^{\ominus}\}}$$

因为
$$c(H_3AsO_4) = c_{H_3AsO_4} \cdot \delta_{H_3AsO_4}$$
$$c(HAsO_2) = c_{HAsO_2} \cdot \delta_{HAsO_2}$$

$$\varphi_{H_3AsO_4/HAsO_2} = \varphi_{HAsO_4/HAsO_2}^{\ominus} + \frac{0.059}{2} \lg \frac{\delta_{H_3AsO_4}\{c(H^{+})^2\}}{\delta_{HAsO_2}} + \frac{0.059}{2} \lg \frac{c_{H_3AsO_4}}{c_{HAsO_2}}$$

条件电极电位

$$\varphi_{H_3AsO_4/HAsO_2}^{\ominus\prime} = \varphi_{HAsO_4/HAsO_2}^{\ominus} + \frac{0.059}{2}\lg\frac{\delta_{H_3AsO_4}\{c(H^+)\}^2}{\delta_{HAsO_2}}$$

$$pH = 8 \qquad \delta_{HAsO_2} \approx 1$$

$$\delta_{H_3AsO_4} = \frac{\{c(H^+)/c^\ominus\}^3}{\{c(H^+)/c^\ominus\}^3 + \{c(H^+)/c^\ominus\}^2 Ka_1 + \{c(H^+)/c^\ominus\}K_{a1}K_{a2} + K_{a1}K_{a2}K_{a3}} =$$

$$\frac{10^{-24}}{10^{-24} + 10^{(-16-2.2)} + 10^{(-8-2.2-7.0)} + 10^{(-2.2-7.0-11.5)}} = 10^{-6.8}$$

所以
$$\varphi_{H_3AsO_4/HAsO_2}^{\ominus\prime} = 0.56 + \frac{0.059}{2}\lg 10^{-6.8}(\times 10^{-8})^2 = -0.113 \text{ V}$$

3. 氧化还原平衡常数

氧化还原反应进行的程度,可通过氧化还原反应的平衡常数的数值求得和衡量。平衡常数 K 可用标准电极电位求得,实际中最好用条件电极电位求得,求得的平衡常数用 K' 表示。

氧化反应通式为
$$n_2 Ox_1 + n_1 Red_2 \Longrightarrow n_2 Red_1 + n_1 Ox_2$$

有关电对反应为
$$Ox_1 + n_1 e \Longrightarrow Red_1$$
$$Ox_2 + n_2 e \Longrightarrow Red_2$$

氧化剂和还原剂两个电对的电极电位分别为
$$\varphi_1 = \varphi_1^{\ominus\prime} + \frac{0.059}{n_1}\lg\frac{c_{Ox_1}}{c_{Red_1}}$$

$$\varphi_2 = \varphi_2^{\ominus\prime} + \frac{0.059}{n_2}\lg\frac{c_{Ox_2}}{c_{Red_2}}$$

反应达到平衡时
$$\varphi_1 = \varphi_2$$

则
$$\varphi_1^{\ominus\prime} + \frac{0.059}{n_1}\lg\frac{c_{Ox_1}}{c_{Red_1}} = \varphi_2^{\ominus\prime} + \frac{0.059}{n_2}\lg\frac{c_{Ox_2}}{c_{Red_2}}$$

整理得到
$$\lg K' = \lg\left[\left(\frac{c_{Red_1}}{c_{Ox_1}}\right)^{n_2}\left(\frac{c_{Ox_2}}{c_{Red_2}}\right)^{n_1}\right] = \frac{(\varphi_1^{\ominus\prime} - \varphi_2^{\ominus\prime})n_1 n_2}{0.059} \qquad (13.9)$$

式中,K' 为条件平衡常数,相应的浓度以总浓度代替。K' 值的大小与 $n_{总} = n_1 n_2$、$(\varphi_1^{\ominus\prime} - \varphi_2^{\ominus\prime})$ 的差值有关,$\Delta\varphi^\ominus$ 越大,K' 便越大。

【例13.27】 计算在 $1 \text{ mol} \cdot L^{-1}$ KCl 介质中 Fe^{3+} 与 S_n^{2+} 反应的平衡常数及化学计量点时反应进行的程度。

解 反应
$$2Fe^{3+} + Sn^{2+} \Longrightarrow 2Fe^{2+} + Sn^{4+}$$

已知
$$\varphi_{Fe^{3+}/Fe^{2+}}^{\ominus\prime} = 0.68 \text{ V}; \quad \varphi_{Sn^{4+}/Sn^{2+}}^{\ominus\prime} = 0.14 \text{ V}; \quad n_{总} = 2$$

$$\lg K' = \frac{(\varphi_{Fe^{3+}/Fe^{2+}}^{\ominus\prime} - \varphi_{Sn^{4+}/Sn^{2+}}^{\ominus\prime})n}{0.059} = \frac{(0.68-0.14)\times 2}{0.059} = 18.30$$

$$K' = 2.0\times 10^{18}$$

$$K' = \frac{(c_{Fe^{2+}})^2 c_{Sn^{4+}}}{(c_{Fe^{3+}})^2 c_{Sn^{2+}}} = \frac{(c_{Fe^{2+}})^3}{(c_{Fe^{3+}})^3} = 2.0 \times 10^{18}$$

则
$$\frac{c_{Fe^{2+}}}{c_{Fe^{3+}}} = 1.3 \times 10^6$$

要使反应完全程度达 99.9% 以上，$n_1 = n_2 = 1$，$n_1 = n_2 = 2$ 时，$\Delta\varphi^{\ominus}{'}$ 值是各不相同的。即当反应式为

$$n_2 Ox_1 + n_1 Red_2 = n_2 Red_1 + n_1 Ox_2$$

$$\frac{c_{Red_1}}{c_{Ox_1}} \geqslant 10^3 ; \quad \frac{c_{Ox_2}}{c_{Red_2}} \geqslant 10^3$$

$$\lg K' = \lg\left[\left(\frac{c_{Red_1}}{c_{Ox_1}}\right)^{n_2} \cdot \left(\frac{c_{Ox_2}}{c_{Red_2}}\right)^{n_1} \right] \geqslant \lg(10^{3n_2} \times 10^{3n_1}) = \lg 10^{(3n_2 + 3n_1)} = (3n_2 + 3n_1)$$

当 $n_1 = n_2 = 1$ 时，则

$$\lg K \geqslant (3 \times 1 + 3 \times 1) = 6$$

$$\varphi_1^{\ominus}{'} - \varphi_2^{\ominus}{'} \geqslant \frac{0.059}{n_1 n_2} \lg K' = \frac{0.059}{1 \times 1} \times 6 = 0.35 \text{ V}$$

当 $n_1 = n_2 = 2$ 时，则

$$\varphi_1^{\ominus}{'} - \varphi_2^{\ominus}{'} \geqslant \frac{0.059}{n_1 n_2} \lg K' = \frac{0.059}{2 \times 2} \lg 10^{(3n_2 + 3n_1)} = \frac{0.059}{4}(3 \times 2 + 3 \times 2) = 0.18 \text{ V}$$

因此对 $n_{总} = 1$、4 时，条件电极电位分别为 0.35 V 和 0.18 V，这样的反应才能用于滴定分析。当然除了电位满足以外，还要考虑反应速度快，没有副反应才能实际用于滴定分析。

4. 氧化还原反应的速率

有的反应从反应进行可能性考虑是可以的，但反应速率较慢，氧化剂与还原剂并没有反应发生。因此，必须考虑反应的现实性。

影响反应速率的因素。

①氧化剂、还原剂的性质。与它们的电子层结构、条件电位的差值、反应历程等因素有关。

②反应物浓度。反应物的浓度越大，反应速度越快。

③反应温度。对大多数反应，升高温度可提高反应速率。根据阿累尼乌斯理论，升高温度，不仅增加了反应物之间的碰撞几率，更重要的是增加了活化分子或活化离子的数目，所以提高了反应速率。

④催化剂。加入催化剂，降低活化能，提高反应速率，例如

$$2MnO_4^- + 5C_2O_4^{2-} + 16H^+ = 2Mn^{2+} + 10CO_2 + 8H_2O$$

上述反应，为了能准确滴定，首先两个反应物必须有足够的浓度，加热溶液 75～85 ℃，加入 Mn^{2+} 作为催化剂，酸性溶液，例如

$$MnO_4^- + 5Fe^{2+} + 8H^+ = Mn^{2+} + 5Fe^{3+} + 4H_2O$$

从反应物浓度考虑，在强酸(HCl)中进行，但 Cl^- 的存在会产生副反应，Cl^- 被氧化成 Cl_2，这样影响测定的准确度。更重要的是由于 Fe^{2+} 与 MnO_4^- 反应，会促使 Cl^- 与 MnO_4^- 的后一

反应,这种现象称为诱导作用,后一反应称为诱导反应。但在 MnO_4^- 滴定过程中加入大量 Mn^{2+},能使 MnO_4^- 与 Fe^{2+} 在 HCl 浓度很低下进行,抑制副反应发生,在实际中已经得到应用。

13.3.2 氧化还原滴定曲线

1. 氧化还原滴定曲线

在氧化还原滴定中,随着滴定剂的加入,氧化剂与还原剂及产物浓度不断改变,电对的电位随之不断改变。这种电位对加入滴定剂曲线称滴定曲线。滴定曲线可通过能斯特方程及实验方法测得。

用 $0.1000\ mol \cdot L^{-1}\ Ce(SO_4)_2$ 标准溶液滴定 $20.00\ mL\ 0.1000\ mol \cdot L^{-1}\ Fe^{2+}$ 溶液,溶液的酸度保持为 $1\ mol \cdot L^{-1}\ H_2SO_4$。

滴定反应为 $$Ce^{4+} + Fe^{2+} = Ce^{3+} + Fe^{3+}$$

滴定前,Fe^{3+}、Ce^{3+} 浓度不知道,电位无法计算。

滴定开始,溶液中存在 Fe^{3+}/Fe^{2+}、Ce^{4+}/Ce^{3+} 两个电对,此时,有

$$\varphi_{Fe^{3+}/Fe^{2+}} = \varphi_{Fe^{3+}/Fe^{2+}}^{\ominus'} + 0.059\ lg\frac{c_{Fe^{3+}}/c^{\ominus}}{c_{Fe^{2+}}/c^{\ominus}}$$

$$\varphi_{Ce^{4+}/Ce^{3+}} = \varphi_{Ce^{4+}/Ce^{3+}}^{\ominus'} + 0.059\ lg\frac{c_{Ce^{4+}}/c^{\ominus}}{c_{Ce^{3+}}/c^{\ominus}}$$

例如,滴定 Ce^{4+} 溶液 12.00 mL 时,形成 Fe^{3+} 的物质的量 $= 12.00 \times 0.10 = 1.20$ m mol,剩余 Fe^{2+} 的物质的量 $= 8.00 \times 0.10 = 0.8$ m mol

$$\varphi_{Fe^{3+}/Fe^{2+}} = 0.68 + 0.059\ lg\frac{1.2/32}{0.8/32} = 0.69\ V$$

当滴定 $w(Fe^{2+}) = 99.9\%$ 时全部生成 Fe^{3+},Fe^{2+} 质量分数还剩 0.1% 时,则

$$\varphi_{Fe^{3+}/Fe^{2+}} = 0.68 + 0.059\ lg\frac{99.9\%}{0.1\%} = 0.86\ V$$

化学计量点时电位为 φ_{ap} 则有

$$\varphi_{ap} = \varphi_1^{\ominus'} + 0.059\ lg\frac{c_{Ce^{4+}}/c^{\ominus}}{c_{Ce^{3+}}/c^{\ominus}}$$

$$\varphi_{ap} = \varphi_2^{\ominus'} + 0.059\ lg\frac{c_{Fe^{3+}}/c^{\ominus}}{c_{Fe^{2+}}/c^{\ominus}}$$

达到平衡时,两电对的电位相等,两式相加为

$$2\varphi_{ap} = \varphi_1^{\ominus'} + \varphi_2^{\ominus'} + 0.059\ lg\frac{c_{Ce^{4+}}c_{Fe^{3+}}}{c_{Ce^{3+}}c_{Fe^{2+}}}$$

平衡时 $$c_{Ce^{4+}} = c_{Fe^{2+}};\quad c_{Ce^{3+}} = c_{Fe^{3+}}$$

此时 $$lg\frac{c_{Ce^{4+}} + c_{Fe^{3+}}}{c_{Ce^{3+}} + c_{Fe^{2+}}} = 0$$

所以 $$\varphi_{ap} = \frac{\varphi_1^{\ominus'} + \varphi_2^{\ominus'}}{2}$$

对上述反应

$$\varphi_{ap}=\frac{\varphi_{Ce^{4+}/Ce^{3+}}^{\ominus\prime}+\varphi_{Fe^{3+}/Fe^{2+}}^{\ominus\prime}}{2}=\frac{0.68\ V+1.44\ V}{2}=1.06\ V$$

对于一般的反应

$$n_2Ox_1+n_1Red_2=n_2Red_1+n_1Ox_2$$

$$\varphi_{ap}=\varphi_1^{\ominus\prime}+\frac{0.059}{n_1}lg\frac{c_{Ox_1}/c^{\ominus}}{c_{Red_1}/c^{\ominus}} \tag{13.10a}$$

$$\varphi_{ap}=\varphi_2^{\ominus\prime}+\frac{0.059}{n_2}lg\frac{c_{Ox_2}/c^{\ominus}}{c_{Red_2}/c^{\ominus}} \tag{13.10b}$$

式(13.10a)乘以 n_1 ,式(13.10b)乘以 n_2 然后相加,得

$$(n_1+n_2)\varphi_{ap}=n_1\varphi_1^{\ominus\prime}+n\varphi_2^{\ominus\prime}+0.059\ lg\frac{c_{Ox_1}c_{Ox_2}}{c_{Red_1}c_{Red_2}}$$

从反应式可知

$$\frac{c_{Ox_1}}{c_{Red_2}}=\frac{n_2}{n_1};\qquad \frac{c_{Ox_2}}{c_{Red_2}}=\frac{n_1}{n_2}$$

故

$$lg\frac{c_{Ox_1}c_{Ox_2}}{c_{Red_1}c_{Red_2}}=0$$

$$\varphi_{ap}=\frac{n_1\varphi_1^{\ominus\prime}+n_2\varphi_2^{\ominus\prime}}{n_1+n_2} \tag{13.10c}$$

化学计量点后由 Ce^{4+} 过量 0.1% 时,电极电位决定

$$\varphi_{Ce^{4+}/Ce^{3+}}=\varphi_{Ce^{4+}/Ce^{3+}}^{\ominus\prime}+0.059\ lg\frac{c_{Ce^{4+}}}{c_{Ce^{3+}}}=1.44+0.591\ 1\ lg\frac{0.1}{100}=1.26\ V$$

从计算可见,该滴定反应电极电位突跃区间 0.86 ~ 1.26 V,有明显的电位突跃。

氧化剂滴定曲线,常用滴定时介质的不同改变电位量和突跃的长短,特别是可能生成配合物,使突跃区间产生变化。从电位突跃区间,可以选择指示剂确定滴定终点,指示剂变色范围要处在突跃区间,一般在化学计量点电位的附近。

2. 氧化还原滴定中的指示剂与终点误差

氧化还原滴定过程中,除了用电位法滴定终点外,还用指示剂在物质计量点附近颜色的改变来指示滴定终点。常用的指示剂有以下几种类型。

(1)自身指示剂

某些标准溶液或被滴定的物质本身有颜色,滴定时反应后颜色变为无色或浅色,滴定时无需另外加入指示剂。

(2)显色指示剂

有的物质本身不是有氧化还原性,本身无特征颜色。例如可溶性淀粉与游离碘生成深黄色络合物的反应,当 I_2 被还原为 I^- 时,深黄色消失,当 I^- 被氧化为 I_2 ,蓝色出现,例如常用的碘量法。

(3)氧化还原指示剂

氧化还原指示剂本身是有氧化还原性质的有机化合物,它的氧化性和还原性具有不同颜色,当氧化态变为还原态,或由还原态变为氧化态,根据颜色的突变来指示终点。

如果用 In_{Ox} 和 In_{Red} 分别表示指示剂的氧化态和还原态,则

$$In_{Ox}+ne=In_{Red}$$

$$\varphi=\varphi_{In}^{\ominus}+\frac{0.059}{n}lg\frac{c(In_{Ox})/c^{\ominus}}{c(In_{Red})/c^{\ominus}}$$

当 $c(In_{Ox})/c(In_{Red})\leqslant1/10$ 时,溶液显现还原态 In_{Red} 的颜色,此时

$$\varphi\leqslant\varphi_{In}^{\ominus}+\frac{0.059}{n}lg\frac{1}{10}=\varphi_{In}^{\ominus}-\frac{0.059}{n}$$

当 $c(In_{Ox})/c(In_{Red})\geqslant10$ 时,溶液显现氧化态的颜色,此时

$$\varphi\geqslant\varphi_{In}^{\ominus}+\frac{0.059}{n}lg10=\varphi_{In}^{\ominus}+\frac{0.059}{n}$$

故指示剂变色的电位范围为

$$\varphi^{\ominus}\pm\frac{0.059}{n}\ V$$

实际应用时,由于介质温度,其他副反应,用条件电极电位更确切,故指示剂变色电位范围为

$$\varphi^{\ominus'}\pm\frac{0.059}{n}\ V$$

当 $n=1$ 时,指示剂变色电位范围为 $\quad\varphi^{\ominus'}\pm0.059\ V$

当 $n=2$ 时,指示剂变色电位范围为 $\quad\varphi^{\ominus'}\pm0.030\ V$

由于滴定终点与化学计量点存在条件电位差 ΔE,n_1、n_2 分别为得、失电子数,$\Delta E^{\ominus''}=\varphi_1^{\ominus'}-\varphi_2^{\ominus'}$,则滴定误差为

$$E_t=\frac{10^{n_1\Delta E/0.059}-10^{-n_2\Delta E/0.059}}{10^{n_1n_2\Delta E^{\ominus'}/(n_1+n_2)0.059}}$$

13.3.3　氧化还原滴定法中的预处理

在氧化还原滴定中,通常将待测组分氧化为高价态,或还原为低价态后,再进行滴定。例如将 Mn^{2+} 在酸性条件下氧化为 MnO_4^-,然后用 Fe^{2+} 直接滴定,这种预处理应符合下列要求。

①反应进行完全,速度快;

②过量氧化剂或还原剂易于除去;

③反应具有一定的选择性。

13.3.4　常见几种氧化还原滴定法

根据使用滴定剂的名称,将分成几种氧化还原滴定法。常用的氧化剂有 $KMnO_4$,$K_2Cr_2O_7$,I_2,$KBrO_3$,$Ce(SO_4)_2$ 等。

1. 高锰酸钾法

高锰酸钾法是一种强氧化剂,在强酸溶液中,存在反应为

$$MnO_4^- + 8H^+ + 5e \stackrel{}{=\!=\!=} Mn^{2+} + 4H_2O; \quad \varphi^{\ominus} = 1.51 \text{ V}$$

在微酸性、中性或弱碱性溶液中,存在下列反应,即

$$MnO_4^- + 2H_2O + 3e \stackrel{}{=\!=\!=} MnO_2 + 2OH^-; \quad \varphi^{\ominus} = 0.59 \text{ V}$$

在强碱性溶液中,很多有机物与 MnO_4^- 反应,即

$$MnO_4^- + e \stackrel{}{=\!=\!=} MnO_4^{2-}; \quad \varphi^{\ominus} = 0.564 \text{ V}$$

$KMnO_4$ 溶液的配制和标定:

市售的高锰酸钾常含有少量杂质和少量 MnO_2,而且蒸馏水中也常含有微量还原性物质,它们可与 MnO_4^- 反应而析出 $MnO(OH)_2$ 沉淀,因此不能采用直接法配制准确浓度的标准溶液。所以,通常先配制成一近似浓度的溶液,然后进行标定。

标定 $KMnO_4$ 溶液的基准物质,可选用 $Na_2C_2O_4$、$H_2C_2O_4 \cdot 2H_2O$ 和纯铁丝等。其中草酸钠不含结晶水,容易提纯,是最常用的基准物质,在 H_2SO_4 溶液中,反应为

$$2MnO_4^- + 5C_2O_4^{2-} + 16H^+ \stackrel{}{=\!=\!=} 2Mn^{2+} + 10CO_2 \uparrow + 8H_2O$$

高锰酸钾法应用实例:

①H_2O_2 的测定。在少量 Mn^{2+} 存在下,H_2O_2 能还原 MnO_4^-,其反应为

$$5H_2O_2 + 2MnO_4^- + 6H^+ \longrightarrow 5O_2 + 2Mn^{2+} + 8H_2O$$

碱金属及碱土金属的过氧化物,可采用同样的方法进行测定。

②化学需氧量 COD 的测定。地表水、饮用水和生活污水 COD 的测定,可用 $KMnO_4$ 测定,又称高锰酸钾指数测定。

③有机物的测定。在强碱性溶液中,$KMnO_4$ 与有机物质反应后,还原为绿色的 MnO_4^{2-}。利用这一反应,可用 $KMnO_4$ 法测定某些有机化合物。例如,$KMnO_4$ 与甲醇反应为

$$CH_3OH + 6MnO_4^- + 8OH^- \longrightarrow CO_3^{2-} + 6MnO_4^{2-} + 6H_2O$$

2. 重铬酸钾法

重铬酸钾法,指在酸性条件下与还原剂作用,$Cr_2O_7^{2-}$ 被还原为 Cr^{3+},即

$$Cr_2O_7^{2-} + 14H^+ + 6e^- \stackrel{}{=\!=\!=} 2Cr^{3+} + 7H_2O; \quad \varphi^{\ominus} = 1.33 \text{ V}$$

重铬酸钾法也有直接法和间接法之分,采用氧化还原指示剂,如二苯胺磺酸钠等。应该指出,$K_2Cr_2O_7$ 有毒,使用时应该注意废液的处理,以免污染环境。

重铬酸钾法应用实例

①铁的测定。重铬酸钾法测定铁有下列反应

$$6Fe^{2+} + Cr_2O_7^{2-} + 14H^+ \stackrel{}{=\!=\!=} 6Fe^{3+} + 2Cr^{3+} + H_2O$$

试样一般用 HCl 加热分解,在热的浓 HCl 溶液中,用 SnO_2 将 Fe(Ⅲ)还原为 Fe(Ⅱ)。过量的 $SnCl_2$ 用 $HgCl_2$ 氧化,此时溶液中析出 Hg_2Cl_2 丝状的白色沉淀。在 $1 \sim 2 \text{ mol} \cdot L^{-1}$ $H_2SO_4 - H_3PO_4$ 混合酸介质中,以二苯胺磺酸钠作指示剂,用 $K_2Cr_2O_7$ 标准溶液滴定 Fe(Ⅱ)。

H_3PO_4 的作用与 Fe^{3+} 生成 $Fe(HPO_4)_2^-$ 无色络合物,降低 Fe^{3+}/Fe^{2+} 电对电位。滴定突跃范围增大,$Cr_2O_7^{2-}$ 与 Fe^{2+} 的反应也更完全。

②COD 的测定。在酸性介质中以重铬酸钾为氧化剂,测定化学需氧量的方法记作

COD_{Cr},这是水中测定的常用指标。在水样中加入 $HgSO_4$ 消除 Cl^- 的干扰,加入过量 $K_2Cr_2O_7$ 标准溶液,在强酸介质中,以 Ag_2SO_4 为催化剂,回流加热,氧化作用完全后,以 1.10—二氮菲—亚铁为指示剂,用 Fe^{2+} 标准溶液滴定过量的 $K_2Cr_2O_7$。可用于污水中化学需氧量的测定,它的缺点是对芳香烃不能完全氧化,有 Hg^{2+}、Cr^{3+} 有害物质造成对水的污染。

3. 碘量法

碘量法是利用 I_2 的氧化性来进行滴定的方法,其反应为

$$I_2+2e \Longrightarrow 2I^-$$

I_2 溶解度小,实际应用时将 I_2 溶解在 KI 溶液里,以 I_3^- 形式存在,即

$$I_2+I^- \Longrightarrow I_3^-$$

I_3^- 滴定是基本反应,即

$$I_3^-+2e \Longrightarrow 3I^- \; ; \quad \varphi^\ominus = 0.545 \text{ V}$$

I_2 是较弱的氧化剂,能与较强的还原剂作用,而 I^- 是中等强度的还原剂,能与许多的氧化剂作用。碘量法可用直接和间接两种方法进行。

铜铁中硫转化为 SO_2,可用 I_2 直接滴定,淀粉作指示剂

$$I_2+SO_2+2H_2O \Longrightarrow 2I^-+SO_4^{2-}+4H^+$$

直接碘量法还可以测定 As_2O_3、$Sn(\text{Ⅲ})$ 等还原性物质。间接碘量法是将 I^- 加入到氧化剂 $K_2Cr_2O_7$、$KMnO_4$、H_2O_2 等物质,可定量氧化反应析出 I_2,例如

$$2MnO_4^-+10I^-+16H^+ \Longrightarrow 2Mn^{2+}+5I_2+8H_2O$$

析出 I_2 用 NaS_2O_3 溶液滴定,即

$$I_2+2S_2O_3^{2-} \Longrightarrow 2I^-+S_4O_6^{2-}$$

I_2 和 NaS_2O_3 的反应须在中性或弱酸性溶液中进行。在强碱性溶液中 I_2 会发生歧化反应,即

$$3I_2+6OH^- \Longrightarrow IO_3^-+5I^-+3H_2O$$

I^- 在酸性溶液中多与空气中氧所氧化,即

$$4I^-+4H^++O_2 \Longrightarrow 2I_2+2H_2O$$

滴定时,防止 I_2 的挥发,有时使用碘瓶,不要剧烈搅动,以减少 I_2 的挥发。

碘量法应用实例

①S^{2+} 或 H_2S 的测定。在酸性溶液中,I_2 能氧化 H_2S,即

$$H_2S+I_2 \Longrightarrow S\downarrow+2H^++2I^-$$

这是用直接碘量法测定硫化物,用淀粉为指示剂。

②铜的测定。铜合金中铜试样用 HNO_3 分解,低价氧需用浓 H_2SO_4 蒸发将它们除去。也可用 H_2O_2 和 HCl 分解试样,调节为 $pH=3.2 \sim 4.0$,加入过量 KI 析出 I_2,再络合生成 I_3^-,即

$$2Cu^{2+}+4I^- \Longrightarrow 2CuI\downarrow+I_2$$

$$I_2+I^- \Longrightarrow I_3^-$$

生成的 I_2 用 $Na_2S_2O_3$ 标准溶液滴定,以淀粉为指示剂。由于 CuI 吸附 I_2,结果偏低,因此加入 KSCN,使转为 CuSCN,此时 I_2 又重新析出,即

$$CuI+SCN^- = CuSCN+I^-$$

由于 Fe^{3+} 能氧化 I^-,所以加入 NH_4HF_2,可使 Fe^{3+} 生成稳定的 FeF_6^{3-} 络离子,从而防止 Fe^{3+} 氧化 I^-。测定时,最好用纯铜标定 $Na_2S_2O_3$ 溶液,以抵消方法的系统误差。

13.3.5　氧化还原滴定结果的计算

氧化还原反应方程较为复杂,在不同介质时方程不同,因此计算滴定结果,首先写出正确方程式,然后根据化学计量系数,求正确的解。

【例 13.28】　称取软锰矿 0.100 0 g,试样经碱溶后得到 MnO_4^{2-}。煮沸溶液以除去过氧化物。酸化溶液,此时 MnO_4^{2-} 歧化为 MnO_2 和 MnO_4^-,然后滤去 MnO_2,用 $0.101\ 2\ mol \cdot L^{-1}$ Fe^{2+} 标准溶液滴定 MnO_4^-,用去 25.80 mL。计算试样中 MnO_2 的质量分数。

解　有关反应式为

$$MnO_2+Na_2O_2 = Na_2MnO_4$$
$$3MnO_4^{2-}+4H^+ = 2MnO_4^-+MnO_2+2H_2O$$
$$MnO_4^-+5Fe^{2+}+8H^+ = Mn^{2+}+5Fe^{3+}+4H_2O$$

$$1MnO_2 \propto 1MnO_4^{2-} \propto \frac{2}{3}MnO_4^- \propto \frac{2}{3} \times 5Fe^{2+}$$

$$1MnO_2 \propto \frac{10}{3}Fe^{2+}$$

$$w(MnO_2) = \frac{\frac{3}{10}c_{Fe^{2+}} \cdot V_{Fe^{2+}} \times \frac{M_{MnO_2}}{1\ 000}}{m} \times 100 =$$

$$\frac{\frac{3}{10} \times 0.101\ 2 \times 25.80 \times \frac{86.94}{1\ 000}}{0.100} \times 100 = 68.10$$

【例 13.29】　$K_2Cr_2O_7$ 标准溶液,浓度为 $0.016\ 83\ mol \cdot L^{-1}$,称取某含铁试样 0.280 1 g 按测试方法溶样还原为 Fe^{2+},然后用上述 $K_2Cr_2O_7$ 标准溶液滴定,用去 25.60 mL。求试样中铁的质量分数,分别以 $w(Fe)$ 和 $w(Fe_2O_3)$ 表示。

解　反应方程式为

$$6Fe^{2+}+Cr_2O_7^{2-}+14H^+ = 6Fe^{3+}+2Cr^{3+}+7H_2O$$
$$n_{Fe^{2+}} = 6n_{Cr_2O_7^{2-}}$$
$$n_{Fe_2O_3} = 3n_{Cr_2O_7^{2-}}$$

$$w(Fe) = \frac{6c_{K_2Cr_2O_7} \times V_{K_2Cr_2O_7} \times M_{Fe} \times 10^{-3}}{m_{试样}} \times 100 =$$

$$\frac{6 \times 0.016\ 83 \times 25.60 \times 55.84 \times 10^{-3}}{0.280\ 1} \times 100 = 51.52$$

$$w(Fe_2O_3) = \frac{3c_{K_2Cr_2O_7} \times V_{K_2Cr_2O_7} \times M_{Fe_2O_3} \times 10^{-3}}{m_{试样}} \times 100 =$$

$$\frac{3\times0.016\ 83\times25.60\times159.7\times10^{-3}}{0.280\ 1}\times100=73.69$$

【例 13.30】 用碘量法测定铜合金或铜矿石中铜时:

(1)配制 $0.10\ mol\cdot L^{-1}$ $Na_2S_2O_3$ 溶液 2 升,需要 $Na_2S_2O_3\cdot5H_2O$ 多少克?

(2)称取 $0.490\ 3\ g$ $K_2Cr_2O_7$,用水溶解并稀释至 100 mL,称取此溶液 25.00 mL,加入 H_2SO_4 和 KI,用 24.95 mL $Na_2S_2O_3$ 溶液滴定至终点,计算 $Na_2S_2O_3$ 溶液的浓度。

(3)称取铜合金试样 $0.200\ 0\ g$,用上述 $Na_2S_2O_3$ 溶液 25.13 mL 滴定至终点,计算铜的质量分数。

解 (1) $\qquad 0.10\times2\times M_{Na_2S_2O_7\cdot5H_2O}=0.10\times2\times248.17\approx50\ g$

(2) $\qquad Cr_2O_7^{2-}+6I^-+14H^+ \Longrightarrow 2Cr^{3+}+3I_2+7H_2O$

$$I_2+2S_2O_3^{2-}\Longrightarrow 2I^-+S_4O_6^{2-}$$

$$n_{Cr_2O_7^{2-}}=\frac{1}{3}\overset{n}{I_2}=\frac{1}{6}n_{S_2O_3^{2-}}$$

$$n_{Cr_2O_7^{2-}}=\frac{1}{6}n_{S_2O_3^{2-}}$$

$$c_{Cr_2O_7^{2-}}\cdot V_{Cr_2O_7^{2-}}=\frac{1}{6}c_{S_2O_3^{2-}}\cdot V_{S_2O_3^{2-}}$$

$$\frac{0.490\ 3\times1\ 000}{294.2\times100}\times25.00=\frac{1}{6}c_{S_2O_3^{2-}}\times24.95$$

$$c_{S_2O_3^{2-}}=\frac{0.490\ 3\times1\ 000\times25.00\times6}{294.2\times100\times24.95}=0.100\ 2\ mol\cdot L^{-1}$$

(3) $\qquad 2Cu^{2+}+4I^- \Longrightarrow 2CuI\downarrow+I_2$

$$I_2+2S_2O_3^{2-}=2I^-+S_4O_6^{2-}$$

$$1Cu^{2+}\propto 2I_2\propto 2\times\frac{1}{2}S_2O_3^{2-}=1S_2O_3^{2-}$$

$$1Cu\propto 1S_2O_3^{2-}$$

$$w(Cu)=\frac{c_{S_2O_3^{2-}}\cdot V_{S_2O_3^{2-}}\times10^{-3}\times M_{Cu}}{m_{试样}}\times100=\frac{0.100\ 2\times25.13\times10^{-3}\times63.55}{0.200\ 0}\times100=80.01$$

13.4 沉淀滴定法

13.4.1 概述

沉淀滴定法是基于沉淀反应的滴定分析法。沉淀反应很多,但能用于准确沉淀滴定的沉淀反应并不多。主要是很多沉淀的组成不恒定,溶解度较大,易形成过饱和溶液,或达到平衡的速率慢,或共沉淀严重。因此,用于沉淀滴定法的沉淀反应必须符合下列几个条件。

①沉淀物溶解度必须很小,生成的沉淀具有恒定的组成。

②沉淀反应速率大,定量完成。

③用适当的指示剂确定终点。

目前,应用得较广泛的是生成难溶银盐的反应,例如

$$Ag^+ + Cl^- === AgCl\downarrow$$
$$Ag^+ + SCN^- === AgSCN\downarrow$$

以这类反应为基础的沉淀滴定法称为银量法,主要用于测定 Cl^-,Br^-,I^-,Ag^+ 及 SCN^- 等。

除了银量法,还有其他的沉淀反应,如

$$2K_4Fe(CN)_6 + 3Zn^{2+} === K_2Zn_3c(Fe(CN)_6)_2\downarrow + 6K^+$$
$$NaB(C_6H_5)_4 + K^+ === KB(C_6H_5)_4\downarrow + Na^+$$

也可用于沉淀滴定法。

本节讨论银量法。银量法又分为直接法和返滴定法。直接法是用 $AgNO_3$ 标准溶液直接滴定被沉淀的物质。返滴定法是在测定 Cl^- 时,首先加入过量的 $AgNO_3$ 标准溶液,然后以铁铵矾指示剂,用 NH_4SCN 标准溶液返滴定过量的 Ag^+。

13.4.2 用铬酸钾作指示剂——莫尔法

用铬酸钾作指示剂的银量法称为"莫尔法"。

1. 方法原理

在含有 Cl^- 的中性或弱碱性溶液中,以 K_2CrO_4 作指示剂。用 $AgNO_3$ 溶液滴定 Cl^-。由于 $AgCl$ 溶解度比 Ag_2CrO_4 小,根据分步沉淀的原理,$AgCl$ 首先沉淀。当 $AgCl$ 沉淀完全后,过量的一滴 $AgNO_3$ 溶液与 K_2CrO_4 生成砖红色的 Ag_2CrO_4 沉淀,即为滴定终点。反应分别为

$$Ag^+ + Cl^- === AgCl\downarrow（白色）$$
$$2Ag^+ + CrO_4^{2-} === Ag_2CrO_4\downarrow（砖红色）$$

2. 滴定条件

由上两反应式可见,指示剂 K_2CrO_4 浓度过高过低,会引起滴定误差。因此,必须确定 K_2CrO_4 的最佳浓度。从理论上可以计算出化学计量点所需的 CrO_4^{2-} 浓度。

(1) K_2CrO_4 溶液的浓度

根据溶度积原理

$$\{c(Ag^+)/c^\ominus\}\{c(Cl^-)/c^\ominus\} = K_{sp} \cdot AgCl = 1.56 \times 10^{-10}$$

化学计量点时

$$c(Ag^+) = c(Cl^-)$$
$$c(Ag^+)^2 = 1.56 \times 10^{-10}$$
$$c(Ag^+) = 1.25 \times 10^{-5}\ mol \cdot L^{-1}$$

若此时 Ag_2CrO_4 有砖红色沉淀,则

$$\{c(Ag^+)/c^\ominus\}^2\{c(CrO_4^{2-})/c^\ominus\} = K_{sp} \cdot Ag_2CrO_4$$

$$c(CrO_4^{2-}) = \frac{K_{sp} \cdot Ag_2CrO_4}{\{c(Ag^+)\}^2} = \frac{9.0 \times 10^{-12}}{(1.25 \times 10^{-5})^2} = 5.8 \times 10^{-2}\ mol \cdot L^{-1}$$

实际分析中,CrO_4^{2-} 浓度约为 $5 \times 10^{-3}\ mol \cdot L^{-1}$,因为 K_2CrO_4 为黄色,浓度较高时颜色

较深,难判断砖红色沉淀的出现,因此指示剂浓度略低一些为好。

(2)溶液的酸度

用 $AgNO_3$ 溶液滴定 Cl^- 时,反应需在中性或弱性介质(pH=6.5～10.5)中进行。因为在酸性溶液中,可使 Ag_2CrO_4 沉淀溶解。即

$$Ag_2CrO_4+H^+ \Longrightarrow 2Ag^++HCrO_4^-$$

在强碱性或氨性溶液中,滴定剂会被碱分解或与氨生成络合物而使 AgCl 沉淀溶解。即

$$2Ag^++2OH^- \Longrightarrow Ag_2O+H_2O$$

$$AgCl+2NH_3 \Longrightarrow c(Ag(NH_3)_2)^++Cl^-$$

所以如果试液为酸性或强碱性,可用酚酞作指示剂以稀 NaOH 或稀 H_2SO_4 溶液调节至酚酞的红色刚好褪去,也可用 $NaHCO_3$,$CaCO_3$ 或 $Na_2B_4O_7$ 等预先中和,然后再滴定。

(3)滴定时要充分摇荡

在化学计量点前,AgCl 沉淀容易吸附溶液中过量的 Cl^-,使 Ag_2CrO_4 沉淀过早出现,引入误差。为了消除这种误差,滴定时必须剧烈摇动,使被沉淀吸附的 Cl^- 释放出来,以获得准确的终点。测定 Br^- 时,AgBr 吸附 Br^- 更严重,所以要注意剧烈摇动,减少误差。

3. 测定范围

①莫尔法主要测定氯化物中 Cl^- 或溴化物中 Br^-,Cl^- 和 Br^- 共存时,测定的是总量。

②不适用沉淀 I^- 和 SCN^-,因为 Ag^+ 的化合物强烈吸附这些阴离子。

③测定时,PO_4^{3-},AgO_3^{3-},CO_3^{2-},S^{2-},$C_2O_4^{2-}$ 等阴离子能与 Ag^+ 生成沉淀,Ba^{2+},Pb^{2+} 等阳离子与 CrO_4^{2-} 能生成沉淀。弱碱性中,Fe^3,Al^{3+},Bi^{3+},Sn^{4+} 等离子发生水解,这些离子都有干扰,应预先将其分离。

13.4.3 用铁胺矾作指示剂——佛尔哈德法

1. 方法原理

用铁铵矾 $c(NH_4Fe(SO_4)_2 \cdot 12H_2O)$ 作指示剂的沉淀滴定法称为佛尔哈德法。有直接滴定法和返滴定法两种。

(1)直接滴定法

在含有 Ag^+ 的酸性溶液中,加入铁胺矾指示剂,用 NH_4SCN(或 KSCN)标准溶液直接进行滴定时,首先析出白色 AgSCN 沉淀。达到化学计量点时,过量的 SCN^- 与溶液中 Fe^{3+} 生成红色 $FeSCN^{2+}$ 络合物,即指示终点。因此,用直接滴定法可以测定银。

(2)返滴定法

用佛尔哈德法测定卤素时采用返滴定法,先加入已知过量的 $AgNO_3$ 标准溶液,再以铁胺矾作指示剂,用 NH_4SCN 标准溶液返滴定剩余的 Ag^+。因此,返滴定法可以测定 Cl^-,Br^-,I^- 和 SCN^- 等离子。

2. 滴定条件

(1)溶液的酸度

滴定反应要在 HNO_3 溶液中进行,HNO_3 浓度以 $0.2～0.5$ mol $\cdot L^{-1}$ 较为适宜,在中

性、碱性介质中，Fe^{3+}，Ag^+ 会生成沉淀。

（2）铁铵矾溶液浓度

50 mL 的浓度为 $0.2 \sim 0.5$ mol · L^{-1} HNO_3 溶液，加入 $1 \sim 2$ mL 质量分数为 4% 的铁铵矾溶液。

（3）为了抑制 $AgCl + SCN^- = AgSCN \downarrow + Cl^-$ 正向进行，必须在生成 AgCl 沉淀以后，煮沸凝聚、过滤、去除沉淀。用稀 HNO_3 充分洗涤沉淀，然后用 NH_4SCN 返滴 Ag^+。或者在滴入 NH_4SCN 标准溶液前加入硝基苯 $1 \sim 2$ mL，在摇动后，AgCl 沉淀进入硝基苯层中，使它不与滴定溶液接触，避免沉淀转化反应发生。

3. 应用范围

（1）佛尔哈德法在 HNO_3 介质中进行，PO_4^{3-}，AsO_4^{3-}，CrO_4^{2-} 不生成 Ag 的化合物沉淀，因此此法选择性比莫尔法高。可测烧碱中 Cl^-，银合金中银的质量分数。

（2）与 SCN^- 能起反应的 Cu^{2+}、Hg^{2+}、强氧化剂，必须预先除去。

13.4.4 用吸附指示剂——法扬司法

吸附指示剂是一类有色的有机化合物，它被吸附在胶体微粒表面后，发生分子结构的变化，从而引起颜色的变化。用吸附指示剂指示滴定终点的银量法称为"法扬司法"。

胶体强烈吸附作用 AgCl 沉淀，若 Cl^- 过量，沉淀表面吸附 Cl^-，使胶粒带负电荷，与阳离子组成扩散层。若 Ag^+ 过量，则沉淀表面吸附 Ag^+，使胶粒带正电荷，与阴离子组成扩散层。

吸附指示剂可分为两类：一类是酸性染料，如荧光黄及其衍生物，是有机弱酸，离解出指示剂阴离子，另一类是碱性燃料，甲基紫、罗丹明 6G 等离解出阳离子。例如荧光黄 HFI，表示在溶液中 FI^- 阴离子呈黄绿色。用荧光黄作为 $AgNO_3$ 滴定 Cl^- 的指示剂时，在化学计量点以前，溶液中 Cl^- 过量，AgCl 胶粒带负电荷，故 FI^- 不被吸附。在化学计量点后，过量 $AgNO_3$ 使 AgCl 胶粒带正电荷。这时带正电荷的胶粒强烈地吸附 FI^-，可能形成荧光黄银化合物，导致颜色发生变化，使沉淀表面呈淡红色，从而指示滴定终点。整个溶液由黄绿色变成淡红色。反应可写为

$$AgCl \cdot Ag^+ + FI^- \xrightarrow{\text{吸附}} AgCl \cdot Ag^+ \downarrow FI^-$$
$$\text{（黄绿色）} \qquad\qquad \text{（淡红色）}$$

为了使终点变色敏锐，应用吸附指示剂时，应考虑下面几个因素。

（1）由于吸附指示剂吸附在沉淀微粒表面上，因此应尽可能使沉淀颗粒小一些，具有较大的表面，滴定时防止 AgCl 凝聚。因此，加入糊精、淀粉与高分子化合物作为保护胶体，以防止 AgCl 沉淀凝聚。

（2）卤化银沉淀对光敏感，遇光易分解出银，使沉淀很快转变为灰黑色。因此，滴定过程中应避免光照射。

（3）溶液浓度不能太稀，太稀沉淀很少，观察终点困难。用荧光黄作指示剂，$AgNO_3$ 溶液滴定 Cl^- 时，Cl^- 的浓度要求在 0.005 mol · L^{-1} 以上。滴定 Br^-，I^-，SCN^-，浓度为 0.001 mol · L^{-1} 时仍可准确滴定。

(4)根据不同吸附指示剂,不同的 K_a,来确定滴定溶液的 pH 值。荧光黄 $K_a = 10^{-7}$ 时,pH 应为 $7 \sim 10$,二氯荧光黄 $K_a = 10^{-4}$ 时,$pH = 4 \sim 10$。

(5)胶体微粒对指示剂离子的吸附能力,应略小于对待测离子的吸附能力,但吸附能力太差,终点时变色也不敏锐。

13.5 络合滴定法

络合滴定法是以络合反应为基础的滴定分析方法。络合反应除了滴定,还广泛用于其他方面。作为显色剂、萃取剂、沉淀剂、掩蔽剂都可利用络合剂的有关反应。本节综合介绍络合反应中有关平衡、酸效应系数、络合效应系数及条件平衡常数,并阐述络合滴定的基本原理。

13.5.1 EDTA 络合滴定法基本原理

在络合滴定中,最常见的络合剂为 EDTA(乙二胺四乙酸),可用 H_4Y 表示。通常用二钠盐 $Na_2H_2Y \cdot 2H_2O$ 表示,溶解度较大,22℃时,100 mL 水可溶解 11.1 g。此时溶液的浓度约为 $0.3\ mol \cdot L^{-1}$,$pH = 4.4$。

1. EDTA 的离解平衡

当酸度较高时,H_4Y 两个羟基可再接受 H^+,生成 H_6Y^{2+},这样 EDTA 在水溶液里存在六级离解平衡,即

$$H_6Y^{2-} = H^+ + H_5Y^+ ; \qquad K_{a1} = \frac{\{c(H^+)/c^{\ominus}\}\{c(H_5Y^+)/c^{\ominus}\}}{\{c(H_6Y^{2-})/c^{\ominus}\}} = 10^{-0.9}$$

$$H_5Y^+ = H^+ + H_4Y ; \qquad K_{a2} = \frac{\{c(H^+)/c^{\ominus}\}\{c(H_4Y)/c^{\ominus}\}}{\{c(H_5Y^+)/c^{\ominus}\}} = 10^{-1.6}$$

$$H_4Y = H^+ + H_3Y^- ; \qquad K_{a3} = \frac{\{c(H^+)/c^{\ominus}\}\{c(H_3Y^-)/c^{\ominus}\}}{\{c(H_4Y)/c^{\ominus}\}} = 10^{-2.0}$$

$$H_3Y^- = H^+ + H_2Y^{2-} ; \qquad K_{a4} = \frac{\{c(H^+)/c^{\ominus}\}\{c(H_2Y^{2-})/c^{\ominus}\}}{\{c(H_3Y^-)/c^{\ominus}\}} = 10^{-2.67}$$

$$H_2Y^{2-} = H^+ + HY^{3-} ; \qquad K_{a5} = \frac{\{c(H^+)/c^{\ominus}\}\{c(HY^{3-})/c^{\ominus}\}}{\{c(H_2Y^{2-})/c^{\ominus}\}} = 10^{-6.16}$$

$$HY^{3-} = H^+ + Y^{4-} ; \qquad K_{a6} = \frac{\{c(H^+)/c^{\ominus}\}\{c(Y^{4-})/c^{\ominus}\}}{\{c(HY^{3-})/c^{\ominus}\}} = 10^{-10.26}$$

在 EDTA 水溶液中,总是以 H_6Y^{2+},H_5Y^+,H_4Y,H_3Y^-,H_2Y^{2-},HY^{3-} 和 Y^{4-} 等 7 种形式存在。在不同的 pH 值条件下,各种存在形式的浓度是不相同的。

在 pH<1 的强酸性溶液中,主要以 H_6Y^{2+} 形式存在;pH 为 $2.67 \sim 6.16$ 的溶液中,主要以 H_2Y^{2-} 形式存在;pH>10.26 碱性溶液中,主要以 Y^{4-} 的形式存在。

2. EDTA 的副反应系数和条件稳定常数

EDTA 的副反应系数首先考虑 EDTA 的酸效应和酸效应系数 $\alpha_{Y(H)}$。

（1）EDTA 的酸效应与酸效应系数 $\alpha_{Y(H)}$

由于 EDTA 与 H^+ 的反应，使 Y 的平衡浓度降低，主反应络合下降，这种由于 H^+ 存在使配位体参加主反应能力降低的现象，称为酸效应。其大小用酸效应系数 $\alpha_{Y(H)}$ 来描述。$\alpha_{Y(H)}$ 表示 EDTA 各种存在形式的总浓度 $c(Y')$ 与能起络合反应的平衡浓度 $c(Y)$ 之比，即

$$\alpha_{Yc(H)} = \frac{c(Y')}{c(Y)} \tag{13.11a}$$

α 越大，$c(Y)$ 越小，$c(H^+)$ 形成的副反应越小，如果 pH>13，可认为 $\alpha=1$，溶液中都可近似为以 $c(Y^{4-})$ 形式存在。在其他 pH 范围里，$\alpha_{Y(H)}$ 可用下面公式计算

$$\alpha_{Yc(H)} = \frac{c(Y')}{c(Y)} = 1 + \beta_1 c(H^+) + \beta_2 c(H^+)^2 + \beta_3 c(H^+)^3 +$$
$$\beta_4 c(H^+)^4 + \beta_5 c(H^+)^5 + \beta_6 c(H^+)^6 \tag{13.11b}$$

$c(H^+)$ 越大，$\alpha_{Y(H)}$ 越大，酸效应系数随溶液酸度增加而增大。β 为累积常数，即

$$\beta_1 = \frac{1}{K_{a6}}$$

$$\beta_2 = \frac{1}{K_{a6}K_{a5}}$$

$$\beta_3 = \frac{1}{K_{a6}K_{a5}K_{a4}} \tag{13.11c}$$

$$\beta_4 = \frac{1}{K_{a6}K_{a5}K_{a4}K_{a3}}$$

$$\beta_5 = \frac{1}{K_{a6}K_{a5}K_{a4}K_{a3}K_{a2}}$$

$$\beta_6 = \frac{1}{K_{a6}K_{a5}K_{a4}K_{a3}K_{a2}K_{a1}}$$

不同 pH 值下的 $\lg\alpha_{Y(H)}$ 见有关文献。

【例 13.31】 计算 pH=2.00 时 EDTA 的酸效应系数。

解 $\alpha_{Y(H)} = 1 + 10^{10.26} \times 10^{-2} + 10^{10.26} \times 10^{6.10}(10^{-2})^2 + 10^{10.26} \times 10^{6.10} \times 10^{2.67}(10^{-2})^3 + 10^{10.26} \times$
$10^{6.10} \times 10^{2.67} \times 10^{2.0}(10^{-2})^4 + 10^{10.26} \times 10^{6.10} \times 10^{2.67} \times 10^{2.0} \times 10^{1.6}(10^{-2})^5 +$
$10^{10.26} \times 10^{6.10} \times 10^{2.67} \times 10^{2.0} \times 10^{1.6} \times 10^{0.9}(10^{-2})^6 =$
$1 + 10^{8.26} + 10^{12.42} + 10^{13.09} + 10^{13.09} + 10^{12.69} + 10^{11.59} = 3.25 \times 10^{13}$

$$\lg\alpha_{Y(H)} = 13.51$$

（2）金属离子 M 的副反应及副反应系数

当 M 与 Y 反应时，另一络合剂 L 存在，与 M 生成络合物 ML，使金属离子 M 与主反应络合剂 EDTA 反应能力降低的现象称为络合效应。其他络合剂 L 的存在引起副反应时的副反应系数称为络合效应系数。用 $\alpha_{M(L)}$ 表示。$\alpha_{M(L)}$ 表示没有参加主反应的金属离子总浓度 $c(M)$ 与游离金属离子之比，即

$$\alpha_{M(L)} = \frac{c(M')}{c(M)} = \frac{c(M) + c(ML) + \cdots + c(ML_n)}{c(M)} =$$
$$1 + \beta_1\{c(L)\} + \beta_2\{c(L)^2\} + \cdots + \beta_n\{c(L)\}^n \tag{13.11d}$$

则游离金属离子的浓度为

$$c(M) = \frac{c(M')}{\alpha_{M(L)}} \tag{13.11e}$$

【例 13.32】 求 $0.01\ mol \cdot L^{-1} AlF_6^{3-}$ 溶液中游离 F^- 的浓度为 $0.01\ mol \cdot L^{-1}$。求溶液中游离的 Al^{3+} 浓度。

解 $\alpha_{Al(F)} = 1 + 1.4 \times 10^6 \times 0.010 + 1.4 \times 10^{11} \times (0.010)^2 + 1.0 + 10^{15} \times (0.010)^3 + 5.6 \times 10^{17} \times$
$(0.010)^4 + 2.3 \times 10^{19} \times (0.010)^5 + 6.9 \times 10^{19} \times (0.010)^6 =$
8.9×10^9

$$c(Al^{3+}) = \frac{0.010}{8.9 \times 10^9} = 1.1 \times 10^{-11}\ mol \cdot L^{-1}$$

如果金属离子 M 有两种络合剂 L 和 A(包括 OH^-)反应。总副反应系数

$$\alpha_M = \frac{c(M')}{c(M)} = \frac{c(M) + c(ML) + \cdots + c(ML_n)}{c(M)} + \frac{c(M) + c(MA) + \cdots + c(MA_m)}{c(M)} - \frac{c(M)}{c(M)} = \alpha_{M(L)} + \alpha_{M(A)} - 1$$

若 A 为 OH^-,则

$$\alpha_m = \alpha_{M(L)} + \alpha_{M(OH)} - 1$$

【例 13.33】 在 $0.01\ mol \cdot L^{-1} Zn^{2+}$ 溶液中,加入 pH = 10 的氨缓冲溶液,使溶液中氨的浓度为 $0.01\ mol \cdot L^{-1}$,计算溶液中游离 Zn^{2+} 的浓度。

解 $\alpha_{Zn(NH_3)} = 1 + \beta_1 \{c(NH_3)\} + \beta_2 \{c(NH_3)\}^2 + \beta_3 \{c(NH_3)\}^3 + \beta_4 \{c(NH_3)\}^4 =$
$1 + 10^{2.27} \times 10^{-1} + 10^{4.61} \times 10^{-2} + 10^{7.01} \times 10^{-3} + 10^{9.06} \times 10^{-4} = 10^{5.10}$

$$pH = 10$$

$$\alpha_{Zn(OH)} = 10^{2.4}$$

$$\alpha_{Zn} = \alpha_{Zn(NH_3)} + \alpha_{Zn(OH)} - 1 = 10^{5.10} + 10^{2.4} - 1 = 10^{5.10}$$

$$c(Zn) = \frac{c_{Zn^{2+}}}{\alpha_{Zn}} = \frac{0.01}{10^{5.10}} = 7.9 \times 10^{-8}\ mol \cdot L^{-1}$$

(3)条件稳定常数

利用金属离子的副反应系数 α_M,可以在其他络合剂 L 存在下对有关平衡进行定量处理,即

$$M + Y = MY$$

条件稳定常数

$$K'_{MY} = \frac{\{c(MY)/c^\ominus\}}{\{c(M')/c^\ominus\}\{c(Y)/c^\ominus\}} \tag{13.12a}$$

将 $c(M') = \alpha_M c(M)$ 代入得

$$\frac{\{c(MY)/c^\ominus\}}{\alpha_M \{c(M)/c^\ominus\}\{c(Y)/c^\ominus\}} = \frac{K_{MY}}{\alpha_M} \tag{13.12b}$$

若同时考虑 EDTA 的酸效应,条件稳定常数 $K_{M'Y'}$,即

$$K_{M'Y'} = \frac{\{c(MY)/c^\ominus\}}{\{c(M')/c^\ominus\}\{c(Y')/c^\ominus\}} = \frac{\{c(MY)/c^\ominus\}}{\alpha_M \{c(M)/c^\ominus\} \alpha_{Y(H)} \{c(Y)/c^\ominus\}} = \frac{K_{MY}}{\alpha_M \alpha_{Y(H)}}$$

$$\tag{13.12c}$$

$$\lg K_{M'Y'} = \lg K_{MY} - \lg\alpha_M - \lg\alpha_{Y(H)} \qquad (13.12d)$$

如果溶液中无共存离子效应,酸度又高于金属离子的水解酸度,不存在其他引起金属离子的副反应的络合剂,此时只有 EDTA 的酸效应,则式(13.12d)可简化为

$$\lg K'_{MY} = \lg K_{MY} - \lg\alpha_{Y(H)}$$

【例 13.34】 计算 pH = 2.00, pH = 5.00 时 ZnY 的条件稳定常数

解
$$\lg K'_{ZnY} = \lg K_{ZnY} - \lg\alpha_{Y(H)}$$

pH = 2.00 时 $\lg K'_{ZnY} = 16.50 - 13.51 = 2.99$

pH = 5.00 时 $\lg K'_{ZnY} = 16.50 - 6.45 = 10.05$

(4)络合滴定条件

允许的最小 pH 值取决于允许的误差和检测终点的准确度。络合滴定的目测终点与化学计量点 pM 差值一般为 ±(0.2 ~ 0.5),即至少为 ±0.2。若允许相对误差 E_T 为 0.1%,则根据终点误差公式可得

$$\lg c \cdot K'_{MY} \geqslant 6 \qquad (13.13a)$$

因此通常将 $\lg c \cdot K'_{MY} \geqslant 6$ 作为能否用络合滴定法测定单一金属离子的条件。如果 $c = 10^{-2}$ mol $\cdot$ L^{-1},则 $\lg K'_{MY} \geqslant 8$。不考虑金属离子的其他络合反应,代入式(13.13a)得

$$\lg\alpha_{Y(H)} \leqslant \lg K_{MY} - 8 \qquad (13.13b)$$

将不同金属离子的 $\lg K_{MY}$ 代入式(13.13b),可求出最大 $\lg\alpha_{Y(H)}$ 值,再从表 13.6 可查得与它对应的最小 pH 值。例 $c = 10^{-2}$ mol $\cdot$ L^{-1} Zn^{2+} 的滴定,$\lg K_{ZnY} = 16.50$ 代入式(13.13b)可得 $\lg\alpha_{Y(H)} \leqslant 8.5$,从表中可查得 pH = 4.0 是 Zn 允许的最小 pH 值。

13.5.2 EDTA 络合滴定曲线

在络合滴定中,若被滴定的是金属离子,则随着络合滴定剂的加入,金属离子不断被络合,其浓度不断减少。与其他滴定类似,在化学计量点附近 pM 值($-\lg c(M)$)发生突变,利用适当的方法,可以指示终点,完成滴定。将 pM-EDTA 加入量绘制的滴定曲线来标示。对 EDTA 滴定,金属离子在滴定介质中,不水解,也不易与其他络合剂络合,仅考虑 EDTA 的酸效应,并先求出条件稳定常数,然后计算 pM 突变范围。

【例 13.35】 在 pH = 12 强碱介质中,与 0.010 00 mol $\cdot$ L^{-1} EDTA 二钠盐标准溶液滴定 20.00 mL 0.010 00 mol $\cdot$ L^{-1} Ca^{2+} 溶液时 pCa 的变化情况。

解 pH = 12 $\lg\alpha_{Y(H)} = 0.01$ $\alpha_{Y(H)} = 1$ 所以 $K'_{MY} = 10^{10.69}$

(1)滴定前 $c(Ca^{2+}) = 0.01$ mol $\cdot$ L^{-1}

$$pCa = -\lg c(Ca^{2+}) = -\lg 0.01 = 2.00$$

(2)滴定开始至化学计量点前,体系中 $c(Ca^{2+})$ 取决于剩余 Ca^{2+} 的浓度。例如加入 EDTA 溶液 19.98 mL,则

$$c(Ca^{2+}) = \frac{0.010\,0 \times 0.02}{20.00 + 19.98} = 5 \times 10^{-6} \text{ mol} \cdot \text{L}^{-1}$$

$$pCa = 5.30$$

(3)化学计量点时

$$c(CaY^{2-}) = 0.010\,0 \times \frac{20.00}{20.00 + 20.00} = 5 \times 10^{-3} \text{ mol} \cdot \text{L}^{-1}$$

$$c(Ca^{2+}) = c(Y) = x \text{ mol} \cdot L^{-1}$$

$$K_{CaY} = \frac{c(CaY^{2-})}{\{c(Ca^{2+})/c^{\ominus}\}\{c(Y)/c^{\ominus}\}} = \frac{5 \times 10^{-3}}{x^2} = 10^{10.69}$$

$$x = \{c(Ca^{2+})/c^{\ominus}\} = 3.2 \times 10^{-7} \text{ mol} \cdot L^{-1}$$

$$pCa = 6.49$$

（4）化学计量后，加入 EDTA 20.02 mL，EDTA 过量 0.02 mL，则

$$c(Y) = \frac{0.010\ 0 \times 0.02}{20.00 + 20.02} = 5 \times 10^{-6} \text{ mol} \cdot L^{-1}$$

则
$$\frac{5 \times 10^{-3}}{c(Ca^{2+}) \times 5 \times 10^{-6}} = 10^{10.69}$$

$$c(Ca^{2+}) = 10^{-7.69}$$

$$pCa = 7.69$$

pH 不同，滴定突跃区间不同，pH 越大，lgK'_{CaY} 越大，所以突跃区间就宽。

如果在氨缓冲溶液中滴定易与 NH_3 络合的 Ni^{2+} 等金属离子时，金属离子与 NH_3 形成络合物。此时滴定计算时，必须考虑 $lg\alpha_{Ni}$，$lg\alpha_{Y(H)}$ 及 lgK'_{NiY} 来求 pNi。

【例 13.36】 用 $0.01 \text{ mol} \cdot L^{-1}$ EDTA 滴定 20.00 mL $0.01 \text{ mol} \cdot L^{-1}$ Ni^{2+} 离子，在 pH = 10 的氨缓冲溶液中，使溶液中游离氨的浓度为 $0.1 \text{ mol} \cdot L^{-1}$，计算 $lgK_{Ni'Y'}$ 及化学计量点时溶液中 pNi′ 和 pNi 值。

解 $\alpha_{Nic(NH_3)} = 1 + \beta_1\{c(NH_3)\} + \beta_2\{c(NH_3)\}^2 + \beta_3\{c(NH_3)\}^3 +$
$$\beta_4\{c(NH_3)\}^4 + \beta_5\{c(NH_3)\}^5 + \beta_6\{c(NH_3)\}^6 =$$
$$1 + 10^{2.75} \times 10^{-1} + 10^{4.95} \times 10^{-2} + 10^{6.64} \times 10^{-3} +$$
$$10^{7.79} \times 10^{-4} + 10^{8.50} \times 10^{-5} + 10^{8.49} \times 10^{-6} = 10^{4.17}$$

pH = 10 $\quad \alpha_{Ni(OH)} = 10^{0.7}$

$$\alpha_{Ni} = \alpha_{Ni(NH_3)} + \alpha_{Ni(OH)} - 1 = 10^{4.17} + 10^{0.7} - 1 = 10^{4.17}$$

pH = 10 $\quad lg\alpha_{Y(H)} = 0.45$

$$lgK_{Ni'Y'} = lgK_{NiY} - lg\alpha_{Ni} - lg\alpha_{Y(H)} = 18.60 - 4.17 - 0.45 = 13.98$$

化学计量点时
$$c(NiY) = \frac{0.01 \times 20.00}{40.00} = 5 \times 10^{-3} \text{ mol} \cdot L^{-1}$$

化学计量点时
$$c(Ni') = c(Y') = x$$

$$\frac{5 \times 10^{-3}}{x^2} = 10^{13.98}$$

$$x = 7.2 \times 10^{-9} \text{ mol} \cdot L^{-1}$$

$$pNi = 8.1$$

$$c(Ni) = \frac{c(Ni)}{\alpha_{Ni}} = \frac{7.2 \times 10^{-9}}{10^{4.17}} = 4.9 \times 10^{-13} \text{ mol} \cdot L^{-1}$$

$$pNi = 12.3$$

13.5.3 金属离子指示剂

络合滴定中，判断滴定终点的方法有多种，其中最常用的是用金属指示剂判断滴定终

点的方法。

1. 金属离子指示剂的作用原理

通常利用一种能与金属离子生成有机络合物的显色剂来指示滴定过程中金属离子浓度的变化,这种显色剂称为金属离子指示剂,简称金属指示剂。金属离子指示剂与被滴定金属离子反应,形成一种与指示剂本身颜色不同的络合物,如

$$M-铬黑 T+EDTA = M-ED TA+铬黑 T$$

酒红色   蓝色

一般来说,金属离子指示剂应具备下列条件。

(1)在滴定 pH 范围内 MIn 与 In 的颜色应显著不同。

(2)指示剂与金属离子形成的有色络合物要有适当的稳定性。既要有足够的稳定性,又要比该金属离子的 EDTA 络合物的稳定性小。如果稳定性太低,终点会提前出现,如果稳定性太高,有可能使 EDTA 不能夺取其中的金属离子,显色反应失去可逆性,得不到滴定终点。

(3)显色反应灵敏、迅速,有良好的可逆变色反应。

2. 常用金属离子指示剂的选择

最常见的指示剂,有铬黑 T、二甲酚橙、钙指示剂、PAN 等。指示剂在计量点附近有敏锐的颜色变化,但有时达到化学计量点后,过量 EDTA 不能夺取金属指示剂有色络合物中的金属离子,因而使指示剂在化学计量点附近没有颜色变化,这种现象称为指示剂封闭现象。可适当加入掩蔽剂消除其他离子与指示剂作用,加入过量 EDTA,然后进行返滴定,避免指示剂的封闭现象。也可以加入适当的有机溶剂,增大其溶解度,使颜色变化敏锐。或者适当加热,加快置换速度,使指示剂变色较明显。

13.5.4　络合滴定及其应用

1. 直接滴定法

将试样处理成溶液后,调节 pH 值,加入指示剂,直接进行滴定。采用直接滴定法,必须符合下列条件。

①被测离子浓度 c_M 与条件稳定常数 $\lg c_M K'_{MY} \geq 6$ 的要求。

②络合反应速度快。

③有变色敏锐的指示剂,没有封闭现象。

④被测离子不发生水解和沉淀反应。

2. 间接滴定法

有些金属离子和非金属离子不与 EDTA 络合或生成的络合物不稳定,可以采用间接滴定法。测定 Na^+,可生成醋酸铀酰锌钠 $NaAc \cdot Zn(Ac)_2 \cdot 3UO_2(Ac)_2 \cdot 9H_2O$,将沉淀分离、洗净、溶解后,用 EDTA 滴定 Zn^{2+},从而间接求出 Na^+。

3. 返滴定

加入过量的 EDTA 标准溶液,待络合或沉淀完全后,用其他金属离子标准溶液返滴定

过量的 EDTA。测定 Al^{3+} 时,先加入一定量过量的 EDTA 标准溶液,在 pH=3.5 时,煮沸溶液,生成稳定的 AlY^- 络合物。络合完全后,调节 pH=5~6,加入二甲酚橙,即可顺利地用 Zn^{2+} 标准溶液进行返滴定。

4. 置换滴定法

利用置换反应,置换出等物质的量的另一金属离子,或置换出 EDTA,然后滴定。例如滴定 Ag^+ 时,先将 Ag^+ 加入到 $Ni(CN)_4^{2-}$ 溶液中,则

$$2Ag^+ + Ni(CN)_4^{2-} = 2Ag(CN)_2^- + Ni^{2+}$$

在 pH=10 的氨性溶液中,以紫脲酸铵作指示剂,用 EDTA 滴定置换出来的 Ni^{2+} 即可求得 Ag^+ 的含量。又如测定 Ca^{2+},Zn^{2+} 等离子共存时的 Al^{3+},可先加入过量 EDTA,并加热使其生成络合物,调 pH=5.6,以 PAN 作指示剂,用铜标准溶液滴定过量的 EDTA。再加入 NH_4F,使 AlY^- 转变为更稳定的络合物 AlF_6^{3-},置换出 EDTA,再用铜盐标准溶液滴定,反应为

$$AlY^- + 6F^- = AlF_6^{3-} + Y^{4-}$$
$$Y^{4-} + Cu^{2+} = CuY^{2-}$$

13.5.5 混合离子的分别滴定

混合离子如何进行分别滴定,可由下面几种方法解决。

1. 分别滴定

两种金属 M,N 都与 Y 生成络合物 MY,NY,$\Delta\lg K = \lg K_{MY} - \lg K_{NY} = 5$ 时,$c_M = c_N$,就可进行分别滴定。有时通过控制 pH 来达到分别滴定。例如 $\lg K_{FeY} = 25.1$,$\lg K_{AlY} = 16.3$,$\Delta\lg K = 25.1 - 16.3 = 8.8 > 5$,可以滴定 Fe^{3+},共存 Al^{3+} 没有干扰,滴定 Fe^{3+} 时允许最小 pH 约为 1,考虑 Fe^{3+} 的水解,pH 范围为 1~2.2。

2. 掩蔽滴定

掩蔽方法所用反应类型不同,可分为络合掩蔽法,沉淀掩蔽法和氧化还原掩蔽法。

(1) 络合掩蔽法

例如用 EDTA 滴定水中的 Ca^{2+},Mg^{2+} 时,Fe^{3+},Al^{3+} 等离子的存在对测定有干扰。加入三乙醇胺使之与 Fe^{3+},Al^{3+} 生成更稳定的络合物,则 Fe^{3+},Al^{3+} 被掩蔽而不能发生干扰,Al^{3+} 有时用 NH_4F 掩蔽,生成稳定的 AlF_6^{3-} 络离子。

(2) 沉淀掩蔽法

例如 Ca^{2+},Mg^{2+} 两种离子共存的溶液中,加入 NaOH 溶液,使 pH>12,则 Mg^{2+} 生成的 $Mg(OH)_2$ 沉淀,用钙指示剂可用 EDTA 滴定钙。

(3) 氧化还原掩蔽法

例如用 EDTA 滴定 Bi^{3+},Zr^{4+},Th^{4+} 等离子时,Fe^{3+} 干扰,可加入抗坏血酸或羟胺等,将 Fe^{3+} 还原成 Fe^{2+}。Fe^{2+}–EDTA 稳定常数小,难以络合。常用的还原剂有抗坏血酸、羟胺、联胺、硫脲、半胱氨酸等。

3. 解蔽后滴定

在滴定铜合金中 Cu^{2+},Zn^{2+},Pb^{2+} 三种离子,测定 Zn^{2+} 和 Pb^{2+} 时,用氨水中和试液,加

KCN,以掩蔽 Cu^{2+},Zn^{2+} 两种离子。Pb^{2+} 不被掩蔽,加酒石酸,pH=10,用铬黑 T 作指示剂,用 EDTA 滴定 Pb,然后加入甲醛或三氯乙醛作解蔽剂,发生解蔽反应,即

$$c(Zn(CN)_4)^{2-}+4HCHO+4H_2O \Longrightarrow Zn^{2+} + 4H_2C\!-\!CN + 4OH^-$$
$$\quad\quad\quad\quad\quad\quad\quad\quad\quad\quad\quad\quad\quad\quad | \quad$$
$$\quad\quad\quad\quad\quad\quad\quad\quad\quad\quad\quad\quad\quad\quad OH$$

释放出的 Zn^{2+},再用 EDTA 继续滴定。

4.分离后滴定

控制酸度或掩蔽干扰离子都有困难,只进行分离。例如:Ca^{2+},Ni^{2+} 测定,须先进行分离。又如磷矿石中一般含 Fe^{3+},Al^{3+},Ca^{2+},Mg^{2+},PO_4^{3-} 及 F^- 等离子,F^- 严重干扰,必须首先加酸、加热,使 F^- 成为 HF 挥发除去。

阅读拓展

样品前处理及药含量测定

滴定分析在药物分析中具有十分重要的地位,从原材料到生产过程以及产品的质量检验,都常选用容量分析。

1.定量分析样品的前处理方法

含卤素有机药物 R-X(F,Cl,Br,I)、金属有机药物 R-O-Me(有机酸或酚的含金属有机药物金属盐)、有机金属药物 R-Me(结合牢固),分析时常用的处理方法:不经有机破坏的分析方法,药物分析中常用的分析方法;经有机破坏的分析方法。

(1)不经有机破坏的分析方法

①直接测定法。例如,富马酸亚铁

$$\begin{array}{c} CH\!-\!C\!-\!O \\ \| \quad\quad \| \\ O\!=\!C\!-\!CH \quad\quad \\ \quad | \quad\quad \| \\ \quad O \quad\quad O \\ \quad\quad O\!-\!\!-\!\!-Fe \end{array}$$

溶于热稀盐酸,采用铈量法,邻二氮菲作指示剂。

②经水解后测定法。经水解后测定法有,直接回流后测定法、用硫酸水解后测定法等。

例如,三氯叔丁醇的含量测定

$$CCl_3\!-\!C(CH_3)_2\!-\!OH+4NaOH \xrightarrow{\triangle} (CH_3)_2CO+3NaCl+HCOONa+2H_2O$$
$$NaCl+AgNO_3 \longrightarrow AgCl+NaNO_3$$
$$AgNO_3+NH_4SCN \longrightarrow AgSCN+NH_4NO_3$$

例如,硬脂酸镁的含量测定

$$Mg(C_{17}H_{35}COO)_2+H_2SO_4 \longrightarrow MgSO_4+2C_{17}H_{35}COOH$$
$$H_2SO_4+2NaOH \longrightarrow Na_2SO_4+2H_2O$$

（2）经有机破坏的分析法

药物分析中常用的有机破坏的分析法有湿法破坏、干法破坏、氧瓶燃烧法。

①湿法破坏。HNO_3–$HClO_4$法，HNO_3–H_2SO_4法，H_2SO_4–硫酸盐法。

$$HNO_3–H_2SO_4–HClO_4法；H_2SO_4–H_2O_2；H_2SO_4–KMnO_4$$

②干法破坏。加 Na_2CO_3 或 MgO 以助灰化；温度控制在 420℃。

③氧燃瓶燃烧法。

2. 常量药物定量分析方法

常量药物的含量测定方法，除了四大滴定外，还有其他诸多方法。

（1）银量法

基于巴比妥类药物在合适的碱性溶液中，可与银离子定量成盐，可采用银量法测定本类药物及其制剂的含量。如苯巴比妥及其钠盐、异戊巴比妥及其钠盐以及它们的制剂，中国药典均采用银量法测定其含量。优点是操作简便，专属性较强。缺点是受温度影响较大，滴定终点以溶液出现浑浊为终点指示难以观察。

反应摩尔比为 1∶1，溶剂系统：甲醇+3% 无水碳酸钠。终点指示为，电位法指示（Ag–玻璃电极系统）或自身指示法。

（2）酸碱滴定法（酸量法）

巴比妥类药物呈弱酸性，可作为一元酸以标准碱液直接滴定，或在非水溶液中用强碱溶液直接滴定。常用的方法如下：

在水–乙醇混合溶剂中滴定

基于本类药物在水中的溶解度较小，滴定时多在醇溶液或含水的醇溶液中进行，这样可避免反应中产生的弱酸盐易于水解而影响滴定终点。常以麝香草酚酞为指示剂，滴定至淡蓝色为终点。

例如：异戊巴比妥的含量测定

取本品约 0.5 g，精密称定，加乙醇 20 mL 溶解后，加麝香草酚酞指示剂 6 滴，用氢氧化钠滴定液（0.1 mol/L）滴定，并将滴定结果用空白试验校正，即得。每 1 mL 氢氧化钠滴定液（0.1 mol/L）相当于 22.63 mg 的 $C_{11}H_{18}N_2O_3$。

（3）铈量法

硝苯地平的测定

基本原理：硝苯地平的测定原理，可用下列反应式表示

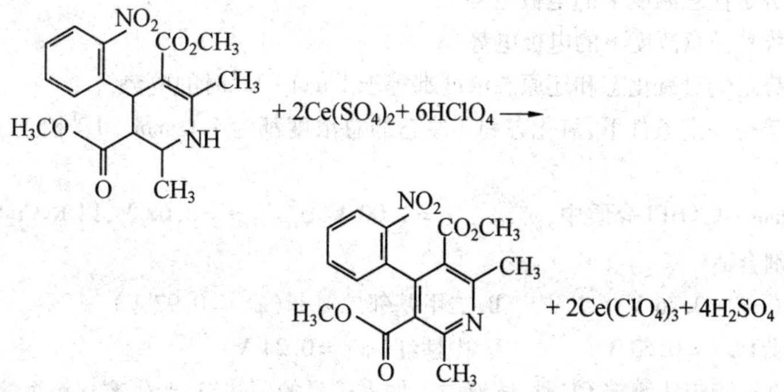

终点时,微过量的 Ce^{4+} 将指示剂中的 Fe^{2+} 氧化成 Fe^{3+},使橙红色配合物离子呈淡蓝色,以指示终点。

(4)非水溶剂滴定法

异烟肼、尼可刹米、地西泮及氯氮卓等,基于这些药物分子结构中氮原子的弱碱性,可用非水溶液滴定法直接测定其含量。由于这些药物的碱性强弱不同,应将高氯酸滴定液。测定时所采用溶剂、指示剂及其指示终点的方法也不尽相同。

药物名称	取样量/g	溶剂/mL	指示剂	终点颜色
尼可刹米	0.15	冰醋酸 10	结晶紫	蓝绿色
地西泮	0.2	冰醋酸、酸酐 10	结晶紫	绿色
氯氮卓	0.3	冰醋酸 10	结晶紫	蓝色

(5)阴离子表面活性剂滴定法

盐酸苯海拉明注射液的测定原理:滴定在水与氯仿中进行,水相一般为酸性,以利于药物的离解和溶解。滴定时,滴定剂与药物离子形成离子对化合物而转入有机相,终点时,滴定剂与碱性染料形成离子对进入有机相,使有机相变色而指示终点。

(6)复方片剂分析

分析复方乙酰氨基酚片剂的主要成分:乙酰氨基酚、阿司匹林、咖啡因。

测定方法:采用原理各不相同的滴定分析方法,各成分之间相互不干扰,可直接测定。

阿司匹林的测定:氯仿提取后采用中和滴定法。

乙酰氨基酚的测定:采用水解后的亚硝酸钠滴定法。

咖啡因的测定:剩余碘量法。

习　题

1. 某酸碱指示剂的 $K_{HIn} = 1 \times 10^{-5}$,从理论上推算,其 pH 值变色范围是(　　)

A. 4 ~ 5　　B. 5 ~ 6　　C. 4 ~ 6　　D. 5 ~ 7　　　　　　　　　　　　　　　　　　　　(C)

2. 用 $c_{NaOH} = 0.10\ mol \cdot L^{-1}$ 的 NaOH 溶液滴定 $c_{HCOOH} = 0.10\ mol \cdot L^{-1}$ 的甲酸($pK_a = 3.74$)溶液,选用哪种指示剂为宜?(　　)

A. 百里酚蓝($pK_{a1} = 1.7$)　B. 甲基橙($pK_a = 3.4$)　C. 中性红($pK_a = 7.4$)　D. 酚酞($pK_a = 9.1$)　　(D)

3. 下列关于条件电势的叙述中正确的是(　　)

A. 条件电势是任意温度下的电极电势

B. 条件电势是任意浓度下的电极电势

C. 条件电势是电对氧化态和还原态浓度都等于 $1\ mol \cdot L^{-1}$ 时的电势

D. 条件电势是一定条件下,氧化态和还原态的总浓度为 $1.0\ mol \cdot L^{-1}$ 校正了各种外界因素影响的实际电势　　　　　　　　　　　　　　　　　　　　　　　　　　　　　　　　　　　　(D)

4. 已知在 $1\ mol \cdot L^{-1}$ HCl 介质中,$\varphi^{\ominus'}_{Cr_2O_7^{2-}/Cr^{3+}} = 1.00\ V$,$\varphi^{\ominus'}_{Fe^{3+}/Fe^{2+}} = 0.68\ V$,以 $K_2Cr_2O_7$ 滴定 Fe^{2+} 时,选择下述哪种指示剂合适(　　)

A. 二苯胺($\varphi^{\ominus'} = 0.76\ V$)　　　　　B. 二甲基邻二氮菲($\varphi^{\ominus'} = 0.97\ V$)

C. 二甲基蓝($\varphi^{\ominus'} = 0.53\ V$)　　　　D. 中性红($\varphi^{\ominus'} = 0.24\ V$)　　　　　　(B)

5. 用佛尔哈德返滴定法测定 Cl^- 时,试液中先加入过量的硝酸银,产生氯化银沉淀,加入硝基苯等保

护沉淀,然后用硫氰酸进行滴定。若不加入硝基苯等试剂,分析结果会( )

    A. 偏高   B. 偏低   C. 准确   (B)

6. 在 pH = 4 时,用莫尔法测定 Cl^- 时,分析结果会( )

    A. 偏高   B. 偏低   C. 准确   (A)

7. 用 EDTA 滴定金属离子 M,若要求相对误差小于 0.1% ,则滴定的条件必须满足( )

    A. $c_M K_{MY} \geq 10^6$ B. $c_M K'_{MY} \geq 10^6$ C. $c_M / K_{MY} \geq 10^6$ D. $c_M / K'_{MY} \geq 10^6$ (B)

8. 在 EDTA 络合滴定中,下列有关酸效应的叙述中,正确的是( )

    A. 酸效应系数越大,配合物的稳定性越大

    B. 酸效应系数越小,配合物的稳定性越大

    C. pH 值越大,酸效应系数越大

    D. 酸效应系数越大,配合滴定曲线的 pM 突跃范围越大   (B)

9. 已知琥珀酸 $(CH_2COOH)_2$(以 H_2A 表示)的 $pK_{a1} = 4.19$,$pK_{a2} = 5.57$,计算在 pH = 4.88 和 5.0 时 H_2A、HA^- 和 A^{2-} 的分布系数 δ_2、δ_1 和 δ_0。若该酸的总浓度为 $0.01 \ mol \cdot L^{-1}$,求 pH = 4.88 时的三种形式的平衡浓度。

    $(0.145, 0.710, 0.145; 1.45 \times 10^{-3}, 7.10 \times 10^{-3}, 1.45 \times 10^{-3})$

10. 计算下列溶液的 pH 值:(1)$0.10 \ mol \cdot L^{-1} NaH_2PO_4$;(2)$0.05 \ mol \cdot L^{-1} K_2HPO_4$。

    $(4.66; 9.70)$

11. 用 $0.010 \ 00 \ mol \cdot L^{-1} HNO_3$ 溶液滴定 $20.00 \ mL$ $0.010 \ 00 \ mol \cdot L^{-1} NaOH$ 溶液,化学计量点时 pH 值为多少?化学计量点附近的滴定突跃又是怎样?

    $(7.00, 8.70 \sim 5.30)$

12. 某弱酸的 $pK_a = 9.21$,现有共轭碱 NaA 溶液 $20.00 \ mL$,浓度为 $0.100 \ 0 \ mol \cdot L^{-1}$,当用 $0.100 \ 0 \ mol \cdot L^{-1} HCl$ 溶液滴定时,化学计量点的 pH 值为多少?化学计量点附近的滴定突跃为多少?应选用何种指示剂指示终点?

    $(5.26, 6.21 \sim 4.30)$

13. 标定 HCl 溶液时,以甲基橙为指示剂,用 Na_2CO_3 为基准物,称取 Na_2CO_3 $0.613 \ 5 \ g$;用去 HCl 溶液 $24.96 \ mL$,求 HCl 溶液的浓度。

    $(0.463 \ 7 \ mol \cdot L^{-1})$

14. 称取混合碱试样 $0.947 \ 6 \ g$,加酚酞指示剂,用 $0.278 \ 5 \ mol \cdot L^{-1} HCl$ 溶液滴定至终点,计耗去酸溶液 $34.12 \ mL$。再加甲基橙指示剂,滴定至终点,又耗去酸 $23.66 \ mL$。求试样中各组分的质量分数。

    $(w(Na_2CO_3) = 73.71\%, w(NaOH) = 12.30\%)$

15. 根据 $\varphi^{\ominus}_{Hg_2^{2+}/Hg}$ 和 Hg_2Cl_2 的溶度积计算 $\varphi^{\ominus}_{Hg_2Cl_2/Hg}$。如果溶液中 Cl^- 浓度为 $0.10 \ mol \cdot L^{-1}$,Hg_2Cl_2/Hg 电对的电位为多少?

    $(0.274V, 0.392V)$

16. 在酸性溶液中用高锰酸钾法测定 Fe^{2+} 时,$KMnO_4$ 溶液的浓度是 $0.024 \ 84 \ mol \cdot L^{-1}$,求用(1)Fe;(2)$Fe_2O_3$;(3)$FeSO_4 \cdot 7H_2O$ 表示的滴定度。

    $(0.006 \ 936 \ g \cdot ml^{-1}; 0.009 \ 919 \ g \cdot ml^{-1}; 0.034 \ 52 \ g \cdot ml^{-1})$

17. 分析铜矿试样 $0.600 \ 0 \ g$,用去 $Na_2S_2O_3$ 溶液 $20.00 \ mL$。$1 \ mL$ $Na_2S_2O_3 \propto 0.004 \ 175 \ g$ $KBrO_3$。计算试样中的 $w(Cu_2O)$。 (35.78%)

18. 仅含有纯 NaCl 及纯 KCl 的试样 $0.132 \ 5 \ g$,用 $0.103 \ 2 \ mol \cdot L^{-1} AgNO_3$ 标准溶液滴定,用去 $AgNO_3$ 溶液 $21.84 \ mL$。试求试样中的 $w(NaCl)$ 和 $w(KCl)$。

    $(97.28\%, 2.72\%)$

19. 将 12.34 L^3 的空气试样通过 H_2O_2 溶液,使其中的 SO_2 转化成 H_2SO_4,以 0.012 08 mol · L^{-1} $Ba(ClO_4)_2$ 溶液 7.68 mL 滴定至终点。计算空气试样中 SO_2 的质量和 1 L^3 空气试样中 SO_2 的质量。

(5.943 mg,0.481 6 mg · L^{-1})

20. 计算:(1)pH = 4.0 时 EDTA 的酸效应系数 $\alpha_{Y(H)}$;(2)此时 $c(Y^{4+})$ 在 EDTA 浓度中所占百分数是多少?

($10^{8.44}$;3.7×10^{-7} %)

21. pH = 5.0 时,锌和 EDTA 络合物的条件稳定常数是多少? 假设 Zn^{2+} 和 EDTA 的浓度皆为 10^{-2} mol · L^{-1}(不考虑羟基络合等负效应)。pH = 5.0 时,能否用 EDTA 标准溶液滴定 Zn^{2+}?

($K_{ZnY} = 10^{10.05}$)

22. 用络合滴定法测定氯化锌($ZnCl_2$)的质量分数。称取 0.250 0 g 试样,溶于水后,稀释至 250 mL,吸取 25.00 mL,pH = 5 ~ 6 时,用二甲酚橙作指示剂,用 0.010 24 mol · L^{-1} EDTA 标准溶液滴定,用去 17.61 mL,计算试样中 $ZnCl_2$ 的质量分数。

(98.31%)

23. 称取含锌、铝的试样 0.120 0 g,溶解后,调至 pH 为 3.5,加入 50.00 mL 0.025 00 mol · L^{-1} EDTA 溶液,加热煮沸,冷却后,加醋酸缓冲溶液,此时 pH 为 5.5,以二甲酚橙为指示剂,用 0.020 00 mol · L^{-1} 标准锌溶液滴定至红色,用去 5.08 mL。加足量 NH_4F 煮沸,再用上述锌标准溶液滴定,用去 20.70 mL。计算试样中锌、铝的质量分数。

($w(Al) = 9.31\%$,$w(Zn) = 40.02\%$)

24. 写出下列溶液的质子条件式。

a. c1mol · $L^{-1}NH_3$ + c2mol · $L^{-1}NH_4Cl$;

b. c1mol · $L^{-1}H_3PO_4$ + c2mol · $L^{-1}HCOOH$

$$c(H^+) + c(NH_4^+) = c(NH_3) + c(OH^-)$$

$$c(H^+) = c(H_2PO_4^-) + 2c(HPO_4^{2-}) + 3c(PO_4^{3-}) + c(HCOO^-) + c(OH^-)$$

25. 用 0.1 mol · L^{-1}NaOH 滴定 0.1 mol · L^{-1}HAc 至。计算终点误差。　　　　　　(−0.05%)

26. 在 pH = 10.00 的氨性缓冲溶液中含有 0.020 mol · L^{-1}Cu,若以 PAN 作指示剂,用 0.020 mol · L^{-1} EDTA 滴定至终点,计算终点误差。(终点时,游离氨为 0.10 mol · L^{-1},pCu = 13.8)　(−0.36%)

27. 在 H_2SO_4 介质中,用 0.100 0 mol · $L^{-1}Ce^{4+}$ 溶液滴定 0.100 0 mo · l$L^{-1}Fe^{2+}$ 时,若选变色点电势为 0.94 的指示剂,终点误差为多少?　　　　　　　　　　　　(−0.004%)

28. 称取某一纯铁的氧化物试样 0.5434 g,然后通入氢气将其中的氧全部还原除去后,残留物为 0.3801 g。计算该铁的氧化物的分子式。　　　　　　　　　　　　　　　(Fe_2O_3)

第14章 质量分析法

学 习 要 求

1. 熟练掌握影响沉淀反应的因素及沉淀的形成条件。
2. 掌握质量分析的过程。

14.1 质量分析法概述

14.1.1 质量分析法的分类

质量分析法是通过称量物质的质量进行测定的方法。测定时,通常先用适当的方法使被测组分与其他组分分离,然后称重,由称得的质量计算该组分的含量。根据被测组分与试样中其他组分分离的方法不同,质量分析法可分为沉淀质量分析法、气化法(或挥发法)、电解法等。

(1)沉淀质量分析法

这种方法是使待测组分以生成难溶化合物的形式沉淀出来,再经过过滤、洗涤、干燥后称重,计算待测组分含量。如测定硅酸盐矿石中二氧化硅时,就是将矿石分解后,使硅生成难溶的硅酸沉淀,再经过过滤、洗涤、灼烧,转化为二氧化硅,然后称重,即可求出试样中二氧化硅的含量。

(2)气化法

一般是通过加热或其他方法使试样中被测组分转化为挥发物质逸出,然后根据试样质量的减少来计算试样中该组分的含量,或选择适宜的吸收剂将逸出的该组分的气体全部吸收,根据吸收剂质量的增加来计算该组分的含量。如测定试样含水量时,就是加热使水变为水蒸气挥发掉,然后根据试样质量的减轻计算样品的含水量,也可将逸出的水蒸气吸收在干燥剂中,根据干燥剂增加的质量求得试样的含水量。

(3)电解法

利用电解法使待测元素的离子在电极上析出,然后称重,求出其含量。

以上三种方法中,以沉淀质量分析法为多,故本章主要讨论沉淀质量分析法。

14.1.2 质量分析法的特点

①该分析方法不需要标准试样或标准物质。滴定法需用标准样品或基准物质求得滴定度,光度法要通过标准样品或基准物质绘制标准曲线,而质量分析法直接用分析天平获得分析结果。

②适合高含量组分的测定,且误差较小。由于分析过程一般不需要基准物质,也没有

· 289 ·

容量器皿引入的数据误差,对高含量组分的精确测定,重量法比较准确,测定的相对误差小于 0.1%。很多仲裁分析方法选择质量分析法就是因为该法的相对误差较小。

③质量分析法一般操作繁琐,耗时较多,不适合生产中的控制分析,也不适合微量或痕量分析。

14.1.3　沉淀质量分析法对沉淀的要求

利用沉淀反应进行质量分析时,沉淀是经过烘干或燃烧后称量的,在烘干或灼烧过程中可能发生化学变化。如用草酸钙质量法测定 Ca^{2+} 时,沉淀形式是 $CaC_2O_4 \cdot H_2O$,灼烧后转化为 CaO,两者不同。而用 $BaSO_4$ 质量法测 Ba^{2+} 时沉淀形式是 $BaSO_4$,两者相同,所以沉淀形式和称量形式可以相同,也可以不相同。

沉淀质量分析法对沉淀形式的要求。

①沉淀的溶解度要小,保证被测组分沉淀完全。沉淀溶解损失应不超过分析天平的称量误差(±0.2 mg),否则影响测定准确度。

②沉淀应易于过滤和洗涤,经过过滤、洗涤后,沉淀要纯净。这就要求沉淀为颗粒较粗的晶形沉淀,如为非晶形沉淀,必须选择适当的沉淀条件,以满足沉淀形式的要求。

③沉淀易于转化为称量形式。

④沉淀纯度要高。

沉淀质量分析法对称量形式的要求。

①称量形式必须有确定的化学组成,否则无法计算结果。

②称量形式必须稳定,不受空气中水分、CO_2、O_2 等的影响,否则影响测定结果的准确度。

③称量形式的摩尔质量要大,这样可由少量待测组分得到较大量的称量形式,从而可减少称量误差,提高测定准确度。

14.2　沉淀反应的影响因素及沉淀形成的条件

利用沉淀反应进行质量分析,希望反应进行越完全越好,沉淀物杂质越少越好。沉淀反应是否完全,可根据反应达到平衡后,溶液中未被沉淀的被测组分来衡量,也就是根据沉淀溶解度的大小来判断,溶解度越小,沉淀越完全,当沉淀从溶液中析出时,会或多或小地夹杂溶液中的其他组分,使沉淀玷污。因此,有必要掌握沉淀反应的原理、影响沉淀溶解度的主要因素以及沉淀形成的条件。

14.2.1　影响沉淀溶解度的因素

在质量分析中,为满足定量分析的要求,必须考虑影响沉淀溶解度的各种因素。影响沉淀溶解度的因素很多,如同离子效应、盐效应、酸效应、配位效应等。此外,温度、介质、晶体结构和颗粒大小也对溶解度有影响。

14.2.2　沉淀的形成条件

1. 沉淀的形成过程及沉淀的类型

一般认为,要形成沉淀,首先是要有构晶离子,其次是构晶离子在过饱和的溶液中形成晶核,然后晶核进一步生长。晶核的形成有两种情况,一是均相成核作用,另一种是异相成核作用。均相成核作用是指构晶粒子在过饱和的溶液中,通过离子的缔合作用,自发地形成晶核。而异相成核作用是指溶液中混有固体微粒,在沉淀的过程中,这些微粒起着晶种作用,诱导沉淀的形成。例如硫酸钡的均相成核过程可表示为

$$Ba^{2+}+SO_4^{2-} \Longleftrightarrow Ba^{2+}SO_4^{2-}(离子对)$$

$$Ba^{2+}SO_4^{2-}+Ba^{2+}(或\ SO_4^{2-}) \Longleftrightarrow Ba_2SO_4^{2+}c(或\ Ba(SO_4)_2^{2-})$$

$$Ba^{2+}SO_4^{2-}+SO_4^{2-} \Longleftrightarrow Ba^{2+}(SO_4^{2-})_2$$

$$(Ba^{2+}SO_4^{2-})_2+Ba^{2+} \Longleftrightarrow (Ba^{2+}SO_4^{2-})_2Ba^{2+}$$

$$(Ba^{2+}SO_4^{2-})_2+Ba^{2+}(或\ SO_4^{2-}) \Longleftrightarrow Ba_2^{2+}(SO_4^{2-})_3$$

$$\vdots$$

在过饱和溶液中,由于静电作用,Ba^{2+}和SO_4^{2-}缔合为离子对($Ba^{2+}SO_4^{2-}$),离子对进一步结合Ba^{2+}或SO_4^{2-},形成离子群,当离子群长到一定大小时,就成为晶核。在一般情况下,溶液中不可避免地混有其他杂质,如硫酸钡沉淀,烧杯壁上常吸附有大量的其他杂质,它们的存在,诱导晶核的形成,起着晶种作用。所以,在进行沉淀时,异相成核作用总是存在的,在某些情况下,溶液中可能只有异相成核作用,这时溶液中的晶核数目取决于混入固体微粒的数目,而不再形成新的晶核。这种情况下,由于晶核的数目固定,所以随着构晶离子浓度的增加,晶体长得大一点,而不再增加新的晶体。但是,当溶液相对过饱和度较大时,由于构晶离子本身也可以形成晶核,这时既有异相成核作用又有均相成核作用,如果继续加入沉淀剂,因为有新的晶核形成而使得获得的沉淀晶粒数目多但颗粒小。

沉淀颗粒的大小与进行沉淀反应时构晶离子的浓度和沉淀的溶解度有关,Von Weimarn根据有关实验现象,指出沉淀的分散度(表示颗粒大小)与溶液的相对饱和度有关,即

$$分散度 = K \times \frac{c-s}{s}$$

式中,c为加入沉淀剂瞬间沉淀物质的浓度,对于M_mA_n型沉淀,c按下式计算,即

$$c = \sqrt[(m+n)]{c(M)^m c(A)^n} \tag{14.1}$$

也就是说c是形成沉淀的构晶离子的浓度的几何平均值。s为开始沉淀时沉淀物质的溶解度。$c-s$为沉淀开始瞬间的过饱和度,它是引起沉淀作用的动力。$\frac{c-s}{s}$为沉淀开始的相对过饱和度,分母中的s表示对沉淀的阻力,也就是使沉淀重新溶解的能力。K为常数,它与沉淀的性质、介质、温度等因素有关。溶液的相对过饱和度越大,分散度也越大,形成的晶核数目就越多,得到的是小晶形沉淀。反之,溶液的相对过饱和度越小,分散度也越小,形成的晶核数目就越少,得到的是大晶形沉淀。应该指出,沉淀的溶解度与其颗粒的

大小有关,在开始沉淀时,析出的沉淀为小晶体,其溶解度较大。但由于沉淀小晶体的溶解度通常不知道,一般就将沉淀大晶体的溶解度代入式(14.1)中进行近似计算。

不同的沉淀,形成均相成核作用所需的相对过饱和的程度是不一样的。溶液的相对过饱和度越大,越易引起均相成核作用。

图14.1是沉淀硫酸钡时溶液的浓度与晶核数目的关系曲线。从图可以看出,开始沉淀时,若溶液中硫酸钡的瞬时浓度在约10^{-2} mol · L^{-1}以下,由于此时溶液中含有大量的不溶微粒,故主要为异相成核作用,其晶核数目基本保持不变。当硫酸钡的瞬时浓度继续增大至10^{-2} mol · L^{-1}以上时,晶核数目剧增,显然,这是均相成核作用引起的。曲线上出现的转折点,相当于沉淀反应由异相成核作用转化为既有异相成核作用又有均相成核作用。根据图14.1可以求得沉淀硫酸钡时转折点处 c 与 s 的比值,即

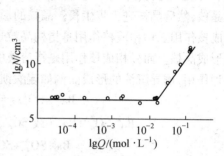

图 14.1 沉淀硫酸钡时溶液的浓度与晶核数目的关系

$$\frac{c}{s}=\frac{10^{-2}}{10^{-5}}=1\ 000$$

一种沉淀的临界 c/s 值越大,表明该沉淀越不易形成均相成核作用,即它只有在较大的相对过饱和度的情况下,才出现均相成核作用。不同的沉淀临界值 c/s 是不一样的,它是由沉淀的性质决定的。表14.1是几种微溶化临界值 c/s 和临界晶核半径。

表 14.1 几种微溶化临界 c/s 和临界晶核半径

微溶化合物名称	c/s 值	晶核半径/nm
$BaSO_4$	1 000	0.43
$CaC_2O_4 \cdot H_2O$	31	0.58
$AgCl$	5.5	0.54
$SrSO_4$	39	0.51
$PbSO_4$	28	0.53
$PbCO_3$	106	0.45
$SrCO_3$	30	0.50
CaF_2	21	0.43

沉淀按其物理性质不同,可以将沉淀分为晶形沉淀和无定形沉淀两类。无定形沉淀又称为胶体沉淀或非晶形沉淀,它们最大的差别是沉淀的颗粒不同,最大的晶形沉淀,其颗粒直径约为 0.1 ~ 1 μm;无定形沉淀的颗粒很小,直径一般小于 0.02 μm,介于两者之间的是凝乳状沉淀颗粒。$BaSO_4$ 是典型的晶形沉淀,$Fe_2O_3 nH_2O$ 是典型的无定形沉淀,$AgCl$ 是一种凝乳状沉淀。根据沉淀临界值 c/s 可以粗略地判断沉淀的类型,如 $BaSO_4$ 的

值 c/s 为 1 000,沉淀类型是晶形沉淀,AgCl 的值 c/s 为 5.5,沉淀类型是凝乳状沉淀。

由于晶形沉淀是由大颗粒组成,结构紧密,内部排列较规则,所以整个沉淀占的体积很小,极易沉降于容器的底部;而无定形沉淀,因是由许多疏松的聚集在一起的微小颗粒组成的,沉淀颗粒排列毫无规律性,往往又含有大量的数目不定的水分子,所以是疏松的絮状沉淀,整个体积很大,不容易沉降至容器的底部。在质量分析中,最好能获得晶形沉淀,不但便于洗涤,而且还能使沉淀的纯度最好。所以,在质量分析时,应该控制沉淀反应的条件,得到晶形沉淀,如是无定形沉淀,也应严格控制条件,以获得符合质量分析要求的沉淀。

2. 沉淀条件的选择

(1)晶形沉淀的沉淀条件。

①沉淀反应在适当稀的溶液中进行,溶液的相对过饱和度不大,均相成核作用不显著,容易得到大颗粒的晶形沉淀,这样的沉淀,不但容易过滤、洗涤,同时由于晶粒大,结构紧密,比表面积小,溶液稀,杂质的浓度相应减小,有利于得到纯净的沉淀。不过对于沉淀溶解度较大的沉淀,溶液不宜过稀,因为过稀,溶液中未沉淀的构晶成分的含量就较高,使得沉淀不完全,从而质量分析的结果偏低。

②沉淀反应在搅拌下缓慢添加沉淀剂,为避免出现局部过浓现象,当沉淀剂加入到试液中时,由于来不及扩散,在两种溶液混合的地方,沉淀剂的浓度比溶液中其他地方的浓度高出许多,产生局部过浓,使该部分溶液相对过饱和度变得很大,导致产生严重的均相成核作用,形成大量的晶核。

为了消除局部过浓的现象,分析化学家提出了均匀沉淀法。在这种方法中,加入到溶液中的沉淀剂是通过化学反应过程逐步地、均匀地在溶液内部产生出来的,从而使沉淀在整个溶液中缓慢地、均匀地析出。因为均匀沉淀法得到的沉淀颗粒较大,表面吸附杂质少,易过滤,易洗涤,在生产实践中得到非常广泛的应用。例如,在用均匀沉淀法沉淀钙离子时,向含有钙离子的酸性溶液中加入草酸,由于酸效应的影响不能析出草酸钙沉淀。如果向溶液中加入尿素,溶液还是清亮的,然而,当溶液加热至 90 ℃时,尿素发生水解,即

$$CO(NH_2)_2 + H_2O \longrightarrow CO_2 \uparrow + 2NH_3$$

水解产生的氨气均匀分布在溶液里的各个部分,随着氨气的不断产生,溶液的酸度逐渐降低,$C_2O_4^{2-}$ 的浓度渐渐地增大,最后均匀而缓慢地析出草酸钙沉淀。在沉淀过程中,溶液的相对过饱和度始终是比较小的,所以得到的是粗大晶粒的草酸钙沉淀。也可以利用络合物分解反应或氧化还原反应进行均匀沉淀。如利用络合物分解的方法沉淀 SO_4^{2-},可先将 EDTA-Ba^{2+} 的络合物加入含 SO_4^{2-} 试液中,然后加氧化剂破坏 EDTA,使络合物逐渐分解,Ba^{2+} 在溶液中均匀地释放出来,使硫酸钡均匀沉淀。

均匀沉淀法中的沉淀剂很多,如 $C_2O_4^{2-}$,PO_4^{3-},SO_4^{2-} 等,应用也很广泛,常用的均匀沉淀法见表 14.2。

③沉淀反应在热溶液中进行,因为在热溶液中,可以增大沉淀的溶解度,降低溶液的相对过饱和度,且增加构晶离子的扩散速度,加快晶体的生长,有利于获得大的晶粒。同时在热溶液中,能减少沉淀对杂质的吸附,可以获得纯度较高的沉淀。

表 14.2 常用的均匀沉淀法

沉淀剂	加入试剂	反 应	被测组分
OH^-	尿素	$CO(NH_2)_2+H_2O\rightleftharpoons CO_2+2NH_3$	Al^{3+},Fe^{3+},Th(Ⅳ)等
OH^-	六亚甲基四胺	$(CH_2)_6N_4+6H_2O\rightleftharpoons 6HCHO+4NH_3$	Th(Ⅳ)
PO_4^{3-}	磷酸三甲酯	$(CH_3)_3PO_4+3H_2O\rightleftharpoons 3CH_3OH+H_3PO_4$	Zr(Ⅳ),Hf(Ⅳ)
PO_4^{3-}	尿素+磷酸盐		Be^{2+},Mg^{2+}
$C_2O_4^{2-}$	草酸二甲酯	$(CH_3)_2C_2O_4+2H_2O\rightleftharpoons 2CH_3OH+H_2C_2O_4$	稀土,Ca^{2+},Th(Ⅳ)
$C_2O_4^{2-}$	尿素+草酸盐		Ca^{2+}
SO_4^{2-}	硫酸二甲酯	$(CH_3)_2SO_4+2H_2O\rightleftharpoons 2CH_3OH+SO_4^{2-}+2H^+$	Ba^{2+},Sr^{2+},Pb^{2+}
S^{2-}	硫代乙酰胺	$CH_3CSNH_2+H_2O\rightleftharpoons CH_3CONH_2+H_2S$	各种硫化物

④沉淀必须陈化,沉淀反应结束后,让初生的沉淀与母液一起放置一段时间,即陈化。因为在同样的条件下,小晶粒的溶解度比大晶体的溶解度大;在同一种溶液中,对大晶体为饱和溶液时,对小晶体却未饱和。因此,经过适当的时间后,小晶体将溶解,溶液中的构晶离子就在大晶粒上沉积,沉积到一定程度以后,溶液对大晶粒为饱和溶液时,对小晶粒又为未饱和,小晶粒又要溶解,如此反复进行,最后小晶粒逐渐消失,大晶粒不断长大,其过程如图 14.2 所示,其效果如图 14.3 所示。

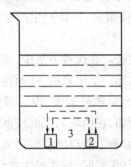

图 14.2 陈化过程
1—大晶体;2—晶体;3—溶液

图 14.3 硫酸钡沉淀沉化效果
a—未沉化;b—室温下沉化四天

沉淀经过陈化后,因为小晶粒的溶解,原来吸附的杂质又重新进入溶液中。又由于沉淀的表面积减少,沉淀吸附的杂质的量也减少,这样大大地提高沉淀的纯度。

必须引起重视的是,陈化作用不是对任何沉淀都适用,如对有混晶共沉淀的沉淀,不一定能提高纯度,对有继续沉淀的沉淀,不仅不能提高纯度,有时反而会降低纯度。

(2)无定形沉淀的沉淀条件

无定形沉淀如 $Al_2O_3\cdot nH_2O$,$Fe_2O_3\cdot nH_2O$ 的溶解度一般都很小,所以很难通过减小溶液的相对饱和度来改变沉淀的物理性质。无定形颗粒是由许多沉淀微粒聚集而成的,沉淀的结构疏松,比表面积大,吸附杂质多,又容易胶溶,而且含水量大,不易过滤和洗涤。对于无定形沉淀,主要是设法破坏胶体,防止胶溶、加速沉淀微粒的凝聚和减少杂质吸附。因此,无定形沉淀的沉淀条件有以下几点。

①沉淀应当在较浓的溶液中进行。因为在较浓的溶液中,离子的水化程度较小,得到的沉淀含水量少,体积较小,结构较紧密。同时,沉淀微粒也容易凝聚。但是在浓溶液中,

杂质的浓度也相应提高,增大了杂质被吸附的可能性。因此,在沉淀反应完毕后,需要加热水稀释,充分搅拌,使大部分吸附在沉淀表面上的杂质离开沉淀表面而转移到溶液中去。

②沉淀应当在热溶液中进行。因为在热溶液中,离子的水化程度大为减少,有利于得到含水量少、结构紧密的沉淀。同时,在热溶液中,可以促进沉淀微粒的凝聚,防止形成胶体溶液,而且还可以减少沉淀表面对杂质的吸附,有利于提高沉淀的纯度。

③沉淀时加入大量电解质或某些能引起沉淀微粒凝聚的胶体。电解质可以防止胶体溶液的形成,这是因为电解质能中和胶体微粒的电荷,降低其水化程度,有利于胶体微粒的凝聚。为了防止洗涤沉淀时发生胶溶现象,洗涤液中也应加入适量的电解质。通常采用易挥发的铵盐或稀的强酸溶液作洗涤液。有时于溶液中加入某些胶体,可使被测组分沉淀完全。例如测定 SiO_2 时,通常是在强酸性介质中析出硅胶沉淀。但由于硅胶能形成带负电荷的胶体,所以沉淀不完全。但如果向溶液中加入带正电荷的动物胶,由于相互凝聚作用,可使硅胶沉淀较完全。

④不必陈化。沉淀完毕后,趁热过滤,不必陈化。否则,无定形沉淀因放置后,逐渐失去水分后聚集得更为紧密,使已吸附的杂质难以洗去。同时,沉淀时不断搅拌,对无定形沉淀也是有利的。

3.沉淀的过滤、洗涤、烘干或灼烧

(1)沉淀的过滤、洗涤

沉淀常用滤纸或玻璃砂芯滤器过滤。对于需要灼烧的沉淀,应根据沉淀的性状选用紧密程度不同的滤纸。一般非晶形沉淀,应用疏松的快速滤纸过滤,粗粒的晶形沉淀,可用较紧密的中速滤纸,较细粒的晶形沉淀,应用最紧密的慢速滤纸,以防沉淀穿过滤纸。

洗涤沉淀是为了洗去沉淀表面吸附的杂质和混杂在沉淀中的母液。洗涤时要尽量减少沉淀的溶解损失和避免形成胶体,因此需选择合适的洗液。选择洗液的原则是:对于溶解度很小而又不易形成胶体的沉淀,可用蒸馏水洗涤;对于溶解度较大的晶形沉淀,可用沉淀剂洗涤,但沉淀剂必须在烘干或灼烧时易挥发或易分解除去。

用热液洗涤,则过滤较快,且能防止形成胶体,但溶解度随温度升高而快速增大的沉淀不能用热液洗涤。洗涤必须连续进行,一次完成,不能将沉淀干涸放置太久,尤其是一些非晶形沉淀,放置凝聚后,不易洗净。洗涤沉淀时,既要将沉淀洗净,又不能增加沉淀的溶解损失,用适当少的洗液,分多次洗涤,每次加入洗液前,使前次洗液尽量流尽,可以提高洗涤效果。

(2)沉淀的烘干或灼烧

烘干是为了除去沉淀中的水分和可挥发物质,使沉淀形式转化为组成固定的称量形式。灼烧沉淀除有上述作用外,有时还可以使沉淀形式在较高温度下分解成组成固定的称量形式。

灼烧温度一般在 800 ℃以上,常用瓷坩埚放置沉淀,若需用氢氟酸处理沉淀,则应用铂坩埚。用滤纸包好沉淀,放入已灼烧至恒重的坩埚中,再加热烘干、焦化、灼烧至恒重。

14.2.3　质量分析的计算

质量分析是根据称量形式的质量来计算待测组分的含量。

【例14.1】　测定某试样中硫的质量分数时,使之沉淀为 $BaSO_4$,灼烧后称量 $BaSO_4$ 沉淀,其质量为 0.556 2 g,则求试样中的 $w(S)$。

解　233.4 g $BaSO_4$ 中含有 S 32.06 g,0.556 2 g $BaSO_4$ 中含有硫 x 克

则
$$233.4 : 32.06 = 0.556 2 : x$$

$$x = 0.556 2 \times 32.06 \div 233.4 = 0.076 40 \ g$$

在上例计算过程中,用到的待测组分的摩尔质量与之比值为一常数,通常称为"化学因数"或"换算因数",因此,计算待测组分的质量可写成下列通式,即

待测组分的质量 = 称量形式的质量×化学因数

在计算化学因数时,必须在待测组分的摩尔质量和称量形式的摩尔质量乘上适当系数,使分子分母中待测元素的原子数目相等。

【例14.2】　在镁的测定中,先将镁离子沉淀为磷酸铵镁沉淀,再灼烧成 Mg_2PO_7 称量。若 Mg_2PO_7 的质量为 0.351 5 g,则镁的质量为多少?

解　每一个 Mg_2PO_7 分子含有两个镁原子,故得

镁的质量 = $0.351 5 \times 2 \times Mg/Mg_2PO_7 =$

$$0.351 5 \times 2 \times 24.32 \div 222.6 = 0.076 81 \ g$$

阅读拓展

电重量分析法(或电解重量法)

电重量分析法是通过电解使被测离子在电极上以金属或其他形式析出,由电极所增加的质量求出其含量的方法。

电重量分析法可应用于物质的分离和测定。

1. 控制电位电解分析法

控制电位电解分析法是在控制阴极或阳极电位为一定值的条件下进行电解的方法。在控制电位电解过程中,开始时被测物质析出速度较快,随着电解的进行,浓度越来越小,电极反应的速率逐渐变慢,因此电流就越来越小。当电流趋近于零时,电解完成。

控制电位电解分析法选择性高,主要用于物质的分离。用于从含少量不易还原的金属离子溶液中分离大量的易还原的金属离子,如常用的工作电极有铂网电极和汞阴极。

Pt 网阴极:洗净,烘干,称重。可以分离铜合金(含 Cu,Sn,Pb,Ni 和 Zn)溶液中的 Cu。

汞阴极:如果以 Hg 作阴极即构成所谓的 Hg 阴极电解法。但因 Hg 密度大,用量多,不易称量、干燥和洗涤,因此只用于电解分离,而不用于电解分析。

具体做法:

将工作电极(阴极)和参比电极放入电解池中,控制工作电极电位(或控制工作电极与参比电极间的电压)不变。开始时,电解速度快,随着电解的进行,c 变小,电极反应速率↓,当 $i=0$ 时,电解完成。

与通常用 Pt 电极进行电解的方法相比较,Hg 阴极具有以下特点:

(1)可以与沉积在 Hg 上的金属形成汞齐,在汞电极上金属的活度减小,析出电位变正,易于还原,并能防止其再次氧化;

(2)H_2 在 Hg 上的超电位较大,当氢气析出前,除了那些很难还原的金属离子如铝、钛、碱金属及碱土金属等外,许多重金属离子都能在汞阴极上还原为金属或汞齐。一般用汞阴极在弱酸性溶液中进行电解时,在电动顺序中位于锌以下的金属离子均能在汞阴极上还原析出——扩大电解分析范围;

(3)Hg 比重大,易挥发除去,这些特点使该法特别适用于分离。

应用举例:

①Cu,Pb,Cd 在 Hg 阴极上沉积而与 U 分离;

②伏安分析和酶法分析中高纯度电解质的制备等。

2. 恒电流电解分析法

电流控制在 3 ~ 5 A 或更小,电极反应速率比控制电位电解分析的快,但选择性差。

恒电流电解法是在恒定的电流条件下进行电解,然后直接称量电极上析出物质的质量进行分析,这种方法也可用于分离。

只能分离电动势顺序中氢以上与氢以下的金属离子,电解测定时,氢以下的金属离子先在阴极上析出,当其完全析出后若继续电解,将会析出氢气。所以,在酸性溶液中,氢以上的金属就不能析出。

电解时,通过电解池的电流是恒定的,一般来说,电流越小,镀层越均匀牢固,但所需时间就越长。在实际工作中,一般控制电流在 0.5 ~ 2 A。

电极反应速率比控制电位电解分析的快,但选择性差,往往第一种金属离子还没有完全沉积时,由于电位变化,第二种金属离子也会在电极上析出而产生干扰。

为了防止干扰,可使用阳极或阴极去极剂(也称电位缓冲剂)以维持电极电位不变,防止发生干扰的氧化还原反应。

若加入的去极剂比干扰物质先在阴极上还原,使阴极电位维持不变,这种去极剂称为阴极去极剂,其还原反应并不影响沉积物的性质,但可以防止电极上发生其他干扰性的反应。

例如,在 Cu^{2+} 和 Pb^{2+} 混合溶液中分离沉积 Cu 时,在试液中加入 NO_3^- 能防止 Pb 的沉积。NO_3^- 在阴极上还原生成 NH_4^+,即

$$NO_3^- + 10H^+ + 8e \Longrightarrow NH_4^+ + 3H_2O$$

由于 NO_3^- 还原电位比 Pb^{2+} 更正,因此,该反应发生在 Pb^{2+} 还原之前。当 Cu^{2+} 电解完成时,因 NO_3^- 的还原防止了 Pb 的沉积。在本例中,铅能在阳极上沉积为 PbO_2,即

$$Pb^{2+} + 2H_2O \Longrightarrow PbO_2 + 4H^2 + 2e$$

称量每支电极上的纯沉积物的质量,可以求得金属的含量。

若加入的去极剂比干扰物质先在阳极上氧化,使阳极电位维持不变,这种去极剂称为阳极去极剂,其氧化反应并不影响沉积物的性质,但可以防止电极上发生其他干扰性的反应。

例如,介质中若存在 Cl^- 会在阳极上发生氧化而产生干扰。这时一般在试液中加入盐酸肼或盐酸羟胺。肼的电极反应为

$$N_2H_4 \rightleftharpoons N_2 + 4H^+ + 4e$$

可以有效地消除 Cl^- 的干扰。

习 题

1. 已知 $\beta = \dfrac{c(CaSO_4)}{c(Ca^{2+})c(SO_4^{2-})} = 200$,忽略离子强度的影响,计算硫酸钙的固有溶解度,并计算饱和 $CaSO_4$ 溶液中,非离解形式 Ca^{2+} 的质量分数。

2. 已知某金属氢氧化物 $M(OH)_2$ 的 $K_{sp} = 4 \times 10^{-15}$,向 $0.10\ mol \cdot L^{-1}$ 溶液中加入 $NaOH$,忽略体积变化和各种氢氧基络合物,计算下列不同情况生成沉淀时的 pH 值。

(1) M^{2+} 离子有 1% 沉淀;

(2) M^{2+} 离子有 50% 沉淀;

(3) M^{2+} 离子有 99% 沉淀。　　　　　　　　　　　　　　　　　(7.3;7.45;8.3)

3. 考虑盐效应,计算下列微溶化合物的溶解度:

(1) $BaSO_4$ 在 0.10 $NaCl$ 溶液中;

(2) $BaSO_4$ 在 0.10 $BaCl_2$ 溶液中。　　　　($2.8 \times 10^{-3}\ mol \cdot L^{-1}$;$1.9 \times 10^{-8}\ mol \cdot L^{-1}$)

4. 考虑酸效应,计算下列微溶化合物的溶解度:

(1) CaF_2 在 pH = 2.0 的溶液中;

(2) $BaSO_4$ 在 2.0 $mol \cdot L^{-1}$ 盐酸的溶液中;

(3) $PbSO_4$ 在 $0.10\ mol \cdot L^{-1} HNO_3$ 的溶液中。

　　　　　　　　($1.2 \times 10^{-8}\ mol \cdot L^{-1}$;$1.5 \times 10^{-4}\ mol \cdot L^{-1}$;$4.2 \times 10^{-4}\ mol \cdot L^{-1}$)

5. 计算 $BaSO_4$ 在 $0.10\ mol \cdot L^{-1} BaCl_2 - 0.07HCl\ mol \cdot L^{-1}$ 溶液中的溶解度。　　($6.44 \times 10^{-7}\ mol \cdot L^{-1}$)

6. 将固体溴化银和氯化银加入到 50.0 mL 纯水中,不断搅拌使其达到平衡,计算溶液中银离子的浓度。　　　　　　　　　　　　　　　　　　　　　　　　($1.34 \times 10^{-5}\ mol \cdot L^{-1}$)

7. 推导一元弱酸盐的微溶化合物 MA_2 在下列溶液中溶解度的计算公式:

(1) 在强酸溶液中;

(2) 在酸性溶液中和过量沉淀剂 A^- 存在;

(3) 在过量 M^{2+} 存在下的酸性溶液中;

(4) 在过量络合剂 L(只形成 ML 络合物)的酸性溶液中。

8. 称取某一纯铁的氧化物试样 0.543 4 g,然后通入氢气将其中的氧全部还原除去后,残留物为 0.380 1 g。计算该铁的氧化物的实验式。　　　　　　　　　　　　　　　　(Fe_2O_3)

9. 为了测定长石中 K、Na 的含量,称取试样 0.503 4 g。首先使其中的 K、Na 定量转化为 KCl 和 NaCl 0.120 8 g,然后溶解于水,再用 $AgNO_3$ 溶液处理,得到 AgCl 0.251 3 g。计算长石中 K_2O 和 Na_2O 的百分含量各为多少?　　　　　　　　　　　　　　　　　　　　　　　　(10.63% ,3.80%)

10. 称取含硫的纯有机化合物 1.000 0 g,首先用 Na_2O_2 熔融,使其中的硫定量地转化为 Na_2SO_4,然后溶解于水,用 $BaCl_2$ 溶液处理,定量地转化为 $BaSO_4$ 1.089 0 g。计算:(1)有机化合物中硫的质量分数;(2)若有机化合物的摩尔质量为 $214.33\ g \cdot mol^{-1}$,求该化合物中硫原子个数。　　　　(14.96% ;1)

11. 称取含砷试样 0.500 0 g 溶解后在弱碱性介质中使砷处理为 AsO_4^{3-},然后沉淀为 Ag_3AsO_4。将沉淀过滤、洗涤,最后将沉淀溶于酸中。以 $0.100\ 0\ mol \cdot L^{-1} NH_4SCN$ 溶液滴定其中的 Ag^+ 至终点,消耗

45.45 mL。计算试样中砷的质量分数。 (22.70%)

12. 称取 CaC_2O_4 和 MgC_2O_4 纯混合试样 0.624 0 g,在 500 ℃下加热,定量转化为 $CaCO_3$ 和 $MgCO_3$ 后为 0.483 0 g。(1)计算试样中 CaC_2O_4 和 MgC_2O_4 的质量分数;(2)若在 900 ℃加热该混合物,定量转化为 CaO 和 MgO 的质量为多少克? (76.06% ;23.94% ;0.261 4 g)

第 15 章　吸光光度法

学 习 要 求

1. 掌握光度法基本原理。
2. 掌握显色反应与测量条件的选择。
3. 了解吸光光度分析方法和仪器。
4. 掌握光度法的应用。

15.1　光度分析法概述

吸光光度法是基于物质对光的选择性吸收而建立的分析方法,包括比色法、可见-紫外分光光度法及红外光谱法等。

分子从外界吸收能量后,就能引起分子能级的跃迁,即从基态能级跃迁到激发态能级。分子吸收能量具有量子化的特征,即分子只能吸收两个能级之差的能量,并符合跃迁规律。

$$\Delta E = E_2 - E_1 = h\nu = hc/\lambda \tag{15.1}$$

由于跃迁 ΔE 不同,使分子处在不同波长范围发射式吸收。

【例 15.1】　电子能级跃迁能量差 $\Delta E = 2\text{eV}$,计算相应的波长。

解　　　　　　　$h = 6.624 \times 10^{-34}\text{J} \cdot \text{s} = 4.136 \times 10^{-15}\text{eV} \cdot \text{s}$

$$c = 2.998 \times 10^{10}\text{cm} \cdot \text{s}^{-1}$$

$$\lambda = \frac{hc}{\Delta E} = \frac{4.136 \times 10^{-15} \times 2.998 \times 10^{10}}{2} = 6.20 \times 10^{-5}\text{cm} = 620 \text{ nm}$$

该波长 620 nm,处在可见光区。由于分子能级间隔很小。因此,分子光谱是一中带状光谱,如图 15.1 所示。

图 15.1 为苯的紫外吸收光谱(乙醇中),吸收波长在 180~280 nm,图 15.2 为 $KMnO_4$ 可见吸收光谱,吸收波长在 400~680 nm。通常溶液无色的只能是紫外吸收,如果溶液有色,除了可见光吸收外,也可能存在紫外吸收,色素、染料曲线就属于紫外-可见光吸收曲线。

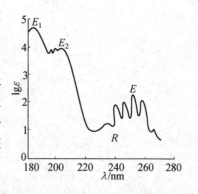

图 15.1　苯的紫外吸收光谱曲线(乙醇中)

15.2　光度分析法基本原理

15.2.1　吸收光谱——颜色的产生

当入射光束照射到均匀溶液时,光的反射近似忽略。如果用一束白光如钨灯光通过某一有色溶液时,一些波长的光被溶液吸收,另一些波长的光则透过。波长 200 ~ 400 nm 范围的光称为紫外光。人眼能感觉到的波长大约在 400 ~ 750 nm 之间,称为可见光。白光或日光是一种混合光,是由红、橙、黄、绿、青、蓝、紫等各种色光按一定比例混合而成的。不同波长的光呈现出不同的颜色,溶液的颜色由透射光的波长所决定的。透射光和吸收光混合而成白光,故称这两种光为互补光,两种颜色称为互补色。例如 $KMnO_4$ 溶液紫红色,是由于吸收白光中的绿光而呈紫红色。

以上简单地说明了物质呈现的颜色是物质对不同波长的光选择吸收的结果。将不同波长的光透过某一固定浓度和厚度的有色溶液,测量每一波长下有色溶液对光的吸收程度(即吸光度),以波长为横坐标,吸光度为纵坐标作图,即可得一曲线。这种曲线描述了物质对不同波长光的吸收能力,称为吸收曲线或吸收光谱,如图 15.2 所示。从图可以看出:

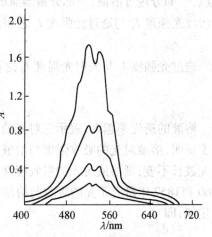

图 15.2　$KMnO_4$ 溶液的光吸收曲线

①$KMnO_4$ 溶液的光吸收曲线为带状光谱;

②$KMnO_4$ 溶液最大吸收波长 $\lambda_{max} = 525$ nm,相当于吸收绿色光;

③四种浓度不同,在 $c_1 \sim c_4$ 浓度范围内,峰的形状相似,最大吸收波长不变;

④浓度不同,在不同波长处吸光度 A 不同,其实吸光度法定量就根据浓度越大,吸光度就越大,两者成正比关系;

⑤可以根据峰的形状定性。

15.2.2　比色与吸光光度法的特点

比色法就是利用颜色的深浅来定量,可用眼睛来判断,称目视比色法。但误差大,准确度低。用光度计来测定,克服人眼判断不准的弊端,更具有准确性。仪器比色和分光光度法主要应用于测定试样中微量组分的含量,它们具有以下特点。

(1)灵敏度高。可测定试样中 $1\% \sim 10^{-3}\%$ 的微量组分,甚至可测定 $10^{-4}\% \sim 10^{-5}\%$ 的痕量组分。

(2)准确度较高。一般比色法相对误差为 $5\% \sim 10\%$,分光光度法为 $2\% \sim 5\%$。对微量、痕量已完全能满足要求。精密分光光度计测量,误差可减少至 $1\% \sim 2\%$。但用于常量组分的测定,准确度低于质量法和滴定法。

（3）应用广泛。几乎所有的无机离子和许多有机化合物都可以直接或间接地用比色法或光度法进行测定。

（4）操作简单、快捷，仪器设备也不复杂。由于新的显色剂和掩蔽剂出现，常可不经分离就能直接进行比色或分光光度测定。

（5）应用计算机数值计算。可测得多组分物质含量，使光度法具有巨大的吸引力，已广泛应用于化工、医学、环境。生命科学、材料工程等领域里的多组分的测定及光谱特性研究。

15.2.3 光吸收的基本定律——朗伯-比耳定律

1. 朗伯-比耳定律

当一束平行单色光通过任何均匀、非散射的固体、液体或气体介质时，光的一部分被吸收，一部分透过溶液，一部分被器皿的表面反射。当表面反射可忽略时，入射光强 I_0 等于吸收光强度 I_a 与透过光强度 I_t 之和，即

$$I_0 = I_a + I_t \tag{15.2a}$$

透过光强度 I_t 与入射光强度 I_0 之比称为透光率或透光度，即

$$T = \frac{I_t}{I_0} \tag{15.2b}$$

溶液的透光率越大，表示它对光的吸收越小。相反，透光率越小，对光的吸收越大。事实证明，溶液对光的吸收强度与溶液浓度、液层厚度及入射光波长等因素有关。如果入射光波长不变，则溶液对光的吸收程度只与溶液的浓度和层厚有关。朗伯和比耳分别于1760 和 1852 年研究了光的吸收与溶液液层的厚度及溶液浓度的定量关系，称为朗伯－比耳定律，即

$$A = \lg \frac{I_0}{I} = abc \tag{15.2c}$$

式中，a 称为吸光系数，$L \cdot g^{-1} \cdot cm^{-1}$。$A$ 为吸光度，无因次量，b 以 cm 为单位，c 以 $g \cdot L^{-1}$ 表示。如果 c 以 $mol \cdot L^{-1}$ 为单位，那么此时的吸光系数称为摩尔吸光系数，用 ε 表示，单位为 $L \cdot mol \cdot L^{-1} cm^{-1}$，改写成

$$A = \varepsilon bc \tag{15.2d}$$

ε 是吸光物质在特定波长和溶剂的情况下的一个特征常数，当 $c = 1 \ mol \cdot L^{-1}$，$b = 1 \ cm$ 时吸光度 A，可作为定性鉴定的参数，可用 ε 估量定量方法的灵敏度。ε 越大，灵敏度越高。实验计算的 ε 常以被测物总浓度代入，因此计算的 ε 值实际上表现摩尔吸光系数。ε 与 a 的关系为

$$\varepsilon = Ma \tag{15.2e}$$

式中，M 为物质的摩尔质量。

【例 15.2】 用 1,10 – 二氮菲比色测定铁，已知含 Fe^{2+} 浓度为 500 $\mu g \cdot L^{-1}$，吸收池长度为 2 cm，在波长 508 nm 处测得吸光度 $A = 0.19$，计算表现摩尔吸光系数 ε 及 a 吸光数。

解
$$c(\mathrm{Fe}^{2+}) = \frac{500 \times 10^{-6}}{55.85} = 8.9 \times 10^{-6} \, \mathrm{mol \cdot L^{-3}}$$

$$\varepsilon = \frac{A}{bc} = \frac{0.19}{2 \times 8.9 \times 10^{-6}} = 1.1 \times 10^4 \, \mathrm{L^3 \cdot mol^{-1} \cdot cm^{-1}}$$

$$a = \frac{\varepsilon}{M} = \frac{1.1 \times 10^{-4}}{55.85} = 1.97 \times 10^2 \, \mathrm{L^3 \cdot g^{-1} \cdot cm^{-1}}$$

式(15.2c)和式(15.2d)是朗伯-比耳定律的数学表达式。其物理意义为,在特定波长和其他条件相同下,一束平行单色光通过均匀的、非散射的吸光溶液时,溶液的吸光度与溶液的浓度和溶液厚度的乘积成正比。此式不仅适用于溶液,也适用于吸光气体或固体,是各类吸光光度法定量分析的基础。

但是在实际中,经常出现偏离朗伯-比耳定律现象,吸光度 A 与 c 不成直线,出现弯曲,如图15.3所示。

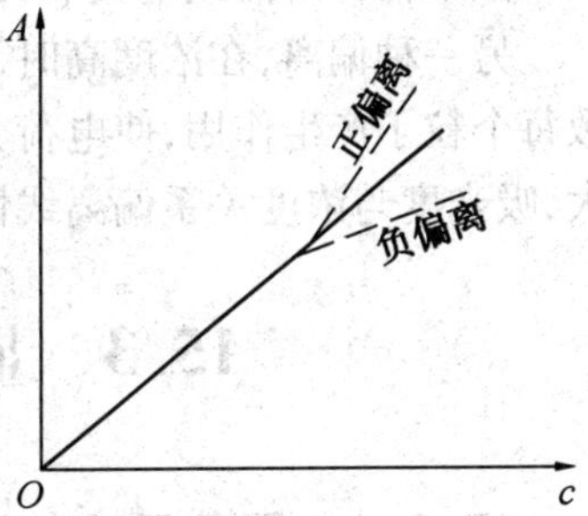

2. 偏离朗伯-比耳定律的原因

图15.3称标准曲线或工作曲线,发现成直线只能在一定的浓度区间。当浓度比较高时,明显地看到直线成弯曲的情况。这种情况称为偏离朗伯-比耳定律。偏离的原因来自两个方面,一是来自仪器方面的,二是来自溶液方面的。

图15.3　光度分析工作曲线

(1)非单色光引起的偏离

朗伯-比耳定律只适用于单色光,但由于仪器所提供的是波长范围较窄的光带组成的复合光,由于物质对不同波长光吸收程度不同,而引起对朗伯-比耳定律的偏离。为了方便起见,假设入射光仅有 λ_1 和 λ_2 两种光组成,两种波长符合朗伯-比耳定律,对 λ_1 吸光度为

$$A_1 = \lg \frac{I_{01}}{I_1} = \varepsilon_1 bc \quad I_1 = I_{01} 10^{-\varepsilon_1 bc}$$

对 λ_2 吸光度为

$$A_2 = \lg \frac{I_{02}}{I_2} = \varepsilon_2 bc \quad I_2 = I_{02} 10^{-\varepsilon_2 bc}$$

因入射光总强度 $I_0 = I_{01} + I_{02}$,透射光强度 $I = I_1 + I_2$。所以整个谱带系统可表示为

$$A = \lg \frac{(I_{01} + I_{02})}{(I_1 + I_2)} = \lg \frac{(I_{01} + I_{02})}{(I_{01} 10^{-\varepsilon_1 bc} + I_{02} 10^{-\varepsilon_2 bc})}$$

当 $\varepsilon_1 = \varepsilon_2$ 时,上式 $A = \varepsilon bc$,A 与 c 成直线,如果 $\varepsilon_1 \neq \varepsilon_2$,$A$ 与 c 不成直线。并且可见 ε_1 与 ε_2 差别越大,直线偏离越大。因此,实际中选用一束吸光度随波长变化不大的复合光作入射光来进行测量,由于 ε 变化不大,所引起的偏离就小,标准曲线上成直线。所以比色分析不严格使用很纯的单色光,而是使用一束包含一定波长范围的光谱带通入溶液,在选择波长时,往往选择极大吸收波长,即 $A-\lambda$ 曲线波峰处,能使 $A-c$ 在很宽的浓度范围成线性。若选择 A 变化较大的谱带,则误差较大。$A-c$ 曲线会出现明显的弯曲。因此,实际操作时选择在最大吸收波长处测吸光度。这样不仅保证测定有较高的灵敏度,而且由于

此处的吸收曲线较平坦,$\varepsilon_1\varepsilon_2$相差不大,偏离朗伯－比耳定律是较小的。

（2）化学因素引起的偏离

被测试样是胶体溶液、乳状液或悬浮物质时,出现光的散射现象而损失,使透光率减少,实测吸光度增加,导致偏离朗伯－比耳定律。溶液中的吸光物质常用离解、缔合、形成新化合物或其他物质改变浓度,导致偏离。例如重铬酸钾在水溶液中存在如下平衡,即

$$Cr_2O_7^{2-}+H_2O \Longrightarrow 2H^++2CrO_4^{2-}$$

橙色　　　　　　　　　黄色

如果稀释溶液或增大 pH,就变成 CrO_4^{2-},化学成分发生变化,引起偏离。

另一种偏离,在浓度高时,直线出现弯曲。由于吸收组分粒子间的平均距离减少,以致每个粒子产生作用,使电荷分布产生变化,由于相互作用的程度与浓度有关,随浓度增大,吸光度与浓度关系偏离线性关系。所以比耳定律适用于稀溶液。

15.3　显色反应与测量条件的选择

15.3.1　显色反应的选择

显色反应可分为两大类,即络合反应和氧化还原反应,而络合反应是最主要的显色反应。同一组分常可与多种显色剂反应,生成不同的有色物质,如何选用何种显色反应,应考虑以下几方面。

①选择性好、干扰少或干扰易消除。

②灵敏度高,光度法一般用于微量组分的测定,因此选择灵敏的显色反应。一般来说 ε 值为 $10^4 \sim 10^5$ 时,可认为该反应灵敏度较高。

③有色化合物与显色剂之间的颜色差别要大,这样显色时颜色变化鲜明,试剂空白较小。通常把两种有色物质最大吸收波长之差称为"对比度",一般要求 $\Delta\lambda \geqslant 60$ nm。

④反应生成的有色化合物组成恒定,化学性质稳定,至少保证在测量过程中溶液的吸光度变化小。有色化合物不容易受外界环境条件的影响,也不受溶液中其他化学因素的影响。

15.3.2　显色条件的选择

吸光光度法测定显色反应达到平衡后溶液的吸光度,了解影响显色反应的因素,控制显色条件,使显色反应完全和稳定。

1. 显色剂用量

显色反应一般可用下列式表示,即

$$M + R = MR$$

被测组分　显色剂　有色化合物

为了保证显色反应尽可能地进行完全,一般需加入过量显色剂。但显色剂不能太多,否则会引起副反应,显色剂用量常通过实验来确定。显色剂用量对显色反应的影响,一般有三种可能的情况。

随着显色剂浓度的增加,试液的吸光度也不断增加,当显色剂浓度达到某一数值时,吸光度趋于恒定,平坦部分出现。显色剂浓度继续增大时吸光度反而下降。因此必须严格控制显色剂量。如 $M_0(U)$ 与 SCN^- 的反应,即

$$M_0(SCN)_3^{2+} \longrightarrow M_0(SCN)_5 \longrightarrow M_0(SCN)_6^-$$
$$\text{浅红} \qquad\qquad \text{橙红} \qquad\qquad \text{浅红}$$

吸光光度测定 $M_0(SCN)_5$ 的吸光度,SCN^- 太低,太高吸光度都降低,所以必须用移液量准确量取显色剂的量。当显色剂的浓度不断增大时,试液吸光度不断增大。例如 $c(Fe(SCN)_n)^{3-n}$,随着 n 的增加,溶液颜色由橙黄变至血红色。这种情况,必须严格控制显色剂的量,测定结果才能准确。

2. 酸度

酸度对显色反应的影响有以下几个方面。

(1)酸度影响显色剂平衡浓度和颜色

大多数显色剂是有机弱酸,在溶液中存在下列平衡,即

$$HR \Longrightarrow H^+ + R^-$$

$$nR^- + M^{n+} \Longrightarrow MR_n \quad (\text{有色化合物})$$

酸度改变,影响 R^- 浓度,从而影响生成 MR_n 的浓度,也可能影响 n 的数目,引起颜色的改变,一种离子与显色剂反应的适宜酸度范围,通过实验来确定。作 A–pH 关系曲线,选择曲线平坦部分 pH 为测定条件。

(2)影响被测离子的存在状态

金属离子在不同 pH 条件下,显示不同的水解产物。Al^{3+} 在不同 pH 条件下,可生成 $Al(H_2O)_6^{3+}$,$Al(H_2O)_5OH^{2+}$ 等氢氧基络离子。pH 再增高,可水解成碱式盐或氢氧化物沉淀,这样严重影响显色反应。

(3)影响络合物的组成

对某些生成逐级络合物的显色反应,酸度不同络合物的络合比就不同,其颜色也不同。

3. 显色温度

大多数的显色反应在室温下就能进行。但是,有的反应必须加热,才能使显色反应速度加快,才能完成发色,有的有色物质温度偏高时又容易分解。因此,对不同反应,通过实验找出各自的适宜温度范围。

4. 显色时间

有些显色反应速度很快,溶液颜色很快达到稳定状态,并在较长时间内保持不变。有的显色反应很快,但放置一段时间,容易褪色,有的显色反应很慢,放置一段时间后才稳定。因此,根据实际情况,确定最合适的时间进行测定。

5. 干扰的消除

在显色反应中,共存离子会影响主反应的显色,干扰测定,消除干扰,可采用下列方法。

①选择适当的显色条件以避免干扰。例如磺基水扬酸测定 Fe^{3+} 时，Cu^{2+} 与试剂形成络合物，干扰测定，控制 pH=2.5，Cu^{2+} 不与试剂反应。

②加入络合掩蔽剂或氧化还原掩蔽剂，使干扰离子生成无色络合物或无色离子。通常 Fe^{3+}、Al^{3+}、可加入 NH_4F 掩蔽，形成 FeF_6^{3-}、AlF_6^{3-} 络合物。测定 $M_0(VI)$ 时也可加入 $SnCl_2$ 或抗坏血酸等将 Fe^{3+} 还原为 Fe^{2+} 而避免 SCN^- 作用。

③分离干扰离子。可采用测定、离子交换或溶剂萃取等分离方法除去干扰离子。

15.3.3 显色剂

1. 无机显色剂

无机显色剂在光度分析中应用不多，主要原因是生成的络合物不稳定，灵敏度与选择性也不高。目前常用的有硫氰酸盐、钼酸铵和过氧化氢等数种。

2. 有机显色剂

大多数有机显色剂常与金属离子生成稳定的螯合物，显色反应的选择性和灵敏度都较高。通过萃取，可进行萃取光度法。

有机显色剂中一般都含有生色团和助色团。生色团常含有不饱和键基团，能吸收大于 200 nm 光的波长。例如偶氮基（—N＝N—）、羰基（>C＝O）、硫羰基（>C＝S）、硝基（—NO₂）、亚硝基（—N＝O）等。另外，一些含有孤对电子的基团，它们与生色团上的不饱和键相互作用，可以影响有机化合物对光的吸收，使颜色加深，这些基团称为助色团。例如胺基—N̈H₂、R N̈H—或 R₂ N̈—、羟基—ÖH 等。

有机显色剂的类型、品种非常多，下面介绍两类常用的显色剂。

（1）偶氮类显色剂

这类显色剂分子中含有偶氮基。凡含有偶氮结构的有机化合物都是带色的物质。若与芳烃相连，邻位有—OH、—COOH、—N＝时，可产生络合反应，从而显色。根据连接在氮基两边的芳香基团以及络合基团不同，可得到一类品种繁多的显色剂。偶氮类显色剂具有性质稳定、显色反应灵敏、选择性好等优点，是目前应用最广泛的一类显色剂。特别适用于铀、钍、锆等元素以及稀土元素总量的测定。PAR 在不同条件下与很多金属离子生成红色或紫红色可溶于水的络合物，用于银、汞、镓、铀、铌、钒、锑等元素的比色测定。PAR 三元络合物也较多。

（2）三苯甲烷类显色剂

它也是一种应用很广泛的分析试剂，种类也很多。基本构型为

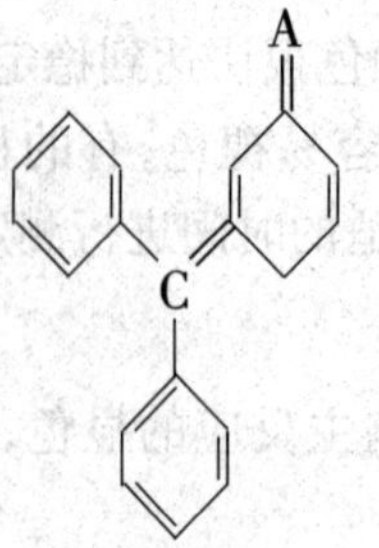

如铬天青 S、二甲酚橙、结晶紫和罗丹明 B 等都属于此类显色剂。铬天青 S 的结构式为

铬天青与许多金属离子 Al^{3+}，Be^{2+}，Co^{2+}，Cu^{2+}，Fe^{3+} 及 Ga^{3+} 等及阳离子表面活性剂如氯化十六烷基三甲基胺（CTMAC）、溴化十六烷基吡啶（CPB）等形成三元络合物，其摩尔吸光系数 ε 值可达 $10^4 \sim 10^5$ 数量级，广泛应用于吸光光度测定。铬天青 S 常用来测定铍和铝。如结晶紫属三苯甲烷类碱性染料，常用于测定铊。基本构型为

15.3.4　多元络合物

多元络合物是由三种或三种以上的组分所形成的络合物。目前应用较多的是由一种金属离子与两种配位体所组成的络合物，一般称为三元络合物。

三元络合物在分析化学中，尤其在吸光光度分析中，应用较为普遍。下面介绍几种重要的三元络合物类型。

1. 三元混配络合物

金属离子与一种络合剂形成未饱和络合物，然后与另一种络合剂结合，形成三元混合配位络合物，简称三元混配络合物。例 $Ti-EDTA-H_2O_2$，$V-H_2O_2-PAR$ 形成 $1:1:1$ 三元络合物，可用于测定 Ti 与 V。具有以下特点。

①三元络合物比较稳定，可提高分析测定的准确度。

②三元络合物对光有较大的吸收容量，所以进行光度测定时它比二元络合物具有更高的灵敏度和更大的对比度。例如 $V-H_2O_2$，$\varepsilon=2.7\times10^2$ 灵敏度太低。将 $V-H_2O_2-PAR$，$\varepsilon=1.4\times10^4$，最大吸收波长移至 540 nm。灵敏度提高很大，利用表面活性剂所形成的三元络合物，灵敏度提高 $1\sim2$ 倍，有时甚至提高 5 倍以上。

③形成三元络合物的显色反应比二元体系具有更高的选择性。因为二元络合物中，一种配体可与多种金属离子产生类似的络合反应，而当体系中形成三元络合物时，减少了

金属离子形成类似络合物的可能性。例如铌和钽都可与邻苯三酚生成二元络合物,但在草酸介质中,钽能生成钽–邻苯三酚–草酸三元络合物,铌则不形成类似的三元络合物,提高了反应的选择性。

2. 离子缔合物

金属离子首先与络合剂生成络阴离子或络阳离子,然后再与带相反电荷的离子生成离子缔合物。与三元混配络合物不同的是,第一个配位体往往已使金属离子的配位满足。但重金属离子的电荷未被完全补偿,因此可与带相反电荷的离子缔合,形成离子缔合物。这类化合物主要应用于萃取光度测定。

例如,Ag^+ 与 1,10–二氮菲(phen)形成 $c(Ag-(phen)_2)^+$ 阳离子与溴邻苯三酚红(BPR)阴离子 $c(BPR)^{4-}$ 形成深蓝色的离子缔合物 $c(Ag-(phen)_2)_2 c(BPR)^{2-}$。用于 F^-,H_2O_2,EDTA 做掩蔽剂,可在 pH = 3~10 测定微量 Ag^+,灵敏度比二苯硫腙法高一倍,选择性也好。

作为离子缔合物的阳离子,有碱性染料、1,10–二氮菲及其衍生物、安替比林及其衍生物、氯化四苯砷(或磷、锑)等,作为阴离子,有 X^-,SCN^-,ClO_4^-,无机杂多酸和某些酸性染料等。

3. 金属离子–络合剂–表面活性剂体系

稀土元素与二甲酚橙在 pH = 5.5~6 形成红色螯合物,灵敏度不高,如溴化十六烷基吡啶(CPB)参加反应,生成稀土∶二甲酚橙∶CPB = 1∶2∶2(或 1∶2∶4)的三元络合物,pH = 8~9时呈蓝紫色,灵敏度提高数倍,适于痕量稀土元素总量的测定。常用的这类反应的表面活性剂有溴化十六烷基吡啶(CPB)、氯化十四烷基二甲基苄胺(Zeph)、氯化十六烷基三甲基胺、溴化十六烷基三甲基铵、溴化羟基十二烷基三甲基胺、OP 乳合剂等。

4. 杂多蓝

溶液在酸性的条件下,过量的钼酸盐与磷酸盐、硅酸盐、砷酸盐等含氧的阴离子作用生成杂多酸,可测定磷、硅、砷等元素。通常的 12–杂多钼酸型中生成的杂多酸阴离子形式是 $c(PMo_{12}O_{40})^{3-}$ 或 $c(P(Mo_3O_{10})_4)^{3-}$,中心原子是 P、Si 等,Mo 原子通过氧原子配位。12–杂多钼酸中有 12 个 Mo 原子环绕着 P 中心原子排列。在适当的还原剂下,杂多酸能被还原为一种可溶的蓝色化合物,称为杂多蓝。杂多蓝含有 Mo(V) 和 Mo(VI),而且是组成不定的混合价络合物。很多还原剂可应用于杂多蓝法中,如氯化亚锡及某些有机还原剂。

杂多蓝法需要十分正确小心的控制反应条件。在一定的钼酸浓度下,若酸度过低,钼酸则也会被还原成钼蓝。若酸度过高,则杂多蓝颜色不稳定,说明还原反应的酸度范围较窄,需很好控制。

15.3.5 光度测量误差和测量条件的选择

为了使光度法有较高的灵敏度和准确度,除了要注意选择和控制适当的显色条件外,还必须选择和控制适当的吸光度测量条件。应考虑以下几点。

1. 吸光度读数范围的选择

在不同吸光度范围内读数对测定带来不同程度的误差。推证如下,即

$$A = \lg \frac{I_0}{I} = \varepsilon bc \quad 或 \quad A = -\lg T = \varepsilon bc$$

将上式微分,得

$$-\mathrm{d}\lg T = -0.434\,\mathrm{d}\ln T = \frac{-0.434}{T}\mathrm{d}T = \varepsilon b\mathrm{d}c$$

两式相除,得

$$\frac{\mathrm{d}c}{c} = \frac{0.434}{T\lg T}\mathrm{d}T \tag{15.3a}$$

或写成近似值

$$\frac{\Delta c}{c} = \frac{0.434}{T\lg T}\Delta T \tag{15.3b}$$

浓度相对误差与 ΔT,$(T\lg T)^{-1}$ 成正比,ΔT 误差 $\pm 0.2\% \sim \pm 2\%$,基本不变,要使 $\Delta c/c$ 最小,$T\lg T$ 最大。

例如 $\dfrac{\mathrm{d}T\lg T}{\mathrm{d}T} = 0$,求 T 的极值。

$$\frac{0.434\ \mathrm{d}T\ln T}{\mathrm{d}T} = 0.434 \times \left(\ln T + T \times \frac{1}{T}\right) = 0$$

$$\ln T = -1;\quad 2.303\lg T = -1$$

$$\lg T = -0.434;\quad T = 0.368$$

$$A = -\lg T = -\lg 0.368 = 0.434 \tag{15.3c}$$

可见,当透光率为 36.8% 或吸光度为 43.4% 时,浓度测量的相对标准偏差最小。一般说来,当透光率为 15% ~ 65%(吸光度为 0.2 ~ 0.8)时,浓度测量的相对标准偏差都不太大。这就是吸光光度分析中比较适宜的吸光度范围。

2. 入射光波长的选择

入射光的波长应根据吸收光谱曲线,选择波长等于被测物质的最大吸收波长的光作为入射光,这称为"最大吸收原则"。因为不仅在此波长处摩尔吸光系数值最大,测定具有较高的灵敏度,而且,在此波长处的一个较小范围内,吸光度变化不大,偏离朗伯 - 比耳定律的程度减少,具有较高的准确度。

3. 参比溶液的选择

在测量吸光度时,利用参比溶液来调节仪器的零点,消除吸收池器壁及溶剂对入射光的反射和吸收带来的误差。

当试液及显色剂均无色时,可用蒸馏水作参比溶液。如果显色剂为无色,而被测试液中存在其他有色离子,可用被测试液作参比溶液。当显色剂略有吸收时,可在试液中加入适当掩蔽剂将待测组分掩蔽后再加显色剂,以此溶液作参比溶液。

在实验中,有时标准曲线不通过原点或不成直线,这种原因是多方面的。一般说来,只要偏离不大,仍然可以用于分析。当然,首先搞清楚偏离原因。有的参比溶液选择不

当,两个吸收池厚度不一样,吸收池透光面不清洁及络合物离解等原因。

15.4 吸光光度分析的方法和仪器

15.4.1 目视比色法

用眼睛比较溶液颜色的深浅以测定物质含量的方法,称为目视比色法。常用的目视比色法是标准系列。用一套比色管(容量有 10、25、50 mL 及 100 mL 等几种),先配制不同浓度的比色液置于比色管中,置于刻度,作为标准色阶。同时,将未知溶液用同样的显色步骤及同样的试剂量进行显色,然后从管口垂直向下观察,也可以从比色管侧面观察,若试液与标准系列中某溶液的颜色深度相同,则这两个比色管中溶液的浓度相等,若试液的颜色介于这两个标准溶液的浓度之间,则浓度可取两浓度的平均值。

目视比色法的优点是仪器简单,操作简便,适宜于大批试样分析和炉前分析。比色管内液层厚,使很稀的有色溶液也能目视测定。即使不严格服从朗伯-比耳定律,在准确度要求不高的常规分析中也能广泛应用。标准系列的目视比色法缺点是准确度较差,相对误差约为 5% ~ 20% 。

15.4.2 光度分析法

采用滤光片获得单色光,用光电比色计测定溶液的吸光度以进行定量分析的方法称为光电比色法。如果采用棱镜或光栅等单色器获得单色光,使用分光光度计进行测定的方法称为分光光度法。它们统称为光度分析法。

与目视比色法比较,光电比色法具有以下述优点:

①用光电池进行光电信号测定,提高准确度。

②可通过采用适当的滤光法或适当的参比溶液来消除干扰,因而提高了选择性。

分光光度法的特点是:

①入射光纯度较高的单色光,可以得到十分精确的吸收光谱曲线。选择最合适的波长进行测定,使更符合朗伯-比耳定律,线性范围更大,仪器精密,准确度较高。

②由于吸光度的加合性,可以测定溶液中的两种或两种以上的组分。由于借助于现代计算机的各种算法如神经网络、遗传算法等,可以同时测出多组分以上的溶液浓度。

③由于入射光的波长范围扩大,许多无色物质只要在紫外、红外光区域内有吸收峰,都可以进行光度测定。

15.4.3 光度计的基本部件

分光光度计一般按工作波长分类。紫外-可见分光光度法主要用于无机物和有机物含量的测定,红外分光光度主要用于结构分析。近十年来,也用来分析多组分的有机混合成分。

国产 721 型分光光计是目前实验室普遍使用的简易型可见分光光度计,其光学系统如图 15.3 所示。

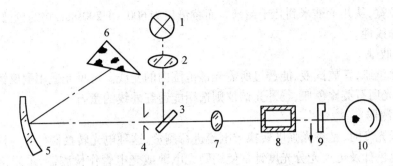

图 15.3 721 型分光光度计光学系统

1—光源；2—聚光镜；3—反射镜；4—狭缝；5—准直镜；6—棱镜；7—小聚光镜；8—比色器；9—光门；10—光电管

尽管光度计的种类和型号繁多，但它们都是由下列部件组成的，即

$$\boxed{光源} \longrightarrow \boxed{单色器} \longrightarrow \boxed{吸收池} \longrightarrow \boxed{检测系统}$$

现将各部件的作用及性能介绍如下，以便正确使用各种仪器。

(1)光源

紫外可见分光光度计，要求光源发出所需波长范围光谱连续达到一定的强度，在一定时间内稳定。

紫外区，采用氢灯或氘灯产生 180~375 nm 的连续光谱作为光源。可见光区测量时通常使用钨丝灯为光源。钨丝发出的白炽灯波长为 320~2 500 nm 的连续光谱，要配上稳压电源，工作温度 2 600~2 870 K，温度增高时，光强增加，但会影响灯的寿命。

红外光谱仪中所用的光源通常是一种惰性固体，用电加热使之发射高强度连续红外辐射。常用的有能斯特灯和硅碳棒两种。发出的波长为 0.78~300 μm。能斯特灯是由氧化锆、氧化钇和氧化钍烧结制成，中空棒或实心棒，两端绕有铂丝作为导线。使用时加热 800 ℃。硅碳棒是两端粗中间细的实心棒，中间为发光部分。

(2)单色器

将光源发出的连续光谱分解为单色光的装置，称为单色器。单色器由棱镜或光栅等色散元件及狭缝和透镜等组成，还有滤光片作为单色器。

①滤光片。常用的滤光片由有色玻璃片制成，只允许和其他颜色相同的光通过，得到是近似单色光，10~30 nm 宽的范围。选择滤光片原则，滤光片最易透过的光应是有色溶液最易吸收的光。滤光片和溶液的颜色应该是互补色。

②棱镜光。通过入射狭缝，经透镜以一定角度射到棱镜上，由于棱镜产生折射而色散。移到棱镜或移动出射缝的位置，就可使所需波长的光通过狭缝照射到试液上。使用棱镜可得到纯度较高的单色光，半宽度 5~10 nm，可以方便地改变测定波长。所以分光光度法的灵敏度、选择性和准确度都较光电比色法高。使用分光光度计可测定吸收光谱曲线和进行多组分试样的分析。棱镜材料根据光的波长范围选择不同材料。可见分光光度计选用玻璃棱镜，紫外–可见和近红外分光光计选用石英棱镜，因为玻璃对紫外、红外都吸收。红外分光光度计，选用岩盐或萤石棱镜，如 LiF，KBr，CsI 等。

③光栅。适用于紫外和可见光区的光栅，通常有 1 mm 刻有 600~1 200 条平行、等距离的线槽，这样可以引起光线色散。光栅作为色散元件具有许多独特的优点。它可用的

波长范围较宽,从几十纳米到几千纳米。而棱镜仅为600～1 200 nm,它的色散近乎线性,而棱镜为非线性。

(3)吸收池

亦称比色皿,盛放试液,能透过所需光谱范围内的光线。可见光适用耐腐蚀的玻璃比色皿,紫外光用石英比色皿,红外光谱仪则选用能透红外线的萤石。

(4)检测器

测量吸光度时,是将光强度转换成电流进行测量,这种电光转换器件称为检测器。常见的光电比色计及可见光分光度计常使用硒光电池或光电管作检测器,采用检流计及数字转换直接读数。

①光电池。常用的硒光电池,当光照射到光电池上时,半导体硒表面有电子逸出,产生负电,背面为正极,产生电位差。两面间接上检流计,就会有光电流通过,这种光电元件称为光电池。除硒光电池外,还有氧化亚铜、硫化银、硫化铊和硅光电池等。入射光越强,光电流就越大。光电池的优点是结实、便宜、使用方便,不需外加电源就可连接到微安计或检测计,可直接读出光电流读数。缺点是响应速度相对较慢,不适于检测脉冲光束,内阻小,难于把输出放大,若干年内硒层逐渐变态老化。

②光电管。光电管是一个阳极和一个光敏阴极组成的真空二极管,阴极是金属制成的半圆筒体,内侧涂有一层光敏物质,当它被足够能量的光子照射时,能够发射电子,两极间有电位差。发射出的电子就流向阳极而产生电流,电流大小与照射光的强度成正比。尽管光电流是光电池的1/4,但光电管有很高内阻,这样以较大的电压输出,再进行放大。

光电管根据不同的光敏材料使用于不同的波长。CsO光电管用于625～1 000 nm 波长范围,锑铯光电管用于200～625 nm 波长范围。光电管的响应时间很短,一般在 10^{-8} s 以内,可用来检测脉冲光束。

③光电倍增管。光电倍增管是检测弱光常用的光电元件,灵敏度比光电管高200多倍。光电倍增管由光阴极和多级的二次发射电极所组成。放大倍数为 10^6～10^7 倍,响应时间 10^{-8}～10^{-9}s 级。光电倍增管的光电流和光强间的线性关系很宽,但光强度过大时就呈现弯曲。

④红外检测器。由于红外光谱区的光子能量较弱,不足以引致光电子发射。常用的红外检测器有真空热电偶、热释电检测器和汞镉碲检测器。由于红外线的照射,使检测器产生温差现象,温差可转变为电位差,温度升高引起极化强度变化,最后用电压或电流方式进行测量。

(5)检流计

通常使用悬镜或光点反射检流计测量光电流,灵敏度 10^{-9}A/格。测量时可读百分透光度和吸光度。

15.5　光度法应用

15.5.1　紫外-可见分光光度法

紫外-可见分光光度法应用很广泛,不仅用来进行定量分析,而且可以用来进行定性鉴定及结构分析,还可以测定化合物的物理化学数据。例如配合物的组成、稳定常数和酸碱电离子常数以及相对分子质量。

1. 定性分析

以紫外可见吸收光谱鉴定有机化合物时,通常在相同的测定条件下,比较未知物与标准物的光谱图,可以定性。利用紫外-可见分光光度法测定未知结构时,一般有两种方法,一是比较吸收光谱曲线,二是比较最大吸收波长,然后与实测值比较。吸收光谱曲线的形状、吸收峰的数目以及最大吸收波长的位置和相对的摩尔吸收常数,是定性鉴定的依据。λ_{max}、ε_{max}是定性的主要参数。

2. 有机化合物分子结构的推断

根据化合物的紫外及可见区吸收光谱可以推测化合物所含的官能团。例如,化合物在 220~800 nm 范围内无吸收峰,它可能是脂肪族碳氢化合物、胺、腈、醇、羧酸、氯化烃和氟化烃,不含双键或环状共轭体系,没有醛、酮或溴、碘等基团。如果在 210~250 nm 范围内有强吸收带,可能含有 2 个双键的共轭单位,在 260~350 nm 范围内有强吸收带,表示有 3~5 个共轭单位。

3. 纯度检查

例如苯在 256 nm 处有吸收带,检定甲醇或乙醇中杂质苯若在 256 nm 处有吸收,判断有杂质苯的存在,甲醇或乙醇在此波长无吸收。

4. 络合物组成及稳定常数的测定

分光光度法是研究溶液中配合物的组成、配位平衡和测定配合物稳定常数的有效方法之一。

摩尔比率法 设配位物的配合反应为

$$mM + nR = M_m R_n$$

固定金属离子浓度 c_M,改变络合剂浓度 c_R,在选定的条件和波长下,测定一系列吸光度 A,以 A 对 c_R 作图。

曲线的转折点对应的摩尔比 $c_M : c_R = m : n$,即为该配合物的组成比。

当配合物稳定性差,配合物解离使吸光度下降,曲线的转折点敏锐时,作延长线。两延长线的交点向横轴作垂线,即可求出组成比。根据这一特点还可测定配合物的不稳定常数。令配和物不离解时在转折处的浓度为 $c(c = c_M/m)$,配和物的解离度为 α,则平衡时各组分的浓度为

$$c(M_m R_n) = (1-\alpha)c; \quad c(M) = m\alpha c; \quad c(R) = n\alpha c$$

则配合物的稳定常数

$$K = \frac{\{c(M_m R_n)/c^{\ominus}\}}{\{c(M)^m/c^{\ominus}\}\{c(R)^n/c^{\ominus}\}} = \frac{\{c(1-\alpha)c/c^{\ominus}\}}{\{c(m_\alpha c)/c^{\ominus}\}^m\{c(n_\alpha c)/c^{\ominus}\}^n} = \frac{1-\alpha}{m^m n^n \alpha^{m+n} c^{m+n-1}} \tag{15.4a}$$

$$\alpha = \frac{A_0 - A'}{A_0} \tag{15.4b}$$

式中,A' 是实验测得的吸光度,A_0 是用外推法求得吸光度,将由式(15.4b)得到的 α 值代入式(15.4a)便可计算出 K 值。这一方法仅适用于体系中只有配合物有吸收的情况,而且对解离度小的配合物可以得到满意的结果,尤其适宜于组成比高的配合物。

5. 酸碱离解常数的测定

如果一种有机化合物的酸性官能团或碱性官能团是生色团一部分,物质的吸收光谱随溶液的 pH 值而改变,且可从不同的 pH 值时吸光度测定离解常数。例如酸 HB 在水溶液中离解平衡

$$HB + H_2O \Longrightarrow H_3O^+ + B^-; \quad K_a = \frac{c(H_3O^+)/c^{\ominus} \cdot c(B^-)/c^{\ominus}}{c(HB)/c^{\ominus}}$$

当 $c(HB) = c(B^-)$ 时,$K_a = c(H_3O^+)$,$pK_a = \lg c(H_3O^+) = pH$,只要找出 $c(HB) = c(B^-)$ 时的 pH,就等于求出 pK_a。

6. 相对分子质量测定

根据光吸收定律,可得化合物相对分子质量 M_r 与其摩尔吸收系数 ε、吸光度 A 及质量 m、容积 V 之间的关系为

$$A = \varepsilon b c = \varepsilon b \frac{\dfrac{m}{M_r}}{V} \tag{15.5a}$$

$$M_r = \frac{\varepsilon b m}{V A} \tag{15.5b}$$

此式表明,当测得一定质量的化合物吸光度后,只要知道摩尔吸光系数,即可求得相对分子质量。在紫外 - 可见吸收光谱中,只要化合物具有相同生色骨架,其吸收峰的 λ_{max} 和 ε_{max} 几乎相同。因此,只要求出与待测物有相同生色骨架的已知化合物的 ε 值,根据式 (15.5b) 即可求出待测化合物的相对分子质量。

7. 多组分分析

应用分光光度法,常常不能在同一试样溶液中不进行分离而测定一个以上的组分。例如两组分,光谱曲线不重叠时找 λ_1,X 有吸收,Y 不吸收,在另一波长 λ_2,Y 有吸收,X 不吸收,这可以分别在波长 λ_1,λ_2 时,测定组分 X,Y 而相互不干扰。

当吸收光谱重叠,找出两个波长,在该波长下两组分的吸光度差值 ΔA 较大,在波长 λ_1,λ_2 时测定吸光度 A_1 和 A_2,由吸光度值的加和性解联立方程

$$\begin{cases} A_1 = \varepsilon_{X1} b c_X + \varepsilon_{Y1} b c_Y \\ A_2 = \varepsilon_{X2} b c_X + \varepsilon_{Y2} b c_Y \end{cases}$$

式中,c_X,c_Y 为 X,Y 的浓度;ε_{X1},ε_{Y1} 为 X,Y 在波长 λ_1 时的摩尔吸光系数;ε_{X2},ε_{Y2} 为 X,Y 在波长 λ_2 时的摩尔吸光系数。摩尔吸光系数可用 X,Y 的纯溶液在两种波长处测得,联立方程求解可得 c_X,c_Y。

如果是三组分以上溶液求解方程就显得困难,可用计算机解多元联立方程。目前正在研究化学计量算法,利用神经网络、遗传算法、小波分析法等可求解五组分以上混合溶液浓度。该方法具有准确、分析速度快等优点,现在正处在研究与实际分析应用中。

8. 氢键强度的测定

$n \rightarrow \pi^*$ 吸收带在极性溶剂中比在非极性溶剂中的波长短一些。在极性溶剂中,分子间形成氢键,实现 $n \rightarrow \pi^*$ 跃迁时,氢键也随之断裂,此时,物质吸收的光能,一部分用于实现 $n \rightarrow \pi^*$ 跃迁,另一部分用于破坏氢键。而在非极性溶剂中,不可能形成分子间氢键,吸收的光能仅为实现 $n \rightarrow \pi^*$ 跃迁,故所吸收的光波的能量较低,波长较长。由此可见,只要测定同一化合物在不同极性溶剂中的 $n \rightarrow \pi^*$ 跃迁吸收带,就能计算其在极性溶剂中氢键的强度。

例如,在极性溶剂水中,丙酮的 $n \rightarrow \pi^*$ 吸收带为 264. 5 nm,其相应能量为 452. 96 kJ·mol^{-1},在非极性溶剂乙烷中,该吸收带为 279 nm,其相应能量等于 429. 40 kJ·mol^{-1},所以丙酮在水中形成的氢键强度为 452.96-429.40=23.56 kJ·mol^{-1}。

9. 光度滴定

光度测量可用来确定滴定的终点。光度滴定通常都是用经过改装的在光路中可插入滴定容器的分光光度计或光电比色计来进行的。例如用 EDTA 连续滴定 Bi^{3+} 和 Cu^{2+} 的终点。在 745 nm 处,Bi^{3+}-EDTA 无吸收,加入 EDTA 后 Bi^{3+} 先络合,第一化学计量点前吸光度不发生变化。随着 EDTA 加入,Cu^{2+}-EDTA 开始形成,铜络合物在此波长处产生吸收,故吸光度不断增加。到达化学计量点后再增加 EDTA,吸光度不再发生变化。很明显,滴定曲线可得到两个确定的终点。

光度滴定法确定终点,方法灵敏,并可克服目视滴定中的干扰,而且实验数据是在远离计量点的区域测得的,终点是由直线外推法得到的,所以平衡常数较小的滴定反应,也可用光度法进行滴定。光度法滴定可用于氧化还原、酸碱,络合及沉淀等各类滴定中。

15.5.2 红外吸收光谱法应用

1. 有机官能团分析

有些化合物,特别是有机化合物的各种基团在红外光谱中有特征吸收。

常见的特种基团、特征吸收频率如—OH 在 3 200 ~ 3 650 cm^{-1} 处吸收,苯环中 C—H 在 3 030 cm^{-1} 附近伸缩振动吸收,—CH$_3$ 分别在 2 870,2 960 cm^{-1} 处红外吸收,—N≡N—, —C≡C— 分别在 2 310 ~ 2 135 cm^{-1},2 260 ~ 2 100 cm^{-1} 处伸缩振动吸收,C≡C 在 1 680 ~ 1 620 cm^{-1} 处红外吸收,—C≡O 在 1 850 ~ 1 600 cm^{-1} 处吸收,C—O,C—I 分别在 1 300 ~ 1 000 cm^{-1},500 ~ 200 cm^{-1} 处伸缩振动吸收。利用上述特征吸收,可从红外光谱图判断有机官能团的存在,从而进行有机结构分析。

【例 15.2】 CH$_3$—C$_6$N$_5$—CN 红外光谱图如下,试解释特征吸收峰。

解 3 020 cm^{-1} 吸收峰是苯环中 C—H 引起的,2 920 cm^{-1} 是—CH$_3$ 的吸收峰,1 605,1 511 cm^{-1} 处是苯环的 C≡C 引起的, —C≡N 吸收峰在 2 240—2 220 cm^{-1} 处。

【例 15.3】 测试 HCOOCH$_2$CH$_3$ 红外光谱图,试判断可能存在特征吸收峰。

解 1 730 cm^{-1} 有酮基伸缩振动,2 820 cm^{-1},2 720 cm^{-1} 吸收峰为分子中有醛基的 C—H 伸缩振动,1 150 cm^{-1} 有 C—O 吸收峰,1 200 cm^{-1} 吸收峰强度大,是 HCOOR 的 C—O 的吸收峰。

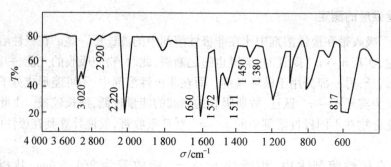

2.定量分析

红外光谱定量分析的基础是朗伯-比耳定律，$A = \lg \dfrac{I_0}{I} = \varepsilon bc$，吸光度 A 的测定有两种方法。

（1）一点法

直接从红外光谱图上的纵坐标读出分析波数处的透过率 T 后换算成吸光度 A。

（2）基线法

由于一点法误差较大，为了使波数处的吸光度更接近真实值，当分析峰不受其他峰的干扰，且峰形对称时，常采用基线法。

（3）定量分析方法

定量分析方法的选择与样品性质有关，当样品中组分简单时，多采用对照法或工作曲线法。对照法是通过比较样品光束和参比光束的强度以抵消与所测物质无关的辐射损失，来测定样品中某物质含量的方法。先配制一个与试样溶液尽量接近的标准溶液，然后在相同条件下分别测定标准溶液与样品的吸光度，通过计算可求未知物含量。

（4）现代分析计量法

近年来国内外利用现代分析计量学从事研究多组分的红外光谱定量分析。其中常用的是最小二乘法、卡尔曼滤波法、遗传算法、人工神经网络法、小波算法等。上述方法的共同点是，提出算法的数学模型，用计算机编程求解，误差分析，自动输出计算结果。例如人工神经网络算法，模拟神经网络具有三层或三层以上的多层神经元网络。有神经元，一个输入层，一个中间层，一个输出层，并有许多节点。数学模型中，有传递函数，可以处理和逼近非线性的输入/输出关系，并有误差函数，通过将一系列的样品吸光值与浓度输入网络，改变学习率，隐含层节点数，迭代次数，设置好误差指标，进行网络训练，显示误差结果并自动打印各混合物中物质的浓度，计算各相对误差及回收率。利用此算法可以分析五组分以上的苯系列有机物等。该算法快速、准确。这些现代分析计量学已经形成分析化学中的一个前沿学科分支，可希望对生命科学、生物信息、环境监测等提供一种新的分析手段。

阅读拓展

药物鉴别及定量测定

1. 紫外-可见光谱法

（1）规定吸收波长和吸收系数法

测定最大吸收波长或同时测定最小吸收波长；规定浓度的供试液在最大吸收波长处测定吸收度，规定吸收波长和吸收度比值法；经化学处理后，测定其反应产物吸收光谱特性。

苯丙醇中苯丙酮的检查：利用供试液的吸收度比值控制杂质；纯品苯丙醇 $A_{247}/A_{258}=0.59$；99.5% 时，$A_{247}/A_{258}=0.79$；因此规定供试品 $A_{247}/A_{258}<0.79$；即所含苯丙酮<0.5%。

（2）溶液颜色检查法

溶液颜色检查法是控制药物中有色杂质的方法。中国药典收载有三种方法：

①标准比色液进行比较的方法。标准比色液 $K_2Cr_2O_7$ 黄、绿；$CoCl_2$ 橙黄、橙红；$CuSO_4$ 棕红。

②分光光度法。

③色差计法。通过测定供试品与标准比色液或水之间的色差值。

（3）紫外吸收光谱特征及含量测定

随着电离级数的不同，巴比妥类药物的紫外光谱会发生显著的变化。也就是说，溶液 pH 值的不同以及取代基的不同会对紫外光谱产生影响。在酸性溶液中，5,5-二取代和 1,5,5 三取代巴比妥类药物不电离，无明显的紫外吸收峰；在 pH=10 的碱性溶液中，发生一级电离，形成共轭体系结构，在 240 nm 处出现最大吸收峰；在 pH=13 的强碱性溶液中，5,5-二取代巴比妥类药物发生二级电离，引起共轭体系延长，导致吸收峰向红移至 255 nm；1,5,5-三取代巴比妥类药物，因 1 位取代基的存在，故不发生二级电离，最大吸收峰仍位于 240 nm。

根据巴比妥类药物在酸性介质中几乎不电离，无明显的紫外吸收，但在碱性介质中电离为具有紫外吸收特征的结构，因而可采用紫外分光光度法测定其含量。本法灵敏度高，专属性强，广泛应用于巴比妥类药物的原料及其制剂的含量测定，以及固体制剂的溶出度和含量均匀度检查，也常用于体内巴比妥类药物的检测。

对乙酰氨基酚在 0.4% 氢氧化钠溶液中，于 257 nm 波长处有最大吸收，其具有紫外吸收光谱特征，可用于原料及制剂的含量测定。检查原理：利用酮体在 310 nm 波长处有最大吸收，而药物本身在此波长处几乎没有吸收，规定一定浓度溶液在 310 nm 波长处的吸收度限制酮体的量。

（4）差示紫外分光光度法（ΔA 法）

以复方巴比妥散中苯巴比妥的测定为例：

利用复方苯巴比妥散中的阿司匹林和水杨酸等成分在 pH 为 5.91 和 8.04 条件下的紫外吸收光谱重合，$\Delta A=0$，而苯巴比妥在 240 nm 波长处，在 pH=5.91 和 pH=8.04 条件下 ΔA 的值最大。因此 ΔA 大小只与苯巴比妥浓度成正比，是该法用于苯巴比妥的定量依据。

(5)双波长分光光度法

测定复方磺胺甲噁唑片：

不经分离直接测定含量，主要成分：磺胺甲噁唑、甲氧苄啶。测定方法：样品在测定波长(λ_2)和参比波长(λ_1)处的吸收度的差(ΔA)。

波长的选择：被测组分的最大吸收波长作为测定波长(λ_2)，另选一参比波长(λ_1)，使干扰组分在这两个波长处的吸收相等。

测定原理：

设 A 与 B 的混合物，A 为干扰物，B 为被测物。

在 λ_1 处，$A_1 = A_{1A} + A_{1B}$

在 λ_2 处，$A_2 = A_{2A} + A_{2B}$

其中 $A_{1A} = A_{2A}$

$\Delta A = A_2 - A_1 = (A_{2A} + A_{2B}) - (A_{1A} + A_{1B}) = A_{2B} - A_{1B} = a_2bc - a_1bc = (a_2b - a_1b)c$

2. 红外光谱法

红外光谱鉴别法中放置试样有四种，压片法、糊法、膜法和溶液法。红外分光光度法在药物分析中有以下几种。

(1)红外分光光度法用于晶型检查

主要用于药物中无效或低效晶型检查，如甲苯咪唑中 A 晶型检查。

	A 晶型	C 晶型
在 640 cm^{-1}	有强吸收	吸收很弱
在 662 cm^{-1}	吸收很弱	有强吸收

	662 cm^{-1}	640 cm^{-1}	662 cm^{-1}	640 cm^{-1}
供试品 +10% A 晶型	A_2	A_1 供试品	A'_2	A'_1
如果	$R = A_1/A_2$	>	$R' = A'_1/A'_2$	

供试品 A 晶型 <10%

(2)红外-紫外谱图用于药物鉴别

①丙硫异烟胺的鉴别。取本品，加乙醇制成每 1 mL 中含 20 μg 的溶液，按照分光光度法测定，在 291 nm 波长处有最大吸收，吸收度约为 0.78。

本品的红外吸收图谱应与对照的图谱一致。

②奋乃静鉴别。取本品，加无水乙醇制成每 1 mL 中含 7 μg 的溶液，按照分光光度法测定，在 258 nm 波长处有最大吸收，吸收度约为 0.65。

本品的红外吸收图谱应与对照的图谱一致。

习　题

1. 有色配位化合物的摩尔吸光系数 ε 与下列哪种因素有关？

A. 比色皿厚度　B. 有色配位化合物的浓度　C. 入射光的波长　D. 配位化合物的稳定性　　　　　(C)

2. 透光率与吸收度的关系是

A. $1/T = A$ B. $\lg 1/T = A$ C. $\lg T = A$ D. $T = \lg 1/A$ （B）

3. 吸光光度法进行定量分析的依据是_____,用公式表示为_____,式中各项符号分别表示_____、_____、_____和_____,其中吸光系数可表示为_____和_____,其单位各为_____和_____。

4. 分光光度计的基本组成部分为_____、_____、_____以及_____,国产721型分光光度计单色器是_____,检测器元件为_____。

5. 吸光光度法中比较适宜的吸光值范围是_____,吸光值为_____时误差最小。

6. 吸光光度法中标准曲线不通过原点的原因有哪些?

7. 吸光光度法分析中,选择入射光波长的原则有哪些?

8. 吸光光度法分析中,具体应用有哪些?

9. 0.088 mg Fe^{3+} 用硫氰酸盐显色后,在容量瓶中用水稀释50 mL,用1 cm比色皿,在波长480 nm处测得 $A = 0.740$,求吸光系数 a 及 ε。

$$(a = 4.12 \times 10^2 \text{ L} \cdot \text{g}^{-1} \cdot \text{cm}^{-1} \qquad \varepsilon = 2.35 \times 10^4 \text{ L} \cdot \text{mol}^{-1} \cdot \text{cm}^{-1})$$

10. 取钢试样1.00 g,溶解于酸中,将其中锰氧化成高锰酸盐,准确配制成250 mL,测得其吸光度为 1.00×10^{-3} mol·L^{-1} 高锰酸钾溶液的吸光度的1.5倍。计算钢中锰的质量分数。   （2.06%）

11. 未知相对分子质量的胺试样,通过用苦味酸(相对分子质量229)处理后转化成苦味酸盐(1:1加成化合物),当波长为380 nm时大多数胺苦味酸盐在95%乙醇中的吸光系数大致相同,即 $\varepsilon = 10^{4.13}$。现将0.030 0 g苦味酸盐溶于95%乙醇中,准确配制成1 L溶液,测得该溶液在380 nm,$b = 1$ cm时,$A = 0.800$。试估算未知胺的相对分子质量。   （277 g·mol^{-1}）

12. 试分析 $CH_3(CH_2)_7COOH$ 红外光谱图特征吸收峰。

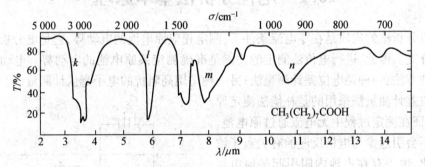

13. 试分析 $C_6H_5COCH_3$ 红外光谱图特征吸收峰。

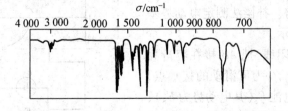

第16章 电位分析和电导分析

学 习 要 求

1. 熟悉电位分析和电导分析的基本方法。
2. 掌握离子选择电极的构造、作用原理、类型和特性选择参数。
3. 掌握电位分析和电导分析法的基本原理和实际应用。

电位分析和电导分析是利用物质的电参数(电位和电导)与待测物热力学参数(活度)之间的确定关系,通过对电参数的测量而得到物质含量信息的电化学分析法。它们具有仪器设备简单,操作方便,分析快速,测量范围宽,不破坏试液,易于实现自动化的特点,因此应用范围广。目前已广泛应用于环境监测、食品卫生、生物技术、农林、渔牧等。根据我国目前的实际情况,本章将重点介绍电位分析法和电导分析法。

16.1 电位分析法基本原理

电位分析法的实质是在零电流条件下,测定相应原电池的电动势,它是电分析中的一个重要分支。因此,进行电位法测定的关键是准确测定某原电池的电动势。电动势的测定有两种方法:一种是电位差计测量法;另一种是用高阻抗的电子毫伏计测量法。

电位差计测量法采用的是补偿法测定原理,可保证在测定过程中无电流通过原电池。这样既不会引起参与电极反应的有关离子浓度的变化,也不存在电池内阻引起的原电池电动势测量的误差,因此电位差计法可准确测得原电池的电动势。补偿法测定电动势基本电路如图16.1所示。

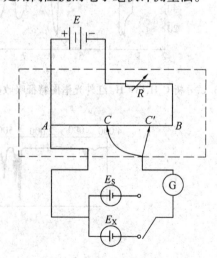

图16.1 补偿法测定电池电动势

AB 是均匀的电阻线,把 AB 接在容量大的蓄电池(E)的两端,C 为可滑动的接触点,先将开关接到标准电池 E_S(其电动势为 E_S),调整 C 的位置使检流计(G)中没有电流通过,此时由于蓄电池(E)而产生的 AB 间的电位差与 E_S 相平衡。然后把开关和待测电池 E_X 相连接,确定没有电流通过 G 的 C' 点,这时 AC' 间的电位差与 E_X 相平衡。因此其关系式为

$$\frac{E_{x}}{E_{s}} = \frac{AC'\text{间的电位差}}{AC\text{间的电位差}} = \frac{AC'\text{的长度}}{AC\text{的长度}} \qquad (16.1)$$

将高阻值可变电阻与灵敏电流计串联,可构成高阻抗伏特计。由于采用了阻值极高的可变电阻,使得通过原电池的电流极小,因而不会引起参与电极反应的有关离子浓度的显著变化,即不会引起原电池电动势的显著变化;由于采用了高阻抗可变电阻,使得原电池内阻引起的电势降变得很小,可忽略不计。因此,高阻抗伏特计可准确地测定原电池的电动势。

电位分析法可分为直接电位法和电位滴定法。

直接电位法又称离子选择性电极法,利用膜电极把被测离子的活度表现为电极电位(或电极电势)。在一定离子强度时,活度又可转换为浓度,用来实现分析测定。电位滴定法是利用原电池电动势(或电极电位)的突变来指示滴定终点的滴定分析方法。电位法确定终点,比一般滴定分析法更为准确可靠,它适用于各种滴定分析法。对没有合适指示剂、深色溶液或浑浊溶液等难于用指示剂判断滴定终点的滴定分析法特别有利。电位滴定法是电位测量方法在容量分析中的应用。

直接电位法测定的只是某种型体离子的平衡浓度。电位滴定法测定的是某种参与滴定反应物质的总浓度。因此,它们不仅在成分分析测定中可以应用,在化学平衡的有关理论研究中也是一种常用的手段。

16.2 电极分类

在每种电化学分析法中都有两个电极,不同的分析方法电极的性质不同,也冠以不同的名称。在电化学测量中,人们还把电极区分为极化电极与去极化电极。若电极的电位完全保持恒定的数值,且在电化学测量过程中始终不变,则这样的电极称为去极化电极。在电化学测量过程中,电极的电位随着外加电压的改变而改变,这样的电极称为极化电极。在电位分析法中使用的两个电极都是去极化电极,这是电位分析法的一个特征。电位分析法的两个电极,一个用来指示被测试液中某种离子的活度(浓度),称为指示电极;另一个则在测量电极电位时提供电位标准,称为参比电极。常用的参比电极是甘汞电极,特别是饱和甘汞电极(SCE)。

电位分析法中使用的指示电极和参比电极有很多种。应当指出的是,某一电极是指示电极还是参比电极,不是绝对的。在一定情况下为参比电极,在另一种情况下又可能是指示电极。从结构上可把电极分为以下几类。

16.2.1 第一类电极

第一类电极又称为金属电极,这是一种金属和它自己的离子相平衡的电极。如将 Zn 棒浸入 $ZnSO_4$ 溶液中构成了锌电极,将 Ag 丝浸在 $AgNO_3$ 溶液中构成了银电极等。较活泼的金属如钾、钠、钙等在溶液中容易被腐蚀,硬金属如镍、铁、钨等电位不稳定,均不宜直接用做这类电极。

第一类电极的反应为

$$M^{n+}+ne \Longrightarrow M$$

电极电势由 Nernst 方程可得,即

$$\varphi = \varphi^{\ominus}+\frac{RT}{nF}\ln a(M^{n+})$$

可见这类电极的电极电势能反映溶液中金属离子活度的变化,因此可用于测定金属离子的浓度。能构成这类电极的金属包括银、锌、铜、镉、汞、铅等。气体氢电极也属于第一类电极。

16.2.2　第二类电极

第二类电极又称为金属/金属难溶盐电极或阴离子电极,由金属与金属难溶盐浸入该难溶盐的阴离子溶液中构成。例如甘汞电极,它的电极反应为

$$Hg_2Cl_2+2e \Longrightarrow 2Hg+2Cl^-$$

电极电位决定于电极表面 Hg_2^{2+} 的活度,而 Hg_2^{2+} 的活度根据 Hg_2Cl_2 溶度积又决定于 Cl^- 的活度。因此这类电极的电极电势能够指示溶液中构成难溶盐阴离子活度的变化。电极电位的计算式为

$$\varphi = \varphi^{\ominus}(Hg_2^{2+}/Hg)+\frac{RT}{2F}\ln a(Hg_2^{2+})$$

由于

$$a(Hg_2^{2+}) \cdot a^2(Cl^-)= K_{sp}$$

则有

$$\varphi = \varphi^{\ominus}(Hg_2^{2+}/Hg)+\frac{RT}{2F}\ln \frac{K_{sp}}{a^2(Cl^-)}$$

将溶度积项合并于右边第一项中得

$$\varphi = \varphi^{\ominus}(Hg_2Cl_2/Cl^-)-\frac{RT}{F}\ln a(Cl^-)$$

实际上,此电极响应阴离子 Cl^- 的活度(或浓度)。表 16.1 列出不同 KCl 浓度时,甘汞电极的电位。

表 16.1　298.15 K 甘汞电极的电极电势

甘汞电极类型	KCl 溶液浓度/mol · L^{-1}	电极电势 φ(vs. NHE)/V
甘汞电极	0.1	+0.336 5
标准甘汞电极(NCE)	1.0	+0.282 8
饱和甘汞电极(SCE)	饱和溶液	+0.243 8

银/氯化银电极、汞/硫酸亚汞等电极与甘汞电极类似,都是常见的参比电极。通常要求参比电极要有"三性":

①可逆性。有(小)电流流过,反转变号时,电位基本上保持不变。

②重现性。溶液的浓度和温度改变时,按 Nernst 响应,无滞后现象。

③稳定性。测量中电位保持恒定,并具有长的使用寿命。

16.2.3　第三类电极

这类电极与第二类电极有一些相似的地方,它是金属与具有同阴离子的两种难溶盐

（或络合物）的溶液相平衡。例如银电极上覆盖 Ag_2S 并放入 Ag_2S 和 CdS 的饱和溶液中，此电极的电极电位可看成是银电极响应 Ag^+ 活度所致，而它通过 Ag_2S 溶度积为 S^{2-} 活度所确定；溶液中 S^{2-} 活度又通过 CdS 的溶度积由 Cd^{2+} 的活度所确定，所以这种电极能反映溶液中 Cd^{2+} 的活度。

以 EDTA 络合金属离子的第三类电极，在电位滴定中是很有用的指示电极。在离子选择性电极出现之前，常用做络合滴定的指示电极。这种电极的结构是把汞电极插入含有微量 Hg^{2+}-EDTA 络合物（其限量为 $1 \times 10^{-6} mol \cdot L^{-1}$）及另一能被 EDTA 络合的金属离子 M^{n+} 的水溶液中。电极响应 M^{n+} 离子，可作为络合滴定的指示剂。

16.2.4 零类电极

零类电极又称为惰性金属电极或氧化还原电极。铂和金等贵金属的化学性质较稳定，在通常的分析溶液中不参与化学反应，但其晶格间的自由电子可与溶液进行交换，故惰性金属电极可作为溶液中氧化态和还原态取得电子或释放电子的场所。如 Pt 插在含有 Fe^{3+}、Fe^{2+} 的溶液中即为一例。Fe^{3+}/Fe^{2+} 电极的电极反应为

$$Fe^{3+} + e \Longleftrightarrow Fe^{2+}$$

电极符号为 $Pt \mid Fe^{3+}(a_1), Fe^{2+}(a_2)$。这里 Fe^{3+} 与 Fe^{2+} 处于同一液相，用逗点分开。

可见这类电极中，电极本身并不参与电极反应，它只提供电子转移的场所，起导电作用。该类电极的电极电势反映了相应氧化还原体系中氧化态物质活度与还原态物质活度的比值，所以又称为氧化还原电极。

一些气体电极如氢电极（$Pt \mid H^+(a) \mid H_2(p)$）、氧电极（$Pt \mid OH^-(a) \mid O_2(p)$）、卤素电极（$Pt \mid X^-(a) \mid X_2(p)$）都属于氧化还原电极。

16.2.5 膜电极

此类电极是一类电化学传感器，由固体膜和液体膜作为传感器，包括测量溶液 pH 值的玻璃膜电极以及近年来发展起来的离子选择性电极。其电极电位或膜电位与溶液中特定离子活（浓）度的对数成线性关系，故可由膜电位的测定求出溶液中特定离子的活（浓）度。离子选择电极的电极电位的一般公式为（298.15 K）

$$\varphi = K \pm \frac{0.059}{n} \lg a(A) = K' \pm \frac{0.059}{n} \lg c(A) \tag{16.2}$$

式中，K 与 K' 为电极常数；A 为阴、阳离子；n 为离子电荷数，阳离子取"+"，阴离子取"−"。

值得注意的是膜电极和前几类电极的电极电位的建立机理是不同的。前者基于响应离子在电极上的离子交换和扩散作用等，后者基于电极上交换电子的电极反应（即氧化或还原反应）。

1.离子选择性电极的结构和分类

所谓离子选择性电极是一类具有薄膜的电极。基于薄膜的特性，电极的电极电势对溶液中某特定的离子有选择性响应，因而可用来测定该离子。目前已研制出多种离子选择性电极，根据电极敏感薄膜的不同特性，国际纯粹与应用化学联合会对离子选择性电极进行了分类，如图 16.2 所示。

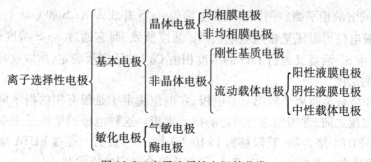

$$\text{离子选择性电极}\begin{cases}\text{基本电极}\begin{cases}\text{晶体电极}\begin{cases}\text{均相膜电极}\\\text{非均相膜电极}\end{cases}\\\text{非晶体电极}\begin{cases}\text{刚性基质电极}\\\text{流动载体电极}\begin{cases}\text{阳性液膜电极}\\\text{阴性液膜电极}\\\text{中性载体电极}\end{cases}\end{cases}\end{cases}\\\text{敏化电极}\begin{cases}\text{气敏电极}\\\text{酶电极}\end{cases}\end{cases}$$

图 16.2　离子选择性电极的分类

虽然离子选择性电极种类很多,形式各不相同,但其基本构成却大致相同。将离子选择性敏感膜封在玻璃或塑料管的底端,管内装入被响应离子(被测离子)的溶液作内参比溶液,并插入一内参比电极(多为 Ag-AgCl 电极),这样就构成了离子选择性电极。

2. 玻璃电极

玻璃电极是离子选择性电极的一种,属于非晶体固定基体电极。其中 pH 玻璃电极是离子选择性电极中历史最久的一种,使用最为广泛,并且在性能和有关理论的研究上也较为成熟。本书将以其为典型实例来讨论有关离子选择性电极的各种原理。

实验室所广泛应用的 pH 玻璃电极,如图 16.3 所示。它是由下接厚度小于 0.1 mm 的特殊玻璃球形薄膜的玻璃管和管内盛有 $0.1\ \text{mol}\cdot\text{L}^{-1}$ HCl 溶液或含一定浓度 KCl 或 NaCl 的 pH 缓冲溶液中插入 Ag/AgCl 电极(称为内参比电极)而构成。

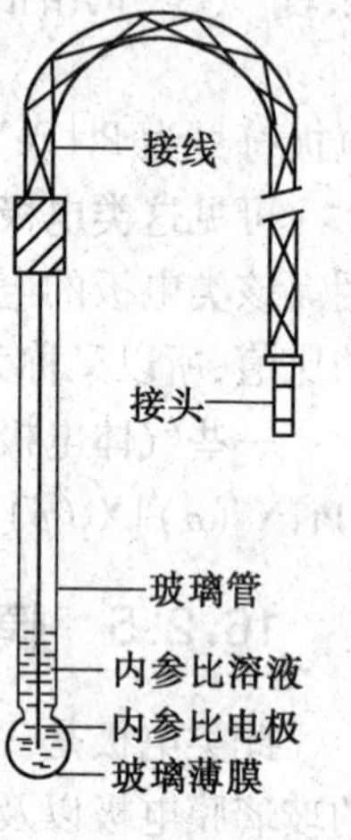

3. 离子选择性电极的响应机理

离子选择性电极之所以能应用于测定有关离子的活度,是因为其膜电势与被测离子活度之间的关系符合能斯特公式,膜电势产生的机理就是离子选择性电极的响应机理。对大多数离子选择性电极来说,已经证明膜电势的产生主要是由于溶液中的离子与敏感膜上的离子之间发生了交换作用而改变了两相界面的电荷分布。pH 玻璃电极膜电势的建立就是一个典型的例子。

图 16.3　pH 玻璃电极

玻璃膜由固定的带负电荷的硅酸晶格骨架和体积较小但活动能力较强的正离子(主要是 Na^+)构成。玻璃电极在使用前必须在水中浸泡一定时间,玻璃膜表面吸收水分而溶胀形成一层很薄的水化层(硅酸盐溶胀层)。由于硅酸盐结构中的离子与 H^+ 的键合力远大于与 Na^+ 等碱金属离子的键合力(约 10^{14} 倍),因此在玻璃膜表面的水化层中,玻璃组成中的 Na^+ 与水中的 H^+ 发生交换反应,即

$$\equiv\text{SiO}-\text{Na}^++\text{H}^+\Longleftrightarrow\equiv\text{SiO}-\text{H}^++\text{Na}^+$$

发生此交换反应时,二价和更高价的正离子不能进入硅酸晶格取代 Na^+,负离子由于被硅酸晶格的负电荷所排斥也不能进入硅酸晶格,因此该交换反应对 H^+ 有较高的选择性。由于硅酸结构与 H^+ 结合的强度远远大于其与 Na^+ 结合的强度,所以交换反应进行得很完全。因此,在水中浸泡一定时间之后,当交换达到平衡时,就在玻璃表面形成了一层

≡SiO—H⁺ 为主的水合硅胶层,这层硅胶中的 H⁺ 也能与溶液中的 H⁺ 进行交换。

硅胶层与试液的界面之间,由于离子交换而产生了电位差,在交换过程中硅胶层得到或失去 H⁺ 都会影响界面上的电位 φ(外)。

玻璃膜的内表面与内参比溶液接触时,同样形成硅胶层,在离子交换过程中,也会影响界面上的电位 φ(内)。玻璃膜的内、外层所形成的硅胶层是极薄的,膜的中间仍然属于玻璃层。当玻璃电极的内参比溶液的 pH 值与外部试液的 pH 值不同时,在膜内外的界面上的电荷分布是不同的,这样就使跨越膜的两侧具有一定的电位差,称为膜电位 φ(膜),如图 16.4 所示。

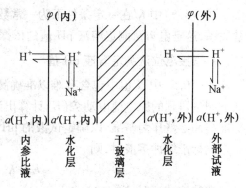

图 16.4 玻璃电极膜电位形成示意图

由此可见,玻璃膜两侧电势的产生不是由于电子得失和转移,而是由于离子(H⁺)在溶液和溶胀层界面间进行交换和扩散的结果。其他离子选择性电极膜电势的产生机理也是如此。

由热力学可以证明,相界电势与 H⁺ 活度之间符合关系(298.15 K 时)为

$$\varphi(外) = K_1 + 0.059\ \lg \frac{a(H^+, 外)}{a'(H^+, 外)}$$

$$\varphi(内) = K_2 + 0.059\ \lg \frac{a(H^+, 内)}{a'(H^+, 内)}$$

式中,K_1、K_2 为常数,分别与玻璃外膜和内膜表面性质有关。

如果玻璃膜内外表面的结构状态、表面性质完全相同,则 $K_1 = K_2$,$a'(H^+, 内) = a'(H^+, 外)$。因此,玻璃电极的膜电势(298.15 K)为

$$\varphi(膜) = \varphi(外) - \varphi(内) = 0.059\ \lg \frac{a(H^+, 外)}{a(H^+, 内)} \tag{16.3}$$

因 $a(H^+, 内)$ 为一常数,故上式可写成

$$\varphi(膜) = K_3 + 0.059\ \lg a(H^+, 外) = K_3 - 0.059\ pH(外) \tag{16.4}$$

由此可见,在一定温度下,玻璃电极的膜电势与溶液的 pH 值成线性关系。

由式(16.3)可知,当 $a(H^+, 内) = a(H^+, 外)$ 时,φ(膜)应为零。但实际情况并非如此,此时玻璃膜两侧仍有一定的电势差,这种电势差称不对称电势 φ(不对称),它的产生是由于玻璃膜内、外两个表面状况不完全相同,如玻璃成分不均匀、膜的厚度、水化程度不一致、张力及表面的机械、吹制条件及温度等不同而产生的。对一支给定的电极,条件一定时,不对称电势为确定值,因此常把它合并到式(16.4)K_3 中去。

当用玻璃电极作指示电极(负极),饱和甘汞电极为参比电极(正极)组成原电池时,由于内、外参比溶液中各含有固定浓度的 Cl⁻,故内、外参比电极的电势均是恒定的。于是 298.15 K,以盐桥消除液接电位,考虑不对称电位的影响,则玻璃电极电势的推导公式为

$$E = \varphi(SCE) - \varphi(玻璃) = \varphi(SCE) - \varphi(AgCl/Ag) + \varphi(膜) + \varphi(不对称) =$$

$$\varphi(SCE) - \varphi(AgCl/Ag) + \varphi(不对称) - K_3 + 0.059\ pH(外)$$

令

$$\varphi(SCE) - \varphi(AgCl/Ag) + \varphi(不对称) - K_3 = K'$$

得

$$E = K' + 0.059\ pH(外) \tag{16.5}$$

式(16.5)中 K' 在一定条件下为一常数,故原电池的电动势与待测溶液的 pH 值成线性关系,这是电势法测定溶液 pH 值的依据。

4. 直接电位法测定溶液 pH 值

式(16.5)中 K' 值中包含有难以准确测量的液接电势和不对称电势,因此不能应用本式从测量得到的原电池电动势(E)计算出试液的 pH 值。实际测量中,常用已知 pH 值的标准缓冲溶液作为基准,以确定试液的 pH 值。

测标准缓冲溶液时,则

$$E_S = K' + 0.059\ pH_S \tag{16.6}$$

测待测试液时,则

$$E_X = K' + 0.059\ pH_X \tag{16.7}$$

两式相减得

$$pH_X = pH_S + \frac{E_X - E_S}{0.059} \tag{16.8}$$

式(16.8)即是在实际工作中用酸度计测定待测溶液 pH 值的基础。

16.3　电位滴定法

电位滴定法是容量分析中用以确定终点的方法。选用适当的电极系统可以做氧化还原法、中和法(水溶液或非水溶液)、沉淀法、重氮化法或水分测定法等的终点指示。电位滴定法选用两支不同的电极。一支为指示电极,其电极电势随待测溶液中被分析成分的离子活度(浓度)的变化而变化;另一支为参比电极,其电极电势固定不变。滴定时,用电磁搅拌器搅拌溶液。随着滴定剂的加入,由于发生化学反应,待测离子浓度不断发生变化,指示电极的电极电势会相应地改变,因而原电池的电动势也会改变。在到达滴定终点时,因被分析成分的离子浓度急剧变化而引起指示电极的电势突减或突增,此转折点称为突跃点。由此可见,电位滴定法与直接电位法不同,它是以测量电位情况的变化为基础的方法,不是以某一确定的电位值为计量的依据。因此,在一定测定条件下,许多因素对电位测量结果的影响可以相对抵消。

16.3.1　电位滴定法终点的确定方法

在电位滴定法中,常应用下列几种方法确定终点。

1. $E-V$ 曲线法

用表 16.2 数据以电位(E)为纵坐标,以滴定液体积(V)为横坐标,绘制 $E-V$ 曲线,如图 16.5 所示。在 S 形滴定曲线上,作两条与滴定曲线相切的平行直线,两平行线的等分线与曲线的交点为曲线的拐点,即为滴定终点(此曲线的陡然上升或下降部分的中心

表 16.2 用 $0.1\ \text{mol} \cdot \text{L}^{-1}\ \text{AgNO}_3$ 标准溶液滴定 NaCl 溶液

加入 AgNO_3 的体积 V/mL	E/V	$(\Delta E \cdot \Delta V^{-1})/(\text{V} \cdot \text{mL}^{-1})$	$(\Delta^2 E \cdot \Delta V^{-2})/(\text{V} \cdot \text{mL}^{-2})$
5.0	0.062	0.002	
15.0	0.085	0.004	
20.0	0.107	0.008	
22.0	0.123	0.015	
23.0	0.138	0.016	
23.50	0.146	0.050	
23.80	0.161	0.065	
24.00	0.174	0.09	
24.10	0.183	0.11	
24.20	0.194	0.39	2.8
24.30	0.233	0.83	4.4
24.40	0.316	0.24	−5.9
24.50	0.340	0.11	−1.3
24.60	0.351	0.07	−0.4
24.70	0.358	0.050	
25.00	0.373	0.024	
25.0	0.385	0.022	
26.0	0.396	0.015	
28.0	0.426		

点),此点非常接近等当点。如果原始溶液浓度很低,则电动势变得不稳定。只需加入 1～2 滴滴定剂,即能使过程通过等当点而进入滴定剂控制的稳定区域,因而不易求得理想的滴定终点。通常溶液浓度低于 $10^{-3}\ \text{mol} \cdot \text{L}^{-1}$,则可能出现这种现象。这种方法不易确定滴定终点,但可根据一次微商的极大值来确定,为了更准确地判断滴定曲线的转折点,可以用二次微商为零来确定。后两种确定滴定终点的方法虽然对于手工操作来说较麻烦,但使用电子仪器控制,则十分方便。下面详细介绍后两种方法。

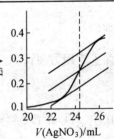

图 16.5 E-V 曲线

2. $\Delta E/\Delta V$-V 曲线法

这种方法又称为一次(级)微商法。用表 16.2 数据以 $\Delta E/\Delta V$(即相邻两次的电位差和加入滴定液的体积差之比,它是 $\text{d}E/\text{d}V$ 的估计值)为纵坐标,以滴定液体积(V)为横坐标,绘制 $\Delta E/\Delta V$-V 曲线,如图 16.6 所示。曲线的最高点($\Delta E/\Delta V$ 的极大值)对应的体积即为滴定终点。曲线的一部分是用外延法绘出的。

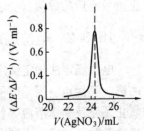

图 16.6 $\Delta E/\Delta V$-V 曲线

3. 二次微商法

这种方法基于 $\Delta E/\Delta V - V$ 曲线的最高点正是二次(级)微商($\Delta^2 E/\Delta V^2$)等于零处,因而也可采用二次(级)微商确定终点。根据求得的 $\Delta E/\Delta V$ 值,计算相邻数值间的差值,即为 $\Delta^2 E/\Delta V^2$。用表 16.2 数据,绘制 $\Delta^2 E/\Delta V^2 - V$ 曲线,如图 16.7 所示。曲线过零时的体积即为滴定终点。

除采用上述图解的方法确定电位滴定的终点外,还可根据滴定终点为 $\Delta^2 E/\Delta V^2 = 0$ 的道理,用数学计算的办法求出滴定至终点时所消耗滴定剂的体积(V_{ep})。具体计算如下。

由表 16.2 得知,加入 24.30 mL 滴定剂时,$\Delta^2 E/\Delta V^2 = 4.4\,V \cdot mL^{-2}$;加入 24.40 mL 滴定剂时,$\Delta^2 E/\Delta V^2 = -5.9\,V \cdot mL^{-2}$;上列两点的数据与滴定终点数值的相对比值关系为

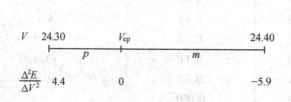

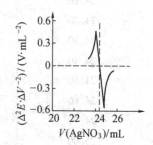

图 16.7　$\Delta^2 E/\Delta V^2 - V$ 曲线

于是

$$\frac{24.40 - 24.30}{-5.9 - 4.4} = \frac{V_{ep} - 24.30}{0 - 4.4}$$

则

$$V_{ep} = 24.30\ mL + 0.1 \times \frac{4.4}{10.3}\ mL = 24.34\ mL$$

为了应用方便,将上述算法概括为一通式,即

$$V_{ep} = V + \frac{p}{p-m}\Delta V \tag{16.19}$$

式中,p 为 $\Delta^2 E/\Delta V^2 = 0$ 之前的 $\Delta^2 E/\Delta V^2$ 值,$V \cdot mL^{-2}$;m 为 $\Delta^2 E/\Delta V^2 = 0$ 之后的 $\Delta^2 E/\Delta V^2$ 值,$V \cdot mL^{-2}$;V 为 $\Delta^2 E/\Delta V^2 = p$ 时所需滴定剂的体积,mL;ΔV 为 $\Delta^2 E/\Delta V^2 = p \sim m$ 时所需滴定剂的体积,mL;V_{ep} 为滴定终点时所需滴定剂的体积,mL。

在实际工作时,只需将等当点附近的几组数据按表 16.2 的算法求出 $\Delta^2 E/\Delta V^2$ 改变正负号前后的数值,代入式(16.9),即可求得 V_{ep}。

16.3.2　电位滴定法的应用和指示电极的选择

电位滴定法确定滴定终点具有比一般滴定法准确可靠、且不受深色溶液和浑浊溶液的影响等优点。因而电位滴定法在实际中获得广泛应用,它不仅适用于酸碱、沉淀、配位、氧化还原及非水溶液等各类滴定分析,而且还可用于测定酸(碱)的离解常数及配合物的稳定常数等。但对不同类型的滴定应该选用合适的指示电极,参比电极均可用饱和甘汞电极。

1. 酸碱滴定法

通常以 pH 玻璃电极为指示电极,用 pH 计指示滴定过程的 pH 值变化。指示剂法确定终点时,往往要求理论终点附近有大于两个 pH 单位的突跃,才能观察到颜色的变化,而电位法则只要有零点几个单位的 pH 变化,就能观察到电位的突变,所以许多无法用指示剂法指示终点的弱酸、弱碱以及多元酸(碱)或混合酸(碱)都可以用电位法测定。非水溶液的滴定中也往往用电位法指示终点。

2. 氧化还原法

一般可用惰性金属电极(Pt,Au,Hg)作指示电极,最常用的是 Pt 电极,它本身不参与反应,只是作为物质氧化态与还原态交换电子的场所,通常它显示溶液中氧化还原体系的平衡电位。氧化还原反应都能用电位法确定终点。

3. 沉淀滴定法

在沉淀滴定中,可选用金属电极、离子选择性电极和惰性电极等作指示电极,使用最广泛的是银电极。例如,以 $AgNO_3$ 标准溶液滴定 Cl^-,Br^-,I^-,S^{2-} 时,可选用银电极作为指示电极。当溶液中含有 Cl^-,Br^-,I^- 三种混合离子时,由于其溶度积差较大,可利用分步沉淀的原理达到分别测定的目的。碘化银的溶度积最小,因此碘离子的突跃最先出现,其次是溴离子,最后是氯离子,滴定曲线如图 16.8 所示。虚线表示碘离子、溴离子单独存在时的滴定曲线。

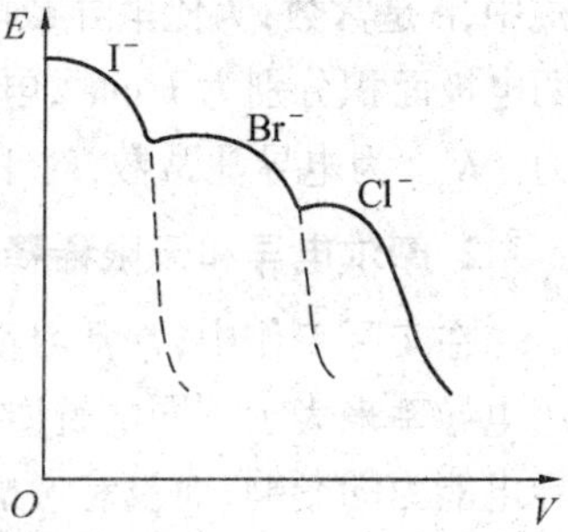

4. 络合滴定法

在络合滴定法中,以 EDTA 络合滴定法的应用最为广泛。若遇到指示剂变色不敏锐或缺乏适当的指示剂时,电位滴定是一种好的方法。以汞电极(第三类电极)为指示电极时,可用 EDTA 滴定 Cu^{2+},Zn^{2+},Ca^{2+},Mg^{2+},Al^{3+} 等多种离子。也可以用离子选择性电极为指示电极,如测 Ca^{2+} 时用钙电极。

图 16.8　Cl^-,Br^-,I^- 的连续滴定曲线

16.4　电导分析

16.4.1　电导分析法基本原理

电导分析法是在外加电场的作用下,电解质溶液中的阴、阳离子以相反的方向定向移动产生电现象,以测定溶液导电值为基础的定量分析方法。

电导分析法可以分为直接电导法和电导滴定法。

进行电导分析时,直接根据溶液电导大小确定待测物质的含量,称为直接电导法,简称为电导法。而根据滴定过程中滴定液电导值的突变来确定滴定终点,然后根据到达滴定终点时所消耗滴定剂的体积和浓度,求出待测物质含量的方法,称为电导滴定法。电导滴定法是电导测量方法在容量分析中的应用。在电化学里常用电导的方法来进行物理化学常数的测定。

1. 电导和比电导

电解质溶液也和金属物质一样有导电的性能。但金属导体的电流是依靠金属内部的自由电子在电场的作用下定向运动传递的,而溶液中的电流则是由阴阳离子向相反方向运动输送的。这两类导体的电流、电压和电阻之间的关系都服从欧姆定律,即

$$I = \frac{U}{R}$$

当温度一定时,一个均匀导体的电阻与导体的长度成正比,与其截面积成反比,即

$$R = \rho \frac{L}{A} \tag{16.10}$$

式中,ρ 为比例常数,称为比电阻或电阻率,其值是长 1 cm、截面积为 1 cm^2 的导体的电阻值,以 $\Omega \cdot$ cm 为单位。

电导 G 是电阻的倒数,其单位为 S,于是

$$G = \frac{A}{\rho L} = \kappa \frac{A}{L} = \frac{\kappa}{K_{cell}} \tag{16.11}$$

式中,κ 是常数,为比电导或电导率,其值是长 1 cm、截面积为 1 cm^2 的导体的电导值,它是两电极面积分别为 1 cm^2、电极间距离为 1 cm 时溶液的电导值,它表征着溶液的导电能力。K_{cell} 为电导池常数,对于某一电导池来说,是个固定值。

2. 摩尔电导和无限稀释摩尔电导

在实际工作中,常常习惯使用摩尔电导来表示不同电解质溶液的电导能力。因为采用电导率来表示不同电解质溶液的电导能力是不够理想的,电导率只考虑了溶液体积对导电能力的影响,而没有考虑溶液中电解质的含量大小对导电能力的影响。为此,人们在研究电解质溶液的导电能力时,引入摩尔电导这一概念。摩尔电导也称摩尔电导率,是指相距单位长度 1 cm、单位面积 1 cm^2 的两个平行电极间放置含 1 mol 电解质的溶液所具有的电导,以 Λ_m 表示。如电解质 B 的摩尔电导,则以 $\Lambda_{m,B}$ 表示。

当电解质溶液的浓度不同时,含 1 mol 电解质的溶液体积也就不同。设 1 mol B 电解质溶液的体积为 V_B(mL),则

$$V_B = \frac{1\,000}{c_B}$$

据上述摩尔电导的定义,$\Lambda_{m,B}$ 与 κ 的关系为

$$\Lambda_{m,B} = \kappa V_B = \kappa \cdot \frac{1\,000}{c_B} \tag{16.12}$$

于是

$$\kappa = \frac{\Lambda_{m,B} \cdot c_B}{1\,000}$$

如果测定一对表面积为 A(cm^2) 相距 L(cm) 的电极电导,则

$$G = \kappa \frac{A}{L} = \frac{\Lambda_{m,B} \cdot c_B}{1\,000} \cdot \frac{A}{L} = \frac{\Lambda_{m,B} \cdot c_B}{1\,000} \cdot \frac{1}{K_{cell}} \tag{16.13}$$

引入摩尔电导的概念是很有用的。一般电解质的电导率在不太浓的情况下都随着浓度的增加而变大,因为导电粒子数增加了。为了便于对不同类型的电解质进行导电能力

的比较,人们常用摩尔电导这一概念,因为无论是比较不同电解质溶液在同一浓度的电导能力,或同一电解质在不同浓度时的电导能力,参加比较的溶液都含有 1 mol 电解质,这个数值是固定的。

在使用摩尔电导概念时,应注意将浓度为 c 的物质的基本单元加以标明。例如,对硫酸铜溶液来说,它的摩尔电导率可能是 $\Lambda_m\left(\dfrac{1}{2}CuSO_4\right)$,也可能是 $\Lambda_m(CuSO_4)$,而 $\Lambda_m(CuSO_4)=2\Lambda_m\left(\dfrac{1}{2}CuSO_4\right)$,二者的数值是不相等的。这里所说的基本单元可以是分子、原子、离子、电子及其他粒子,或是这些粒子的特定组合。在使用摩尔电导时,应采用如 $1\ mol\ KCl,1\ mol\left(\dfrac{1}{2}H_2SO_4\right),1\ mol\left(\dfrac{1}{3}La(NO_3)_3\right)$ 等特定组合为基本单元,使其基本单元为 $\dfrac{1}{n}$ 的形式,n 为该物质在电极反应时可转移的电子数。即不论电解质的种类和价态如何,规定 1 mol 的电解质所含的电荷是相等的,都是 1 mol 电荷。

当电解质溶液的浓度极稀($c_B \to 0$),即溶液无限稀释时($V_B \to \infty$),离子间的相互作用可以忽略不计,此时电解质的摩尔电导称为无限稀释摩尔电导或极限摩尔电导,以 Λ_m^∞ 表示。Λ_m^∞ 在一定温度下是个固定值,它反映了离子间没有相互作用时各种电解质的导电能力。由于电解质的导电是阴、阳离子的共同贡献,当溶液无限稀释时,各种离子的移动不受其他离子的影响,故可认为此时电解质的无限稀释摩尔电导是正、负离子单独的摩尔电导的总和。分别用 $\Lambda_{m,+}^\infty$ 和 $\Lambda_{m,-}^\infty$ 表示电解质 B 的阴、阳离子的无限摩尔电导,则

$$\Lambda_{m,B}^\infty = \Lambda_{m,+}^\infty + \Lambda_{m,-}^\infty \qquad (16.14)$$

现将常见离子的无限稀释摩尔电导值列于表 16.3。

表 16.3 无限稀释溶液中离子的无限稀释摩尔电导值(298.15 K,100.00 kPa)

阳离子	$\Lambda_{m,+}^\infty/(S \cdot cm^2 \cdot mol^{-1})$	阴离子	$\Lambda_{m,-}^\infty/(S \cdot cm^2 \cdot mol^{-1})$
H^+	349.82	OH^-	198.0
Li^+	38.69	Cl^-	76.4
Na^+	50.11	Br^-	78.4
K^+	73.52	I^-	76.85
NH_4^+	73.4	NO_3^-	71.44
Ag^+	61.9	ClO_4^-	67.3
$\frac{1}{2}Mg^{2+}$	53.06	HCO_3^-	44.48
$\frac{1}{2}Ca^{2+}$	59.50	CH_3COO^-	40.9
$\frac{1}{2}Ba^{2+}$	63.64	$C_6H_5COO^-$	32.3
$\frac{1}{2}Pb^{2+}$	69.5	$\frac{1}{2}SO_4^{2-}$	79.8
$\frac{1}{3}Fe^{3+}$	68.0	$\frac{1}{2}CO_3^{2-}$	69.3
$\frac{1}{3}La^{3+}$	69.6	$\frac{1}{3}Fe(CN)_6^{3-}$	101.0
$\frac{1}{3}Co(NH_3)_6^{3+}$	102.3	$\frac{1}{4}Fe(CN)_6^{4-}$	110.5

16.4.2　测量溶液电导的方法和仪器

电导是电阻的倒数。测量溶液的电导实际就是测量溶液的电阻。但是测量溶液的电导却不像用万用表测量电阻那么简单。如果使用万用表测量溶液的电阻,则电表内的直流电源就会与溶液组成一个回路,导致电极产生电解作用,使电极表面附近的溶液组成发生变化,从而使溶液的电阻发生改变,给电导的测量带来严重的误差。所以在测量中使用交流电源,只能应用电导仪进行测量。电导测量示意见图16.9。它主要由电导池和电导仪组成,包括测量电源、测量电路、放大器和指示器等。

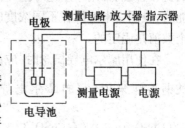

图16.9　电导测量示意图

1. 电导池

在分析化学中,均采用浸入式的、固定双铂片的电导电极测定溶液的电导,如图16.10所示。电导电极一般由铂片构成,可分为铂黑和光亮两种。在测定电导较大的溶液时,要用铂黑电极;在测定电导较小的溶液,如测蒸馏水的纯度时,应选用光亮电极。为了测定电导率,必须知道电导池常数 K_{cell}。由式(16.10)和式(16.11)可知

$$\kappa = \frac{K_{cell}}{R} \qquad (16.15)$$

电导池常数是通过测量标准氯化钾溶液的电阻,按式(16.15)求得的。一些标准氯化钾溶液的电导率数值列于表16.4。

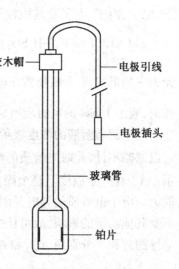

图16.10　电导电极

表16.4　KCl 溶液在不同温度下的电导率　　　　　　　　　S·cm^{-1}

$c/(mol \cdot L^{-1})$	273 K	278 K	283 K	291 K	293 K	295 K	298.15 K
1	0.065 41	0.074 14	0.083 19	0.098 22	0.102 07	0.105 94	0.011 180
0.1	0.007 15	0.008 22	0.009 33	0.011 19	0.011 67	0.012 15	0.012 88
0.01	0.000 776	0.000 896	0.001 020	0.001 225	0.001 278	0.001 332	0.001 413

商品仪器多用直读式指示器。有的可直接测量电导率,如 DD5−11A 型电导仪,在仪器附件电极上标明电导池常数。

选择电导池常数最佳条件是,应用该电导池测量介质的电阻值应在 1 000 ~ 30 000 Ω之间。太小不可能十分准确测定,太大仪器平衡点难以确定。因此,对电导率低的溶液,电极面积必须大,极间距应当小;对电导率高的溶液则相反。测量电解质水溶液的电导率应在 10^{-1} ~ 10^{-7} S·cm^{-1}。

2. 测量电源

测量电源不使用直流电,因为直流电通过电解质溶液时,会发生电解作用,同时由于两极上的电极反应,产生反电动势影响测定。测量电源一般使用频率为 50 Hz 的交流电

源。测量低电阻的试液时,为了防止极化现象,则宜采用频率为 $1\,000 \sim 2\,500$ Hz 的高频电源。

3. 测量电路

实验室常用电导仪的测量电路大致可分为两类。一是桥式补偿电路,如 26 型及 D5906 型电导仪等。另一类是直读式电路,如 DDS–11A 型电导率仪等。其中桥式补偿电路是用于电导测量的典型设备,电路图如图 16.11 所示。

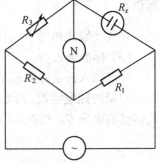

图中 R_1、R_2 为准确电阻,R_3 为可调电阻,R_x 代表电导池的内阻,调 R_3 使电桥处于平衡,则

$$\frac{R_1}{R_2} = \frac{R_x}{R_3}$$

即
$$R_x = \frac{R_1}{R_2} \cdot R_3 \tag{16.16}$$

图 16.11　惠斯登平衡电桥

4. 温度的影响

电导法测定溶液的电导值受温度的影响比较大。离子电导随温度变化,对大多数离子而言温度每增加 1K,电导约增加 2%。但是对各种离子,电导的温度系数是不同的。例如在无限稀释时,氢离子的温度系数为 1.42%,氢氧根离子的为 1.60%,而钠离子和钙离子的分别为 2.09% 和 2.11% 等。溶液的电导随温度升高而增加。所以,对于精密的电导测定,需要在恒温器内进行。但对常用的比较法和电导测定,只要求短时间内温度稳定执行,不必严格控制温度,有的电导仪,在电子线路中增设补偿线路,通过测量元件,将仪器的显示部分自动换算为 298.15 K 时的电导率。

16.4.3　直接电导法

溶液的电导不是某一离子的电导,而是溶液中各种离子电导之和。而各种离子的摩尔电导值又是不同的。因此,电导法只能用来估算离子的总量,不能区分和测定离子混合溶液中某种离子的含量。但对单一组分的溶液,由于电导法使用的仪器简单、灵敏度高、操作简便,所以直接电导法仍可使用。

直接电导法是利用溶液电导与溶液中离子浓度成正比的关系进行定量分析的,即

$$G = K \cdot c \tag{16.17}$$

式中,K 与实验条件有关,当实验条件一定时为常数。

1. 定量方法

定量方法分为标准曲线法、直接比较法或标准加入法。

（1）标准曲线法

标准曲线法是先测量一系列已知浓度的标准溶液的电导,以电导为纵坐标、浓度为横坐标作图得一条通过原点的直线,如图 16.12 所示;然后,在相同条件下测量未知液的电导 G_x。从标准曲线上就可查得未知液中待测物的浓度。

（2）直接比较法

直接比较法是在相同的条件下同时测量未知液和一个标准溶液的电导 G_X 和 G_S，根据式（16.17）可得

$$G_X = K \cdot c_X; \qquad G_S = K \cdot c_S$$

所以有

$$c_X = c_S \cdot \frac{G_X}{G_S} \qquad\qquad (16.18)$$

直接比较法相当于只有一个标准溶液的标准曲线法。

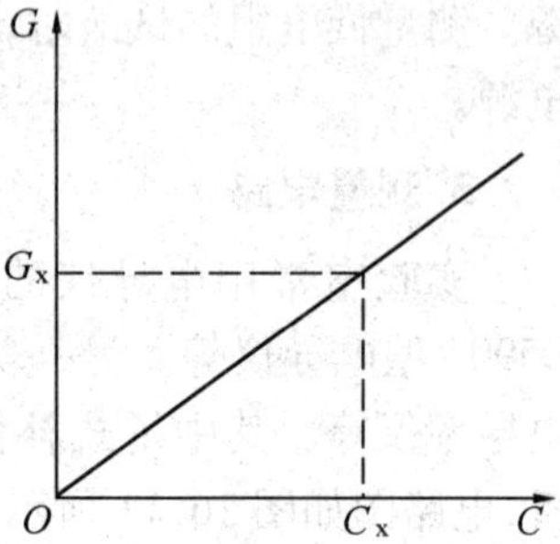

（3）标准加入法

标准加入法是先测量未知液的电导 G_X，再向未知液中加入已知量的标准溶液（约为未知液体积的 $1/100$），然后再测量溶液的电导 G。根据式（16.17）则有

$$G_X = K \cdot c_X; \qquad G = K \cdot \frac{V_0 c_X + V_S c_S}{V_0 + V_S}$$

式中，c_S 为标准溶液的浓度；V_0 和 V_S 分别为未知液和加入的标准溶液的体积。将两式整理并令 $V_0 + V_S \approx V_0$，整理得

$$c_X = \frac{G_X}{G - G_X} \cdot \frac{V_S c_S}{V_0} \qquad\qquad (16.19)$$

以上三种方法中标准曲线法的精密度较高。

2. 直接电导法的应用

（1）水质的检验

纯水中的主要杂质是一些可溶性的无机盐类，它们在水中以离子状态存在，所以通过测定水的电导率，可以鉴定水的纯度。常用各级水的电导率或电阻率均有规定，根据所测的电导率做出该水质是否符合要求的结论。

锅炉用水、工厂废水、河水以及实验室制备的去离子水和蒸馏水都要求检测水的质量。特别是为了检查高纯水的质量用电导法是最好的。各级水的电阻率和电导率见表16.5。水的电导率越低（电阻率越高），表明其中的离子越少，即水的纯度越高。

表 16.5　各级水的电导率（298.15 K）

水的类型	电导率/（S·cm^{-1})	水的类型	电导率/（S·cm^{-1})
自来水	5.26×10^{-4}	28 次蒸馏水（石英）	6.3×10^{-8}
水试剂	2×10^{-6}	复床离子交换水	4.0×10^{-6}
一次蒸馏水（玻璃）	2.9×10^{-6}	混床离子交换水	8.0×10^{-8}
三次蒸馏水（石英）	6.7×10^{-7}	绝对纯水	5.5×10^{-8}

通常，离子交换水的电导率在 $(1 \sim 2) \times 10^{-6}\,S \cdot cm^{-1}$ 以下时可满足日常化学分析的要求。对于要求较高的分析工作，水的电导率应更低。用电导率表达水的纯度时，应注意到非导电性物质，如水中的细菌、藻类、悬浮杂质及非离子状态的杂质对水质纯度的影响是测不出来的。

（2）钢铁中总碳量的测定

碳是钢中的主要成分之一，对钢铁的性能起着决定性的作用。因此，分析钢中含碳量

图 16.12　电导分析法的标准曲线

是一种常规化验工作。电导法测定碳的原理为:首先将试样在 1 500～1 600 K 的高温炉中通氧燃烧,此时钢铁中的碳全部被氧化生成二氧化碳;然后将生成的 CO_2 与过剩的氧经除硫后,通入装有 NaOH 溶液的电导池中,吸收其中的 CO_2;吸收 CO_2 后,吸收池的电导率发生了变化,其数值由自动平衡记录仪记录,从事先制作的标准曲线上查出含碳量。

(3)大气中有害气体的测定

例如大气中 SO_2 的测定,可用 H_2O_2 为吸收液。SO_2 被 H_2O_2 氧化为 H_2SO_4 后使电导率增加。由此可计算出大气中 SO_2 的含量。基于相似的原理,也可测定大气中的 HCl,HF,H_2S,NH_3,CO_2 等有害成分。

(4)某些物理化学常数的测定

直接电导法不仅可用于定量分析,还可以测量许多常数,如介电常数、弱电解质的离解常数、反应速率常数等。

16.4.4　电导滴定法

在容量滴定过程中,伴随着化学反应常常引起溶液电导率的变化。若试样溶液的滴定剂或反应产物的电导率有明显差别,就可以用电导法判断滴定分析的终点,称为电导滴定法。以溶液的电导率对滴定剂体积作图,由于滴定终点前后电导率变化规律不同,例如终点前取决于剩余被测物,终点后取决于过量滴定剂,得到两条斜率不同的直线,延长使之相交,其交点所对应滴定剂体积即为滴定终点。电导滴定适用于各种类型的滴定反应,主要优点在于可滴定很稀的溶液,并可用于测定一些化学分析法不能直接滴定的极弱酸、极弱碱,如苯酚等。这种方法设备简单,除电导仪外,惟一附加设备是滴定管,滴定过程中只需知道电导的相对变化,操作方便。方法的精密度依赖于滴定过程中电导变化的显著程度。反应生成物的水解,生成络合物的稳定性,生成沉淀的溶解度都会引起线性偏离。在情况较好时,方法的精密度可达 0.2%。对于离子浓度很高的体系,电导滴定不适用。

在电导滴定中应注意以下几个问题。

①在电导滴定中为避免稀释效应对电导的明显影响,滴定剂的浓度至少要是滴定液浓度的 10～20 倍。这样滴定过程中滴定液体积变化不大,可忽略体积的改变,测量结果无须校正。

②滴定过程中,不得改变电极间的相对位置。

③每加一次滴定剂后,都应注意搅拌。但在测量电导时,应停止搅拌,测得稳定数值。

阅读拓展

智能材料与传感器功能材料

1. 智能材料

智能材料是一种能从自身的表层或内部获取关于环境条件及其变化的信息,并进行判断、处理和作出反应,以改变自身的结构与功能并使之很好地与外界相协调的具有自适应性的材料系统。或者说,智能材料是指在材料系统或结构中,可将传感、控制和驱动三种职能集于一身,通过自身对信息的感知、采集、转换、传输和处理,发出指令,并执行和完成相应的动作,从而赋予材料系统或结构健康自诊断、工况自检测、过程自监控、偏差自校正、损伤自修复与环境自适应等智能功能和生物特征,以达到增强结构安全、减轻构件重量、降低能量消耗和提高整体性能之目的的一种材料系统与结构。

智能材料的基础是功能材料,功能材料可分为两大类,一类称为敏感材料或感知材料,是对来自外界或内部的各种信息,如负载、应力、应变、振动、热、光、电、磁、化学和核辐射等信号强度及变化具有感知能力的材料;另一类称为驱动材料,是在外界环境或内部状态发生变化时,能对之作出适当的反应并产生相应的动作的材料,可用来制成各种执行器(驱动器)或激励器。

兼具敏感材料与驱动材料之特征,即同时具有感知与驱动功能的材料,称为机敏材料。但机敏材料对于来自外界和内部的各种信息,不具有处理功能和反馈机制,不能顺应环境条件的变化及时调整自身的状态、结构和功能。而智能材料在这一点上正好弥补其不足。

简言之,智能材料是特殊的或者说是具有智能功能的功能材料,智能材料通常不是一种单一的材料,而是一个材料系统;或者确切地说,是一个由多种材料组元通过有机的紧密复合或严格地科学组装而构成的材料系统。可以说,智能材料是机敏材料与控制系统相结合的产物;或者说是敏感材料、驱动材料和控制材料(系统)的有机合成。就本质而言,智能材料就是一种智能机构,是由传感器、执行器和控制器三部分组成,如图16.13所示。

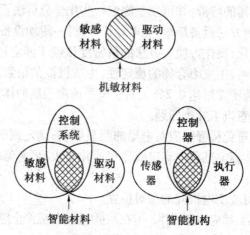

图16.13　智能材料与机构

智能材料是材料科学向前发展的必然结果,是信息技术溶入材料科学的自然产物,它的问世,标志和宣告了第五代新材料的诞生,也预示着21世纪将发生一次划时代的深刻的材料革命。

2. 传感器功能材料

传感器功能材料大致可分为有机系、无机系、金属系及复合系四种功能材料,分别占整个市场的46%,25%,13.5%和11.5%,其中以无机系的研究居多。功能材料的开发又用原子、分子配列控制,以及材料的薄膜化、微小化、纤维化、气孔化和复合化等状态。传感器功能材料有多种状态,在开发中通过改变材料的状态可望在原有的光学、电磁、化学、生物等功能中再增添新的功能。例如,将铁素体微小化,就可变强磁性体为常磁性体,再将表面活性剂的有机薄膜加在铁素体粒子上,置于硅油中使之分解成胶体,制成磁性流体,并利用磁性流体的某些特殊功能即可开发新的传感应用。

下面介绍几种传感器功能材料的开发现状。

(1)有机系功能材料

有机系传感器功能材料的开发研究涉及面较宽,但其主流是,采用了聚偏氟乙烯(PVDF)为代表的膜状高分子物理信息变换材料及利用生物体物质的化学性信息变换材料。

物质受力而产生电压,加电压则产生力,这便是所谓的压电性,高分子聚合物具有压电性的论述早已有过报道。但其压电性很小,仅聚偏氟乙烯及其共聚物达到或者接近实用化的程度。这些聚合物虽然可以在高电压下进行热处理而形成驻极体,但与无机系压电体相比,其压电性明显较小。可是,有效地利用高分子的加工性,就可实现薄膜的大面积化、弯曲化,进而再使薄膜的特定部分压电体化。如能注重利用这些特点,有的可能很快就可进入实用化阶段。

就化学性信息变换材料来说,目前主要是开发出以化学物质为检测对象的生物传感器。生物传感器要求具有分子识别功能,而良好的分子识别功能须具有生物的物质受容功能。此外,各种生物反应也同样可以由良好的分子识别功能进行。作为仿生物的传感器,正在开发酶电极和免疫电极。酶电极是由固化酶膜和电化学电极构成的,酶的固化技术和高稳定化是此项研究的中心环节。生物传感器的灵敏度和生物相比还有不小差距,这些作为今后的研究课题,有待进一步提高。

(2)无机系功能材料

无机系传感器功能材料也是一种将能量变换原理应用于信息检测的方法。无机系功能材料适于或可能适于做传感器功能材料的居多。例如,输入为热能,输出变换为电能的材料,在 ZrO_2 中 CaO 以构成稳定化的烧结体,这种烧结体保持其中电性,因而产生氧离子,以此为媒介而产生氧离子电导,这一温度特性便可作为热敏电阻应用。除了 ZrO_2 系之类的氧离子导电体之外,正在开发的还有 Al_2O_3,MgO 和具有还原金属氧化物的尖晶石结构,以 $BaTiO_3$ 为主体的钙钛矿晶格结构电子导体等,可作高温热敏电阻应用。

就无机系功能材料在传感器中的应用而言,除上述热敏电阻温度传感器以外,还有利用氧化物半导体陶瓷的压力传感器、振动传感器等。这类传感器都是应用晶界性质。

就光传感器而言,以近红外、红外、水蒸气吸收带、可见光、热线的波长范围为对象,极力对 Si,GaAs,HgCdTe,InSb,非晶硅,SnO_2-Si 等进行开发。应用领域极广,诸如地球资源探测、大型图像传感器、自控用检测器、红外传感器、机器人的眼睛、成套设备控制、光通信、工件的热处理、X 射线摄像用摄像管、光电变换器、光导摄像管靶、太阳能利用等。特别吸引人的发展动向是利用法拉第效应检测电流,以光的相变方式检测折射率变化,采用光纤测声压,探索在自控装置及机器人中的应用。就气体传感器来说,除用于检测可燃气体(丙烷、甲烷、氢)以外,还有氧传感器多用于汽车发动机的空燃比控制、金属精炼时的氧气分压控制。

（3）金属系功能材料

金属系功能材料也是一种将能量变换原理应用于信息检测的方法。金属系功能材料适宜作传感器功能材料，或者大都具有适用的可能性。例如，利用测量材料输入为热能、输出变换为电能的特性，测温材料又分测量电阻材料和热电偶材料。测温电阻材料利用电阻对温度的依从性，可应用于电阻温度计，主要有金属式电阻温度计和半导体式金属温度计，前者为正温度系数，后者为负温度系数。热电偶是利用塞贝克效应产生的热电势，通过两种金属丝的有效组合，构成各种热电偶。此外，输入为放射线、输出变换为电能的材料有放射线传感器功能材料，将放射线变换为电信号，如 Si, Ge, $GaAs$, $GaTe$, HgI_2 等。再如，输入为磁能、输出变换为光能的材料有磁光学材料，磁光学材料又可分为法拉第效应材料和克尔效应材料。

金属系传感器功能材料的开发研究动向是薄膜化、非晶体化、超导化、超微粒子化。存在的主要问题集中在传感器材料的特性和安全性，以及材料制备工艺。

总之，传感器技术是在电子学、计量学、功能材料学、生物学、化学、物理学等多学科的基础上开拓发展起来的一个新领域，特别是材料技术，在某种程度上讲，传感器功能材料对传感器技术起着决定性的作用。

习　题

1. 以 pH 玻璃电极为例，简述膜电势产生的机理。

2. 无限稀释情况下的离子摩尔电导率的含义是什么？如何求得？

3. 电导滴定法和电位滴定法有什么异同？

4. pH 玻璃电极和饱和甘汞电极组成电池，298.15 K 时测定 pH＝9.18 的硼酸标准溶液，电池电动势是 0.220 V，而测定一未知 pH 试液，电池电动势是 0.180 V，求未知液 pH 值。　　　　　（8.50）

5. 用 $Ce(SO_4)_2$ 溶液电位滴定 Fe^{2+} 溶液，在接近化学计量点时测得滴定剂体积和电动势值如下：

V/mL	19.90	20.00	20.10	20.20	20.30	20.40	20.50
E/mV	246	256	272	532	672	746	756

利用二次微商计算法确定化学计量点时 $Ce(SO_4)_2$ 溶液的体积。　　　　　（20.17mL）

6. 用某一电导电极插入 0.010 0 mol·L^{-1} KCl 溶液中。在 298.15 K 时，用电桥法测得其电阻为 122.3 Ω。用该电导电极插入同浓度的溶液 X 中，测得电阻为 2 184 Ω，试计算：（1）电导池常数；（2）溶液 X 的电导率；（3）溶液 X 的摩尔电导率。　　（0.158 5 cm^{-1}；7.257×10^{-5}S·cm^{-1}；7.257 S·cm^{-1}·mol^{-1}）

第 17 章　分离方法

学习要求

1. 掌握沉淀与共沉淀分离法。
2. 了解溶剂萃取和离子交换分离法。

17.1　沉淀与共沉淀分离法

沉淀分离法是利用沉淀反应将混合物各组分进行分离的方法。沉淀分离法的主要依据是溶度积原理，是定性分析中主要的分离手段，一般适用于常量组分的分离，而不适合于微量组分的分离。共沉淀分离法是利用共沉淀现象来进行分离和富集的方法，可将痕量组分分离和富集起来。

使用沉淀分离的时候，要求沉淀溶解度小，纯度高。使用共沉淀分离法时，不仅要求待分离富集组分的回收率高，还要求共沉淀剂本身不能干扰该组分的测定。

利用沉淀和共沉淀分离法，对某些组分的选择性较差，且操作繁琐，但可通过控制酸碱度或添加掩蔽剂、有机沉淀剂等方法大大提高分离效率。

17.1.1　常量组分的沉淀分离

某些金属的氢氧化物、硫化物、碳酸盐、磷酸盐、硫酸盐、卤化物等溶解度较小，可用沉淀分离法分离，其中应用较多的是氢氧化物沉淀法和硫化物沉淀法。

1. 氢氧化物沉淀分离法

金属氢氧化物沉淀的溶度积相差很大，可通过控制 pH 值使某些金属离子相互分离。常常使用的试剂有 $NaOH$，NH_3，有机碱，ZnO 等，它们可将很多金属离子沉淀为氢氧化物或含水的氧化物。

加入 $NaOH$ 做沉淀剂，可将两性与非两性氢氧化物分开——非两性金属离子会生成氢氧化物沉淀下来，而两性金属离子，Al^{3+}，Zn^{2+}，Cr^{3+}，Sn^{2+}，Pb^{2+}，Sb^{2+} 等，则会以含氧酸阴离子的形式留在溶液中。

而以 NH_3 做沉淀剂，可利用其生成的氨络合物与氢氧化物沉淀分离开来，从而分离高价金属离子与一、二价金属离子。如氨水加铵盐组成的缓冲溶液可控制溶液的 pH 值为 $8 \sim 10$，使高价金属离子形成沉淀，而 Ag^+，Cu^{2+}，Co^{2+}，Ni^{2+} 等一、二价离子则会形成氨络离子留在溶液中。

ZnO 是一种难溶碱，其悬浊液也可控制溶液的 pH 值，使某些金属离子生成氢氧化物

沉淀。这主要是由于 ZnO 在水溶液中存在如下平衡

$$ZnO + H_2O = Zn(OH)_2 = Zn^{2+} + 2OH^-$$

$$K_{SP} = c(Zn^{2+})c(OH)^2 = 1.2 \times 10^{17}$$

当 ZnO 加入酸性溶液中时,ZnO 溶解;当 ZnO 加入碱性溶液中时,OH^- 与 Zn^{2+} 又结合而形成 $Zn(OH)_2$。因此可达到将溶液 pH 值控制在 6 左右的作用。$BaCO_3$,$PbCO_3$,MgO 等难溶碱可起到与 ZnO 相同的作用,但各自控制的 pH 值有所不同。

在 pH 为 5~6 时,当某些有机碱,如六亚甲基四胺、吡啶、苯胺、苯肼、尿素等与其共轭酸组成缓冲溶液时,可控制溶液的 pH,使某些金属离子生成氢氧化物沉淀,达到沉淀分离的目的。

2. 硫化物沉淀法分离法

能形成难溶硫化物沉淀的金属离子约有 40 多种,除碱金属和碱土金属的硫化物能溶于水外,大多数重金属离子在不同的酸度下形成硫化物沉淀。利用各种硫化物的溶度积相差较大这一特点,可通过控制溶液的酸度来控制硫离子的浓度,从而使金属离子相互分离。

硫化物沉淀分离法所用的主要沉淀剂是 H_2S。H_2S 是一种二元弱酸,溶液中 $c(S^{2-})$ 与溶液的酸度有关,随着 $c(H^+)$ 的增加,$c(S^{2-})$ 迅速的降低。因此,通过使用缓冲溶液控制溶液的 pH 值,即可控制 $c(S^{2-})$,使不同溶解度的硫化物得以分离。

硫化物沉淀分离的缺点是选择性不高,且生成的硫化物沉淀大多是胶体,共沉淀现象比较严重,甚至还存在继沉淀现象,故分离效果不是很理想,但较适于分离除去溶液中的某些重金属。

若用硫代乙酰胺代替 H_2S 做沉淀剂,分离效果会得到较大的改善。

3. 有机试剂沉淀分离法

有机沉淀分离法具有许多优点,如沉淀表面不带电荷,吸附的杂质少,共沉淀不严重;选择性好,专一性高,获得的沉淀性能好;有机沉淀剂分子量大,有利于重量法测定等特点,故应用十分普遍。

表 17.1 为几种常见的有机沉淀剂及其分离应用。

表 17.1　几种常见的有机沉淀剂及其分离应用

有机沉淀剂	分　离　应　用
草酸	用于 Ca^{2+},Sr^{2+},Ba^{2+},$Th(IV)$,稀土金属离子与 Fe^{3+},Al^{3+},$Zr(IV)$,$Nb(V)$,$Ta(V)$ 等离子的分离,前者形成草酸盐沉淀,后者生成可溶性配合物
铜铁试剂 (N-亚硝基苯胲铵盐)	用于在 $1:9H_2SO_4$ 介质中沉淀 Fe^{3+},$Ti(IV)$,$V(V)$ 而与 Al^{3+},Cr^{3+},Co^{2+},Ni^{2+} 等离子间的分离
铜试剂 (二乙基胺二硫代甲酸钠)	用于沉淀除去重金属,使其与 Al^{3+}、稀土和碱金属离子分离

(1)生成螯合物的沉淀剂

作为沉淀剂的螯合剂至少含有两个基团:一个酸性基团,如-OH,-COOH,-SH,-SO$_3$H 等;一个碱性基团,如-NH$_2$,=NH,-N-,=CO,=CS 等。这两个基团共同作用于金属离子,形成稳定的环状结构螯合物。

某些金属离子取代酸性基团的氢,并以配位键与碱性基团作用,形成环状结构的螯合物。由于整个分子不具电荷,且具有很大的疏水基(烃基),所以螯合物溶解度小,易于从溶液中析出形成沉淀,从而与未发生螯合反应的金属离子分离。如8-羟基喹啉、铜铁试剂(N-亚硝基胲铵)、钽试剂(N-苯甲酰苯胲)、二乙基胺二硫代甲酸钠(DDTC,即铜试剂)、丁二酮肟等均属此类。

8-羟基喹啉

是具有弱酸弱碱性的两性试剂,难溶于水,除碱金属外,与多种二价、三价、四价金属离子几乎均能定量生成沉淀。生成沉淀的 pH 值各不相同,因此可通过控制溶液的酸度将这些金属离子进行分离。

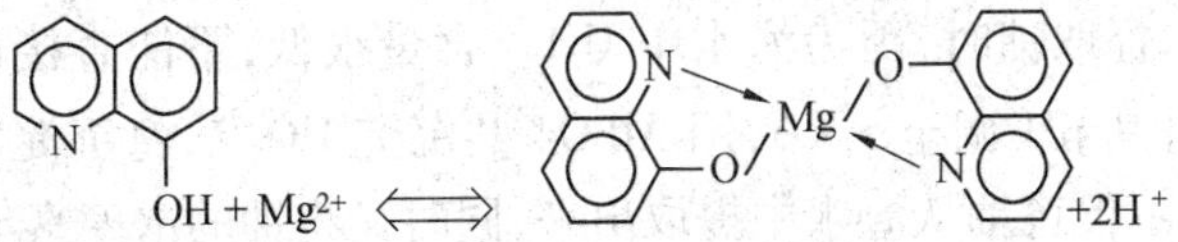

丁二酮肟—Ni^{2+}的专属沉淀剂

四个氮原子以正方平面的构型分布在 Ni^{2+}的周围,形成两个五元环的难溶化合物,在氨性溶液中,与镍生成鲜红色的螯合物沉淀。

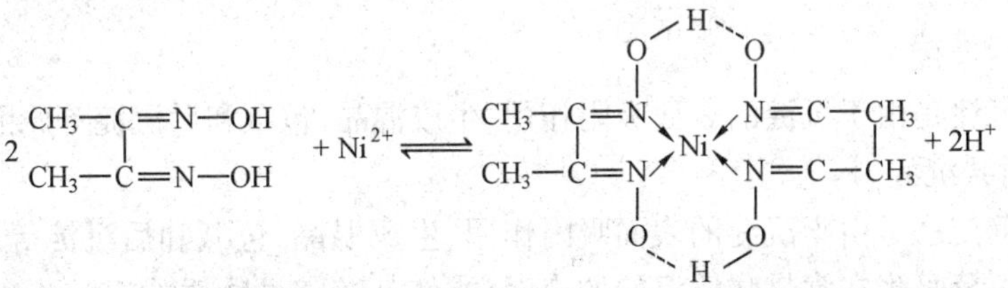

铜铁灵(N-亚硝基苯胲铵盐)

铜铁灵在稀酸溶液中,与若干种较高价的离子反应生成沉淀。

铜试剂(二乙基胺二硫代甲酸钠,DDTC)

能与很多金属离子生成沉淀:Ag$^+$,Cu^{2+},Cd^{2+},Co^{2+},Ni^{2+},Hg^{2+},Pb^{2+},Bi^{3+},Zn^{2+},Fe^{3+},Sb^{3+},Sn^{4+},Tl^{3+}等。但不与 Al^{3+}、碱土金属、稀土元素等形成沉淀。

(2)生成离子缔合物的沉淀剂

某些分子质量较大的有机试剂,在水溶液中可以阳离子或阴离子形式存在,与带相反电荷的金属络离子或含氧酸根离子缔合形成沉淀。

有机阴离子缔合剂多为含酸性基团且能离解成阴离子的有机化合物,它们可与金属络阳离子形成缔合物;有机阳离子缔合剂多是铵、磷、砷等的有机离子,它们可与金属络阴离子形成缔合物,如氯化四苯砷、四苯硼钠等

$$(C_6H_5)_4As^+ + MnO_4^- = (C_6H_5)_4AsMnO_4 \downarrow$$

$$2(C_6H_5)_4As^+ + HgCl_4^{2-} = [(C_6H_5)_4As]_2HgCl_4 \downarrow$$

$$B(C_6H_5)_4^- + K^+ = KB(C_6H_5)_4 \downarrow$$

(3)三元络合物沉淀

即被沉淀组分与两种不同的配体形成三元络合物。常用的此类沉淀剂有：

吡啶：在 SCN^- 存在下，吡啶可与 Cd^{2+}，Co^{2+}，Mn^{2+}，Cu^{2+}，Ni^{2+}，Zn^{2+} 等生成沉淀

$$2C_6H_5N+Cu^{2+}\longrightarrow Cu\left(C_6H_5N\right)_2^{2+}$$

$$Cu\left(C_6H_5N\right)_2^{2+}+2SCN\longrightarrow Cu\left(C_6H_5N\right)_2\left(SCN\right)_2\downarrow$$

1,10-邻二氮杂菲：在 Cl^- 存在下与 Pd^{2+} 形成三元络合物

$$Pd^{2+}+Cl_2H_8N_2\longrightarrow Pd\left(Cl_2H_8N_2\right)^{2+}$$

$$Pd\left(C1_2H_8N_2\right)^{2+}+2Cl^-\longrightarrow Pd\left(Cl_2H_8N_2\right)Cl_2\downarrow$$

17.1.2　痕量组分的共沉淀分离与富集

共沉淀分离法就是加入某种离子同沉淀剂生成沉淀作为载体，将痕量组分定量地沉淀下来，然后将沉淀分离，再将其溶解于少量溶剂中，从而达到分离和富集的一种分析方法。

例如，从海水中提取铀时，因为海水中 UO_2^{2+} 含量很低，不能直接进行沉淀分离。这时可取 1 L 海水，将其 pH 调至 5～6，用 $AlPO4$ 共沉淀 UO_2^{2+}，将沉淀物过滤洗净后再用 10 mL 盐酸溶解，则不仅将铀从海水中提取出来，同时又将铀的浓度富集了 100 倍。

共沉淀分离法中使用的常量沉淀物质称为载体或共沉淀剂，有无机和有机两大类。选择共沉淀剂时一方面要求对欲富集的痕量组分回收率高，另一方面要求共沉淀剂不能干扰待富集组分的测定。

1.无机共沉淀

无机共沉淀是由于沉淀的表面吸附作用、生成混晶、包藏和后沉淀等原因引起的。

(1)吸附共沉淀

吸附共沉淀法是由于沉淀的表面吸附作用、生成混晶、包藏和后沉淀等原因引起的。它是将微量组分吸附在常量物质沉淀的表面，或使其随常量物质的沉淀一边进行表面吸附，一边继续沉淀而包藏在沉淀内部，从而使微量组分由液相转入固相的现象。

例如铜中含微量 Al，加入氨水不能使 Al^{3+} 生成沉淀。若加入适量 Fe^{3+}，则利用生成的 $Fe(OH)_3$ 为载体，可使微量 $Al(OH)_3$ 共沉淀分离。

吸附共沉淀分离法的载体沉淀颗粒小、比表面积大，对微量组分的分离富集效率高，同时几乎所有元素作为微量组分都可用吸附共沉淀法进行分离和富集。但选择性差，过滤洗涤均较困难。

属于此类的无机共沉淀剂有氢氧化铁、氢氧化铝、氢氧化锰等非晶形沉淀。

(2)混晶共沉淀

指痕量组分分布在常量组分形成的晶体内部，随常量组分一同沉淀下来。当两种化合物的晶型相同、结构相似、离子半径相近(相差在 10%–15% 以内)，才容易形成混晶。例如 $BaSO_4$ 和 $RaSO_4$ 的晶格相同，当大量 Ba^{2+} 和痕量的 Ra^{2+} 共存时，两者都与 SO_4^{2-} 形成 $RaSO_4$–$BaSO_4$ 混晶，同时析出。

由于存在晶格的限制，所以混晶共沉淀具有的突出优点便是其选择性好，同时晶型沉淀比较容易过滤和洗涤。

2. 有机共沉淀

与无机共沉淀剂不同,有机共沉淀剂不是利用表面吸附或混晶把微量元素载带下来,而是利用"固体溶解"(固体萃取)的作用,即微量元素的沉淀溶解在共沉剂之中被带下来。

有机共沉淀所用的载体为有机化合物,与无机沉淀剂比较,具有如下优点:可用强酸和强氧化剂破坏,或通过灼烧挥发除去,不干扰微量组份的测定;有机沉淀剂引入不同官能团,故选择性高,得到的沉淀较纯净;有机沉淀剂体积大,富集效果好。

利用有机共沉淀剂进行分离和富集的作用,大致可分为三种类型。

(1)形成离子缔合物

有机沉淀剂和某种配体形成沉淀作为载体,被富集的痕量元素离子与载体中的配体络合而与带相反电荷的有机沉淀剂缔合成难溶盐。两者具有相似的结构顾他们生产共溶体而一起沉淀下来。

例如,在含有痕量 Zn^{2+} 的弱酸性溶液中,加入 NH_4SCN 和甲基紫,甲基紫在溶液中电离为带正电荷的阳离子 R^+,形成共沉淀剂(载体),其共沉淀反应为

$$R^+ + SCN \Longrightarrow RSCN\downarrow (形成载体)$$
$$Zn^{2+} + 4SCN \Longrightarrow Zn(SCN)_4^{2-}$$
$$2R^+ + Zn(SCN)_4^{2-} \Longrightarrow R_2Zn(SCN)_4 (形成缔合物)$$

生成的 $R_2Zn(SCN)_4$ 便与 RSCN 共同沉淀下来。沉淀经过洗涤、灰化之后,即可将痕量的 Zn^{2+} 富集在沉淀之中,用酸溶解之后即可进行锌的测定。

(2)利用胶体的凝聚作用

H_2WO_4 在酸性溶液中常呈带负电的胶体,不易凝聚。当加入有机共沉淀剂辛可宁,它在酸性溶液中使氨基质子化而带正电,能与带负电荷的钨酸胶体共同凝聚而析出,可以富集微量的钨。常用的这类有机共沉淀剂还有丹宁、动物胶,可以共沉淀钨、银、钼、硅等含氧酸。

(3)利用惰性共沉淀剂

向溶液中加入一种有机试剂做载体,将微量产物一起共沉淀下来。由于这种载体与待分离的离子、反应试剂及两者的微量产物都不发生任何反应,故称为惰性共沉淀剂。

例如,痕量的 Ni^{2+} 与丁二酮肟镍螯合物分散在溶液中,不生成沉淀,加入丁二酮肟二烷酯的酒精溶液时,则析出丁二酮肟二烷酯,丁二酮肟镍便被共沉淀下来。这里载体与丁二酮肟及螯合物不发生反应,实质上是"固体苯取"作用,则丁二酮肟二烷酯称为"惰性共沉淀剂"。

17.2 溶剂萃取分离法

溶剂萃取分离法又叫液–液萃取分离法,是利用液–液界面的平衡分配关系进行的分离操作。它是利用一种有机溶剂,把某组分从一个液相(水相)转移到另一个互不相溶的液相(有机相)的过程。由于溶剂萃取液液界面的面积越大,达到平衡的速度也就越快,

所以要求两相的液滴应尽量细小化。平衡后,各自相的液滴还要集中起来再分成两相。

溶剂萃取分离法既可用于常量组分的分离,又适用于痕量组分的富集,设备简单,操作方便,并且具有较高的灵敏度和选择性。缺点是萃取溶剂常是易挥发、易燃的有机溶剂,有些还有毒性,所以应用上受到一定限制。

17.2.1　溶剂萃取的基本原理

萃取的本质是将物质由亲水性变为疏水性的过程。

亲水性指易溶于水而难溶于有机溶剂的性质,如无机盐类溶于水,发生离解形成水合离子,它们易溶于水中,难溶于有机溶剂。离子化合物、极性化合物都是亲水性物质,亲水基团有$-OH$、$-SO_3H$、$-COOH$、$-NH_2$、$=NH$ 等。

疏水性(亲油性)指难溶于水而易溶于有机溶剂的性质,许多非极性有机化合物,如烷烃、油脂、萘、蒽等都是疏水性化合物。疏水基团有烷基、卤代烃、芳香基(苯基、萘基等)。

物质含有的亲水基团越多,亲水性越强;含有的疏水基团越多、越大,则疏水性越强。

17.2.2　萃取分离法的基本参数

1. 分配系数和分配比

极性化合物易溶于极性的溶剂中,非极性化合物易溶于非极性的溶剂中,这一规律称为"相似相溶原则"。物质的结构和溶剂的结构越相似,就越易溶解。

若溶质 A 在萃取过程中分配在互不相溶的水相和有机相中,则 A 按溶解度的不同分配在这两种溶剂中。在一定温度下,当萃取分配达到平衡时,溶质 A 在互不相溶的两相中的浓度比为一常数,此即为分配定律,即

$$K_D = \frac{c_{A有}}{c_{A水}}$$

上式为溶剂萃取法的主要理论依据。式中 K_D 为分配系数,主要与溶质、溶剂的特性及温度有关,只适用于浓度较低的稀溶液,且溶质在两相中均以单一的相同形式存在。

分配系数 K_D 仅适用于溶质在萃取过程中没有发生任何化学反应的情况。在实际工作中,经常遇到溶质在水相和有机相中具有多种存在形式的情况,这时分配定律不再适用。通常用分配比(D)来表示溶质在有机相中的各种存在形式的总浓度 $c_{有}$ 和在水相中的各种存在形式的总浓度 $c_{水}$ 之比为

$$D = \frac{c_{有}}{c_{水}}$$

分配比 D 值的大小与溶质的本性、萃取体系和萃取条件有关。

当两相体积相同时,若 D 值大于1,说明溶质进入有机相的量更多。在实际萃取过程中,要使绝大部分被萃取物质进入有机相,D 值一般应大于 10。

分配比 D 和分配系数 K_D 是不同的,K_D 表示在特定的平衡条件下,被萃物在两相中的有效浓度(即分子形式)的比值,是一个常数;而 D 随实验条件而变,表示实际平衡条件下被萃物在两相中总浓度(即不管分子以什么形式存在)的比值。只有当溶质以单一形式

存在于两相中时,才有 $D=K_D$。

分配比随着萃取条件变化而改变,因而改变萃取条件,可使分配比按照所需的方向改变,从而使萃取分离更加完全。

2.萃取率和分离系数

萃取率表示某种物质的萃取效率,反映萃取的完全程度,即

$$E = \frac{被萃取物质在有机相中的总量}{被萃取物质的总量} \times 100\%$$

若某物质在有机相中的总浓度为 $c_有$,在水相中的总浓度为 $c_水$,两相体积分别为 $V_有$ 和 $V_水$,则萃取率为

$$E = \frac{c_有 V_有}{c_有 V_有 + c_水 V_水} \times 100\% = \frac{D}{D + \dfrac{V_水}{V_有}} \times 100\%$$

由上式可知,分配比 D 越大,萃取率越高;有机相的体积越大,萃取率越大。

当被萃取物质的 D 值较小时,可采取分几次加入溶剂,多次连续萃取的方法提高萃取效率。

设水相体积为 $V_水(\mathrm{mL})$,水中含被萃物为 $W_0(\mathrm{g})$,用 $V_有(\mathrm{mL})$ 萃取剂萃取一次,水相中剩余 $W_1(\mathrm{g})$ 被萃物,则分配比为

$$D = \frac{c_有}{c_水} = \frac{(W_0 - W_1)/V_有}{W_1/V_水}$$

则

$$W_1 = W_0 \left(\frac{V_水}{DV_有 + V_水} \right)$$

若每次用 $V_有(\mathrm{mL})$ 新鲜溶剂萃取 n 次,剩余在水相中的被萃取物为 $W_n(\mathrm{g})$,则

$$W_n = W_0 \left(\frac{V_水}{DV_有 + V_水} \right)^n$$

萃取进入有机相的被萃物总量为

$$W = W_0 - W_n = W_0 \left[1 - \left(\frac{V_水}{DV_有 + V_水} \right)^n \right]$$

$$E = \frac{W_0 - W_n}{W_0} \times 100\%$$

因此,在实际工作中,对于分配比较小的萃取体系,可采用多次萃取操作技术提高萃取率,以满足定量分离的需要。

萃取次数

$$n = \frac{\lg(100 - E_n) - 2}{\lg(100 - E_1) - 2}$$

3.分离系数

在萃取工作中,不仅要了解对某种物质的萃取程度如何,更重要的是考虑当溶液中同时含有两种以上组分时,通过萃取之后它们分离的可能性和效果如何。一般用分离系数

β 来表示分离效果。β 是两种不同组分 A、B 分配比的比值，即

$$\beta = \frac{D_A}{D_B}$$

D_A 和 D_B 之间相差越大，两种物质之间的分离效果越好；若 D_A 和 D_B 很接近，则 β 接近于 1，两种物质则难以分离，此时需采取措施（如改变酸度、价态、加入络合剂等）以扩大 D_A 与 D_B 的差别。

17.2.3 重要的萃取体系及萃取条件的选择

1. 螯合物萃取体系

此类体系中金属离子与螯合剂的阴离子结合而形成中性螯合物分子，形成的金属螯合物难溶于水，易溶于有机溶剂，所以可被有机溶剂萃取。

Ni^{2+} 与丁二酮肟、Fe^{3+} 与铜铁试剂、Hg^{2+} 与双硫腙等都是典型的螯合物萃取体系。常用的螯合剂还有 8-羟基喹啉、二乙酰二硫代甲酸钠（铜试剂）、乙酰丙酮等。

例如，8-羟基喹啉可与 Fe^{3+}，Ca^{2+}，Zn^{2+}，Al^{3+}，Pd^{2+}，Co^{2+}，Ti^{3+}，In^{3+} 等离子生成如下螯合物（以 Me^{n+} 代表金属离子）：

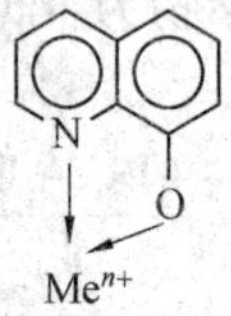

所生成的螯合物难溶于水，可用有机溶剂萃取。

影响金属螯合物萃取的因素很多，主要有螯合剂、溶剂及溶液的 pH 等。螯合剂应能与被萃取的金属离子生成稳定的螯合物，且应具有较多的疏水基团。应选择与螯合物结构相似、与水溶液的密度差别大、粘度小的溶剂。溶液的酸度越低，被萃取物质的分配比越大，越有利于萃取。但酸度过低，可能会引起金属离子的水解，因此应根据不同的金属离子控制适宜的酸度。若通过控制酸度仍不能消除干扰，可以加入掩蔽剂，使干扰离子生成亲水性化合物而不被萃取。如测量铅合金中的银时，用双硫腙-CCl_4 萃取，为避免大量 Pb^{2+} 和其他元素离子的干扰，可采取控制酸度及加入 EDTA 等掩蔽剂的办法，把 Pb^{2+} 及其他少量干扰元素掩蔽起来。常用的掩蔽剂有氰化物、EDTA、酒石酸盐、柠檬酸盐和草酸盐等。

2. 离子缔合物萃取体系

许多金属阳离子、金属络阴离子及某些酸根离子，与带相反电荷的萃取剂形成疏水性的离子缔合物，进入有机相而被萃取。被萃取离子的体积越大，电荷越低，越容易形成疏水性的离子缔合物。

这类萃取体系可分为三大类。

（1）金属阳离子或络阳离子的离子缔合物

金属离子（多为碱金属或碱土金属离子）可与某些阴离子形成离子缔合物而被有机溶剂萃取。或金属离子与某些中性螯合剂结合成络阳离子，络阳离子再与某些较大的阴

离子(如 ClO_4^-,SCN^-等)结合成离子缔合物而被萃取。如,Cu^+与 2,9-二甲基-1,10-邻二氮菲的螯合物带正电,可与氯离子生成可被氯仿萃取的离子缔合物。

(2)金属络阴离子或无机酸根的离子缔合物

金属络阴离子或酸根离子可与某些大分子量的有机阳离子形成疏水性的离子缔合物进入有机相。

(3)形成烊盐的缔合物

含氧的有机萃取剂如醚类、醇类、酮类和烷类等,它们的氧原子具有孤对电子,能够与 H^+或其他阳离于结合而形成烊离子。烊离子可以与金属络离子结合形成易溶于有机溶剂的烊盐缔合物而被萃取。例如,在 $6\ mol \cdot L^{-1}$ HCl 溶液中可以用乙醚萃取 Fe^{3+},反应为

$$Fe^{3+}+4Cl^- = FeCl_4^-$$

$$(C_2H_5)_2O+H^+ \rightarrow (C_2H_5)_2OH^+ \xrightarrow{FeCl_4^-} (C_2H_5)_2OH^+ \cdot FeCl_4^-$$

3.无机共价化合物萃取体系

某些无机共价化合物,如 I_2,Cl_2,Br_2,$GeCl_4$ 和 OsO_4 等,在水溶液中主要以分子形式存在,不带电荷,可以直接用 CCl_4、苯等惰性溶剂萃取。

17.2.3 萃取分离操作

在分析中间歇萃取法应用较广泛,此法是取一定体积的被萃取溶液加入适当的萃取剂,调节至应控制的酸度。然后移入分液漏斗中,加入一定体积的溶剂,充分振荡至达到平衡为止。然后将分液漏斗置于铁架台的铁圈上,使溶液静置分层。若萃取过程中产生乳化现象,使两液相不能很清晰的分开,可采用加入电解质或改变溶液酸度等方法,破坏乳浊液,促使两相分层。

待两相清晰分层后,轻轻转动分液漏斗的活塞,使下层液体流入另一容器中,然后将上层液体从分液漏斗的上口倒出,从而使两相分离。若被萃取物质的分配比足够大,则一次萃取即可达到定量分离的要求。否则应在经第一次分离之后,再加入新鲜溶剂,重复操作,进行二次或三次萃取。但萃取次数太多,不仅操作费时,且易带入杂质或损失萃取的组分。

17.3 离子交换分离法

离子交换分离法是利用离子交换剂与溶液中离子发生交换反应而进行分离的方法,其原理是基于物质在固相与液相之间的分配。离子交换法分离对象广,几乎所有无机离子及许多结构复杂、性质相似的有机化合物都可用此法进行分离,所以此法不仅适于实验室超微量物质的分离,而且可适应工业生产大规模分离的要求。离子交换分离法具有设备简单、易操作,树脂可再生反复使用等优点,但分离过程的周期长、耗时多,因此在分析化学中仅用它解决某些较困难的分离问题。

17.3.1 离子交换剂的种类、结构与性质

1. 离子交换剂的种类

离子交换剂主要分为无机离子交换剂和有机离子交换剂两大类。目前应用较多的是有机离子交换剂,即人工合成的有机高分子聚合物——离子交换树脂。

离子交换树脂是一种不溶于水、酸、碱和有机溶剂的功能高分子化合物,其结构可分为骨架(基体)以及活性基团(离子交换功能团)。骨架是可伸缩的立体网状结构的高分子聚合物,骨架上连接有活性基团,如$-SO_3H$,$-COOH$,$-NH_2$,$-N(CH_3)_3Cl$ 等,可与溶液中的阳离子或阴离子发生交换反应。

按照活性基团的性质,离子交换树脂可分为以下几类:

(1)阳离子交换树脂

阳离子交换树脂的活性基团为酸性基团(带负电),它的 H^+ 可被阳离子所交换。根据活性基团酸性的强弱,又可分为强酸型、弱酸型阳离子交换树脂。强酸型树脂含有磺酸基($-SO_3H$),弱酸型树脂含有羧基($-COOH$)或酚羟基($-OH$)。

强酸型树脂在酸性、中性或碱性溶液中都能使用,交换反应速率快,应用较广。弱酸型树脂对 H^+ 亲和力大,羧基在 pH>4、酚羟基在 pH>9.5 时才有交换能力,所以在酸性溶液中不能使用,但该树脂选择性好,易于用酸洗脱,常用于分离不同强度的碱性氨基酸及有机碱。

(2)阴离子交换树脂

阴离子交换树脂的活性基团为碱性基团(带正电),它的阴离子可被溶质中的其他阴离子所交换。根据活性基团碱性的强弱,又分为强碱型和弱碱型阴离子交换树脂。强碱型树脂含有季铵基[$-N^+(CH_3)_3$],弱碱型树脂含有伯胺基($-NH_2$)、仲胺基[$-NH(CH_3)$]或叔胺基[$-N(CH_3)_2$]。

强碱型树脂在酸性、中性或碱性溶液中都能使用,对于强、弱酸根离子都能交换。弱碱型树脂对 OH^- 亲和力大,其交换能力受溶液酸度影响较大,仅在酸性和中性溶液中使用,应用较少。

(3)螯合树脂

这类树脂中引入有高度选择性的特殊活性基团,可与某些金属离子形成螯合物,在交换过程中能选择性地交换某种金属离子。例如含有氨基二乙酸基团[$-N(CH_2COOH)_2$]的螯合树脂,对 Cu^{2+},Co^{2+},Ni^{2+} 有很好的选择性。

离子交换树脂还可按物理结构分为凝胶型(孔径为 5 nm)和大孔型(孔径为 20 ~ 100 nm)离子交换树脂,或按照合成树脂所用的原料单体分为苯乙烯系、酚醛系、丙烯酸系、环氧系、乙烯吡啶系等。

2. 离子交换树脂的结构

离子交换树脂的种类很多,现介绍几种常用树脂的结构。

①苯乙烯–二乙烯苯的聚合物是目前最常用的离子交换树脂,其骨架由苯乙烯–二乙烯苯聚合而成。苯乙烯为单体,二乙烯苯为交联剂,$-SO_3H$,$-COOH$,$-N(CH_3O)_3OH$ 等作

为交换功能团连接在单体上。例如,聚苯乙烯磺酸型阳离子交换树脂就是由苯乙烯与二乙烯苯共聚后,再经磺化处理制成。

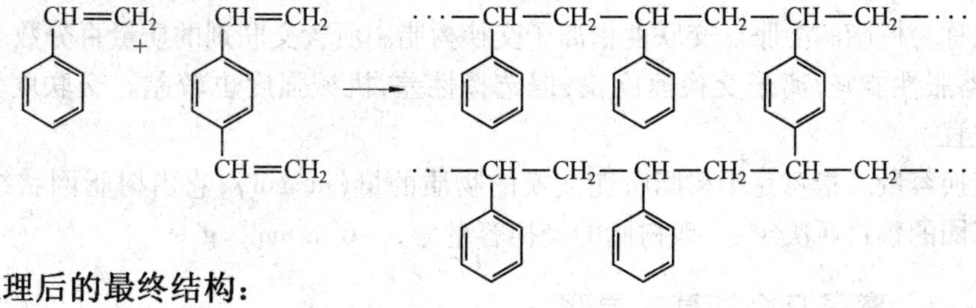

磺化处理后的最终结构:

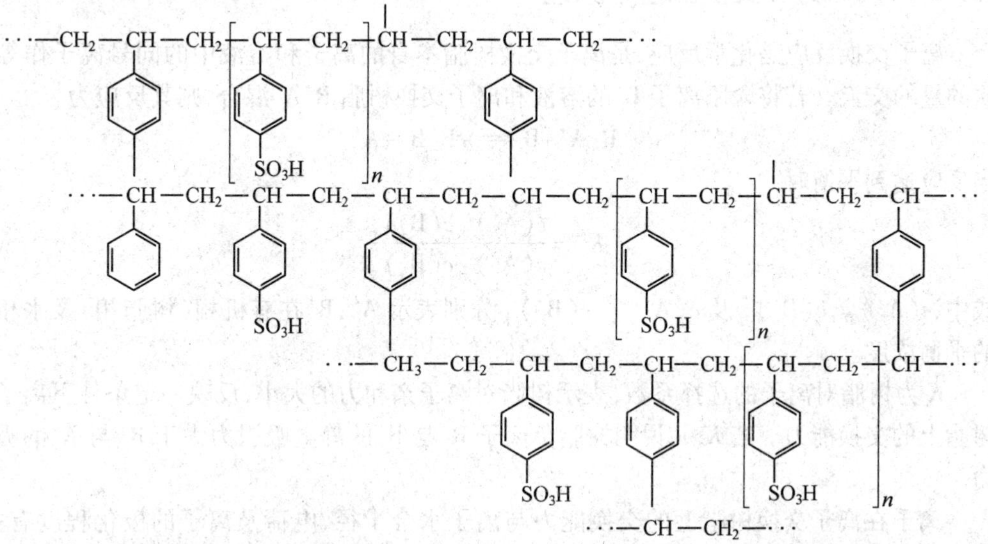

　　由其结构可见,苯乙烯连接了很长的碳链,这些长碳链又与二乙烯苯交联起来,组成了网状结构。二乙烯苯起到交联剂的作用。

　　②苯酚型树脂的骨架。由苯酚-甲醛缩聚而成,其中苯酚为单体,甲醛为交联剂,—OH为阳离子的交换功能团,在其对位还可连接—SO_3H等其他交换功能团。

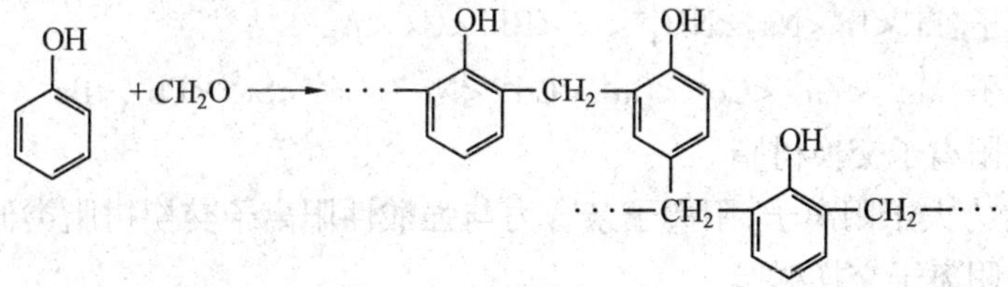

　　③甲基丙烯酸作为单体与交联剂二乙烯苯的聚合树脂的骨架,—COOH为交换功能团。

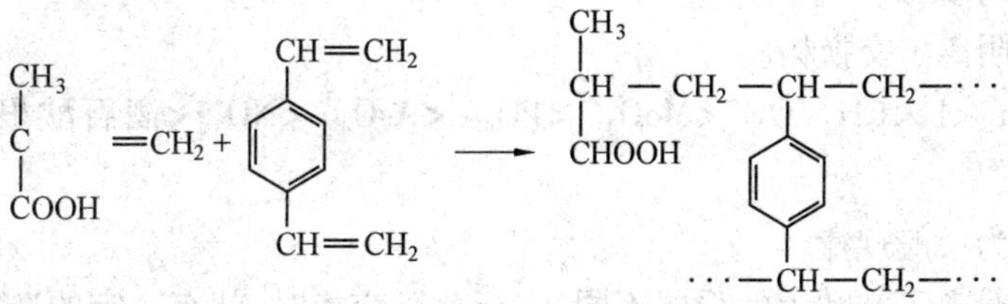

3. 离子交换树脂的性质

①溶胀性与交联度。将干燥的树脂浸泡与水溶液中,树脂由于水的渗透而体积膨胀,这种现象称为树脂的溶胀。交联度指离子交换树脂中所含交联剂的质量百分数。一般交联度小,溶胀性能好,离子交换速度快,但选择性差,机械强度也较差。交联度为 4% ~ 14% 较适宜。

②交换容量。指每克干树脂所能交换的物质的量(m mol),它由树脂网状结构内所含活性基团的数目所决定,一般树脂的交换容量为 3 ~ 6 m mol · g^{-1}。

17.3.2　离子交换的基本原理

离子交换反应是化学反应,是离子交换树脂本身的离子和溶液中的同号离子作等物质的量的交换。若将含阳离子 B^+ 的溶液和离子交换树脂 R^-A^+ 混合,则其反应为

$$R^-A^+ + B^+ \Longrightarrow R^-B^+ + A^+$$

当反应达到平衡时

$$K^{\ominus} = \frac{c(A^+)_水 c(B^+)_有}{c(A^+)_有 c(B^+)_水}$$

式中,$c(A^+)_有$,$c(B^+)_有$ 及 $c(A^+)_水$,$c(B^+)_水$ 分别表示 A^+,B^+ 在有机相(树脂相)及水相中的平衡浓度。

K 为树脂对离子的选择系数,表示树脂对离子亲和力的大小,反映一定条件下离子在树脂上的交换能力。若 $K>1$,说明树脂负离子 R^- 与 B^+ 的静电吸引力大于 R^- 与 A^+ 的吸引力。

离子在离子交换树脂上的交换能力与离子水合半径、电荷及离子的极化程度有关。水合离子半径越小,电荷越高,离子极化程度越大,则树脂对离子亲和力越大。

实验表明,常温下,在离子浓度不大的水溶液中,树脂对不同离子的亲和力顺序如下:

①强酸性阳离子交换树脂

不同价的离子:$Na^+ < Ca^{2+} < Al^{3+} < Th^{4+}$

一价阳离子:$Li^+ < H^+ < Na^+ < NH_4^+ < K^+ < Rb^+ < Cs^+ < Ag^+$

二价阳离子:$Mg^{2+} < Zn^{2+} < Co^{2+} < Cu^{2+} < Cd^{2+} < Ni^{2+} < Ca^{2+} < Sr^{2+} < Pb^{2+} < Ba^{2+}$

②弱酸性阳离子交换树脂

H^+ 的亲合力大于阳离子,阳离子亲合力与强酸性阳离子交换树脂类似。

③强碱性阴离子交换树脂

$F^- < OH^- < CH_3COO^- < HCOO^- < H_2PO_4^- < Cl^- < NO_2^- < CN^- < Br^- < C_2O_4^{2-} < NO_3^- < HSO_4^- < I^- < CrO_4^{2-} < SO_4^{2-} <$ 柠檬酸根离子。

④弱碱型阴离子交换树脂

$F^- < Cl^- < Br^- < I^- < CH_3COO^- < MoO_4^{2-} < PO_4^{3-} < AsO_4^{3-} < NO_3^- <$ 酒石酸根 $< CrO_4^{2-} < SO_4^{2-} < OH^-$

但以上仅为一般规律。

由于树脂对离子亲和力的强弱不同,进行离子交换时,就有一定的选择性。若溶液中

各离子的浓度相同,则亲和力大的离子先被交换,亲和力小的后被交换。若选用适当的洗脱剂洗脱时,则后被交换的离子先被洗脱下来,从而使各种离子彼此分离。

17.3.3 离子交换分离操作

离子交换分离一般在交换柱中进行,包括以下步骤。

1. 树脂的选择与处理

在化学分析中应用最多的为强酸性阳离子交换树脂和强碱性阴离子交换树脂。工厂生产的交换树脂颗粒大小往往不够均匀,所以使用前应先过筛以除去太大和太小的颗粒,并进行净化处理以去除杂质。对强碱性和强酸性阴阳离子交换树脂,通常用 4 mol/L HCl 溶液浸泡 1~2 天,以溶解各种杂质,然后用蒸馏水洗涤至中性。这样就得到在活性基团上含有可被交换的 H^+ 或 Cl^- 的氢型阳离子交换树脂或氯型阴离子交换树脂。若需要钠型阳离子交换树脂,则用 NaCl 处理氢型阳离子交换树脂。

2. 装柱

离子交换在离子交换柱中进行,交换柱装的是否均匀对分离效果影响很大。装柱时,先在交换柱的下端铺一层玻璃纤维,灌入约 1/3 体积的水,然后从柱顶缓缓加入已处理好的树脂,使树脂在柱内均匀自由沉降。树脂装填高度约为柱高的 90%,并应防止树脂层中存留气泡,以防交换时试液与树脂无法充分接触。装好柱后在树脂顶部亦应盖一层玻璃纤维,以防加液时树脂被冲起。交换柱装好后,再用蒸馏水洗涤,关上活塞,备用。

3. 交换

将试液缓缓倾入柱内,控制适当的流速使试样从上到下经过交换柱进行交换。经过一段时间之后,上层树脂全部被交换、下层未被交换,中间则部分被交换,这一过程称为交界层。随着交换的进行,交界层逐渐下移,至流出液中开始出现交换离子时,称为始漏点(亦称泄漏点或突破点),此时交换柱上被交换离子的物质的量数称为始漏量。在到达始漏点时,交界层的下端刚到达交换柱的底部,而交换层中尚有未被交换的树脂存在,所以始漏量总是小于总交换量。

4. 洗脱和再生

当交换完毕之后,一般用蒸馏水洗去残存溶液,然后用适当的洗脱液将交换到树脂上的离子置换下来。在洗脱过程中,上层被交换的离子先被洗脱下来,经过下层未被交换的树脂时,又可以再度被交换。因此最初洗脱液中被交换离子的浓度等于零,随着洗脱的进行,洗出液离子浓度逐渐增大,达到最大值之后又逐渐减小,至完全洗脱之后,被洗出之离子浓度又等于零。

阳离子交换树脂常采用 HCl 溶液作为洗脱液,经过洗脱之后树脂转为氢型;阴离子交换树脂常采用 NaCl 或 NaOH 溶液作为洗脱液,经过洗脱之后,树脂转为氯型或氢氧型。因此洗脱之后的树脂已得到再生,用蒸馏水洗涤干净即可再次使用。

离子交换法的应用

1. 纯水的制备

天然水中常含一些无机盐类,除去这些无机盐类便可将水净化。方法之一是将水通过氢型强酸性阳离子交换树脂,除去各种阳离子,如以 $CaCl_2$ 代表水中的杂质,则交换反应为

$$2R-SO_3H+Ca^{2+}=\!=\!=(R-SO_3)_2Ca+2H^+$$

再通过氢氧型强碱性阴离子交换树脂,除去各种阴离子,即

$$RN(CH_3)_3OH+Cl^-=\!=\!=RN(CH_3)_3Cl+OH^-$$

交换下来的 H^+ 和 OH^- 结合成 H_2O,这样就可以得到相当纯净的所谓"去离子水",可以代替蒸馏水使用。

2. 微量组分的富集

以测定矿石中的铂、钯为例。

由于铂、钯在矿石中的含量为 $10^{-5}\% \sim 10^{-6}\%$,即使称取 10 g 试样进行分析,也只含铂、钯 0.1 μg 左右,因此必须经过富集之后才能进行测定。

富集时可采用如下方法:称取 $10 \sim 20$ g 试样,在 700℃ 灼烧之后用王水溶解,加浓 HCl 蒸发,铂、钯形成 $PtCl_6^{2-}$ 和 $PdCl_4^{2-}$ 络阴离子。稀释之后,通过强碱性阴离子交换,即可将铂富集在交换柱上。用稀 HCl 将树脂洗净之后,取出树脂移入瓷坩锅中,在 700℃ 灰化,用王水溶解残渣,加盐酸蒸发。然后在 8 mol·L^{-1} HCl 介质中,钯(Ⅱ)与双十二烷基二硫代乙二酰胺(DDO)生成黄色络合物,用石油醚-三氯甲烷混合溶剂萃取,用比色法测定钯。铂(Ⅳ)用二氯化锡还原为铂(Ⅱ),与 DDO 生成樱红色螯合物可进行比色法测定。

习　题

1. 什么是分配系数? 什么是分配比? 二者有何区别?

2. 离子交换树脂分哪几类?

3. 某矿样溶液中含有 Fe^{3+},Al^{3+},Ca^{2+},Cr^{3+},Mg^{2+},Cu^{2+} 和 Zn^{2+} 等离子,加入 NH_4Cl 和氨水后,哪些离子以什么形式存在于溶液中? 哪些离子以什么形式存在于沉淀中? 能否分离完全?

4. 0.02 mol·L^{-1} 的 Fe^{2+} 溶液,加入 NaOH 进行沉淀时,要使其沉淀达 99.99% 以上,试问溶液的 pH 值至少应为多少? 若溶液中除剩余 Fe^{2+} 外,尚有少量 $Fe(OH^+)$($\beta=1\times10^4$),溶液的 pH 值又至少应为多少?

$$(K_{sp}(Fe(OH)_2)=8.0\times10^{-16})$$

5. 在 6 mol·L^{-1} 的 HCl 溶液中,用乙醚萃取镓,若萃取时 $V_{有}=V_{水}$,求一次萃取后的萃取百分率。

$$(D=18)$$

6. 交换柱中装入 1.500 g 氢型阳离子交换树脂,用 NaCl 溶液冲洗至流出液使甲基橙显橙色。收集全部洗出液,用甲基橙做指示剂,以 $0.100\ 0$ mol·L^{-1} NaOH 标准溶液滴定,用去 24.51 mL,计算树脂的交换容量。

附 录

附录1 物质的标准摩尔燃烧焓

物　　　　质	$-\Delta_c H_m^\ominus(298.15\text{ K})$ $(\text{kJ}\cdot\text{mol}^{-1})$	物　　　　质	$-\Delta_c H_m^\ominus(298.15\text{ K})$ $(\text{kJ}\cdot\text{mol}^{-1})$
$CH_3(g)$甲烷	890.31	$HCHO(g)$甲醛	563.6
$C_2H_2(g)$乙炔	1 299.63	$CH_3CHO(g)$乙醛	1 192.4
$C_2H_4(g)$乙烯	1 410.97	$CH_5COCH_3(1)$丙酮	1 802.9
$C_2H_6(g)$乙烷	1 559.88	$CH_3COOC_2H_5(1)$乙酸乙酯	2 254.21
$C_3H_6(g)$丙烯	2 058.49	$(COOCH_3)_2(1)$草酸甲酯	1 677.8
$C_3H_8(g)$丙烷	2 220.07	$(C_2H_5)_2O(1)$乙醚	2 730.9
$C_4H_{10}(g)$正丁烷	2 878.51	$HCOOH(1)$甲酸	269.9
$C_4H_{10}(g)$异丁烷	2 871.65	$CH_3COOH(1)$乙酸	871.5
$C_4H_8(g)$丁烯	2 718.60	$(COOH)_2(s)$草酸	246.0
$C_5H_{12}(g)$戊烷	3 536.15	$C_6H_5COOH(s)$苯甲酸	3 227.5
$C_6H_6(1)$苯	3 267.62	$C_{17}H_{35}COOH(s)$硬脂酸	11 274.6
$C_6H_{12}(1)$环己烷	3 919.91	$COS(g)$氧硫化碳	553.1
$C_7H_8(1)$甲苯	3 909.95	$CS_2(1)$二硫化碳	1 075
$C_8H_{10}(1)$对二甲苯	4 552.86	$C_2N_2(g)$氰	1 087.8
$C_{10}H_8(s)$萘	5 153.9	$CO(NH_2)_2(s)$尿素	631.99
$CH_3OH(1)$甲醇	726.64	$C_6H_5NO_2(1)$硝基苯	3 097.8
$C_2H_5OH(1)$乙醇	1 366.75	$C_6H_5NH_2(1)$苯胺	3 397.0
$(CH_2OH)_2(1)$乙二醇	1 192.9	$C_6H_{12}O_6(s)$葡萄糖	2 815.8
$C_3H_8O_3(1)$甘油	1 664.4	$C_{12}H_{22}O_{11}(s)$蔗糖	5 648
$C_6H_5OH(s)$苯酚	3 063	$C_{10}H_{16}O(s)$樟脑	5 903.6

附录2 标准热力学函数($p^\ominus=100$ kPa, $T=298.15$ K)

物　　　　质	状　态	$\Delta_f H_m^\ominus/(\text{kJ}\cdot\text{mol}^{-1})$	$\Delta_f G_m^\ominus/(\text{kJ}\cdot\text{mol}^{-1})$	$S_m^\ominus/(\text{J}\cdot\text{mol}^{-1}\cdot\text{K}^{-1})$
Ag	s	0	0	42.72
AgBr	s	−99.5	−95.94	107.11
AgCl	s	−127.03	−109.68	96.11
AgF	s	−202.9	−184.9	84
AgI	s	−62.38	−66.32	114.2
$AgNO_3$	s	−123.14	−32.10	140.92
Ag_2CO_3	s	−506.14	−437.09	167.4

物　　　质	状　态	$\Delta_f H_m^{\ominus}/(kJ \cdot mol^{-1})$	$\Delta_f G_m^{\ominus}/(kJ \cdot mol^{-1})$	$S_m^{\ominus}/(J \cdot mol^{-1} \cdot K^{-1})$
Ag_2O	s	−30.59	−10.82	121.71
Ag_2S	s(菱形)	−31.80	−40.25	145.6
Ag_2SO_4	s	−713.37	−615.69	200
Al	s	0.0	0.0	28.3
$AlBr_3$	s	−526.3	−505.0	184.1
$AlCl_3$	s	−695.38	−636.75	167.36
AlF_3	s	−1 301	−1 230	96
AlI_3	s	−314.6	−313.8	200
AlN	s	−214.4	−209.2	20.9
Al_2O_3	s(刚玉)	−1 669.79	−1 576.36	51.00
$Al(OH)_3$	s	−1 272	−1 306	71
$Al_2(SO_4)_3$	s	−3 435	−3 092	240
As	s(灰砷)	0.0	0.0	35
AsH_3	g	171.5	68.89	222.7
As_2S_3	s	−146	−169	164
B	s	0.0	0.0	6.52
B_4C	s	−71	−71	27.1
BBr_3	l	−221	−219	229
BCl_3	l	−418.4	−379	209
BF_3	g	−1 110.4	−1 093.3	254.1
B_2H_6	g	31.4	82.8	233.0
BN	s	−134.3	−228	14.8
B_2O_3	s	−1 263.4	−1 184.1	54.0
Ba	s	0.0	0.0	67
$BaCl_3$	s	−860.1	−810.8	125
$BaCO_3$	s	−1 218.8	−1 138.9	112.1
BaO	s	−558.1	−528.4	70.30
BaS	s	−443.5	−456	78.2
$BaSO_4$	s	−1 465.2	−1 353.1	132.2
Bi	s	0.0	0.0	56.9
$BiCl_3$	s	−379	−315	177
Bi_2O_3	s	−577.0	−496.6	151.5
$BiOCl$	s	−365.3	−322.2	86.2
Bi_2S_3	s	−183.2	−164.8	174.6
Br_2	l	0.0	0.0	152.23
Br_2	g	30.71	3.14	245.46
C	s(石墨)	0.0	0.0	5.69

物 质	状 态	$\Delta_f H_m^{\ominus}/(kJ \cdot mol^{-1})$	$\Delta_f G_m^{\ominus}/(kJ \cdot mol^{-1})$	$S_m^{\ominus}/(J \cdot mol^{-1} \cdot K^{-1})$
C	s(金刚石)	1.88	2.89	2.43
CO	g	-110.54	-137.30	198.01
CO_2	g	-393.51	-394.38	213.79
CS_2	l	87.9	63.6	151.0
Ca	s	0.0	0.0	41.6
CaC_2	s	-62.8	-67.8	70.3
$CaCO_3$	s(方解石)	-1 206.87	-1 128.71	92.9
$CaCl_2$	s	-759.0	-750.2	113.8
CaH_2	s	-188.7	-149.8	42
CaO	s	-635.5	-604.2	39.7
$Ca(OH)_2$	s	-986.59	-896.69	76.1
$CaSO_4$	s(硬石膏)	-1 432.68	-1 320.23	106.7
$CaSO_4 \cdot \frac{1}{2}H_2O$	s(α)	-1 575.15	-1 435.13	130.5
$CaSO_4 \cdot 2H_2O$	s	-2 021.12	-1 795.66	193.97
Cd	s(α)	0.0	0.0	51.5
$CdCl_2$	s	-389.11	-342.55	118.4
CdS	s	-144.3	-140.6	71
$CdSO_4$	s	-926.17	-819.95	137.2
Cl_2	g	0.0	0.0	223.07
Cu	s	0.0	0.0	33.30
CuCl	s	-136.0	-118.0	84.5
$CuCl_2$	s	-206	-162	108.1
CuO	s	-155.2	-127.2	43.5
CuS	s	-48.5	-48.9	66.5
$CuSO_4$	s	-769.86	-661.9	113.4
Cu_2O	s	-166.7	-146.3	100.8
F_2	g	0.0	0.0	202.81
Fe	s	0.0	0.0	27.1
$FeCl_2$	s	-341.0	-302.1	119.7
FeS	s(α)	-95.06	-97.57	67.4
FeS_2	s	-177.90	-166.69	53.1
Fe_2O_3	s(赤铁矿)	-822.2	-741.0	90.0
Fe_3O_4	s(磁铁矿)	-117.1	-1 014.1	146.4
H_2	g	0.0	0.0	130.70
HBr	g	-36.23	-53.28	198.6
HCl	g	-92.30	-95.27	186.8

物　质	状　态	$\Delta_f H_m^{\ominus}/(\text{kJ} \cdot \text{mol}^{-1})$	$\Delta_f G_m^{\ominus}/(\text{kJ} \cdot \text{mol}^{-1})$	$S_m^{\ominus}/(\text{J} \cdot \text{mol}^{-1} \cdot \text{K}^{-1})$
HF	g	−271.12	−273.22	173.79
HI	g	26.36	1.57	206.59
HCN	g	130.54	120.12	201.82
HNO_3	l	−173.23	−79.83	155.60
H_2O	g	−241.84	−228.59	188.85
H_2O	l	−285.85	−237.14	69.96
H_2O_2	l	−187.61	−118.04	102.26
H_2O_2	g	−136.11	−105.45	232.99
H_2S	g	−20.17	−33.05	205.88
H_2SO_4	l	−813.58	−689.55	156.86
Hg	l	0.0	0.0	77.4
Hg	g	60.83	31.76	175.0
$HgCl_2$	s	−223.4	−176.6	144.3
Hg_2Cl_2	s	−264.93	−210.6	195.8
$Hg(NO_3)_2 \cdot \frac{1}{2}H_2O$	s	389		
HgO	s(红、斜方)	−90.71	−58.51	72.0
HgS	s(红)	−58.16	−48.83	77.8
Hg_2SO_4	s	−741.99	−623.85	200.75
I_2	s	0.0	0.0	116.14
I_2	g	62.26	19.37	260.69
K	s	0.0	0.0	63.6
KBr	s	−392.2	−379.2	96.44
KCl	s	−435.89	−408.28	82.68
KF	s	−562.58	−533.10	66.57
KI	s	−327.65	−322.29	104.35
$KMnO_4$	s	−813.4	−713.8	171.7
KNO_3	s	−492.71	−393.06	132.93
KOH	s	−425.85	−376.6	78.87
K_2SO_4	s	−1 433.69	−1 316.30	175.7
Mg	s	0.0	0.0	32.51
$MgCO_3$	s	−1 112.9	−1 012	65.7
$MgCl_2$	s	−641.82	−592.83	89.54
MgO	s	−601.83	−569.55	26.8
$Mg(OH)_2$	s	−924.66	−833.68	63.14
$MgSO_4$	s	−1 278.2	−1 173.6	91.6
Mn	s(α)	0.0	0.0	31.76

物　　质	状　态	$\Delta_f H_m^{\ominus}/(kJ \cdot mol^{-1})$	$\Delta_f G_m^{\ominus}/(kJ \cdot mol^{-1})$	$S_m^{\ominus}/(J \cdot mol^{-1} \cdot K^{-1})$
MnO_2	s	-520.9	-466.1	53.1
N_2	g	0.0	0.0	191.60
NH_3	g	-45.96	-16.12	192.70
NH_4Cl	s	-315.39	-203.79	94.56
$(NH_4)_2SO_4$	s	-1 191.85	-900.12	220.29
NO	g	90.37	86.69	210.77
NO_2	g	33.85	51.99	240.06
N_2O	g	81.55	103.66	220.02
N_2O_4	g	9.66	98.36	304.41
N_2O_5	g	2.5	109	343
Na	s	0.0	0.0	51.0
$NaCl$	s	-410.99	-384.03	72.38
NaF	s	-569.0	-541.0	58.6
$NaH-CO_3$	s	-947.7	-851.9	102.1
NaI	s	-288.03	-286.1	98.53
$NaNO_3$	s	-466.68	-365.82	116.3
$NaOH$	s	-426.8	-380.7	64.18
Na_2CO_3	s	-1 130.9	-1 047.7	136.0
O_2	g	0.0	0.0	205.14
O_3	g	142.26	162.82	238.81
PCl_3	g	-306.35	-286.25	311.4
PCl_5	g	-398.94	-324.59	352.82
Pb	s	0.0	0.0	64.89
$PbCO_3$	s	-700.0	-626.3	131.0
$PbCl_2$	s	-359.20	-313.94	136.4
PbO	s(红)	-219.24	-189.31	67.8
PbO	s(黄)	-217.86	-188.47	69.4
PbO_2	s	-276.65	-218.96	76.6
PbS	s	-94.31	-92.67	91.2
S	s(斜方)	0.0	0.0	31.93
SO_2	g	-296.85	-300.16	248.22
SO_3	g	-395.26	-370.35	256.13
Sb	s	0.0	0.0	43.9
$SbCl_3$	s	-382.17	-324.71	186.2
Sb_2O_3	s	-689.9		123.0
Sb_2O_5	s	-980.7	-838.9	125.1
Si	s	0.0	0.0	17.70
SiC	s(立方)	-111.7	-109.2	16.5

物　　质	状　态	$\Delta_f H_m^{\ominus}/(kJ \cdot mol^{-1})$	$\Delta_f G_m^{\ominus}/(kJ \cdot mol^{-1})$	$S_m^{\ominus}/(J \cdot mol^{-1} \cdot K^{-1})$
$SiCl_4$	g	−609.6	−569.9	331.5
SiF_4	g	−1 548	−1 506	284.6
SiH_4	g	61.9	39.3	203.9
SiO_2	s(石英)	−859.4	−805.0	41.84
Sn	s(白)	0.0	0.0	51.5
SnO_2	s	−580.7	−519.6	52.3
$SrCO_3$	s	−1 218.4	−1 137.6	97.1
$SrCl_2$	s	−828.4	−781.1	117
SrO	s	−590.4	−559.8	54.4
$Sr(OH)_2$	s	−959.4	−882.0	97.1
$SrSO_4$	s	−1 444.7	−1 334.3	121.7
Ti	s	0.0	0.0	30.3
$TiCl_4$	l	−750.2	−674.5	252.7
$TiCl_4$	g	−763.2	−726.8	353.1
TiO_2	s(金红石)	−912.1	−852.7	50.2
Zn	s	0.0	0.0	41.6
Zn	g	130.50	94.93	160.98
ZnO	s	−347.98	−318.17	43.93
$Zn(OH)_2$	s	−641.91	−553.58	81.2
ZnS	s(闪锌矿)	−202.9	−198.3	57.7
$ZnSO_4$	s	−978.55	−871.50	124.7
CH_4 甲烷	g	−74.85	−50.81	186.38
C_2H_6 乙烷	g	−84.68	−32.86	229.60
C_3H_8 丙烷	g	−103.85	−23.37	270.02
C_4H_{10} 正丁烷	g	−126.15	−17.02	310.23
C_2H_4 乙烯	g	52.30	68.15	219.56
C_3H_6 丙烯	g	20.42	62.79	267.05
C_2H_2 乙炔	g	226.73	209.20	200.94
C_6H_{12} 环己烷	g	−123.14	31.92	298.35
C_6H_6 苯	l	49.04	124.45	173.26
C_6H_6 苯	g	82.93	129.73	269.31
C_7H_8 甲苯	l	12.01	113.89	220.96
C_7H_8 甲苯	g	50.00	122.11	320.77
C_8H_8 苯乙烯	l	103.89	202.51	237.57
C_8H_8 苯乙烯	g	147.36	213.90	345.21

物　　　质	状　态	$\Delta_{\mathrm{f}}H_{\mathrm{m}}^{\ominus}/(\mathrm{kJ}\cdot\mathrm{mol}^{-1})$	$\Delta_{\mathrm{f}}G_{\mathrm{m}}^{\ominus}/(\mathrm{kJ}\cdot\mathrm{mol}^{-1})$	$S_{\mathrm{m}}^{\ominus}/(\mathrm{J}\cdot\mathrm{mol}^{-1}\cdot\mathrm{K}^{-1})$
C_2H_6O 甲醚	g	−184.05	−112.85	267.17
$C_4H_{10}O$ 乙醚	l	−279.5	−122.75	253.1
$C_4H_{10}O$ 乙醚	g	−252.21	−122.19	342.78
CH_4O 甲醇	l	−238.57	−166.15	126.8
CH_4O 甲醇	g	−201.17	−162.46	239.81
C_2H_6O 乙醇	l	−276.98	−174.03	160.67
C_2H_6O 乙醇	g	−234.81	−168.20	282.70
CH_2O 甲醛	g	−115.90	−109.89	218.89
C_2H_4O 乙醛	l	−192.0		
C_2H_4O 乙醛	g	−166.36	−133.25	264.33
C_3H_6O 丙酮	l	−248.1	−155.28	200.4
C_3H_6O 丙酮	g	−217.57	−152.97	295.04
$C_2H_4O_2$ 乙酸	l	−484.09	−389.26	159.83
$C_2H_4O_2$ 乙酸	g	−434.84	−376.62	282.61
$C_4H_6O_2$ 乙酸乙酯	l	−479.03	−382.55	259.4
$C_4H_6O_2$ 乙酸乙酯	g	−442.92	−327.27	362.86
C_6H_6O 苯酚	s	−165.02	−50.31	144.01
C_6H_6O 苯酚	g	−96.36	−32.81	315.71
C_2H_7N 乙胺	g	−46.02	37.38	284.96
CHF_3 三氟甲烷	g	−697.51	−663.05	259.69
CF_4 四氟化碳	g	−933.03	−888.40	261.61
CH_2Cl_2 二氯甲烷	g	−95.40	−68.84	270.35
$CHCl_3$ 氯仿	l	−132.2	−71.77	202.9
$CHCl_3$ 氯仿	g	−101.25	−68.50	295.75
CCl_4 四氯化碳	l	−132.84	−62.56	216.19
CCl_4 四氯化碳	g	−100.42	−58.21	310.23
C_2H_5Cl 氯乙烷	l	−136.0	−58.81	190.79
C_2H_5Cl 氯乙烷	g	−111.71	−59.93	275.96
CH_3Br 溴甲烷	g	−37.66	−28.14	245.92

附录3 溶度积常数(298.15 K)

化 合 物	$K_{sp}^{\ominus}$	化 合 物	$K_{sp}^{\ominus}$
AgAc	1.94×10^{-3}	$Co(OH)_2$(新析出)	1.6×10^{-15}
AgBr	5.35×10^{-13}	$Co(OH)_3$	1.6×10^{-44}
Ag_2CO_3	8.46×10^{-12}	$\alpha-CoS$(新析出)	4.0×10^{-21}
AgCl	1.77×10^{-10}	$\beta-CoS$(陈化)	2.0×10^{-25}
$Ag_2C_2O_4$	5.40×10^{-12}	$Cr(OH)_3$	6.3×10^{-31}
Ag_2CrO_4	1.12×10^{-12}	CuBr	6.27×10^{-9}
$Ag_2Cr_2O_7$	2.0×10^{-7}	CuCN	3.47×10^{-20}
AgI	8.52×10^{-17}	$CuCO_3$	1.4×10^{-10}
$AgIO_3$	3.17×10^{-8}	CuCl	1.72×10^{-7}
$AgNO_2$	6.0×10^{-4}	$CuCrO_4$	3.6×10^{-6}
AgOH	2.0×10^{-8}	CuI	1.27×10^{-12}
Ag_3PO_4	8.89×10^{-17}	CuOH	1.0×10^{-14}
Ag_2S	6.3×10^{-50}	$Cu(OH)_2$	2.2×10^{-20}
Ag_2SO_4	1.20×10^{-5}	$Cu_3(PO_4)_2$	1.40×10^{-37}
$Al(OH)_3$	1.3×10^{-33}	$Cu_2P_2O_7$	8.3×10^{-16}
AuCl	2.0×10^{-13}	CuS	6.3×10^{-36}
$AuCl_3$	3.2×10^{-25}	Cu_2S	2.5×10^{-48}
$Au(OH)_3$	5.5×10^{-46}	$FeCO_3$	3.2×10^{-11}
$BaCO_3$	2.58×10^{-9}	$FeC_2O_4 \cdot 2H_2O$	3.2×10^{-7}
BaC_2O_4	1.6×10^{-7}	$Fe(OH)_2$	4.87×10^{-17}
$BaCrO_4$	1.17×10^{-10}	$Fe(OH)_3$	2.79×10^{-39}
BaF_2	1.84×10^{-7}	FeS	6.3×10^{-18}
$Ba_3(PO_4)_2$	3.4×10^{-23}	Hg_2Cl_2	1.43×10^{-18}
$BaSO_3$	5.0×10^{-10}	Hg_2I_2	5.2×10^{-29}
$BaSO_4$	1.08×10^{-10}	$Hg(OH)_2$	3.0×10^{-26}
BaS_2O_3	1.6×10^{-5}	Hg_2S	1.0×10^{-47}
$Bi(OH)_3$	4.0×10^{-31}	HgS(红)	4.0×10^{-53}
BiOCl	1.8×10^{-31}	HgS(黑)	1.6×10^{-52}
Bi_2S_3	1×10^{-97}	Hg_2SO_4	6.5×10^{-7}
$CaCO_3$	3.36×10^{-9}	KIO_4	3.71×10^{-4}
$CaC_2O_4 \cdot H_2O$	2.32×10^{-9}	$K_2[PtCl_6]$	7.48×10^{-6}
$CaCrO_4$	7.1×10^{-4}	$K_2[SiF_6]$	8.7×10^{-7}
CaF_2	3.45×10^{-11}	Li_2CO_3	8.15×10^{-4}
$CaHPO_4$	1.0×10^{-7}	LiF	1.84×10^{-3}
$Ca(OH)_2$	5.02×10^{-6}	$MgCO_3$	6.82×10^{-6}
$Ca_3(PO_4)_2$	2.07×10^{-33}	MgF_2	5.16×10^{-11}
$CaSO_4$	4.93×10^{-5}	$Mg(OH)_2$	5.61×10^{-12}

化 合 物	$K_{sp}^{\ominus}$	化 合 物	$K_{sp}^{\ominus}$
$CaSO_3 \cdot 0.5H_2O$	3.1×10^{-7}	$MnCO_3$	2.24×10^{-11}
$CdCO_3$	1.0×10^{-12}	$Mn(OH)_2$	1.9×10^{-13}
$CdC_2O_4 \cdot 3H_2O$	1.42×10^{-8}	$MnS(无定形)$	2.5×10^{-10}
$Cd(OH)_2(新析出)$	2.5×10^{-14}	$MnS(结晶)$	2.5×10^{-13}
CdS	8.0×10^{-27}	Na_3AlF_6	4.0×10^{-10}
$CoCO_3$	1.4×10^{-13}	$NiCO_3$	1.42×10^{-7}
$Ni(OH)_2(新析出)$	2.0×10^{-15}	PbI_2	9.8×10^{-9}
$\alpha-NiS$	3.2×10^{-19}	$PbSO_4$	2.53×10^{-8}
$Pb(OH)_2$	1.43×10^{-20}	$Sn(OH)_2$	5.45×10^{-27}
$Pb(OH)_4$	3.2×10^{-44}	$Sn(OH)_4$	1×10^{-56}
$Pb_3(PO_4)_2$	8.0×10^{-40}	SnS	1.0×10^{-25}
$PbMoO_4$	1.0×10^{-13}	$SrCO_3$	5.60×10^{-10}
PbS	8.0×10^{-28}	$SrC_2O_4 \cdot H_2O$	1.6×10^{-7}
$\beta-NiS$	1.0×10^{-24}	$SrCrO_4$	2.2×10^{-5}
$\gamma-NiS$	2.0×10^{-26}	$SrSO_4$	3.44×10^{-7}
$PbBr_2$	6.60×10^{-6}	$ZnCO_3$	1.46×10^{-10}
$PbCO_3$	7.4×10^{-14}	$ZnC_2O_4 \cdot 2H_2O$	1.38×10^{-9}
$PbCl_2$	1.70×10^{-5}	$Zn(OH)_2$	3.0×10^{-17}
PbC_2O_4	4.8×10^{-10}	$\alpha-ZnS$	1.6×10^{-24}
$PbCrO_4$	2.8×10^{-13}	$\beta-ZnS$	2.5×10^{-22}

附录4 电极反应的标准电位(298.15 K)

A. 在酸性溶液中　　　　　　　　　　　　　　　　　　（本表按$\varphi^{\ominus}$代数值由小到大编排）

电 极 反 应	$\varphi^{\ominus}/V$
$Li^+ + e = Li$	$-3.040\ 3$
$Cs^+ + e = Cs$	-3.02
$Rb^+ + e = Rb$	-2.98
$K^+ + e = K$	-2.931
$Ba^{2+} + 2e = Ba$	-2.912
$Sr^{2+} + 2e = Sr$	-2.899
$Ca^{2+} + 2e = Ca$	-2.868
$Na^+ + e = Na$	-2.71
$Mg^{2+} + 2e = Mg$	-2.372
$\frac{1}{2}H_2 + e = H^-$	-2.23
$Sc^{3+} + 3e = Sc$	-2.077
$[AlF_6]^{3-} + 3e = Al + 6F^-$	-2.069

电　极　反　应	$\varphi^{\ominus}/V$
$Be^{2+}+2e{=\!=\!=}Be$	-1.847
$Al^{3+}+3e{=\!=\!=}Al$	-1.662
$Ti^{2+}+2e{=\!=\!=}Ti$	-1.37
$[SiF_6]^{2-}+4e{=\!=\!=}Si+6F^-$	-1.24
$Mn^{2+}+2e{=\!=\!=}Mn$	-1.185
$V^{2+}+2e{=\!=\!=}V$	-1.175
$Cr^{2+}+2e{=\!=\!=}Cr$	-0.913
$TiO^{2+}+2H^++4e{=\!=\!=}Ti+H_2O$	-0.89
$H_3BO_3+3H^++3e{=\!=\!=}B+3H_2O$	$-0.870\ 0$
$Zn^{2+}+2e{=\!=\!=}Zn$	$-0.760\ 0$
$Cr^{3+}+3e{=\!=\!=}Cr$	-0.744
$As+3H^++3e{=\!=\!=}AsH_3$	-0.608
$Ga^{3+}+3e{=\!=\!=}Ga$	-0.549
$Fe^{2+}+3e{=\!=\!=}Fe$	-0.447
$Cr^{3+}+e{=\!=\!=}Cr^{2+}$	-0.407
$Cd^{2+}+2e{=\!=\!=}Cd$	$-0.403\ 2$
$PbI_2+2e{=\!=\!=}Pb+2I^-$	-0.365
$PbSO_4+2e{=\!=\!=}Pb+SO_4^{2-}$	$-0.359\ 0$
$Co^{2+}+2e{=\!=\!=}Co$	-0.28
$H_3PO_4+2H^++2e{=\!=\!=}H_3PO_3+H_2O$	-0.276
$Ni^{2+}+2e{=\!=\!=}Ni$	-0.257
$CuI+e{=\!=\!=}Cu+I^-$	-0.180
$AgI+e{=\!=\!=}Ag+I^-$	$-0.152\ 41$
$GeO_2+4H^++4e{=\!=\!=}Ge+2H_2O$	-0.15
$Sn^{2+}+2e{=\!=\!=}Sn$	$-0.137\ 7$
$Pb^{2+}+2e{=\!=\!=}Pb$	$-0.126\ 4$
$WO_3+6H^++6e{=\!=\!=}W+3H_2O$	-0.090
$[HgI_4]^{2-}+2e{=\!=\!=}Hg+4I^-$	-0.04
$2H^++2e{=\!=\!=}H_2$	0
$[Ag(S_2O_3)_2]^{3-}+e{=\!=\!=}Ag+2S_2O_3^{2-}$	0.01
$AgBr+e{=\!=\!=}Ag+Br^-$	$0.071\ 16$
$S_4O_6^{2-}+2e{=\!=\!=}2S_2O_3^{2-}$	0.08
$S+2H^++2e{=\!=\!=}H_2S$	0.142
$Sn^{4+}+2e{=\!=\!=}Sn^{2+}$	0.151
$SO_4^{2-}+4H^++2e{=\!=\!=}H_2SO_3+H_2O$	0.172
$AgCl+e{=\!=\!=}Ag+Cl^-$	$0.222\ 16$
$Hg_2Cl_2+2e{=\!=\!=}2Hg+2Cl^-$	$0.267\ 91$

电 极 反 应	$\varphi^{\ominus}/V$
$VO^{2+}+2H^++e\!\!=\!\!=\!\!V^{3+}+H_2O$	0.337
$Cu^{2+}+2e\!\!=\!\!=\!\!Cu$	0.341 7
$[Fe(CN)_6]^{3-}+e\!\!=\!\!=\!\![Fe(CN)_6]^{4-}$	0.358
$[HgCl_4]^{2-}+2e\!\!=\!\!=\!\!Hg+4Cl^-$	0.38
$Ag_2CrO_4+2e\!\!=\!\!=\!\!2Ag+CrO_4^{2-}$	0.446 8
$H_2SO_3+4H^++4e\!\!=\!\!=\!\!S+3H_2O$	0.449
$Cu^++e\!\!=\!\!=\!\!Cu$	0.521
$I_2+2e\!\!=\!\!=\!\!2I^-$	0.535 3
$MnO_4^-+e\!\!=\!\!=\!\!MnO_4^{2-}$	0.558
$H_3AsO_4+2H^++2e\!\!=\!\!=\!\!H_3AsO_3+H_2O$	0.560
$Cu^{2+}+Cl^-+e\!\!=\!\!=\!\!CuCl$	0.56
$Sb_2O_5+6H^++4e\!\!=\!\!=\!\!2SbO^++3H_2O$	0.581
$TeO_2+4H^++4e\!\!=\!\!=\!\!Te+2H_2O$	0.593
$O_2+2H^++2e\!\!=\!\!=\!\!H_2O_2$	0.695
$H_2SeO_3+4H^++4e\!\!=\!\!=\!\!Se+3H_2O$	0.74
$H_3SbO_4+2H^++2e\!\!=\!\!=\!\!H_3SbO_3+H_2O$	0.75
$Fe^{3+}+e\!\!=\!\!=\!\!Fe^{2+}$	0.771
$Hg_2^{2+}+2e\!\!=\!\!=\!\!2Hg$	0.7971
$Ag^++e\!\!=\!\!=\!\!Ag$	0.7994
$2NO_3^-+3H^++2e\!\!=\!\!=\!\!N_2O_4+2H_2O$	0.803
$Hg^{2+}+2e\!\!=\!\!=\!\!Hg$	0.851
$HNO_2+7H^++6e\!\!=\!\!=\!\!NH_4^++2H_2O$	0.86
$NO_3^-+3H^++2e\!\!=\!\!=\!\!HNO_2+H_2O$	0.934
$NO_3^-+3H^++3e\!\!=\!\!=\!\!NO+2H_2O$	0.957
$HIO+H^++2e\!\!=\!\!=\!\!I^-+H_2O$	0.987
$HNO_2+H^++e\!\!=\!\!=\!\!NO+H_2O$	0.983
$VO_4^{3-}+6H^++e\!\!=\!\!=\!\!VO^{2+}+3H_2O$	1.031
$N_2O_4+4H^++4e\!\!=\!\!=\!\!2NO+2H_2O$	1.035
$N_2O_4+2H^++2e\!\!=\!\!=\!\!2HNO_2$	1.065
$Br_2+2e\!\!=\!\!=\!\!2Br^-$	1.066
$IO_3^-+6H^++6e\!\!=\!\!=\!\!I^-+3H_2O$	1.085
$SeO_4^{2-}+4H^++2e\!\!=\!\!=\!\!H_2SeO_3+H_2O$	1.151
$ClO_4^-+2H^++2e\!\!=\!\!=\!\!ClO_3^-+H_2O$	1.189
$IO_3^-+6H^+5e\!\!=\!\!=\!\!\frac{1}{2}I_2+3H_2O$	1.195
$MnO_2+4H^++2e\!\!=\!\!=\!\!Mn^{2+}+2H_2O$	1.224
$O_2+4H^++4e\!\!=\!\!=\!\!2H_2O$	1.229
$Cr_2O_7^{2-}+14H^++4e\!\!=\!\!=\!\!N_2O+3H_2O$	1.232

电 极 反 应	$\varphi^{\ominus}/V$
$2HNO_2+4H^++4e\!=\!=\!N_2O+3H_2O$	1.297
$HBrO+H^++2e\!=\!=\!Br^-+H_2O$	1.331
$Cl_2+2e\!=\!=\!2Cl^-$	1.357 93
$ClO_4^-+8H^++7e\!=\!=\!\dfrac{1}{2}Cl_2+4H_2O$	1.39
$IO_4^-+8H^++8e\!=\!=\!I^-+4H_2O$	1.4
$BrO_3^-+6H^++6e\!=\!=\!Br^-+3H_2O$	1.423
$ClO_3^-+6H^++6e\!=\!=\!Cl^-+3H_2O$	1.451
$PbO_2+4H^++2e\!=\!=\!Pb^{2+}+2H_2O$	1.455
$ClO_3^-+6H^++5e\!=\!=\!\dfrac{1}{2}Cl_2+3H_2O$	1.47
$HClO+H^++2e\!=\!=\!Cl^-+H_2O$	1.482
$2BrO_3^-+12H^++10e\!=\!=\!Br_2+6H_2O$	1.482
$Au^{3+}+3e\!=\!=\!Au$	1.498
$MnO_4^-+8H^++5e\!=\!=\!Mn^{2+}+4H_2O$	1.507
$NaBiO_3+6H^++2e\!=\!=\!Bi^{3+}+Na^++3H_2O$	1.60
$2HClO+2H^++2e\!=\!=\!Cl_2+2H_2O$	1.611
$MnO_4^-+4H^++3e\!=\!=\!MnO_2+2H_2O$	1.679
$Au^++e\!=\!=\!Au$	1.692
$Ce^{4+}+e\!=\!=\!Ce^{3+}$	1.72
$H_2O_2+2H^++2e\!=\!=\!2H_2O$	1.776
$Co^{3+}+e\!=\!=\!Co^{2+}$	1.92
$S_2O_8^{2-}+2e\!=\!=\!2SO_4^{2-}$	2.010
$O_3+2H^++2e\!=\!=\!O_2+H_2O$	2.076
$F_2+2e\!=\!=\!2F^-$	2.866

B. 在碱性溶液中

电 极 反 应	$\varphi^{\ominus}/V$
$Mg(OH)_2+2e\!=\!=\!Mg+2OH^-$	−2.690
$Al(OH)_3+3e\!=\!=\!Al+3OH^-$	−2.31
$SiO_3^{2-}+3H_2O+4e\!=\!=\!Si+6OH^-$	−1.697
$Mn(OH)_2+2e\!=\!=\!Mn+2OH^-$	−1.56
$As+3H_2O+3e\!=\!=\!AsH_3+3OH^-$	−1.37
$Cr(OH)_3+3e\!=\!=\!Cr+3OH^-$	−1.48
$[Zn(CN)_4]^{2-}+2e\!=\!=\!Zn+4CN^-$	−1.26
$Zn(OH)_2+2e\!=\!=\!Zn+2OH^-$	−1.249
$N_2+4H_2O+4e\!=\!=\!N_2H_4+4OH^-$	−1.15
$PO_4^{3-}+2H_2O+2e\!=\!=\!HPO_3^{2-}+3OH^-$	−1.05
$[Sn(OH)_6]^{2-}+2e\!=\!=\!H_2SnO_2+4OH^-$	−0.93

电 极 反 应	$\varphi^{\ominus}/V$
$SO_4^{2-}+H_2O+2e\Longrightarrow SO_3^{2-}+2OH^-$	-0.93
$P+3H_2O+3e\Longrightarrow PH_3+3OH^-$	-0.87
$Fe(OH)_2+2e\Longrightarrow Fe+2OH^-$	-0.877
$2NO_3^-+2H_2O+2e\Longrightarrow N_2O_4+4OH^-$	-0.85
$[Co(CN)_6]^{3-}+e\Longrightarrow[Co(CN)_6]^{4-}$	0.83
$2H_2O+2e\Longrightarrow H_2+2OH^-$	-0.827 7
$AsO_4^{3-}+2H_2O+2e\Longrightarrow AsO_2^-+4OH^-$	-0.71
$AsO_2^-+2H_2O+3e\Longrightarrow As+4OH^-$	-0.68
$SO_3^{2-}+3H_2O+6e\Longrightarrow S^{2-}+6OH^-$	-0.61
$[Au(CN)_2]^-+e\Longrightarrow Au+2CN^-$	-0.60
$2SO_3^{2-}+3H_2O+4e\Longrightarrow S_2O_3^{2-}+6OH^-$	-0.571
$Fe(OH)_3+e\Longrightarrow Fe(OH)_2+OH^-$	-0.56
$S+2e\Longrightarrow S^{2-}$	-0.476 44
$NO_2^-+H_2O+e\Longrightarrow NO+2OH^-$	-0.46
$[Cu(CN)_2]^-+e\Longrightarrow Cu+2CN^-$	-0.43
$[Co(NH_6)]^{2+}+2e\Longrightarrow Co+6NH_3(aq)$	-0.422
$[Hg(CN)_4]^{2-}+2e\Longrightarrow Hg+4CN^-$	-0.37
$[Ag(CN_2)]^-+e\Longrightarrow Ag+2CN^-$	-0.30
$NO_3^-+5H_2O+6e\Longrightarrow NH_2OH+7OH^-$	-0.30
$Cu(OH)_2+2e\Longrightarrow Cu+2OH^-$	-0.222
$PbO_2+2H_2O+4e\Longrightarrow Pb+4OH^-$	-0.16
$CrO_4^{2-}+4H_2O+3e\Longrightarrow Cr(OH)_3+5OH^-$	-0.13
$H_3SbO_4+2H^++2e\Longrightarrow H_3SbO_3+H_2O$	-0.75
$[Cu(NH_3)_2]^++e\Longrightarrow Cu+2NH_3(aq)$	-0.11
$O_2+H_2O+2e\Longrightarrow HO_2^-+OH^-$	-0.076
$MnO_2+2H_2O+2e\Longrightarrow Mn(OH)_2+2OH^-$	-0.05
$NO_3^-+H_2O+2e\Longrightarrow NO_2^-+2OH^-$	0.01
$[Co(NH_3)_6]^{3+}+e\Longrightarrow[Co(NH_3)_6]^{2+}$	0.108
$2NO_2^-+3H_2O+4e\Longrightarrow N_2O+6OH^-$	0.15
$IO_3^-+2H_2O+4e\Longrightarrow IO^-+4OH^-$	0.15
$Co(OH)_3+e\Longrightarrow Co(OH)_2+OH^-$	0.17

续表

电 极 反 应	$\varphi^{\ominus}/V$
$IO_3^- + 3H_2O + 6e \rlap{=\!=} I^- + 6OH^-$	0.26
$ClO_3^- + H_2O + 2e \rlap{=\!=} ClO_2^- + 2OH^-$	0.33
$Ag_2O + H_2O + 2e \rlap{=\!=} 2Ag + 2OH^-$	0.342
$ClO_4^- + H_2O + 2e \rlap{=\!=} ClO_3^- + 2OH^-$	0.36
$[Ag(NH_3)_2]^+ + e \rlap{=\!=} Ag + 2NH_3(aq)$	0.373
$O_2 + 2H_2O + 4e \rlap{=\!=} 4OH^-$	0.401
$2BrO^- + 2H_2O + 2e \rlap{=\!=} Br_2 + 4OH^-$	0.45
$NiO_2 + 2H_2O + 2e \rlap{=\!=} Ni(OH)_2 + 2OH^-$	0.490
$IO^- + H_2O + 2e \rlap{=\!=} I^- + 2OH^-$	0.485
$ClO_4^- + 4H_2O + 8e \rlap{=\!=} Cl^- + 8OH^-$	0.51
$2ClO^- + 2H_2O + 2e \rlap{=\!=} Cl_2 + 4OH^-$	0.52
$BrO_3^- + 2H_2O + 4e \rlap{=\!=} BrO^- + 4OH^-$	0.54
$MnO_4^- + 2H_2O + 3e \rlap{=\!=} MnO_2 + 4OH^-$	0.595
$MnO_4^{2-} + 2H_2O + 2e \rlap{=\!=} MnO_2 + 4OH^-$	0.60
$BrO_3^- + 3H_2O + 6e \rlap{=\!=} Br^- + 6OH^-$	0.61
$ClO_3^- + 3H_2O + 6e \rlap{=\!=} Cl^- + 6OH^-$	0.62
$ClO_2^- + H_2O + 2e \rlap{=\!=} ClO^- + 2OH^-$	0.66
$BrO^- + H_2O + 2e \rlap{=\!=} Br^- + 2OH^-$	0.761
$ClO^- + H_2O + 2e \rlap{=\!=} Cl^- + 2OH^-$	0.81
$N_2O_4 + 2e \rlap{=\!=} 2NO_2^-$	0.867
$HO_2^- + H_2O + 2e \rlap{=\!=} 3OH^-$	0.878
$FeO_4^{2-} + 2H_2O + 3e \rlap{=\!=} FeO_2^- + 4OH^-$	0.9
$O_3 + H_2O + 2e \rlap{=\!=} O_2 + 2OH^-$	1.24

配 离 子 生 成 反 应	$K^{\ominus}_{稳}$
$Au^{3+}+2Cl^-\rightleftharpoons[AuCl_2]^+$	6.3×10^9
$Cd^{2+}+4Cl^-\rightleftharpoons[CdCl_4]^{2-}$	6.33×10^2
$Cu^++3Cl^-\rightleftharpoons[CuCl_3]^{2-}$	5.0×10^5
$Cu^++2Cl^-\rightleftharpoons[CuCl_2]^{2-}$	3.1×10^5
$Fe^{2+}+Cl^-\rightleftharpoons[FeCl]^+$	2.29
$Fe^{3+}+4Cl^-\rightleftharpoons[FeCl_4]^-$	1.02
$Hg^{2+}+4Cl^-\rightleftharpoons[HgCl_4]^{2-}$	1.17×10^{15}
$Pb^{2+}+4Cl^-\rightleftharpoons[PbCl_4]^{2-}$	39.8
$Pt^{2+}+4Cl^-\rightleftharpoons[PtCl_4]^{2-}$	1.0×10^{16}
$Sn^{2+}+4Cl^-\rightleftharpoons[SnCl_4]^{2-}$	30.2
$Zn^{2+}+4Cl^-\rightleftharpoons[ZnCl_4]^{2-}$	1.58
$Ag^++2CN^-\rightleftharpoons[Ag(CN)_2]^-$	1.3×10^{21}
$Ag^++4CN^-\rightleftharpoons[Ag(CN)_4]^{3-}$	4.0×10^{20}
$Au^++2CN^-\rightleftharpoons[Au(CN)_2]^-$	2.0×10^{38}
$Cd^{2+}+4CN^-\rightleftharpoons[Cd(CN)_4]^{2-}$	6.02×10^{18}
$Cu^++2CN^-\rightleftharpoons[Cu(CN)_2]^-$	1.0×10^{16}
$Cu^++4CN^-\rightleftharpoons[Cu(CN)_4]^{3-}$	2.00×10^{30}
$Fe^{2+}+6CN^-\rightleftharpoons[Fe(CN)_6]^{4-}$	1.0×10^{35}
$Fe^{3+}+6CN^-\rightleftharpoons[Fe(CN)_6]^{3-}$	1.0×10^{42}
$Hg^{2+}+4CN^-\rightleftharpoons[Hg(CN)_4]^{2-}$	2.5×10^{41}
$Ni^{2+}+4CN^-\rightleftharpoons[Ni(CN)_4]^{2-}$	2.0×10^{31}
$Zn^{2+}+4CN^-\rightleftharpoons[Zn(CN)_4]^{2-}$	5.0×10^{16}
$Ag^++4SCN^-\rightleftharpoons[Ag(SCN)_4]^{3-}$	1.20×10^{10}
$Ag^++2SCN^-\rightleftharpoons[Ag(SCN)_2]^-$	3.72×10^7
$Au^++4SCN^-\rightleftharpoons[Au(SCN)_4]^{3-}$	1.0×10^{42}
$Au^++2SCN^-\rightleftharpoons[Au(SCN)_2]^-$	1.0×10^{23}
$Cd^{2+}+4SCN^-\rightleftharpoons[Cd(SCN)_4]^{2-}$	3.98×10^3
$Co^{2+}+4SCN^-\rightleftharpoons[Co(SCN)_4]^{2-}$	1.00×10^5
$Cr^{3+}+2SCN^-\rightleftharpoons[Cr(SCN)_2]^+$	9.52×10^2
$Cu^++2SCN^-\rightleftharpoons[Cu(SCN)_2]^-$	1.51×10^5
$Fe^{3+}+2SCN^-\rightleftharpoons[Fe(SCN)_2]^+$	2.29×10^3
$Hg^{2+}+4SCN^-\rightleftharpoons[Hg(SCN)_4]^{2-}$	1.70×10^{21}
$Ni^{2+}+3SCN^-\rightleftharpoons[Ni(SCN)_3]^-$	64.5
$Ag^++EDTA\rightleftharpoons[AgEDTA]^{3-}$	2.09×10^5
$Al^{3+}+EDTA\rightleftharpoons[AlEDTA]^-$	1.29×10^{16}
$Ca^{2+}+EDTA\rightleftharpoons[CaEDTA]^{2-}$	1.0×10^{11}
$Cd^{2+}+EDTA\rightleftharpoons[CdEDTA]^{2-}$	2.5×10^7

配 离 子 生 成 反 应	$K_{稳}^{\ominus}$
$Co^{2+}+EDTA \Longrightarrow [CoEDTA]^{2-}$	2.04×10^{16}
$Co^{3+}+EDTA \Longrightarrow [CoEDTA]^{-}$	1.0×10^{36}
$Cu^{2+}+EDTA \Longrightarrow [CuEDTA]^{2-}$	5.0×10^{18}
$Fe^{2+}+EDTA \Longrightarrow [FeEDTA]^{2-}$	2.14×10^{14}
$Fe^{3+}+EDTA \Longrightarrow [FeEDTA]^{-}$	1.70×10^{24}
$Hg^{2+}+EDTA \Longrightarrow [HgEDTA]^{2-}$	6.33×10^{21}
$Mg^{2+}+EDTA \Longrightarrow [MgEDTA]^{2-}$	4.37×10^{8}
$Mn^{2+}+EDTA \Longrightarrow [MnEDTA]^{2-}$	6.3×10^{13}
$Ni^{2+}+EDTA \Longrightarrow [NiEDTA]^{2-}$	3.64×10^{18}
$Zn^{2+}+EDTA \Longrightarrow [ZnEDTA]^{2-}$	2.5×10^{16}
$Ag^{+}+2en \Longrightarrow [Ag(en)_2]^{+}$	5.00×10^{7}
$Cd^{2+}+3en \Longrightarrow [Cd(en)_3]^{2+}$	1.20×10^{12}
$Co^{2+}+3en \Longrightarrow [Co(en)_3]^{2+}$	8.69×10^{13}
$Co^{3+}+3en \Longrightarrow [Co(en)_3]^{3+}$	4.90×10^{48}
$Cr^{2+}+2en \Longrightarrow [Co(en)_2]^{2+}$	1.55×10^{9}
$Cu^{+}+2en \Longrightarrow [Cu(en)_2]^{+}$	6.33×10^{10}
$Cu^{2+}+3en \Longrightarrow [Cu(en)_3]^{2+}$	1.0×10^{21}
$Fe^{2+}+3en \Longrightarrow [Fe(en)_3]^{2+}$	5.00×10^{9}
$Hg^{2+}+2en \Longrightarrow [Hg(en)_2]^{2+}$	2.00×10^{23}
$Mn^{2+}+3en \Longrightarrow [Mn(en)_3]^{2+}$	4.67×10^{5}
$Ni^{2+}+3en \Longrightarrow [Ni(en)_3]^{2+}$	2.14×10^{18}
$Zn^{2+}+3en \Longrightarrow [Zn(en)_3]^{2+}$	1.29×10^{14}
$Al^{3+}+6F^{-} \Longrightarrow [AlF_6]^{3-}$	6.94×10^{19}
$Fe^{3+}+6F^{-} \Longrightarrow [FeF_6]^{3-}$	1.0×10^{16}
$Ag^{+}+3I^{-} \Longrightarrow [AgI_3]^{2-}$	4.78×10^{13}
$Ag^{+}+2I^{-} \Longrightarrow [AgI_2]^{-}$	5.49×10^{11}
$Cd^{2+}+4I^{-} \Longrightarrow [CdI_4]^{2-}$	2.57×10^{5}
$Cu^{+}+2I^{-} \Longrightarrow [CuI_2]^{-}$	7.09×10^{8}
$Pb^{2+}+4I^{-} \Longrightarrow [PbI_4]^{2-}$	2.95×10^{4}
$Hg^{2+}+4I^{-} \Longrightarrow [HgI_4]^{2-}$	6.76×10^{29}
$Ag^{+}+2NH_3 \Longrightarrow [Ag(NH_3)_2]^{+}$	1.12×10^{7}
$Cd^{2+}+6NH_3 \Longrightarrow [Cd(NH_3)_6]^{2+}$	1.38×10^{5}
$Cd^{2+}+4NH_3 \Longrightarrow [Cd(NH_3)_4]^{2+}$	1.32×10^{7}
$Co^{2+}+6NH_3 \Longrightarrow [Co(NH_3)_6]^{2+}$	1.29×10^{5}
$Co^{3+}+6NH_3 \Longrightarrow [Co(NH_3)_6]^{3+}$	1.58×10^{35}
$Cu^{+}+2NH_3 \Longrightarrow [Cu(NH_3)_2]^{+}$	7.25×10^{10}
$Cu^{2+}+4NH_3 \Longrightarrow [Cu(NH_3)_4]^{2+}$	2.09×10^{13}

配 离 子 生 成 反 应	$K_{稳}^{\ominus}$
$Fe^{2+}+2NH_3 \rightleftharpoons [Fe(NH_3)_2]^{2+}$	1.6×10^2
$Hg^{2+}+4NH_3 \rightleftharpoons [Hg(NH_3)_4]^{2+}$	1.90×10^{19}
$Mg^{2+}+2NH_3 \rightleftharpoons [Mg(NH_3)_2]^{2+}$	20
$Ni^{2+}+6NH_3 \rightleftharpoons [Ni(NH_3)_6]^{2+}$	5.49×10^8
$Ni^{2+}+4NH_3 \rightleftharpoons [Ni(NH_3)_4]^{2+}$	9.09×10^7
$Pt^{2+}+6NH_3 \rightleftharpoons [Pt(NH_3)_6]^{2+}$	2.00×10^{35}
$Zn^{2+}+4NH_3 \rightleftharpoons [Zn(NH_3)_4]^{2+}$	2.88×10^9
$Al^{3+}+4OH^- \rightleftharpoons [Al(OH)_4]^-$	1.07×10^{33}
$Bi^{3+}+4OH^- \rightleftharpoons [Bi(OH)_4]^-$	1.59×10^{33}
$Cd^{2+}+4OH^- \rightleftharpoons [Cd(OH)_4]^{2-}$	4.17×10^8
$Cr^{3+}+4OH^- \rightleftharpoons [Cr(OH)_4]^-$	7.94×10^{29}
$Cu^{3+}+4OH^- \rightleftharpoons [Cu(OH)_4]^{2-}$	3.16×10^{18}
$Fe^{3+}+4OH^- \rightleftharpoons [Fe(OH)_4]^{2-}$	3.80×10^8
$Ca^{2+}+P_2O_7^{4-} \rightleftharpoons [Ca(P_2O_7)]^{2-}$	4.0×10^4
$Cd^{2+}+P_2O_7^{4-} \rightleftharpoons [Cd(P_2O_7)]^{2-}$	4.0×10^5
$Cu^{2+}+P_2O_7^{4-} \rightleftharpoons [Cu(P_2O_7)]^{2-}$	1.0×10^8
$Pb^{2+}+P_2O_7^{4-} \rightleftharpoons [Pb(P_2O_7)]^{2-}$	2.0×10^5
$Ni^{2+}+2P_2O_7^{4-} \rightleftharpoons [Ni(P_2O_7)_2]^{6-}$	2.5×10^2
$Ag^+ +S_2O_3^{2-} \rightleftharpoons [Ag(S_2O_3)]^-$	6.62×10^8
$Ag^+ +2S_2O_3^{2-} \rightleftharpoons [Ag(S_2O_3)_2]^{3-}$	2.88×10^{13}
$Cd^{2+}+2S_2O_3^{2-} \rightleftharpoons [Cd(S_2O_3)_2]^{2-}$	2.75×10^6
$Cu^+ +2S_2O_3^{2-} \rightleftharpoons [Cd(S_2O_3)_2]^{3-}$	1.66×10^{12}
$Pb^{2+}+2S_2O_3^{2-} \rightleftharpoons [Pb(S_2O_3)_2]^{2-}$	1.35×10^5
$Hg^{2+}+4S_2O_3^{2-} \rightleftharpoons [Hg(S_2O_3)_4]^{6-}$	1.74×10^{33}
$Hg^{2+}+2S_2O_3^{2-} \rightleftharpoons [Hg(S_2O_3)_2]^{2-}$	2.75×10^{29}

注　配位体的简写符号：en 为乙二胺(NH_2CH_2—CH_2NH_2)；EDTA 为乙二胺四乙酸根离子。

附录6　弱酸弱碱在水中的解离常数(298.15 K, $I=0$)

弱 酸	分 子 式	$K_a^{\ominus}$	$pK_a^{\ominus}$
砷酸	H_3AsO_4	$6.3\times10^{-3}(K_{a1})$	2.2
		$1.0\times10^{-7}(K_{a2})$	7.00
		$3.2\times10^{-12}(K_{a3})$	11.50
亚砷酸	$HAsO_2$	6.0×10^{-10}	9.22
硼酸	H_3BO_3	5.8×10^{-10}	9.24
焦硼酸	$H_2B_4O_7$	$1\times10^{-4}(K_{a1})$	4
		$1\times10^{-9}(K_{a2})$	9

弱　　酸	分　　子　　式	$K_a^\ominus$	$pK_a^\ominus$
碳酸	$H_2CO_3(CO_2+H_2O)$	$4.2\times10^{-7}(K_{a1})$	6.38
		$5.6\times10^{-11}(K_{a2})$	10.25
氢氰酸	HCN	6.2×10^{-10}	9.21
铬酸	H_2CrO_4	$1.8\times10^{-1}(K_{a1})$	0.74
		$3.2\times10^{-7}(K_{a2})$	6.50
氢氟酸	HF	6.6×10^{-4}	3.18
亚硝酸	HNO_2	5.1×10^{-4}	3.29
过氧化氢	H_2O_2	1.8×10^{-12}	11.75
磷酸	H_3PO_4	$7.6\times10^{-3}(K_{a1})$	2.12
		$6.3\times10^{-8}(K_{a2})$	7.20
		$4.4\times10^{-13}(K_{a3})$	12.36
焦磷酸	$H_4P_2O_7$	$3.0\times10^{-2}(K_{a1})$	1.52
		$4.4\times10^{-3}(K_{a2})$	2.36
		$2.5\times10^{-7}(K_{a3})$	6.60
		$5.6\times10^{-10}(K_{a4})$	9.25
亚磷酸	H_3PO_3	$5.0\times10^{-2}(K_{a1})$	1.30
		$2.5\times10^{-7}(K_{a2})$	6.60
氢硫酸	H_2S	$1.3\times10^{-7}(K_{a1})$	6.88
		$7.1\times10^{-15}(K_{a2})$	14.15
硫酸	H_2SO_4	$1.0\times10^{-2}(K_{a2})$	1.99
亚硫酸	$H_2SO_3(SO_2+H_2O)$	$1.3\times10^{-2}(K_{a1})$	1.90
		$6.3\times10^{-8}(K_{a2})$	7.20
偏硅酸	H_2SiO_3	$1.7\times10^{-10}(K_{a1})$	9.77
		$1.6\times10^{-12}(K_{a2})$	11.8
甲酸	HCOOH	1.8×10^{-4}	3.74
乙酸	CH_3COOH	1.8×10^{-5}	4.74
一氯乙酸	$CH_2ClCOOH$	1.4×10^{-3}	2.86
二氯乙酸	$CHCl_2COOH$	5.0×10^{-2}	1.30
三氯乙酸	CCl_3COOH	0.23	0.64
氨基乙酸盐	$^+NH_3CH_2COOH$	$4.5\times10^{-3}(K_{a1})$	2.35
	$^+NH_3CH_2COO^-$	$2.5\times10^{-10}(K_{a2})$	9.60
抗坏血酸	$O{=}C{-}C(OH){=}C(OH){-}CH{-}$ $\quad\quad\quad\quad\quad\quad O$	$5.0\times10^{-5}(K_{a1})$	4.30
	$-CHOH-CH_2OH$	$1.5\times10^{-10}(K_{a2})$	9.82
乳酸	$CH_3CHOHCOOH$	1.4×10^{-4}	3.86
苯甲酸	C_6H_5COOH	6.2×10^{-5}	4.21

注　如不计水合 CO_2，H_2CO_3 的 $pK_{a1}=3.76$。

弱 酸	分 子 式	$K_a^{\ominus}$	$pK_a^{\ominus}$
草酸	$H_2C_2O_4$	$5.9\times10^{-2}(K_{a1})$	1.22
		$6.4\times10^{-5}(K_{a2})$	4.19
d-酒石酸	$CH(OH)COOH$	$9.1\times10^{-4}(K_{a1})$	3.04
	$CH(OH)COOH$	$4.3\times10^{-5}(K_{a2})$	4.37
邻苯二甲酸	—COOH —COOH	$1.1\times10^{-3}(K_{a1})$	2.95
		$3.9\times10^{-6}(K_{a2})$	5.41
柠檬酸	CH_2COOH $C(OH)COOH$ CH_2COOH	$7.4\times10^{-4}(K_{a1})$	3.13
		$1.7\times10^{-5}(K_{a2})$	4.76
		$4.0\times10^{-7}(K_{a3})$	6.40
苯酚	C_6H_5OH	1.1×10^{-10}	9.95
乙二胺四乙酸	H_6-EDTA^{2+}	$0.13(K_{a1})$	0.9
	H_5-EDTA^+	$3\times10^{-2}(K_{a2})$	1.6
	H_4-EDTA	$1\times10^{-2}(K_{a3})$	2.0
	H_3-EDTA^-	$2.1\times10^{-3}(K_{a4})$	2.67
	H_2-EDTA^{2-}	$6.9\times10^{-7}(K_{a5})$	6.16
	$H-EDTA^{3-}$	$5.5\times10^{-11}(K_{a6})$	10.26
氨水	$NH_3\cdot H_2O$	1.7×10^{-5}	4.74
联氨	H_2NNH_2	$3.0\times10^{-6}(K_{b1})$	5.52
		$7.6\times10^{-15}(K_{b2})$	14.12
羟氨	NH_2OH	9.1×10^{-9}	8.04
甲胺	CH_3NH_2	4.2×10^{-4}	3.38
乙胺	$C_2H_5NH_2$	5.6×10^{-4}	3.25
二甲胺	$(CH_3)_2NH$	1.2×10^{-4}	3.93
二乙胺	$(C_2H_5)_2NH$	1.3×10^{-3}	2.89
乙醇胺	$HOCH_2CH_2NH_2$	3.2×10^{-5}	4.50
三乙醇胺	$(HOCH_2CH_2)_3N$	5.8×10^{-7}	6.24
六亚甲基四胺	$(CH_2)_6N_4$	1.4×10^{-9}	8.85
乙二胺	$H_2NCH_2CH_2NH_2$	$8.5\times10^{-5}(K_{b1})$	4.07
		$7.1\times10^{-8}(K_{b2})$	7.15
吡啶	⬡N	1.7×10^{-9}	8.77

附录 7　化合物的相对分子质量

分子式	相对分子质量	分子式	相对分子质量	分子式	相对分子质量
Ag_3AsO_4	462.52	$Ca(NO_3)_2 \cdot 4H_2O$	236.15	$FeCl_3 \cdot 6H_2O$	270.30
$AgBr$	187.77	$Ca(OH)_2$	74.09	$FeNH_4(SO_4)_2 \cdot 12H_2O$	482.18
$AgCl$	143.32	$Ca_3(PO_4)_2$	310.18	$Fe(NO_3)_3$	241.86
$AgCN$	133.89	$CaSO_4$	136.14	$Fe(NO_3)_3 \cdot 9H_2O$	404.00
$AgSCN$	165.95	$CdCO_3$	172.42	FeO	71.846
Ag_2CrO_4	331.73	$CdCl_2$	183.32	Fe_2O_3	159.69
AgI	234.77	CdS	144.47	Fe_3O_4	231.54
$AgNO_3$	169.87	$Ce(SO_4)_2$	332.24	$Fe(OH)_3$	106.87
$AlCl_3$	133.34	$Ce(SO_4)_2 \cdot 4H_2O$	404.30	FeS	87.91
$AlCl_3 \cdot 6H_2O$	241.43	$CoCl_2$	129.84	Fe_2S_3	207.87
$Al(NO_3)_3$	213.00	$CoCl_2 \cdot 6H_2O$	237.93	$FeSO_4$	151.90
$Al(NO_3)_3 \cdot 9H_2O$	375.13	$Co(NO_3)_2$	182.94	$FeSO_4 \cdot 7H_2O$	278.01
Al_2O_3	101.96	$Co(NO_3) \cdot 6H_2O$	291.03	$FeSO_4 \cdot (NH_4)_2SO_4 \cdot 6H_2O$	392.13
$Al(OH)_3$	78.00	CoS	90.99		
$Al_2(SO_4)_3$	342.14	$CoSO_4$	154.99		
$Al_2(SO_4)_3 \cdot 18H_2O$	666.41	$CoSO_4 \cdot 7H_2O$	281.10	H_3AsO_3	125.94
As_2O_3	197.84	$CO(NH_2)_2$	60.06	H_3AsO_4	141.94
As_2O_5	229.84	$CrCl_3$	158.35	H_3BO_3	61.83
As_2S_3	246.02	$CrCl_3 \cdot 6H_2O$	266.45	HBr	80.912
		$Cr(NO_3)_3$	238.01	HCN	27.026
$BaCO_3$	197.34	Cr_2O_3	151.99	$HCOOH$	46.026
BaC_2O_4	225.35	$CuCl$	98.999	CH_3COOH	60.052
$BaCl_2$	208.24	$CuCl_2$	134.45	H_2CO_3	62.025
$BaCl_2 \cdot 2H_2O$	244.27	$CuCl_2 \cdot 2H_2O$	170.48	$H_2C_2O_4$	90.035
$BaCrO_4$	253.32	$CuSCN$	121.62	$H_2C_2O_4 \cdot 2H_2O$	126.07
BaO	153.33	CuI	190.45	HCl	36.461
$Ba(OH)_2$	171.34	$Cu(NO_3)_2$	187.56	HF	20.006
$BaSO_4$	233.39	$Cu(NO_3)_2 \cdot 3H_2O$	241.60	HI	127.91
$BiCl_3$	315.34	CuO	79.545	HIO_3	175.91
$BiOCl$	260.43	Cu_2O	143.09	HNO_3	63.013
		CuS	95.61	HNO_2	47.013
CO_2	44.01	$CuSO_4$	159.60	H_2O	18.015
CaO	56.08	$CuSO_4 \cdot 5H_2O$	249.68	H_2O_2	34.015
$CaCO_3$	100.09			H_3PO_4	97.995
CaC_2O_4	128.10	$FeCl_2$	126.75	H_2S	34.08
$CaCl_2$	110.99	$FeCl_2 \cdot 4H_2O$	198.81	H_2SO_3	82.07
$CaCl_2 \cdot 6H_2O$	219.08	$FeCl_3$	162.21	H_2SO_4	98.07

分子式	相对分子质量	分子式	相对分子质量	分子式	相对分子质量
$Hg(CN)_2$	252.63	KNO_2	85.104	$(NH_4)_2S$	68.14
$HgCl_2$	271.50	K_2O	94.196	$(NH_4)_2SO_4$	132.13
Hg_2Cl_2	472.09	KOH	56.106	NH_4VO_3	116.98
HgI_2	454.40	K_2SO_4	174.25	Na_3AsO_3	191.89
$Hg_2(NO_3)_2$	525.19			$Na_2B_4O_7$	201.22
$Hg_2(NO_3)_2 \cdot 2H_2O$	561.22	$MgCO_3$	84.314	$Na_2B_4O_7 \cdot 10H_2O$	381.37
$Hg(NO_3)_2$	324.60	$MgCl_2$	95.211	$NaBiO_3$	279.97
HgO	216.59	$MgCl_2 \cdot 6H_2O$	203.30	$NaCN$	49.007
HgS	232.65	MgC_2O_4	112.33	$NaSCN$	81.07
$HgSO_4$	296.65	$Mg(NO_3)_2 \cdot 6H_2O$	256.41	Na_2CO_3	105.99
Hg_2SO_4	497.24	$MgNH_4PO_4$	137.32	$Na_2CO_3 \cdot 10H_2O$	286.14
		MgO	40.304	$Na_2C_2O_4$	134.00
		$Mg(OH)_2$	58.32	CH_3COONa	82.034
$KAl(SO_4)_2 \cdot 12H_2O$	474.38	$Mg_2P_2O_7$	222.55	$CH_3COONa \cdot 3H_2O$	136.08
KBr	119.00	$MgSO_4 \cdot 7H_2O$	246.47		
$KBrO_3$	167.00	$MnCO_3$	114.95	$NaCl$	58.443
KCl	74.551	$MnCl_2 \cdot 4H_2O$	197.91	$NaClO$	74.442
$KClO_3$	122.55	$Mn(NO_3)_2 \cdot 6H_2O$	287.04	$NaHCO_3$	84.007
$KClO_4$	138.55	MnO	70.937	$Na_2HPO_4 \cdot 12H_2O$	358.14
KCN	65.116	MnO_2	86.937	$Na_2H_2Y \cdot 2H_2O$	372.24
$KSCN$	97.18	MnS	87.00	$NaNO_2$	68.995
K_2CO_3	138.21	$MnSO_4$	151.00	$NaNO_3$	84.995
K_2CrO_4	194.19	$MnSO_4 \cdot 4H_2O$	223.06	Na_2O	61.979
$K_2Cr_2O_7$	294.18			Na_2O_2	77.978
$K_3Fe(CN)_6$	329.25	NO	30.006	$NaOH$	39.997
$K_4Fe(CN)_6$	368.35	NO_2	46.006	Na_3PO_4	163.94
$KFe(SO_4)_2 \cdot 12H_2O$	503.24	NH_3	17.03	Na_2S	78.04
$KHC_2O_4 \cdot H_2O$	146.14	CH_3COONH_4	77.083	$Na_2S \cdot 9H_2O$	240.18
$KHC_2O_4 \cdot H_2C_2O_4 \cdot 2H_2O$	254.19	NH_4Cl	53.491	Na_2SO_3	126.04
$KHC_4H_4O_6$	188.18	$(NH_4)_2CO_3$	96.086	Na_2SO_4	142.04
$KHSO_4$	136.16	$(NH_4)_2C_2O_4$	124.10	$Na_2S_2O_3$	158.10
KI	166.00	$(NH_4)_2C_2O_4 \cdot H_2O$	142.11	$Na_2S_2O_3 \cdot 5H_2O$	248.17
KIO_3	214.00	NH_4SCN	76.12	$NiCl_2 \cdot 6H_2O$	237.69
$KIO_3 \cdot HIO_3$	389.91	NH_4HCO_3	79.055	NiO	74.69
$KMnO_4$	158.03	$(NH_4)_2MoO_4$	196.01	$Ni(NO_3)_2 \cdot 6H_2O$	290.79
$KNaC_4H_4O_6 \cdot 4H_2O$	282.22	NH_4NO_3	80.043	NiS	90.75
KNO_3	101.10	$(NH_4)_2HPO_4$	132.06	$NiSO_4 \cdot 7H_2O$	280.85

续表

分子式	相对分子质量	分子式	相对分子质量	分子式	相对分子质量
P_2O_5	141.94	SO_2	64.06	$Sr(NO_3)_2$	211.63
$PbCO_3$	267.20	$SbCl_3$	228.11	$Sr(NO_3)_2 \cdot 4H_2O$	283.69
PbC_2O_4	295.22	$SbCl_5$	299.02	$SrSO_4$	183.68
$PbCl_2$	278.10	Sb_2O_3	291.50		
$PbCrO_4$	323.20	Sb_2S_3	339.68	$UO_2(CH_3COO)_2 \cdot 2H_2O$	424.15
$Pb(CH_3COO)_2$	325.30	SiF_4	104.08	$ZnCO_3$	125.39
$Pb(CH_3COO)_2 \cdot 3H_2O$	379.30	SiO_2	60.084	ZnC_2O_4	153.40
PbI_2	461.00	$SnCl_2$	189.60	$ZnCl_2$	136.29
$Pb(NO_3)_2$	331.20	$SnCl_2 \cdot 2H_2O$	225.63	$Zn(CH_3COO)_2$	183.47
PbO	223.20	$SnCl_4$	260.50	$Zn(CH_3COO)_2 \cdot 2H_2O$	219.50
PbO_2	239.20	$SnCl_4 \cdot 5H_2O$	350.58	$Zn(NO_3)_2$	189.39
$Pb_3(PO_4)_2$	811.54	SnO_2	156.69	$Zn(NO_3)_2 \cdot 6H_2O$	297.48
PbS	239.30	SnS	150.75	ZnO	81.38
$PbSO_4$	303.30	$SrCO_3$	147.63	ZnS	97.44
		SrC_2O_4	175.64	$ZnSO_4$	161.44
SO_3	80.06	$SrCrO_4$	203.61	$ZnSO_4 \cdot 7H_2O$	287.54

附录8 不同温度时水的饱和蒸气压

温度/℃	饱和蒸气压/Pa	温度/℃	饱和蒸气压/Pa
0	610.5	8	1 072.6
1	656.7	9	1 147.8
2	705.8	10	1 227.7
3	757.9	11	1 312.4
4	813.4	12	1 402.3
5	872.3	13	1 497.3
6	935.0	14	1 598.1
7	1 001.6	15	1 704.9

参考文献

[1]　大连理工大学无机化学教研室.无机化学[M].4版.北京:高等教育出版社,2001.

[2]　朱全荪,李秀琳.无机化学[M].北京:高等教育出版社,1993.

[3]　谢吉民,李笑英.无机化学[M].南京:东南大学出版社,1997.

[4]　刘耘,周磊.无机及分析化学[M].济南:山东大学出版社,2001.

[5]　武汉大学,吉林大学等校.无机化学[M].3版.北京:高等教育出版社,1992.

[6]　浙江大学普通化学教研室.普通化学[M].5版.北京:高等教育出版社,2002.

[7]　杨宏孝.无机化学简明教程[M].天津:天津大学出版社,1997.

[8]　廖雨郊.物理化学[M].北京:高等教育出版社,1994.

[9]　傅献彩,沈文霞,姚天扬.物理化学(下册)[M].4版.北京:高等教育出版社,1990.

[10]　揭念芹.基础化学Ⅰ(无机及分析化学)[M].北京:科学出版社,2000.

[11]　林树昌,曾泳淮.分析化学(仪器分析部分)[M].北京:高等教育出版社,1994.

[12]　朱明华.仪器分析[M].3版.北京:高等教育出版社,2001.

[13]　缪征明.仪器分析[M].北京:机械工业出版社,1984.

[14]　徐培方.仪器分析(电化学分析)[M].2版.北京:地质出版社,1992.

[15]　华东理工大学,成都科学技术大学.分析化学[M].4版.北京:高等教育出版社,2002.

[16]　武汉大学.分析化学[M].3版.北京:高等教育出版社,1997.

[17]　高小霞.电分析化学导论[M].北京:科学出版社,1986.

[18]　张广强,吴世德.分析化学(化学分析)[M].3版.北京:学苑出版社,2001.

[19]　钟佩珩.分析化学[M].3版.北京:化学工业出版社,2001.

[20]　天津大学.实用分析化学[M].天津:天津大学出版社,1995.

[21]　郭永.仪器分析[M].北京:地震出版社,2001.

[22]　董惠茹.仪器分析[M].北京:化学工业出版社,2000.

[23]　李启隆.仪器分析[M].北京:北京师范大学出版社,1990.

[24]　施荫玉,冯玉非.仪器分析解题指南与习题[M].北京:高等教育出版社,1998.

[25]　南京大学《无机及分析化学》编写组.无机及分析化学[M].北京:高等教育出版社,2002.

[26]　倪静安,张敬乾,商少明.无机及分析化学[M].北京:化学工业出版社,1999.

[27]　朱裕贞,顾达,显恩成.现代基础化学[M].北京:化学工业出版社,1998.

[28]　曲保中,朱炳林,周伟红.新大学化学[M].北京:科学出版社,2002.

[29]　李梅君,陈娅如.普通化学[M].上海:华东理工大学出版社,2001.

[30] 赵中一,邬荆平,艾军. 无机及分析化学[M]. 武汉:华中科技大学出版社,2002.

[31] 肖明耀. 实验误差估计与数据处理[M]. 北京:科学出版社,1980.

[32] 尹权,杨代菱. 分析化学例题与习题[M]. 长春:吉林人民出版社,1985.

[33] 浙江大学普通化学教研组. 普通化学[M]. 北京:高等教育出版社,2012.

[34] 天津大学. 无机化学[M]. 4 版. 北京:高等教育出版社,2012.